中国火山岩油气藏形成机制与分布规律

陈树民　冯志强　陆加敏　冯子辉
曹宝军　冉清昌　刘家军　包　丽　等著

石油工业出版社

内 容 提 要

本书通过火山岩油气藏形成地质背景、古生代—中新生代火山岩储层控制因素、形成机制、分布规律及其改造特征、火山岩成岩作用与成藏相关性、火山岩储层及油气藏识别与评价技术等的系统研究，建立了火山岩油气藏成藏理论体系，形成了一套较为完善的火山岩油气藏识别评价技术方法，初步查明了火山岩油气藏分布规律，指明了10个油气有利目标区，推进了东部、西部2个万亿立方米大气区建设。

本书为我国火山岩油气藏领域前沿研究成果的集成与创新，可供高等院校、科研院所及油气田企业等油气地质勘探和地震勘探相关专业的教学、科研、生产人员参考。

图书在版编目（CIP）数据

中国火山岩油气藏形成机制与分布规律 / 陈树民等著. -- 北京：石油工业出版社，2024.8. -- ISBN 978-7-5183-6858-7

Ⅰ. P618.130.2

中国国家版本馆CIP数据核字第202418JX25号

出版发行：石油工业出版社
（北京安定门外安华里2区1号 100011）
网　　址：www.petropub.com
编辑部：（010）64523760
图书营销中心：（010）64523633
经　　销：全国新华书店
印　　刷：北京中石油彩色印刷有限责任公司

2024年8月第1版　2024年8月第1次印刷
787×1092毫米　开本：1/16　印张：28
字数：717千字

定价：200.00元
（如出现印装质量问题，我社图书营销中心负责调换）
版权所有，翻印必究

《中国火山岩油气藏形成机制与分布规律》撰写组

组　长：陈树民　陆加敏

副组长：冉清昌　印长海　张晓东　曹宝军　杨　亮

成　员：（按姓氏拼音排序）

包　丽　蔡　壮　陈　斌　陈志德　戴　想
戴世立　杜长鹏　狄嘉祥　杜　影　冯肖宇
冯子辉　高　翔　胡　博　姜传金　纪学雁
李　伟　李成立　李国政　李来林　李莉娇
李笑梅　刘红艳　刘家军　裴江云　裴明波
施立冬　孙立东　孙友海　童　英　王　猛
王建民　王晓蔷　文瑞霞　吴清岭　吴志远
徐　妍　许金双　闫伟林　杨晓波　杨志会
殷树军　张　熠　张　莹　张尔华　张晶晶
赵春宇　朱映康

序

PREFACE

2001年以来，大庆油田有限责任公司在松辽盆地北部徐家围子地区深层火山岩勘探中获得高产工业气流，发现了徐深大气田，由此打破了火山岩（火成岩）是油气勘探禁区的传统理念，展示出盆地火山岩作为油气新储集体的巨大潜力，揭开了在盆地深层火山岩中找到大油气田的序幕。

作为一个新的重要勘探领域，2009年国家科技部及时设立国家重点基础研究发展计划（"973计划"）项目"火山岩油气藏的形成机制与分布规律"，大庆油田作为项目牵头单位，联合中国科学院地质与地球物理研究所、吉林大学、北京大学、中国石油勘探开发研究院和东北石油大学等单位的专业人员，组成以大庆油田为核心的强有力联合研究团队，历时五年，通过大量的野外地质调查、油田现场地震资料、重磁资料、钻井资料采集和系统的测试、分析、模拟、研究，取得了一批重要的理论成果和创新认识，基本建立了火山岩油气藏成藏理论及与之配套的勘探、评价技术，拓展了火山岩油气田的勘探领域，指明火山岩油气藏的寻找方向，为开拓我国油气勘探新领域和新途径作出了重要贡献。

《中国火山岩油气藏形成机制与分布规律》的出版，不仅是对"973计划"项目理论和技术成果的进一步凝练，也是对近十年来理论技术成果在生产实践中不断验证、升华成果的总结，是一部难得的从全球板块运动—盆地构造演化和全球火山地质事件与大油气田发现的关系等视野出发，以中国东西部盆地及盆缘火山岩（火成岩）系统翔实的野外地质调查及编图为特色，系统地开展了中国东西部火山岩分布规律及火山岩油气藏的形成机制与分布规律异同的对比，并以松辽盆地徐家围子断陷为重点解剖区，对火山岩相关油气藏成盆、成烃、成储与成藏规律都进行了深入研究和解析，指出了火山岩油气藏形成的普适规律和共性特点，这对我国当前及今后勘探向深层及超深层、向基岩及基岩内幕勘探都有重要的借鉴价值。

本书是国内第一个由基层企业牵头的国家重大基础研究项目成果的总结，通过各参加单位的共同努力，不仅取得一批创新性的理论和技术成果，还创新了以企业牵头，"产、学、研、用"相结合的组织模式，在国际火山岩油气领域也具有先行优势。这种研究模式对于今后我国重大基础研究项目和企业与科研机构联合开展"产、学、研、用"重大项目的组织实施具有重要借鉴意义，是一部优秀的学术、技术专著。

中国科学院院士 刘嘉麒

前 言

　　火山岩油气藏是指火山岩（火成岩）直接作为油气储层的油气藏。在传统的油气钻（勘）探中，火山岩与其他火成岩一样，往往被认为其形成时的高温不利于油气生成而尽量避开。20世纪50年代，我国在准噶尔等盆地火山岩储层中相继发现了油气，由于火山岩油气勘探缺乏有效的理论指导，未形成规模储量的持续增长。2001年，大庆油田通过重新认识火山岩的勘探潜力，针对松辽盆地北部探区的徐家围子断陷"凹中隆"部署钻探XS1井，在营城组火山岩发现300m厚的气层，试气产量超过$100×10^4m^3$，发现了松辽盆地深层以火山岩为储层的徐深气田，火山岩由原来的勘探"禁区"成为大庆油田深层重要的勘探新领域。在中国石油天然气股份有限公司的统一组织和大力支持下，经过大庆勘探人卓有成效的科研攻关、勘探部署与生产组织，截至2005年，先后提交了两个$1000×10^8m^3$天然气探明地质储量，并估算松辽盆地深层火山岩具有万亿立方米的储量规模，实现了几代石油人大油田之下找到大气田的梦想。

　　2009—2013年国家科技部设立重点基础研究发展计划（"国家科技计划"）"火山岩油气藏的形成机制与分布规律"项目（2009CB219300），并由大庆油田企业技术专家作为首席科学家，联合中国石油勘探开发研究院、中国科学院地质与地球物理研究所、吉林大学、北京大学、吉林油田、辽河油田、吐哈油田、东北石油大学等8家研究机构和油田单位，总参加人数近100人，历时五年，通过大量的野外地质调查、油田现场地震资料、重磁资料、钻井资料采集和深入测试、分析、模拟、研究，取得了一批重要的理论成果和创新认识，建立了火山岩油气藏成藏理论和与之配套的勘探、评价技术，拓展了火山岩油气田的勘探领域，指明火山岩油气藏的寻找方向，为开拓我国油气勘探新领域和新途径作出了重要贡献，有效地指导了徐深气田持续探明和精细勘探开发，并进一步展示出火山岩油气藏在全国范围内含油气盆地中的广阔勘探前景。本书以"火山岩油气藏的成藏模式、形成机理和分布规律"为科学问题，比较系统地回答了火山岩油气富集区的地质背景和控制因素、不同类型火山岩储层的发育特征、展布规律和成储机制、火山作用与油气生成、运移、聚集和保存的关系及其成藏模式、火山岩储层及油气藏的地球物理响应等重大理论问题，并指出了火山岩油气分布普适性的规律。

时隔十年之久，为什么正逢大庆油田勘探开发研究院 60 周年院庆之际出版这部以十年前"973"项目理论研究成果为主要内容的专著，笔者主要出于三方面的考虑：

第一，因为时至今日火山岩作为深层油气储层的勘探新领域仍然非常重要，"973"项目形成的理论和技术研究成果对今天乃至今后中国各类含火山盆地油气勘探仍然具有重要的指导意义和借鉴价值。一是火山岩储层物性与沉积岩相比较优势明显，始终是深层油气勘探最有利的储层和勘探目标；二是岩浆活动与油气形成和富集的关系已经在项目研究过程中取得了一系列重要成果，未来常规油气勘探乃至非常规油气勘探层系、富集层段、"甜点"目标等都可能与火山作用有较强的相关性，按照火山活动和分布规律来寻找油气应该是未来油气乃至深部新能源和资源探查的重要线索；三是火山岩的成烃效应，一直是火山岩油气成藏理论研究重要的探索内容，也取得一系列重要实验成果和实际油气藏的验证案例。这一系列火山岩成盆、成烃、成储、成藏的研究成果在本书中得到系统的论述，笔者希望引起科研和生产部门的高度关注，希望能够给后人一些借鉴。

第二，经过十余年油田部门的生产实践，大庆油田松北深层天然气勘探在火山岩油气地质理论指导下，不仅在徐家围子断陷营城组火山岩精细勘探中取得了一系列新进展，又相继在莺山—双城断陷、古龙断陷、徐家围子断陷的火石岭组火山岩及基岩花岗岩储层中，都获得了不同程度的勘探突破，也取得了一批重要的勘探成果，这是对火山岩油气地质理论的重要补充和实践验证。十年来，中央古隆起带花岗岩风化壳部署的 LT2 井和 LP1 井，分别获 $2.43×10^4m^3/d$ 和 $11.5×10^4m^3/d$ 的工业气流，实现了松辽盆地基岩以火成岩为主要储集岩性的勘探新突破；莺山—双城断陷 S59 井和 S68 井分别在营城组钻遇与火山活动相关的富含藻类烃源岩，并在登娄库组获得单井日产量超 $100m^3$ 的高产工业油流；徐家围子断陷针对火石岭组火山岩部署的 HT1 井，获 $2.01×10^4m^3/d$ 工业气流，首次实现火石岭组新层系勘探新突破；古龙断陷营城组火山岩部署的 GL2 井，获得 $44.6×10^4m^3/d$ 的工业气流，发现了高产、高压二氧化碳和氦气混合气藏，实现了古龙断陷营城组火山岩天然气勘探重大突破。这些勘探研究领域的拓展和勘探突破，都与松辽盆地北部深层火山岩及火山作用的深化认识相关。这些新进展，不仅证明了松辽盆地深层火山岩勘探仍然具有良好的勘探前景，同时也展示出火山岩油气成藏理论具有较强的生命力和推广前景，也预示盆地火山岩（火成岩）作为油气新的储集体及与火山活动相关的源储组合具有巨大的资源潜力。

第三，本专著为国内第一个由基层企业牵头的"973 计划"成果的总结，通过各参加单位的共同努力，不仅产出一批创新性的理论和技术成果，还创新了以企业牵头，"产、学、研、用"相结合的重大基础研究项目组织模式。这种研究模式对于今后我国重大基础研究项目和企业与科研机构联合开展重大项目的组织实施具有重要借鉴意义。在项目实施过程中，乃至项目结题后的十年间，大庆油田始终以生产需求为导向，联合一支强大的火山岩油气藏研究的科学家团队，真正实现了国家目标和科学目标的有机统一。八个课题的课题负责人的锐意进取、严谨求实的科学精神和强烈的责任心、事业心给大庆深层天然气的勘探人树立了科学研究的榜样，对深层天然气后十年的勘探产生了重要的影响，他们是第一课题刘嘉麒院士、刘财教授，第二课题李江海、师永民教授，第三课题王璞珺教授，第四课题邹才能院士、朱如凯教授，第五课题孙晓猛教授，第六课题李建忠教授、单玄龙教授，第七课题陈树民教授，第八课题冯子辉教授，他们不仅为"973"项目顺利实施作出突出的贡献，也为后十年深层天然气勘探研究深化提供了重要支持，大庆油田永远不能忘记。项目的成功组织乃至项目结题后十年项目理论成果的完善发展，离不开以刘嘉麒院士、肖序常院士、李廷栋院士、戴金星院士、王成善院士、王璞珺教授、潘懋教授、吕延防教授等项目专家组成员，以及项目跟踪专家罗志斌教授的悉心指导和对重大研究方向的把关。在此也要特别感谢贾承造院士对项目全过程多次不遗余力地指导和支持。感谢一起承担项目的吉林油田、吐哈油田和辽河油田等兄弟单位的支持和配合。

本书不仅进一步凝练提升了"火山岩油气藏的形成机制与分布规律""973 计划"（2009CB219300）的理论和技术研究成果，而且系统梳理了大庆油田十余年来火山岩油气藏相关理论技术成果在生产实践中的应用效果。作者力求从板块运动与盆地构造演化关系和全球火山地质事件与大油气田发现的关系等视角出发，以 1∶300 万《中国及邻区盆地火成岩油气地质图》为基础，系统开展中国东西部火山岩分布规律、火山岩油气藏形成机制与分布规律异同性的对比，并以松辽盆地徐家围子断陷为重点解剖区，对火山岩相关油气藏成盆、成烃、成储与成藏规律进行深入研究和解析，指出了火山岩油气藏形成的一般规律和共性特点，并系统总结了火山岩重力和磁力宏观规律联合预测技术、火山岩油气藏地震识别技术、火山岩油气藏测井评价技术、火山岩储层微观评价技术等四项配套的技术方法，对我国当前及今后勘探向深层及超深层，向盆地基岩及基岩内幕勘探都具有重要的借鉴价值。这项研究成果代表了火山岩相关油气藏领域理论和技术方法的最新研究进展，希望能够成为对深层火山岩（火成岩）乃至与岩浆活动相关油气基础地质研究和勘探生产研究领域一份具有科学价值的文献资料。

在本书的撰写过程中，得到大庆油田有限责任公司和大庆油田勘探开发研究院领导、专家、同仁的大力支持；得到中国石油勘探开发研究院、中国科学院地质与地球物理研究所、吉林大学、北京大学、东北石油大学、吉林油田、吐哈油田、辽河油田等单位和各课题负责人、课题团队等的大力支持和鼎力相助，在此一并致以最衷心的感谢。

CONTENTS

目 录

第一章 绪论 ·· 1
第二章 火山岩油气藏形成的有利大地构造背景 ·· 15
  第一节 全球晚古生代以来火山岩形成的区域地质背景 ·· 15
  第二节 中国晚中生代火山岩形成的区域地质背景 ··· 30
  第三节 火山岩油气藏形成的有利大地构造背景 ··· 53
第三章 火山岩有效储层的形成机理与控制因素 ·· 55
  第一节 火山岩储层地层分布特征 ··· 55
  第二节 火山岩储层的岩性特征 ··· 58
  第三节 火山岩储层的岩相特征 ··· 60
  第四节 火山岩成岩演化序列划分 ··· 72
  第五节 火山岩储集空间类型及储层发育特征 ··· 101
  第六节 火山岩有效储层形成机制 ··· 123
第四章 火山作用的成烃、成藏效应与成藏模拟 ·· 137
  第一节 火山作用与有机质成烃、成藏研究现状 ··· 137
  第二节 火山作用成烃效应模拟实验基础 ··· 141
  第三节 火山作用热效应与成烃效应定量评价 ··· 143
  第四节 火山流体成烃效应定性评价 ··· 169
第五章 火山岩油气藏形成机理与数值模拟 ·· 188
  第一节 典型火山岩气藏解剖 ··· 188
  第二节 火山岩致密油气藏与碎屑岩致密油气藏的共性与差异性 ··· 201
  第三节 中国东西部火山岩油气藏共性与差异性 ··· 222
  第四节 火山岩油气运聚成藏过程的数值模拟与成藏模式 ··· 233
  第五节 火山岩油气藏主控因素与分布规律 ··· 253

第六章　火山岩油气识别与评价技术 · 265

第一节　火山岩体、岩性重磁电早期、宏观分布预测技术系列 · 265

第二节　火山机构、岩相、岩性、有效储层地震预测技术系列 · 288

第三节　火山岩岩性、岩相、储层、流体测井识别技术系列 · 325

第四节　火山岩岩性及其储层的实验室微观分析技术系列 · 358

第五节　实施效果 · 378

第七章　火山岩油气藏勘探前景与中国东西部万亿立方米大气区的有利勘探方向 · 379

第一节　我国典型断陷火山岩油气资源潜力 · 379

第二节　火山岩油气勘探的重要远景区——环蒙古弧形沉降带 · 395

第三节　十年来中国火山岩勘探实践取得的重要验证效果 · 405

参考文献 · 429

第一章 绪 论

中国石油集团经济技术研究院发布《2017年国内外油气行业发展报告》称，2017年，中国石油净进口量达到 $3.96×10^8t$，同比增长 10.8%；对外依存度达到 67.4%，较去年上升 3.1%；而中国石油产量为 $1.92×10^8t$，同比下降 4.1%。2018年1—9月中国的石油进口量为 $3.36×10^8t$，同比增长 5.9%。石油对外依存度将逼近 70%，严重威胁我国的能源安全。

虽然近几年中国能源消费增长较快，但人均能源消费水平仅为发达国家平均水平的三分之一，未来能源消费还将大幅增长。尽管我国油气勘探取得一定成功，目前仍处于稳步增长阶段，但也不能满足日益增加的能源需求，急需新兴能源接替常规油气资源，缓解我国能源压力，保障能源安全。

在油气勘探的过程中，偶然会从非沉积岩中发现油气，最初这些油气被认为是意外形成的。且火山（成）岩储层被认为储集性能有限，经常在油气勘探的过程中被忽略和规避。随着油气勘探开发事业的不断推进，人们对这种非常规油气藏的认识也不断深入，发现在这种岩石中含有油气绝非偶然。许多大型含油气盆地的火山（成）岩中都发现了油气藏，甚至在某些盆地中火山（成）岩油气藏还占有主导地位，而且火山运动和岩浆活动对油气藏的形成也不都是破坏作用，它也能够对油气的生成、运移、聚集成藏发挥建设性的影响，因此，火山（成）岩油气藏作为油气勘探的新领域，引起了广大石油工作者的关注。

一、国内外火山岩油气藏勘探现状

1. 国外火山岩油气藏勘探现状

自1887年美国加利福尼亚州圣华金盆地首次在火山岩中发现油气以来，火山（成）岩油气藏的勘探已有一百多年的历史，综合起来，对火山（成）岩油气藏的认识及研究大致概括为4个阶段。

1）早期阶段（20世纪50年代以前）

大多数火山（成）岩油气藏都是在勘探常规油气藏时发现的。当时，相当一部分人认为火山（成）岩含油气只是偶然现象，甚至认为它不会有任何经济价值，因此采取忽略的态度对待。

2）零星勘探阶段（20世纪50年代初至70年代）

1953年，委内瑞拉成功发现了拉帕斯油田，其最高单井日产量达到 $1828m^3$，这是世界上第一个有目的的勘探并获得成功的火山（成）岩油田。这一油田的发现标志着对火山（成）岩油藏的认识进入一个新的阶段，开始认识到在这类岩石中聚集石油并非异常现象，从而引起一定的关注，之后美国、墨西哥、古巴、委内瑞拉、阿根廷、苏联、日本、印度尼西亚、越南等国家陆续勘探开发了多个大型的火山岩油气藏，其中较为著名的是格鲁吉亚的萨姆戈里—帕塔尔祖里凝灰岩油藏、阿塞拜疆的穆拉德哈雷安山岩及玄武岩油藏、日本的吉井—东柏崎流纹岩油气藏等，但是由于发现的火山岩油气藏的规模都比较小，大多数的探明储量小于 $5000×10^4 t$，因此对火山（成）岩油藏并未引起重视，此时关注的焦点还在常规油气藏方面。

3）局部勘探阶段（20世纪80年代至90年代）

在西太平洋岛弧区域陆续勘探开发了多个大型的火山（成）岩油气田，探明储量均超过 $1×10^8 t$，分别是：（1）贾蒂巴朗油气田（印度尼西亚），储量为油 $5.91×10^8 t$、气 $850×10^8 m^3$；（2）Scott Reef 油气田（澳大利亚），储量为油 $1795×10^4 t$、气 $3877×10^8 m^3$；（3）白虎油田（越南），储量为油 $1.9×10^8 t$；（4）Suban 气田（印度尼西亚），储量为气 $1698×10^8 m^3$。虽然发现了大型的火山（成）岩油气藏，但多为局部勘探，尚未作为主要领域进行全面勘探和深入研究，全球火山（成）岩油气储量仅占总油气储量的1%左右，未能引起足够的重视，火山岩油气藏的勘探潜力及分布规律没有被很好地认识，仍被认为具有偶然性（张子枢和吴邦辉，1994），火山（成）岩油气藏研究还处于起步阶段。

4）全面勘探阶段（2000年以来）

进入新千年之后，随着人类社会对油气资源的需求急剧增加，而常规油气资源的产量趋于稳定，已经不能满足日益增长的能源消耗，越来越多的目光投向了非常规油气资源，火山（成）岩作为非常规油气资源的一个重要类别，也纳入了重点勘探开发的范围内。在阿根廷、泰国和印度等国，已经将火山（成）岩油气藏作为重点勘探开发方向，以接替日益枯竭的常规油气资源。

2. 国内火山岩油气藏勘探现状

我国的情况也类似于国外，中国火山岩油气藏最早于1957年在准噶尔盆地西北缘被发现，已经历了50余年的勘探开发。目前在渤海湾盆地、松辽盆地、准噶尔盆地、二连盆地、三塘湖盆地等11个含油气盆地发现了火山岩油气藏。

中国火山岩储层油气勘探也大致经历了3个阶段。

1）早期阶段（20世纪50年代至70年代）

为偶然发现阶段，主要集中在准噶尔盆地西北缘和渤海湾盆地辽河、济阳等坳陷。

2）局部勘探阶段（20世纪80年代初至90年代末）

随着地质认识的深化和勘探技术的进步，开始在渤海湾、准噶尔等盆地个别地区开展针对性勘探，相继在准噶尔、渤海湾、苏北等盆地发现了一些火山岩油气藏，如准噶尔盆地西北缘克拉玛依玄武岩油气藏、内蒙古二连盆地阿北安山岩油气藏、渤海湾盆地黄骅坳陷风化店安山岩油气藏和枣北沙三段玄武岩油气藏、济阳坳陷商741辉绿岩油气藏等。但未形成持续储量增长规模，火山岩油气藏的勘探潜力及分布规律也没有被很好地认识。

3）全面勘探阶段（2000年至今）

直到2002年，通过转变思想观念，大庆油田将深层火山岩作为一个目的层，有针对地布置钻探。在松辽盆地徐家围子断陷营城组火山岩中获得了天然气重大突破，探明天然气储量 $4000×10^8m^3$，发现中国东部至今为止最大的气田——徐深气田，展示出松辽盆地火山岩油气勘探的广阔前景，进而带动了全国性的火山岩油气藏勘探开发与突破，相继在三塘湖、塔里木、下辽河和渤海湾等盆地全面开展火山岩油气勘探，探明了一批大中型火山岩油气田，如长岭Ⅰ号、克拉美丽、牛东等，使火山岩由油气勘探"禁区"变成了油气勘探的"靶区"，展现出巨大的勘探潜力（邹才能等，2008；赵文智等，2009；刘嘉麒等，2010），使火山岩成为中国陆上油气勘探的重要领域之一。

二、国内外火山岩油气藏勘探开发技术方法

1. 国内外火山岩油气藏勘探技术

各国火山（成）岩油气藏勘探方法在宏观方面，着重寻找火山岩体，主要应用野外描述、重力勘探、磁法勘探、声频磁场法、复合道的振幅相位频率分析等技术方法，以及综合这些技术来研究火山岩岩相、岩性、物性和厚度分布；微观方面在火山岩岩石学特征、成岩作用及其对储层物性的影响方面的研究较为细致。

国内外火山（成）岩油气藏勘探技术方法主要集中在以下几个领域。

（1）火山岩岩性与岩相的测井识别技术方法。

国外对火山岩岩性与岩相的测井评价，主要采用成像测井信息研究火山岩纵向分布、产状、类型等，含油性解释采用均质模型，程序为 Elan 最优化测井储层分析软件，缺少高精度的储层参数量化和可靠的含油性评价。

（2）火山岩储层识别与预测方法技术方法。

火山岩具有与其他种类岩石所不同的岩石物性特征及成因地质背景，因而具有其特殊的地质或地球物理特征。在一般情况下，相对其他种类岩石在速度、密度、电阻率及磁化率方面都有很大不同，因而就奠定了其所特有的重磁电震异常特征。

由于重磁电异常具有成因复杂性、体积效应，应用重磁电等非地震物探方法技术圈定深层火山岩在国内外还没有发现特别有效的手段，还处在探索阶段，存在以下突出问题：

①重磁电火山岩响应规律性尚不清楚；

②预测精度上存在不确定性。

但应用非地震研究火山岩也确实是一个重要的宏观预测方法技术。总的来说，都是通过多种技术方法来突出或分离与火山岩相关的重磁异常，结合地震、测井及正演方法来识别圈定火山岩。目前在电法方面，3D-EMAP 及位场三维物性反演结合三维可视化对于圈定识别火山岩是一个重要的发展方向。

地震勘探方法以其较高的纵、横向波场分辨能力在火山岩储层油气勘探中发挥着重要作用，在火山岩地震成像质量可靠的基础上，总结火山岩地震反射特征和可视化技术；用趋势面分析和频谱成像方法，识别火山岩机构的分布（姜传金等，2007）；采用地震波阻抗等方法提取火山岩厚度，预测火山岩储层分布。近年来多波多分量地震数据处理、解释方法为火山岩储层流体识别提供了有力手段。

基本形成了火山岩储层地震叠前成像和叠后预测配套技术：推广应用了深层火山岩储

层三维叠前偏移技术；建立了火山机构地震相特征识别方法；在火山岩岩性、岩相及有效储层预测技术方面，取得阶段成果。

但对于层状火山岩的地震相识别还需要进一步研究，对于火山机构内部刻画、火山岩储层含油气检测等方面还需要深入研究。

各个油气公司大多是利用以上勘探技术，从几何形态识别方面，寻找火山口，在其分布区进行钻探，在国内基本形成了火山岩油气勘探配套技术系列，但是系统的火山岩地震勘探储层预测和油气藏识别方面公开发表的文献较少。国内一些科研单位和油气勘探技术服务公司等都曾进行过火山岩油气藏的研究工作，主要是应用重磁电识别火山岩体和应用地震属性分析方面的专项研究较多。

火山岩储层具有岩性复杂、相变快、非均质性强、储集空间复杂等特点，油气受构造、岩性、后期蚀变等多重因素控制，在缺乏系统的技术理论体系情况下，单一探测和评价技术或针对个例油气藏（如酸性火山岩）的预测和评价技术组合通常不具备普适性，对于中性和基性火山岩、层状火山岩，有效储层和油气层的识别还没有有效技术方法。因此，建立适合我国火山岩储层类型的评价和油气藏识别的理论和技术体系已迫在眉睫，也是火山岩油气藏勘探和开发的国际性难题。

通过分析国内外火山（成）岩油气藏勘探技术方法，针对其存在的问题，"火山岩油气藏的形成机制与分布规律"（2009CB219300）课题组以火山岩储层地球物理响应为研究对象，在梳理、总结前人工作成果的基础上，研发火山岩储层及其油气藏识别与评价关键技术，建立相应的技术标准与行业规范，经过5年的攻关，形成了针对火山岩储层油气勘探的4项技术系列：(1)火山岩体、岩性重磁电早期、宏观分布预测技术系列；(2)火山机构、岩相、岩性、有效储层地震预测技术系列；(3)火山岩岩性、岩相、储层、流体测井识别技术系列；(4)火山岩岩性、储层的实验室微观分析技术系列。几大火山（成）岩油气藏勘探技术系列如下。

1）火山岩体、岩性重磁电早期、宏观分布预测技术系列

（1）深大断裂重磁识别技术。

主要解决的问题：深大断裂重磁异常有什么特征？深大断裂重磁异常如何获取？如何突出深大断裂重磁信息？

综合小子域滤波、水平梯度矢量模、相干滤波、欧拉反褶积、图形图像处理等方法突出深大断裂信息：

①欧拉反褶积方法：该方法是近几年来比较热门的重、磁处理方法，也是未来三维重、磁梯度测量资料处理中的重要方法。该方法是基于欧拉方程，不同的构造在欧拉方程中对应不同的构造指数，当选取断裂构造指数进行处理时就能够获得反应断裂深度及延展方向的信息，以便对深大断裂的性质进行判别。

②小子域滤波方法：该方法是一种非线性滤波方法，能够有效地增强重、磁异常中的梯度带，便于断裂的识别。

③水平梯度矢量模方法：该方法能够克服水平导数处理带来反应线状构造的负异常，使反应断裂的重、磁信息更加突出，便于断裂的划分。

④重力相干滤波处理方法：在重力处理中，应用该方法其目的是为了增强线状及梯级带重力异常特征。模型实验证明：应用该方法处理的断裂信息具有断裂信息丰富，断裂信息的连续性进一步增强，断裂弱信息的分辨能力显著提高，断裂信息的方向性更加清晰，使得划分的断裂更加可靠、自然等优点。

⑤图形图像处理方法：该方法能使某一方向的非线状构造但同时又具有线状特征的重、磁场得到加强。更为重要的是该方法能够有效地突出叠加在强异常之上的弱异常，使隐含在重、磁异常内的断裂得以反映。

（2）深层火山岩分布重磁预测技术。

主要解决的问题：深层火山岩磁异常信息如何计算？深层火山岩重磁异常如何获取？

积分迭代延拓平化曲后的磁异常很好地反映了深层火山岩的特征，该方法是建立在迭代积分下延基础之上的；迭代下延法具有克服高频振荡的绝对优势，在突出深层火山岩弱信号及能量均衡上均能发挥较好的应用效果。

（3）深层火山岩岩性分布重磁预测技术。

主要解决的问题：深层火山岩不同岩性磁异常信息如何计算？深层火山岩不同岩性重磁异常如何获取？

基于火山岩相对视密度、火山岩磁化率、相对视密度与磁化率的相关系数信息，利用神经网络判别法进行盆地火山岩岩性预测。具体步骤如下：

①对反映深层火山岩重磁异常进行三维磁化率及相对视密度反演，切取了磁化率反演断面并获取与 T_4 界面相关的磁化率及密度切片。经平化曲求取的火山岩磁异常处理的磁化率较原始磁异常反演的磁化率具有较高的分辨率，局部磁性体的空间分布特征非常清楚，这些局部磁性体大多反映的是断陷内的火山岩。

②对钻遇的深层火山岩岩性进行岩性分类编码，通过插值获取已知井处的相对视密度、视磁化率及两者的相关系数，形成神经网络训练学习的样本空间。

③应用 BP 神经网络对已知样本进行训练学习，形成判别网络。

④应用判别网络对火山岩岩性进行判别，完成火山岩岩性的预测。

2）火山机构、岩相、岩性、有效储层地震预测技术系列

（1）火山岩地层地震层序解释技术。

主要解决的问题：火山岩地层具有杂乱、横向连续性差的基本属性特征。基于水动力条件的传统的层序地层学理论在火山岩横向对比上很难发挥作用。如何在火山岩地层内部开展精细研究对比，是进一步深化气藏分布规律认识的关键。

技术对策：

①开展全区钻井—测井—地震联合统层研究，制作合成记录，通过从点—线—面—体—空间逐次实践、认识，确保钻井地质分层的准确性，结合三维可视化解释技术，保证了层位解释的可靠性。

②深入剖析徐家围子断陷营城组不同期次、不同旋回火山岩接触关系及界面特征，结合波场正演模拟成果，建立了"定地层—找通道—圈岩体—分旋回—体对比"的火山岩地震层序解释技术。

（2）火山机构的地震识别方法。

主要解决的问题：火山机构近火山口叠合区储集物性最佳，发育有效的孔缝组合，火山机构是火山岩气藏平面上发育的最有利部位，如何预测火山机构是火山岩勘探的重要问题。

技术对策：

建立以地震振幅切片动态演化分析、地震不连续边缘检测技术、构造局部异常提取分析为核心的识别火山机构技术系列，定性预测火山岩及有利储层发育区。

①振幅切片动态演化分析技术。

振幅切片动态演化分析技术是针对火山岩地层垂向逐一采样点进行地震属性分析，结合火山机构的地震响应特征进行火山机构的识别。

②不连续边缘检测技术。

不连续边缘检测技术基于第三代相干的精细算法，利用三维地震数据体中相邻道之间地震信号的相似性来描述地层、岩性的横向非均匀性。在断层切割的部位，相邻道之间的相干性将产生明显的不连续性。由沉积环境引起的地层岩性横向非均质性的变化也会改变地震相干性的强弱差异，从而可在相干时间切片上很清楚地识别出断层和不同的岩性体系特征。

③局部构造异常提取技术。

火山机构的局部异常提取技术是通过对构造趋势面和古构造发育史的分析，研究局部构造起伏来识别火山机构发育情况。地层界面的趋势变化是区域构造背景的反映，而由于构造运动、沉积作用、压实作用，以及火山活动等原因，可造成地层界面的局部变化、凸起或下凹。可以较好地预测火山机构的空间分布。

（3）火山岩岩相地震预测方法。

主要解决的问题：火山岩不同岩相具有不同的地震响应特征，如何开展火山岩岩相地震识别是火山岩勘探中的关键。

基于野外地质考察结合井震标定，明确火山岩不同岩相的地震反射特征，总结了爆发相、溢流相、火山通道相、侵出相，以及火山沉积相的地震响应特征和识别模式。基于火山岩岩相地震反射特征研究成果，优选地震属性结合单井岩相划分进行火山岩岩相识别。

（4）火山岩复杂岩性地震预测方法。

主要解决的问题：火山岩岩性复杂，能否利用地球物理参数有效区分？并结合反演结果对火山岩岩性进行定量分析？

综合 v_p、v_s、Den、v_p/v_s、LR、Lambda、MR、Mu、Pois、E、K、LA/Mu、AI、IS、EI（30）等15个弹性参数交会分析，优选不同岩性敏感参数，结合叠前反演预测技术进行岩性分布预测。

（5）火山岩储层、气层地震识别技术。

主要解决的问题：能否利用弹性参数反演结果定量分析火山岩的储层？用何种参数分析储层更加可靠？这一系列问题都是进行火山岩储层预测亟待解决的理论基础。

技术对策：

①岩石物理分析。

在岩性分组基础上，综合 v_p、v_s、Den、v_p/v_s、LR、Lambda、MR、Mu、Pois、E、K、LA/Mu、AI、IS、EI（30）等 15 个弹性参数，进行储层的识别和流体的判别。

在火山岩岩性分组基础上，进行不同岩性组储层敏感参数的优选，研究发现不同火山岩组的有利储层都具有低密度、低纵波速度的特征。其中，玄武岩组储层密度低于 2.74g/cm^3、纵波速度小于 5300m/s；安山岩组储层密度低于 2.53g/cm^3、纵波速度小于 5700m/s；密度低于 2.55g/cm^3、纵波速度小于 5800m/s 即为流纹岩组储层。

对于火山岩含气性识别，针对流纹岩组建立了纵横波速度比与纵波阻抗交会识别图版。

②叠前弹性参数反演。

利用火山岩储层叠前地震预测方法预测火山岩岩性、储层、气层。叠前地震预测方法是基于叠前地震资料，根据测井的 v_p、v_s、Rho 等数据和构造框架模型建立的初始低频模型，使用地震的偏移距道集—超道集—角道集数据，最终获得纵波阻抗、横波阻抗、密度，以及各种反映岩性和流体的岩石物理参数，包括：纵波阻抗（Z_p）、横波阻抗（Z_s）、密度、v_p/v_s、v_p、v_s 等。

3）火山岩岩性、岩相、储层、流体测井识别技术系列

（1）火山岩岩性测井识别技术。

主要解决火山岩矿物成分和结构复杂多变，测井响应也具有复杂性和多解性，岩性识别准确性低的问题。

将火山岩常规测井岩性识别方法、ECS 测井岩性识别方法、火山岩结构识别方法编译成解释程序，实现了火山岩岩性的测井自动识别，提高了解释效率，结合成像测井图像模式，综合判别岩性，形成了"成分+结构"的岩性识别方法。

（2）火山岩岩相测井识别技术。

主要用于解决火山岩相识别问题，其对于恢复古火山机构，揭示火山岩时空展布规律和不同岩性组合之间的成因联系具有重要意义。岩相与储层的发育情况具有相关性，因此，识别火山岩相对于储层分布的研究具有指导作用。

岩性、结构构造是火山岩岩相的重要相标志，识别岩相的关键是识别相标志，通过提取相标志的测井特征，建立火山岩测井相模式图版库查询系统；根据岩性识别结果、地质认识及测井相模式，实现了火山岩岩相和亚相的测井划分。

（3）火山岩储层流体识别技术。

主要解决的问题：火山岩矿物成分多样，孔隙结构复杂，蚀变作用及导电矿物对电阻率影响较大，低孔隙、低渗透的储层特点导致岩性对测井响应的影响超过流体的影响，这些因素导致火山岩储层流体识别难度较大。

研制了横纵波时差比、三孔隙度组合、双密度重叠、核磁—密度组合相结合的方法识别含气储层，通过孔喉半径比对电阻率校正的方法识别气水同层，形成了"宏观+微观"的流体识别技术。

$$ZHCS = A_1 \cdot VHZB + A_2 \cdot VKXD + A_3 \cdot VHC \quad (1-1)$$

式中　ZHCS——综合指数；
　　　VHZB——横纵波时差比值识别法归一化后交会值；
　　　VKXD——三孔隙度法归一化后交会值；
　　　VHC——核磁共振法归一化后交会值；
　　　A_1，A_2，A_3——系数。

（4）火山岩储层参数测井定量评价技术。

主要解决的问题：火山岩骨架变化范围较大，孔隙度和渗透率相关性很差，同时，由于岩性对测井响应的影响超过了流体的影响，很难建立适用的含气饱和度测井解释模型。

技术对策：

①有效孔隙度计算模型：针对火山岩骨架变化大的特点，研制了变骨架密度的孔隙度解释模型。

②渗透率计算模型：采用层流指数（FZI），对具有相似孔渗规律的储层进行归类，分类建立渗透率解释模型。

③饱和度计算模型：在火山岩储层孔隙类型、特征及岩电实验资料研究基础上，通过对 Maxwell 导电模型分析推导，建立了基于导电孔隙的含气饱和度模型。

4）火山岩岩性、储层的实验室微观分析技术系列

（1）火山岩岩性分析配套方法。

主要解决的问题：火山岩岩石学特征的研究，并非是对每个分析项目进行测试得出数据就解决问题了，不断进一步扩大其应用范围，不断提高所得数据的解释能力是关键，如何开展实验数据进行对比解释才能形成配套的火山岩鉴定系列技术？

技术对策：针对松辽盆地深层火山岩进行了多项配套分析，对实验数据进行对比解释，形成了配套的火山岩鉴定系列技术，并将配套技术及时应用于新钻探井跟踪分析和老井复查的研究工作中。

（2）火山岩全直径孔隙度分析技术。

主要解决的问题：火山岩储层孔洞和裂缝发育，裂缝成因复杂、类型多，常规小直径岩心难以测得准确的孔渗数据，影响天然气储层评价和储量计算。

技术对策：基于全直径岩心，利用高真空高压饱和法、气体法等方法开展孔隙度分析技术、渗透率分析技术、渗透率量值溯源技术研究。

（3）火山岩孔隙结构三维可视化重建技术。

主要解决的问题：常规铸体薄片无法精准观察和测量微孔隙及其连通性，尤其是黏土矿物吸附染色剂不易与孔隙区分，从而造成面孔率统计误差。

技术对策：采用荧光标定—激光激发共聚焦显微镜技术，实现火山岩微孔隙网络结构的三维重建。

2. 国内外火山岩油气藏开发技术

1）火山（成）岩油气藏储层开发难点

（1）火山岩储层一般以次生孔隙为主，其中又以裂缝和孔洞为主要储集空间，裂缝发育而分布不均匀是火山岩储层的重要特征。

（2）由于裂缝的分布极不均匀，因此，单井产能的差异远大于沉积岩。高产井的分布与构造位置有一定的关系，但与断裂走向、裂缝性质的关系更为密切。

（3）对于裂缝洞穴型储层，即使井距很大也可发生井间干扰，而非裂缝洞穴型储层井间几乎没有干扰或干扰很小。

（4）火山岩储层的裂缝系统非常复杂，所以一般不采用注水方式进行开发。如果选择注水开发方式，则必须在充分研究裂缝系统（包括裂缝类型、产状、发育程度、分布特征等）的前提下方可进行，否则，将使本已较复杂的油水运动更加复杂。

（5）井网密度是影响合理开采火山岩油气藏的主要因素，因此应注意完善开采井网。

（6）在火山岩油藏开发中期，已经不具备加密井部署条件，而水平井与直井相比具有泄油体积大、产量高、抑制气锥水锥等特点。

（7）加强对火山岩油藏开发综合研究，尤其加深对复杂岩性储层破裂机理的认识，探索复杂岩性微裂缝储层压裂工艺及核心技术。

针对上述困难，近年来国内外已经研发出成型的火山（成）岩储层开发技术系列。

2）国内外已经成型的火山（成）岩储层开发技术系列

（1）高产能构造裂缝预测技术系列。

主要解决的问题：对于构造裂缝来说，并不见得构造裂缝多的区域，岩石的储集性能就一定很好。经常用裂缝数量和渗透率来评价裂缝的有效性，但影响裂缝有效性的关键因素在于它的发育部位和应力场性质。

技术对策：

①测井裂缝分析技术。

主要用于识别、分析井筒中的裂缝，根据裂缝尺寸与测井曲线的响应关系建立裂缝分类标准，将裂缝分为三个类型：

a. 强电阻率对比：大尺寸裂缝，发育于断层区域；

b. 中电阻率对比：中等尺寸裂缝，发育于断层周边；

c. 弱电阻率对比：小型裂缝，微裂缝，远离断层区域。

②井筒应力系统分析技术。

用来识别井筒内部的裂缝里哪些为高产裂缝。

通过应用 FMI 数据来识别储层中的张性裂缝及其应力的方向。

基于（贯穿储层）密度曲线数据，计算垂向梯度压力（S_V）数值。通过测井综合解释数据，得到孔压（p_p）数值。

应用 Hickman 和 Zoback（2003）的经验关系公式（开放体系下的耐压强度与岩石的声波速度之间的关系），估算、预测出储层岩石强度。

通过对比 S_H、S_V 与 S_h 来判断裂缝区的应力性质，处于走滑状态（$S_H > S_V > S_h$）区域的裂缝，其切向应力超过岩石的抗拉强度的为张性裂缝，而张性裂缝区域与油气高产区相对应。

③井筒应力分析技术。

使用井筒压力模型，评估一类、二类裂缝与临界压力的逼近值，通过计算剪切压力和正常压力的比率，预测每一种裂缝表面的走滑趋势（Morris et al., 1996）。基于室内的摩擦实验（Townend et al.，2000；Zoback et al.，2001），系统研究储集岩的裂缝压力状态，提出裂缝的滑动摩擦系数值0.6这一临界值：达到0.6，由压力引起的走滑运动开始减小、产生张性裂缝的可能性在增加；大于0.6，达到高产能的临界压力。

④断裂系统应力分析技术。

主要用来确定储层中各种裂缝的应力性质，预测储层的哪个区域存在与高产相对应的裂缝。采用以下两种技术方法：

a. 高精度三维断层解释。

b. 断裂应力系统建模。

（2）深层火山岩储层压裂核心技术。

①火山岩储层压裂风险预测技术。

风险预测的基本思路是在建立火山岩破裂与延伸预测模型的基础上，分析导致风险的因素，针对风险因素优化、调整施工参数，采取主动措施避免产生风险。压裂施工过程中易出风险的环节主要有施工规模、施工排量、输砂程序方式、最高砂比等方面，通过采用压裂风险预测技术，可以在施工前给出施工规模、施工排量的范围、输砂程序方式、最高砂比和裂缝剖面的变化情况等方面的预测数据，降低施工风险。

②火山岩裂缝性储层测试压裂现场快速解释技术。

测试压裂指在主压裂施工前向地层中注入一定量的压裂液，使地层产生小规模裂缝，同时记录压力、排量、时间等数据，通过对压力、排量资料分析解释可以提供地层实际的闭合压力、滤失系数、微裂缝数量等关键参数，为完善主压裂设计提供依据。

现有的常规测试压裂模拟与解释技术都是以常规砂岩压裂破裂与延伸模型为基础，对火山岩只能解释出恒定滤失系数，而该滤失系数无法表述火山岩裂缝性储层滤失裂缝数量随时间的变化。同时，由于多裂缝竞争的影响，现有模型也无法表述缝宽随时间的变化，更难确定由于以上因素的协同作用造成流体滤失与时间的变化关系。为此，根据已往施工井层的井底压力曲线，按各种岩性进行测试压裂模型的"个性化"完善，并针对火山岩裂缝型储层测试压裂曲线变化复杂、解释工作量大、时间长、不能满足测试压裂当天进行主压裂的实际，根据深层的地质和火山岩压裂时裂缝启裂与延伸模型的特点，将火山岩裂缝型储层测试压裂曲线按特征细分为9级，并按照9个级别建立快速解释图版，可保证在3h内完成现场解释，满足压裂施工的需要。

③火山岩储层水力压裂裂缝延伸控制技术。

为了保证加砂压裂施工的顺利完成，必须形成一条有足够宽度与长度的主裂缝，才能大幅度提高产能。但是在火山岩中存在着大量的微裂缝，如不加以控制，会造成多条裂缝同时开启，无法形成一条主裂缝，必须控制裂缝的延伸才能形成主裂缝。针对"千层饼"型的地层，必须采取措施保证只开启3条以内的主裂缝，并使其正常延伸；针对"仙人掌"型的地层，在尽量减少"小掌"数量的同时，控制压裂液的漏失是关键，防止因"小掌"过液不过砂导致裂缝内局部砂浓度过高而形成砂桥使施工失败。

（3）水平井优化设计技术。

在火山岩油藏开发中期，已经不具备加密井部署条件，而水平井与直井相比具有泄油体积大、产量高、可抑制气锥、水锥等特点。

设计思路如下：

①布井区带筛选。

对比分析区块内各火山岩机构规模和展布特征、构造特征、储层发育特征、气水分布特征、井控程度及直井试气试采等动态特征，筛选出有利布井区带。

②水平井设计参数优化论证。

a. 水平井目的层确定。

依据区块地层层组划分成果和各层组的动态特征，优选区块主力产气层作为水平井的目的层。

b. 水平井延伸方向确定。

确保水平段沿火山岩主力产层段延伸，钻遇较多的天然有效孔隙发育带，获得较高的自然产能和较好的压裂改造效果。

c. 水平段长度优化。

以布井区带火山机构展布特征、火山口位置、构造特征、储层有效厚度分布特征、裂缝发育特征、气水分布特征和井控程度等地质动态特征为主，考虑现有钻井和压裂等工艺技术水平，结合理论计算和国内外油气田水平井开发经验，综合优化水平段长度。

d. 水平段位置确定。

主要依据布井区带内储层的油水、气水分布特征确定水平层段位置。

③井位初选。

以区块地质动态认识为基础，结合水平井设计参数优化论证成果，在布井区带内，优选火山机构、构造和储层等有利位置，初步确定水平井井位。

④水平井轨迹优化。

通过开展火山岩储层地震响应和三维地质建模等综合研究，结合区块火山机构展布特征及地质动态认识，对初步确定的水平井轨迹进行优化。

（4）火山岩油气藏水平井随钻地质导向技术。

水平井随钻地质导向就是依据随钻实时获取的随钻综合录井（岩屑、气测）、随钻测井（伽马、电阻率、密度、中子孔隙度等）和钻井运行参数（钻压、钻速、钻井液黏度和体积的变化）等数据对地质模型进行实时修正，并利用修正后的地质模型为钻井提供实时导向。

①远程实时地质导向系统构建。

通过将随钻电测系统、综合录井系统与便携式微机工作站连接，构建井场局域网络；通过随钻测井（LWD）和多种系列综合录井数据实时录取、解释、对比软件，实现井场数据的实时录取、解释和对比；借助卫星通信或CDMA/GPRS实现油田广域网络与井场局域网有效对接，构建远程传输网络；通过软件实现井场LWD和综合录井数据的实时采集、远程传输和后方实时监控，远程地质导向人员可以通过Web终端实时掌握钻井动态，实时为钻井现场提供地质导向。

②远程地质导向系统获取的数据种类及用途。

a. 随钻测井与钻后测井。

水平井测井主要包括两大类：一是随钻测井，二是钻后电缆测井。

随钻测井与钻后测井在测量深度上往往存在一定的差异。前者仪器设备安装在钻杆内部，随着钻杆转动和上下移动对井眼周围地层进行探测，因钻杆的刚性和韧性较强，拉伸量较小，而且钻杆所处的位置一般都接近井眼中心，因此钻杆的测量深度较小。后者仪器依靠钢丝缆绳垂悬下井，钢丝缆绳拉伸量相对较大。随钻测井与钻后测井测量的岩石物理属性参数往往存在一定的差异。前者通过钻井液将探测信号传输到地面，受环境影响很大，测量数据往往存在较大波动，但总体趋势与后者保持一致；此外，因采样密度较后者大很多，对钻遇目的层段性质的变化刻画较为精细。后者通过电缆将探测信号传输到地面，受环境影响较小，测量数据精度较高，但因采样密度较前者小很多，因此，测井曲线相对比较平滑，对目的层段性质的变化刻画不够灵敏。

钻速：记录钻井过程中钻井的速度，可判断岩石硬度，对岩石物性的了解有一定帮助，但由于受到外加因素的干扰，不能作为绝对判断条件。

伽马曲线：应用伽马射线探测器测量岩石的总自然伽马射线强度，可根据曲线值来判断岩性，是水平井钻遇火山岩的重要依据。

电阻率曲线：与伽马曲线同时使用，作为判断岩性和储层的依据。

密度曲线：测量井壁岩石密度曲线，是判断储层的重要参数，根据密度曲线可以判断是否进入目的层。

中子曲线：与密度曲线综合判断储层。

井径曲线：评价井轨迹质量的曲线。

b. 综合录井。

岩屑是识别岩性、判断钻遇地质层位的最有利证据之一，但录井岩屑颗粒较小、组分复杂，常常会有许多假的成分（俗称假岩屑）掺杂其中，给岩性鉴别和层位判断造成干扰。岩性鉴别的方式有：目测法、体验法、镜下观察法、间接法（气测、测井）和综合法。

气测数据是录井对钻头位置岩石含气性进行检测获得的，可直接判断地层的含气性，准确性很高，是十分重要的第一手资料。通常，利用气测数据判断气层含气性主要参考两项指标：一是参考气测全烃含量随深度变化曲线；二是参考层段内气测全烃最大值、最小值、均值和基值的统计值。实践证明：应用气测数据判断气层含气性，应依据钻井液性质和综合录井系列的差别而采用不同的判别标准。如油基钻井液与水基钻井液相比，对岩层含气性的判别敏感性相对较差，因此，对于同一气层而言，采用油基钻井液测得的全烃含量比水基钻井液测得的全烃含量相对低一些。

三、国外火山岩油气藏典型实例

1. 贾蒂巴朗油田

贾蒂巴朗油田位于印度尼西亚爪哇盆地西北部陆上，1969年被发现，投产于1970年，油田包括数个油气藏，都位于一个规模较大的断块中，油气聚集在褶皱构造和火山岩裂缝中。储层为凝灰岩风化壳。裂缝发育是油气高产的主要因素，凝灰岩由于裂缝发育，孔隙度达9%，渗透率达25mD。原油重度为30°API。截至2012年，油田已生产油 1.767×10^8 t，产气 $760\times10^8 m^3$。

2. Scott Reef 油气田

Scott Reef 油气田于 1971 年被发现，气田位于布劳斯盆地内的 Brecknock-Scott Reef 背斜带，该背斜带位于 Caswell 凹陷与 Barcoo 凹陷的接合部，圈闭内背斜被断层错开，是典型的不整合面下的背斜与断层共同封堵的油气藏。储层物性受到成岩后作用的改造，由于 Scott Reef 构造带内的烃源岩尚未成熟，因此 Scott Reef 气田的天然气来自其他层系。Scott Reef 油气田探明储量为 $1795×10^4$t 油、$3877×10^8m^3$ 气。日产气量峰值为 $17.8×10^4m^3$。

3. 白虎油田

白虎油田位于越南东南九龙盆地中央隆起带，岩性为基岩，长约 30km，宽 6~8km。其形成主要受到 NE 向构造运动的控制与抬升，受到风化、淋滤作用，之后逐渐下沉，在渐新世末期受到东西方向构造运动的影响，发育大量断层和裂缝。白虎油田早新生代基岩以花岗岩和花岗闪长岩为主。该油藏的储集空间为孔隙和裂缝。孔隙包括原生孔隙和次生孔隙，原生孔隙的孔隙度小于 0.5%，为无效孔隙，次生孔隙的孔隙度为 1%~2%；中大型裂缝宽度在 100~500μm，渗透率可超过 20mD；微裂缝构成的裂缝系统孔隙度为 2%~10%，裂缝宽度为 1~10μm。渗透率在 5~7mD。其探明储量为 $1.9×10^8$t。

4. Suban 气田

Suban 气田发现于 1998 年，投产于 2003 年，探明地质储量超过 $1700×10^8m^3$，储层岩性主要为基底的花岗岩，分析测试显示，该储层内部发育大量的相互连通的裂缝，为裂缝型油气藏，孔隙度为 8%~14%，渗透率为 0~8mD。储层厚度约为 1800m。

5. Medanito-25 de Mayo 油田

Medanito-25 de Mayo 油田位于阿根廷内务肯盆地，油气都产自中—下侏罗统的 Precuyano 组，储层岩性为凝灰岩、熔结凝灰岩，流纹岩。最高日产油 $1939m^3$、日产气 $48.8×10^4m^3$。目前该油田可采储量约为 $7000×10^4m^3$，1962—2001 年累计产油 $5600×10^4m^3$。

6. 穆拉德汉雷油田

穆拉德汉雷油田位于库拉盆地东部。它是 20 世纪 70 年代初期火山岩油气勘探的一个重大发现。石油主要产于潜山顶部的火山岩储层（粗面玄武岩及安山岩）。

晚白垩世初期，穆拉德汉雷地区火山喷发形成了粗面玄武岩及安山岩，最大厚度 1950m。喷发岩（安山岩、玄武岩、玢岩）是油田的主要储层。钻井资料表明，喷发岩的上部发育大裂缝及微裂缝系统，油田的产能取决于裂缝的发育程度。储层孔隙度为 0.6%~20%，平均 13%，微裂缝孔隙占总体积的 0.44%，单井日最高产油量 400t。

7. 萨姆戈里油田

萨姆戈里油田位于格鲁吉亚格罗兹内地区。1974 年打出第一口工业油流井，日产油 123t。油田位于鞍形构造中，形成两个隆起，南翼陡，而北翼缓。两个隆起同属一个水动力系统。隆起幅度由西往东增加。

储层岩性主要为凝灰岩、火山碎屑岩。储层为裂缝—孔洞型储层。裂缝发育主要方向为垂直方向。

8. 吉井—东柏崎气田

吉井—东柏崎位于日本柏崎市东北 10km，位于新潟盆地西山—中央油气区，是一狭长形的背斜构造。其西北高点为帝国石油公司的东柏崎气田，东南高点为石油资源开发公司的吉井气田。背斜长16km，宽3km，含气面积27.8km²，可采储量1500×10⁸m³。储层为新近系绿色凝灰岩（绿色凝灰岩为一套火山岩层系，由于成岩后期受到了绿泥石化的影响，被国外学者称为绿色凝灰岩，岩性上并不全是凝灰岩，还包括流纹岩、英安岩、玄武岩、安山岩）。为国外日产最高的火山岩气田，最高日产量为50×10⁴m³。

吉井—东柏崎气田共钻井46口，井深2310~2720m。火山岩储层有效厚度5~57m，孔隙度7%~32%，渗透率5~150mD。绿色凝灰岩气层的产能高低主要与次生孔隙及裂缝的发育密切相关。裂缝不发育的凝灰岩，孔隙性、渗透性差，产能低。整个气藏的形态呈不规则状、储层均质性差。

9. 南长冈气田

南长冈气田发现于1978年，为日本埋藏最深的火山岩气田（3800~5000m），储层主要为海底喷发而形成的火山岩，岩性以凝灰岩为主，实测气层厚800m以上，是日本目前为止发现的最大气田。

南长冈气田1984年投产。开发初期，日产气100×10⁴m³，1994年以后，随着压裂技术的成功应用，气田北部火山岩致密储层得以成功开发，气田开发规模逐步扩大，2005年日产气320×10⁴m³，截至2006年上半年底，共钻井31口，其中生产井19口，日产规模（150~320）×10⁴m³，累计产气91.87×10⁸m³。

第二章　火山岩油气藏形成的有利大地构造背景

本章首次从全球板块构造角度，探讨不同盆地的结构类型及沉积盆地群与板块边界、深部构造背景之间的关系，进行火山岩盆地结构特征、构造演化对比，展示全球典型火山岩盆地的形态结构，提出大型裂谷和活动陆缘大型沉降带是形成火山岩油气藏的有利环境。从更大的视野为我国火山岩油气藏的形成机制与分布规律研究提供参考。

通过开展全球古板块再造框架下不同时期烃源岩分布研究，结合全球火山岩层系分布指出火山岩层系与烃源岩在地层分布上具有正相关关系，为我国及海外火山岩油气勘探提供基础理论支撑。

完成了中国东西部构造格局划分、火山岩时空分布特征研究，指出在我国沉积盆地发育石炭系—二叠系、侏罗系—白垩系和古近系—新近系3套火山岩层系，火山岩主要形成于陆内裂谷和岛弧环境，为分析东西部火山岩成藏机理提供依据。

第一节　全球晚古生代以来火山岩形成的区域地质背景

一、全球晚古生代古板块构造

晚古生代泛大陆聚合期间存在的洋盆包括：乌拉尔洋（西伯利亚板块、波罗的板块、哈萨克斯坦板块之间）、莱茵洋（劳俄板块与冈瓦纳大陆之间）、古亚洲洋（西伯利亚板块、哈萨克斯坦板块、华北陆块和阿穆尔陆块之间）、蒙古—鄂霍次克洋（西伯利亚板块、阿穆尔陆块和华北陆块之间）、索伦洋（阿穆尔陆块和华北陆块之间）、突厥洋—天山洋（波罗的板块、哈萨克斯坦板块和塔里木板块之间）、秦岭洋（华北陆块和扬子陆块之间）、古特提斯洋（劳亚大陆、塔里木陆块、华北陆块和冈瓦纳大陆之间）。这些洋盆交织出现于不同板块和陆块之间，并随着板块的运动而发生洋盆规模的扩张和缩小（图2-1）。古亚洲洋晚古生代以持续闭合为特点。亚皮特斯洋、通奎斯特洋、莱茵洋、古特提斯洋、新特提斯洋洋盆依次具有此消彼长演化更迭特点。古亚洲洋与古特提斯洋也具有此消彼长的构造演化关系，其间以塔里木、华北等多个陆块相隔。古特提斯洋盆向北俯冲，新特提斯洋盆张开，两者构造演化此消彼长，并以基默里大陆相隔（图2-1）。随着上述洋盆陆续关闭，石炭纪—二叠纪形成的主要造山带包括：中亚造山带、乌拉尔造山带、华力西—阿巴拉契亚造山带、秦岭—大别造山带（王清晨等，1989）、天山—突厥造山带（李锦轶，2004）、索伦山造山带（孙德有等，2000）、泰梅尔造山带。它们主要出现于劳亚大陆及其周围，造成泛大陆的最终拼合。

泥盆纪全球主要存在两块大陆：冈瓦纳大陆和劳伦—波罗的—西伯利亚大陆（Golonka称其为Oldredia大陆）。冈瓦纳大陆主体部分位于南纬30°以南，包括今非洲、南美洲、南极洲、澳大利亚、阿拉伯、印度、马达加斯加、羌塘、拉萨等板块和地体。劳伦—波罗的—西伯利亚大陆，主要由劳伦、波罗的、西伯利亚三块板块组成，北美与波罗的板块之间为已经碰撞拼合的加里东造山带，波罗的、劳伦板块与西伯利亚之间以巴伦支地块（Barentsia）相连。泥盆纪全球主要发育三个大洋：莱茵—古特提斯洋、乌拉尔—古亚洲—蒙古鄂霍次克洋和泛大洋。古特提斯洋分隔南北两块大陆，北侧为俯冲带，向北俯冲于劳伦—波罗的板块之下，南侧为冈瓦纳大陆广阔的被动陆缘，古特提斯洋西段为莱茵洋，泥盆纪由于劳伦和南美板块的碰撞而关闭。乌拉尔—古亚洲—蒙古鄂霍次克洋为北半球诸陆块北侧发育的大洋，西段乌拉尔洋分隔西伯利亚和波罗的板块，向北俯冲于西伯利亚板块之下，于晚二叠世闭合；中段古亚洲洋向北俯冲消减，造成大量陆块向北拼贴增生至西伯利亚南缘，随着西伯利亚板块的顺时针旋转，自西向东逐渐关闭，最终于二叠纪闭合；东段蒙古鄂霍次克洋南缘为华北陆块，于侏罗纪闭合。泛大洋南北向扩张，在劳伦—西伯利亚西缘形成一条广阔的俯冲带。

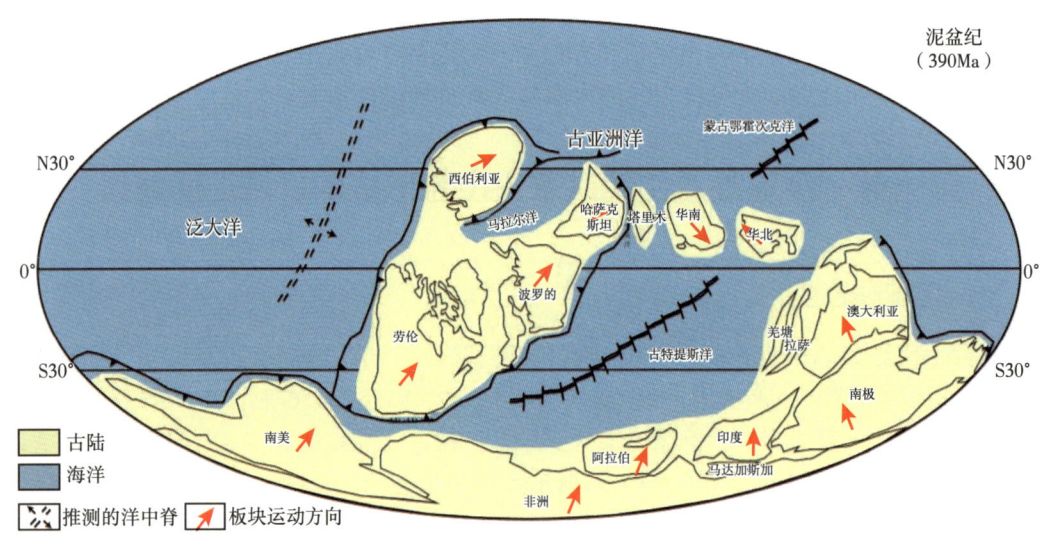

图 2-1　泥盆纪（390Ma）古板块再造图（古地磁数据来源于全球古地磁数据库 GPMDB）

冈瓦纳古陆与劳亚古陆碰撞形成了泛大陆，构成了石炭纪全球板块构造的基本格局。这一时期全球主要板块大多向北、东或北东方向运动（向北为绝对运动方向），并发生旋转：非洲西北部与欧美大陆东南缘沿南阿巴拉契亚山和Meseta山缝合，非洲东北部和阿拉伯地区向NNE方向运动，南美逆时针旋转并向北朝着欧美大陆运动，西伯利亚、华北和澳大利亚板块则表现为顺时针旋转；中欧洋闭合，俄罗斯（古欧洲）大陆与南欧小型陆块（如莫尔丹努布地块）之间的海西造山带形成；哈萨克斯坦微陆块与西伯利亚碰撞。晚石炭世，随着乌拉尔洋和原特提斯洋的闭合，西哈萨克斯坦与波罗的拼接，乌拉尔造山带形成（该时期伏尔加—乌拉尔盆地的东侧发育绿色磨拉石沉积序列，而西侧则仍然发育生物礁；李斌和朱筱敏，2012），劳亚超大陆形成；与此同时，南美与劳亚大陆碰撞，莱茵洋闭合（其时间由土耳其地区蛇绿岩及同—后碰撞花岗岩时代限定），形成阿巴拉契亚山最南部分和 Ouachita 山；非洲东北部和阿拉伯地区随泛大陆向北漂移；冈瓦纳此时已位于南极附近。

该时期的岩浆事件主要受控于现今位于非洲的大型核幔边界低速带（LLSWVP，Large Low Shear Wave Velocity Provinces），包括非洲板块北部、阿拉伯板块、北美板块北部，以及伊朗、印度、波罗的板块的泛大陆核部受其影响；北海、西伯利亚南缘发育 3 个大岩浆岩省（表 2-1，Kravchinsky，2012）。

表 2-1 石炭纪全球大火成岩省列表

大火成岩省（LIP）	位置	LIP 活动平均时间（时间范围）(Ma)	对应地质事件	面积（$10^6 km^2$）	玄武岩体积（$10^6 km^3$）
Skagerrak-Centered	北欧	297±4（285—310）	石炭纪末热带雨林大面积消失	0.25	0.5
Barguzin-Vitim	贝加尔褶皱带、泛贝加尔区域、蒙古	（275—310）	石炭纪末热带雨林大面积消失	0.15	0.3
Viluy	西伯利亚地台东部	（350—380）	杜内阶结束	>1.00	>1.0

泛大陆 330Ma 开始逐渐聚合，形成于劳伦大陆、波罗的、西伯利亚、冈瓦纳等大陆持续向北纬地区运动过程中（图 2-2）。其中，西伯利亚在晚古生代还持续地发生顺时针转动。晚二叠世（约 250Ma）泛大陆规模达到最大，东缘出现新的洋壳（王鸿祯等，2006）。泛大陆形成过程中，形成中亚造山带、乌拉尔造山带、华力西—阿巴拉契亚造山带、秦岭—大别造山带（王清晨等，1989）、天山—突厥造山带（李锦铁，2004）、索伦山造山带（孙德有等，2000）、泰梅尔造山带（图 2-2）。它们主要出现于劳亚大陆及其周围，造成泛大陆的最终拼合。泛大陆聚合过程中，全球所有板块并未同时聚合，柴达木地体、昆仑地体、华北陆块等分布在泛大陆的边缘。

二叠纪，古亚洲洋盆（蒙古—鄂霍次克洋）持续收缩关闭，古特提斯洋向北俯冲，基默里陆块群开始从冈瓦纳大陆裂解，其南侧的新特提斯洋开始扩张。塔里木、华北、扬子、中蒙古等陆块群处于古亚洲洋和古特提斯洋之间。泛大陆外围被泛大洋环绕，两者之间出现巨大规模的俯冲带。泛大陆聚合后，板块之间的位置通过走滑断裂进行调整：劳亚大陆与冈瓦纳大陆间，发育规模巨大的左旋走滑断裂系；西伯利亚板块、波罗的板块、哈萨克斯坦板块、准噶尔地体和塔里木陆块等中亚地区，也通过大型左旋走滑断裂进行调整。

泛大陆聚合后，大陆内部发育地幔柱和裂谷系（图 2-3）。西伯利亚板块上发育有 251Ma 的地幔柱，地幔柱的发育形成了西伯利亚裂谷系。塔里木陆块发育有 251—272Ma 的地幔柱和这一时期的火山岩省。扬子陆块上发育约 259Ma 的地幔柱，形成了峨眉山玄武岩省。劳亚大陆和冈瓦纳大陆内部均发育有三叉裂谷（图 2-3）。北美、波罗的和非洲大陆间的裂谷系，逐渐发育形成洋壳最终造成大陆间的裂解。南美和非洲大陆间的裂谷系，造成二者在侏罗纪的最终分离。非洲大陆内部，阿拉伯板块，马达加斯加板块与非洲大陆东缘的裂谷系，后来均演化为洋盆，造成大陆的裂解。

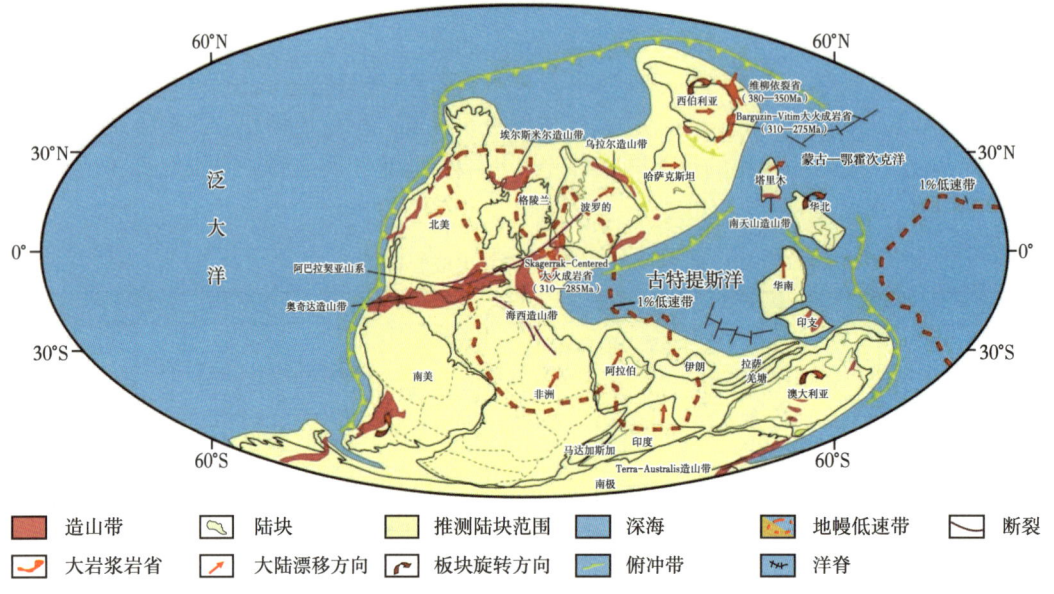

图 2-2　石炭纪古板块再造图（板块再造：320Ma，造山带：338~323Ma）

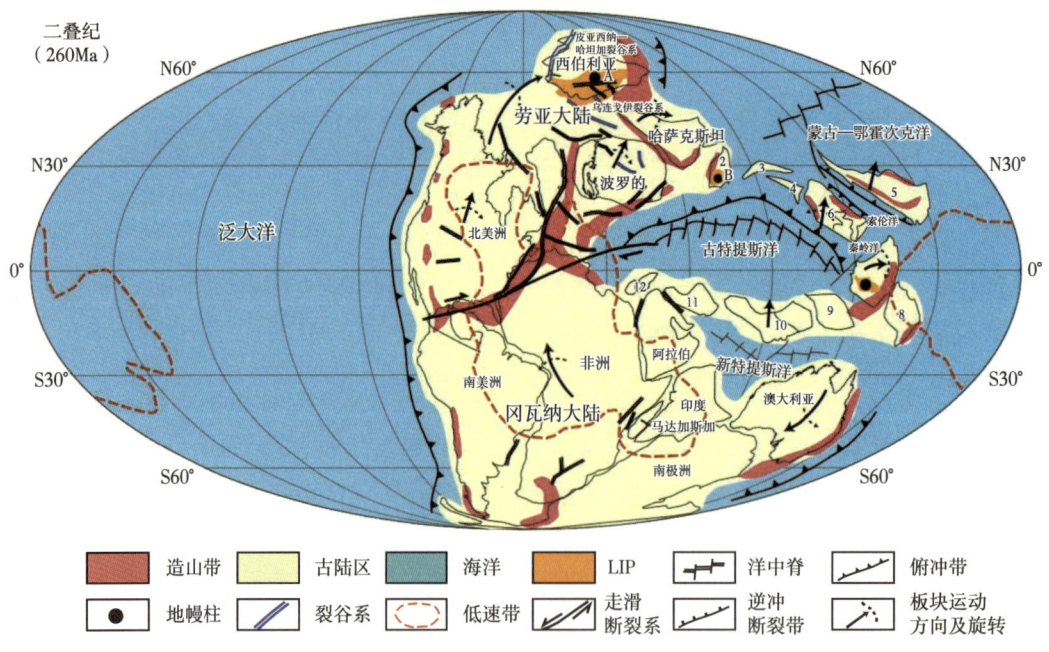

图 2-3　泛大陆（约 260Ma）板块再造图（古地磁数据来源于全球古地磁数据库 GPMDB）

二、全球晚古生代板块聚合特征

晚古生代泛大陆聚合过程中,不同板块运动轨迹显示大规模漩涡运动轨迹,并伴随板块自身发生旋转。

晚古生代板块轨迹图显示,非洲板块中心位置由南纬50°左右向北移动到南纬10°左右;北美板块中心位置,由南纬20°左右向北移动到北纬10°左右。西伯利亚板块中心在早志留世(440Ma)在北纬10°左右位置,之后一直向北移动,晚石炭世到早二叠世(300Ma)移动到北纬75°,之后向南移动,250Ma左右的时候移动到北纬60°左右位置。在440—250Ma期间,波罗的板块中心位置由南纬50°左右向北运动到南纬10°左右;在380—260Ma期间,澳大利亚板块中心位置由南纬5°左右向南运动到南极附近。440—250Ma期间,扬子陆块一直在赤道附近移动,纬度变化较小。在380—340Ma期间,华北陆块则体现为由北纬15°左右向赤道移动,到340—260Ma期间,又由赤道向北移动。综上所述,在泛大陆聚合过程中,南美板块、西伯利亚板块、波罗的板块、澳大利亚板块、塔里木陆块、华北陆块等在古生代的运动轨迹总体上具有顺时针旋转的趋势,多个板块呈顺时针的漩涡式运动聚合。中亚阿尔泰造山带晚古生代期间处于波罗的、西伯利亚、塔里木、哈萨克斯坦等多个板块漩涡运动聚合的中心部位(图2-4和图2-5)。

分析单个板块(北美板块、非洲板块、波罗的板块、西伯利亚板块、华北陆块、塔里木陆块)晚古生代的运动学特征,以及不同板块间的相对运动,可以得出在泛大陆聚合过程中,至少出现四种碰撞造山作用:追尾式碰撞、侧向式碰撞、错车式碰撞、拥堵式碰撞。

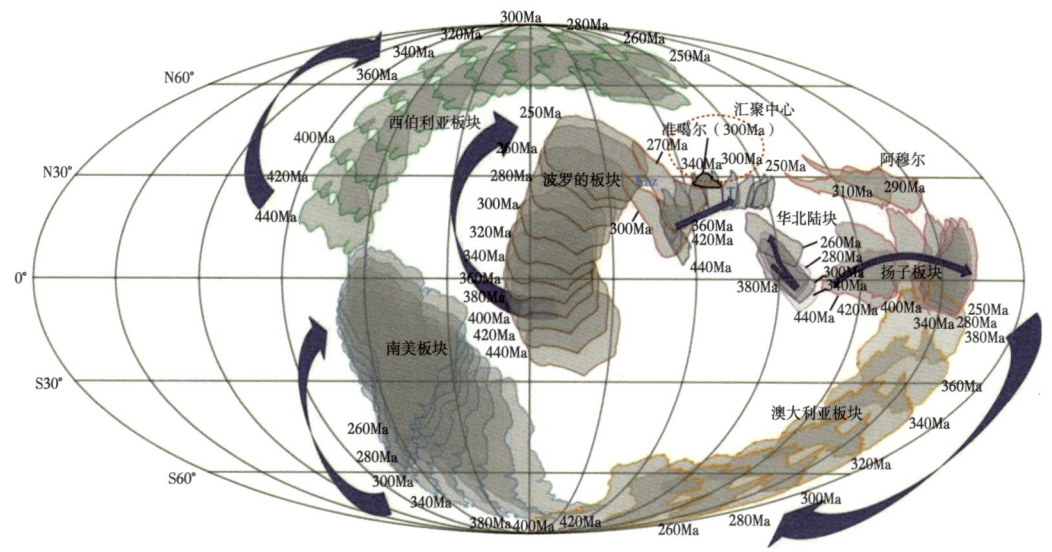

图2-4 泛大陆聚合过程中不同板块和陆块运动轨迹示意图

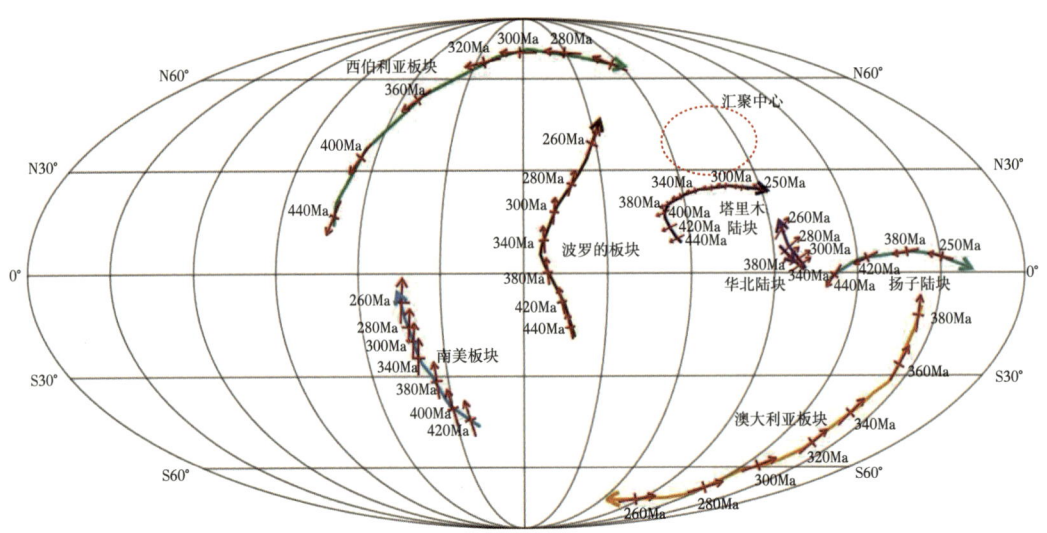

图 2-5 泛大陆聚合过程中陆块运动轨迹及其板块方位变化示意图

1. 追尾式碰撞

不同板块同向运动过程中,板块运动出现速度上的差异,如前方板块速度慢于后方板块,造成其间洋盆逐渐收敛—关闭,如莱茵洋(海西造山带)、索伦洋(索伦山造山带)等,这种碰撞方式称为追尾式碰撞。由于碰撞板块之间的相对运动的速率较小,追尾式碰撞造山难以发生大规模的地壳缩短,更多是以陆块拼合作用为主。

奥陶纪—泥盆纪,冈瓦纳北侧(现今北非)为被动大陆边缘,莱茵洋内发育一系列岛弧(图2-6)。晚古生代,俯冲增生作用造成莱茵洋盆的关闭和构造反转。在约370Ma,劳伦板块、波罗的板块和阿瓦隆尼亚地体右旋—斜向碰撞形成劳俄大陆,并且莱茵洋盆向北俯冲,开始收缩,直到关闭(约280Ma),形成泛大陆。通奎斯特洋盆、瑞克洋盆先后关闭,形成华力西—阿巴拉契亚造山带。冈瓦纳与劳俄大陆在石炭纪碰撞(华力西—Alleghanian造山作用),形成泛大陆。冈瓦纳被动陆缘石炭纪向北俯冲于阿瓦隆尼亚增生拼合的地体之下,形成周缘前陆盆地和褶皱冲断带。莱茵洋盆闭合期间(晚泥盆世—二叠纪),沿着华力西造山带发生大规模右旋剪切,与劳俄大陆(劳伦和波罗的板块组成)顺时针旋转相关。两者碰撞后,二叠纪持续向北运动。莱茵洋与亚匹特斯洋、通奎斯特洋互为消长。

在石炭纪末,莱茵洋盆向北俯冲关闭形成于劳俄大陆(波罗的和劳伦板块组成)和冈瓦纳大陆(非洲代表)持续北向漂移期间。冈瓦纳大陆石炭纪北向漂移持续提速,达到6cm/a,其北向漂移速率快于波罗的板块(图2-6),造成追尾式板块碰撞。冈瓦纳大陆在碰撞后,二叠纪初又减速。劳伦大陆晚古生代(志留纪—石炭纪)发生大幅度顺时针旋转,冈瓦纳大陆发生大幅度反时针旋转,两者追尾并斜向碰撞形成华力西造山带。

冈瓦纳大陆在泥盆纪—早石炭世,处于南半球的高纬地区,发生大幅度顺时针旋转,运动方向由向南漂移,转变为向北漂移。在晚古生代冈瓦纳大陆向北运动过程中,在其西南缘出现 Terra Australia 造山带,记录了太平洋板块对冈瓦纳大陆的俯冲作用。

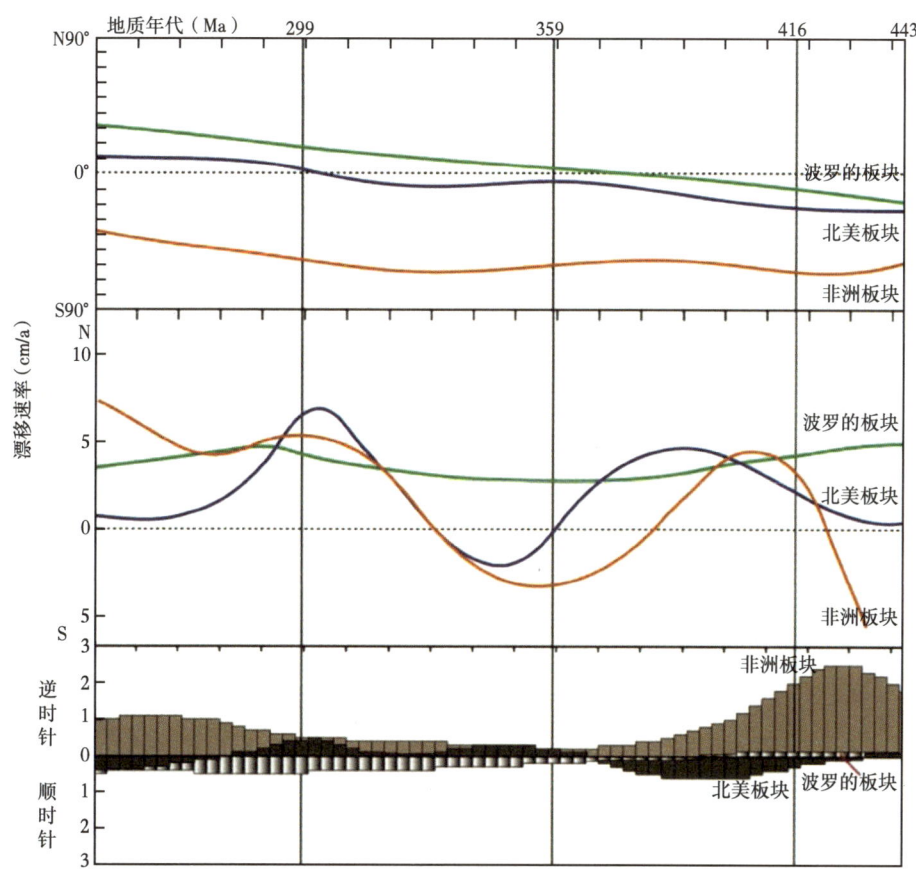

图 2-6 北美板块、波罗的板块和非洲板块纬向漂移速率和自转角速度对比

在晚古生代,华北陆块北缘与阿穆尔陆块之间出现索伦洋,两个陆块在持续向北运动过程中,华北陆块与阿穆尔陆块发生追尾式碰撞,造成两者之间的索伦洋盆相向俯冲,发生洋盆关闭和陆块碰撞。

2. 侧向式碰撞

两个板块运动轨迹大角度交叉,则会发生侧向碰撞,如在晚泥盆世—早二叠世,波罗的板块向北运动过程中与相对静止的哈萨克斯坦板块和向东北运动的西伯利亚板块先后发生侧向碰撞。中泥盆世,波罗的板块东缘开始出现萨克马尔岛弧(Sakmarian)—弧后盆地。到晚石炭世—早二叠世,乌拉尔洋斜向关闭,此处发育前陆冲断带,且南段的碰撞造山早于北段(中二叠世)。乌拉尔碰撞山脉狭长,并伴随有左旋走滑剪切变形。侧向碰撞具有不可预见性和偶然性。晚古生代,西伯利亚与波罗的板块之间的洋盆发育显示复杂的关系。

塔里木板块与哈萨克斯坦板块碰撞,也具有侧向式碰撞特点,岛弧杂岩带大幅度弯曲形成马蹄形构造。乌拉尔造山带截切中亚造山带,造成不同造山带空间格局的突然变化,乌拉尔造山带明显不同于中亚造山带弧形构造系，也支持波罗的板块侧向碰撞的解释。西伯利亚板块早古生代转动并不明显，到石炭—二叠纪，西伯利亚板块开始顺时针旋转，推测与波罗的板块由南向北运动的侧向碰撞造成的干扰相关（图2-7）。波罗的板块对西伯利亚板块南缘俯冲带的发育影响不大，也支持侧向碰撞的解释。

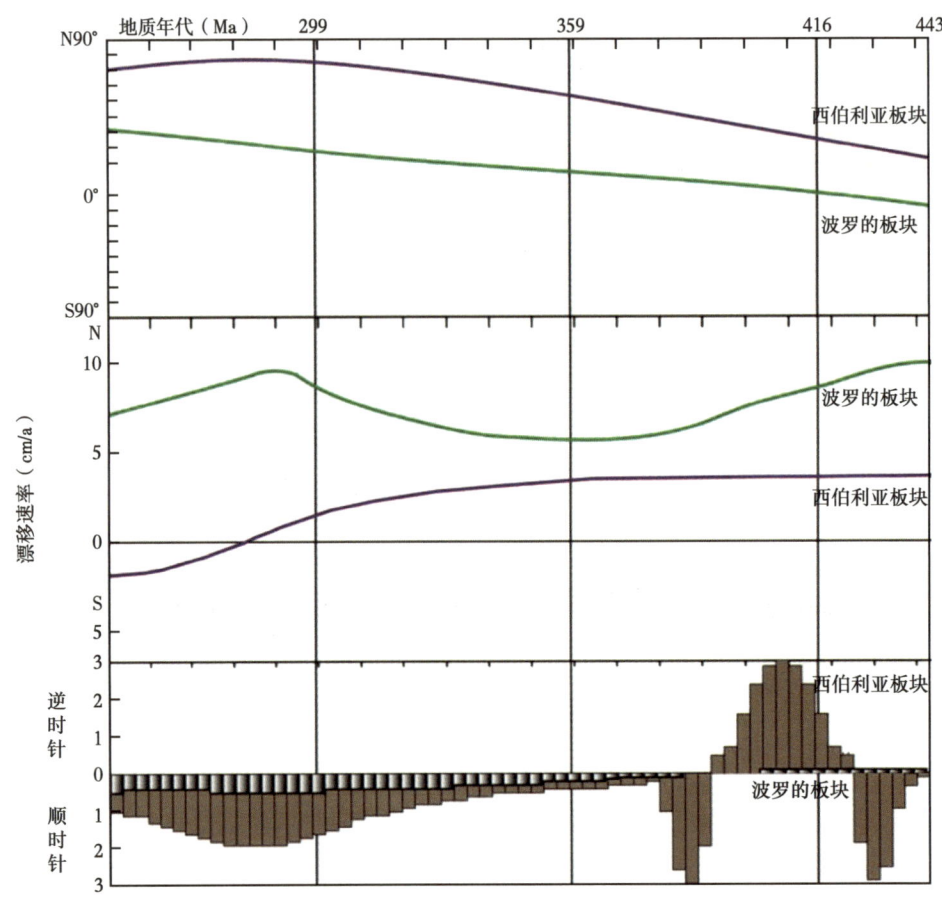

图2-7 西伯利亚板块和波罗的板块纬向漂移速率和自转角速度对比

西伯利亚板块晚古生代大幅度旋转，开始于它和波罗的板块之间在北极区的点碰撞，支点的形成造成大幅度旋转，也是乌拉尔喇叭口洋盆闭合的主要方式。处于华力西和乌拉尔两条海西期造山带的滨里海地区，受构造改造最弱，保留了古生代克拉通边缘盆地的原型，成为重要的油气盆地。

3. 错车式碰撞

错车式碰撞是指，两个板块或陆块，以同向或者相向交错运动，在其侧翼发生走滑—斜向式聚合。错车式碰撞发生于相关板块和陆块非主导的板块边界上，如板块或陆块侧翼，明显具有造山带构造属性模糊的特点和碰撞造山作用偶然的性质，缺乏高峰期造山运动。如塔里木和华北陆块之间晚古生代—早中生代的碰撞汇聚（图2-8）。

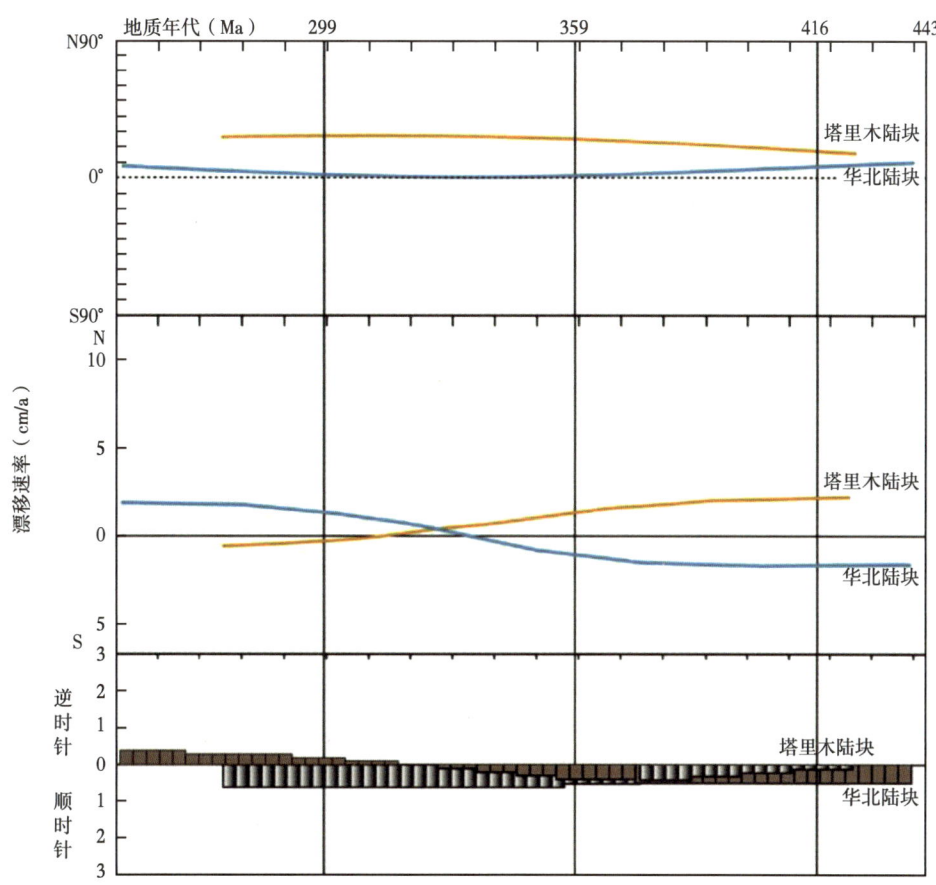

图 2-8　华北和塔里木陆块纬向漂移速率和自转角速度对比

华北和塔里木陆块之间属于旋转式碰撞，它们具有方向相反的旋转运动，塔里木板块早泥盆世—早二叠世发生顺时针旋转，旋转角度约为 67°（朱日祥等，1998）。自晚二叠世到早侏罗世，华北块体有 39°的逆时针旋转（任收麦等，2002）。晚石炭世至晚二叠世，塔里木陆块古纬度无明显变化，但磁偏角发生顺时针变化，表明塔里木陆块体以顺时针旋转调整它与华北等陆块之间的拼合过程（朱日祥等，1998）。两者的侧翼在二叠纪开始在走向上发生斜向错接，未形成典型意义上的碰撞造山带，以洋盆属性不明和走滑断层系发育为特征。二叠纪—侏罗纪，华北陆块相对塔里木块体向北漂移。到晚三叠世—中侏罗世，华北块体和塔里木块体已经非常接近（黄宝春等，2008）。华北与塔里木两地块记录的磁偏角在侏罗纪才比较相近（图 2-8），之前有较大差异（朱日祥等，1998），晚石炭世—二叠纪两者的古纬度已经接近，说明两地块间的对接与缝合在侏罗纪以错动式完成。上述运动方式，对应于目前两者的拼合关系，塔里木陆块的东南缘以晚海西—印支期造山带拼合于华北陆块的西北缘（王鸿祯等，2006）。

华北塔里木陆块晚古生代—早中生代期间处于古亚洲洋的南缘，当时是以转换断层为界分隔的小陆块，类似现今印度（澳洲）板块与阿拉伯板块之间的构造关系，难以出现大规模的洋盆闭合，但可以有走滑—斜冲的构造变形带发育。

4. 拥堵式碰撞

拥堵式碰撞指多个大板块之间汇聚区域的小陆块、岛弧地体发生多边汇聚，以广泛出现岛弧增生和残余洋盆为特征，中亚造山带属于拥堵式碰撞造山实例，并伴随大规模的构造旋转和晚期走滑变形。

中亚造山带是世界上最大规模的古生代造山带，晚古生代处于波罗的板块、西伯利亚板块、哈萨克斯坦板块、塔里木陆块、中天山—伊犁陆块、卡拉库姆陆块、阿穆尔陆块等多个古板块或陆块的交汇部位。晚古生代汇聚碰撞期间，涉及多个大洋盆，如Chara—额尔齐斯洋、斋桑—南蒙古洋、鄂霍次克洋、乌拉尔—突厥洋、突厥—天山洋、准噶尔—巴尔喀什洋的交汇和闭合。上述洋盆在早石炭世（约330Ma），出现于西伯利亚板块周围，多呈喇叭状，显示了西伯利亚板块顺时针的旋转趋势。

晚古生代在多个板块持续向北运动汇聚背景下，各板块运动又有差异，西伯利亚板块向东南运动、波罗的板块向东北运动、塔里木板块向东运动、哈萨克斯坦板块向北运动。这些板块和陆块在石炭纪发生构造汇聚，在石炭纪，哈萨克斯坦板块首先与波罗的板块碰撞，二叠纪又与塔里木和西伯利亚板块碰撞。局部地区（巴尔喀什—西准）有残余洋盆保留（成守德等，2010；郭召杰，2012）。早石炭世末，多岛弧间小洋盆构造格局结束，达拉布特洋盆、克拉麦里洋盆、北天山洋盆闭合和消失。

在晚古生代—早中生代，随着周缘板块持续汇聚转化的走滑作用，造成中亚地区洋盆彻底消失，不同陆块之间发生构造调整（缩短或者走滑作用），导致被动成陆或被动造山。准噶尔—巴尔喀什洋盆通过紧闭山弯两侧的双向俯冲在中石炭世—早二叠世被迫关闭。

普遍认为，哈萨克斯坦马蹄形俯冲带是西伯利亚、波罗的板块及塔里木陆块之间的桥梁和纽带，是斋桑—南蒙古洋盆俯冲、乌拉尔—泰梅尔洋盆扩张和突厥洋盆俯冲共同作用的产物。马蹄形构造形成于西伯利亚板块晚古生代大规模顺时针旋转的构造背景下。志留纪到泥盆纪，西伯利亚板块相对波罗的板块顺时针转动形成阿勒泰和乌拉尔岛弧。石炭纪，西伯利亚板块相对波罗的板块顺时针转动，塔里木陆块相对波罗的板块逆时针转动，在哈萨克斯坦形成山弯构造，南乌拉尔造山带构造活动静止，代表板块现对接位置，北段发育南阿纽伊洋盆。准噶尔板块在晚古生代纬度变化不大，处在北纬28.3°~29.7°之间，但磁偏角变化较大，从342.4°顺时针转为59.4°（万天丰等，2007）。

马蹄形构造的形成与增生—碰撞构造（岛弧）后期构造变形相关，即与波罗的板块相对西伯利亚板块漂近、旋转造成岛弧系变形弯曲，使岛弧及其增生楔紧闭褶皱（巨幅180°旋转）或晚石炭世—中二叠世地层走滑折叠。古地磁研究表明，西伯利亚克拉通边缘顺时针旋转，导致岛弧带平面上发生大幅度旋转（180°）。

如果不考虑后期走滑，认为塔里木与西伯利亚之间未经历强烈的褶皱缩短作用，马蹄形代表其原始岛弧形态的话，马蹄形构造代表古亚洲洋西南端的"加勒比板块"，是古生代末期正在收缩的斋桑—南蒙古洋与扩张的乌拉尔洋盆之间楔入的小洋板块。乌拉尔洋盆向东北俯冲，形成向西南突出的哈萨克斯坦大洋岛弧，突厥洋向北俯冲，形成向南突出的大洋岛弧，斋桑—南蒙古洋盆向南北俯冲。为此，马蹄形构造是多板块之间构造调节作用的必然产物。

概述晚古生代板块聚合特征，具有以下特征。

（1）泛大陆的形成为古生代末地球演化的重大事件，它的形成涉及了冈瓦纳大陆与劳亚大陆的聚合过程。泛大陆是板块动态演化的结果，代表了板块在此时达到了最大面积，但并不是静止状态。

（2）晚古生代期间巨型板块（劳伦板块、非洲板块、南美板块、西伯利亚板块）显示稳定而且规律的运动特点，持续向北半球汇聚，并具有顺时针转动趋势。运动板块的前缘常出现俯冲带，后缘出现扩张洋盆。而板块运动显示运动轨迹多变的特点，碰撞拼合方式复杂，与洋盆消亡不完全对应，板块之间的汇聚具有被动特点，受相关的大洋盆演化所控制，如古亚洲洋、古特提斯洋等。

（3）泛大陆聚合过程中，至少出现四种碰撞造山作用：①追尾式碰撞：不同板块同向运动过程中，板块运动出现速度差异，如前方板块速度慢于后方板块，则会造成其间洋盆逐渐收敛—关闭，如莱茵洋（海西造山带）、索伦洋（索伦山造山带）等。由于碰撞板块之间的相对运动的速率较小，追尾式碰撞造山难以发生大规模的地壳缩短，更多是以陆块拼合作用为主。②侧向式碰撞：两个板块运动轨迹大角度交叉，发生侧向碰撞，如波罗的板块向北运动过程中与向东北运动的西伯利亚板块碰撞，造成乌拉尔洋盆闭合，形成狭长的乌拉尔造山带。塔里木板块与哈萨克斯坦板块碰撞，也具有侧向式碰撞特点，岛弧杂岩带大幅度弯曲形成马蹄形构造。③错车式碰撞：两个板块或陆块，以同向或者相向交错运动，在其侧翼发生走滑—斜向式聚合。如塔里木和华北板块转动方向相反，在侧翼出现斜向对接，以洋盆属性不明和走滑断层系发育为特征。④拥堵式碰撞，多个大板块之间汇聚区域的小陆块和地体发生多边汇聚，以广泛出现岛弧增生和残余洋盆为特征，如中亚造山带。

三、中亚晚古生代古板块再造

依据筛选出的中亚各板块早石炭世—早二叠世古磁数据，利用 Torsvik 古板块再造方法，系统地获得了中亚早石炭世—早二叠世古板块再造图，重造了中亚地区板块汇聚及造山带形成过程。

早石炭世（约330Ma）（图2-9），塔里木陆块沿北西西方向向哈萨克斯坦板块和准噶尔地区俯冲，塔里木盆地发育克拉通类型盆地，东准和西准岛弧发育裂谷。波罗的板块和西伯利亚板块分别沿东北方向和东南方向向哈萨克斯坦板块和准噶尔地区俯冲，使东西伯利亚盆地和波罗的板块东边的季曼—伯朝拉和伏尔加—乌拉尔发育前陆。天山地体向北俯冲，与东准岛弧碰撞。哈萨克斯坦板块上的各盆地处于被动陆缘阶段。

晚石炭世（约300Ma），波罗的板块和西伯利亚板块与哈萨克斯坦板块拼合在一起，塔里木陆块仍然在向北西西方向俯冲，中亚陆块群的南缘为古特提斯洋向北的俯冲带。这一时期的板块运动使哈萨克斯坦板块上的盆地抬升剥蚀和基底形成，准噶尔盆地表现为多岛弧的残留洋盆。中亚地区其余的盆地均发育克拉通（图2-10）。

早二叠世（约270Ma），中亚地区成为二叠纪多个地幔柱活动的热点中心，包括西伯利亚、塔里木地幔柱等。塔里木陆块西缘与哈萨克斯坦板块东南缘拼合在一起。由于西伯利亚板块向南移动和板块顺时针旋转，西准岛弧、东准岛弧、中天山地体与哈萨克斯坦板块和塔里木板块逐渐拼合在一起。这一时期的板块运动使哈萨克斯坦板块上的盆地抬升剥蚀，准噶尔盆地进入前陆的演化阶段（图2-11）。

四、中亚盆地群的岩相古地理恢复

古气候带和岩相古地理决定盆地沉积特征。因此，中亚古板块再造、古气候带及岩相古地理是研究中亚盆地群的基础。早石炭世（约330Ma），西伯利亚板块内部为河湖相沉积，陆块边缘发育浅海陆棚相和膏盐岩相环境。波罗的板块由于乌拉尔洋和瑞克洋的消亡，在板块边缘发育活动造山带和古高地，向板块内部逐渐过渡为深水盆地相—陆棚斜坡相—浅海陆棚相—河湖相—古陆环境（图2-12）。哈萨克斯坦板块、塔里木陆块、华北陆块等发育古陆—浅海陆棚相。西准岛弧位于北纬35°左右位置，发育深水盆地相和浅海陆棚相，东准岛弧发育河湖相—浅海陆棚相。

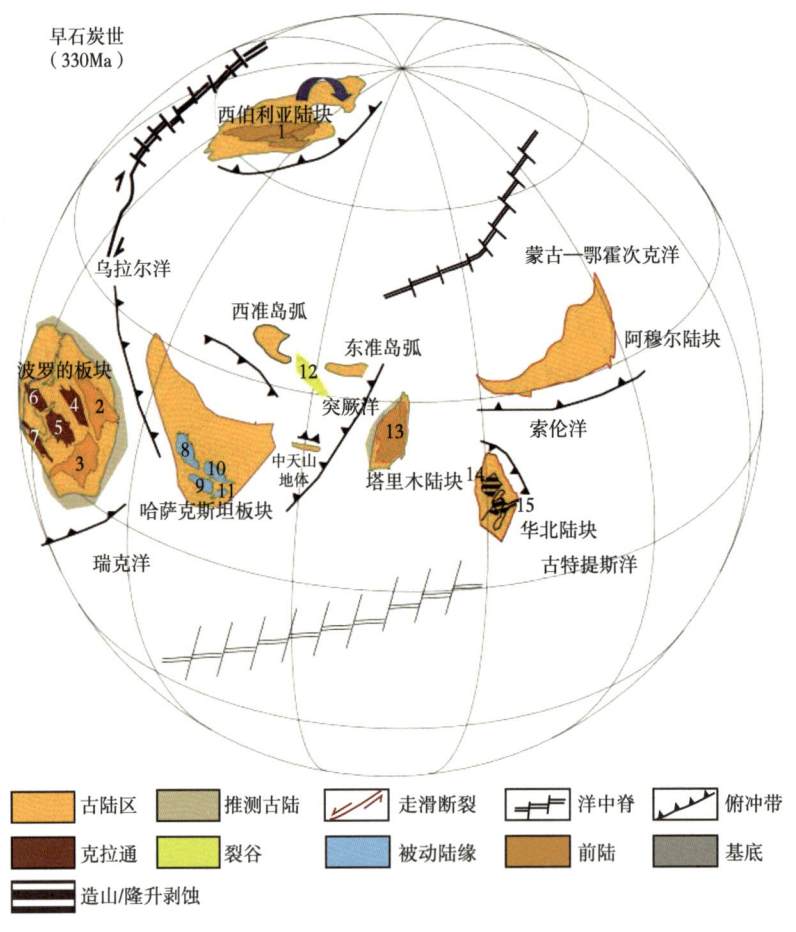

图2-9 中亚早石炭世古板块再造及盆地古位置恢复图

1.东西伯利亚盆地；2.蒂曼—伯朝拉盆地；3.伏尔加—乌拉尔盆地；4.梅岑盆地；5.莫斯科盆地；6.第聂伯—顿涅茨盆地；7.波罗的海坳陷；8.图尔盖盆地；9.锡尔达里亚盆地；10.楚萨雷苏盆地；11.费尔干纳盆地；12.准噶尔盆地；13.塔里木盆地；14.鄂尔多斯盆地；15.渤海湾盆地

火山岩油气藏形成的有利大地构造背景 | 第二章

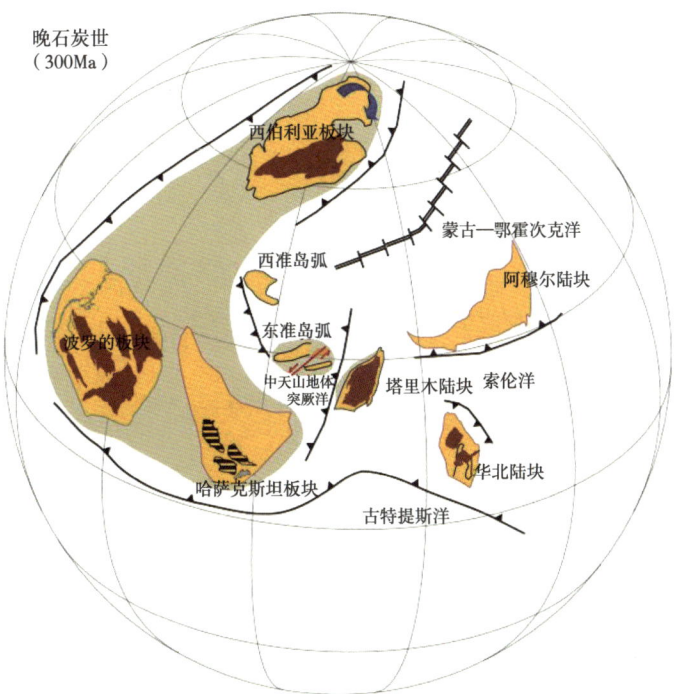

图 2-10　中亚晚石炭世古板块再造及盆地古位置恢复图

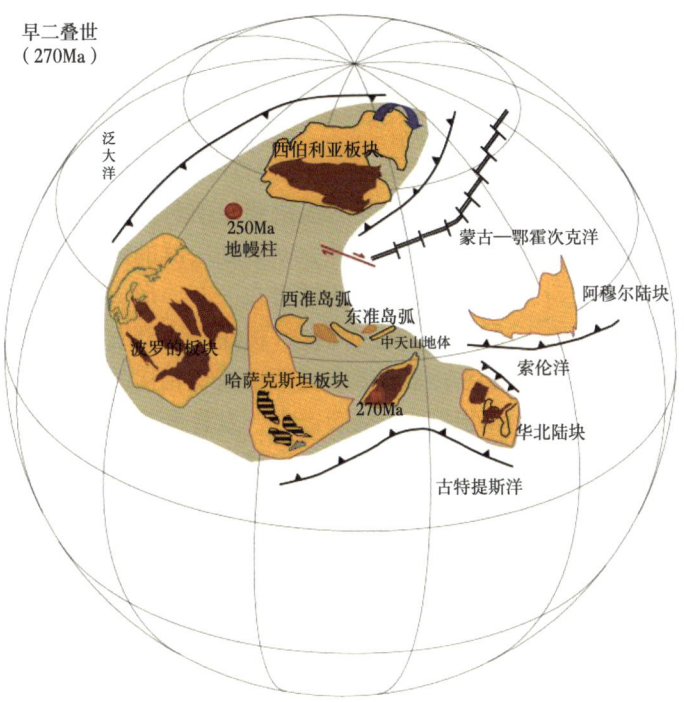

图 2-11　中亚早二叠世古板块再造及盆地古位置恢复图

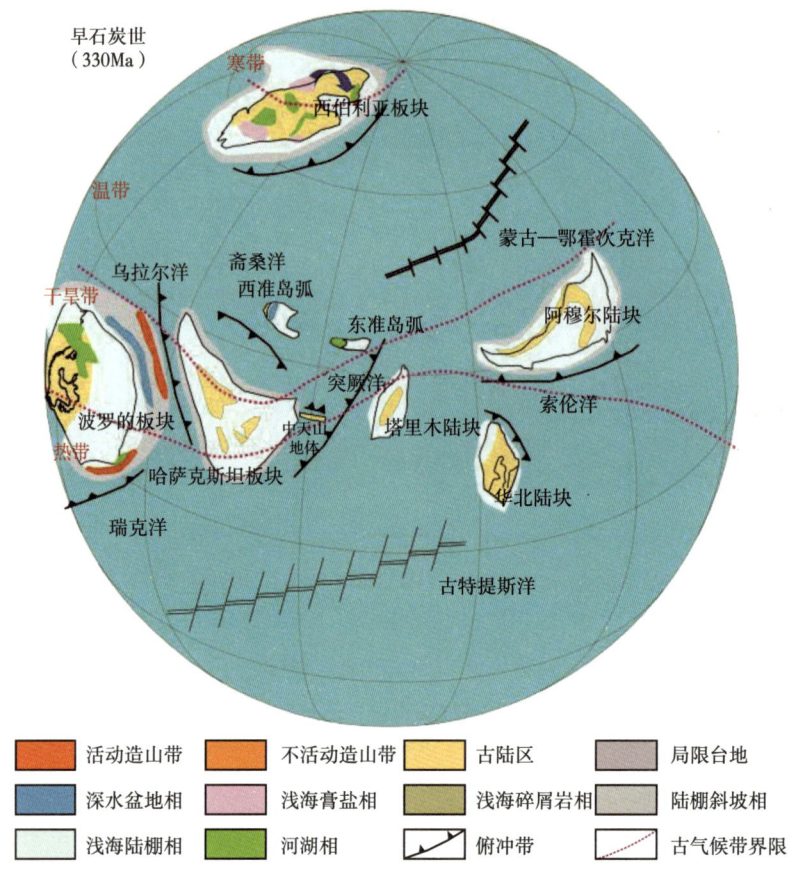

图 2-12 中亚早石炭世岩相古地理恢复图（据 Tabor，2008；Golonka，2011；吴晓智等，2008 等修编）

晚石炭世（约 300Ma）(图 2-13)，波罗的板块和西伯利亚板块与哈萨克斯坦板块拼合在一起，塔里木陆块仍然在向北西西方向俯冲，中亚陆块群的南缘为古特提斯洋向北的俯冲带。这一时期，哈萨克斯坦板块各岛弧逐渐拼合在一起，形成古陆，板块东南部发育浅海陆棚相。波罗的板块周缘形成造山带和古高地，板块东南部发育浅海陆棚相。波罗的板块周缘形成造山带和古高地，板块东缘与哈萨克斯坦板块相接的地方发育深水盆地相；板块内部整体为局限海环境，海水由南向北逐渐退去，发育膏盐岩相和局限台地相。准噶尔盆地位于干旱带，为多岛弧的残留洋，体现为浅海陆棚相和深水盆地相，其中西准岛弧东部发育河湖相。

早二叠世（约 270Ma），塔里木陆块西缘与哈萨克斯坦板块东南缘拼合在一起。由于西伯利亚板块向南移动和板块顺时针旋转，西准岛弧、东准岛弧、中天山地体与哈萨克斯坦板块和塔里木板块逐渐拼合在一起，板块间为活化造山带。这一时期的板块运动使哈萨克斯坦板块上的盆地抬升剥蚀，发育膏盐岩相和河湖相（图 2-14）。准噶尔各岛弧位于温带，盆地内部为陆相河湖相。

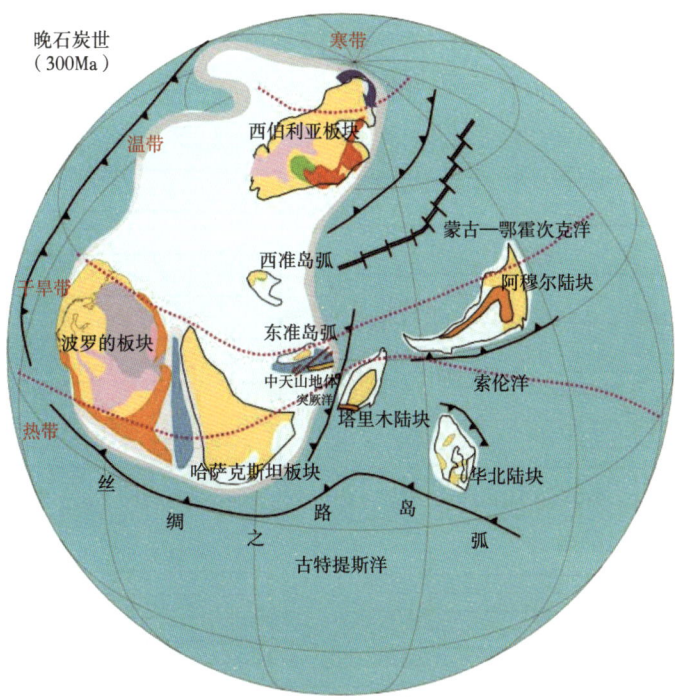

图 2-13　中亚晚石炭世岩相古地理恢复图

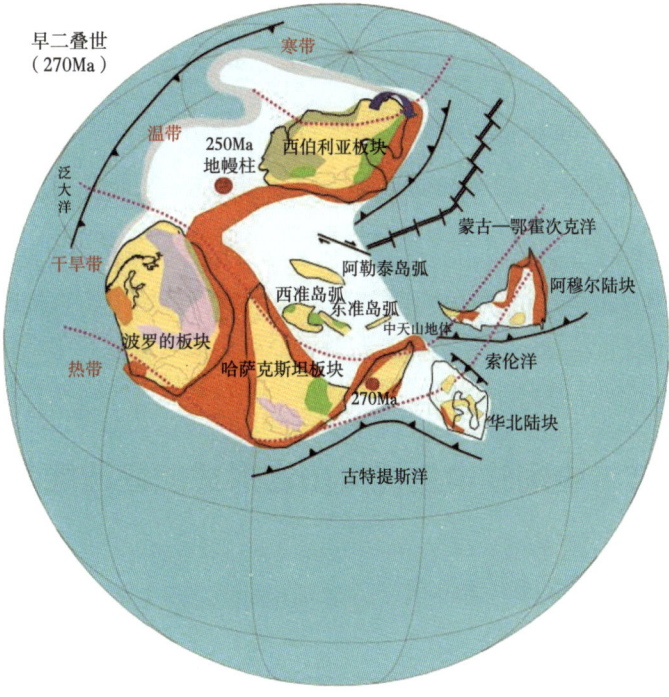

图 2-14　中亚早二叠世岩相古地理恢复图

全球油气盆地数据库（455个盆地）中，共发育火山岩层系491个，烃源岩层系819个。不同时代烃源岩层系数与火山岩层系数大体呈正相关，变化趋势基本一致，即在火山岩层系多的历史时期，烃源岩层系数也多（图2-15）。

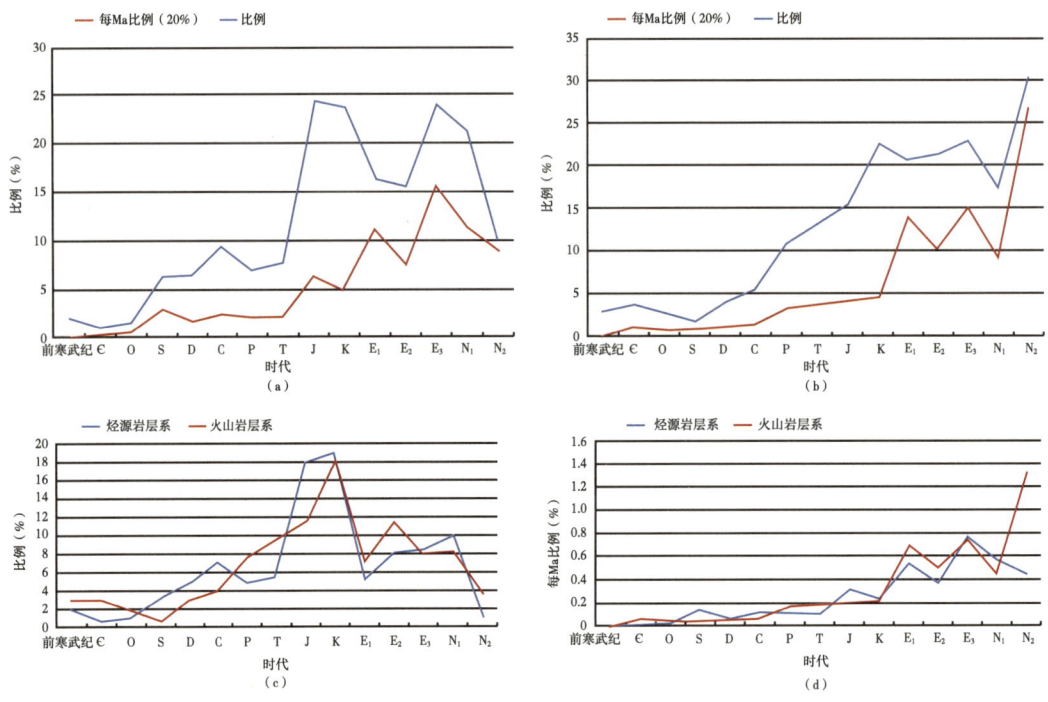

图2-15 全球烃源岩层分布统计图

（a）不同时代烃源岩层系数在总层系数中的比例（蓝，%）与不同时代单位时间烃源岩层系数在总层系数中的比例（红，两千分之一）；（b）不同时代火山岩层系数在总层系数中的比例（蓝，%）与单位时间烃源岩层系数在总层系数中的比例（红，两千分之一）；（c）491个火山岩系—819个烃源岩系时代分布统计图；（d）491个火山岩系—819个烃源岩系单位时间分布比例统计图

不同时代烃源岩层系数与火山岩层系数基本呈正相关，变化趋势基本一致（古近纪—新近纪早中期最明显）；考虑火山岩对与其共层的沉积岩影响更为直接，对303个与沉积岩共层的火山岩系进行统计，结果不变；上新统烃源岩数量虽然较中新统下降明显，但在整个地质历史时期仍位于较高水平，这与该时代火山岩数量位于历史高位是一致的。

第二节 中国晚中生代火山岩形成的区域地质背景

一、中国东西部构造格局划分

1. 东北地区构造格局划分

本节结合以往研究成果，采用改进的三方向小子域滤波技术对东北地区重力异常进行了处理，精细地刻画了黑河—齐齐哈尔—白城等重要构造线的平面位置及重力场特征，对研究区重力异常进行分区并描述了一级、二级异常的分区特点,在此基础上,给出了东北地区大地构造单元的基本格架。其中黑河—齐齐哈尔—白城等重要构造线平面位置的确定对东北地区大地构造单元划分具有重要的意义,它突破了传统的重力异常分区模式,揭示了该区主要构造线的相互关系,指出东北地区NE向构造的走滑距离具有由西向东逐渐增大的特点,为中国东北地区NE向构造的左旋走滑特征提供了地球物理场证据。

根据二级重力异常分区特征,可将东北地区大地构造单元划分为额尔古纳—兴安地块、松嫩地块、佳木斯地块和那丹哈达岭地体(图2-16)。前两个地块分别对应西部异常区和中部异常区,而佳木斯地块和那丹哈达岭地体中间以同江构造线为分界线,均属于东

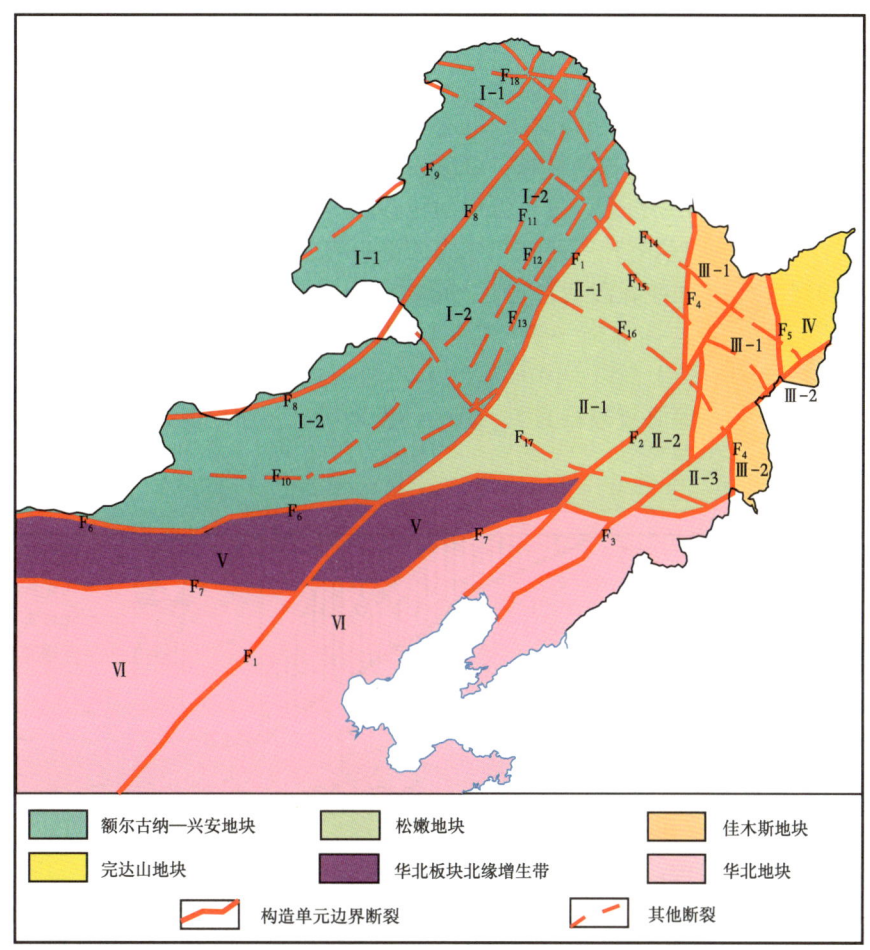

图2-16 利用改进的三方向小子域滤波结果解释的主干断裂及大地构造单元划分图

Ⅰ额尔古纳—兴安地块:Ⅰ-1额尔古纳地块,Ⅰ-2兴安地块;Ⅱ松嫩地块:Ⅱ-1松嫩地块,Ⅱ-2张广才岭地块,Ⅱ-3老爷岭地块;Ⅲ佳木斯地块:Ⅲ-1佳木斯—牡丹江地块;Ⅲ-2兴凯地块;Ⅳ那丹哈达地体;Ⅴ华北板块北缘增生带;Ⅵ华北板块。

F_1黑河—齐齐哈尔—白城断裂,F_2佳木斯—伊通断裂,F_3敦化—密山断裂,F_4伊春—依兰—珲春断裂,F_5同江—跃进山断裂,F_6西拉木伦河断裂,F_7呼和浩特—张家口—四平断裂,F_8塔源—东乌珠穆沁旗断裂,F_9德尔布干断裂,F_{10}二连浩特—乌兰浩特断裂,F_{11}、F_{12}和F_{13}为大兴安岭断裂带,F_{14}塔河—孙吴—双鸭山断裂,F_{15}北安—桦南断裂,F_{16}甘南—绥化—牡丹江断裂,F_{17}突泉—延吉断裂,F_{18}漠河盆地南界断裂

部异常区。同样,根据重力场二级分区亚区异常特征,可将额尔古纳—兴安地块进一步划分为额尔古纳地块和兴安地块2个次级构造单元;松嫩地块划分为松嫩地块、张广才岭地块、老爷岭地块3个次级构造单元;佳木斯地块可划分为佳木斯—牡丹江地块和兴凯地块2个次级构造单元。

2. 西部准噶尔盆地边界与构造单元划分

准噶尔盆地西北缘为中生代逆冲构造带、南缘为新近纪逆冲构造带,并发育前渊,东北缘继承古生代末造山带格局(图2-17)。它们显示依次叠加和交切关系。东北缘古生代造山带是推断盆地腹地构造单元性质的重要线索和依据。从盆地边界推断:盆地南部可能有古老陆块基底,表现为与天山造山带的构造分异(新生代挠曲沉降),以及对西北缘逆冲推覆构造发育的阻挡作用。而盆地东北部主要为海西期造山带组成部分(盆山分异不明显)(图2-18)。

准噶尔盆地西北缘属于残余洋盆,其证据包括:(1)本区位于晚古生代马蹄形火山岩带(岛弧)和增生楔所包围的核心区域,处于古生代岛弧系变年轻的方向上,表现出一定程度的封闭性特征;(2)三角形,发育弧形的构造线,处于不规则形态准噶尔陆块与哈萨克陆块结合部位;(3)巴尔喀什—西准噶尔志留系—石炭系连续沉积,上石炭统—下二叠统磨拉石沉积直接覆盖在蛇绿混杂岩之上,砾岩砾石主要为蛇绿岩组分,以辉石岩和硅质岩为主,从底砾岩开始,向盆地一侧二叠系以褐红色为主的火山岩系,具有陆相地层特征,下部以碎屑岩为主,上部以火山岩为主;(4)原石炭系(太勒古拉组)有厚度较大的以泥质、细粉砂质为主的深海复理石沉积。其中,发现了硅泥质岩混杂岩,混杂玄武岩、蛇绿岩,组成蛇绿混杂岩套。

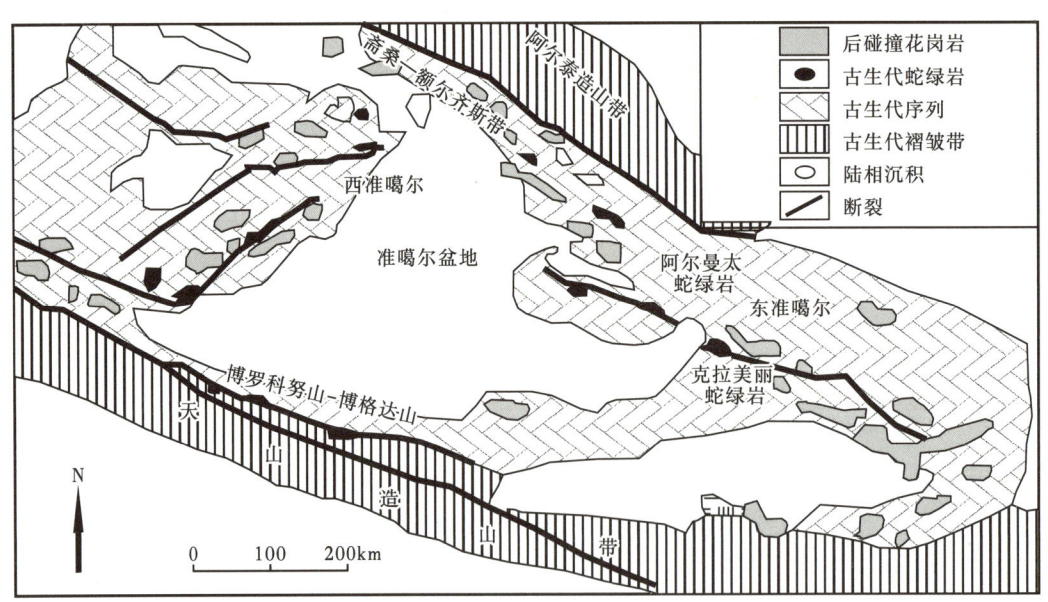

图2-17 准噶尔地块地质简图(Xiao et al.,2010)

第二章 火山岩油气藏形成的有利大地构造背景

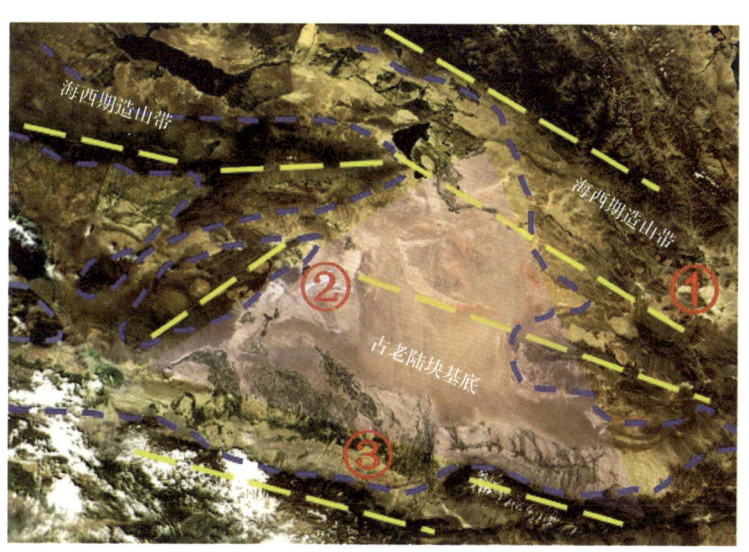

图 2-18　准噶尔盆地遥感影像图（底图据李锦轶等，2004，2006）

准噶尔盆地共分 8 个一级构造单元，27 个二级构造单元（图 2-19）。逆断裂主要形成于海西晚期，集中在二叠纪；天山山前的褶皱构造形成于印支—燕山期；正断层形成于二叠纪—三叠纪，也有人认为形成于侏罗纪。盆地的东西、南北向剖面如图 2-20 至图 2-22 所示。

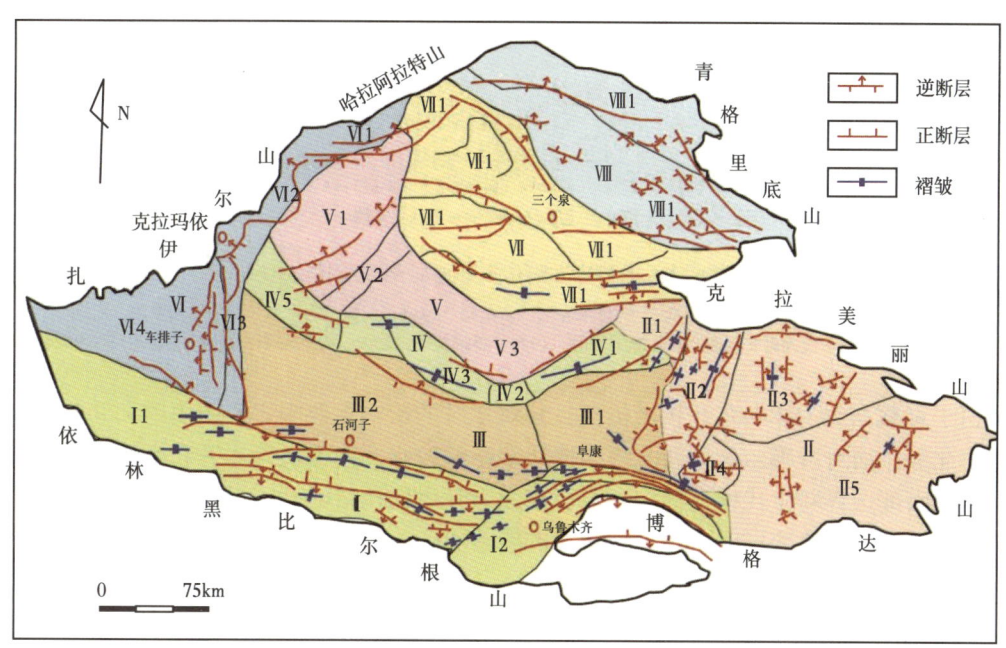

图 2-19　准噶尔盆地构造单元划分图

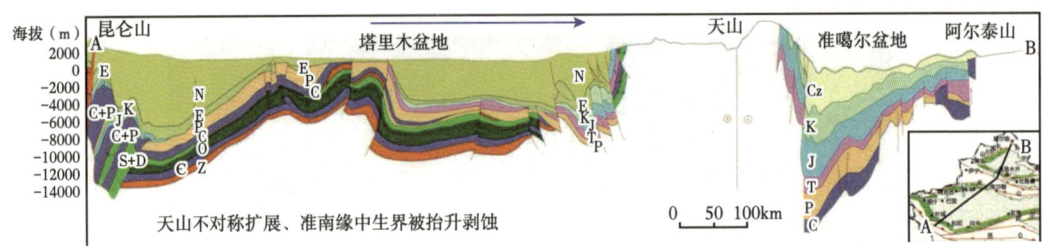

图 2-20　昆仑山—塔里木盆地—天山—准噶尔盆地—阿拉泰山构造大剖面

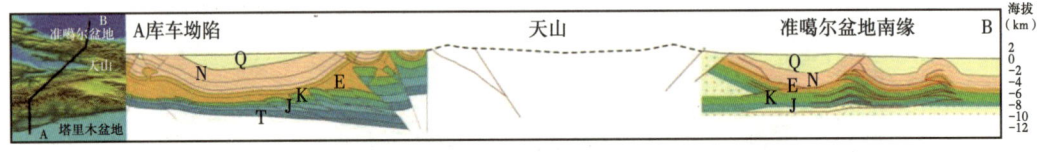

图 2-21　准噶尔南缘—天山—库车坳陷构造大剖面

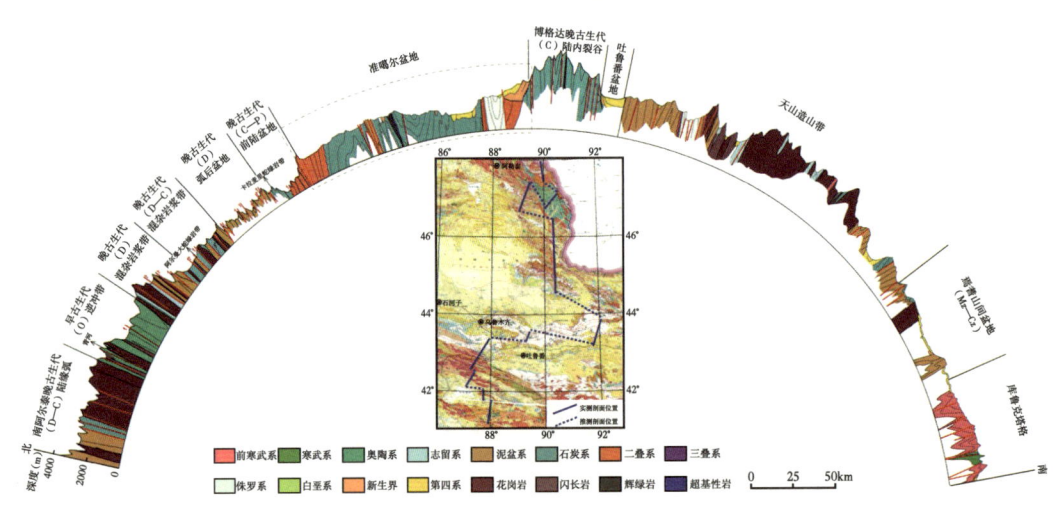

图 2-22　NS 向横穿准噶尔东部地质剖面及其位置图

据 1:20 万地质图红柳峡幅、七角井幅、乌鲁木齐幅、富蕴幅、德柳青河幅、吉木萨尔幅、博斯腾幅、后峡幅、包尔图幅；弧度不代表真实剖面产状；李锦轶等，1990；姜耀俭等，2002；吴孔友等，2004；陈正乐等，2010

由于青藏高原主体向东北扩展传播，其对本区的影响主要限于天山山前，并且滞后于塔里木北缘，而对准噶尔盆地西北缘构造活动影响较小。南侧乌鲁木齐新生代前陆坳陷发育，盆地南部边界新生代构造活动强烈、东北缘新生代构造活动不显著，记录古近—新近纪以来青藏高原构造变形向北逐渐传播和扩展。

二、重大火山地质事件的划分

1. 东北地区火山岩时代特征

分区统计了东北地区火山岩的年龄分布，并进行期次划分。

1）大兴安岭北部火山区

大兴安岭北部火山岩主要分布在塔木兰沟组、上库力组和伊列克得组。塔木兰沟组主要分布在大兴安岭西侧，主要由基性和中基性火山熔岩构成，少量酸性火山碎屑岩，岩石组合包括玄武岩、玄武安山岩，火山岩年龄分为4个期次，120~130Ma、135~150Ma、160~165Ma、约180Ma；上库力组是本区火山岩主体，包括流纹岩、英安质火山熔岩和火山碎屑岩，火山岩喷发有两个周期，110~130Ma、135~140Ma；伊列克得组为区内火山岩最上层，分布广泛，主要由玄武岩及玄武质安山岩组成，火山岩年龄主要集中在105~130Ma。综上，大兴安岭北部地区火山活动可大致划分为4期，105~130Ma、135~150Ma、160~165Ma、约180Ma（Fan et al.，2003；Wang et al.，2006；陈志广等，2006；张连昌等，2007；Zhang et al.，2008）。

2）大兴安岭南部火山区

大兴安岭中南部火山岩从下至上主要分布在满克头鄂博组、白音高老组和梅勒图组。满克头鄂博组（包括玛尼吐组）在该区极为发育，从几百米到数千米不等，大部分是流纹质熔岩、熔结凝灰岩和火山碎屑岩，与下伏的新民组/万宝组为角度不整合关系，与上覆玛尼吐组为整合接触关系，该组火山岩年龄分为约110Ma、120~140Ma、150~160Ma、约170Ma四期。白音高老组上部由灰白、浅灰紫色火山碎屑岩构成，夹安山岩或酸性凝灰岩，下部由灰绿色、灰紫色流纹质火山碎屑岩、熔结凝灰岩构成，包含少量中酸性熔结凝灰岩、火山碎屑岩。该组火山岩年龄主要集中在120~145Ma。梅勒图组是本区火山岩最高层位，出露较少，岩性为安山质—玄武质火山熔岩夹火山碎屑岩，以灰绿、灰紫色玄武岩、玄武安山岩、安山岩、辉石安山岩为主，夹少量火山碎屑岩薄层，火山岩年龄较为集中，为120~135Ma，综上，本区主要发生4期：约110Ma、120~145Ma、150~160Ma、约170Ma（张连昌等，2007；吴华英等，2008；张吉衡，2009）。

3）辽西—冀北火山区

兴隆沟组火山岩是辽西地区中生代第一次火山喷发旋回的产物。由安山岩、玄武岩及其火山碎屑岩、砾岩与凝灰质沉积岩夹层组成，火山活动分为三期：约150Ma、约165Ma、约175Ma。蓝旗组火山岩是辽西地区中生代第二次火山喷发旋回的产物，分布广泛，遍及辽西地区，以中性熔岩及火山碎屑岩为主，间夹基性火山岩和沉积碎屑岩层，火山岩年龄集中在150~175Ma。土城子组沉积期火山活动较弱，含有少量凝灰岩及安山岩，年龄集中在135~150Ma。义县组沉积早期以中基性喷出岩为主，晚期演化为中酸性喷出岩，火山岩年龄集中在100~135Ma。综上，辽西地区火山岩年龄分布较广，为100~180Ma，但是主要集中在约125Ma和约160Ma两个喷发期（陈义贤等，1997；彭艳东等，2003；张宏等，2005a；柳永清等，2006；杨蔚，2007；孟凡雪等，2008；张宏等，2008）。

冀北地区位于承德西部，该区出露的中生代地层自下而上依次是髫髻山组火山岩、土城子组沉积岩、张家口组火山岩、大北沟组沉积岩、大店子组和西瓜园沉积岩。其中髫髻山组火山岩在冀北地区广泛分布，以中酸性火山熔岩及火山碎屑岩为主，火山岩年龄分为约135Ma、145~170Ma两期。张家口组主要是一套酸性火山熔岩，火山岩年龄集中在125~155Ma。综上，冀北地区中生代火山岩年龄介于125~170Ma，峰值约135Ma、

150~160Ma（毛德宝等，2005；张宏等，2005b，2005c；刘健等，2006；Zhang et al.，2008；韦忠良等，2008）。

4）吉黑东部延吉火山区

吉黑东部晚中生代火山岩主要发育在黑龙江地区绥芬河组和延边地区的金沟岭组和屯田营组。火山岩年龄分为 90~100Ma、105~120Ma、约 125Ma 三个期次（李超文，2006；李超文等，2007；纪伟强，2007），稍晚于东北地区晚中生代火山岩。

5）松辽盆地火山区

松辽盆地断陷期主要发育火石岭组和营城组火山岩地层，火石岭组以中基性火山岩为主，也有少量酸性岩。营城组以酸性和中酸性岩为主，也有基性岩发育（刘万洙等，2003）。松辽盆地中生代火山岩 K-Ar 和 Ar-Ar 法获得的年龄数据峰值为 150~160Ma 和 110~140Ma 两个（Wang et al.，2002；闫全人等，2002；）。营城组火山岩锆石 U-Pb 年龄峰值为 105~120Ma（章凤奇，2007；章凤奇等，2007，2008，2009；舒萍等，2007；裴福萍等，2008）。

2. 东北地区中生代火山事件

综合上述各个地区火山岩活动时代特征，可以将东北地区中生代火山活动划分为三个典型火山事件（图 2-23）：

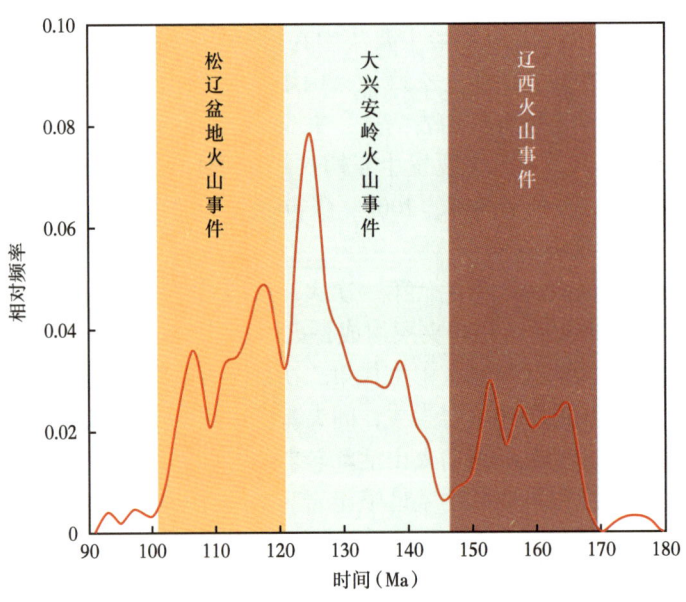

图 2-23 东北地区火山事件划分

（1）辽西火山事件（170—146Ma）：本次火山事件以辽西地区最为典型，其次松辽盆地东部的张广才岭、南楼山地区也有少量分布，是太平洋板块开始影响欧亚大陆的标志；

（2）大兴安岭火山事件（146—122Ma）：本次火山活动持续时间长，分布面积广，遍及整个东北地区，其中大兴安岭地区最为强烈，火山岩厚度从几百米到数千米不等，岩性以酸性火山岩为主，中基性岩较少分布，是太平洋板块俯冲至欧亚大陆浅部的表现；

（3）松辽盆地火山事件（122—102Ma）：本次火山活动事件主要分布在松辽盆地及其以东地区，大兴安岭地区也有分布，较第二次事件弱，代表俯冲作用导致的岩石圈减薄作用结束。

总体来讲，中国东北地区中生代火山活动主要集中在白垩纪，自早白垩世火山活动自西向东逐渐迁移。

3. 各火山事件分述

（1）辽西火山事件：火山岩以中侏罗世火山岩为主，主要分布在辽西地区。火山岩以亚碱性为主，包括安山岩、英安岩、粗面安山岩、粗面岩（图2-24）。

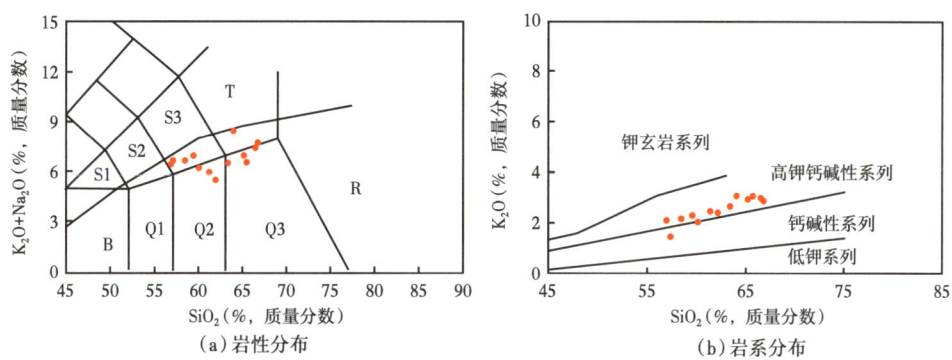

图 2-24　辽西火山事件火山岩岩性及岩系分布图

S1 粗面玄武岩；S2 玄武质粗面安山岩；S3 粗面安山岩；T 粗面岩/粗面安山岩；B 玄武岩；Q1 玄武安山岩；Q2 安山岩；Q3 英安岩；R 流纹岩

（2）大兴安岭火山事件：火山活动以早白垩世早期最为活跃，晚侏罗世也有部分火山活动，火山岩以高钾钙碱性火山岩为主（图2-25）。

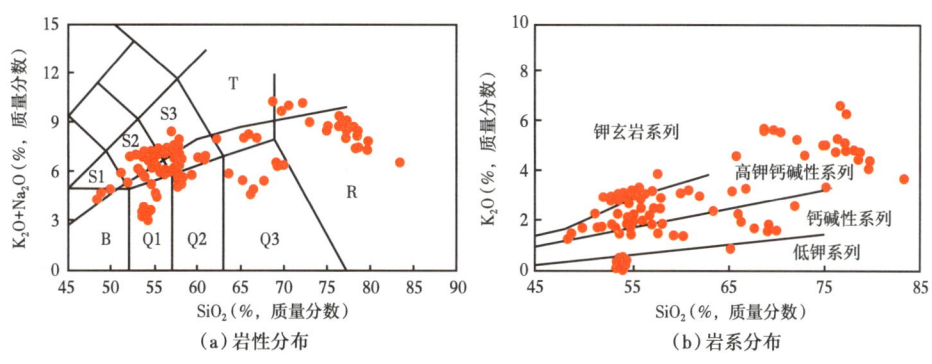

图 2-25　大兴安岭火山事件火山岩岩性及岩系分布图

S1 粗面玄武岩；S2 玄武质粗面安山岩；S3 粗面安山岩；T 粗面岩/粗面安山岩；B 玄武岩；Q1 玄武安山岩；Q2 安山岩；Q3 英安岩；R 流纹岩

（3）松辽盆地火山事件：松辽盆地断陷期火山岩十分发育，以早白垩世火山岩为主，晚侏罗世亦有分布，早白垩世火山岩以中酸性火山岩为主体，含少量基性岩（图2-26）。

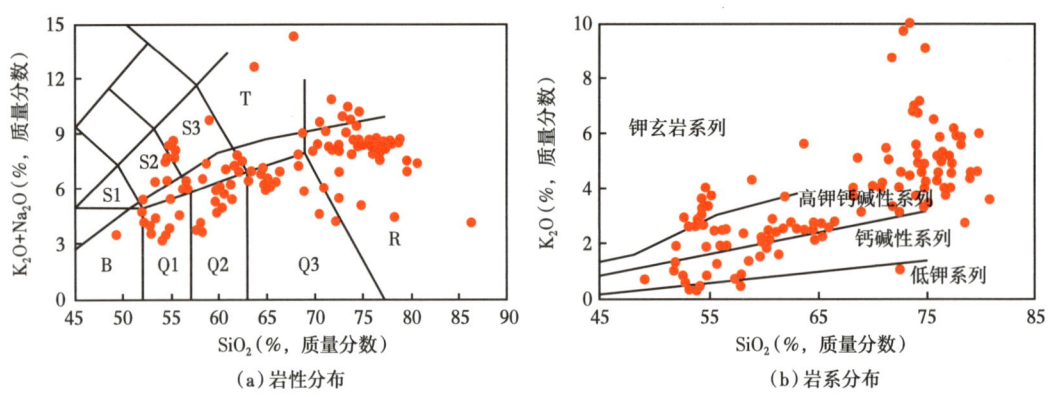

(a)岩性分布　　　　　　　　　　　　(b)岩系分布

图 2-26　松辽盆地火山事件火山岩岩性及岩系分布图

三、中生代火山岩分布特征

1. 东北地区松辽盆地周围侏罗纪、白垩纪火山岩

1）早侏罗世火山岩

东北地区松辽盆地周围早侏罗世火山岩出露非常少，仅在盆地东侧张广才岭和南楼山地区，南侧辽宁北票—朝阳地区见到（图 2-27）。

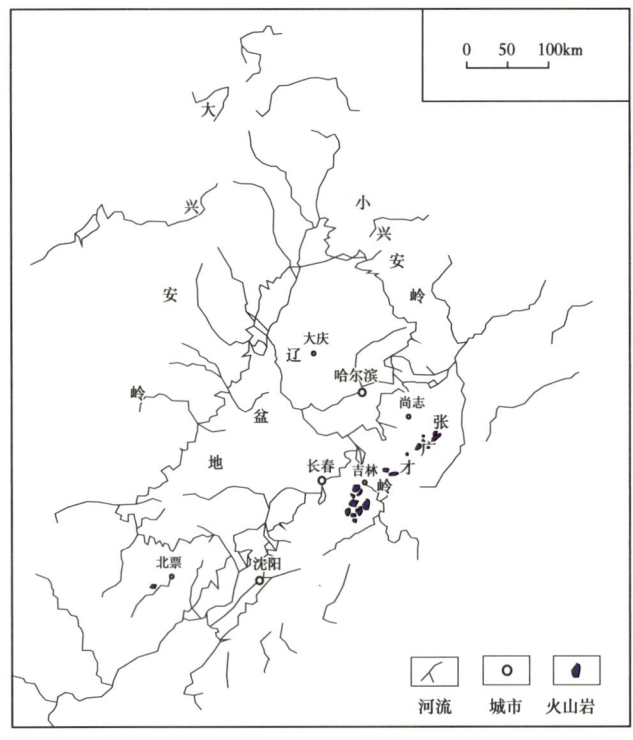

图 2-27　东北地区松辽盆地周围早侏罗世火山岩分布图

张广才岭早侏罗世火山岩为一套中性、中酸性火山岩；南楼山地区为安山岩及安山质凝灰岩；辽宁北票地区由安山岩、玄武岩及火山碎屑岩组成。

2）中侏罗世火山岩

中侏罗世东北地区火山活动依然很弱。松辽盆地周围火山岩主要分布在辽西地区，此外在宾县—尚志地区，以及铁岭、辽源地区和密山地区有少量分布（图2-28）。

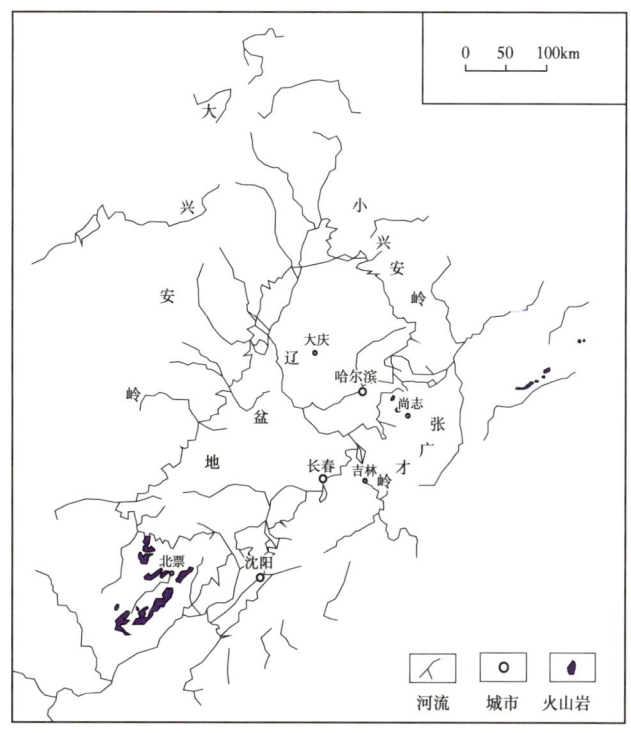

图2-28 东北地区松辽盆地周围中侏罗世火山岩分布图

辽西地区为安山岩、玄武岩及火山角砾岩；宾县—尚志地区为酸性火山熔岩夹凝灰岩；辽源—东丰地区以安山岩为主，为斑状安山岩和安山质岩屑凝灰岩。

3）晚侏罗世火山岩

晚侏罗世东北地区火山活动明显增强。松辽盆地周围火山岩主要分布在大兴安岭地区，其次是盆地东侧张广才岭以西的辽源—东丰地区、长春—九台地区和宾县—尚志地区，小兴安岭的伊春和加格达奇地区亦有少量分布（图2-29）。

大兴安岭地区北部早期以基性熔岩为主，晚期为爆发相酸性火山碎屑岩；南部晚期为中酸性爆发相火山碎屑岩。

4）早白垩世火山岩

燕山运动第Ⅳ幕是东北地区燕山运动最强烈的一幕，火山活动最为强烈，早白垩世火山岩分布面积最广且厚度巨大，占侏罗纪、白垩纪火山岩出露面积的65%~70%。主要分布在松辽盆地西侧的大兴安岭，西南端的辽西山地，东侧张广才岭以西的长春—九台地区、宾县—尚志地区及东北端的小兴安岭地区等（图2-30）。

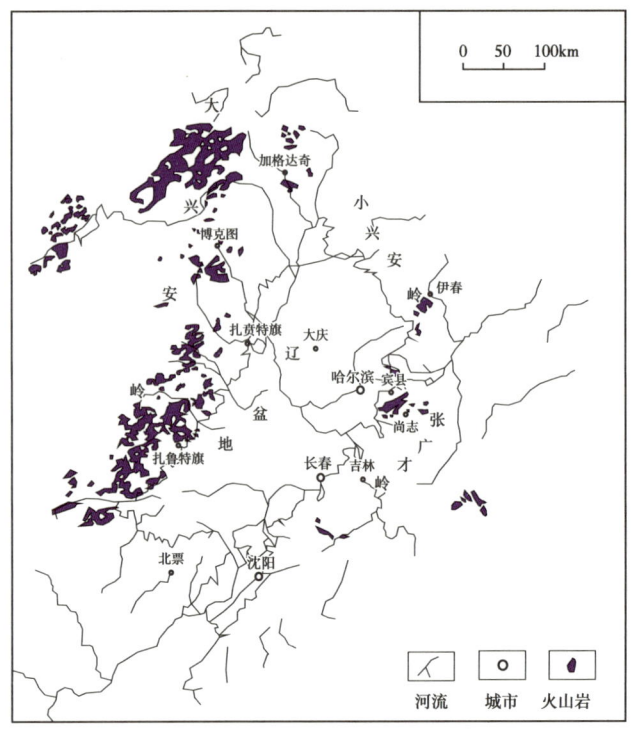

图 2-29 东北地区松辽盆地周围晚侏罗世火山岩分布图

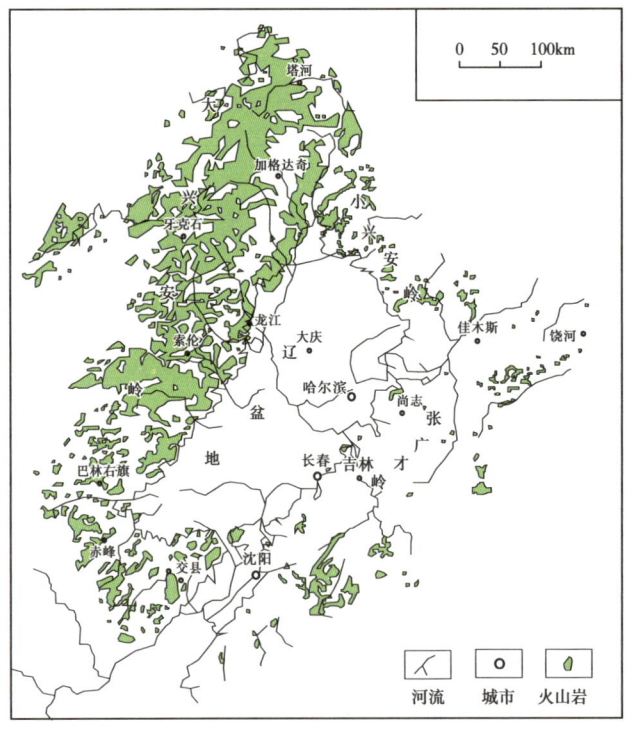

图 2-30 东北地区松辽盆地周围早白垩世火山岩分布图

大兴安岭早白垩世火山岩分布在吐列毛杜、突泉地区及其以北,下部以酸性、中酸性和中性为主;上部则以基性、中性为主。南部赤峰地区,下部为中性和基性;上部为酸性、中基性。

5）晚白垩世火山岩

晚白垩世燕山运动第Ⅴ幕,已为燕山运动的强弩之末,可能为拉张体系,东北地区火山活动很弱,松辽盆地周围火山岩不发育,只在小兴安岭及吉林、黑龙江省东部地区有零星分布（图2-31）。

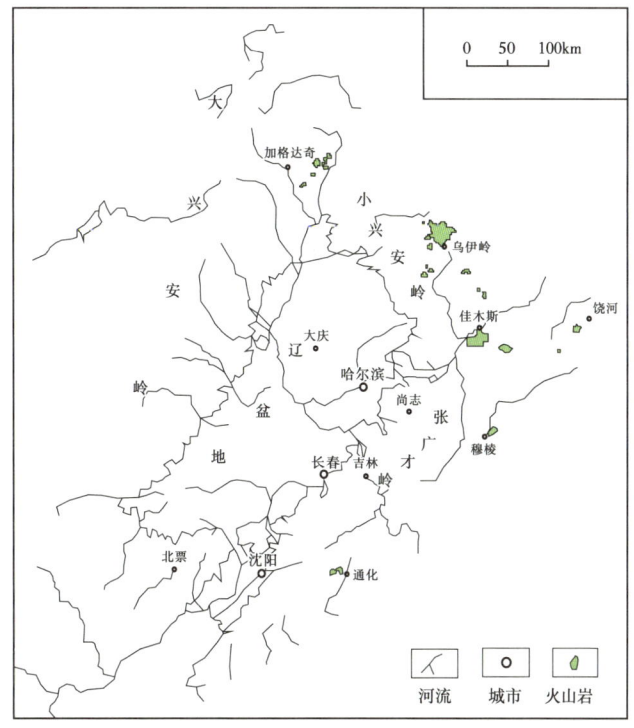

图2-31　东北地区松辽盆地周围晚白垩世火山岩分布图

小兴安岭加格达奇地区为粗面岩、流纹岩及酸性凝灰岩组合;嘉荫地区为酸性熔岩及火山碎屑岩;佳木斯地区为中性安山岩及火山碎屑岩;通化地区以中性火山岩为主。

综上所述,可以发现早—中侏罗世火山岩主要分布在松辽盆地及其以东地区;晚侏罗世火山岩主要分布在大兴安岭以西地区,东部少量;早白垩世火山岩松辽盆地以西广泛分布,东部零星分散;晚白垩世火山岩在小兴安岭零星分布（图2-32）。

2. 东北地区松辽盆地内深层侏罗纪、白垩纪火山岩

根据松辽盆地内7个地区深层钻井的有限资料,窥探盆地内深层侏罗纪、白垩纪火山岩特点。在7个地区深层钻井中,只钻遇中侏罗世、晚侏罗世和早白垩世火山岩;未钻遇早侏罗世和晚白垩世火山岩（图2-33）。

1）中侏罗世火山岩

在7个地区深层钻井中,只在常家围子地区钻遇中侏罗世火山岩。主要岩性为中性熔岩及火山碎屑岩。

2）晚侏罗世火山岩

在7处深层钻井中，有6处钻遇晚侏罗世火山岩。

梨树地区：相当于火石岭组的晚侏罗世火山岩，主要岩性为玄武岩、安山岩及其火山碎屑岩。

德惠地区：晚侏罗世火山岩火石岭组主要岩性为玄武岩。

莺山地区：晚侏罗世火山岩火石岭组以中基性火山岩为主。

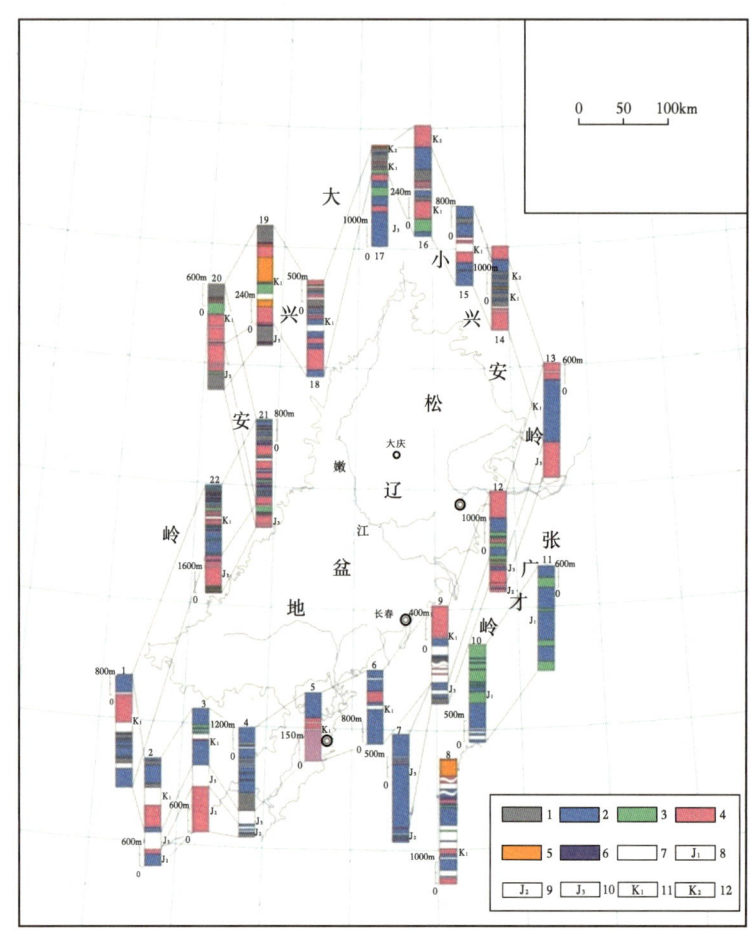

图 2-32　东北地区松辽盆地周围部分地区侏罗、白垩系实测剖面对比图

1.玄武岩及基性火山碎屑岩；2.安山岩及中性火山碎屑岩；3.英安岩及中酸性火山碎屑岩；4.流纹岩及酸性火山碎屑岩；5.粗面岩及碱性火山碎屑岩；6.粗安岩及火山碎屑岩；7.沉积岩；8.下侏罗统；9.中侏罗统；10.上侏罗统；11.下白垩统；12.上白垩统；（1）赤峰地区；（2）建平地区；（3）下洼—敖汉旗地区；（4）义县—阜新地区；（5）康平地区；（6）四平地区；（7）辽源地区；（8）通化地区；（9）长春—九台地区；（10）吉林—南楼山地区；（11）海林—张广才岭地区；（12）宾县—尚志地区；（13）伊春地区；（14）新兴乡地区；（15）沐河屯地区；（16）卧都河地区；（17）加格达奇地区；（18）龙江地区；（19）乌尔其汗地区；（20）牙克石—绰尔地区；（21）突泉地区；（22）吐列毛杜地区

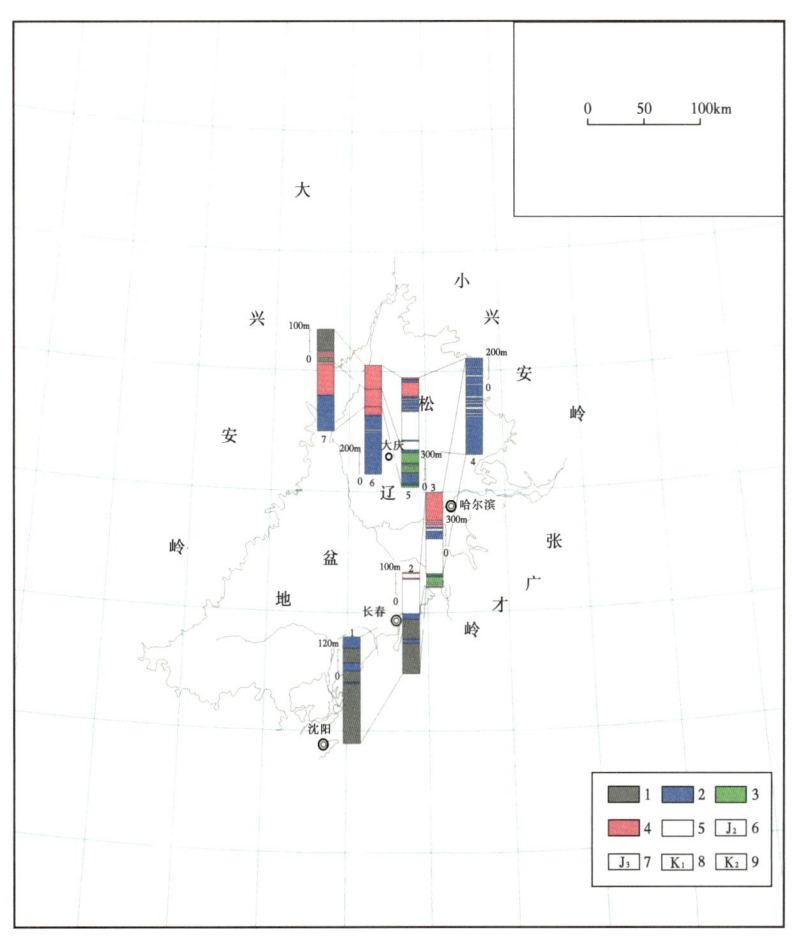

图 2-33 松辽盆地内侏罗系、白垩系钻井地层剖面柱状对比图

1. 玄武岩及基性火山碎屑岩；2. 安山岩及中性火山碎屑岩；3. 英安岩及中酸性火山碎屑岩；4. 流纹岩及酸性火山碎屑岩；5. 沉积岩；6. 中侏罗统；7. 上侏罗统；8. 下白垩统；9. 上白垩统；（1）梨树地区；（2）德惠地区；（3）莺山地区；（4）绥化地区；（5）徐家围子地区；（6）常家围子地区；（7）梅里斯地区

徐家围子地区：晚侏罗世火山岩火石岭组以中性熔岩、中酸性火山碎屑岩为主。
常家围子地区：晚侏罗世火山岩火石岭组主要岩性为流纹质火山碎屑岩。
梅里斯地区：晚侏罗世火山岩火石岭组主要岩性为中性、酸性熔岩及其火山碎屑岩。
由以上看出，松辽盆地内靠近东南侧，晚侏罗世火山岩以基性、中性熔岩为主；向盆地的北侧，则以中性、中酸性和酸性熔岩及其火山碎屑岩为主，火山碎屑岩增多，爆发式火山活动增强。

3）早白垩世火山岩

在 7 个地区深层钻井中，有 6 处钻遇早白垩世火山岩。
德惠地区：只在相当于早白垩世的沙河子组的层位中夹两层灰色凝灰岩。

莺山地区：相当于早白垩世营城组的火山岩的主要岩性为，下部为中性火山碎屑岩；上部为酸性火山碎屑岩及熔岩，反映爆发式火山活动强烈。

绥化地区：相当于早白垩世营城组火山岩，主要岩性为安山岩及中性火山碎屑岩。

徐家围子地区：相当于早白垩世沙河子组的火山岩只夹一层凝灰岩，厚度8m。相当于营城组的火山岩，下部主要为中性熔岩及其火山碎屑岩；上部为酸性火山碎屑岩及其熔岩。

常家围子地区：相当于早白垩世营城组的火山岩为一套酸性火山碎屑岩，显示发生强烈的爆发式火山活动。

梅里斯地区：相当于早白垩世沙河子组的火山岩与龙江地区的龙江组和光华组相当，以流纹岩和酸性火山碎屑岩为主。

纵观松辽盆地内早白垩世火山岩，盆地东部、中部岩性与长春—九台地区的沙河子组、营城组和宾县—尚志地区的板子房组、宁远村组相当，下部以中性为主；上部以酸性为主。盆地西部地区岩性与大兴安岭地区类似，下部以酸性、中酸性为主；上部则为玄武质。另一个特点是，盆地中部、东部早白垩世爆发式火山活动强烈，这和其中性成分和酸性成分岩浆有关，形成厚的空落火山碎屑沉积凝灰熔岩和角砾岩，正如 Cas 和 Wright 指出的那样，除玄武质火山外，火山碎屑的体积都远远超过凝聚的熔岩的体积。这一点在油气勘探中应该特别引起注意，因为火山喷发碎屑沉积物是油气的重要储层（刘祥等，2011）。

3. 西北地区准噶尔盆地及邻区火山机构分布及其特征

准噶尔地区晚古生代火山机构经历长期风化、剥蚀，其中埋藏区火山机构又被后期沉积所覆盖，均难以保存火山机构地貌特征。一般而言，野外古火山机构多通过寻找火山口、火山通道等标志进行识别。火山口及火山通道有以下识别标志：(1)通过火山机构残留地貌识别，如正地貌，放射状、环状断裂或水系等；(2)通过火山岩相的变化趋势来识别，通常距离火山口或火山通道由近及远依次分布火山通道相（常见柱状节理），近火山口相（常见闪长岩、辉绿岩），爆发相（常见凝灰岩、火山角砾岩、火山集块岩），溢流相（常见玄武岩、安山岩），以及火山沉积相（常见沉凝灰岩、沉角砾岩）；(3)通过特征矿物（如硫黄）和特征岩性识别，最常用的特征岩性为隐爆角砾岩（顾连兴等，2000，2001；吴昌志等，2003；谭佳奕等，2010），常位于火山机构下部火山口附近，在火山岩相上归结为火山通道相（王璞珺和冯志强，2008）。

北疆地区共发现、识别出火山机构145处，其中周缘火山机构32处，准噶尔及三塘湖盆内火山机构113处（图2-34）。

四、东北地区火山岩地球化学特征及其成因机制

1. 大兴安岭早白垩世火山岩

大兴安岭分布有大量晚中生代的火山岩，关于这套火山岩的形成机制一直未有定论。对大兴安岭北段晚中生代火山岩进行了系统的岩石学、元素地球化学及 Sr-Nd-Pb-Hf 同位素地球化学的研究，通过分析实验数据并结合前人的资料，讨论了大兴安岭北段晚中生代火山岩的岩石学和地球化学特点，并进而探讨了其源区性质、成因机制。

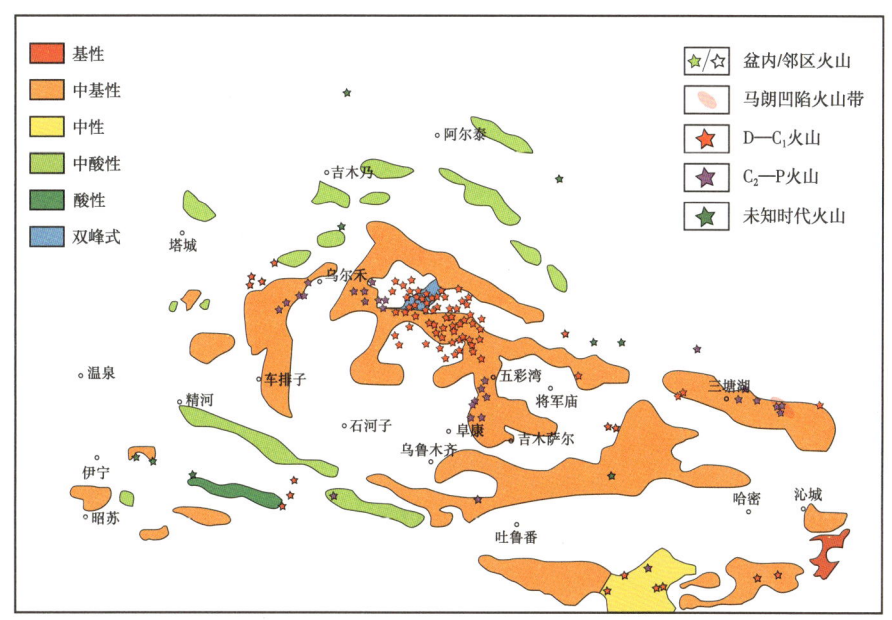

图 2-34 北疆火山与石炭系—下二叠统火山岩分布图

(火山岩分布据吴晓智等,2009;火山分布据新疆通志——地质矿产志,1997,2002;新疆维吾尔自治区 1:200 万岩浆岩图;新疆维吾尔自治区 1:150 万地质图;杨忆和沈远超,1992;邢秀娟等,2004;张超等,2005;朱志新等,2005;雷天柱等,2008;李军等,2008;周路等,2008;王绪龙等,2010;曹积新,2010;李射平,2011)

年龄测试结果显示大兴安岭晚中生代火山岩的形成时段为 164—106Ma;其中,大部分属于早白垩世,晚侏罗世火山岩的分布仅局限在满洲里地区。

对前人已发表的大兴安岭 319 个晚中生代火山岩主量数据进行总结,并进行岩石类型及岩性系列的划分(图 2-35 和图 2-36)。

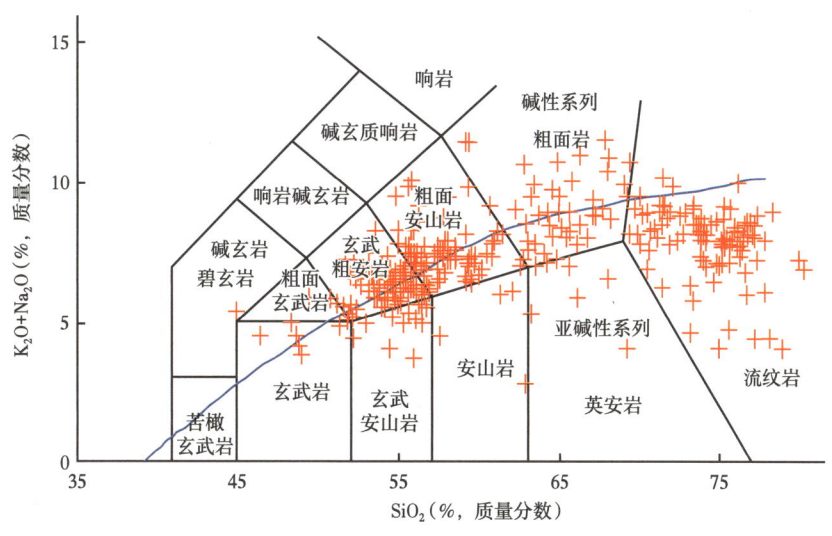

图 2-35 大兴安岭晚中生代火山岩 TAS 分类图解

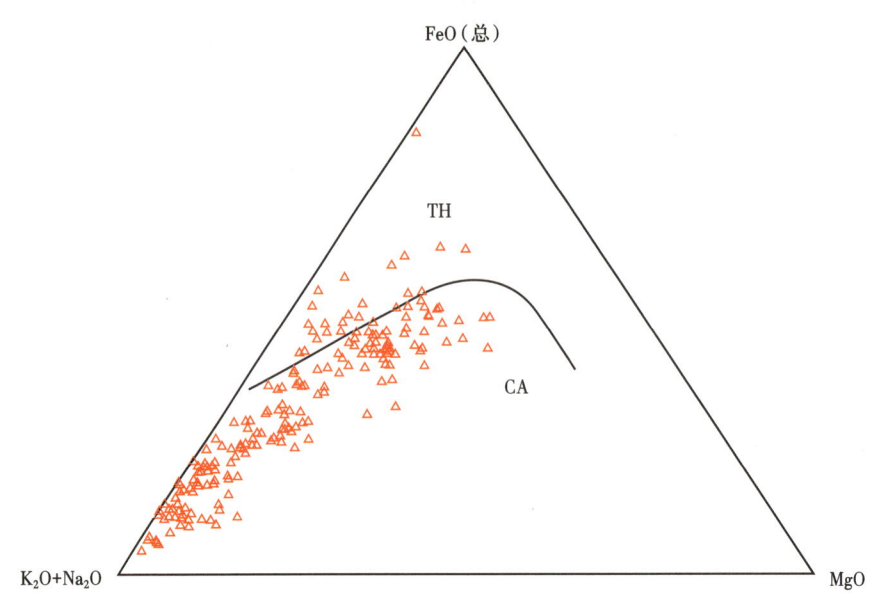

图 2-36　大兴安岭晚中生代火山岩 AFM 分类图解

由分类图解可以发现，大兴安岭早白垩世火山岩以中酸性火山岩为主，基性岩较少，亚碱性岩多于碱性岩石，而且具有亚碱性向碱性过渡的特征。

本研究区火山岩的微量元素的最显著的特点是富集轻稀土元素（LREE）和大离子亲石元素（LILE，如 Rb、Ba、K 等）、亏损高场强元素如 Nb、Ta 等。较低的 Nb/Ta 值，代表富集地幔部分熔融岩浆特征。La/Nb 比值绝大部分都大于 1.5，说明该区火山岩可能起源于富集岩石圈地幔。

通过对区域地质背景的进一步研究，总结出了大兴安岭早白垩世火山岩源区富集岩石圈地幔的形成机制。首先，从早侏罗世到早白垩世，古太平洋三个大的岩石圈（法拉隆板块、伊泽奈崎板块、库拉板块）运动方向和速度不可能与大兴安岭地区岩石圈富集有关。此外，从俯冲距离上也很难达到。笔者认为蒙古—鄂霍次克海闭合时间最晚为晚侏罗世，从闭合时间与空间位置上看，大兴安岭晚中生代火山岩富集岩石圈地幔源区的出现更可能与蒙古—鄂霍次克海俯冲有关（图 2-37），属于蒙古—鄂霍次克海闭合造山后的岩浆活动。

2. 松辽盆地早白垩世早期火山岩

通过对松辽盆地北部徐家围子断陷，南部长岭断陷、德惠断陷内 14 口钻井内营城组火山岩进行岩心观察、取样，选取 37 块新鲜样品进行火山岩主量、微量、Sr-Nd 同位素分析测试，并根据测试结果对营城组火山岩进行类型划分及特征分析，进而讨论岩石的成因机制。

松辽盆地营城组火山岩以中酸性岩为主，包括流纹岩、英安岩、流纹质凝灰岩、流纹质熔结凝灰岩等，TAS 投影大部分样品投影在流纹岩、英安岩范围之内，基性玄武岩相对较少（图 2-38）。

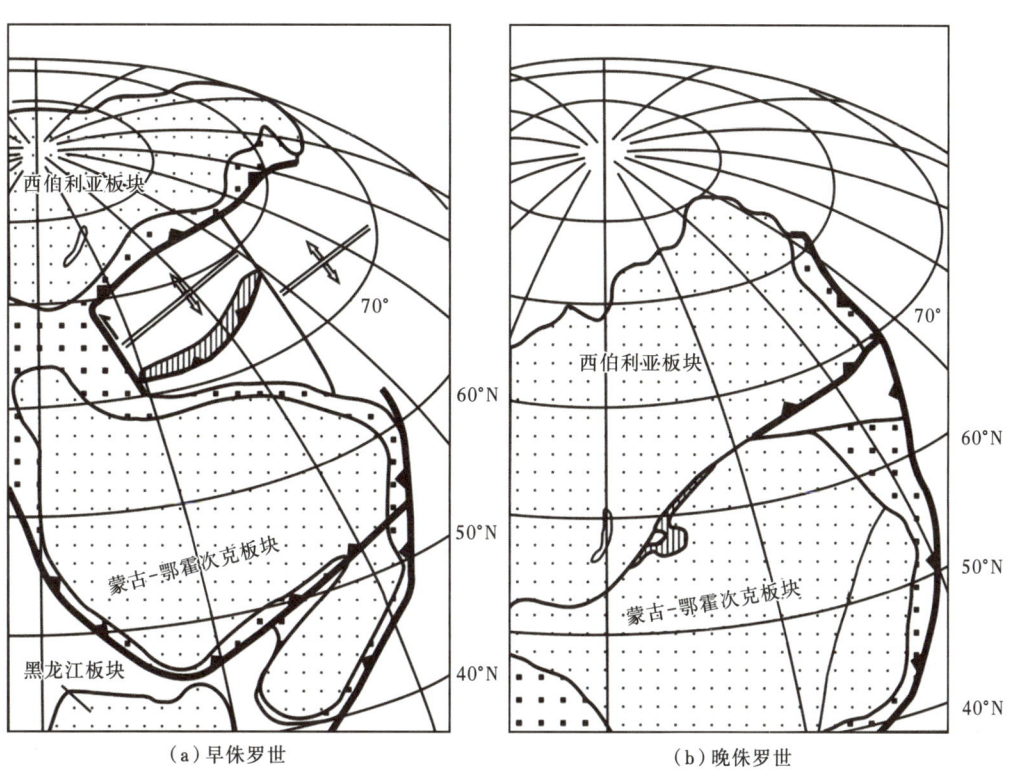

图 2-37 东北地区侏罗纪板块构造形态

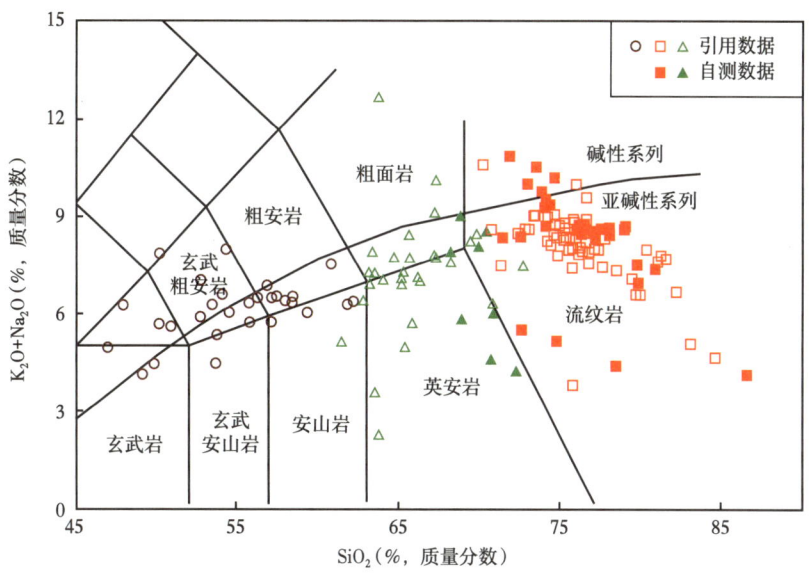

图 2-38 松辽盆地早白垩世早期火山岩 TAS 图解

酸性岩依据 TiO_2 含量可明显分为两类,其中高 Ti 酸性岩($TiO_2 > 0.45\%$),SiO_2 含量介于 68.12%~72.26% 之间;低 Ti 酸性岩($TiO_2 < 0.4\%$),SiO_2 含量为 71.46%~86.47%(图 2-39)。重点针对两种不同类型的酸性岩进行比较分析及成因鉴别。

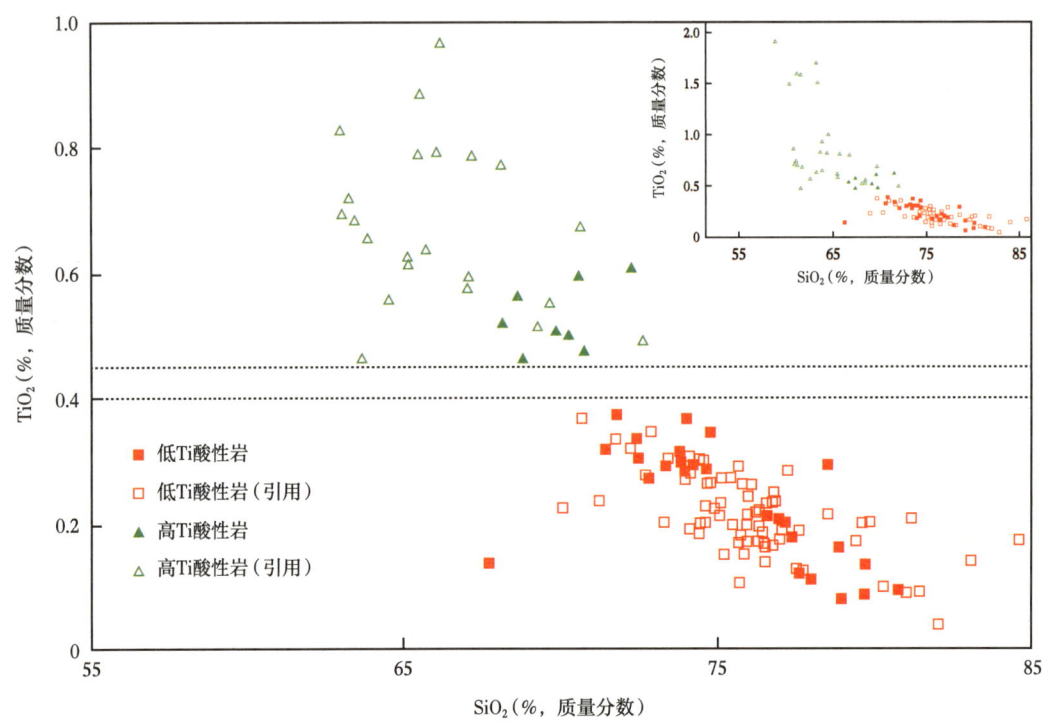

图 2-39 松辽盆地营城组酸性岩 SiO_2—TiO_2 关系图解

1)微量元素特征

低 Ti 酸性岩 ΣREE 介于 129.66×10^{-6}~597.41×10^{-6},平均 358.52×10^{-6};轻稀土略富集,$(La/Yb)_N = 2.77$~11.77,平均 7.86;重稀土内部分馏不明显,$(Dy/Yb)_N = 1.04$~1.59;强烈的负铕异常,δEu 为 0.03~0.56。高 Ti 酸性岩 ΣREE 介于 76.57×10^{-6}~188.93×10^{-6},明显低于低 Ti 酸性岩稀土总量,轻稀土富集,$(La/Yb)_N = 8.33$~11.35,平均 10.16,比高 Ti 酸性岩富集明显。弱铕负异常,δEu 为 0.66~0.75(图 2-40)。

蛛网图上,松辽盆地酸性岩均表现出强不相容元素 K、Rb、Th、U、Pb 正异常,Nb、Ta 等高场强元素弱亏损。低 Ti 酸性岩的 Zr、Y、Th、Rb、Nb 明显高于高 Ti 酸性岩,而 Sr 含量远远低于高 Ti 酸性岩。低 Ti 酸性岩具有较明显的 Sr、P、Ti 负异常,该特点与大兴安岭地区 A 型花岗岩及 A 型流纹岩特征极为相似(图 2-41)(葛文春等,2000;Wu et al.,2002)。

2)Sr–Nd 同位素特征

松辽盆地营城组酸性岩的 $(^{87}Sr/^{86}Sr)_i$ 值依据岩石 TiO_2 含量分为两组,低 Ti 酸性岩的 $(^{87}Sr/^{86}Sr)_i$ 值变化较大,高 Ti 酸性岩的 $(^{87}Sr/^{86}Sr)_i$ 值相对集中,酸性岩的 ε_{Nd} 变化范围较窄,$\varepsilon_{Nd}(t)$ 介于 -1.21~3.40,大部分为正值(图 2-42)。

3）源区讨论

高 Ti 酸性岩与同时期亚碱性基性岩具有相似的同位素比值（图 2-43），暗示两者为同源岩浆演化结果。中基性岩富集大离子亲石元素和轻稀土元素，亏损高场强及重稀土元素，Nb、Ti、P 负异常，其源区可能与早期板块俯冲有关（Wang et al.，2006），也可能是来自被富集的亏损地幔。低 Ti 酸性岩总体具有相对低 Sr 比值、正的 ε_{Nd} 值（个别样品除外）（图 2-43），年轻的 Nd 模式年龄为 631~979Ma，表明其源区与幔源物质或新生地壳有密切关系，源区为大比例新生地壳与部分下地壳混合的部分熔融。

原始岩浆在上升过程中完全不受地壳混染是不可能的，研究表明地壳混染可导致 Sr 含量降低、Pb 及 La/Nb 增大。La/Nb—$^{87}Sr/^{86}Sr$ 相关图上（图 2-44），高 Ti 酸性岩与亚碱性中基性岩 Sr 比值在很小范围内波动，而 La/Nb 变化范围较大，暗示岩浆遭受不同程度的地壳混染，而这些物质又具有与源区相似的 Sr 比值，可能为区域早期侵入新生物质。低 Ti 酸性岩变化范围广的 Sr 比值及离散型强的主量、微量元素暗示其遭受上地壳强烈混染（图 2-44）。

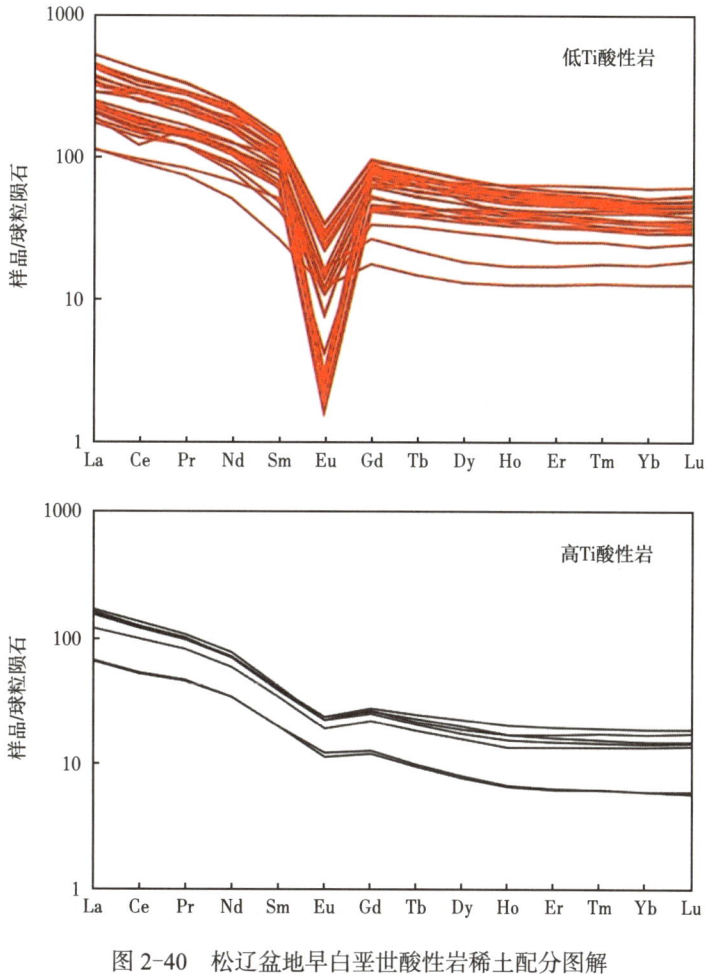

图 2-40 松辽盆地早白垩世酸性岩稀土配分图解

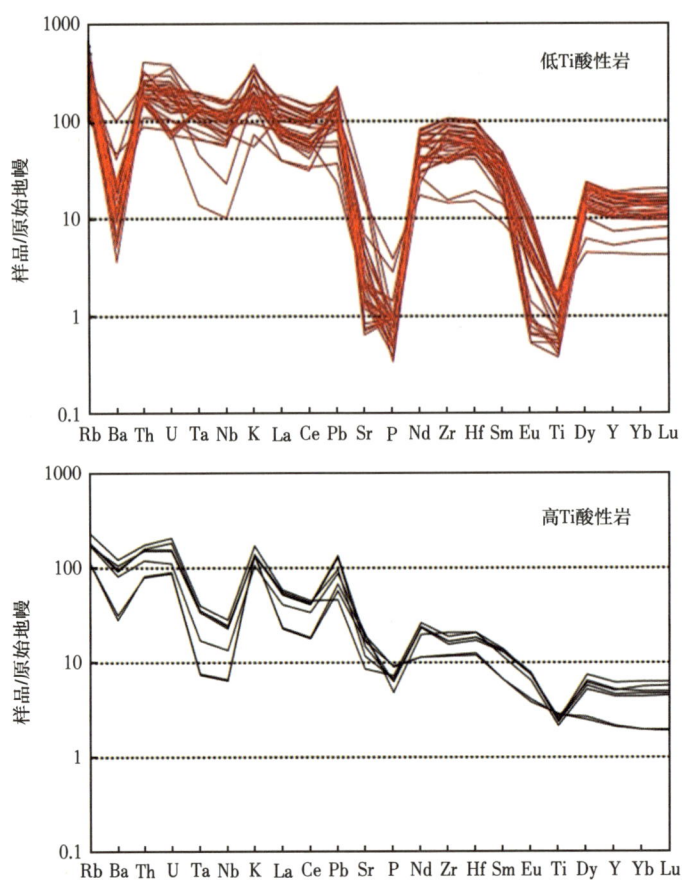

图 2-41 松辽盆地早白垩世酸性岩微量元素原始地幔标准化蛛网图

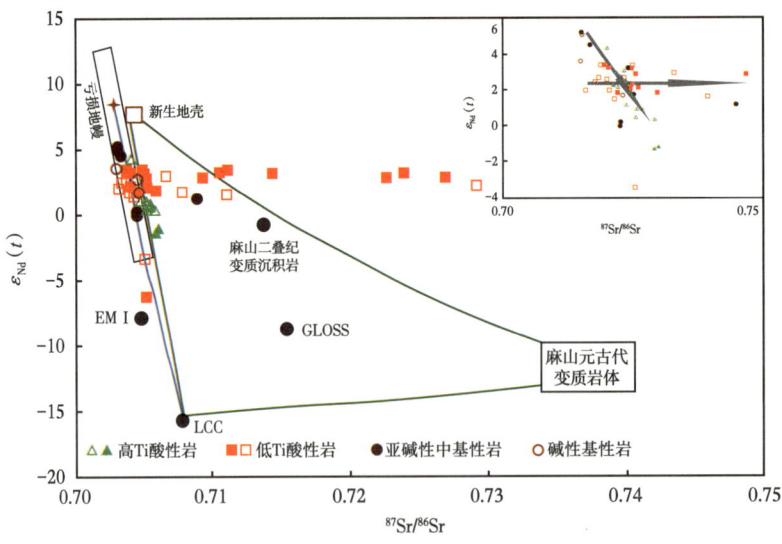

图 2-42 松辽盆地营城组酸性岩 Sr-Nd 同位素关系图

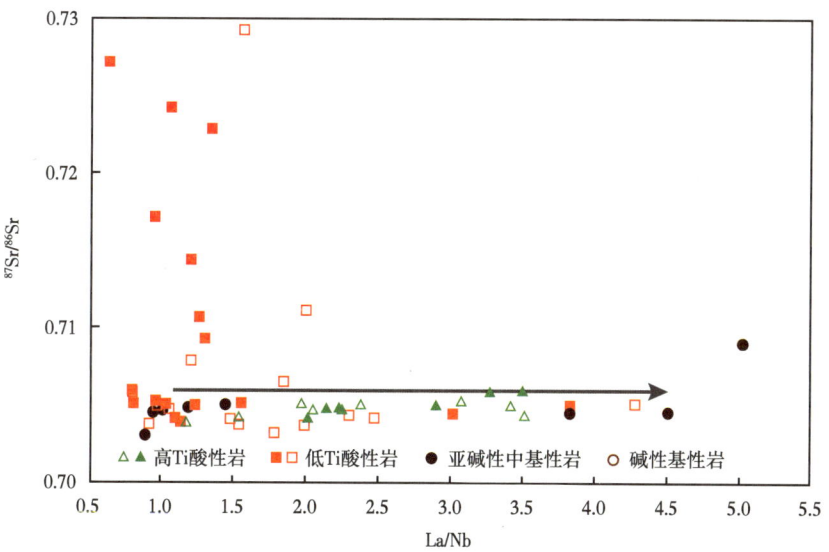

图 2-43 松辽盆地早白垩世火山岩 La/Nb—$^{87}Sr/^{86}Sr$ 相关图

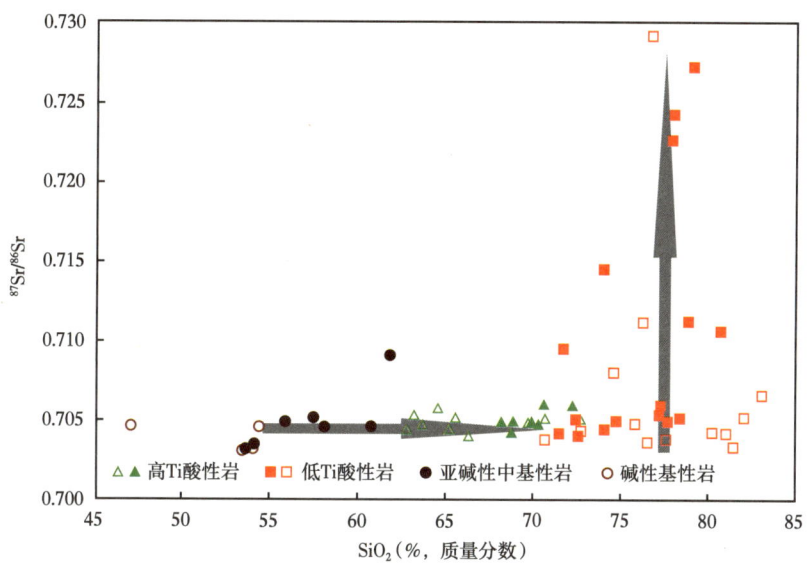

图 2-44 松辽盆地早白垩世火山岩 SiO_2—$^{87}Sr/^{86}Sr$ 相关图

4）火山岩成因——分离结晶与部分熔融

高 Ti 酸性岩的主量元素、微量元素与盆地内同时期亚碱性中基性岩具有连续的演化趋势，高 Ti 酸性岩由亚碱性中基性岩浆分离结晶形成。从玄武岩→玄武安山岩→粗面安山岩→高 Ti 酸性岩，随着 SiO_2 含量增减，Al_2O_3、MgO、P_2O_5、CaO、TiO_2、T（Fe_2O_3）含量逐渐降低，Na_2O、K_2O 含量增加（图 2-45），以及 Ba、Sr、P、Eu、Ti 等负异常，暗示高 Ti 酸性岩经历了斜长石、角闪石、磷灰石、钛铁矿等分离结晶作用。低 Ti 酸性岩硅质含量高且规模大，与基性岩无演化关系说明其形成过程中以部分熔融作用为主（图 2-45）。

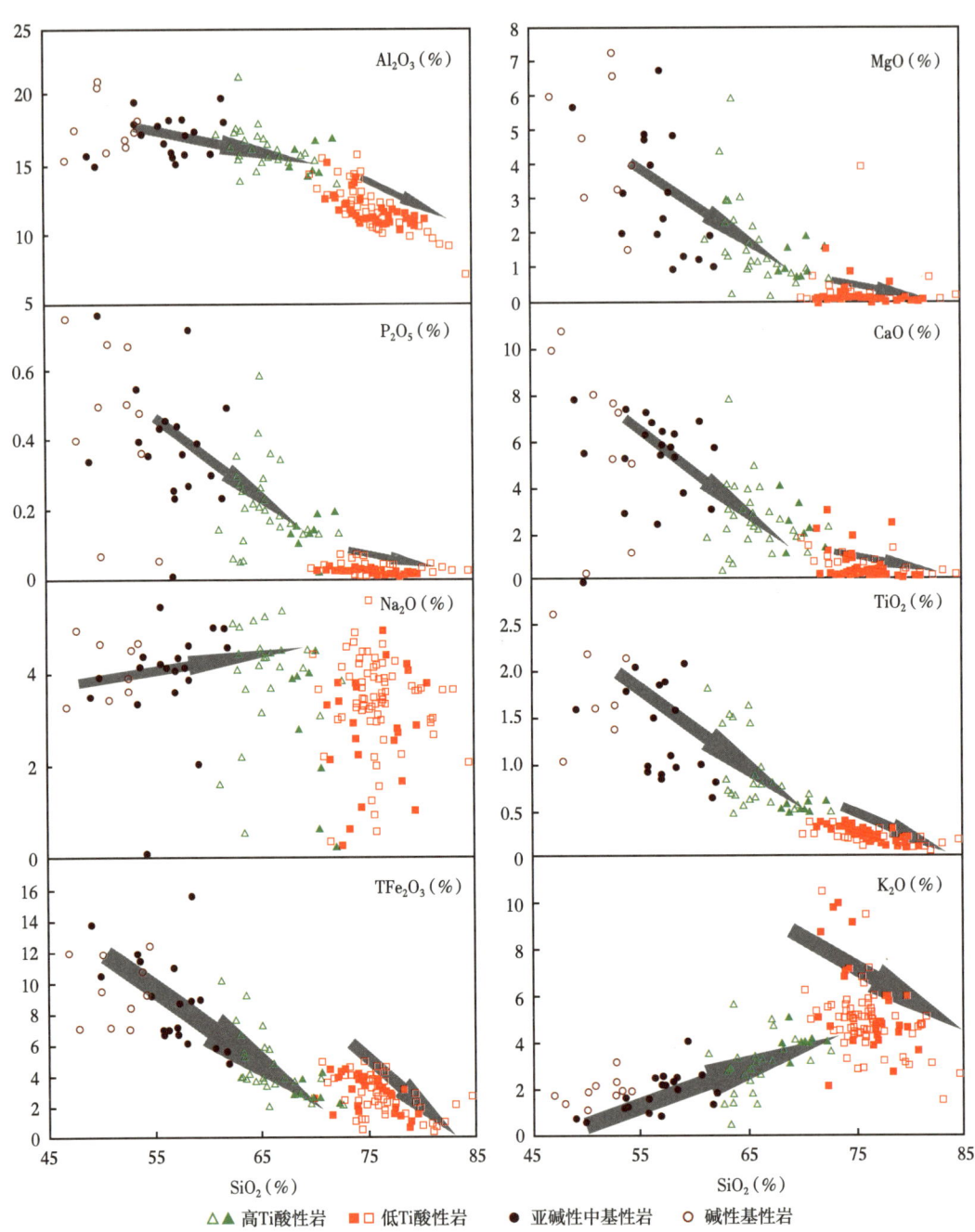

图 2-45 松辽盆地早白垩世火山岩哈克图解

5）成因模式

通过对两类酸性岩地球化学特征的分析及其成因的探讨，结合区域构造演化特征，总结出松辽盆地早白垩世火山岩的成因模式：松辽盆地早白垩世晚期（110Ma）两类酸性火山岩都形成于板内伸展拉张环境,其中被富集的亏损地幔源区发生部分熔融,在岩浆演化过程中经历了一定分离结晶作用,形成了少量高 Ti 酸性火山岩浆。与此同时,在底侵作用下新生地壳与下地壳物质发生混合熔融,受上地壳不同程度混染后形成大规模的低 Ti 酸性火山岩岩浆。综合火山岩分布、时代,以及相关资料,两类酸性火山岩的形成都与晚古生代东北地区受古太平洋板块俯冲引起的岩石圈拆沉减薄软流圈上涌有关。

第三节 火山岩油气藏形成的有利大地构造背景

通过研究全球不同类型盆地超长剖面,揭示了全球典型火山岩盆地形态结构特征,全球油气盆地数据库(455个盆地)中,发育火山岩储层的共有54个盆地的72个层系;时代以 K,J,始新统最多,之后依次为渐新统、中新统,T,C,P,上新统,∈,O,D,S,前寒武系(图 2-47a);已发现的火山岩储层中(图 2-46),按比例依次分布于亚洲、南美和欧洲,合计占总数的81%,在非洲、澳洲与北美也有少数火山岩储层(图 2-47b);火山岩储层最多形成于裂谷、火山弧和凹陷背景,热沉降、造山后伸展、挠曲沉降、前陆盆地、大陆碰撞、基底等环境的火山岩也均可成为储层(图 2-47c);已发现的火山岩储层中,作为主要储层的占40%,次要储层的占35%,另25%为可能储层(图 2-47d);在已经确定的火山岩储层中,56%为单独作为储层,44%为与沉积岩共同作为储层。

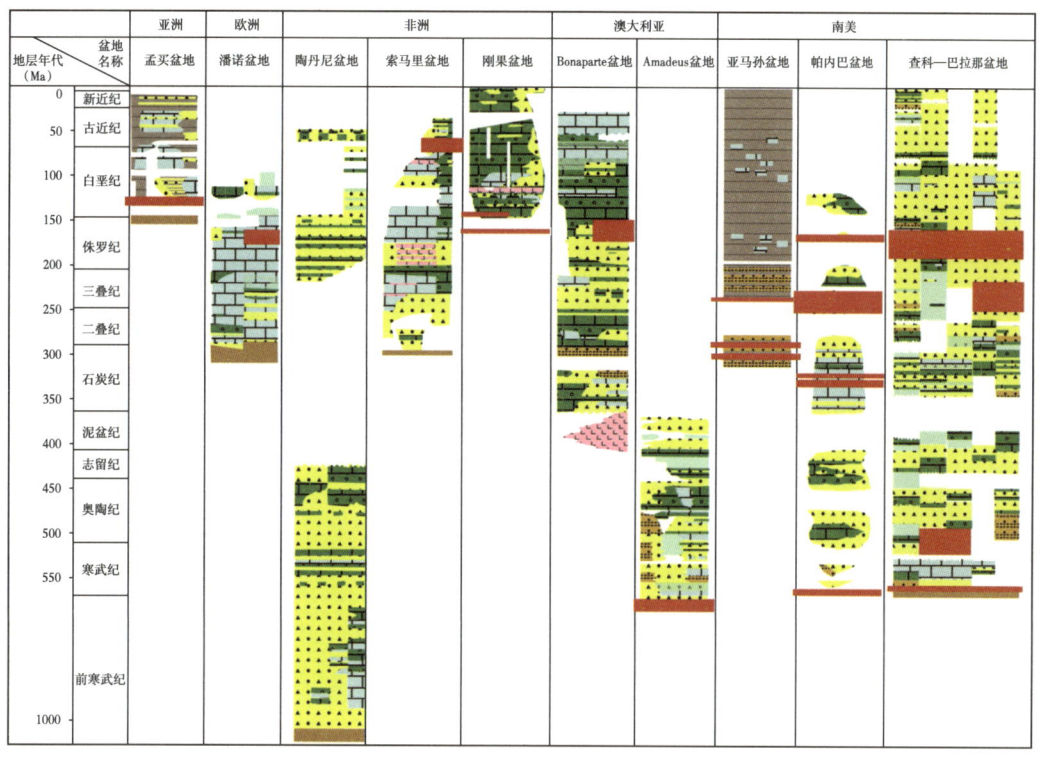

图 2-46 全球典型含油气火山岩盆地地层柱状图(红框圈注火山岩地层)

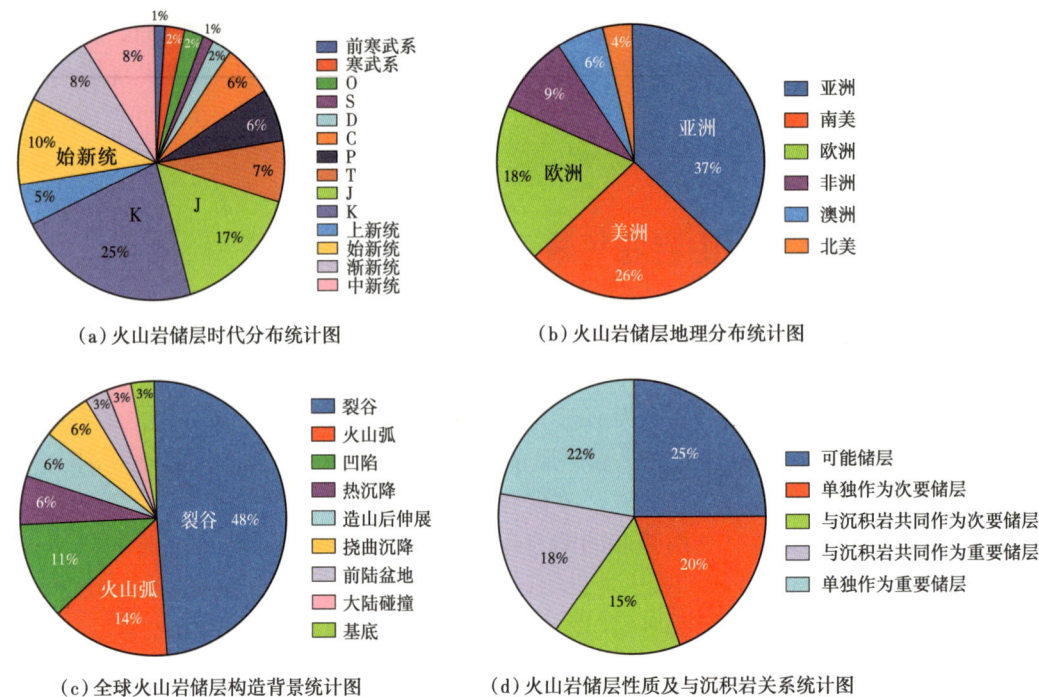

图 2-47　全球火山岩储层时代分布统计图

第三章 火山岩有效储层的形成机理与控制因素

本章在火山岩成藏地质背景和火山作用特征研究基础上，基于岩心/岩屑、录井、测井、三维地震和分析测试资料，开展火山岩相划分、储层特征和成因方面的研究。建立了中国东西部火山岩岩性和岩相分类体系、识别标志和岩相模式，揭示岩相依存关系和变化规律，明确岩性、岩相与储层之间的相互关系。将松辽盆地中生代火山岩分为 4 类 25 种，火山岩相划分为 5 相 15 亚相；将辽河盆地新生代中基性火山岩划分为 4 类 21 种岩性和 6 相 16 亚相。将新疆北部晚古生代火山岩分为 4 相组、6 相、10 亚相。

针对不同时代、不同岩性、不同岩相火山岩均可形成火山岩储层这一火山岩油气藏勘探现状，首次提出岩性岩相是基础，风化淋滤、成岩改造是关键的成储机制。转变了火山岩勘探传统理念，为火山岩勘探由"点"到"面"的突破奠定了理论基础。

第一节 火山岩储层地层分布特征

不同时代、不同类型盆地各类火山岩均可形成火山岩储层油气田。中国已发现的火山岩储层油气田，东部主要发育在中—新生界，岩石类型以中酸性火山岩为主；西部主要发育在古生界，岩石类型以中基性火山岩为主。火山岩储层油气田主要发育在大陆裂谷盆地环境，如渤海湾、松辽等盆地，但在前陆盆地、岛弧型海陆过渡相盆地中也普遍发育，如准噶尔盆地西北缘、陆东和三塘湖盆地。在油气聚集类型和规模上，东部以岩性型为主，可叠合连片分布，形成大面积分布的大型油气田，如松辽深层的徐深气田；西部以地层型为主，可形成大型整装油气田，如准噶尔盆地克拉美丽气田等（图 3-1）。

一、东北地区中生代火山岩地层分布特征

1. 东北地区松辽盆地周围侏罗系、白垩系火山岩

下—中侏罗统主要分布在松辽盆地及其以东地区；上侏罗统主要分布在大兴安岭以西地区，东部少量；下白垩统松辽盆地以西广泛分布，东部零星分散；上白垩统在小兴安岭零星分布。

2. 东北地区松辽盆地内深层侏罗系、白垩系火山岩

纵观松辽盆地内早白垩世火山岩，盆地东部、中部岩性与长春—九台地区的沙河子

组、营城组和宾县—尚志地区的板子房组、宁远村组岩性相当，下部以中性为主；上部以酸性为主。盆地西部地区岩性与大兴安岭地区类似，下部以酸性、中酸性为主；上部则为玄武质。

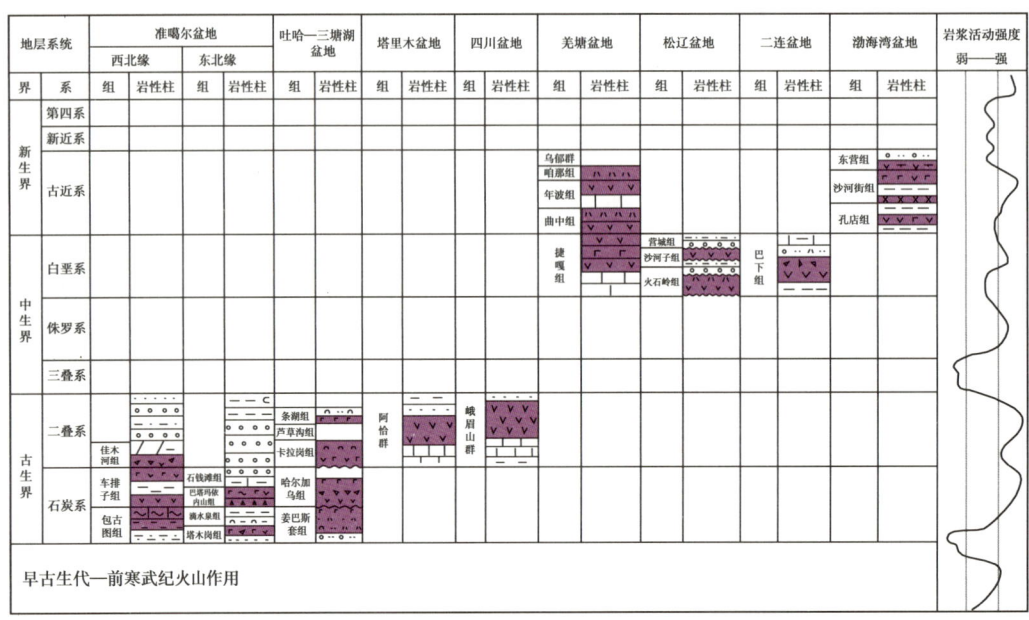

图 3-1　我国主要含油气盆地储层地层图

二、西部准噶尔盆地中生代火山岩地层分布特征

准噶尔盆地所属的古亚洲洋构造域处在晚古生代古亚洲洋逐渐消亡、洋壳消减、陆壳尚未完全形成的转换时期，地壳活动性强烈，火山活动频繁，火山岩地层的分布约占整个盆地面积的三分之二。准噶尔盆地可划分为西准噶尔、准噶尔覆盖区和东准噶尔三个地层区（吴晓智等，2009），上古生界火山岩地层均广泛分布（表 3-1）。

西准噶尔可划分萨吾尔山小区和玛依勒山小区，除萨吾尔山小区恰其海组与那林卡拉组发育海陆交互—滨浅海沉积没有火山岩记录外，自下石炭统至下二叠统大部分地层均发育火山岩；准噶尔覆盖区可划分为克拉玛依小区、莫索湾小区和将军庙小区，其中克拉玛依小区石炭系与下二叠统均有火山岩发育，莫索湾小区和将军庙小区塔木岗组、滴水泉组没有明显火山记录，但发育Ⅱ型有机质，成为重要的生油层；东准噶尔可划分为克拉美丽山小区和北塔山小区，前者上石炭统和下二叠统大部分缺失，仅残存上石炭统底部巴塔玛依内山组，发育大量火山熔岩、火山碎屑岩，北塔山小区缺失上石炭统和中二叠统部分地层，除中二叠统芦草沟组发育近海相、湖相沉积没有火山记录外，自下石炭统至上二叠统均有火山岩发育。

表 3-1　准噶尔及邻区石炭系—二叠系地层划分对比表

地层			西准噶尔		准噶尔地层区				东准噶尔	
			萨吾尔山小区	玛依勒山小区	克拉玛依山小区 西北缘	莫索湾小区 陆西—莫索湾	将军庙小区 石树沟—石钱滩	克拉美丽山小区 陆东—五彩湾	北塔山小区 库普—三塘湖	
三叠系	下三叠统		缺失	缺失	百口泉组	百口泉组	百口泉组	百口泉组	缺失	造山后伸展阶段
二叠系	上二叠统		缺失	缺失	上乌尔禾组	上乌尔禾组	梧桐沟组	下仓房沟组	条湖组	
	中二叠统		缺失	缺失	下乌尔禾组	下乌尔禾组	泉子街组			
			夏子街组	夏子街组	夏子街组	夏子街组	平地泉组	平地泉组	芦草沟组	
	下二叠统		卡拉岗组	缺失	风城组	风城组	金沟组	将军庙组	卡拉岗组	
			哈尔加乌组	佳木河组	佳木河组	佳木河组		缺失	哈尔加乌组	
			缺失	太勒古拉组	车排子组	缺失	六棵树组	缺失	缺失	
石炭系	上石炭统		恰其海组	包古图组	包古图组		石钱滩组			
			吉木乃组							
	下石炭统		那林卡拉组	希贝库拉斯组	希贝库拉斯组	巴塔玛依内山组	巴塔玛依内山组	巴塔玛依内山组	巴塔玛依内山组	多岛弧汇聚阶段
			南明水组			滴水泉组	松喀尔苏组	滴水泉组	姜巴斯套组	
			黑山头组			塔木岗组	塔木岗组	塔木岗组	东股鲁巴斯套组	
			和布克河组			?				
			塔尔巴哈合组	泥盆系	泥盆系		泥盆系	泥盆系	老爷庙组	

注：灰色背景为发育火山岩地层。

第二节 火山岩储层的岩性特征

本节以松辽盆地中生代和准噶尔盆地古生代火山岩研究资料为依据，通过现场考察长白山、五大连池等现代火山机构，结合国外典型实例，将火山作用喷出物分为熔岩、碎屑熔岩、火山碎屑岩和沉火山碎屑岩4类，前两类岩石冷凝固结，后两类压实固结。按成分—组构—岩相分类方案划分出34种岩相。详细论述了各岩相的成岩方式、成分、组构、成因和产状，并给出各岩相类型的实例和典型照片（图3-2）。建造—改造和继承—变异

岩浆溢流口和扇状熔岩被
福建漳州火山岛，Q玄武岩

火山口及其环状和放射状裂隙
福建漳州火山岛，Q玄武岩

柱状节理玄武岩
新疆双井子，C_2巴塔玛依内山组

枕状玄武岩，玻璃质，边缘绿泥石化，新疆金山沟，C_2巴塔玛依内山组

甬道形块状玄武岩
五大连池，Q玄武岩

绳状玄武岩，凸向流动方向
五大连池，Q

泅浪状玄武岩，见外壳a，内壳b，内核c，外核d四层结构，前缘断裂呈块状；五大连池，Q

集块岩（玻璃质结构）及其上覆厚层黏滞流安山岩（灰色）
新疆金山沟，C_2巴塔玛依内山组

堆砌角砾岩（英安质），原地厚层黏滞安山岩（灰色）
营城煤矿，K_1营城组

隐爆角砾岩，原岩被炸碎，原地角砾，枝杈状裂隙，岩汁充填胶结
营城煤矿，K_1营城组

原生火山碎屑流沉积，柱状者为火山喷气管，含钙流体使其胶结较好
长白山，Q玄武质火山碎屑岩

基浪和空落沉积，平行和粒序层理，弹道状坠石自左向右落下
长白山，Q玄武质火山碎屑岩

构成火山垣的熔岩滴和火山渣，可见气孔自内向外由大变小的分带现象
海口石山，Q玄武岩

菜花状火山弹（球泡），为岩浆于地下较浅处遇水爆炸形成
营城煤矿，K_1营城组

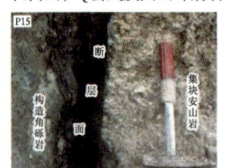
安山质集块岩（古火山渣锥），断层面，构造角砾岩带及其绿泥石化
营城煤矿，K_1营城组

图3-2 中基性火山作用喷出物类型及岩相特征

分析对比显示,现代火山与古火山都常见的岩相包括厚层熔岩、熔结结构碎屑熔岩、柱状节理熔岩、枕状熔岩和玻璃质熔岩。现代火山常见而古火山少见或未见的有浮岩、渣状熔岩、绳状和块状熔岩。火山穹隆垮塌是常见的同生改造作用。裂隙式与中心式喷发往往相伴而生,常表现为沿着深大断裂的一系列中心式喷发。

根据岩心观察及镜下鉴定,结合全碱—SiO_2(TAS)图解(图3-3)分析,中国西部古生代发育基性、中性、酸性3类火山熔岩(包括流纹岩、英安岩、安山岩、玄武岩)、火山碎屑岩(包括集块岩、火山角砾岩、凝灰岩)、火山碎屑—沉积过渡岩类。

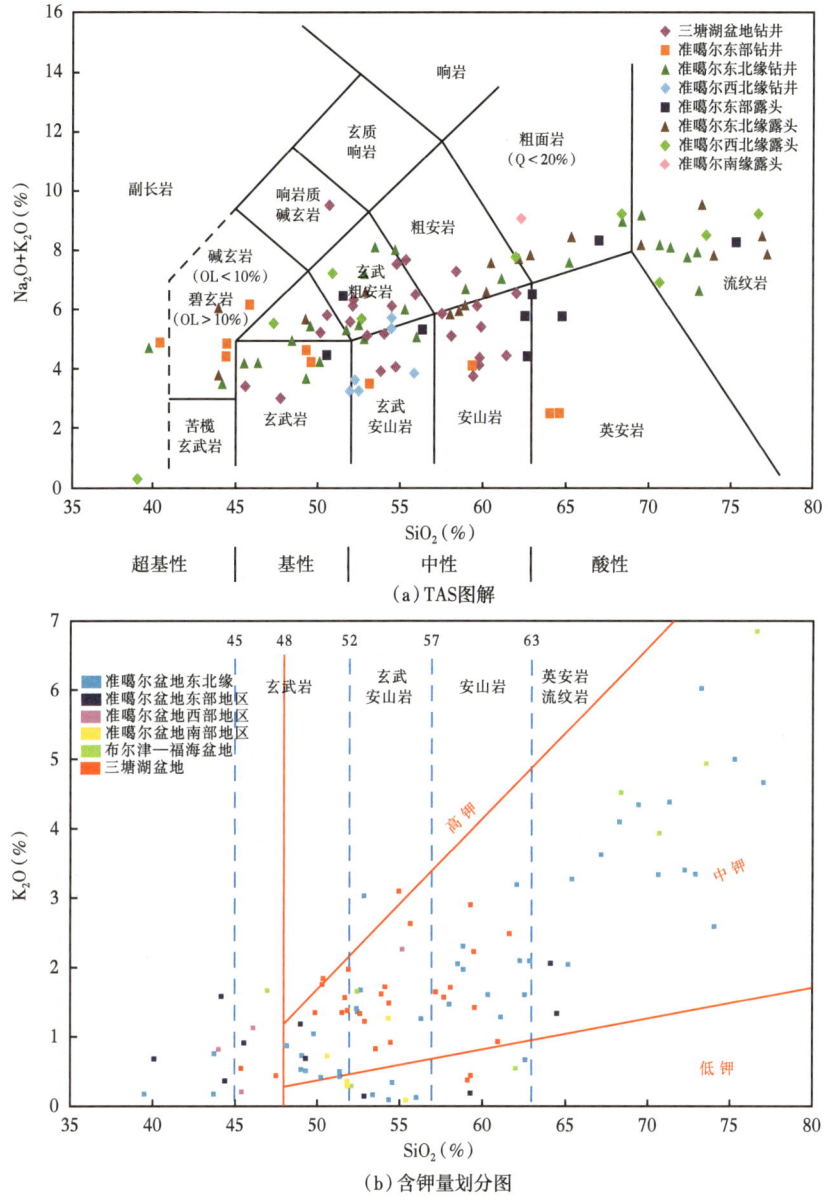

图3-3 中国西部古生代火山岩地球化学特征图

总体上来看，以中基性为主，主要为玄武岩、玄武安山岩，同时发育少量的酸性流纹岩、英安岩、粗面英安岩较少，表现出双峰式火山岩的特征；岩石类型以熔岩为主，其次为火山碎屑熔岩、火山碎屑岩，以及沉火山岩，熔岩与火山碎屑岩多呈互层状，夹于陆源碎屑岩之中，大部分岩石显示经受后期溶蚀、变形改造并轻度蚀变，但未变质。

第三节 火山岩储层的岩相特征

一、中国东部火山岩储层岩相特征

火山岩相主要是指火山活动产物的产出环境及岩相特征，火山岩相对于揭示火山岩时空展布规律和不同岩性组合之间的成因联系具有重要意义。不同岩相带具有不同种类的孔隙和裂隙组合特点。以火山作用方式或喷发/搬运方式为依据，结合岩性—组构—成因可将徐家围子地区火山岩相划分为5相15亚相（王璞君，2003）。徐家围子地区火山岩可分为爆发相、喷溢相、侵出相、火山通道相及火山沉积相，如图3-4和表3-2所示，爆发相形成于火山作用的早期和后期，可分为空落亚相、热基浪亚相、热碎屑流亚相三个亚相。喷溢相形成于火山作用旋回的中晚期，是含晶喷出物和火山碎屑物质的熔浆在后续喷出物推动和自身重力的共同作用下，在沿着地表流动过程中，熔浆逐渐冷凝固结而形成。较厚的熔岩流一般可分为下部亚相、中部亚相、上部亚相及顶部亚相。火山通道相位于整个火山机构的下部，形成于整个火山旋回同期和后期。火山通道相可以划分为火山颈亚相、次火山岩亚相和隐爆角砾岩亚相。侵入相形成于火山活动旋回的后期，划分为内带亚相、中带亚相和外带亚相。火山沉积相一般可分为再搬运火山碎屑沉积岩亚相、含外碎屑火山碎屑沉积岩亚相和凝灰岩夹煤岩沉积亚相。

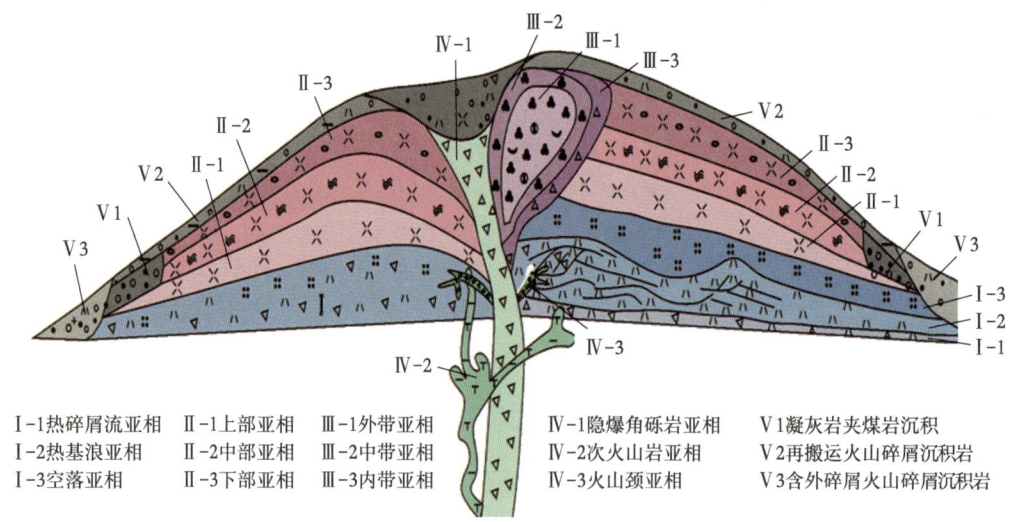

Ⅰ-1 热碎屑流亚相	Ⅱ-1 上部亚相	Ⅲ-1 外带亚相	Ⅳ-1 隐爆角砾岩亚相	Ⅴ1 凝灰岩夹煤岩沉积
Ⅰ-2 热基浪亚相	Ⅱ-2 中部亚相	Ⅲ-2 中带亚相	Ⅳ-2 次火山岩亚相	Ⅴ2 再搬运火山碎屑沉积岩
Ⅰ-3 空落亚相	Ⅱ-3 下部亚相	Ⅲ-3 内带亚相	Ⅳ-3 火山颈亚相	Ⅴ3 含外碎屑火山碎屑沉积岩

图 3-4 徐家围子断陷深层火山岩相模式

表 3-2　徐家围子断陷火山岩相简表

相	亚相
爆发相	热碎屑流亚相，热基浪亚相，空落亚相
喷溢相	顶部亚相，上部亚相，中部亚相，下部亚相
侵出相	内带亚相，中带亚相，外带亚相
火山通道相	火山颈亚相，次火山岩亚相，隐爆角砾岩亚相
火山沉积相	含外碎屑火山碎屑沉积岩亚相，再搬运火山碎屑沉积岩亚相，凝灰岩夹煤岩沉积亚相

爆发相形成于火山作用的早期和后期，在空落亚相、热基浪亚相和热碎屑流亚相中，空落亚相主要构成岩性为含火山弹和浮岩块的集块岩、角砾岩、晶屑凝灰岩，空落亚相具有集块结构、角砾结构和凝灰结构，常表现为正粒序、颗粒支撑。空落亚相是固态火山碎屑和酸性喷出物在火山气射作用下在空中做自由落体运动降落到地表，经压实作用而形成的；多形成于爆发相下部，向上粒度变细，有时也呈夹层出现。空落亚相的代表性特征是具有层理的凝灰岩层被块状坠石扰动的"撞击构造"。热基浪亚相主要构成岩性为含晶屑、玻屑、浆屑的凝灰岩，火山碎屑结构，以晶屑凝灰构造为主，具平行层理、交错层理、逆行沙波层理，是气射作用的气—固—液态多相体系在重力作用下在近地表呈悬移质搬运、重力沉积、压实成岩作用的产物。多形成于爆发相的中下部，向上变薄，或与空落亚相互层。热基浪亚相的代表性特征是发育层理构造，尤其是逆行沙波层理（反）构造。热碎屑流亚相主要构成岩性为含晶屑、玻屑、浆屑、岩屑的熔结凝灰岩，具有熔结凝灰结构、火山碎屑结构，呈块状、基质支撑，是含挥发分的灼热碎屑—浆屑混合物，在后续喷出物推动和自身重力的共同作用下沿地表流动，受熔浆冷凝胶结与压实共同作用而形成，以熔浆冷凝胶结为主，多见于爆发相上部。原生气孔发育的浆屑凝灰岩是热碎屑流亚相的代表性岩石。

喷溢相形成于火山作用旋回的中期，是含晶喷出物和同生角砾的熔浆在后续喷出物推动和自身重力的共同作用下，沿着地表流动过程中，熔浆逐渐冷凝固结而形成。喷溢相在酸性、中性、基性火山岩中均可见到，一般可分为下部亚相、中部亚相、上部亚相。

下部亚相代表岩性为细晶流纹岩、含同生角砾的流纹岩，呈玻璃质结构、细晶结构、斑状结构、角砾结构，具块状或断续的流纹构造，位于流动单元的下部。喷溢相下部亚相岩石的原生孔隙不发育，但脆性强，裂隙容易形成和保存，所以在各种火山岩亚相中构造裂缝是最发育的。中部亚相代表岩性为流纹岩，呈细晶结构、斑状结构，具流纹构造，位于流动单元的中部。喷溢相中部亚相是唯一的原生孔隙、流纹层理间缝隙和构造裂缝都发育的亚相，也是孔隙分布较均匀的岩相带。中部亚相往往与原生气孔极发育的喷溢相上部亚相互层，构成孔—缝"双孔介质"极发育的有利储集体。上部亚相代表岩性为气孔流纹岩或球粒流纹岩，气孔呈条带状分布，沿流动方向定向拉长，呈球粒结构、细晶结构，具气孔构造、杏仁构造、石泡构造，位于流动单元的上部。上部亚相是原生气孔最发育的相带，原生气孔占岩石体积百分比可高达 25%~30%，原生气孔之间通过构造裂缝连通。受气孔的影响，构造裂缝在上部亚相中主要表现为不规则的孔间裂缝，而规则的、成组出现的裂缝较少。喷溢相上部亚相一般是储层物性最好的岩相带。

火山沉积相常与火山岩共生，可出现在火山活动的各个时期，碎屑成分中含有大量火山岩岩屑，主要分布于火山岩丘之间。火山沉积相主要为冲积扇和山间河流冲积相。松辽盆地北部的火山沉积相中经常含煤，指示间湾沼泽沉积相。

1. 火山机构相带地质—地震解译

以松辽盆地为例，火山机构按距火山口远近划分为火山口—近火山口、近源和远源三个相带（图3-5和表3-3）。营城组火山机构相带有6种地震相类型，分别是丘状、透镜状、穹状、池塘状、楔状和席状地震相。丘状、透镜状和穹状均见于火山机构中心相带，但所代表的优势岩相不同，分别与爆发相、喷溢相和侵入相对应。池塘状和楔状均为近源相带，但前者以喷溢相辫状熔岩流为主，而后者代表爆发相火山碎屑岩与喷溢相熔岩互层。席状地震相是以火山沉积相为主的远源相带火山机构，中心相带岩性和岩相多变、地震相复杂，这是初始喷发条件、同生垮塌、后期断裂，以及孔隙和流体共同作用的结果；该带是火山岩储层发育最有利的部位。

火山岩地震相多解性可以通过井和地质模型约束来降低。6种火山岩地震相在空间上常呈规律性叠置。

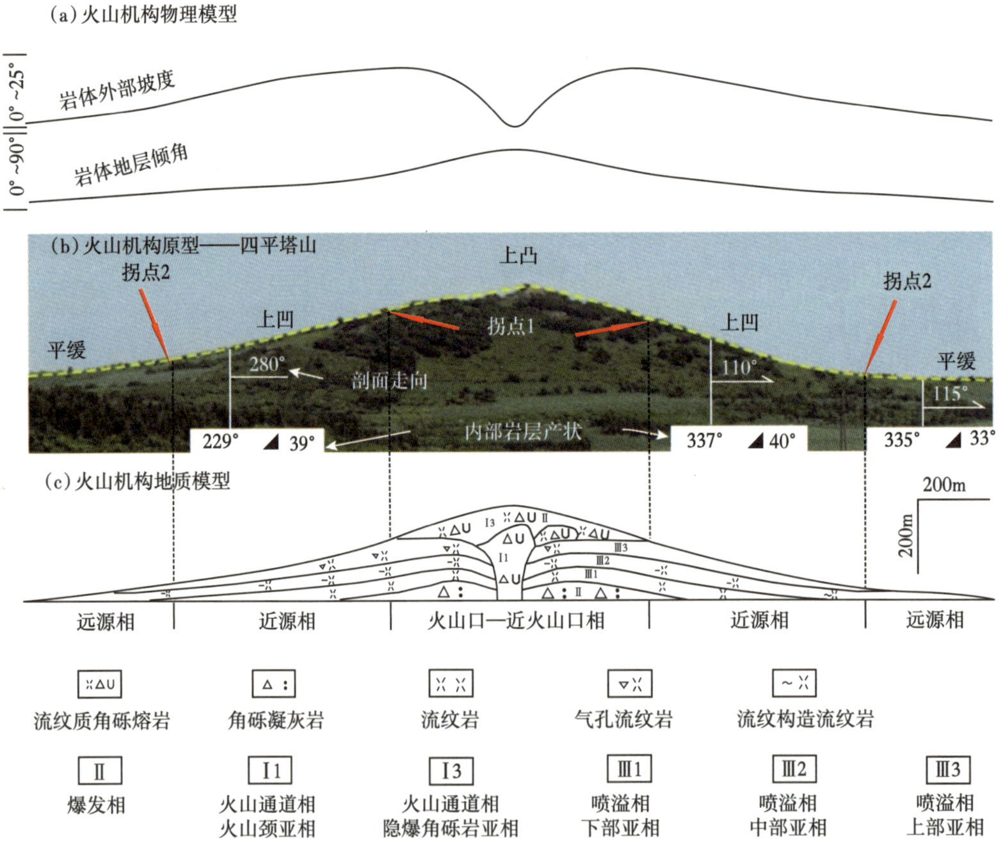

图3-5 火山机构—岩相带地质与物理模型

表 3-3 松辽盆地营城组火山机构相带与岩相/亚相的关系

火山机构相带	火山岩相及亚相		岩性	识别标识	岩相占火山机构体积	构造位置
火山口—近火山口相	火山通道相	隐爆角砾岩亚相	隐爆角砾岩	隐爆角砾结构，自碎斑结构	约9%	构造高点
		次火山岩亚相	次火山岩	柱状节理，捕房体		
		火山颈亚相	角砾熔岩	堆砌结构，环状、放射状裂缝		
	爆发相	热碎屑流亚相	集块/角砾(熔)或角砾凝灰(熔)岩	熔结结构，角砾结构	约18%	
		热基浪亚相		角砾结构，逆行沙波层理		
		空落亚相		角砾结构，弹道状坠石		
	喷溢相	上部亚相	含角砾/集块熔岩	含角砾/集块，气孔富集，具流纹构造，裂缝发育	约10%	
		中部亚相				
		下部亚相				
	侵出相	外带亚相	酸性熔岩	变形流纹构造	约3%	
		中带亚相	珍珠岩	珍珠构造，透镜状		
		内带亚相		珍珠构造，岩丘，岩穹		
近源相	爆发相	热碎屑流亚相	熔结凝灰(熔)岩	熔结结构，气孔构造	约20%	火山斜坡
		热基浪亚相	玻屑凝灰岩	平行层理，交错层理，粒序层理		
		空落亚相	晶屑凝灰岩			
	喷溢相	上部亚相	气孔/杏仁体熔岩	气孔/杏仁构造	约25%	
		中部亚相	流纹构造熔岩	流纹构造		
		下部亚相	块状熔岩	块状构造，细晶结构		
远源相	爆发相	热碎屑流亚相	熔结凝灰(熔)岩	熔结凝灰结构，含外碎屑	约7%	平地
		热基浪亚相	玻屑凝灰岩	平行层理，粒序层理，含外碎屑		
		空落亚相	层状凝灰岩			
	喷溢相	上部亚相	块状熔岩	贫孔，产状平缓	约5%	
		中部亚相				
		下部亚相				
	火山沉积相	凝灰岩夹煤岩沉积	凝灰岩夹煤	韵律层理，水平层理	约3%	
		再搬运火山碎屑沉积岩	沉火山角砾岩/凝灰岩	交错、槽状层理，块状构造		
		含外碎屑火山碎屑沉积岩	凝灰质砾岩/砂岩			

2. 火山岩相地震特征及其响应关系

火山岩储层发育受岩性、岩相的控制，为了提高岩性、岩相地震识别的精度，选择松辽盆地南部长岭断陷营城组和火石岭组典型井火山岩进行井旁地震相分析，分别建立了酸性和中基性火山岩的岩相识别的模版（图3-6和图3-7）。酸性与中基性火山岩最明显的差别为爆发相和喷溢相之间的差异，酸性岩爆发相具有席状、板状、平行—亚平行反射，连续性好、局部中等，强振幅，低频的特征；酸性岩喷溢相具有楔状、局部透镜、波形反射特征，连续性中—差，中弱振幅、见中强振幅，中高频特征。中基性岩爆发相具有板状、楔状、蠕虫形反射、偶见亚平行反射，中高振幅，中高频，连续性差、见连续性中—好的特征；中基性岩喷溢相具有板状、楔状、平行—亚平行反射、局部波形反射，连续性中等、局部较差，中强振幅，中频、局部高频的特征。根据酸性、中基性火山岩不同的电性特征，结合火山岩段表现的地震内部反射结构，几何形态等地震相特征，总结出不同火山岩之间地震相与测井相的对应关系，为新区识别火山岩相，预测火山岩储层，划分有利储集相带提供依据（表3-4）。

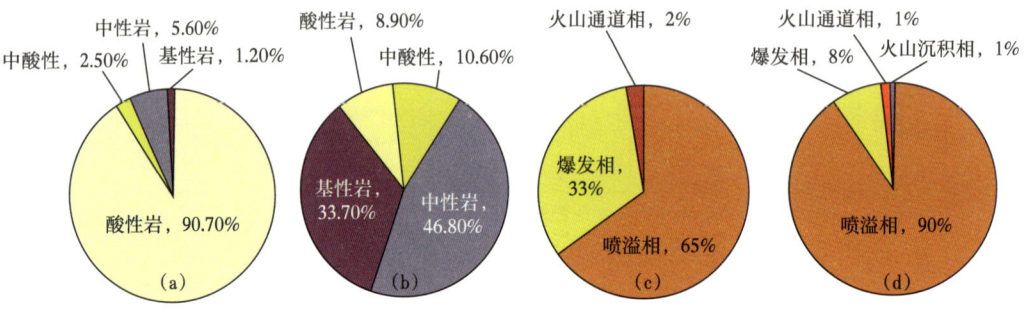

图 3-6　长岭断陷营城组（a、c）与火石岭组（b、d）火山岩岩性岩相特征

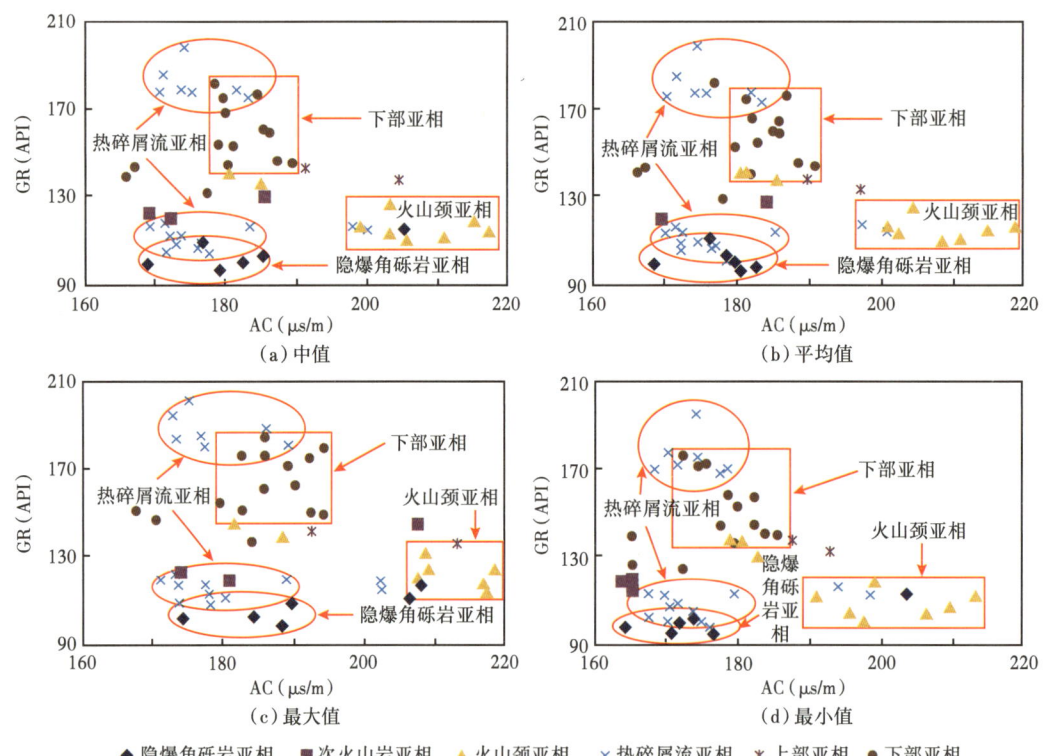

图 3-7　长岭断陷营城组火山岩岩相声波时差（AC）—自然伽马（GR）交会图

表 3-4 松辽盆地长岭断陷营城组典型火山岩岩相测井相特征

相	亚相	自然伽马 GR (API)				深/浅侧向电阻率 LLD/LLS (Ω·m)					声波时差 AC (μs/m)			典型实例			
		曲线形态	最大值	最小值	平均值	曲线形态	最大值	最小值	平均值	幅度差	曲线形态	最大值	最小值	平均值	井号	顶深 (m)	底深 (m)	岩性
火山通道相 (Ⅰ)	火山颈亚相 (I_1)	微齿化曲线近平直	219	186	200	曲线光滑近平直	64/58	36/34	48/44	无	微齿化曲线平直	184	174	178	YS101	3714	3723	流纹质凝灰熔岩
	次火山岩亚相 (I_2)	微齿化曲线平直	130	79	91	—	—	—	—	—	低幅齿化箱形	240	163	196	DB11	4060	4090	玄武岩
	隐爆角砾岩亚相 (I_3)	低幅齿化反向箱形	241	29	155	高幅齿化箱形, 指形	899/776	11/8	79/63	正	中高幅齿化箱形, 箱形	297	166	201	LS1	4548	4568	安山岩
爆发相 (Ⅱ)	空落亚相 (II_1)	微齿化曲线平直	131	100	118	中高齿化箱形 指形	1220/1261	27/27	139/154	无	微齿化曲线平直	209	178	188	YN1	4650	4660	流纹质凝灰岩
	热基浪亚相 (II_2)	低幅齿指形	227	103	171	低幅齿化反向箱形	381/276	7/7	136/105	正	中高齿化箱形	289	90	178	SS1	2594	2622	流纹质凝灰岩
	热碎屑流亚相 (II_3)	低幅齿化曲线近平直	163	117	144	低幅齿化曲线近平直	21/16	7/5	13/10	正	低幅齿化箱形	259	172	203	SS1	2742	2763	流纹质凝灰岩
喷溢相 (Ⅲ)	下部亚相 (III_1)	低幅齿化曲线平直	183	125	157	中幅齿化箱形	691/753	52/52	193/199	无	低幅齿化箱形	206	170	184	YN1	3839	3910	流纹岩
	中部亚相 (III_2)	低幅齿化曲线平直	187	120	150	中幅齿化反向漏斗形	15668/4402	89/66	719/408	正	微齿化曲线平直	195	162	178	YN2	3852	3907	流纹岩
	上部亚相 (III_3)	低幅齿化曲线平直	160	108	135	微齿化曲线近平直	118/103	30/30	61/55	正	微齿化曲线平直	191	166	180	YS101	3800	3827	流纹岩
火山沉积相 (Ⅴ)	含外碎屑火山碎屑沉积岩亚相 (V_1)	微齿化反向箱形	146	51	121	低幅齿化反向箱形	89/63	7/4	44/29	正	微齿化曲线平直	228	174	200	YS2	4215	4270	复成分砾岩

长岭断陷营城组火山岩主要发育酸性、中酸性、中性、基性4类14种岩石类型。岩相以喷溢相为主，爆发相次之（以热碎屑流亚相为主），火山沉积相较少，火山通道相最少。火石岭组火山岩整体以中基性岩为主。中性岩主要为安山岩；基性岩主要为玄武岩，岩相以喷溢相为主，爆发相相对较少。酸性与中基性火山岩最明显的差别为爆发相和喷溢相之间的差异，酸性岩爆发相具有席状、板状、平行—亚平行反射，连续性好、局部中等，强振幅，低频的特征；酸性岩喷溢相具有楔状、局部透镜、波形反射特征，连续性中—差，中弱振幅、见中强振幅，中高频特征。中基性岩爆发相具有板状、楔状、蠕虫形反射结构、偶见亚平行反射结构，中高振幅，中高频，连续性差、见连续性中—好的特征；中基性岩喷溢相具有板状、楔状、平行—亚平行反射、局部波形反射，连续性中等、局部较差，中强振幅、中频、局部高频的特征。

3. 松辽盆地白垩系营城组火山岩喷发旋回划分

鉴于松辽盆地白垩纪营城组火山活动多中心、多旋回、火山物质运动方向多变、成分复杂等特征，依据火山旋回的三个基本要素，即共生序列、内在规律的外部结构表现、同源性，着重考虑对储层研究具有指导作用的"组内划段—段内划旋回—旋回内划期次"的方案，定义火山旋回为火山活动强度由平静到强烈再到平静而构成的喷发周期内形成的一套火山岩组合，由一系列具有同源性的火山岩构成。一个至若干个期次构成一个旋回，岩性演化具方向性：从基性→中性→酸性的连续变化或其中部分连续变化，相序上呈周期性演变。经大量盆内钻井和盆缘剖面资料研究，将营城组一段和三段分别划分出3个火山喷发旋回（图3-8、图3-9和表3-5）。

营城组一段自下而上3个旋回以顶部旋回三大套流纹岩为主体岩性（图3-10和表3-6）。营城组三段自下而上3个旋回以中部旋回二玄武岩、玄武质碎屑（熔）岩为主体岩性。

表3-5 松辽盆地徐家围子断陷营城组火山喷发旋回统计

组	段	喷发旋回	出现概率（%）	喷发期次
营城组	三段	旋回三	85	1~2
		旋回二	90	3~4
		旋回一	15	2~3
	一段	旋回三	90	1~3
		旋回二	80	3~4
		旋回一	20	1~2

注：依据徐家围子地区52口钻井火山岩喷发旋回统计而来。

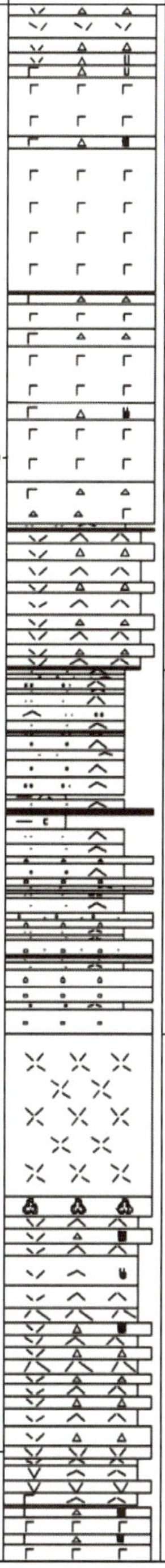

火山岩有效储层的形成机理与控制因素　第三章

地层系统				年龄(Ma)	岩性柱	依据	旋回	特征描述	厚度(m)	出露情况	地震反射层
系	统	组	段								
白垩系	下白垩统	营城组	三段	-110-		营三D1井	旋回三	含火山弹流纹质角砾（熔）岩夹流纹岩（见柱状节理）	10~70	出露于九台市斜尾巴沟—官马山—团结村、九台市羊草沟1720孔、营城煤矿64-9孔	T_{4a}
							旋回二	以大套喷溢相玄武岩为主，夹玄武质角砾（熔）岩和玄武质集块岩，其次为安山岩和安山质碎屑岩	140~190		
							旋回一	爆发相流纹质角砾岩（见火山弹）夹流纹岩为主，顶部为火山沉积相沉火山碎屑岩	40~50		T_{4b}
			二段			九台市城子街镇石场村营城组实测剖面		凝灰质砾岩、砂砾岩、砂岩夹凝灰岩和流纹岩含煤层，顶部为凝灰岩含煤	92~640	出露于九台市斜尾巴沟—官马山—团结村、吉林梨树县孟家岭ZK86-1孔、吉林公主岭市刘房子ZK30孔、长春市石碑岭ZK006孔、九台市羊草沟ZK4103孔、九台市营城64-9孔	T_{4c}
			一段			营一D1井	旋回三	以喷溢相流纹岩为主，其次为爆发相流纹质凝灰岩和流纹质角砾熔岩	150~450	长春市碑岭，九台市营城银矿山，九台市斜尾巴沟—官马山—团结村和三台、九台市营城煤矿64-4孔、64-9孔	
							旋回二	以强弱爆发相交互流纹质砾岩和流纹质凝灰岩为主，顶部为火山沉积相沉凝灰岩	30~100		
				-117-			旋回一	喷溢相玄武岩、爆发相玄武质角砾熔岩为主	30~40	九台市营城煤矿341孔、343孔、营城煤矿64-4孔	T_{4-1}

图 3-8　松辽盆地东南隆起区营城组火山岩旋回划分

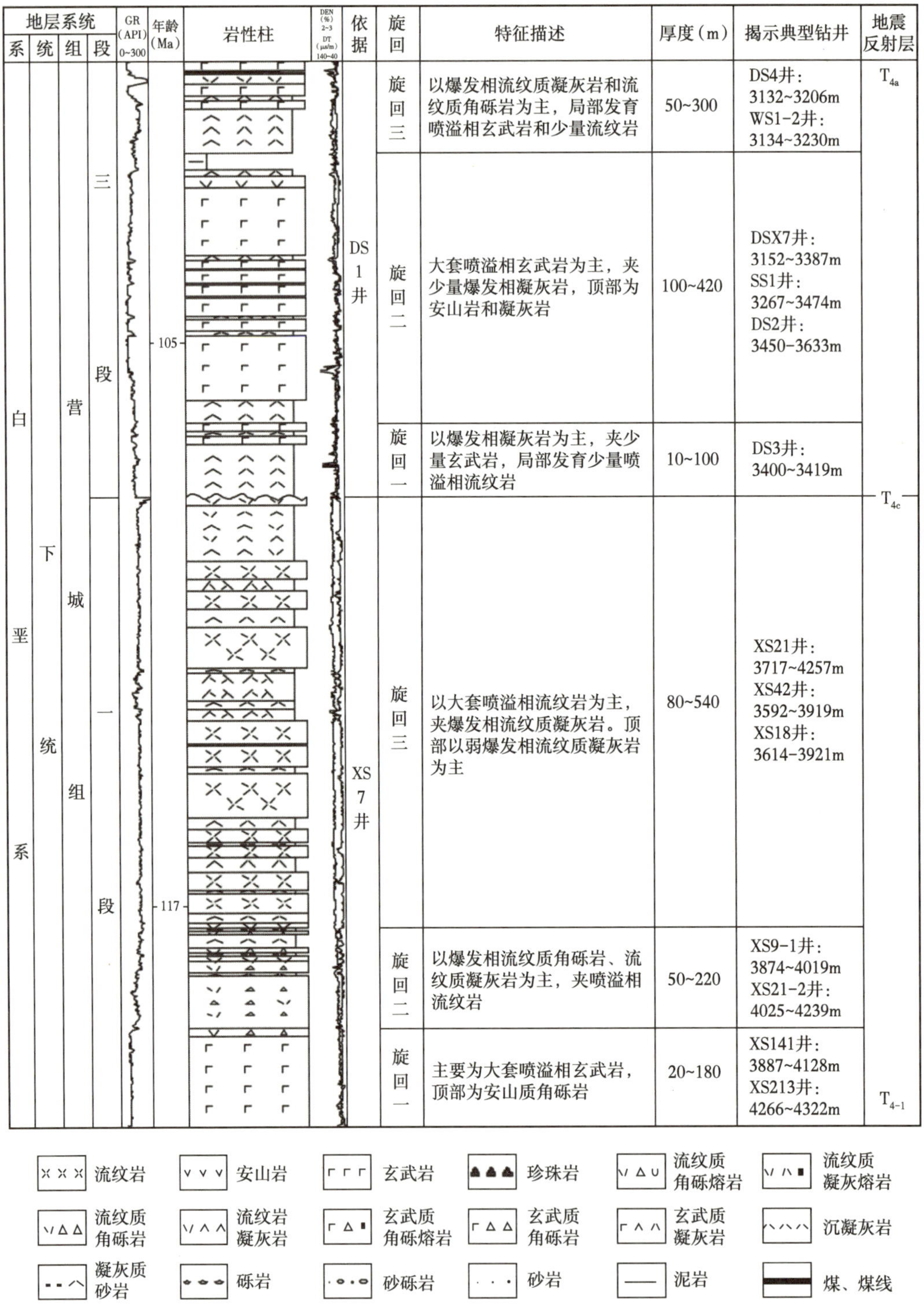

地层系统			GR(API)0~300	年龄(Ma)	岩性柱	DEN(%)2~3 DT(μs/m)140~40	依据	旋回	特征描述	厚度(m)	揭示典型钻井	地震反射层
系	统	组	段									
白垩系	下白垩统	营城组	三段		105			DS1井	旋回三	以爆发相流纹质凝灰岩和流纹质角砾岩为主，局部发育喷溢相玄武岩和少量流纹岩	50~300	DS4井：3132~3206m WS1-2井：3134~3230m	T$_{4a}$
									旋回二	大套喷溢相玄武岩为主，夹少量爆发相凝灰岩，顶部为安山岩和凝灰岩	100~420	DSX7井：3152~3387m SS1井：3267~3474m DS2井：3450~3633m	
									旋回一	以爆发相凝灰岩为主，夹少量玄武岩，局部发育少量喷溢相流纹岩	10~100	DS3井：3400~3419m	T$_{4c}$
			一段		117			XS7井	旋回三	以大套喷溢相流纹岩为主，夹爆发相流纹质凝灰岩。顶部以弱爆发相流纹质凝灰岩为主	80~540	XS21井：3717~4257m XS42井：3592~3919m XS18井：3614~3921m	
									旋回二	以爆发相流纹质角砾岩、流纹质凝灰岩为主，夹喷溢相流纹岩	50~220	XS9-1井：3874~4019m XS21-2井：4025~4239m	
									旋回一	主要为大套喷溢相玄武岩，顶部为安山质角砾岩	20~180	XS141井：3887~4128m XS213井：4266~4322m	T$_{4-1}$

图例：流纹岩、安山岩、玄武岩、珍珠岩、流纹质角砾熔岩、流纹质凝灰熔岩、流纹质角砾岩、流纹岩凝灰岩、玄武质角砾熔岩、玄武质角砾岩、玄武质凝灰岩、沉凝灰岩、凝灰质砂岩、砾岩、砂砾岩、砂岩、泥岩、煤、煤线

图3-9 松辽盆地徐家围子断陷营城组火山岩旋回划分

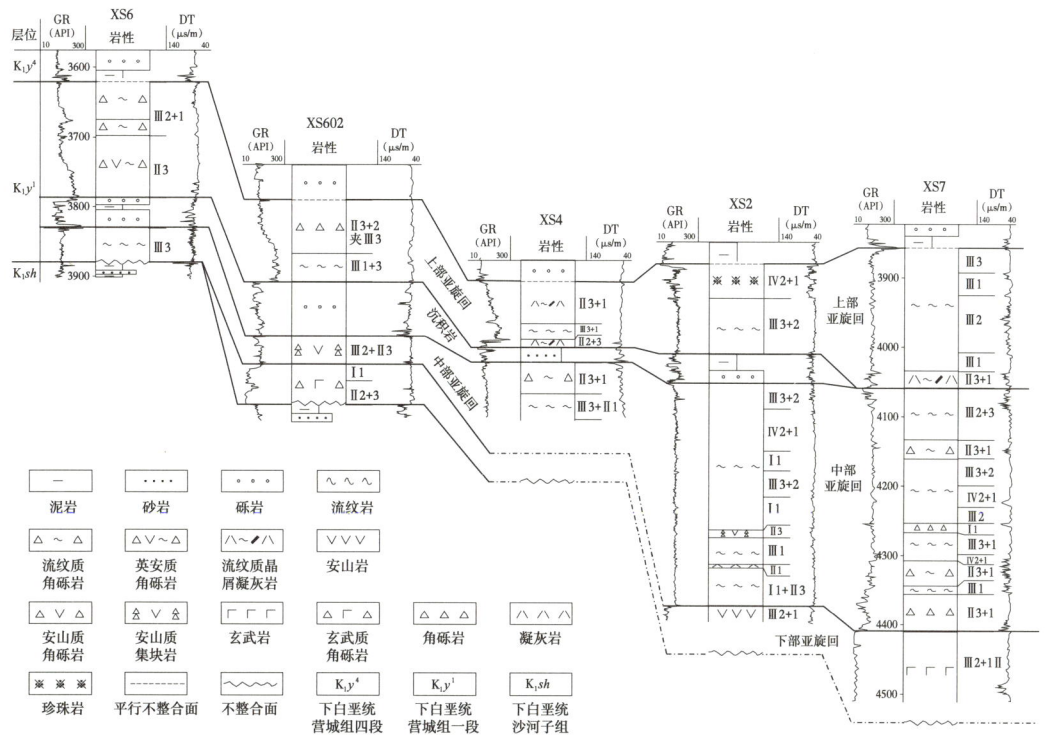

图 3-10 松辽盆地徐家围子断陷兴城地区营城组一段火山岩旋回井间对比图

表 3-6 松辽盆地徐家围子断陷营城组一段各旋回的喷发物和爆发指数统计表

旋回	爆发相			喷溢相			火山通道相			侵出相			喷出物体积（km³）	爆发指数
	面积（km²）	平均厚度（m）	体积（km³）	面积（km²）	平均厚度（m）	体积（km³）	面积（km²）	平均厚度（m）	体积（km³）	面积（km²）	平均厚度（m）	体积（km³）		
上部旋回	225	200	45.0	195	250	48.8	20	400	8.0	6	300	1.8	103.6	43.4
中部旋回	130	150	19.5	227	400	90.8	9	300	2.7	4	300	1.2	114.2	17.1
下部旋回	36	75	2.7	157	180	28.7	5	100	0.5	—	—	—	31.9	8.5

4. 松辽盆地下白垩统营城组火山岩喷发旋回特征

由于营城组一段 97% 的工业气层富集在上部旋回，松辽盆地深层火山岩勘探的首要任务就是进行上部旋回火山岩的地质—地震识别，依据钻井和地震资料建立火山岩旋回识别标志。下部旋回的岩性以酸性岩为主，含中基性岩，喷溢相占 90%；部分井段伽马值小于 90API，地震特征为席状—盾状—锥状、中强振幅、中高频、连续性好，火山口位置不明显；火山爆发指数为 8.5。中部旋回的岩性以酸性岩为主，发育少量的中性岩，喷溢相占 79.5%；伽马值多为 90~160API，地震特征为丘状—透镜状—穹隆状—板状、中弱振幅、中低频、连续性中-好，火山口位置不明显；火山爆发指数为 17.1。上部旋回的岩性为酸性岩，喷溢相占47.1%、爆发相比例大幅度提高；伽马值多为130~260API，地震特征为丘状—楔状—席状、中弱振幅、中低频、连续好—差，火山口位置明显；火山爆发指数为43.4。

从下部旋回到上部旋回的喷发规模和猛烈程度均在增大，从下部旋回到中部旋回喷出物体积变化幅度最大；从中部旋回到上部旋回的爆发指数变化幅度最大。喷发方式由裂隙式变为中心式喷发，火山口数目也在增多。

二、中国西部火山岩储层岩相特征

中国西部古生代火山岩以中基性为主，其喷发模式和岩相特征明显有别于东部松辽盆地中酸性火山岩。野外地质考察发现，西部古生代火山岩发育基本与断裂有关，以沿断裂带附近多期次、多火山口、群带状喷发为特征，叠置关系复杂，岩相横向变化快；单个火山体呈锥状，直径5~20km；火山口呈近圆形或半圆形的负地貌（直径小于1km），具有硫黄矿沉积、大面积热液浸染、大规模隐爆角砾岩和堆砌结构、侵出相珍珠岩、火山岩岩性—岩相环带状分布等特征。

根据新疆北部地区石炭系露头残留古火山机构与隐伏古火山机构的识别与解剖，结合火山活动特点、火山岩的产出形态、厚度、岩石类型及其分布规律等，建立研究区中基性火山岩岩相划分体系（表3-7），划分为4相组、6相、10亚相；在一次火山活动中，由地下至地表，可能出现的火山岩岩相类型有：次火山岩相/火山通道相→爆发相/溢流相→火山沉积相→侵出相（图3-6和图3-7）。

表3-7 中基性火山岩岩相划分表

相组	深度	位置	相	亚相	岩石	产出状态	形成机制
火山沉积相组	地表	远离火山口	火山沉积相	过渡亚相（与正常沉积相过渡）	沉凝灰岩、凝灰质砂、泥岩	层状、透镜状	火山灰、尘漂移、空落沉积
				喷发沉积亚相	凝灰岩		
火山喷发相组	地表	近火山口	侵出相		珍珠岩	岩穹、岩钟、角砾岩钟	熔浆被挤出地表冷凝固结
			溢流相	上部亚相	气孔状熔岩、杏仁状熔岩	岩流、岩被、岩绳、枕状熔岩、熔岩层、盾火山	喷发、溢流
				下部亚相	基性、中性、酸性各类熔岩		
			爆发相	热碎屑流亚相	熔结火山碎屑岩、火山碎屑岩	火山碎屑层、火山碎屑锥、空中坠落堆积、火山灰流堆积、火山口附近溅落物堆积	爆发、喷发空落
				空落亚相			
火山通道相组	地表约0.5km	火山口	火山通道相	火山口亚相	垮塌熔结火山角砾岩（同源角砾、异源角砾）	产状陡立，具同心环状、一次喷发岩颈、多次喷发岩颈	侵出—侵入
				火山颈亚相	碎裂状熔岩		
侵入相组	近地表<3km	火山口下部	次火山岩相		基性、中性、酸性的浅成侵入体	岩株、岩墙、岩枝、岩盖	侵入近地表

中心式喷发（图3-11）火山具有明显的火山中心，而且火山碎屑岩与火山熔岩含量相当，再加上对火山机构的地震反射剖面的解剖，存在明显的火山通道，地震剖面上呈丘状外形，内部杂乱反射，以锥状火山为主。主要特征为火山规模较小，近火山口部位地层产

状陡倾,远火山口部位地层产状变缓,岩性、岩相多期叠置,火山体叠置关系复杂。这种多期次、多火山口的火山喷发,使火山岩大面积分布,提供油气勘探良好储层条件。裂隙式喷发(图3-12)主要沿断裂走向分布,重磁电震及钻井等资料揭示,在断层交叉处、汇集处火山岩厚度明显增加,溢流相发育,爆发相发育较少。

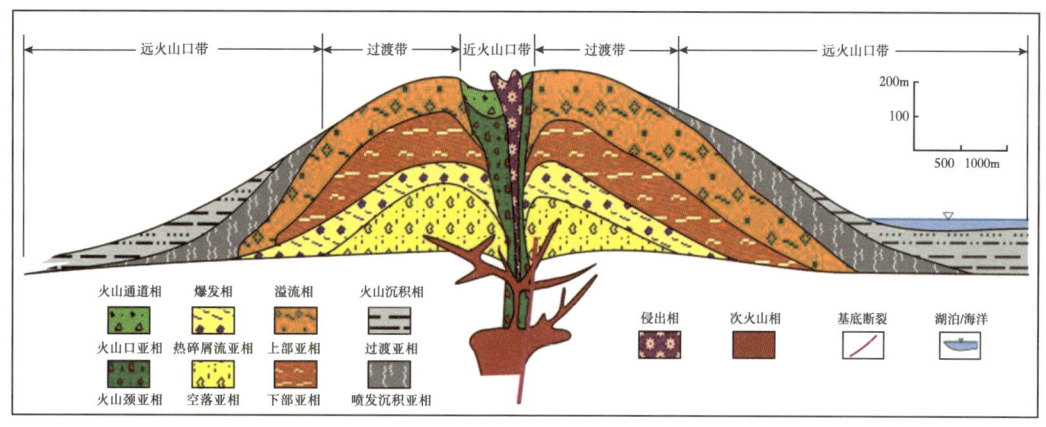

图3-11 中国西部古生代中基性火山岩中心式喷发岩相模式图

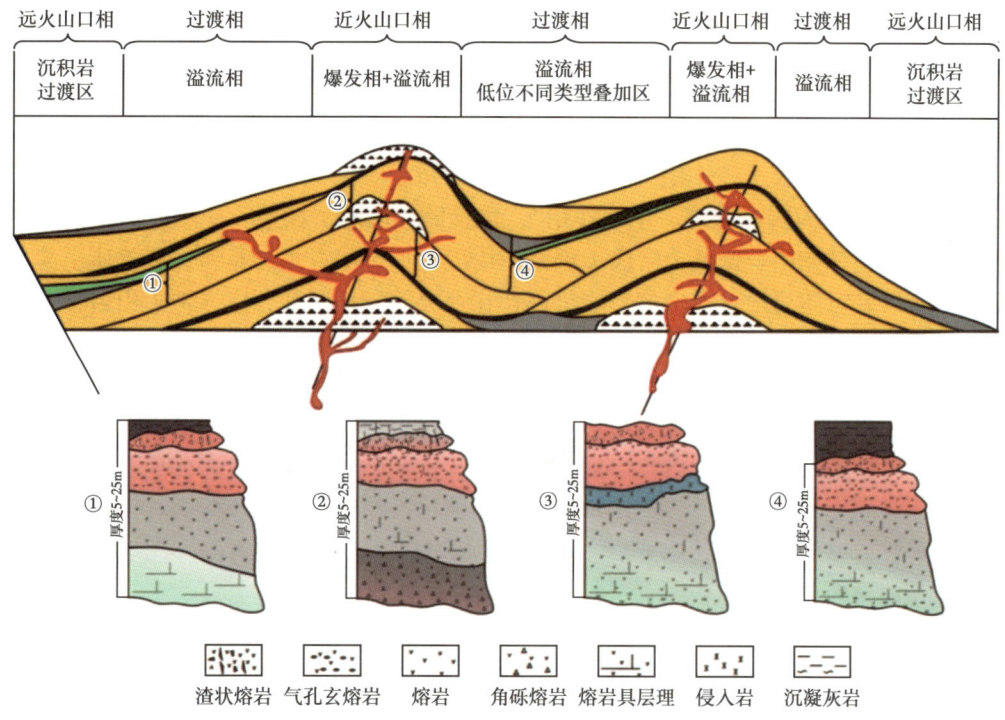

图3-12 中国西部古生代中基性火山岩裂隙式喷发岩相模式图

以上火山岩岩相划分体系和模式为盆地内火山岩体的几何形态、岩性—岩相的地震、测井识别和刻画提供了地质基础。

第四节 火山岩成岩演化序列划分

火山岩油气储层，一方面其本身具有规模和物性变化大、非均质强的特点；另一方面，岩石结构和矿物组成、成因、储集空间形成演化、储层流动单元、储层有效性和敏感性、成储过程和主控因素等均明显有别于沉积岩储层。火山岩自身发育的气孔构造均在火山作用及其以后的成岩蚀变过程中受到了充填影响，现今火山岩储层均经过后期改造。火山岩油气储层研究的任务是深入研究火山岩油气储层的宏观展布、内部结构、储层参数分布、孔隙结构等特征，以及在火山岩油气田开发过程中储层参数的动态变化特征，明确储层发育的主控因素，有效预测和评价有利储层分布，形成火山岩储层开发评价技术，为火山岩油气勘探和开发领域的大发展提供理论依据，促进沉积盆地火山岩油气地质基础研究的发展。

一、火山岩成岩阶段划分标准

成岩作用研究对油气勘探具有很重要的现实意义。通过成岩作用研究，明确地层中各种岩石矿物、流体形成和演变的过程，进而了解沉积盆地储层、生油层所经历的沉积和成岩环境，以及它们的演变史，为烃类相态及聚集类型预测、储层质量评价与储层预测提供指导。

以往成岩作用研究，主要集中在碎屑岩、碳酸盐岩等常规油气储层。对火山岩成岩作用研究相对较少，缺乏成岩阶段划分、命名的成熟统一方案。

与沉积岩成岩作用概念相对应，火山岩成岩作用可以定义为"岩浆由地下深部上升到地下较浅处或地表，冷凝固结形成火山岩过程期间发生的物理、化学作用"，包括爆裂破碎、结晶分异、冷凝固结等作用；后生成岩作用可以定义为"形成火山岩后到形成沉积岩或变质岩之前发生的所有物理、化学作用"，包括风化淋滤、构造、充填胶结、溶蚀、交代蚀变和脱玻化等作用。这两个阶段无论是作用因素、作用方式和类型，还是所引起岩石产生的变化及其对储层发育产生的影响等都存在很大差异。因此，应该把火山岩不同成岩作用阶段区分开来，然后在不同作用阶段的基础上再划分不同期次（表3-8）。

1. 固结成岩阶段

指火山喷发以后的火山碎屑物质或熔岩流堆积并冷却固结的过程。其所处环境既可以是陆相大气、淡水环境，也可以是海相咸水环境。这一阶段发生的成岩作用相对简单，主要是火山物质的爆裂破碎、重力空落堆积和冷却固结。发育大量的原生气孔、粒间孔、炸裂缝、冷凝收缩缝，可以将其作为识别标志。

2. 后生改造阶段

热液作用期：火山作用末期，地层热液、热气活动频繁。受热液作用，火山岩中许多暗色造岩矿物发生蚀变作用，如辉石和角闪石蚀变为绿泥石，基性斜长石蚀变为高岭石、绢云母、绿泥石，橄榄石的伊丁石化，绿泥石蚀变为沸石、碳酸盐等矿物，以及凝灰岩的碳酸盐化、浊沸石化等。伴随着蚀变、矿物转化的进行，热液携带大量矿物质，如绿泥石、沸石、方解石及石英等，在适当条件下结晶、析出，发生充填作用。火山岩的交代蚀变作用和充填作用主要发生在本时期。

表 3-8 火山岩成岩作用阶段划分表

成岩阶段		成岩作用	成岩机理	成岩标志	孔隙类型
阶段	期				
固结成岩阶段	岩浆结晶期	结晶分异作用	岩浆分异、分离结晶	不同晶质、矿物成分的火山岩	气孔、粒间孔、炸裂缝、收缩缝、晶间孔
	冷凝固结期	冷凝固结作用	冷凝收缩	火山岩收缩缝	
后生改造阶段	热液作用期	交代蚀变作用	地层深部热液上升的温度变化	绿泥石化、沸石化等	黏土矿物晶间微孔、杏仁体内孔、残余气孔、溶蚀孔、溶蚀缝
		充填作用	火山热液携带矿物质的结晶、沉淀	绿泥石、沸石充填	
		溶蚀作用	火山热液的溶解、交代	早期绿泥石、沸石溶孔	
	改造作用期	风化淋滤作用	岩石的热胀冷缩、风化淋滤	风化裂缝，以及粒间、粒内的大量溶蚀孔、溶蚀缝	风化缝、溶蚀孔、溶蚀缝
		压实作用	埋藏压实	碎屑颗粒间、晶间接触变化	
		构造作用	构造应力	高角度裂缝、近水平裂缝、网状缝	构造缝
		溶蚀作用	地层水与有机酸溶蚀	大量的次生溶蚀孔	基质溶孔、斑晶溶孔、粒间溶孔、溶蚀缝
		交代蚀变作用	埋藏温度、压力升高和地层流体活动	沸石化、绿泥石化及黏土等伴生矿物	
		充填与胶结作用	地层流体溶解矿物质沉淀	沸石、绿泥石及黏土等伴生矿物充填胶结	
		脱玻化作用	埋藏温度、压力升高	脱玻后的霏细结构、隐晶质结构	

改造作用期：火山岩喷发至地表成岩后所经历的各种地质作用，如经历风化淋滤、压实、构造、溶蚀、充填、胶结、脱玻化等多种地质作用的改造。使火山岩破裂、化学元素发生迁移、分散或富集，产生氧化物、硅质矿物、硫酸盐矿物及大量的溶蚀孔缝，从而形成有效的油气储层。该时期是火山岩储层次生储集空间的主要发育期。

中国西部火山岩普遍经历了古生代的喷发、凝结、成岩、埋藏、流体作用和中新生代复杂的改造叠加过程，是晚古生代以来多期构造、火山和成盆作用的综合作用结果，储集空间的形成、发展、堵塞、再形成等演化过程非常复杂。各个演化过程中都发生不同的成岩作用类型，对储层起到了破坏和改善的双重作用。

本节通过分析大量火山岩常规薄片、铸体薄片、荧光薄片、阴极发光薄片、包裹体薄片的显微镜下报告，从微观尺度研究各火山岩成岩产物特征及其分布、各成岩产物之间的相互关系及其形成顺序、孔隙类型及其特征、流体包裹体分布特征及其与成岩产物的关系、烃类充注表现形式等，初步建立西部古生代火山岩的成岩作用与成岩演化序列。总体上，西部古生代火山岩形成之后，至少经历了 2 期大规模的次生溶蚀作用，2~3 期烃类充注事件，3 期裂缝形成作用；2 期硅质胶结作用，3 期碳酸盐胶结作用，3 期绿泥石胶结作用，3 期硬石膏/石膏胶结作用：溶蚀作用Ⅰ→绿泥石Ⅰ→石膏Ⅰ→方解石Ⅰ→硅质Ⅰ→烃类充注Ⅰ→绿泥石Ⅱ→硅质Ⅱ→石膏Ⅱ→绿泥石Ⅲ→方解石Ⅱ→裂缝Ⅰ→溶蚀作用Ⅱ→烃类Ⅱ→硅质Ⅲ→方解石Ⅲ→石膏Ⅲ→裂缝Ⅲ（图 3-13）。

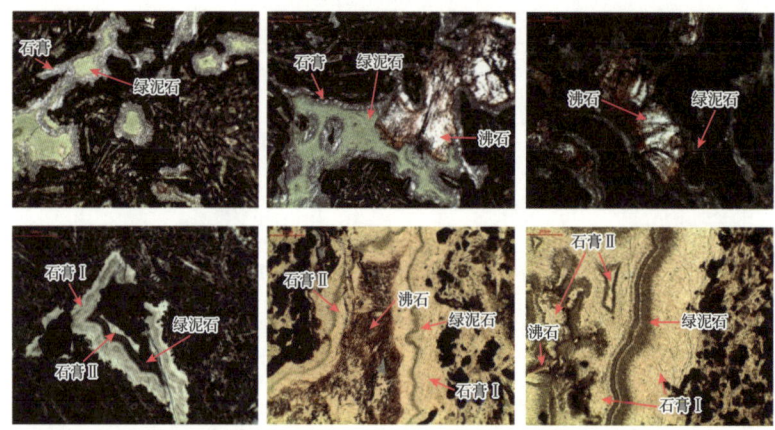

(a)基性岩：石膏Ⅰ→方解石Ⅰ→裂缝Ⅰ→绿泥石→石膏Ⅱ→烃类Ⅰ→绿泥石Ⅱ→裂缝Ⅱ→方解石Ⅱ→裂缝Ⅲ（DX172井，3487.1~3502.52m）

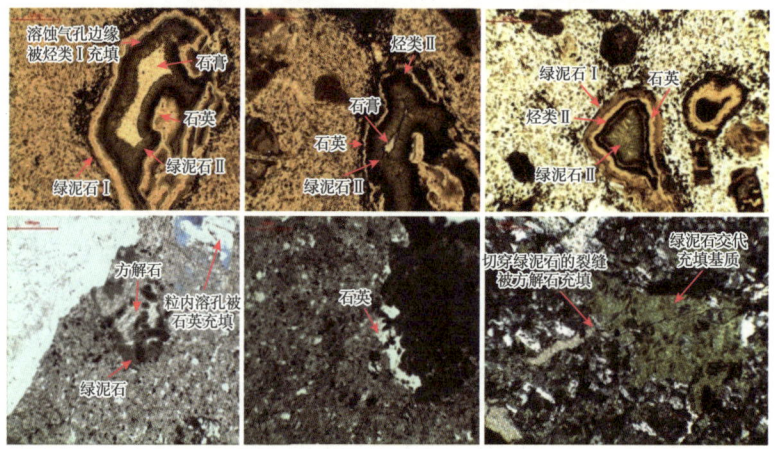

(b)中性岩：溶蚀作用Ⅰ→绿泥石Ⅰ→硅质Ⅰ→烃类Ⅰ→绿泥石Ⅱ→石膏→裂缝→溶蚀作用Ⅱ→硅质Ⅱ→方解石（上图：DX1824井安山岩，3605.5m；下图：DX182井安山岩，3641.45m）

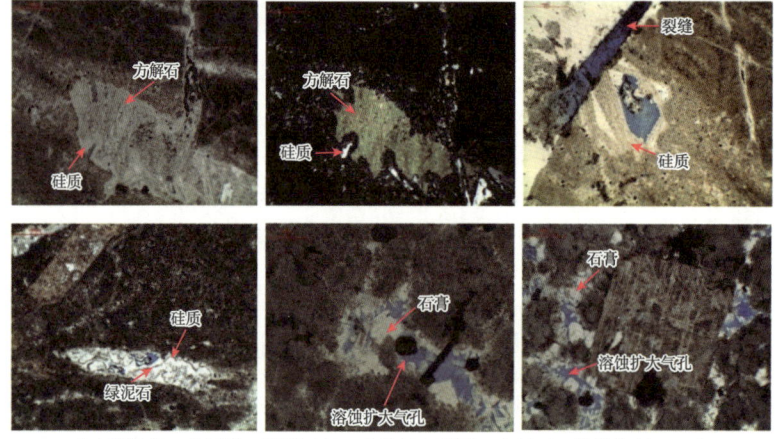

(c)酸性岩：硅质Ⅰ→绿泥石Ⅱ→硅质Ⅱ→裂缝→方解石→溶蚀作用→石膏
（上图与下左：DX10井流纹岩，3026.1m；下中、下右：SN1井球粒流纹岩，3596.3m）

图3-13 西部古生代火山岩成岩序列典型照片

明确火山岩与埋藏—热演化—烃类充注史相对应的埋藏—热演化—烃类充注成岩演化过程与序列（图3-14）。通过多手段的研究分析认为，中国西部古生代火山岩经历多种成岩作用，形成演化过程复杂，成岩后遭受多期的填充和溶蚀作用（表3-9和图3-13）。

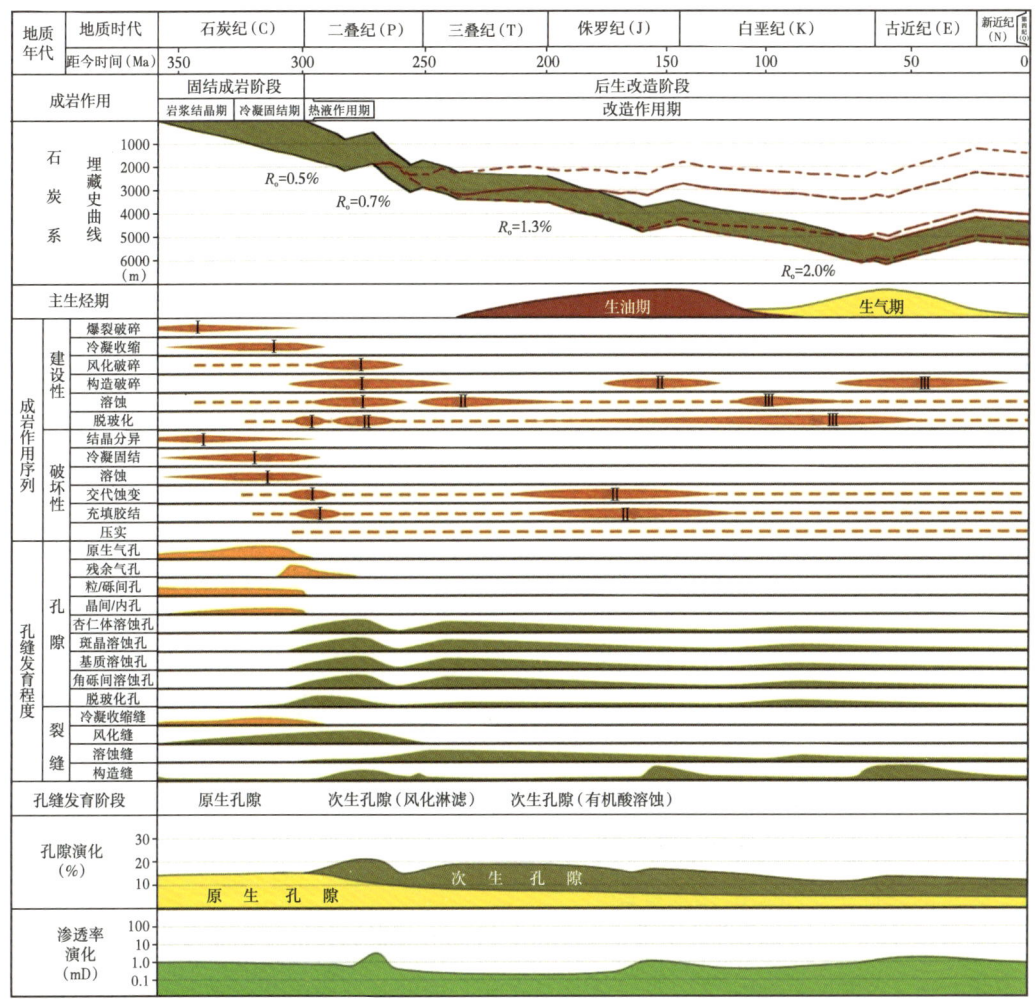

图3-14　中国西部古生代火山岩主要储层形成演化图

表3-9　中国西部古生代火山主要成岩作用及对储集空间的影响

成岩作用类型	成岩环境			成岩产物	孔隙空间变化
	同生	表生	埋藏		
结晶分异作用	√			火山岩晶体、矿物	降低
冷凝固结作用	√			火山熔岩、火山碎屑岩	降低

续表

成岩作用类型		成岩环境			成岩产物	孔隙空间变化
		同生	表生	埋藏		
破裂作用	爆裂破碎	√			火山碎屑物质	增加
	冷凝收缩破裂	√			冷凝收缩缝	增加
	风化破裂		√		风化缝	增加
	构造破裂	√	√	√	多方向构造缝	增加
压实作用		√		√	脱水，体积缩小，密度增大，固结	降低
充填胶结作用		√	√	√	气孔充填、裂缝充填、粒间充填、粒内充填、粒内孔隙及溶蚀孔的再充填	降低
溶蚀作用	溶解		√	√	长石、沸石等溶蚀	增加
	溶蚀	√	√	√		
交代蚀变作用	交代	√	√	√	沸石化、橄榄石蚀变、辉石蚀变、基性斜长石蚀变和玻璃质蚀变	
	蚀变	√	√	√		
脱玻化作用		√		√	隐晶质结构、霏细结构	

西部古生代火山岩在喷发冷凝固结后，后期经历了火山热液、风化淋滤、埋藏地层流体溶蚀等三期主要改造，其中风化淋滤为关键改造作用；三期改造以建设性成岩作用为主，改造后储集性能大大提高（原始物性：孔隙度3%~7%，渗透率小于0.05mD；改造后：孔隙度8%~15%，渗透率0.1~10mD）；储集空间以储层次生溶孔、裂缝和复合孔缝为主（气孔21.8%，粒间孔11.8%，次生溶孔32.8%，裂缝31.1%，其他2.5%）。

二、营城组火山岩成岩作用演化序列

1. 松辽盆地火山岩成岩作用类型

松辽盆地火山岩主要沿NW向和NE向基底断裂带分布，发育层位主要是上侏罗统和下白垩统的火石岭组、沙河子组和营城组，此外，在松辽盆地局部地区上白垩统青山口组中也发现少量火山岩。火山岩赋存层段中以营城组火山岩最为发育，且主要分布在营一段和营三段中，常见火山岩岩石类型包括火山熔岩类，火山碎屑熔岩类，火山碎屑岩类和沉火山碎屑岩类等四大类。

火山岩的成岩作用划分为早期成岩作用和晚期成岩作用。早期成岩作用是指以冷凝或压实作用为主的成岩作用，如火山熔岩以冷凝固结成岩为主，其早期成岩作用应指岩浆由地下深部上升到地下较浅处或地表冷凝固结形成火山岩过程期间产生的作用；而火山碎屑岩是以压实固结为主的火山岩，成岩方式等同或类似于沉积岩，其早期成岩作用的表现是碎屑物由于埋深（重力载荷）的增加，发生排气、排水、孔隙度减小、体积缩小、密度增加和孔隙流体沉淀胶结，最终导致碎屑颗粒彼此黏结、硬化、固结成岩。而火山岩晚期成岩作用是指火山岩在早期成岩作用固结成岩后，由于热液、风化淋滤和埋藏作用的影响，火山岩所经历的机械及化学压实作用、交代蚀变作用、溶解作用等。这两个时期无论是作用因素、作用方式和类型，还是所引起岩石产生的变化及其对储层发育产生的影响都存在很大差异。

基于松辽盆地北部徐家围子断陷、南部长岭断陷等构造单元钻遇深层火山岩的三百余口钻井的上千米火山岩段的岩心观察描述、盆缘约 40km 火山岩露头剖面的观测，以及野外针对营一段和营三段的两口全取心钻井取心（总长超 500m）、1500 余个岩心和岩屑薄片、500 余个野外剖面薄片的详细鉴定，将松辽盆地营城组火山岩成岩作用划分了 17 种类型（表 3-10），按其形成时间的早晚分别归属于早期成岩作用阶段和晚期成岩作用阶段。

表 3-10　松辽盆地营城组火山岩主要成岩作用类型及标志

成岩作用阶段	成岩作用类型		成岩作用标志
早期成岩作用阶段	冷凝固结成岩作用（火山熔岩、火山碎屑熔岩）	挥发分逸出	火山熔岩和火山碎屑熔岩层上部发育的气孔构造
		熔蚀作用	斑晶边部被熔蚀成港湾状，斑晶内部有时可见熔蚀孔
		等容冷凝结晶	火山熔岩和火山碎屑熔岩层顶部发育的石泡构造
		准同生期热液沉淀结晶	准同生期热液活动造成气孔和石泡空腔孔充填
		熔结作用	火山碎屑被熔岩物质胶结，发育假流纹构造
		炸裂作用	火山爆发时斑晶和基质被炸裂
		冷凝收缩	火山熔岩和火山碎屑熔岩中发育的冷凝收缩缝
		分熔冷凝结晶	偏基性基质与富硅熔体熔融状态下分离，富硅组分形成中基性岩中的"石英杏仁体"
	压实固结成岩作用（火山碎屑岩、沉火山碎屑岩）	早期压实胶结作用	碎屑颗粒间接触紧密，火山碎屑物质被火山灰和准同生期孔隙流体沉淀胶结
晚期成岩作用阶段	热液作用，淋滤作用，埋藏作用（各种类型火山岩）	充填作用	石英、绿泥石、方解石等矿物充填孔隙
		脱玻化作用	不稳定的火山玻璃（包括火山碎屑岩中的玻屑）逐渐转化为黏土矿物雏晶、蛋白石或沸石
		重结晶作用	雏晶、微晶重结晶形成晶间孔
		交代作用	方解石交代碎屑颗粒和部分基质
		机械压实压溶作用	火山碎屑岩和沉火山碎屑岩中刚性颗粒间压实产生碎裂或缝合线构造
		胶结作用	自生黏土矿物分布在粒间孔隙中胶结碎屑颗粒，部分石英晶屑可见次生加大现象
		溶蚀、溶解作用	长石斑晶或晶屑，经交代或充填作用形成的方解石、沸石，火山凝灰基质等遭受溶解、溶蚀
		构造作用	构造应力形成的断层和节理

早期成岩作用阶段的成岩作用类型主要为冷凝固结成岩作用和压实固结成岩作用。冷凝固结成岩作用主要是指火山熔岩和火山碎屑熔岩在成岩过程中所发生的一系列物理、化

学作用，包括熔蚀作用、挥发分逸出、等容冷凝结晶、准同生期热液沉淀结晶、熔结作用和冷凝收缩作用。

挥发分逸出是指岩浆中所含的水、二氧化碳、氟、氯等易挥发的组分从岩浆中逸出的作用。逸出的挥发分物质可使熔岩流表面形成气孔构造（图3-15a），气孔是火山岩中数量最多的储集空间。

熔蚀作用形成的原因是深部岩浆喷出地表，压力突然降低，温度瞬时升高，从而使已经形成的斑晶遭到局部熔蚀。熔蚀作用使岩浆中结晶的斑晶呈残缺不全的港湾状和残晶状，被熔蚀的斑晶常常可见晶内熔蚀孔隙（图3-15b）。

等容冷凝结晶是石泡形成的根本原因，常发生在火山熔岩流的顶部。熔岩表面凝固时，由于温度降低，熔浆在热力学非平衡条件下局部不均匀冷凝，外壳先冷凝固结，内部包含的热熔浆自外向内逐层冷凝形成圈层和圈层间的空腔，这种具有圈层和圈层间空腔的多层同心圆球体即为石泡（图3-15c）。

准同生期热液沉淀结晶是形成杏仁体的主要原因。在火山熔岩冷凝固结前，热液活动普遍，进入到气孔和石泡空腔孔中的热液随着温度的逐渐降低沉淀结晶，在气孔或石泡空腔孔中形成杏仁体充填。

熔结作用常发生在火山碎屑熔岩中。载有大量塑性玻屑、浆屑，以及刚性碎屑的火山物质涌出火山口后形成沿山坡流动的火山灰流，在平缓地带迅速堆积，在热力和重荷的影响下，玻屑和浆屑被压扁拉长，绕过刚性碎屑呈平行排列并彼此熔结，这一作用即为熔结作用。塑性碎屑与刚性碎屑间形成的"假流纹构造"是熔结作用发生的主要标志。

冷凝收缩作用发生在早期成岩作用中，火山熔岩冷凝固结时随着岩石体积收缩，可产生多种冷凝收缩缝，这些收缩缝的形成可增加储集空间，提高岩石的储集性能，有利于储层形成（图3-15d）。

分熔冷凝结晶作用主要产生在中基性火山熔岩和火山碎屑熔岩中，偏基性基质与富硅熔体熔融状态下分离，富硅组分形成中基性岩中的"石英杏仁体"。

压实固结成岩作用主要是火山碎屑岩在成岩阶段发生的压实和胶结作用，主要表现为火山作用形成的火山碎屑物质在早期成岩压实和火山灰分解产物或化学沉积物胶结作用下固结成岩，其成岩方式与正常沉积岩相似。

松辽盆地营城组火山岩由于在不同时期受到淋滤、构造、热液，以及地层水的影响，导致其晚期成岩作用阶段发育多种成岩作用类型，主要包括充填作用、脱玻化作用、交代作用、机械压实压溶作用、胶结作用和溶解作用。这些成岩作用对火山岩储层的影响既有有利的一面也有不利的一面。

充填作用主要与后生成岩作用阶段发生的热液活动和地下水活动有关，在松辽盆地营城组火山岩中较为常见，主要表现为气孔充填、裂缝充填、粒间孔充填和溶蚀孔的再充填。充填期次也可以分为一期、两期，以及多期，充填矿物主要为火山岩埋藏阶段地层水沉淀、火山玻璃改造形成的石英、绿泥石（图3-15e）、方解石、沸石类矿物等。例如，在XS602井4025.50m的气孔杏仁玄武岩中，气孔分三期充填：第一期为石英充填未满，第二期为绿泥石充填，第三期为方解石充填并交代绿泥石和石英（图3-15f）。

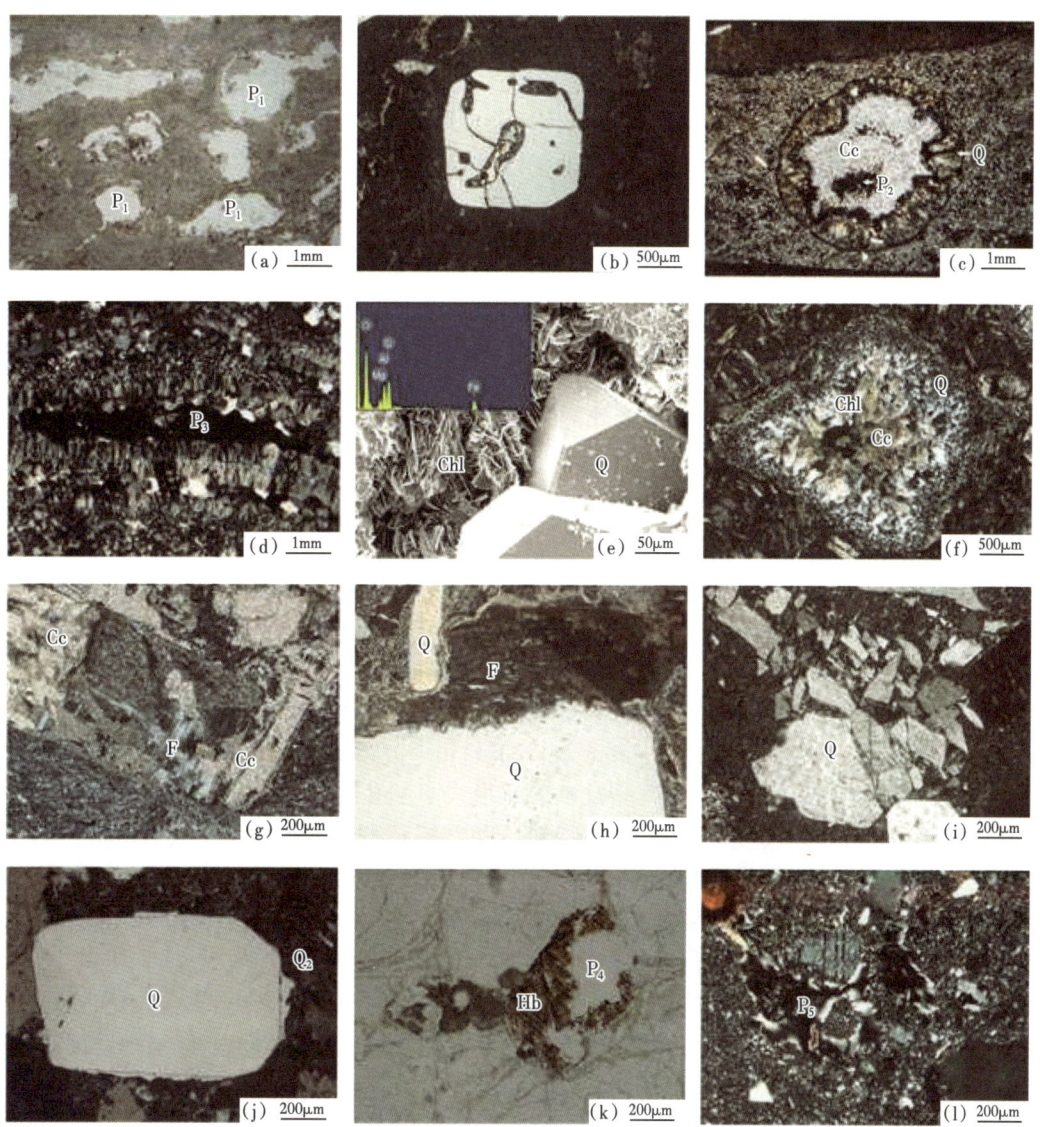

图3-15 松辽盆地营城组典型成岩作用类型及储集空间

(a)原生气孔(P_1),九台市营城煤矿营城组剖面,气孔流纹岩,单偏;(b)石英斑晶晶内裂隙及熔蚀孔隙发育,XS12井,3494.46m,营城组,斑状流纹岩,正交;(c)石泡空腔被方解石(Cc)充填后又被溶蚀形成溶蚀孔隙(P_2),九台市三台乡营城组火山岩剖面,石泡流纹岩,正交;(d)流纹岩冷凝收缩作用产生冷凝收缩缝(P_3),六台乡营城组剖面,流纹构造流纹岩,正交;(e)气孔中充填石英(Q)和绿泥石(Chl),SHSG2井,3010.59m,营城组,灰白色气孔状流纹岩,扫描电镜(左上角为绿泥石能谱图);(f)气孔分三期被充填,依次为石英(Q)—绿泥石(Chl)—方解石(Cc),XS602井,4025.50m,营城组,气孔杏仁玄武岩,正交;(g)方解石交代碱性长石(F)晶屑和周围凝灰质基质,XS12井,3481.39m,营城组,晶屑凝灰岩,正交;(h)石英(Q)和长石(F)晶屑在压实作用下产生缝合线状接触,XS12井,3495.06m,营城组,岩屑晶屑凝灰岩,正交;(i)压实作用下石英晶屑碎裂现象,XS12井,3672.85m,营城组,凝灰质角砾岩,正交;(j)石英晶屑的次生加大现象(Q_2为石英次生加大边),XS12井,3483.29m,营城组,岩屑晶屑凝灰岩,正交;(k)角闪石(Hb)斑晶的溶蚀形成溶蚀孔隙(P_4),九台市三台乡营城组剖面,斑状珍珠岩,单偏;(l)凝灰质基质被溶蚀形成溶蚀孔隙(P_5),SHSG2井,2903.06m,营城组,晶屑凝灰岩,正交脱玻化作用是火山玻璃随时间和温度、压力的变化，逐渐转化为雏晶或微晶的作用。松辽盆地火山玻璃主要见于珍珠岩，在火山碎屑岩中也较为常见。火山玻璃在成岩作用过程中可以转化为蒙皂石、蛋白石和沸石类矿物。在营城组野外剖面珍珠岩中火山玻璃脱玻化作用明显，有些经后期的水化、蚀变作用已形成膨润土。

交代作用主要是由后生成岩作用阶段地层水对火山岩作用产生，其作用类型有方解石交代原生颗粒及基质、方解石交代绿泥石充填物、浊沸石交代基质等。在松辽盆地营城组火山岩中最为常见的是方解石交代长石及凝灰质基质的现象（图3-15g）。

机械压实压溶作用在后生成岩作用阶段普遍存在。通过对松辽盆地营城组火山岩钻井岩心资料观察和岩石薄片鉴定，发现压实作用对火山熔岩的影响并不明显，而在火山碎屑岩中表现强烈，偏光显微镜下对XS12井3495.06m的凝灰岩样品的观察，发现样品中晶屑、岩屑与更细的凝灰质物质紧密接触，在石英晶屑和长石晶屑的接触部位甚至可见压溶形成的缝合线（图3-15h）。此外，晶屑的碎裂也和机械压实作用有关，XS12井3672.85m凝灰岩样品中两石英刚性颗粒相互挤压使较大的石英颗粒碎裂（图3-15i）。

胶结作用发生在晚期成岩作用阶段埋藏作用期，主要见于火山碎屑岩和沉火山碎屑岩中。胶结作用可以使储层物性变差，起胶结作用的物质主要为伊利石、绿泥石、方解石和石英。自生黏土矿物伊利石、绿泥石多分布在颗粒之间的粒间孔中对碎屑起胶结作用，硅质胶结可以石英次生加大的形式表现出来（图3-15j）。

溶解作用可以产生大量的次生孔隙，在松辽盆地营城组火山熔岩和火山碎屑岩中均见有溶解作用形成的次生孔隙。主要表现在如下几个方面：（1）火山熔岩中斑晶的溶解，例如在火山熔岩中长石和角闪石斑晶常被溶解形成溶蚀孔隙（图3-15k）；（2）火山熔岩中气孔或石泡中充填物质的溶解，一般是绿泥石和方解石被溶蚀形成次生孔隙（图3-15c）；（3）火山碎屑岩或熔岩中基质遭受溶蚀形成不规则状孔隙（图3-15l）。

松辽盆地营城组火山岩储层的储集空间类型多样、结构复杂，是由孔隙和裂缝构成的双孔介质储层，物性在空间上变化大，非均质性强。孔隙的发育主要与火山岩储层的成岩作用方式有关，而裂缝的发育与构造作用有关。通过对松辽盆地营城组火山岩的岩心和野外露头的观察描述，以及火山岩样品薄片镜下观察，发现松辽盆地营城组火山岩储层中发育的孔隙类型分为两大类11小类，具体分类情况见表3-11，代表性储集空间如图3-15所示。

表3-11 松辽盆地营城组火山岩储层孔隙类型及成因

孔隙类型		成因	分布
原生孔隙	气孔	岩浆中的挥发气体游离聚集呈气泡状向压力较小的顶面大气方向逸出	火山熔岩
	石泡空腔孔	酸性熔岩的表面由于凝固时气体逸出、体积缩小而产生的多层同心圆球体中空腔	酸性火山熔岩
	杏仁体内孔	矿物充填气孔未充填满形成的杏仁体内矿物之间的孔隙	火山熔岩
	晶内熔蚀孔	岩浆喷出地表，压力降低，温度升高，使斑晶遭受熔蚀形成的孔隙	火山熔岩
	粒间孔隙	火山碎屑颗粒间经成岩压实和重结晶作用后残余的孔隙	火山碎屑岩和沉火山碎屑岩
	基质收缩缝	岩浆喷发时，由于基质近于等体积条件下的快速冷却形成	见于各种火山熔岩

续表

孔隙类型		成因	分布
次生孔隙	晶内溶蚀孔	斑状火山熔岩中斑晶或火山碎屑岩中晶屑被溶蚀产生的孔隙	火山熔岩、火山碎屑熔岩和火山碎屑岩
	基质内溶蚀孔	基质中的微晶长石、微晶石英、火山凝灰物质被溶蚀	火山熔岩、火山碎屑熔岩和火山碎屑岩
	杏仁体溶蚀孔	气孔或石泡内充填物质遭受溶蚀形成的孔隙	具气孔杏仁构造的火山熔岩
	矿物碎裂缝	碎斑/聚斑结构矿物斑晶在压实作用下破碎形成的裂缝	各种含斑晶或晶屑的火山岩
	重结晶晶间孔	玻璃质脱玻化作用产生的雏晶、微晶之间的晶间孔隙	含火山玻璃的火山熔岩和火山碎屑熔岩

2. 营城组火山岩成岩作用及其储层效应

决定火山岩储层特征的主要因素之一就是其成岩作用方式。冷凝固结的岩石，其孔隙度和渗透率等物性特征不随埋深的增加而变差或变化很小；压实固结的火山碎屑岩类，物性随深度的变化规律类似于沉积岩；而后生成岩作用对火山岩储层物性的影响也很重要，其既可以充填孔隙使储层物性变差，也可以在溶解作用控制下开启部分次生孔隙。松辽盆地营城组火山岩不同岩石类型在不同成岩作用的影响下孔隙发育特征也有所不同。

早期成岩作用主要影响原生孔隙的发育，晚期成岩作用影响次生孔隙的发育。使松辽盆地营城组火山岩储层物性降低的主要成岩作用类型有准同生期热液沉淀结晶、早期压实胶结作用、充填作用、机械压实压溶作用和胶结作用等；而挥发分逸出、等容冷凝结晶、冷凝收缩和溶解作用是产生孔隙空间使储层物性变好的主要成岩作用类型。

酸性火山岩早期成岩作用阶段发生的成岩作用类型主要有挥发分逸出作用、冷凝收缩作用、等容冷凝结晶作用、气液相结晶作用、玻璃质脱玻化、隐晶质重结晶、熔蚀作用等。挥发分逸出作用在流纹岩上部亚相中形成大量气孔，经等容冷凝结晶作用在流纹岩上部亚相中形成石泡空腔孔，它们都可以作为酸性火山岩储层的储集空间。玻璃质脱玻化、隐晶质重结晶和熔蚀作用使晶间孔增加，岩石脆性加大，有利于储层物性变好，而气液相结晶作用使储层物性变差。冷凝收缩作用形成的柱状解理缝既可以作为储集空间也可以作为良好的连通通道，易于形成有利储层。

充填作用是造成酸性与中基性熔岩储集能力差异的主要因素，流纹岩充填程度低、充填矿物类型少，通常是局部充填和未充填，充填物以硅质和钙质居多；玄武岩充填程度高、近于全充填，充填矿物类型多样，有钙质、硅质、黏土矿物等；粗面岩介于两者之间。因此流纹岩储层物性相对较好。充填作用总体上对储层不利。

1）中基性火山岩中的杏仁体成因及其储层效应

（1）两种杏仁体的成因。

营城组基性火山岩中见单成分和复成分杏仁体两大类，以复成分为主。单成分杏仁体为次生成因，而复成分杏仁体为原生成因。复成分杏仁体按矿物成分和环带结构类型可进一步分为蛇纹石/绿泥石—火山玻璃（图3-16a，b），石英—方解石—皂石/方解石

（图3-16c，d）和石英—绿泥石—方解石（图3-16f）等几种代表类型。单成分杏仁体主要是硅质充填（图3-16e）。

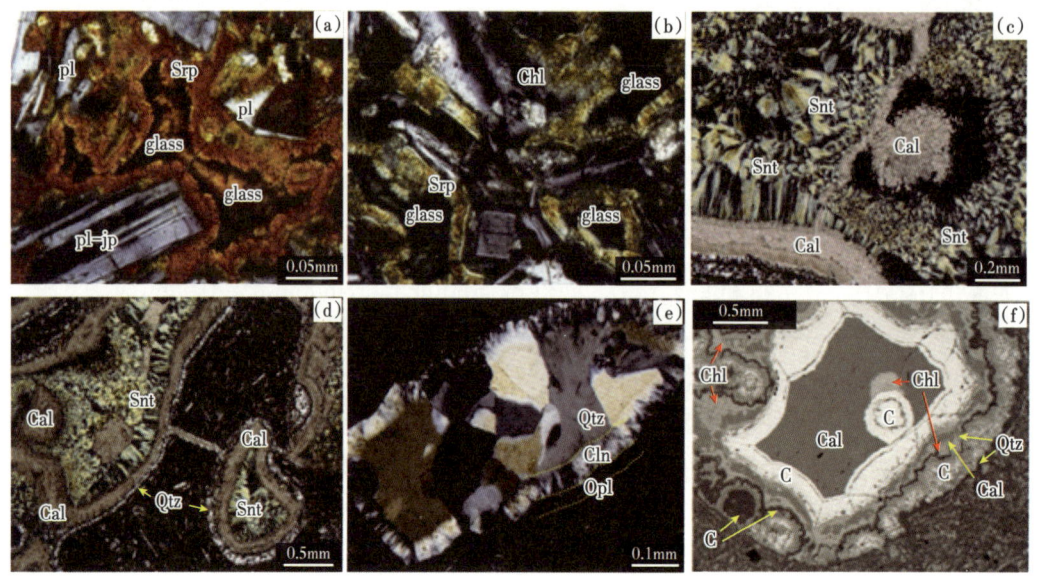

图3-16　中基性火山岩中部分成岩作用类型及孔隙充填

（a）长石格架中充填红色橙玄玻璃（隐晶质纤维集合体蛇纹石和铁镁混合物玻璃质）构成间隐结构，见杏仁体包裹基质中的长石；（b）斜长石格架中充填黄绿色橙玄玻璃（隐晶质纤维集合状蛇纹石、绿泥石和玻璃质）；（c）、（d）杏仁体成分由孔壁向内依次为石英→皂石→方解石→皂石→方解石；（e）杏仁体全为硅质，由外向内为浅褐色蛋白石→无色纤维集合体玉髓→无色粒状石英，呈现环带状构造；（f）杏仁体电子探针背散射电子像，气孔内物质分层"沉淀"，相同颜色区域为同种矿物成分，气孔边缘见残余胶状的分散状石英（a），杏仁体外壳由石英组成，向内依次为胶状方解石（C）→石英→胶状绿泥石→结晶方解石（Cal）→胶状方解石（C）→结晶方解石（Cal），结晶方解石基质中为胶状绿泥石和胶状方解石（C）。矿物代号：Srp—蛇纹石；Chl—绿泥石；Snt—皂石；Pl—斜长石；glass—玻璃质；Cal—方解石；Opl—蛋白石；Cln—玉髓；Pl-jp—聚片双晶斜长石

单成分杏仁体多为后生流体沉淀充填。单成分硅质杏仁体（图3-16e）呈环带状，在显微镜下可见三个结晶世代关系，自外向内结晶程度变好，依次为带状蛋白石、栉状玉髓和镶嵌粒状石英。所展现的结晶学特点是边缘结晶速率快（晶体成核作用强）、平行内壁生长；中间结晶速率降低、垂直内壁生长；内部结晶速率慢、成核质点稀少、晶体颗粒变大。根据絮凝动力学原理，一大群质点的运动由布朗运动支配，只有当两个及以上质点接触时它们才能附着在一起形成一个偶子。絮凝速率即为形成偶子的速率，与流体中质点密度呈正比。因此在同一局部封闭体系中，絮凝（结晶）速率总是先大后小呈指数下降。反过来说，呈现同种组分结晶世代性关系的局部封闭体系，往往与同源流体的连续结晶有关。再考虑到单成分硅质杏仁体常与裂缝穿切和硅化伴生，因此认为，这类杏仁体的成分源于后生硅质流体，但其结晶过程是自壁向内依次连续结晶。

复成分杏仁体多为原生火山玻璃固态下水合与蚀变作用形成。中基性火山玻璃（SiO_2质量分数小于65%）易于蚀变且方式多样；其中的铁镁矿物蚀变通常先形成橙玄玻璃，最终将转化为热力学稳定的晶体相态（主要为蒙皂石）。水合作用和离子交换是引起火山玻璃蚀变的主要动因，它们具有明显的沿着岩石微裂缝发育的特点。岩石表面少许水就可引发水合和离子交换作用，导致水合氢离子 H_3O^+ 与火山玻璃中游离碱金属离子交换反应：$2H_2O+Na^+$（glass）$\rightarrow H_3O^+$（glass）$+NaOH$。结果会使体系的 pH 值升高（碱性增加）。这种体系物化条件的变化使原有平衡被破坏，又会反过来引起适应新条件的新生矿物的生成。1980 年 Brey 和 Schmincke 将基性火山玻璃蚀变分为四阶段：新鲜火山玻璃 → 水合火山玻璃 → 橙玄玻璃 → 新生矿物。火山玻璃随着水合程度增加折光率降低，油浸法测得水合火山玻璃的折光率仅为 1.53，而新鲜火山玻璃的折光率为 1.57。

所谓橙玄玻璃就是棕黄色或橙色的中基性雏晶矿物集合体。基性火山岩中橙玄玻璃普遍存在，经详细鉴定可确定它们的主要成分为微晶蛇纹石 $Mg_6[Si_4O_8](OH)_8$（图 3-16a）和绿泥石（R^{2+}, R^{3+}）$_{5-6}[(Si, Al)_4O_{10}](OH)_8$（图 3-16b）；而且它们呈不规则环带状包围水合火山玻璃（图 3-16 中的 glass）。在蚀变较彻底、热力学稳定的新生矿物大量出现的情况下，橙玄玻璃基本消失，此时会出现清晰、界限分明的新生矿物分带性。环带状矿物自杏仁体外壁向中心规律性分布，依次为硅质（带状—栉状石英，厚约 0.1mm）、钙质（带状、栉状和嵌晶状方解石，厚度为石英条带的 2~4 倍）和黏土矿物（栉状、扇状或花瓣状皂石）（图 3-16c, d）。绿泥石可与石英显微互层，也可与方解石呈凝块状交生（图 3-16f）。皂石为蒙皂石含 Mg 多的变种 $Na_x(H_2O)_4\{Mg_3[Al_xSi_{4-x}O_{10}](OH)_2\}$。在多种离子共存的复杂电解质环境中，硅质在酸性（pH 值小于 7）条件下絮凝，方解石在碱性（pH 值大于 9）条件下沉淀，而黏土矿物（沸石、皂石和绿泥石等）形成于类似于现代盐碱湖的偏碱性条件（可能的 pH 值为 7~9）。本节的复成分杏仁体的成分环带可以认为是成岩过程中物化条件变化的矿物学记录。首先出现的硅质环带暗示成岩环境起初是酸性的，这可能源于水合氢离子 H_3O^+ 的作用，由于火山玻璃可吸纳高达 3%~10% 体积的水，且以分子或水合离子状态存在。作为水合作用和离子交换反应的结果，SiO_2 析出会导致体系 pH 值升高。当 pH 值升高到一定程度时出现钙质沉淀。由于 Ca 的大量消耗和物化条件的变化，最终导致大量不含钙的层状硅酸盐黏土矿物（皂石、绿泥石和蛇纹石）的形成。这些反应可能主要是通过固相玻璃质与其表面流体的水合和离子交换作用来实现的，即主要在固态下进行。其主要证据有：①新生杏仁体保持原生玻璃质的外形；②杏仁体中部残余火山玻璃的普遍存在，说明杏仁体从未经历过整体溶解作用，也说明反应是自外向内逐次进行的；③所形成的环带状矿物组合总体上属于热力学非平衡体系，所反映的物化条件也是不断变化的，说明是在局部热力学平衡的封闭体系下进行的。

（2）杏仁体储层效应。

成岩作用的储层效应指在成岩作用过程中的体积效应及其导致的岩石孔隙的变化。后期流体沉淀形成的单成分硅质杏仁体，通常是一定规模的硅化作用的结果，会使原生气孔全部或部分填充，导致岩石局部密度增大而储集空间大幅度降低。因此，这类杏仁体的出现往往可作为储层变差或非储层的标志。而复成分杏仁体是玻璃质脱玻化和蚀变作用的结果，其体积效应相当于固态下杂乱排列的无定形物质转变为规则排列的晶体和部分物质形成流体可流失，其结果导致杏仁体物质排列更紧密、体积变小；在岩石骨架体积不变的情况下会使岩石孔隙增加。研究区无定形二氧化硅的密度为 2.30g/cm³，晶体石英的密度为

$2.65g/cm^3$（冯子辉等，2008），由胶状二氧化硅（蛋白石）转化为石英后体积缩小（孔隙增加）量为13.2%。2005年，Dyda研究泥质岩成岩作用结果表明，其密度及体积变化率为8.4%~10.8%。然而实际上，本区最常见的成岩现象是火山玻璃转化为硅质、钙质和黏土质等多种矿物的环带状集合体（图3-16），由于密度增大、体积减小，使孔隙增加的量通常可达7%~13%，因此，中基性火山岩复成分杏仁体的出现，通常可以作为储层改善或有效性增加的标志。

杏仁体储层效应的新认识：单成分杏仁体是储层物性变差或非储层的标志；而复成分杏仁体的出现可以作为储层改善或有效性增加的标志，其孔隙增加的量通常可达7%~13%。

2）中基性火山岩中钠长石化及其储集效应

（1）钠长石化及其识别特征。

斜长石是Ab-An连续固溶体序列，中基性火山岩中一般含有中—钙长石，不会出现大量钠长石，如果中基性岩中出现了大量的钠长石，表明钠长石是次生蚀变矿物，是钠质流体交代的产物。本次研究采用电子探针对松辽盆地营城组火山岩中长石类型进行分析，样品以玄武岩为主，此外还包括粗安岩、粗面岩和流纹岩。结果显示，斜长石和钾长石的钠长石化作用普遍发育。

新生钠长石在显微镜下呈现云雾状、浑浊状、棋盘格状外貌，大多数不显双晶。电子探针分析新生钠长石为近于纯钠端元组分（Ab＞98%，摩尔分数），在背散射电子像中显示为暗区（图3-17）。

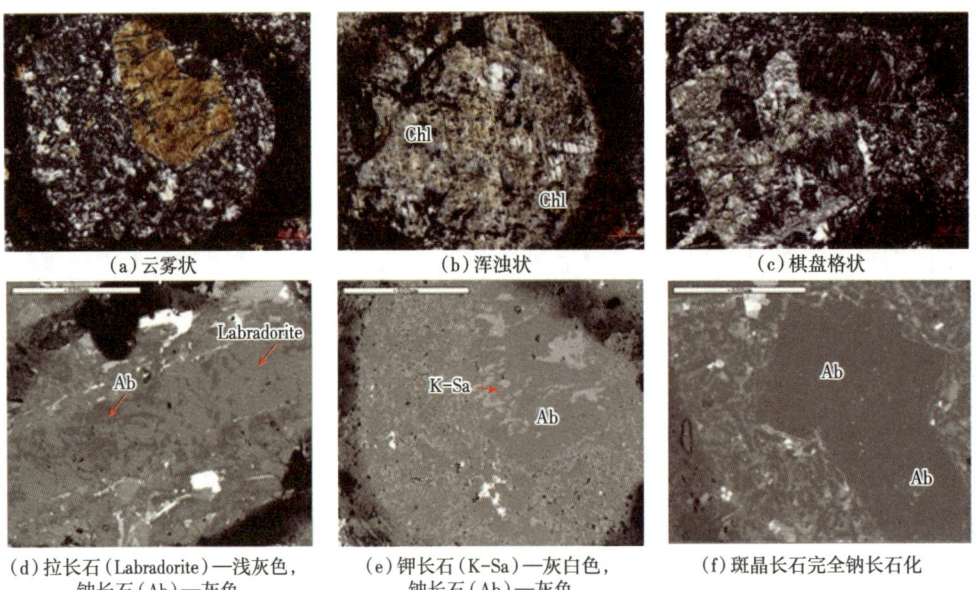

(a) 云雾状　　　　　　(b) 浑浊状　　　　　　(c) 棋盘格状

(d) 拉长石（Labradorite）—浅灰色，钠长石（Ab）—灰色　　(e) 钾长石（K-Sa）—灰白色，钠长石（Ab）—灰色　　(f) 斑晶长石完全钠长石化

图3-17　钠长石化作用显微镜下特征及背散射电子图像

（2）钠长石化储层效应。

钠长石化作用与火山岩储层的关系主要体现在3个方面：①有利于次生孔隙发育，使

储集性能变好；②指示原生孔隙发育带，是指示好的储层的重要标志；③在一些情况下次生矿物原地充填可以减小孔隙度，对储层不利。

长石的次生变化与火山岩储层的储集性能关系密切。徐家围子断陷 DS302 井中拉长石只出现于致密熔岩井段，孔隙发育的井段长石以钠长石为主（图 3-18），说明钠长石化需要裂缝作为流体注入和新生矿物带出的通道，以及孔隙作为新生矿物的沉淀空间，好的孔渗条件有利于流体流动和钠长石化的发生，因此，长石的次生变化程度往往指示火山岩储层中原生孔隙和裂缝的发育部位和发育程度。在长石的次生变化过程中可以形成溶蚀孔隙（尤其是大量的微孔），这些溶蚀孔隙是火山岩储集空间的重要类型之一（图 3-19）。流体交代和钠长石化使岩石孔隙度增加，大量钠长石的出现可以指示好储层；但是，如果长石溶解和钠长石化作用产生的次生矿物没有被流体带出而发生沉淀，充填了孔隙和裂缝，将导致储层物性变差。此外，地层流体中 Na^+ 供应充足时，新生钠长石大量沉淀，充填钠长石化过程中形成的微孔，形成块状纯钠长石端元组分的钠长石晶体，可作为长石溶蚀孔隙不发育的标志。

粗安岩碱玄岩

长石类型：钠长石 + 透长石
压后日产气10496m³，为低产气层
平均物性：孔隙度10.5%、渗透率0.05mD
DS302井，3272m，营三段旋回二顶部

长石类型：钠长石 + 拉长石 + 透长石
综合解释为干层
平均物性：孔隙度5.2%、渗透率0.01mD
DS302井，3408m，营三段旋回二底部

图 3-18　DS302 井不同井段火山岩中长石类型及其储集性能对比

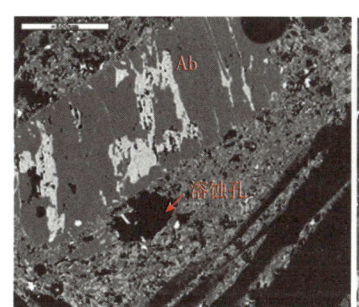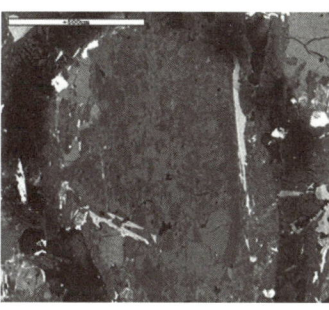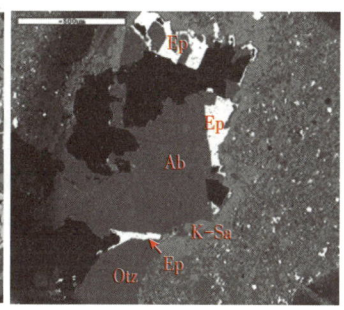

图 3-19　与钠长石化作用相关的次生微孔和溶蚀孔（长石斑晶中黑色部分）

在徐家围子断陷中基性斜长石[主要为中—钙长石($An_{46\sim99}$)]的火山岩样品几乎全部落在干层段,含中基性斜长石玄武岩孔隙度普遍小于5%,而有效储层(饱含流体的储层)火山岩中没有出现中基性斜长石(图3-20)。因此,中基性火山岩中长石的含钠质流体的流动和钠长石化次生蚀变会使火山岩储层物性变好。

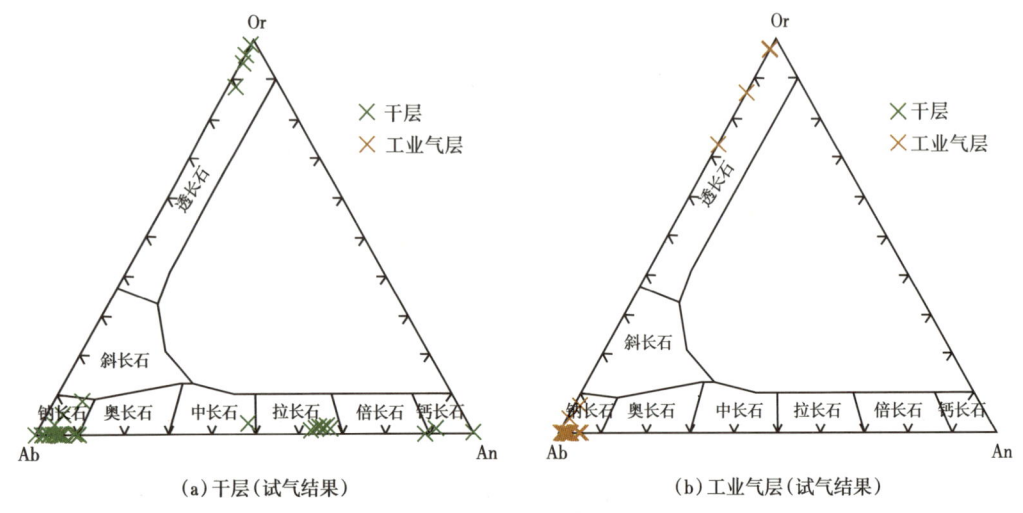

图3-20 与储层相对应长石Or—Ab—An三角图

结合岩心样品观察发现,新生钠长石大量出现在原生孔隙发育的火山岩井段,尽管致密火山岩中也出现了新生钠长石,但是其所占比例(钠长石化程度)相对较低,钠长石(约An_{10})号码总体上要相对更高一些,中基性斜长石仍然占主体。

在酸性火山岩中,还存在酸性火山岩钾长石的钠长石化,钾长石钠长石化指岩石中钾长石的K^+被Na^+直接交代或钠长石沿钾长石边缘生长或钾长石的位置被钠长石取代的现象。研究区富钾质火山岩主要为流纹岩和流纹质凝灰岩,钾长石钠长石化在流纹岩中表现最为明显,并以Na^+直接交代K^+的方式为主,在整个营城组一段中均有发现。钾长石钠长石化主要沿解理缝对钾长石斑晶进行交代,交代从轻微到完全斑晶可以呈现各种程度的交代假象,同时钾长石斑晶还发生溶蚀作用产生溶蚀孔和发生黏土矿化,蚀变后钾长石双晶不明显或消失,解理清晰可见。而未发生钾长石钠长石化的钾长石斑晶则双晶明显,干净明亮。研究区钾长石斑晶在整个流纹岩中所占体积在5%左右。

对钠长石化储层效应的新认识主要是:钠长石化作用在火山岩中普遍发育,钠长石化程度与原生孔隙发育密切相关,且钠长石化过程有利于次生孔隙的进一步发育,是指示有利储层的重要标志。

3)火山岩晶间微孔及其储层效应

(1)晶间微孔的类型及特征。

英台断陷营城组火山岩中普遍发育晶间微孔,在流纹岩、英安岩和珍珠岩中主要表现为基质脱玻化重结晶作用形成的矿物晶间微孔隙,在次火山岩和火山碎屑岩中表现为斜长石颗粒蚀变形成的黏土矿物晶间微孔隙。通过铸体薄片、扫描电镜和能谱分析,按成因和骨架颗粒的种类将晶间微孔分为以下三种类型。

①放射状碱性长石晶间微孔。流纹岩随埋藏深度的增加，隐晶质基质发生脱玻化和重结晶作用，重结晶成钾长石球粒和粉末状钠长石矿物，在球粒内长条形钾长石矿物间发育晶间微孔（图 3-21a~c）。孔隙一般呈不规则长条状，局部见少量近圆状，大小一般为 0.5~5μm。该类型晶间微孔隙在流纹岩中普遍发育，储集性和连通性都较好，可以作为火山岩内部良好的储气空间。

②黏土矿物晶间微孔。中基性熔岩或次火山岩中的斜长石颗粒通常不稳定，往往发生蚀变作用形成黏土矿物。在英台断陷中，营城组火山岩一般埋藏较深，通过扫描电镜和能谱分析，发育在次火山岩和火山碎屑岩中的斜长石蚀变作用强烈（图 3-21d 和图 3-21e），通常在溶蚀孔中充填片状伊利石（图 3-21f）或绿泥石；同时发现，在珍珠岩中，火山玻璃基质强烈蚀变（图 3-21g），形成蜂窝状和毛发状伊利石（图 3-21h 和图 3-21i）。在伊利石矿物微晶之间都存在有大量晶间微孔隙，孔隙一般呈棱角状或不规则状，边缘平直，孔隙大小为 1~2μm。

③混合矿物晶间微孔。该类型晶间微孔主要发育在流纹岩和珍珠岩基质中（图 3-21j）。通过扫描电镜和能谱分析，隐晶质和玻璃质基质脱玻化重结晶后生成的矿物复杂（图 3-21k 和图 3-21m），主要有自生针状伊利石（图 3-21o）、片状碱性长石（图 3-21n）和石英雏晶（图 3-21l），矿物晶粒粒径 0.2~2μm，松散堆积，内部具大量晶间微孔隙。孔隙一般呈不规则状，大小为 0.5~1μm，连通性好。

综上所述，晶间微孔的形成基本都与火山玻璃脱玻化重结晶或斜长石溶蚀作用有关，且都发育在黏土矿物、石英和长石雏晶之间。孔隙大小一般为零点几微米到几微米。从铸体薄片可以看出，晶间微孔发育的岩性，孔隙性和连通性都较好，可以作为有效的储集空间。

（2）与晶间微孔相关的成岩作用类型及储层效应。

通过图像面孔率统计法来讨论与晶间微孔相关的成岩作用的储层效应，面孔率分析选用 CoreDBMS 软件。对英台断陷营城组火山岩 5 口探井 9 个样品进行成岩作用分析，包括脱玻化重结晶作用、溶蚀作用和充填作用。脱玻化重结晶作用主要表现为隐晶质或玻璃质基质脱玻化重结晶成粒状长英质矿物和针状伊利石的混合物、片状伊利石集合体或球粒状碱性长石；溶蚀作用主要表现为长石遭受溶蚀形成片状伊利石或被完全溶解、珍珠岩中玻璃质基质溶蚀形成蜂窝状伊利石；充填作用主要表现为片状伊利石充填孔缝。

①脱玻化和重结晶作用的储层效应。前人曾经对火山岩脱玻化重结晶作用的储层效应进行过相关研究，由胶状二氧化硅转化为石英后可使储层孔隙增加 13.2%，流纹质玻璃脱玻化和重结晶成碱性长石可使储层增加 8.88% 的孔隙空间，这两个计算结果是通过对松辽盆地东南隆起区和北部徐家围子火山岩脱玻化前后火山玻璃和形成矿物的密度差计算得到的理论孔隙增加量。通过统计法对图像面孔率分析来讨论该成岩作用，共统计了 4 个样品 5 张图像，产生晶间微孔的主要岩性为隐晶质流纹岩和珍珠岩，根据脱玻化形成的矿物不同，晶间微孔的孔隙大小和面孔率有所差别，总体来看，隐晶质流纹岩中基质普遍发生脱玻化重结晶作用，但其形成钾长石球粒的面孔率最小，主要孔径区间在 0.64~0.80μm

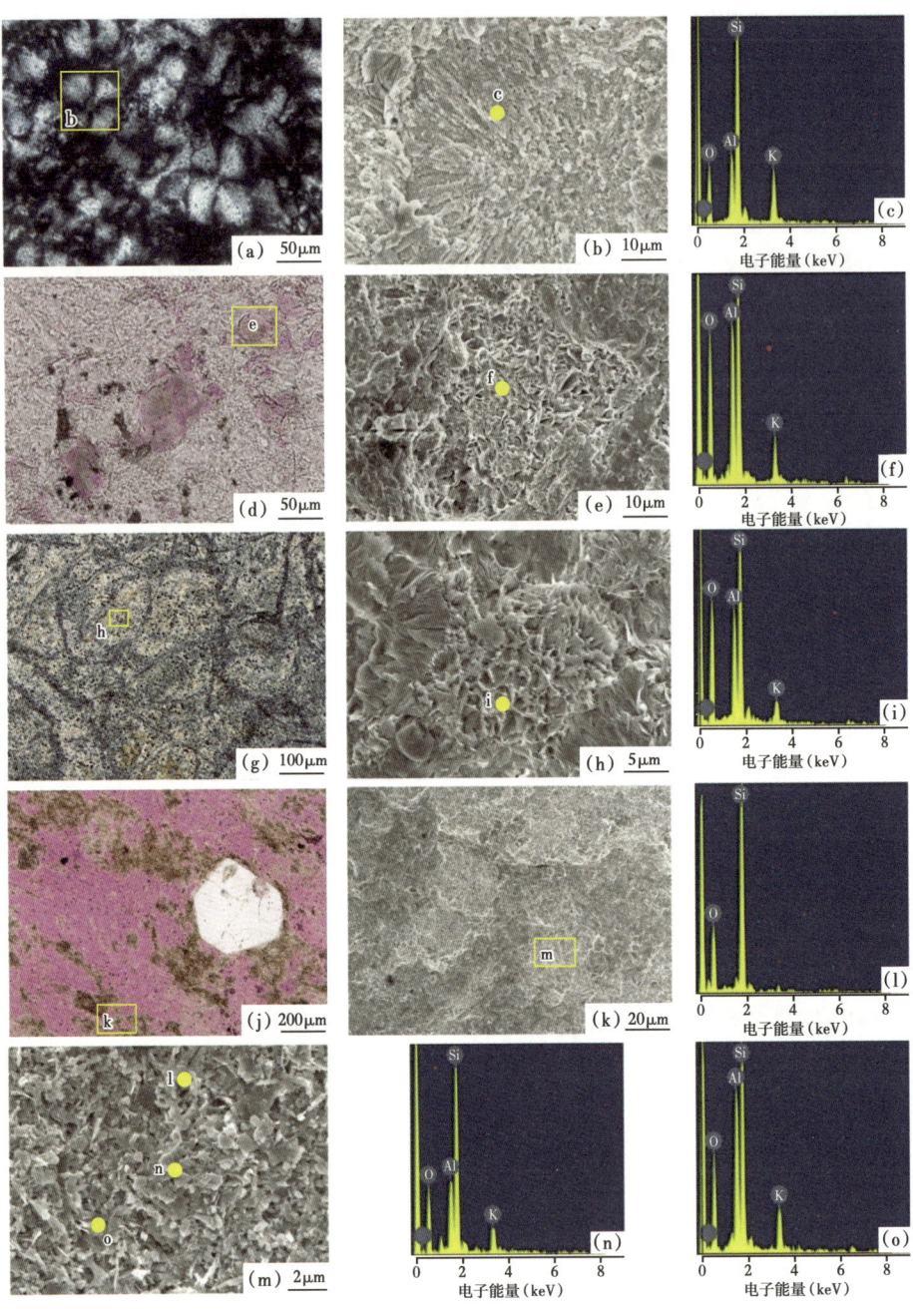

图 3-21 晶间微孔类型及黏土矿物能谱特征

①图片 a、d、g、j、k 中方框表示框内字母对应图片的位置，图片 b、e、h、m 中实心点和字母表示对应的能谱测量点，谱图为字母对应的图片。②a、b 为 LS201 井 3603m 样品，d、e 为 LS1 井 3046.8m 样品，g、h 为 LS201 井 3103m 样品，j、k、m 为 LS1 井 3302.8m 样品。③a 为流纹岩，球粒结构；b 为 a 中所示方框球粒的扫描电镜放大图像；d 为辉绿岩铸体薄片照片，见斜长石溶蚀孔；e 为 d 中斜长石溶蚀孔的扫描电镜放大图像，显示有伊利石充填；g 为珍珠岩，脱玻化作用强烈，可见珍珠构造；h 为珍珠岩的扫描电镜放大图像，可见玻璃质脱玻化形成的伊利石；j 为流纹岩铸体薄片照片，基质脱玻化作用强烈；k 和 m 为流纹岩扫描电镜放大图片，可见玻璃质脱玻化形成的石英、钾长石和伊利石锥晶；c、f、i、l、n、o 为扫描电镜图像中对应点的能谱图

(图 3-22a~d)；形成石英、碱性长石和伊利石混合矿物所产生的面孔率最大（图 3-22e~h），主要孔径区间在 0.73~1.46μm。而珍珠岩发生脱玻化重结晶作用主要形成片状伊利石，微孔孔径介于上述两者之间，为 0.71~0.89μm。LS201 井综合解释为气层的 3 个样品物性参数测定显示，孔喉直径大小变化在 0.07~0.11μm，样品 LS303 井 3848m 扫描电镜图像的面孔率分析结果表明，晶间微孔的孔径最小为 0.16μm（图 3-22c,d），大于实测孔径的均值 0.07μm。综上所述，基质脱玻化重结晶后都可以形成晶间微孔隙，孔隙的大小随着产生的矿物不同而不同，孔径一般在 0.3~2μm 之间，大于实测的孔喉直径均值，可作为有效的储集空间。

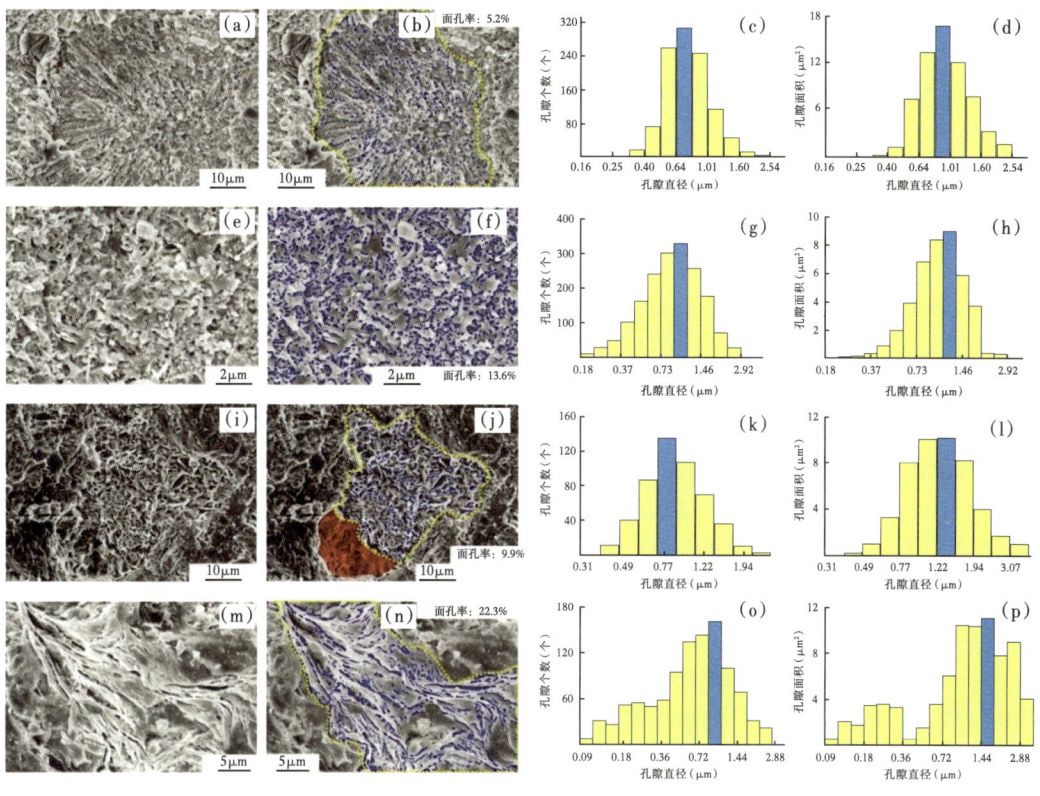

图 3-22 晶间微孔的面孔率分析

a、b 为 LS201 井 3603m 样品流纹岩脱玻化重结晶形成球粒状钾长石的扫描电镜及面孔率分析图像，e、f 为 LS1 井 3302.8m 样品流纹岩基质形成伊利石、石英和钾长石的扫描电镜及面孔率分析图像，i、j 为 LS1 井 3046.8m 样品辉绿岩中斜长石遭受溶蚀的扫描电镜及面孔率分析图像，m、n 为 LS303 井 3848m 样品流纹质角砾凝灰岩中伊利石充填粒间孔隙的扫描电镜及面孔率分析图像；c、d、g、h、k、l、o 和 p 为通过 CoreDBMS 软件统计的孔径与孔隙个数、孔隙面积的关系；黄色虚线所围区域为发生脱玻化重结晶作用、溶蚀作用或充填作用的区域，j 图片中红色区域为斜长石颗粒局部完全被溶蚀

②溶蚀作用的储层效应。对溶蚀作用储层效应的研究主要探讨火山岩与次火山岩中斑晶、晶屑或基质发生溶蚀作用，产生的新矿物占据溶蚀孔对储层的影响。在英台断陷营城组火山岩中主要见有斜长石和碱性长石表面蚀变形成片状伊利石、珍珠岩基质蚀变形成蜂窝状伊利石，共统计 4 个样品 5 张面孔率图像。中基性岩中斜长石斑晶在偏碱性的介质中经常发生溶蚀作用，以 LS1 井 3046.8m 辉绿岩样品为例，薄片下发现该样品中斜长石颗

粒普遍发生溶蚀（图 3-22i），并产生伊利石微晶，局部被全部溶解形成溶蚀孔（图 3-22j 红色区域），在伊利石微晶间存在微孔隙，面积占长石发生溶蚀区域（图 3-22j 黄线圈闭区域）的 9.9%，主要孔径分布在 0.77~1.22μm。在安山岩和流纹岩中，发现碱性长石溶解程度较高，推测其经历了偏酸性流体的溶解作用。此外，薄片鉴定发现，珍珠岩的玻璃质基质蚀变现象明显，几乎全部形成伊利石微晶，伊利石呈毛发状和蜂窝状（图 3-22g 和图 3-22h），具大量晶间微孔隙，面孔率为 8.4% 和 10.1%。

③黏土矿物充填作用的储层效应。以往研究认为，孔隙被完全充填后就丧失了储集性能。通过扫描电镜和铸体薄片观察，被伊利石等黏土矿物充填的孔隙仍能保留一部分储集空间，如前所述，这些黏土矿物晶体之间存在晶间微孔隙，具有一定的储集性能。共统计 2 个样品的 2 张扫描电镜图像，分别为片状伊利石充填沉凝灰岩和流纹质角砾凝灰岩粒间孔。以 LS303 井 3848m 样品为例，片状伊利石充填粒间孔隙区域（图 3-22n 黄线圈闭区域）具有明显的晶间微孔，面孔率为 22.3%，主要孔径分布在 0.72~1.44μm 之间（图 3-22o），对孔隙面积贡献最大的孔径区间为 0.72~2.88μm（图 3-22p）。由此可见，孔隙被片状伊利石完全充填仍能保留约 1/5 的储集空间。

④晶间微孔及其储层效应。松辽盆地南部英台断陷营城组火山岩中普遍发育晶间微孔隙，主要由重结晶作用和溶蚀作用形成。按成因和骨架颗粒的种类可将晶间微孔分为放射状碱性长石晶间微孔、黏土矿物晶间微孔和混合矿物晶间微孔三种类型。实现了利用扫描电镜照片进行面孔率分析，对微孔的大小进行量化。基质发生脱玻化重结晶作用，形成球粒状钾长石的区域晶间微孔面孔率为 5.2%，形成黏土矿物和石英长石雏晶的区域面孔率增加 9.5%~13.6%；长石发生局部溶蚀形成伊利石的区域，面孔率可增加 6.5%~10.1%；发现伊利石完全充填的火山碎屑岩的粒间孔隙，仍可保留 22.3% 的晶间微孔型储集空间。结合英台断陷勘探实例认为，晶间微孔发育的火山岩可作为天然气的有利储层。

4）石英充填的储层效应

石英既可作为杏仁体充填于气孔中也可充填于裂缝、溶蚀孔等其他孔缝之中（图 3-23a 和图 3-23b），并且从基性岩到酸性岩均有出现。研究区内石英对营城组流纹岩孔缝的充填主要见于营城组一段。气孔往往在横向上沿流纹理方向定向分布，在纵向上具有成层性和不均匀性（图 3-23c），石英呈晶簇状、粒状充填于孔缝中，一般充填不完全。在镜下，可见气孔由次级裂缝与主裂缝相连通，由此可确定孔缝中的石英均为后期流体充填的结果，石英呈颗粒状或栉状充填于孔缝中，颗粒表面干净，颗粒间呈连生关系（图 3-23d），部分气孔未完全充填。基质脱玻化作用明显，其产生的脱玻化孔可被浊沸石充填，浊沸石呈针状，与流纹理呈交叉关系（图 3-23d）。但浊沸石的充填较为局限，呈现局部层段富集的特征。

5）方解石交代的储层效应

方解石交代是松辽盆地营城组从基性到酸性各种火山岩中最为常见的交代现象，包括交代基质、交代原生颗粒（如长石、辉石等斑晶）、交代孔缝充填物（如绿泥石）等。研究区内方解石交代有两种形式：一种是对基质的直接交代，以显晶微粒交代为主，每个方解石颗粒都是独立的晶体，消光位不一致，呈浸染状沿孔隙进行，交代面积约占岩石面积的 5%（图 3-23e）；另一种是对长石斑晶的交代，斑晶先溶蚀产生晶内溶孔，后被方解石充填，斑晶与方解石之间呈缝合线状接触，并且方解石常遭受后期溶蚀并产生次生溶孔（图3-23f），完全交代后将呈长石斑晶假象。

图 3-23 松辽盆地流纹岩成岩作用类型及特征

（a）3 井 3820m，正交偏光：斑晶为钾长石和石英，基质为隐晶质，钾长石斑晶钾长石钠长石化强烈，钾长石斑晶中可见溶蚀孔和黏土矿化；（b）6 井 4072m，正交偏光：斑晶为钾长石和石英，基质为隐晶质，钾长石斑晶轻微黏土矿化；（c）302 井 4005.16m，岩心照片：气孔沿流纹理定向分布；（d）201 井 3385m，正交偏光：气孔、裂缝内完全充填石英，石英颗粒间呈连生关系，气孔与主缝缝之间由次级裂缝连通，基质脱玻化明显，浊沸石呈针状分布于基质中；（e）201 井 3020m，正交偏光：斑晶为钾长石和石英，基质为隐晶质局部被方解石交代；（f）201 井 3400m，正交偏光：钾长石斑晶被方解石交代，方解石遭受后期溶蚀产生次生溶孔。矿物代号：Kfs—钾长石；Qtz—石英；Lmt—浊沸石；Cal—方解石

3. 营城组火山岩成岩演化序列

火山岩的成岩作用是指火山岩从成岩（火山岩浆喷发至地表冷凝固结成岩或火山碎屑物质沉积、堆积压实成岩）到接受风化淋滤后进入埋藏直至变质之前所经历的一切物理、化学、生物的变化过程的总和。

从定义上可以看出，火山岩成岩作用是分类型及阶段的，在不同阶段火山岩储层面貌经历了不同的较大的改造：（1）在火山岩形成的过程中，由于火山岩自身岩性、结构、成岩方式的不同而导致成岩作用类型的不同；（2）由于火山岩形成环境多为地表，因此在火山岩进入埋藏之前即会经历风化淋滤作用，而在进入埋藏后由于构造运动等原因火山岩可能再次抬升至地表或近地表转而再次接受风化淋滤作用，因此火山岩所经历的风化淋滤作用可能是多期次的，这与火山岩所在区域的构造运动等原因有关；（3）火山岩接受风化淋滤及后期进入埋藏阶段所接受的物理、化学、生物作用，其成岩作用类型及其产物则由火山岩自身岩性、所在环境中流体性质所共同决定。

通过对松辽盆地南部英台断陷、王府断陷、德惠断陷三个断陷的共 70 口井的岩心、岩屑的手标本观察、镜下鉴定，以及扫描电镜（SEM）等手段，对影响本区火山岩储层储集空间的成岩作用进行研究，明确通过四个储层演化阶段的主要标志来建立火山岩储层的演化序列：

（1）矿物的种类、分布，以及期次。火山岩随着地层温度、压力，以及地层流体性质的变化会出现不同的次生矿物，因此次生矿物的生成可以反映火山岩储层演化阶段，如在开放—半开放体系下次生的石英微晶的沉淀指示当时的流体为酸性；而碳酸盐的沉淀则需要碱性流体的环境。封闭体系中基质中脱玻化形成的石英长石微晶指示火山岩的压力、地温均较高。

（2）火山碎屑岩的颗粒接触关系。火山碎屑岩中颗粒的接触关系是火山碎屑岩储层演化阶段中最为直观的表现形式。在浅埋藏阶段颗粒接触关系为点接触，中埋藏阶段接触关系过渡到点—线接触，进入深埋藏阶段颗粒接触可达到凹凸接触。

（3）储集空间类型及组合。储集空间类型及其组合也可以判断成岩作用的阶段。在火山岩从成岩至埋深直到现在的面貌，火山岩的各类孔隙一直处于动态的变化过程。火山岩进入埋藏阶段后的孔隙总体情况上是先减小至一定深度后增大出现异常高孔带，而后继续减小，结合火山岩成岩后未进入埋藏阶段的孔隙发育程度，可知火山岩总体的孔隙发育趋势呈现增大—减小的反复式变化。这是由于在成岩阶段时形成大量原生孔隙后由于热液充填作用及埋深后的机械压实作用使原生孔隙减小，但进入埋藏阶段后期随着烃源岩排出有机酸，形成酸性流体，在开放—半开放体系下流体进入岩体后溶蚀火山岩，产生了大量的溶蚀孔的同时，并将之前的充填的孔隙再次溶蚀，随着埋深增加，孔隙继续减少，同时由于构造运动使火山岩产生了大量裂缝。因此从储集空间类型及其组合可以判断火山岩储层演化阶段。

（4）黏土矿物组合。火山岩中常见的黏土矿物有高岭石、蒙皂石、伊利石、绿泥石等，而不同种类的黏土矿物指示着不同的成岩环境及阶段，如高岭石在酸性介质中生成且埋藏深度大时消失；蒙皂石是在碱性介质中生成，随着埋深的增加蒙皂石向混层黏土转化；伊利石、绿泥石可以是火山岩蚀变生成，亦可由蒙皂石脱水转化而成。伊利石、绿泥石均在碱性介质条件下沉淀，区别在于由于流体中离子的不同，绿泥石的转化需要 Ca^{2+}，Na^+，Mg^{2+} 存在；伊利石则需要 K^+ 的存在。且伊利石、绿泥石均随着埋深的增加呈现结晶度变高的趋势：伊利石在浅埋藏中呈鳞片状，随着埋深的增加，自生伊利石呈片状、纤维状、发丝状；绿泥石则多为针叶状、绒球状、玫瑰花状。

沉积岩中（刘宝珺等，1992）认为黏土矿物种类及含量是对沉积岩储层成岩作用阶段划分中重要的标志之一，如在深埋藏阶段混层黏土基本消失，仅存伊利石或绿泥石。但本区火山岩 X 衍射数据显示火山岩在进入埋深较深后仍存在大量混层黏土，部分存在一定量的蒙皂石，这可能是由于火山岩自身水化蚀变过程中形成蒙皂石，而后蒙皂石随埋深再次转变为混层黏土。因此黏土矿物的种类对于火山岩发育的地层仅可反映当时的流体环境，不可反映整体的演化阶段，应参照其他标准共同界定。

火山岩储层演化可分为埋藏前阶段和埋藏阶段两个大的阶段。其中埋藏前阶段又可分为冷凝固结成岩（压实胶结）阶段、岩浆期后热液阶段、风化淋滤阶段；埋藏阶段可分为浅埋藏阶段、中埋藏阶段和深埋藏阶段。埋藏前阶段火山岩主要发育原生孔隙；埋藏阶段火山岩经历各类成岩作用，对于储层的影响为改造原生孔隙并产生次生孔隙；中埋藏阶段（泉头组沉积期至青山口组沉积期）的有机酸排出导致的溶蚀作用是火山岩储层存在异常高孔带的原因。

1）埋藏前阶段

埋藏前阶段是指火山岩成岩后进入埋藏之前的阶段，具体又可分为冷凝固结成岩（压实胶结成岩）阶段、岩浆期后热液阶段，以及风化淋滤阶段。

（1）冷凝固结成岩、压实胶结成岩阶段。

火山岩浆喷溢出地表后直至冷凝成岩和火山碎屑压实胶结成岩的整个阶段。这个阶段是由火山岩浆和火山碎屑真正形成火山岩的过程，在这个阶段发生了一系列的物理、化学作用。其中挥发分逸出作用、熔蚀作用是火山熔岩在成岩阶段典型的成岩作用；压实胶结作用则是火山碎屑岩的典型成岩作用；在火山碎屑熔岩中熔结作用是典型的成岩作用。成岩阶段的成岩作用决定了火山岩的岩性和结构（图 3-24）。

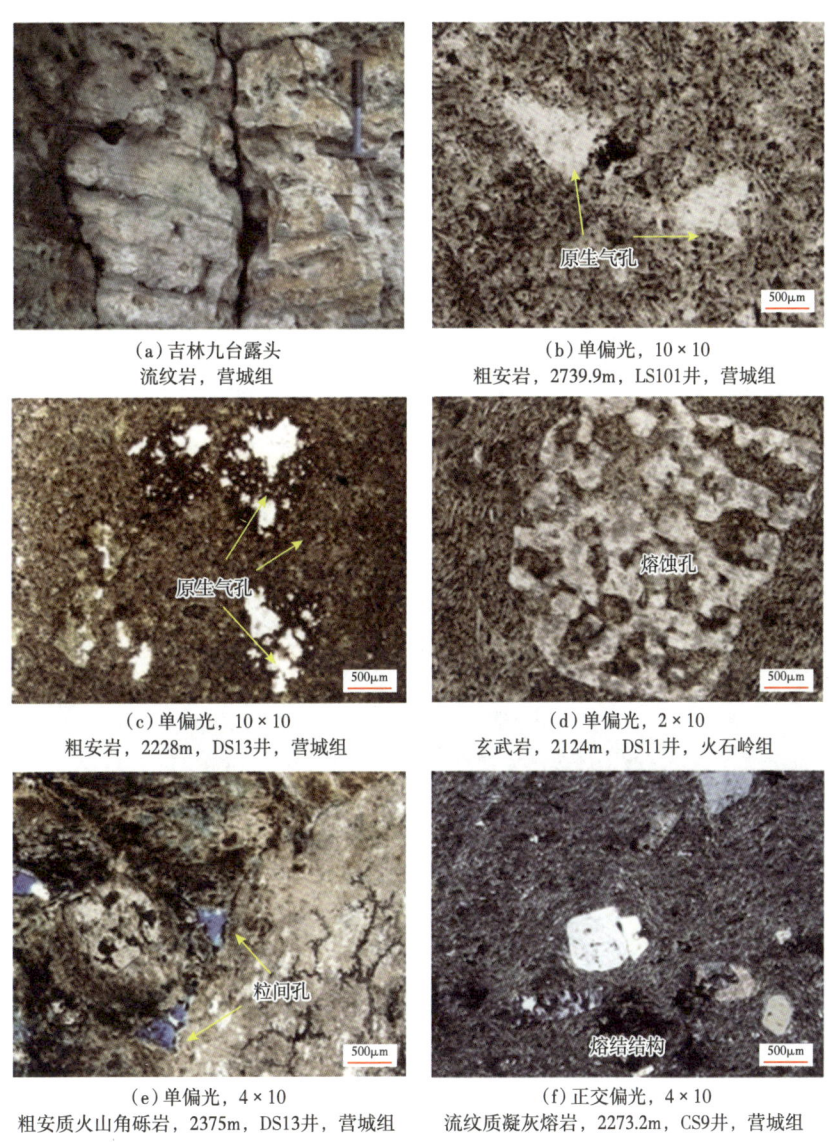

(a) 吉林九台露头
流纹岩，营城组

(b) 单偏光，10×10
粗安岩，2739.9m，LS101井，营城组

(c) 单偏光，10×10
粗安岩，2228m，DS13井，营城组

(d) 单偏光，2×10
玄武岩，2124m，DS11井，火石岭组

(e) 单偏光，4×10
粗安质火山角砾岩，2375m，DS13井，营城组

(f) 正交偏光，4×10
流纹质凝灰熔岩，2273.2m，CS9井，营城组

图 3-24 冷凝固结、压实胶结阶段特征

矿物组合上，火山熔岩成岩阶段均为岩石本身的自生矿物，如石英长石斑晶；火山碎屑岩的岩屑、晶屑则可能经历了一定的风化淋滤。但总体上矿物组合基本以原生矿物为主。火山岩在冷凝固结及压实胶结阶段形成大量的原生孔隙，熔岩由于挥发分逸出作用形成原生气孔，火山碎屑岩由于压实胶结作用成岩，但由于未经历机械压实压溶作用，因此存在大量的粒间孔。

（2）岩浆期后热液作用阶段。

在火山岩浆喷发的过程中会引起大规模的热液活动，热液进入火山岩在成岩阶段形成的孔隙内部，随着时间推移热液冷却充填在孔隙内部，前人研究表明（王璞珺，2010）岩浆主期与期后热液活动时代间隔在1Ma之内。本阶段的主要成岩作用是充填作用，大量的热液冷却沉淀充填在孔隙中，典型的现象是火山熔岩中的杏仁体（图3-25a）。经过热液沉淀充填后的孔隙形成杏仁体的比较典型的矿物是绿泥石、蛋白石、玉髓等。岩浆期后热液的性质相较于岩浆性质往往具有继承性（王璞珺，2010），这是由于热液往往是由岩浆通道而后进入火山岩体内部的，因此在热液运移过程中前期岩浆中的物质及离子进入到热液中，酸性熔岩中的杏仁体多为玉髓和蛋白石，而中基性熔岩则多为绿泥石充填。由于热液的温度较高，火山岩原有的矿物也发生变化，如中基性岩中的伊丁石化、绿泥石化、帘石化等（图3-25b）；酸性岩中则为钠长石化、绢云母化等现象。由于热液充填孔隙，因此本阶段对火山岩储层起着一定的破坏作用，但由于充填时间较短，往往充填并不是完全的，与此同时热液导致的炸裂产生了大量的角砾间孔和裂缝。本次期后热液阶段仅指火山岩浆喷发后的热液活动，并不包括火山岩进入埋藏后遭受后期岩浆活动。

 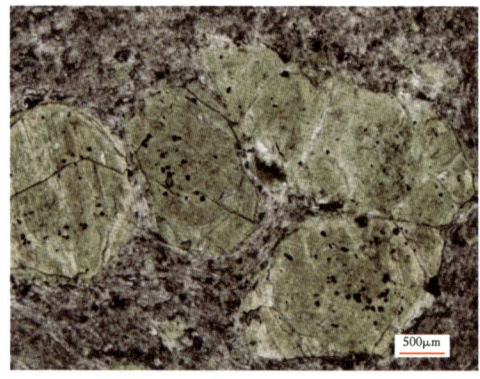

(a) 正交偏光，4×10　　　　　　　　　　(b) 单偏光，4×10
粗安岩，2662m，CS11井，火石岭组　　　玄武岩，2124m，DS11井，火石岭组

图3-25　岩浆期后热液阶段特征

（3）淋滤阶段。

火山岩成岩环境多在地表或近地表，因此在成岩阶段和岩浆期后热液作用阶段后即遭受一定程度的风化淋滤，而后再进入埋藏阶段，这与沉积岩成岩方式有明显的不同。火山岩作为盆地充填的一部分，也受构造运动的影响，火山岩在构造运动的影响下也可能再次抬升至地表或近地表再次接受风化淋滤。风化淋滤作用对于火山岩储层的改善意义重大。这是因为：①风化淋滤作用将已经充填的孔隙和裂缝重新打开，再次形成连通的孔隙，同

时形成大量次生孔隙；②风化淋滤作用会改变岩石的物理化学性质，最显著的会在火山岩顶部形成风化壳型储层，是极好的储层。在野外露头中风化壳呈现松散状、豆腐渣状（图3-26）；测井曲线上风化壳呈低密度，高自然伽马的特点（图3-27）。

正交偏光，4×10　　　　　　　　　单偏光，4×10

图 3-26　风化淋滤阶段特征

吉林九台玄武岩顶面风化壳，营城组

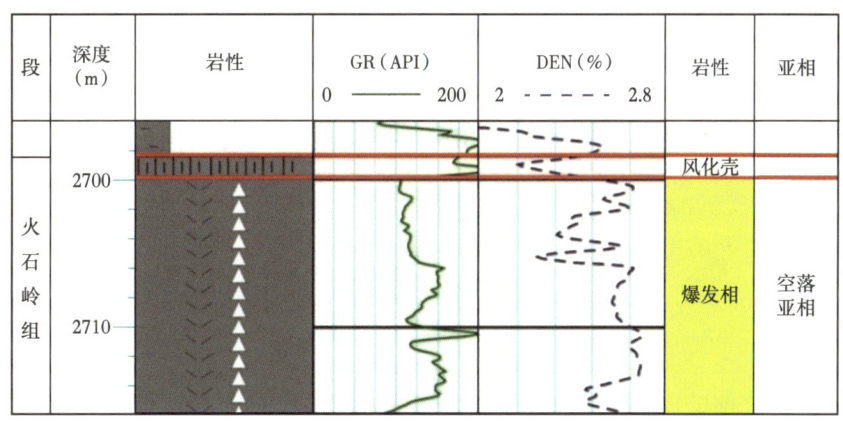

图 3-27　CS603 井 2694.00~2716.10m 测井曲线

矿物组成上，由于风化淋滤阶段中溶蚀作用的发育，火山岩中长石、角闪石、云母、火山灰等蚀变后呈离子态溶解在流体中，为流体带来了大量的 Fe^{2+}、Mg^{2+}、Ca^{2+}、K^+、

Na^+、Si^{4+}等离子，这些离子在溶液中处于不饱和—饱和的状态，当溶液的离子处于过饱和状态下就会形成矿物沉淀在火山岩中，如蒙皂石、绿泥石、方解石；如风化淋滤时间较长，则可形成膨润土（图3-28）。风化淋滤阶段主要的成岩作用类型为强烈的溶蚀作用。

(a) 凝灰岩膨润土化凝灰岩膨润土化

(b) 九台营城组凝灰岩

图3-28 风化淋滤阶段凝灰岩蚀变

埋藏前阶段火山岩主要发育原生孔隙，如原生气孔、熔蚀孔、粒间孔等。同时在风化淋滤阶段形成了一定量的溶蚀孔及风化壳，孔隙度明显大于进入埋深阶段的火山岩（图3-29）。埋藏前阶段内的成岩作用决定了火山岩的原生孔隙的发育程度，对火山岩储层具有重要意义。

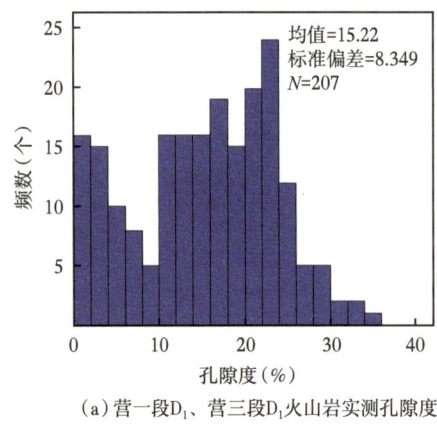
(a) 营一段D_1、营三段D_1火山岩实测孔隙度

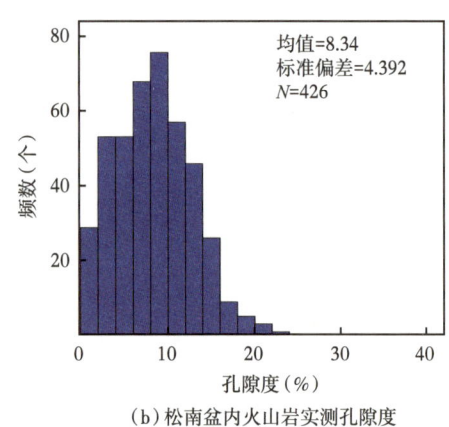
(b) 松南盆内火山岩实测孔隙度

图3-29 火山岩埋藏前阶段与埋藏阶段孔隙度频数图

2) 埋藏阶段

火山岩经历之前的成岩作用阶段后进入盆地埋藏阶段，进入埋藏阶段后火山岩经历了各类的成岩作用，生成了较多的次生孔隙。总体而言，火山岩埋藏阶段可分为三个大的埋藏阶段，即浅埋藏阶段、中深埋藏阶段，以及深埋藏阶段。

对于裂缝不发育的火山岩，地层流体无法进入火山岩体内部，形成封闭体系。在封闭体系内火山岩，进入埋藏后火山岩自身变化主要表现为随着温压的变化，火山岩基质脱玻化形成晶间微孔及矿物的蚀变，如角闪石蚀变为绿泥石，长英质基质脱玻化重结晶为石英微晶、长石微晶等现象，其蚀变特征与母岩性质有着密切联系。但由于封闭体系的孔隙度变化对于火山岩储层油气的注入意义不大，因此本次研究着重对开放—半开放系统的火山岩储层进行研究。

（1）浅埋藏阶段。

火山岩在进入浅埋藏阶段伊始，孔隙并未明显减少，这是由于本身火山熔岩的抗压性较强，同时火山碎屑熔岩、火山碎屑岩及沉火山碎屑岩并未经历严重的压实作用从而保留了大量的原生孔隙的原因。随着埋深的逐渐增加，火山碎屑岩的孔隙受压实作用的影响逐渐明显而迅速减小。

进入埋藏阶段以后，构造作用使火山岩局部发育构造缝，使火山岩局部成为一个半开放—开放体系，使地下流体得以进入火山岩体内与之发生反应。同时由于烃源岩有机质转化过程中释放少量的CO_2，地下流体呈弱酸性，溶蚀作用发生形成一定数量的溶蚀孔。矿物组成上，随着地下流体酸性增加，石英溶解度下降，火山岩中开始沉淀一定量的石英；流体与火山岩也发生离子交换发生交代作用，形成碳酸盐交代；火山碎屑岩在此阶段颗粒接触关系基本为点接触为主，但随着埋深的加深，逐渐向线接触转变。孔隙组合上，由于压实作用和充填作用相对强，本阶段孔隙的变化主要表现为火山熔岩中的原生孔隙及在风化淋滤阶段形成的次生孔隙的充填，以及（沉）火山碎屑岩中粒间孔由于压实作用而减少。同时这个阶段也由于烃源岩排烃的开始形成少量的溶蚀孔。总体上火山岩在孔隙上呈现降低的趋势。此阶段主要的成岩作用类型为压实胶结作用、充填作用、机械压实作用、交代作用，以及相对弱的溶蚀作用。

（2）中埋藏阶段。

随着埋深的增加，古地温开始增大，烃源岩有机质成熟生成了大量的有机酸，流体酸性增强，有机酸进入火山岩体中与其发生强烈的溶蚀作用，形成大量的溶蚀孔和溶蚀缝。以英台断陷LS307井3633.98m沉火山碎屑岩溶蚀为例，有机酸溶蚀可增加约7.43%的面孔率（图3-30）。通过对本区火山岩储集空间55张溶蚀孔图像面孔率进行统计可知，本区溶蚀面孔率最大可增加23.24%，均值为3.42%。

在有机酸溶蚀强烈的区域，产生了大量的溶蚀孔，浅埋藏生成的方解石被酸性流体溶蚀；SiO_2溶解度下降产生大量沉淀，石英沉淀孔隙；长石溶蚀为流体中带来了大量的Al^{3+}。在酸性介质条件下，高岭石大量生成。溶蚀孔缝增加了储集空间，同时溶蚀作用也将之前充填在孔隙中的矿物溶解，连通了孔隙，而构造运动形成了大量裂缝，火山岩的孔隙度呈现增大的趋势，在纵向上出现异常高孔带；在未被有机酸溶蚀或溶蚀作用较弱的区域，火山岩中不稳定物质由于温度压力的增加逐渐脱玻化重结晶转化为雏晶、石英微晶、伊利石、绿泥石、蒙皂石等。同时蚀变形成的蒙皂石随着埋深增加逐渐向混层黏土转化，且混层黏土中的伊利石含量逐渐增多。

中埋藏阶段的溶蚀作用改善了储层物性，以王府断陷为例，同为火石岭组流纹岩，当上覆下伏为泥岩时，孔隙度均值可达6.79%，并存在多个孔隙度峰值（图3-31a）；当下伏岩性为厚层火山岩时，其孔隙度均值仅为0.91%（图3-31b）。该阶段的成岩作用类型主要为溶蚀作用、机械压实作用。

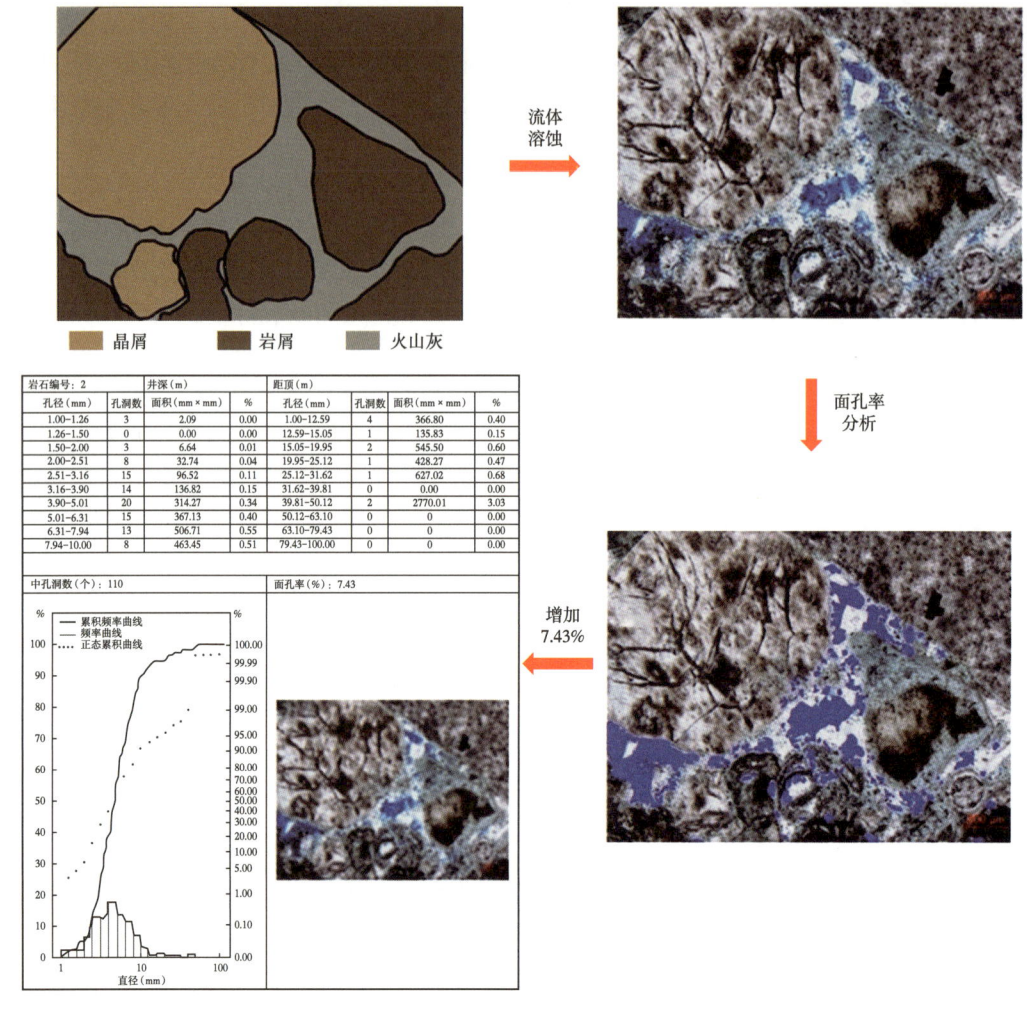

图 3-30 溶蚀作用示意图

（3）深埋藏阶段。

随着火山岩埋深继续增加，机械压实压溶作用继续增强，在有机酸溶蚀的区域中由于烃源岩的有机酸 H^+ 供应减少，流体的 pH 值升高逐渐呈碱性，使 $CaCO_3$ 的溶解度下降而后沉淀，生成了大量的方解石。同时流体中的 K^+、Fe^{2+}、Mg^{2+} 与长石、角闪石等矿物反应形成伊利石、绿泥石等（图 3-32）。未被有机酸溶蚀的火山岩区域随着温压的持续升高，脱玻化重结晶作用继续加强，生成大量黏土矿物，同时随着埋深的增加已生成的混层黏土中的伊利石、绿泥石含量逐渐增高，直至混层中的蒙皂石完全消失。火山碎屑岩颗粒出现压溶现象。总体孔隙度随着埋深呈下降趋势，但由于此时火山岩已经历了较长时间的埋藏和压实，因此孔隙度呈缓慢下降的趋势。

综合火山岩储层储集空间形成机制及演化特征（图 3-33），可知火山岩冷凝固结、压实胶结阶段，是储层的最初阶段，发生的主要成岩作用决定了火山岩的岩性、结构、构造，主要的储集空间为原生孔隙；岩浆期后热液阶段则表现为热液充填原生孔隙，充填物质与热液性质、岩性均有关系，同时热液的侵入使火山岩增加了裂缝；风化淋滤阶段火山岩储集性得到改善，将原来充填的孔隙重新溶蚀，并发育溶蚀孔缝。火山岩进入埋藏阶段后可分为两种情况：

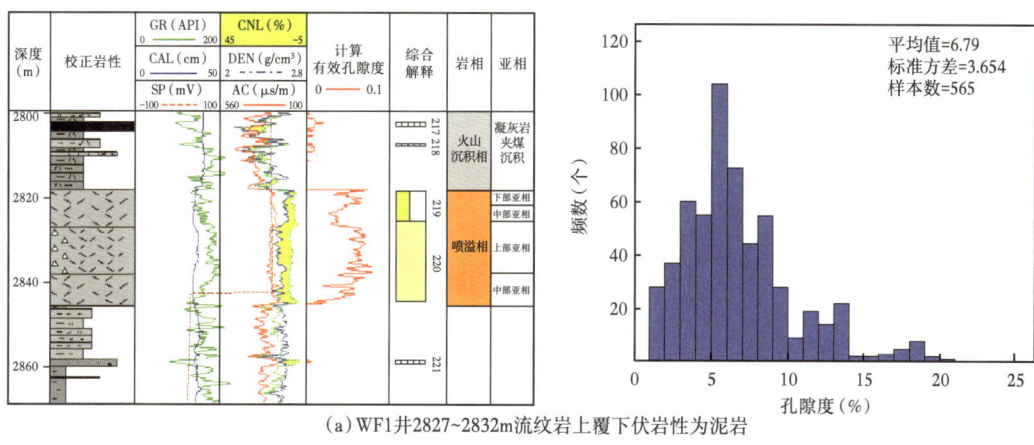

(a) WF1井2827~2832m流纹岩上覆下伏岩性为泥岩

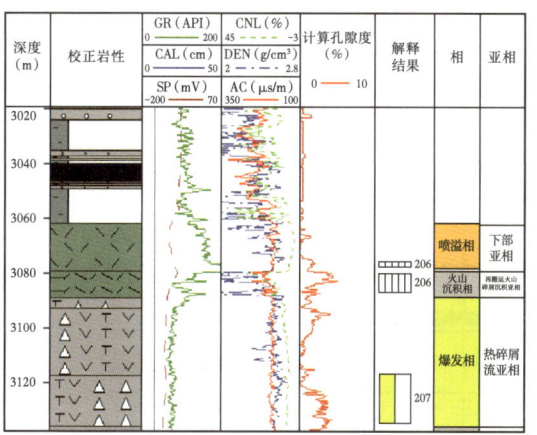
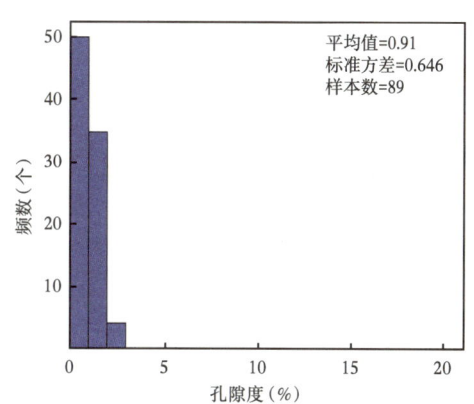

(b) CS7井3062~3079m流纹岩下伏岩性为厚层火山岩

图3-31 火石岭组流纹岩孔隙度对比图

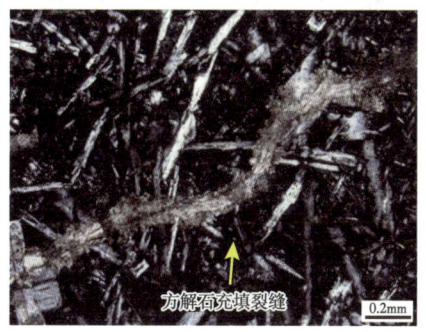
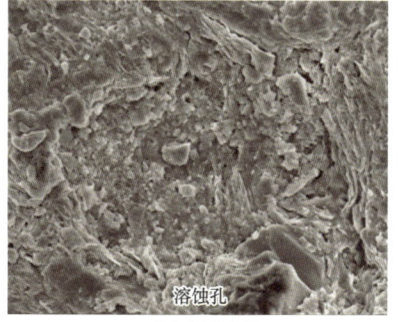

(a) 正交偏光，正交偏光，10×10　　　　(b) 扫描电镜
安山岩，2820.8m，LS1-2井，营城组　　流纹岩，2273.87m，CS9井，火石岭组

图3-32 深埋藏阶段储层特征

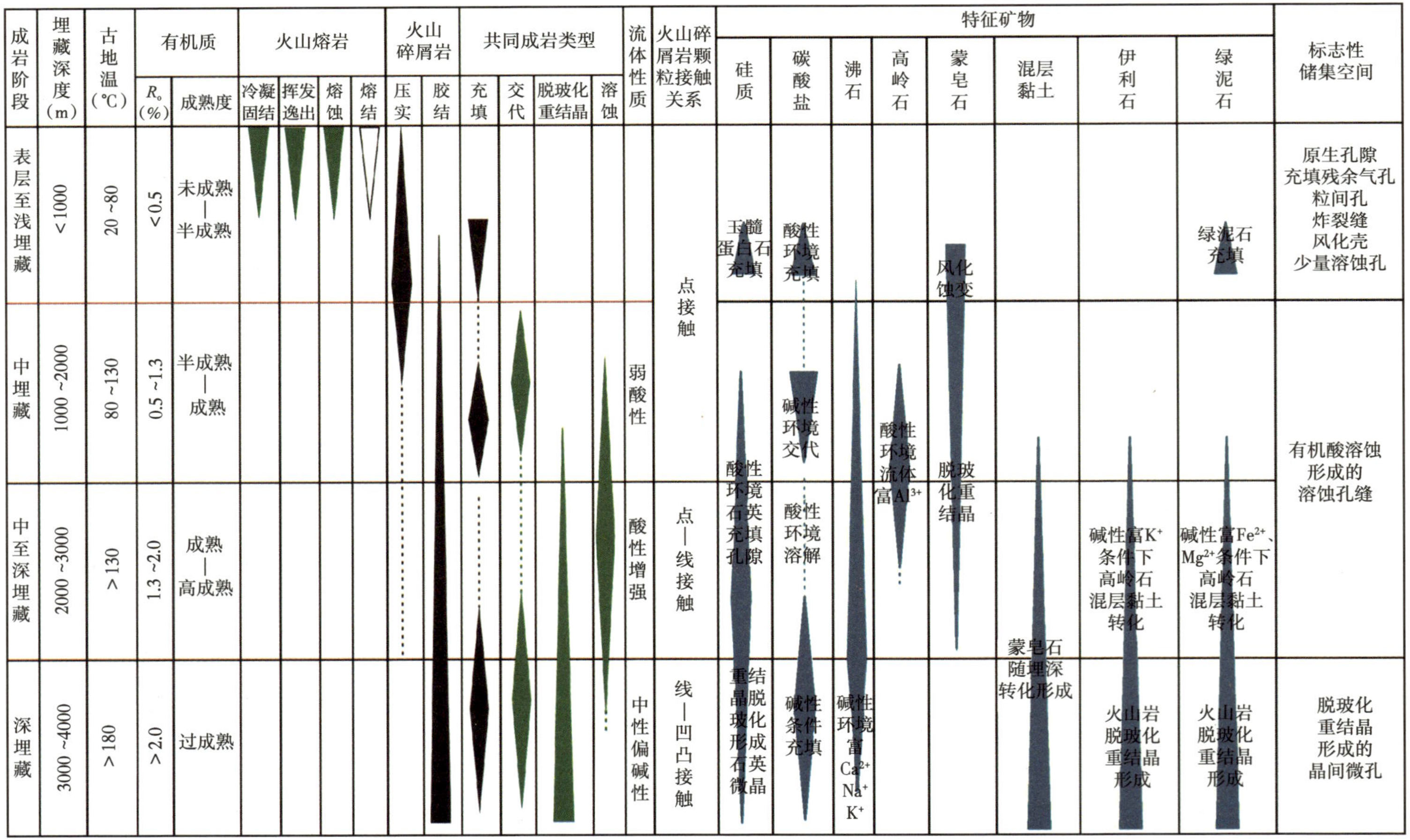

图 3-33 火山岩储层成岩演化序列图（开放—半开放体系）

①裂缝不发育的火山岩自身则随着埋深发生黏土矿化、矿物蚀变及脱玻化重结晶等作用，其演化过程与母岩性质、温度、压力密切相关。

②火山岩局部构造裂缝的发育，使之成为半开放—开放体系，使地下流体进入火山岩体与之反应，流体的性质由埋深、压力、地温、有机酸多种因素共同控制，总体呈现弱酸—强酸—弱酸—碱性的变化规律，期间经历了充填作用、溶蚀作用、脱玻化重结晶作用多种成岩作用。火山岩的孔隙度也呈现减小—增大—再减小的趋势。在开放—半开放体系中火山岩储层演化受流体性质、母岩性质等因素共同影响。

需要说明的是，火山岩储层演化阶段的划分是一个相对理想的情况，实际中的情况相对复杂，这是因为：①火山岩可能因抬升运动而经历多次风化淋滤作用；②在火山岩上覆下伏地层均含烃源岩时，可能接受多次有机酸的溶蚀作用，形成多个孔隙发育带；③地下流体的性质复杂，来源多样，因此沉淀的矿物种类也多样；④火山岩侧向纵向变化快，因此其开放、封闭体系转换也较快。

本节详细划分了成岩作用演化阶段，建立了各个演化阶段识别标志体系；创建了火山岩的成岩作用的演化序列；确定了火山岩成岩作用与储集物性的关系。即：将火山岩的成岩作用划分为埋藏前及埋藏后两大阶段，细分为成岩阶段、岩浆期后热液阶段，风化淋滤阶段浅埋藏阶段、中埋藏阶段和晚埋藏阶段。埋藏前阶段火山岩主要发育原生孔隙，埋藏阶段火山岩受到各类成岩作用的综合作用，对储层的影响为改造原生孔隙并产生次生孔隙。在风化淋滤阶段和中埋藏阶段，火山岩的储集物性会极大改善。

火山岩成岩作用演化序列的研究意义在于，将各种火山岩成岩作用纳入到统一的时空演化格架之中，对预测不同成岩演化阶段及不同深度条件下主要的成岩作用类型、主要的储集空间类型，以及储集空间发育情况具有重要的指导意义，进而可以进一步指导油气勘探。

第五节　火山岩储集空间类型及储层发育特征

本节以巴塔玛依内山组的火山岩为例，论述火山岩储集空间类型及其特征。储集空间首先根据成因划分为原生储集空间和次生储集空间两类，每种成因的储集空间根据其形态可划分为孔隙和裂缝两类。原生储集空间具体包括气孔、石泡空腔孔、杏仁体内孔、粒间孔隙、冷凝收缩缝、晶内炸裂纹和原生节理缝等七种类型。次生储集空间具体包括斑晶溶蚀孔、基质内溶蚀孔、杏仁体内溶孔、构造裂缝和充填—溶蚀构造缝隙等五种类型（表3-12）。

一、原生储集空间

原生储集空间是火山岩在构造、后期流体等次生成岩作用发生之前形成的各种储集空间。影响火山岩储集空间的影响因素众多，包括岩浆的化学成分，挥发分含量的多少，火山岩的成岩作用是冷凝固结还是压实固结，火山爆发的强烈程度及持续时间，以及火山爆发时的古地形地貌等。由于众多因素的影响，使得火山岩的原生储集空间的形态、大小、密度与空间分布复杂多样。巴塔玛依内山组火山岩中已经发现的原生储集空间，根据其产出形态和成因机制，总体上可以归结为孔隙和裂缝两大类，细分为气孔等七种具体类型。

表 3-12　巴塔玛依内山组火山岩储集空间类型和特征

成因类型	空间类型	成因	特征	代表岩性
原生储集空间	气孔	岩浆中的挥发分没有及时逸出，被保存在岩石内	形态多样，圆形、椭圆形、线状及不规则形态	火山熔岩
原生储集空间	石泡空腔孔	岩浆中的气液包裹体同心环状冷凝收缩形成的层间缝隙	形态以圆形、椭圆形为主，分布密度大，石泡内连通性好	石泡流纹岩
原生储集空间	杏仁体内孔	杏仁体内矿物之间的孔隙	其形态不规则，主要为粒间孔，连通性较好	气孔—杏仁构造火山熔岩
原生储集空间	粒间孔隙	火山碎屑颗粒间成岩后残余的孔隙	形态不规则，常呈线状	火山碎屑岩
原生储集空间	冷凝收缩缝	基质等容冷却	形态为不规则线状或条带状	火山熔岩
原生储集空间	晶内炸裂纹	矿物斑晶间炸裂	形态不规则，穿切斑晶或沿斑晶解理生成	含有斑晶的火山岩
原生储集空间	原生节理缝	岩浆冷凝固结时不均一收缩	柱状节理、层状节理、球状节理	火山熔岩
次生储集空间	斑晶溶蚀孔	斑晶被溶蚀产生	形态不规则，位于晶体内部，有时仅保留原晶体假象	含有斑晶的火山岩
次生储集空间	基质内溶蚀孔	玻璃质脱玻化或微晶长石被溶蚀	细小筛孔状	玻璃质岩石，斑状熔岩和火山碎屑岩基质
次生储集空间	杏仁体内溶孔	杏仁体被溶蚀	形态不规则	具杏仁构造火山岩
次生储集空间	构造裂缝	构造应力作用导致的裂缝	经常成对出现，连通性好，是很好的油气运移通道	致密火山熔岩
次生储集空间	风化裂缝	与溶蚀孔、缝和构造缝交错相连，将岩石切割成大小不同的碎块	取决于原始构造裂缝的形成	分布于风化壳上

1. 原生孔隙

火山岩原生孔隙主要是指火山岩固结成岩过程中所形成并保存下来的非线型的储集空间。巴塔玛依内山组野外剖面上已经发现的原生孔隙主要包括原生气孔、石泡空腔孔、杏仁体内孔和原生粒间孔。

原生气孔：喷出地表的熔浆在地表流动过程中，由于压力的减小，岩浆中所含挥发分体积增大，由于浮力的作用，挥发分陆续从岩石中分离出来。部分未能逸出的挥发分被封闭在熔岩中形成气孔。气孔的形状多样，常见的有圆形、椭圆形、葫芦形及不规则形态，常沿岩浆流动方向被定向拉长。气孔大小不均一、密度也不同，可孤立出现，也可成组成团出现，原生气孔的连通性较差（图 3-34）。原生气孔主要发育于火山熔岩流动单元的中上部，与熔浆中所包含的挥发分的含量的多少有直接关系。一般来讲，酸性熔岩中所形成的气孔要比中基性熔岩中的多。

 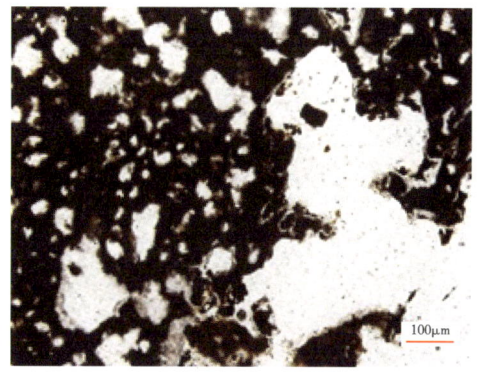

(a) 原生气孔，安山岩（金山沟）　　　　（b) 原生气孔，玄武岩（+）（样品号：X176，金山沟）

图 3-34　原生气孔

杏仁体内孔：原生气孔中被后期或同期热液中含有的单一矿物或几种矿物共同充填而形成杏仁体。巴塔玛依内山组杏仁体内常见的矿物有长英质、钙质、沸石、绿泥石和葡萄石等。杏仁体内孔是指杏仁体没有完全充填气孔，残留在构成杏仁体的矿物之间的孔隙（图 3-35）。杏仁体内孔形态一般为不规则状，可形成于各种具有气孔—杏仁构造的火山岩中。

 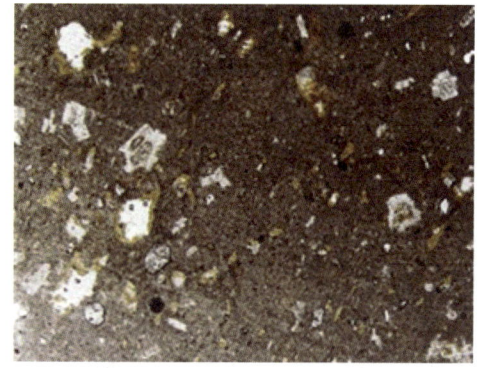

(a) 杏仁体内孔，流纹岩（双井子）　　　　（b) 杏仁体内孔，安山岩（+）（样品号：X215，金山沟）

图 3-35　杏仁体内孔

石泡空腔孔：岩浆中的气液包裹体同心环状冷凝收缩形成的层间缝隙。形态以圆形、椭圆形为主。巴塔玛依内山组岩石中石泡空腔孔主要见于石泡流纹岩，石泡密度大，单个石泡内部连通性好（图 3-36）。

原生粒间孔：火山岩的原生粒间孔主要包括两种类型，一种是指火山熔岩自碎角砾岩或隐爆角砾岩化而形成的角砾间孔隙；另一种是火山碎屑中的火山碎屑间的孔隙。原生粒间孔的大小与形态受火山碎屑和火山角砾的组合形态控制，常与裂缝相伴生（图 3-37）。

2. 原生裂缝

火山岩中的原生裂缝主要是指火山岩在固结成岩过程中，由于近等容冷凝收缩，火山岩的体积减小而形成的线型裂缝性储集空间。巴塔玛依内山组野外剖面上已经发现的原生裂缝主要包括冷凝收缩缝、晶内炸裂纹和原生节理缝。

石泡空腔孔，石泡流纹岩
（双井子）

图 3-36　石泡空腔孔

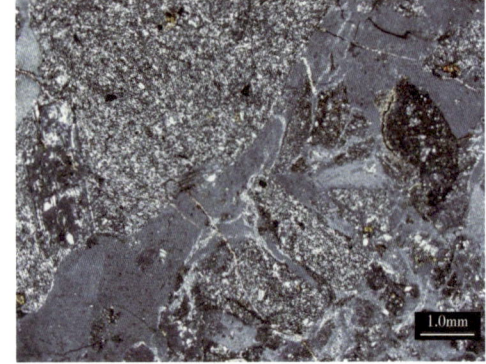

角砾间孔，角砾安山岩（+）
（双井子）

图 3-37　原生粒间孔

冷凝收缩缝：熔浆喷出地表后，由于流速差异和冷凝快慢不同，导致在其冷凝成岩过程中，在熔岩体内因冷凝收缩开裂形成裂缝。也可以是由于在后续喷出的岩浆对先期冷凝半固结的熔岩推拉作用下发生变形，形成裂缝并在后续的冷凝成岩过程中得以保存下来。冷凝收缩缝常呈不规则状产出，为张性裂缝，一般规模不是很大（图 3-38）。冷凝收缩缝常见于具有流动构造的火山熔岩和具有熔结结构的火山碎屑的基质中。

(a)层状收缩缝，英安岩
（双井子）

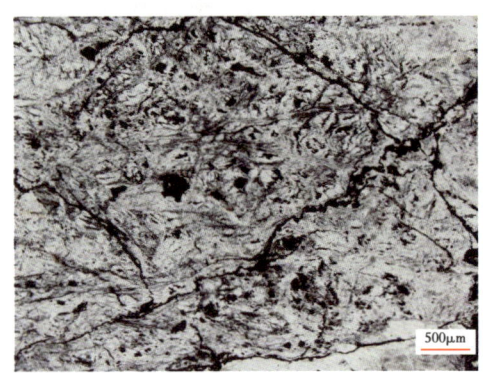

(b)冷凝收缩缝，玄武岩（-）
（样品号：X342，纸房）

图 3-38　冷凝收缩缝

晶内炸裂纹：在火山喷发的过程中，由于压力的快速释放导致岩浆自身压力骤减。岩浆中先期形成的斑晶在压力骤减和岩浆快速爆发作用的双重影响下而破碎形成裂缝。晶内炸裂纹的形态不规则，常穿切斑晶，同时伴有斑晶的熔蚀现象（图 3-39）。晶内炸裂纹常见于细粒含有晶屑的火山碎屑岩中。

原生节理缝：岩浆喷出地表后，因失热冷却，体积收缩产生张应力。这些张应力使得岩体破裂而形成一些收缩节理，这些节理以规则柱状或层状产出，代表性的有熔岩的柱状节理、流纹构造流纹岩的层节理等（图3-40）。

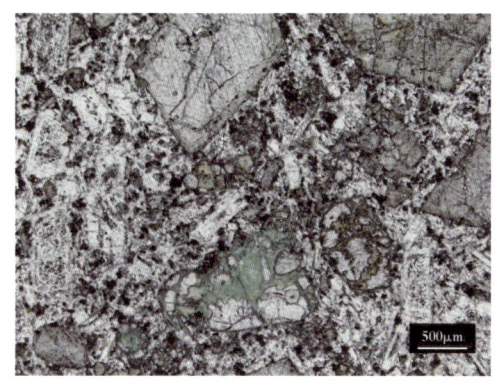

图3-39　晶内炸裂纹　　　　　　　　图3-40　收缩节理缝，柱状节理安山岩

原生储集空间在巴塔玛依内山组野外剖面中普遍发育，但分布很不均匀，储集空间的类型组合也不尽相同，这就导致巴塔玛依内山组火山岩的储集空间特征具有强烈的非均质性。原生裂缝对岩石孔隙度的贡献不大，其主要作用是改善了火山岩储层的连通性。柱状节理等收缩节理往往形成较大规模的裂缝体系，成为油气运移的有利输导通道。巴塔玛依内山组火山岩的原生储集空间在后期的成岩作用中被普遍改造，其储集空间特征与原始特征相比已经大为改观。

二、次生储集空间

巴塔玛依内山组火山岩形成于晚石炭世后期，在其形成后历经海西、印支、燕山和喜马拉雅等多期构造运动的影响。在近三亿年的地质历史中，在构造运动、地质流体的共同作用下，巴塔玛依内山组火山岩被多期次改造。在压实、溶解、重结晶、次生蚀变等多种次生成岩作用的影响下，原生储集空间被改造，新的次生储集空间形成。巴塔玛依内山组火山岩中已经发现的次生储集空间，根据其产出形态和成因机制，可以归结为次生孔隙和次生裂缝两大类，细分为溶蚀孔等五种具体类型。

1. 次生孔隙

火山岩中的次生孔隙是指在火山岩固结成岩后，在次生成岩作用的改造下，原生孔隙被改造或新形成的孔隙。巴塔玛依内山组形成于古生代末期，火山岩中的次生孔隙十分发育，常见的次生孔隙主要有斑晶溶蚀孔、基质内溶蚀孔、杏仁体内溶孔等。

斑晶溶蚀孔：火山岩中常见的斑晶有长石、石英、橄榄石、辉石、黑云母和角闪石等。这些矿物斑晶，除了石英斑晶化学性质较稳定外，其他斑晶经常与地质流体进行成分交换，发生溶解和水解作用，不稳定矿物成分被溶解，斑晶矿物结构发生变化。斑晶被溶蚀的部位形成溶蚀孔隙。矿物斑晶存在于各类火山岩中，只要有相应的地质流体活动，就常常产生溶蚀孔隙(图 3-41)。

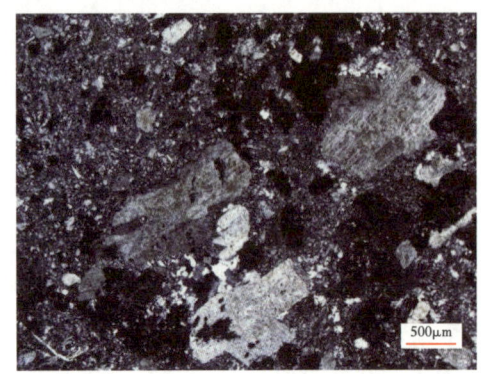
(a)长石斑晶溶蚀孔,安山玢岩
(样品号:X182,金山沟)

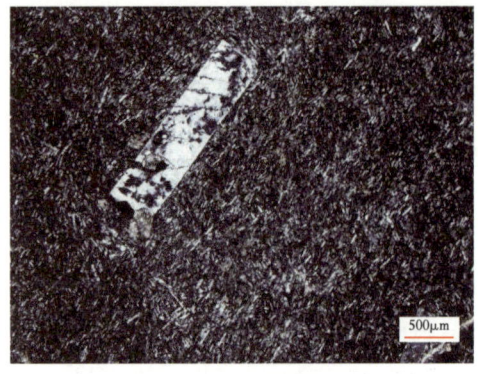
(b)长石斑晶溶蚀孔(+)
(样品号:X174,金山沟)

图 3-41 斑晶溶蚀孔

基质内溶蚀孔:基质内溶蚀孔主要是由于火山岩的基质在一定的地质条件下发生蚀变和溶蚀作用,例如,绿泥石化、沸石化、脱玻化等,这些次生成岩作用的产物被地质流体溶解而在相应部位出现次生溶蚀孔洞。基质溶蚀孔一般体积较小,但是数目众多,且具有一定的连通性(图 3-42),是凝灰岩火山岩储层储集空间的重要组成部分。

杏仁体内溶蚀孔:巴塔玛依内山组火山岩中杏仁体的化学成分有玻璃质、方解石、绿泥石、沸石和葡萄石等。杏仁体被全部或部分溶蚀而形成的次生孔隙称之为杏仁体内溶蚀孔(图 3-43),主要见于具有气孔—杏仁构造的火山熔岩中。

基质溶蚀孔,灰色安山岩(-)
(双井子)

图 3-42 基质内溶蚀孔

杏仁体内溶蚀孔,安山岩
(双井子)

图 3-43 杏仁体内溶蚀孔

2. 次生裂缝

火山岩中的次生裂缝主要是成岩后的构造运动和风化作用的产物,表现为沿岩石构造脆弱部位生成次生裂缝,按照次生裂缝的成因,可以划分为构造裂缝和风化裂缝两种类型。

构造裂缝:在区域构造应力场的作用下,岩石会发生形变,部分脆性的岩石会形成构造裂缝。构造裂缝常成组出现,既可表现为具有一定延伸长度的高角度缝和低角度缝,也可表现为局部的微裂缝体系(图3-44)。构造裂缝极大改善了火山岩的连通性,使其成为地质流体的主要运移通道,因此,构造裂缝发育的火山岩,后期成岩作用也比较发育。巴塔玛依内山组的构造裂缝经常被后期的成岩作用充填改造,表现为被硅质、钙质等部分或完全充填。

风化裂缝:巴塔玛依内山组火山岩中的风化裂缝常与溶蚀孔、缝和构造裂缝交错相连,将岩石切割成大小不同的碎块。火山岩储层中这类缝隙主要分布于风化壳上,研究区是重要的储集空间之一(图3-45)。

构造裂缝,灰色安山岩
(纸房)

图3-44 构造裂缝

冷凝收缩缝,玄武岩
(双井子)

图3-45 风化裂缝

次生成岩作用的发生和作用效果受原始储集空间的影响,次生储集空间往往是叠加在原生储集空间之上,使得火山岩储层的孔隙类型复杂化。次生成岩作用对火山岩储集空间具有双重作用,巴塔玛依内山组火山岩发生的成岩作用一方面对原生孔隙进行了充填,在一定程度上降低了火山岩的储集性能;另一方面,使得火山岩被破碎,也产生了大量次生孔隙,提高了火山岩的储集物性。总体来讲,巴塔玛依内山组火山岩的次生成岩作用改善了火山岩的储集物性。

三、火山岩储层储集空间构成

火山岩气藏勘探的核心问题是储层预测,而储层预测的关键是看储集空间是否发育。为此,采集了松辽盆地下白垩统营城组野外露头区及钻井区167块代表性样品,通过对岩石薄片和铸体薄片的观察,利用面孔率统计方法和物性数据分析(图3-46),研究了火山岩储集空间的构成问题,对比了不同岩性岩相的原生孔隙、次生孔隙和裂缝发育情况(图3-47),并探讨了原生孔隙和次生孔隙的成因。结论认为:(1)气孔火山熔岩原生孔隙最发育;致密火山熔岩和火山碎屑熔岩的原生孔隙、次生孔隙、裂缝发育比例相近,前者裂缝较发育，后者原生孔隙较发育；火山碎屑岩和沉火山碎屑岩次生孔隙和裂缝发育比例较大。（2）火山通道相以粒间孔和裂缝为主；爆发相和喷溢相从底部到顶部各亚相，原生孔隙发育比例上升，次生孔隙和构造缝发育比例下降；侵出相以原生收缩缝为主，火山沉积相以次生孔缝为主。（3）发育气孔构造、石泡构造、气孔杏仁构造、流纹构造、珍珠构造、柱状节理、间粒结构和熔蚀结构的火山岩易形成原生孔缝；构造作用、风化淋滤作用、溶蚀作用和脱玻化作用等后期成岩作用促进了次生孔隙和裂缝的形成。以上认识对火山岩储层内部构成的细化及火山岩气藏的开发有借鉴意义。

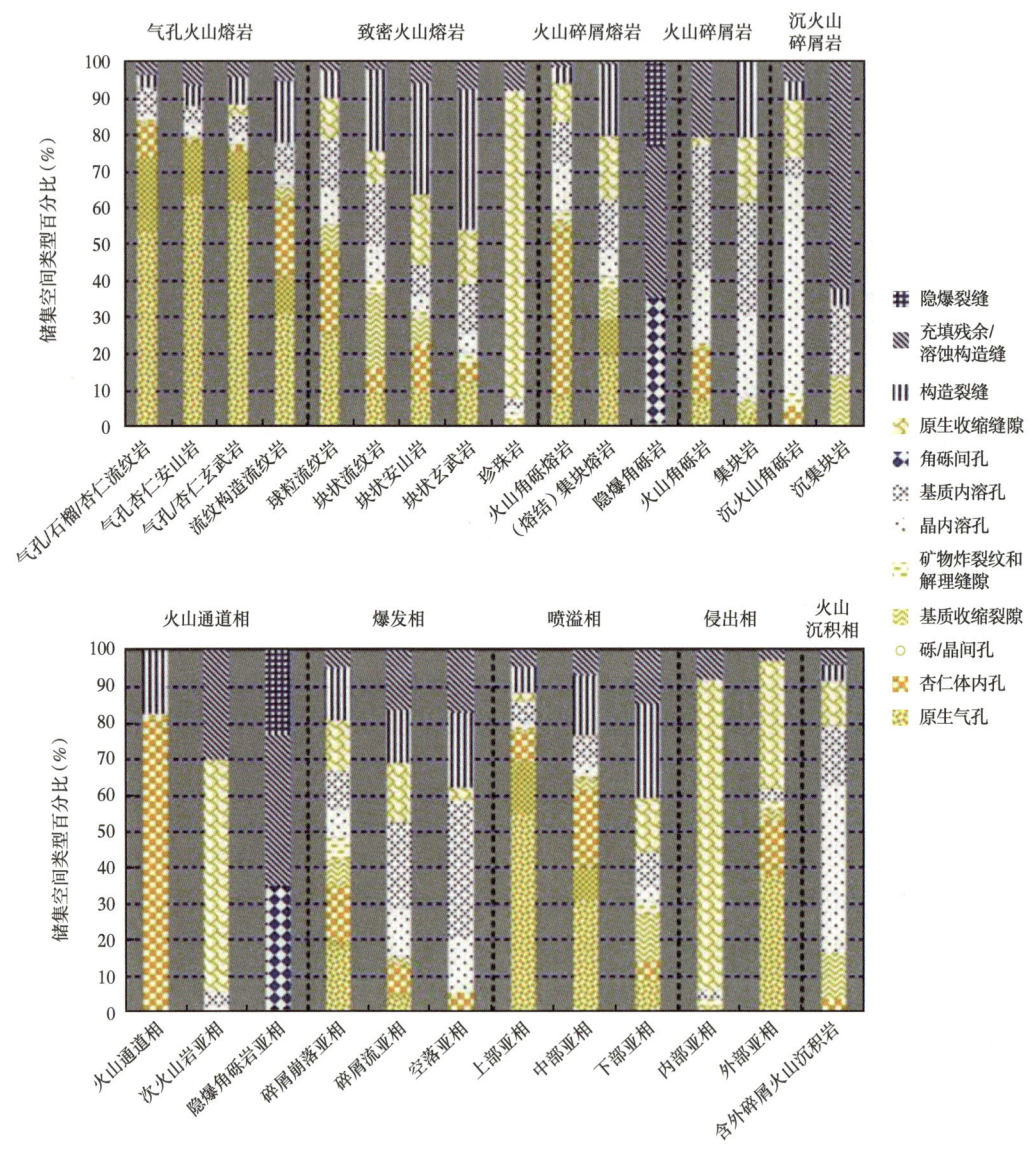

图 3-46　不同岩性岩相火山岩储层储集空间构成

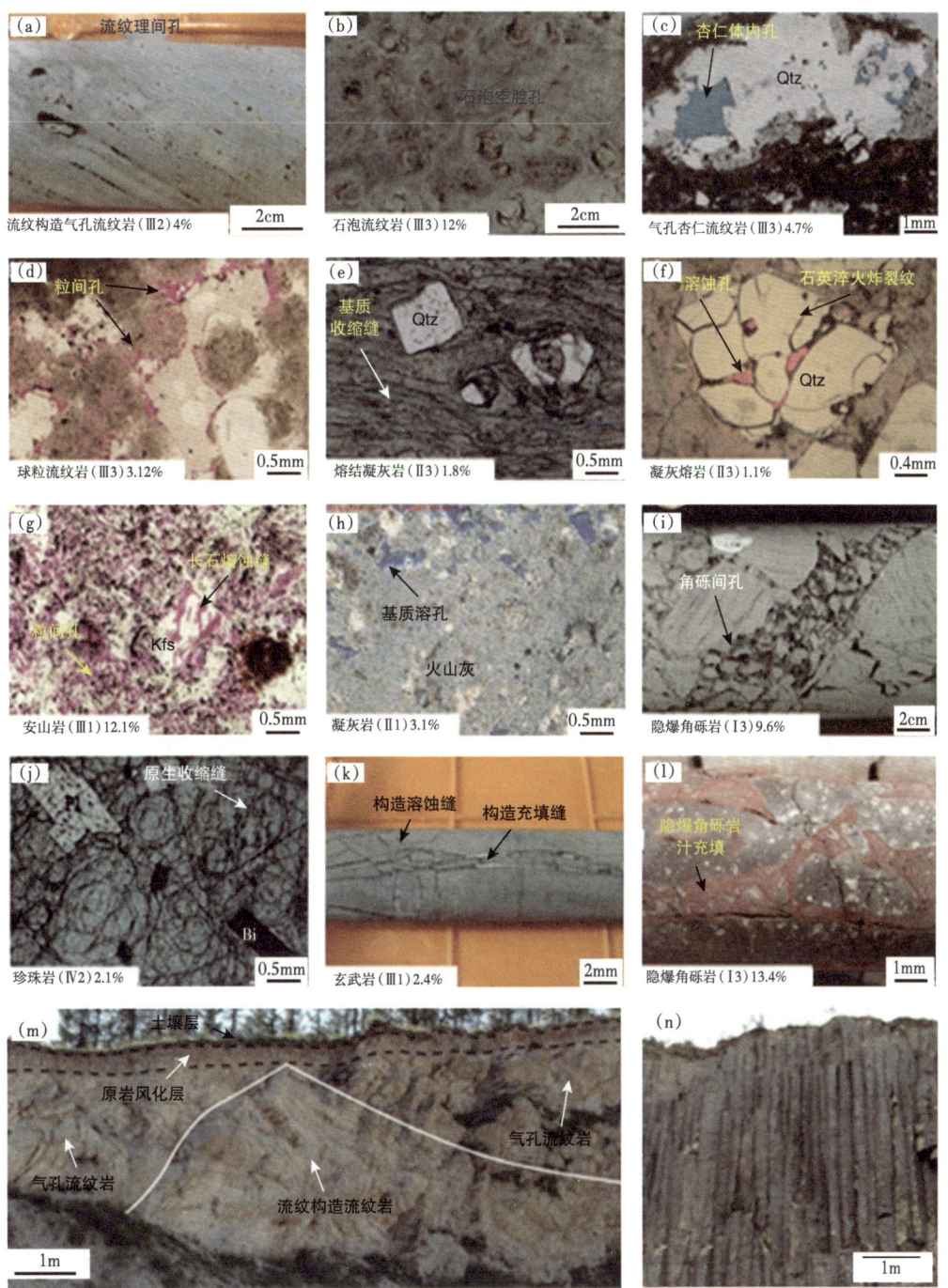

图 3-47　松辽盆地营城组火山岩储集空间典型照片

Ⅰ3—火山通道相隐爆角砾岩亚相；Ⅱ1—爆发相空落亚相；Ⅱ3—爆发相热碎屑流亚相；Ⅲ1—喷溢相下部亚相；Ⅲ2—喷溢相中部亚相；Ⅲ3—喷溢相上部亚相；Ⅳ2—侵出相内带亚相；Qtz—石英；Kfs—钾长石；Pl—斜长石；Bi—黑云母

气孔火山熔岩以原生孔隙为主，致密火山熔岩原生孔隙、次生孔隙和裂缝比例相差不多，火山碎屑熔岩原生孔隙略多于次生孔隙和裂缝，火山碎屑岩以次生孔隙为主，沉火山碎屑岩以溶蚀孔缝为主。

火山通道相孔隙以砾间孔为主，裂缝比较发育；爆发相和喷溢相从底部到顶部，原生孔隙比例上升，次生孔隙比例下降和构造缝比例下降；侵出相以基质收缩缝为主，火山沉积相储集类型主要是次生孔缝。

气孔构造、石泡构造、气孔杏仁构造、流纹构造、珍珠构造、柱状节理、间粒结构和熔蚀结构决定了火山岩原生孔缝的数量。后期的构造作用、风化淋滤作用、溶蚀作用和脱玻化等改造作用促进了次生孔隙的形成。

四、火山期后热液活动对火山岩储层的改造

在松辽盆地东南隆起区营城组标准剖面营三段古火山口附近识别出岩浆期后热液活动的地质记录。岩石学特征表现为隐爆角砾岩，即原有的近火山口相岩石（原岩）被高压流体炸碎形成原地角砾，之后又被灌入的富含矿物质"岩汁"胶结形成的原地角砾岩（图3-48）。该火山期后热液活动是深源热流体萃取壳源物并沿古火山通道（构造薄弱带）运移到近地表的，可能是后续流纹质火山活动的先驱。这种高压的岩浆期后热液导致围岩炸裂、发生角砾岩化、形成大量角砾间孔和裂缝。这是造成火山口—近火山口相带成为优质储层的重要因素（图3-49）。该类火山岩储层改善作用早于烃类运移，可构成有利于成藏的时空配置。与该期热液活动相伴生的深源天然气早于上覆圈闭的形成，因此对成藏没有贡献。

图3-48　隐爆角砾岩（c、d）与其上覆的柱状节理流纹岩（a、b）和下伏玄武粗安岩（e、f）

上：野外照片；下：对应的薄片显微照片，均为正交偏光。(a)、(b)柱状节理流纹岩，多边形，柱体近平卧；内部隐晶—雏晶结构，基质由长英质微晶和玻璃质组成（PSC-CN-24）；(c)、(d)浅灰紫色粗面质隐爆角砾岩，隐爆角砾结构，先存粗面岩被炸裂，裂缝充填紫红色含铁酸性岩汁（LT-B-3）；(e)、(f)灰黑色致密块状玄武粗安岩，斑状、粗面结构，基质为正长石和斜长石板条，内充填辉石小颗粒（PSC-CN-19）

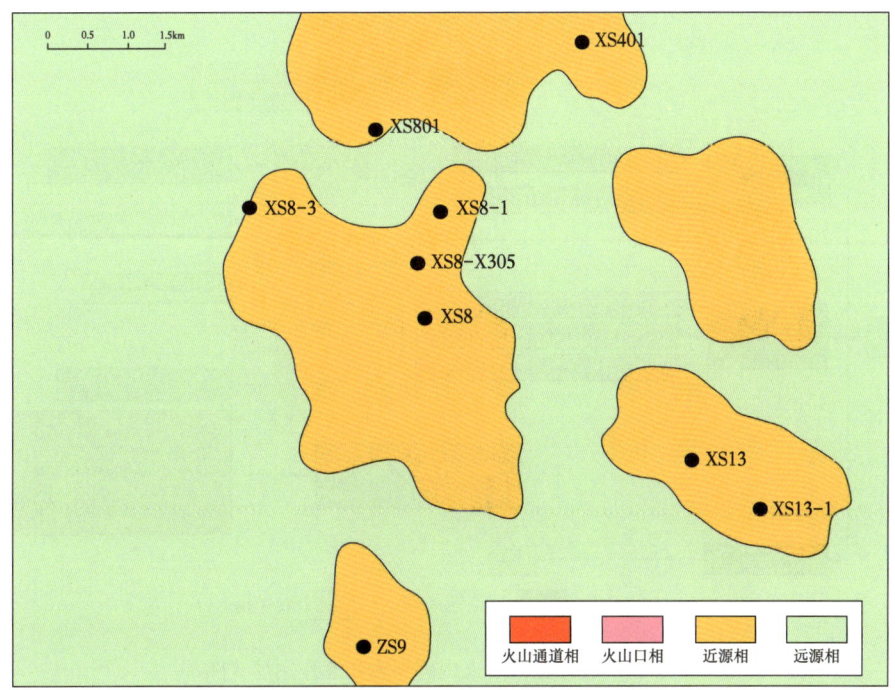

图 3-49　营城组三段岩性岩相平面图

火山口—近火山口地带通常是火山机构中岩性和岩相复杂多变的部位，也是储层非均质性更强的部位。这些本来是对储层不利的因素。然而，勘探实践证明古火山口附近是火山岩气藏最有利的探区之一，那里不仅有较好的孔隙度，而且渗透率尤其是垂直渗透率几乎是所有相带中最高的。这说明某种后期改造作用改善了该区的成储条件。研究表明，古火山口附近是构造薄弱带，也是后期流体和岩浆作用多发地带。火山期后的高压热液流体导致围岩炸裂、发生角砾岩化、形成大量角砾间孔和裂缝。由于这种炸裂—充填作用是短期完成的，所以通常是不完全或不充分的充填，即炸裂—充填作用的综合结果会使得储集空间增加、改善储层。这是造成火山口—近火山口相带成为优质储层的重要因素。

五、无机酸对火山岩储层的改造

1. 无机酸对火山岩溶蚀作用机理

火山岩的溶蚀作用可分为早期无机酸溶蚀作用和晚期有机酸溶蚀作用两个阶段，无机酸溶蚀阶段主要是地下水溶解了 CO_2 形成碳酸，对长石及铁镁矿物进行溶蚀破坏，形成高岭石、石英及钾钠离子，钾、钠、钙离子随流体带出形成溶蚀孔，高岭石和石英成为溶蚀孔中的充填物。

CO_2 流体—火山碎屑岩相互作用模式如图 3-50 所示。当 CO_2 注入地下水后，流体将转变成弱酸性，这种弱酸性流体将引起组成火山碎屑岩的不稳定组分发生溶蚀、溶解。溶蚀、溶解作用所释放的金属阳离子与 HCO_3^- 结合，又会造成新矿物的沉淀。无论矿物的溶蚀、溶解还是新矿物的沉淀，都会对火山碎屑岩造成一定的改造作用。

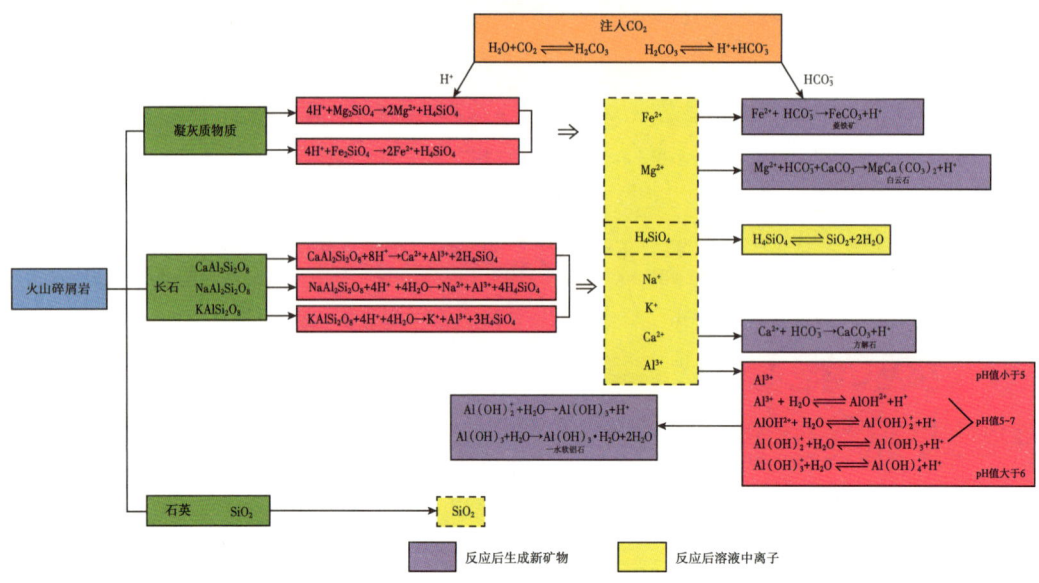

图 3-50　CO_2 流体—火山碎屑岩相互作用模式图

CO_2 注入后，首先溶于水并与水反应形成碳酸：

$$CO_2 + H_2O \rightleftharpoons H_2CO_3 \tag{3-1}$$

碳酸不稳定，快速分解成碳酸氢根离子和氢离子：

$$H_2CO_3 \rightleftharpoons H^+ + HCO_3^- \tag{3-2}$$

氢离子的析出使得流体的酸度增加，这将会引起岩石中碳酸盐和硅酸盐矿物的分解，释放出金属阳离子：

$$CaCO_3（方解石）+ H^+ \longrightarrow Ca^{2+} + HCO_3^- \tag{3-3}$$

$$KAlSi_3O_8（钾长石）+ 4H^+ + 4H_2O \longrightarrow K^+ + Al^{3+} + 3H_4SiO_4 \tag{3-4}$$

$$NaAlSi_3O_8（钠长石）+ 4H^+ + 4H_2O \longrightarrow Na^+ + Al^{3+} + 3H_4SiO_4 \tag{3-5}$$

$$CaAl_2Si_2O_8（钙长石）+ 8H^+ \longrightarrow Ca^{2+} + 2Al^{3+} + 2H_4SiO_4 \tag{3-6}$$

$$Mg_2SiO_4（镁橄榄石）+ 4H^+ \longrightarrow 2Mg^{2+} + H_4SiO_4 \tag{3-7}$$

$$Fe_2SiO_4（铁橄榄石）+ 4H^+ \longrightarrow 2Fe^{2+} + H_4SiO_4 \tag{3-8}$$

反应中生成的 H_4SiO_4，由于本身不稳定会分解成 SiO_2 和 H_2O，这也是溶液中 SiO_2 的来源：

$$H_4SiO_4 \rightleftharpoons SiO_2 + 2H_2O \qquad (3-9)$$

而溶解析出的阳离子与碳酸氢根离子的结合，形成新的矿物，例如：

$$Ca^{2+} + HCO_3^- \longrightarrow CaCO_3(方解石) + H^+ \qquad (3-10)$$

$$CaCO_3 + Mg^{2+} + HCO_3^- \longrightarrow MgCa(CO_3)_2(白云石) + H^+ \qquad (3-11)$$

长石溶解后，铝的总浓度较低，溶液中的铝离子可能以如下5种形态存在：Al^{3+}、$Al(OH)^{2+}$、$Al(OH)_2^+$、$Al(OH)_3$、$Al(OH)_4^-$ 等形式。各形式间存在如下平衡：

$$Al^{3+} + H_2O \rightleftharpoons Al(OH)^{2+} + H^+ \qquad (3-12)$$

$$Al(OH)^{2+} + H_2O \rightleftharpoons Al(OH)_2^+ + H^+ \qquad (3-13)$$

$$Al(OH)_2^+ + H_2O \rightleftharpoons Al(OH)_3 + H^+ \qquad (3-14)$$

$$Al(OH)_3 + H_2O \rightleftharpoons Al(OH)_4^- + H^+ \qquad (3-15)$$

pH 值小于 5 之前铝主要以 Al^{3+} 形式存在，pH 值在 5~7 时，铝主要以 $Al(OH)^{2+}$ 和 $Al(OH)_3$ 的形式存在，在 pH 值大于 6 后，Al^{3+} 几乎消失，$Al(OH)_4^-$ 开始出现。

$Al(OH)^{2+}$ 和 $Al(OH)_3$ 在实验后样品烘干过程中，发生脱水反应，生成一水软铝石：

$$Al(OH)_2^+ + H_2O \longrightarrow Al(OH)_3 + H^+ \qquad (3-16)$$

$$2Al(OH)_3 \longrightarrow Al_2O_3 \cdot H_2O(一水软铝石) + 2H_2O \qquad (3-17)$$

2. 无机酸对火山岩储层岩石的改造

通过无机酸对火山岩储层改造实验验证，在同等压力的条件下，玄武岩在更高的反应温度下，其整体的 CO_2 流体溶蚀溶解作用明显弱于火山碎屑岩。

CO_2 流体—火山碎屑岩相互作用的最终结果是石英、长石、凝灰质物质及岩屑的溶蚀、溶解，形成溶蚀孔隙，以及生成一水软铝石等新矿物（图 3-51）。由于在自然界条件中，地层温度很少能高于 200℃，所以在将 CO_2 注入地层中时，石英通常不发生溶蚀、溶解或溶蚀程度很低。

CO_2 流体—玄武岩相互作用的最终结果是长石和辉石发生溶蚀、溶解，形成溶蚀孔隙、勃姆石、高岭石和碳酸盐矿物等新矿物生成（图 3-52）。

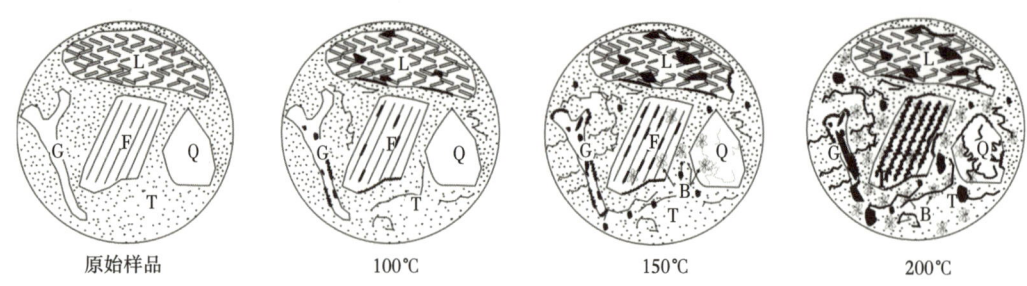

图 3-51　CO_2 流体—火山碎屑岩相互作用镜下示意图

F—长石；Q—石英；G—玻屑；L—岩屑；T—火山碎屑物质；B——水软铝石

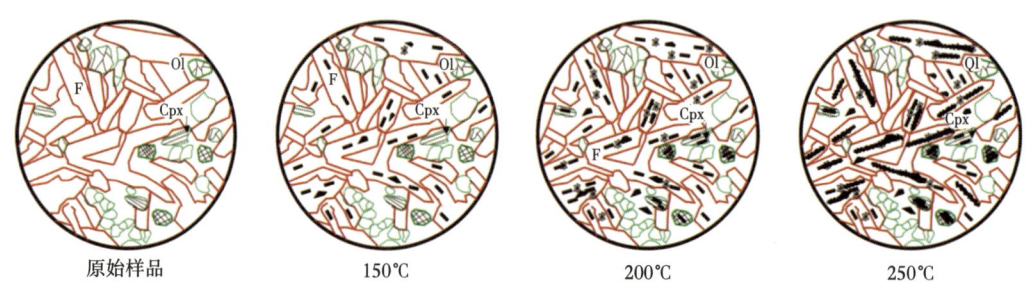

图 3-52　CO_2 流体—玄武岩相互作用镜下示意图

F—长石；CPx—辉石；Ol—橄榄石

有机酸对长石的溶蚀与无机酸不同，有机酸主要是靠增加铝的活度与铝结合形成络合物被流体带走，产生次生孔隙。有机酸溶解长石等铝硅酸盐矿物可以缓冲溶液中过剩的金属阳离子，进一步促进长石的持续溶蚀。

当烃类充注到火山岩储层以后，由于淡水注入、生物降解使烃类发生化学成分改变，同时形成有机酸，其反应如下：

$$烃类 + SO_4^{2-} \longrightarrow 沥青 + HCO_3^- + H_2S + R—COOH \qquad (3-18)$$

烃类侵位产生的有机酸促进了长石等矿物的溶解，促进了次生孔隙的发育。

有机酸的溶蚀往往发生在无机酸溶蚀之后，无机酸溶蚀能形成微孔，有机酸才能沿着微孔注入，对火山岩的岩石和矿物继续溶蚀，致使孔隙不断增大。

高温高压实验揭示了无机酸对不同火山岩岩性及矿物的溶蚀作用机理和溶蚀程度。在 100℃、150℃ 和 200℃ 三个温度区间均可观察到火山碎屑岩中碎屑物、长石，以及石英不同程度的溶蚀、溶解现象，在相同条件下，溶蚀、溶解程度由高至低依次为：火山碎屑物的溶蚀、溶解最为强烈，其次为长石（按照溶蚀溶解程度由高到低的顺序排序，长石类矿物依次为钙长石、钠长石、钾长石），石英在 150℃ 时开始发生溶蚀、溶解，200℃ 时溶解程度剧烈。绿泥石的溶蚀溶解微弱。在实验过程中沉淀的矿物包括沸石及碳酸盐矿物。随温度增高,火山碎屑岩中的次生孔隙数量和规模增加。

在150℃、200℃和250℃三个温度区间,玄武岩长石均发生了不同程度的溶蚀、溶解作用,并且表现出随温度增高,溶蚀溶解程度增加的趋势。辉石在150℃开始溶解,橄榄石在250℃时还未表现出微弱溶蚀迹象。溶蚀过程有高岭石、碳酸盐矿物和大量的勃姆石生成。

无机酸溶蚀阶段主要是地下水溶解了CO_2形成弱酸,这种弱酸性流体将引起组成火山岩的不稳定组分发生溶蚀、溶解。溶蚀、溶解作用所释放的金属阳离子与HCO_3^-结合,又会造成新矿物的沉淀。无论矿物的溶蚀、溶解还是新矿物的沉淀,都会对火山岩造成一定的改造作用。

通过野外剖面勘测和钻井资料研究,发现火山岩在接受风化淋滤时,构造高部位和斜坡带遭受风化淋滤较强,构造低部位堆积风化形成的黏土和碎屑,遭受风化淋滤较弱,但在断裂发育处,地表水沿断裂下渗,对其附近的火山岩有一定的溶蚀作用(图3-53)。

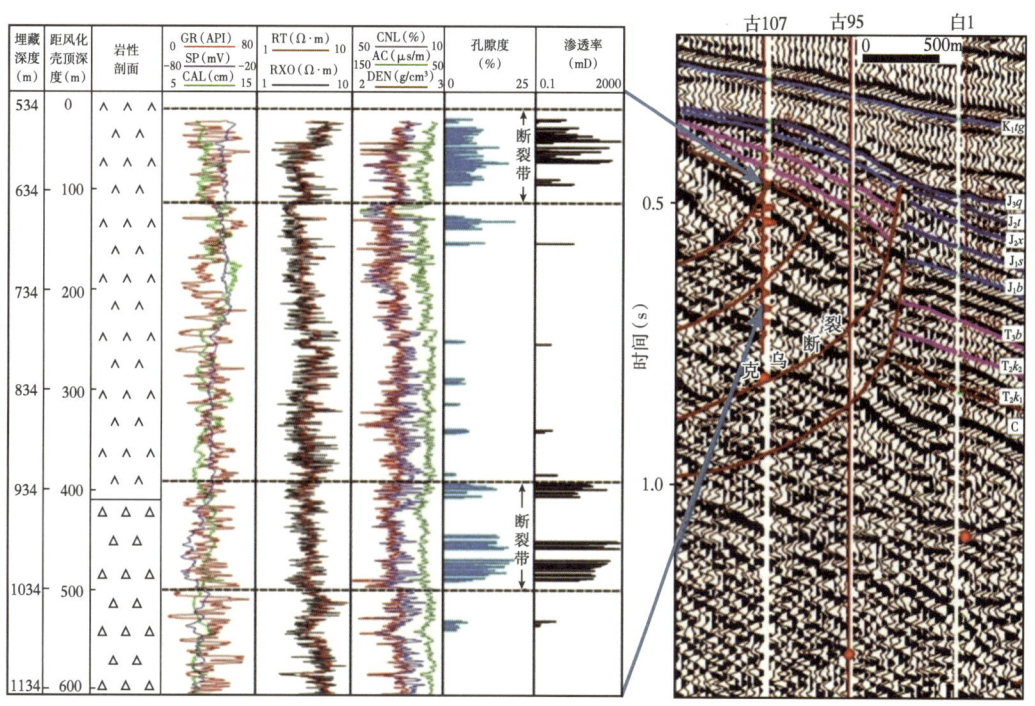

图3-53 G107井断裂与储层物性关系图

综合分析认为,风化淋滤决定了西部古生代火山岩有利储层的发育区带,风化淋滤斜坡带是溶蚀作用最发育区域(图3-54)。次生风化型火山岩储层平面分布受风化淋滤时间和断裂控制,主要分布于古地貌高部位(长期遭受风化作用)和斜坡部位,古地貌低部位断裂发育处也发育风化壳储层(图3-55和图3-56)。

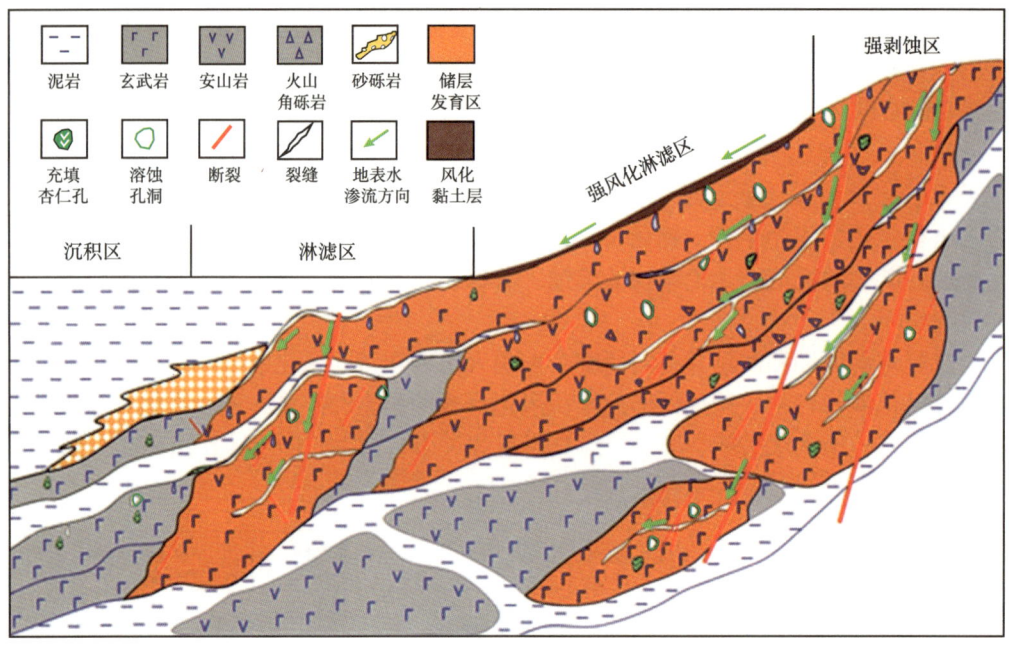

图 3-54　火山岩风化淋滤发育模式图

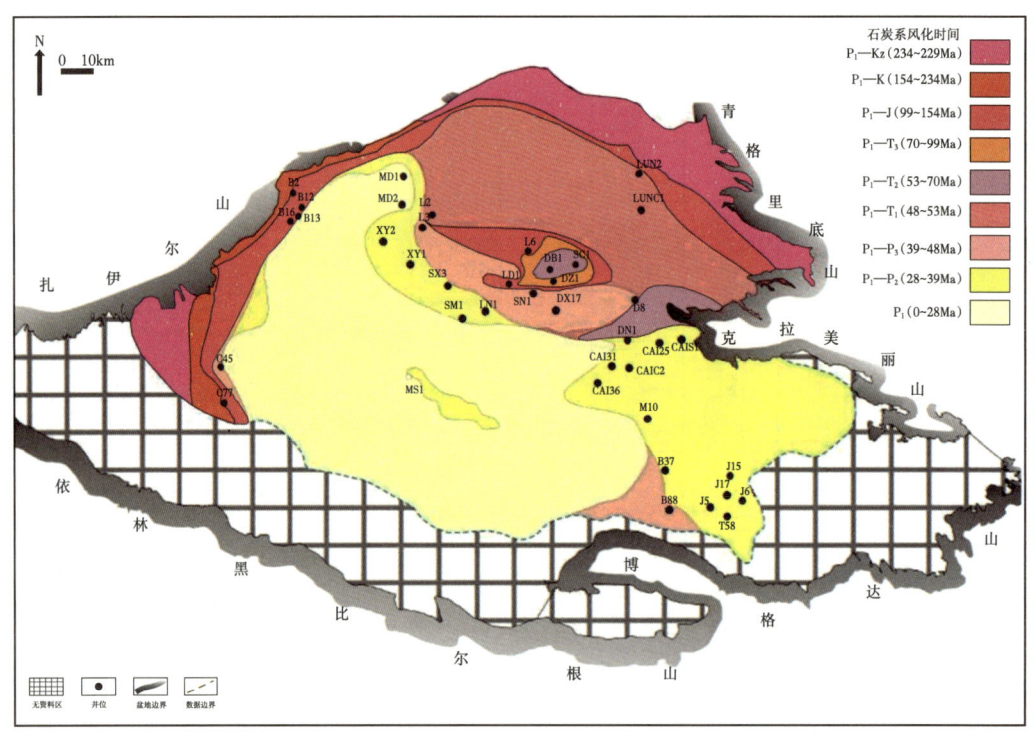

图 3-55　准噶尔盆地石炭系风化淋滤时间平面图

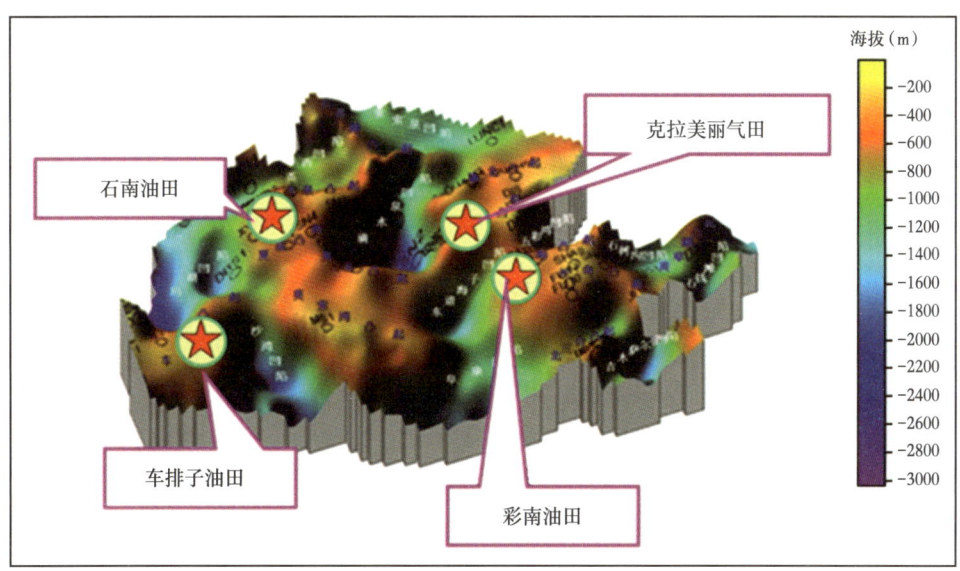

图 3-56 准噶尔盆地晚石炭世末期古地貌图

六、中基性火山岩储层特征及成储机理

松辽盆地北部安达—汪家屯地区钻井大量揭示营城组中基性火山岩,并在其中获得了工业气流。TAS 图解可划分出 8 种岩性,储层研究中归纳为 6 大类岩石类型,逾 80% 的有效储层分布于玄武岩和粗面岩之中。本节总结了 4 类 11 种储集空间类型及其特征,原生储集空间类型由喷发方式和喷发环境决定,其分布受火山岩岩相控制,次生储集空间发育程度受充填作用、溶解作用、风化淋滤作用和构造作用等影响(表 3-13)。熔岩冷凝单元由单个或多个岩流单元组成,储层发育于其顶部和上部,每个冷凝单元构成相对独立的储层单元。火山岩旋回和期次顶部、近火山口和近源相带、靠近断裂等位置是储层发育的有利部位(表 3-14)。玄武岩具有延伸范围广(10~22km)、储层厚度小(7~39m)等特点,储层勘探应优先寻找位于火山岩旋回和期次顶部的储层单元;粗面岩延伸范围小(3.1~6.3km)、储层厚度大(100~200m),储层勘探应以寻找具备有利烃源和盖层条件的储集岩体为目标。

表 3-13 中基性火山岩储集空间类型和特征

储集空间类型		成因	特征	分布
原生孔隙	原生气孔	岩浆到达地表后因压力降低,所含挥发分逸出而形成的孔洞	圆状、拉长状、不规则状,半充填—全充填,部分为不连通的独立孔	冷凝单元上部和底部、火山角砾内部
	晶间孔	长石晶体格架间孔隙未被铁镁矿物和火山玻璃充填	常充填次生矿物构成似杏仁体,经溶解作用可形成有效孔隙	冷凝单元中部
	粒间孔	火山碎屑颗粒间经过压实固结成岩后所形成的孔隙	形态不规则,受碎屑粒度和分选程度影响	凝灰岩、火山角砾岩

续表

储集空间类型		成因	特征	分布
原生裂缝	收缩缝	岩浆冷凝结晶过程中快速冷却或脱水形成	宽度和形态均不规则,张裂缝	熔岩中广泛发育,中部居多,顶、底部次之
	碎裂缝	因压力骤增或骤降、淬火冷却或拉伸及重力作用等造成矿物或岩石的破碎	碎块(屑)间位移不大,同一视域范围内可拼接复原	火山口—近火山口部位,熔岩流顶、底部及边缘相
次生孔隙	晶体溶蚀孔	斑晶(或晶屑)在酸性流体作用下部分或全部溶解形成	主要为长石溶孔,溶解作用首先沿解理缝和晶体边缘发生	裂缝发育部位、渗透性能好的火山岩中
	基质溶蚀孔	组成基质的微晶或玻璃质被溶解直接形成,或基质先期蚀变形成的次生矿物进一步溶解形成	呈细小的筛孔状,通常晚于斑晶(或晶屑)溶解作用发生	裂缝发育部位、渗透性能好的火山岩中
	杏仁体溶孔	孔隙中充填的铝硅酸盐和碳酸盐矿物经溶解作用形成	杏仁孔有裂隙连通,溶孔分布不均匀,首先沿杏仁孔边缘和充填矿物的解理发生溶解	裂缝发育部位、孔缝连通性好的熔岩
次生裂缝	构造裂缝	岩石在构造应力作用下发生破碎形成	产状近直立或高角度,边缘规则,张裂缝,延续性好	致密熔岩,邻近断裂的火山岩体中常见
	风化裂缝	原生裂缝因表生作用发生破坏并进一步扩大	形态不规则的张裂缝,多呈倒灌脉状充填	火山岩旋回、期次顶部(火山作用间歇期)
	溶蚀缝	在流体作用下,沿裂缝边缘发生矿物溶解或裂缝充填物的再次溶解	延展方向上缝宽不一,具有不规则溶蚀边缘	原生裂缝发育的岩石中常见

表 3-14 中基性火山岩岩性与物性和有效储层分布的对应关系

岩性	孔隙度(%)		渗透率(mD)		有效储层分布比例(%)	试气产能(m³/d)	
	算术均值	分布范围	几何均值	分布范围		总量	单井平均
玄武岩	4.7	2.0~6.0	0.12	0.01~1.00	30	173122	17312
安山岩	8.3	4.0~14.0	0.06	0.01~1.00	5	21443	21443
粗面岩	5.0	4.0~7.0	0.02	0.01~0.04	52	330753	82688
火山角砾岩	17.7	14.0~20.0	0.80	0.20~1.50	6	56017	56017
凝灰岩	5.2	2.0~7.0	0.13	0.01~0.70	7	8382	8382

主量元素显示松辽盆地北部安达—汪家屯地区营城组中基性火山岩包括 8 种成分类型;可归纳为 6 大类岩石类型储层,即玄武岩、玄武安山岩、安山岩、粗面岩、火山角砾岩和凝灰岩;玄武岩和粗面岩是本区的主要储集岩。

中基性火山岩发育 5 类原生储集空间和 6 类次生储集空间;原生储集空间类型由喷发方式和喷发环境决定,其分布对于熔岩而言主要受控于岩流内部分带性;次生储集空间的发育程度受充填作用、溶解作用、风化淋滤作用和构造作用等因素影响。

喷发间歇期的风化淋滤作用和溶解作用有利于改善系统的连通性和有效性，纵向上寻找有利火山岩储层应优先考虑火山岩序列的顶部旋回，进而是位于各个火山岩旋回/期次顶部和上部的储层单元。

近火山口和近源相火山岩厚度大、受构造活动影响明显，构造裂缝使得相邻的储层单元得以连通，同时断裂是溶解作用所需深部酸性流体上升和油气充注的主要通道，因而平面上需确定火山机构相带，并开展断层解译，优先考虑近火山口和近源相带、邻近断裂发育部位。

玄武岩具有发育多期储层单元、单层厚度小、延伸范围大等特点，勘探过程中应优先寻找位于火山岩旋回/期次顶部的有利储层单元，适宜采用水平井或斜井进行开发，有望提高产能、实现少井高效开发。粗面岩分布局限，但成储概率大，单井产能相对较高，具有储集体厚度大、延伸范围小等特点，勘探过程中应以寻找具备有利烃源和盖层配置的储集岩体为目标，适宜采用直井或斜井进行开发。

七、火山岩储层主控制因素分析

基于21口钻井的地质与测井资料和193块岩石样品的物性测试结果，结合火山岩构造—岩相图和产能资料分析，研究辽河盆地东部凹陷沙三段火山岩储层特征和主要控制因素（图3-57和图3-58）。本区发育11种火山岩，其中粗面岩为主要储集岩类；岩相5相14亚相（表3-15），有利储层多见于侵出相；发育5个火山岩旋回，成藏主要集中在中部的旋回3；储集空间2类9型14种，其中裂缝是渗透率的主控因素（表3-16）。有效储层主要受断裂、喷发旋回、岩相、岩性四方面控制。沿大型走滑断裂、主断裂与派生断裂交汇部位火山岩储层集中发育，断裂控制着火山岩体的空间展布和次生裂缝发育情况；喷发旋回控制着储层的纵向分布；岩相控制着储层的规模和原生孔缝发育带；岩性决定储集空间类型及后期蚀变改造程度。

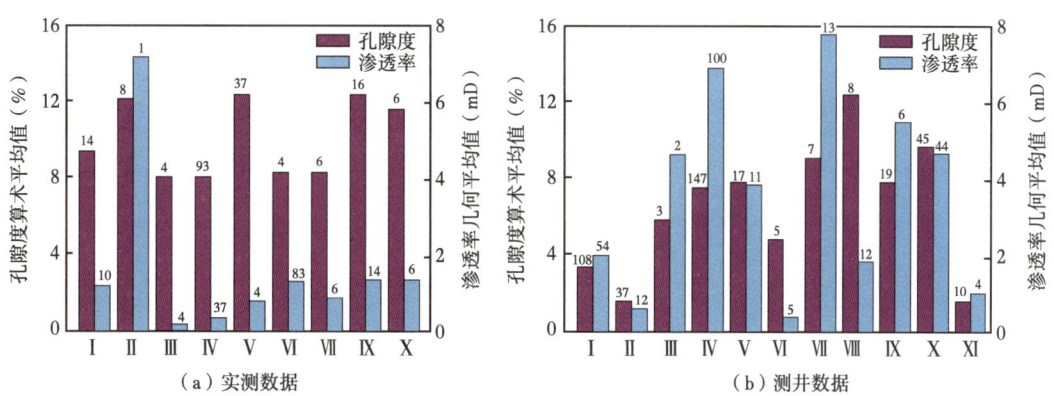

图 3-57 辽河盆地东部凹陷火成岩实测与测井孔隙度和渗透率及岩性对应关系图

Ⅰ—玄武岩；Ⅱ—角砾化玄武岩；Ⅲ—安山岩；Ⅳ—粗面岩；Ⅴ—角砾化粗面岩；Ⅵ—玄武质粗熔岩；Ⅶ—粗面质角砾熔岩；Ⅷ—玄武质火山角砾岩；Ⅸ—粗面质火山角砾岩；Ⅹ—凝灰质砂岩；Ⅺ—辉绿岩

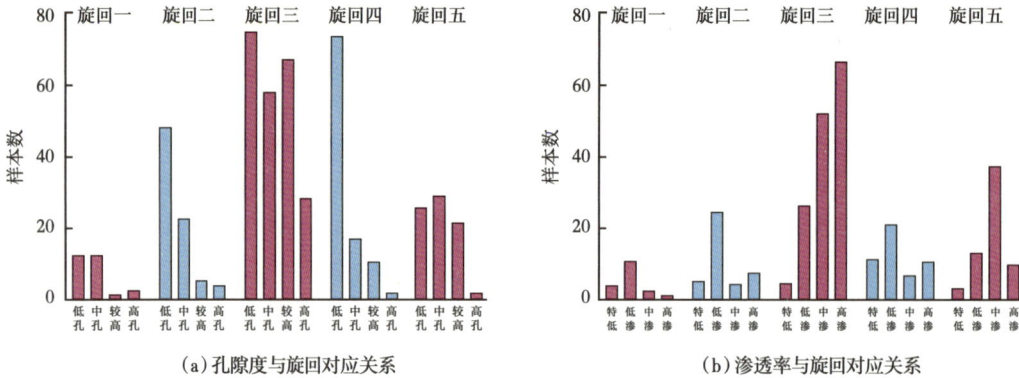

图 3-58 辽河盆地东部凹陷沙三段火山岩实测孔隙度、渗透率与旋回对应关系图

低孔：≤5%，中孔：5%~10%，较高孔：10%~15%，高孔：≥15%，特低渗：≤0.1mD，
低渗：0.1~1mD，中渗：1~5mD，高渗：≥5mD

表 3-15　辽河盆地新生代中基性火山岩岩相分类及发育比例

相	亚相	出现频数比例（%）	发育厚度比例（%）	火山机构—相带
火山沉积相Ⅴ	含外碎屑火山沉积Ⅴ2	12.2	8.2	边缘相带
	再搬运火山碎屑沉积Ⅴ1	1.7	0.8	
侵出相Ⅳ	外带亚相Ⅳ3	6.2	3.6	火山口—近火山口相带
	中带亚相Ⅳ2	7.7	7.4	
	内带亚相Ⅳ1	4.6	8.7	
喷溢相Ⅲ	复合熔岩流Ⅲ3	14.4	16.1	火山口—近火山口相带或过渡相带
	板状熔岩流Ⅲ2	23.7	19.9	
	玻质碎屑岩Ⅲ1	10.6	16.8	
爆发相Ⅱ	火山碎屑流亚相Ⅱ3	10.1	9.6	三相带均可出现
	热基浪亚相Ⅱ2	1.2	0.5	火山口—近火山口相带
	空落亚相Ⅱ1	4.6	2.6	三相带均可出现
火山通道相Ⅰ	隐爆角砾岩亚相Ⅰ3	0.1	0.2	火山口—近火山口相带
	次火山岩亚相Ⅰ2	1.5	2.4	
	火山颈亚相Ⅰ1	1.5	3.3	

表 3-16 松辽盆地东南隆起区火山岩储集空间与物性统计

岩性	储集空间类型组合	孔隙度（%）				渗透率（mD）				样本数
		最小值	最大值	中值	算术均值	最小值	最大值	中值	几何均值	
气孔玄武岩	杏仁体内孔、隐爆缝	7.3	34.8	22.1	21.5	0.03	16.10	0.19	0.21	55
块状玄武岩	构造缝、隐爆缝	0.3	23.0	5.4	7.2	0.02	4.94	0.09	0.14	40
气孔流纹岩	原生气孔、构造裂缝	5.2	16.4	12.0	11.4	0.05	670.00	0.18	0.76	12
流纹构造流纹岩	流纹理间孔、构造缝	2.0	7.2	3.3	3.9	0.01	0.20	0.02	0.03	5
块状流纹岩	构造裂缝	4.1	22.6	12.6	12.8	0.01	0.27	0.02	0.04	7
角砾熔岩	粒间孔、基质收缩缝	12.7	16.8		14.8	0.37	0.83		0.55	2
凝灰熔岩	粒间孔、基质收缩缝	10.9	25.2	19.7	19.8	0.05	7.29	0.31	0.37	8
火山角砾岩	粒间孔	11.8	32.8	19.6	19.0	0.05	8.26	1.16	0.82	5
角砾凝灰岩	粒间孔、基质收缩缝	13.0	26.8	19.9	19.7	0.06	2.43	0.85	0.59	19
晶屑凝灰岩	粒间孔、基质收缩缝	12.0	24.9	22.0	21.3	0.02	75.50	0.19	0.44	14
沉凝灰岩	层间缝、基质收缩缝	2.2	22.9	19.0	14.7	0.01	3.93	0.06	0.07	12

通过分析辽河盆地东部凹陷地区沙河街组火山岩发育特征、岩石学特征，以及分析测试数据（实测孔隙度、渗透率，以及测井孔隙度、渗透率），笔者认为本区的火山岩储层控制因素可分为三级，其中一级（大尺度或宏观特征）指岩体和旋回的控因，二级（中等尺度）指岩相或岩性组合控因，三级（微观特征）指储集空间控因。

辽河盆地作为典型的裂谷盆地，岩体分布明显受到大型走滑断裂（驾掌寺—界西断裂）控制，较厚火山岩体沿主干断裂呈串珠状分布。火山喷发旋回受区域构造背景及壳幔作用过程控制，表现在勘探方面就是有效储层集中发育在中部的粗面岩旋回（旋回3）。

火山岩相控制有效储层在火山机构内的发育部位和规模，中心相带的侵出相是本区有效储层的集中发育的岩相带。岩性作为储层的直接载体，对储集空间的形成演化起到最直接的作用，表现为不同岩性的原生和次生孔缝形成与保存能力不同。本区粗面岩类由于其原生粒间孔发育、裂缝容易形成和保存、斑晶（碱性长石）及基质易于溶蚀产生次生孔隙，因而成为有效储层的最有利岩性。

松辽盆地营城组35口盆内深层钻井和2口剖面浅钻全取心井的对比研究揭示（表3-17）：在浅层（埋深小于500m），火山碎屑岩储层物性（平均孔隙度18.7%、渗透率0.32mD）好于熔岩（14.0%，0.18mD）；在深层（埋深大于2800m），火山碎屑岩物性（2.6%，0.05mD）明显差于熔岩（7.3%，0.07mD）。熔岩和火山碎屑岩的储层物性总体上都随埋深增加而变差；但火山碎屑岩的变化率显著大于熔岩，所以当大于一定埋深（2500~3000m）时熔岩的物性优于火山碎屑岩而成为主力储层。熔岩与火山碎屑岩物性随埋深变化的差异主要源于它们成岩方式的不同：前者冷凝固结，骨架体积受压实影响很小；后者压实固结成岩，其特点同沉积岩。在中浅层勘探中（埋深小于2500m）火山碎屑岩可作为重点目标。

表3-17 盆缘和盆内火山岩储层物性对比

岩石类型	样品来源	埋深范围（m）	样本数	孔隙度（%）				渗透率（mD）			
				最小值	最大值	中值	算术均值	最小值	最大值	中值	几何均值
熔岩	盆缘	0~250	148	0.3	34.8	13.7	14.0	0.01	670.00	0.15	0.18
	盆内	>3000	365	0.9	15.2	6.9	7.3	0.01	122.00	0.04	0.07
	相对比值			0.3	2.3	2.0	1.9	1.0	5.5	3.8	2.8
	相对变化率（%）			—	78	66	63	0	138	116	94
火山碎屑岩	盆缘	0~250	54	2.2	32.8	19.9	18.7	0.01	75.50	0.34	0.32
	盆内	>3000	126	0.2	7.8	2.3	2.6	0.01	19.20	0.03	0.05
	相对比值			11.0	4.2	8.5	7.2	1.0	3.9	11.3	6.2
	相对变化率（%）			167	123	158	151	0	119	168	144

注：（1）盆缘样品来源为松辽盆地东南隆起区2口剖面浅层钻井，盆内样品来源于松辽盆地北部徐家围子断陷35口深层钻井；（2）相对比值=浅层物性值/深层物性值，相对变化率=（浅层物性值—深层物性值）/[0.5×（浅层物性值+深层物性值）]；（3）平均孔隙度采用算术均值 = $\frac{x_1+x_2+\cdots+x_n}{n}$，平均渗透率采用几何均值 = $\sqrt[n]{x_1 \cdot x_2 \cdots x_n}$，以减小因少数极大值造成的偏差。

熔岩与火山碎屑岩物性随埋深变化的差异主要源于它们成岩方式的不同。熔岩冷凝固结，其骨架体积受压实影响很小，所以深埋情况下储层物性变化不大。而火山碎屑岩为压实固结成岩，其特点同沉积岩，成岩过程包括：（1）压实和孔隙度减小，压实作用的影响持续至自生矿物形成之前，因压实作用而减少的孔隙可达30%~80%；（2）部分非稳定组分溶解，形成黏土和沸石类矿物，充填粒间孔和基质孔隙并堵塞喉道，从而降低储层孔隙度和连通性；（3）新矿物析出和胶结，进一步减少了压实作用下的残留孔隙，同时压实作用对孔隙的影响逐渐减小；（4）适应于新温压条件的重结晶，压实作用的影响逐渐消失。因而，机械压实是导致火山碎屑岩孔隙度降低的直接因素。

火山碎屑岩还有两个重要特点：（1）玻璃质等不稳定组分含量高；（2）成岩条件变化大，成岩产物类型多，包括蒙皂石类、沸石类和多种类型的硅质同质异像。这些玻璃质和不稳定成岩组分在温度超过100℃（压力0.5GPa）将发生一系列矿物相转变，例如，沸石变为富钙浊沸石，相变的结果总体上使胶结程度增加、孔隙度变小。而相变的温压条件（>100℃和0.5GPa）与2500m深度相对应（松辽盆地地温梯度3~4℃/100m）。

机械压实和矿物相互转变是导致火山碎屑岩孔隙度降低的主要因素。这两种作用都随上覆岩层厚度的增大而增加，从而致使孔隙度随埋深迅速降低。当温压条件超过相当于2500m埋深（>100℃和0.5GPa）时，矿物相转变会出现骤然增加（储层物性迅速变差），这就使得该深度（2500~3000m）成为火山碎屑岩的有效储层下限深度。超过该深度，火山熔岩成为主要储层。

由于机械压实和矿物相互转变等作用的共同影响，使得火山碎屑岩在深层成为致密储层（孔隙度小于5%）；但在中浅层（小于2500m），火山碎屑岩的孔隙度和渗透率都好于相应的熔岩，所以中浅层勘探应以火山碎屑岩为重点目标。其实，国外早期的与火山岩类有关的油气发现主要是指火山碎屑岩类，如日本的新近系中酸性集块岩、古巴的白垩系凝灰岩、苏联的中新生代中酸性凝灰岩等。

近年于松辽盆地北部徐家围子断陷安达地区营城组火山碎屑岩中也发现日产超过$5×10^4m^3$的工业气藏，深度超过3200m，储集岩为安山质角砾岩，储集空间主要为砾内孔和基质溶孔。气层位于该井火山岩喷发序列的顶部，储层厚度约40m，平均孔隙度17.4%、渗透率5.23mD。其上部发育一套约10m厚的致密玄武岩，提供了局部封盖条件；与下伏沙河子组被后期构造运动掀斜、与营城组火山岩地层呈角度不整合接触，紧邻其下为一套约50m厚的深灰色泥岩，是气藏形成的主要烃源条件。粗面岩和玄武岩角砾内部原生气孔的保留和角砾间孔隙早期充填的沸石对压实作用影响的减小及其后期溶解产生次生溶孔是形成有效储层的两个主要因素。

此外，在徐家围子断陷的XS21井区，沉火山碎屑岩发育于其他类型（主要为熔岩和火山碎屑熔岩）储层之上，因其较低的孔隙度（小于2%）和渗透率（小于0.01mD）而具备局部封盖能力。此类岩石通常不具备形成气藏的条件，原因在于：一方面，沉火山碎屑岩经过搬运改造和再次沉积作用，其储集性能通常会变得很差，难以成为有效储层；另一方面，其沉积并得以保存于远离火山口的低洼部位，并非油气聚集的有利指向。

因此，火山碎屑岩储层的勘探思路应是：中浅层可作为重点目标，深层侧重于识别未有显著搬运的原始相带和寻找次生孔隙发育带。

第六节 火山岩有效储层形成机制

一、火山岩成储机理

火山岩成岩环境包括同生环境、表生环境和埋藏环境，同生环境主要形成原生孔隙，表生环境形成次生孔隙，埋藏环境中存在整个成岩作用过程。

同生环境的成岩作用包括火山作用（火山喷发活动）和热液作用（火山活动后期）。火山作用（火山喷发活动）是由岩浆上升地表脱气、冷凝、固化而形成，主控因素是火山岩相；热液作用（火山活动后期）的成因机理是地层深部热液上升至地表或近地表，储层主控因素为火山机构。

表生环境的成岩作用包括表生作用（火山喷发间歇与风化剥蚀），表生作用的成因机理为岩石热胀冷缩、风化淋滤，改善储层，储层主控因素为风化壳结构和风化时间。

埋藏环境形成的成岩作用包括构造作用和深埋压实与胶结溶解作用；构造作用的成因机理是构造应力，储层主控因素为构造部位；埋藏压实与胶结溶解作用的成因机理是垂向压实与不饱和地层水、含有机酸地层水溶蚀，储层主控因素为成岩阶段。

东部火山岩成藏主控因素为火山岩相和火山机构，主要为原生孔隙；西部火山岩成藏主控因素为风化壳结构和风化时间。

1. 东部原生型火山岩储层

冷却成岩阶段：156—125Ma，熔蚀作用、冷凝结晶作用、熔结作用等。岩浆期后热液作用阶段：约125Ma，各种蚀变作用、充填与杏仁体形成作用为主。风化剥蚀淋滤作用阶段：125—120Ma，主要形成风化裂缝与次生孔隙，以及次生蚀变作用。埋藏—成岩作用阶段：约120Ma以来（图3-59）。

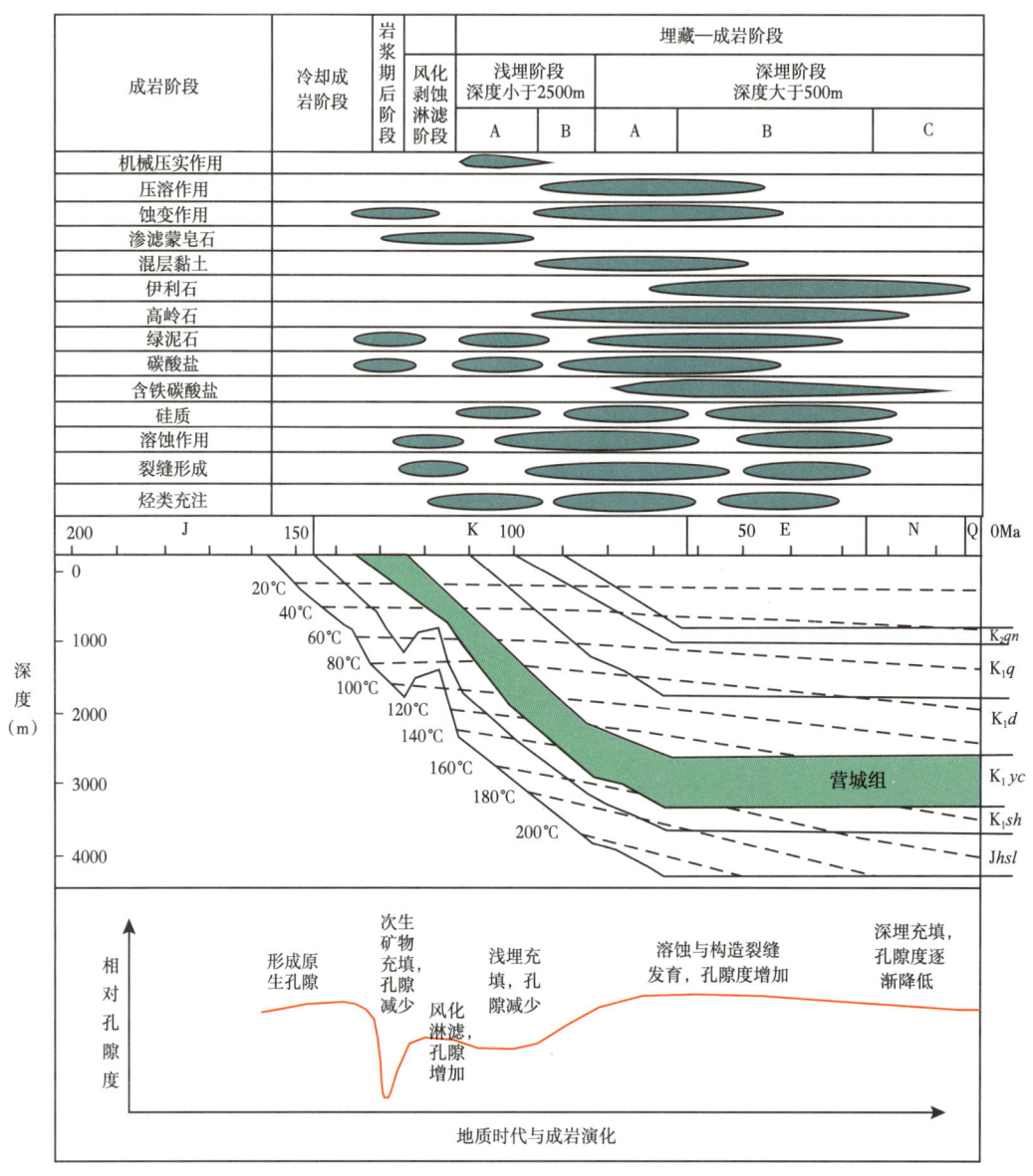

图3-59　中国东部原生型火山岩储层成岩演化图

东部火山岩油气藏主控制因素为火山机构、岩性、岩相。火山机构规模大、储层物性稳定性好，火山机构规模小、储层物性稳定性差，流纹质机构储层好、安山质次之、玄武质第三，总体表现火山机构类型控制储层规模。火山口—近火山口相带储层物性最好。近源相带次之，远源相带较差；表现为火山岩相带控制储层优劣。构造作用增加缝隙和流体运移通道；成岩作用中溶蚀、脱玻化、冷凝收缩、减压碎裂作用等使孔隙变好；充填作用使孔隙变差，交代作用和蚀变作用不确定；埋深压实对熔岩和碎屑熔岩的孔隙影响不大，对碎屑岩影响大，说明改造作用控制储层有效性。

酸性岩好于中基性岩，流纹岩、流纹质火山角砾岩最好；流纹质晶屑熔结凝灰岩、流纹质凝灰熔岩次之，流纹质凝灰岩和粗面岩、安山玄武质岩类较差（图 3-60）。

火山通道相隐爆角砾岩亚相、火山颈亚相，喷溢相上部亚相最好；喷溢相中部亚相、下部亚相和爆发相热碎屑流亚相、空落亚相次之；爆发相热基浪亚相最差（图 3-61）。

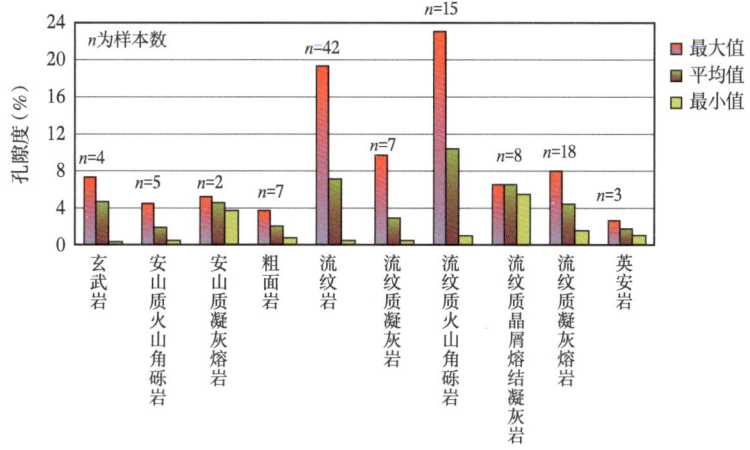

图 3-60　松辽盆地南部不同岩性与孔隙度关系图

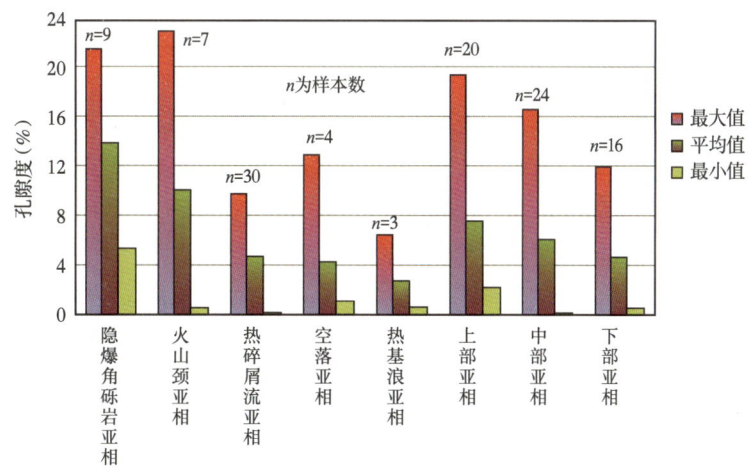

图 3-61　松辽盆地南部不同岩相与孔隙度关系图

2. 西部次生风化型火山岩储层

冷却成岩—热液作用阶段：359—285Ma，熔蚀作用、冷凝结晶作用、熔结作用、各种蚀变作用、充填与杏仁体形成作用为主。风化淋滤作用阶段：285—265Ma，风化剥蚀淋滤作用，主要形成风化裂缝与次生孔隙，以及次生蚀变作用。埋藏—成岩作用阶段：约265Ma 以来（图 3-62）。

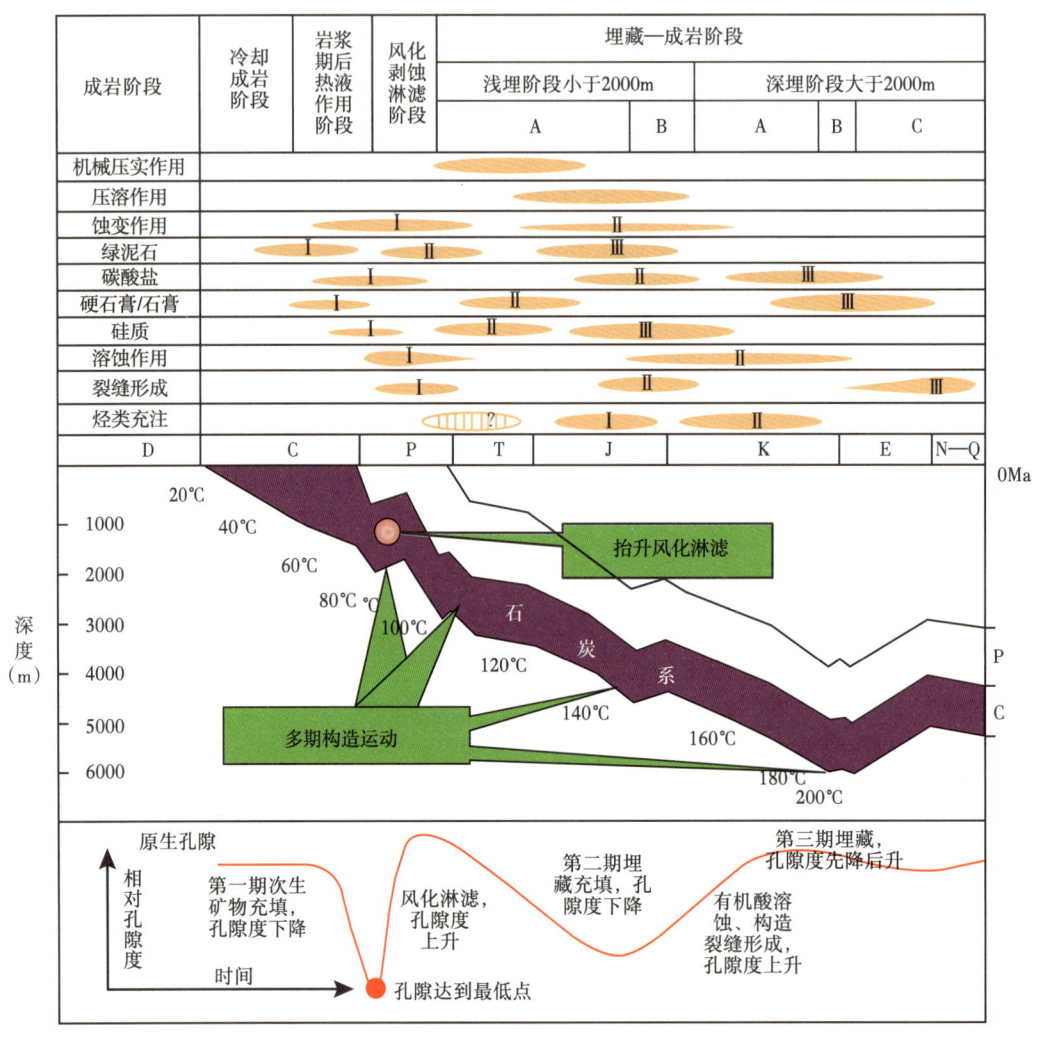

图 3-62　中国西部次生风化型火山岩储层成岩演化图

控制因素受风化淋滤强度和风化壳结构控制，见表 3-18。

西部火山岩风化壳油气藏的形成表现在，岩性、岩相控制储层差异风化程度（图 3-63）。

岩性、岩相控制储层差异风化程度（图 3-64），可发现火山通道相的次火山岩亚相和隐爆角砾岩亚相、爆发相的热碎屑流亚相、喷溢相的上部亚相风化溶蚀较快。

表 3-18　西部火山岩风化壳结构特征

分带	K 指数	识别标志	厚度（m）	孔隙度（%）	储集性
土壤层	>40	大多为次生矿物，多数地区遭剥蚀，以风化碎裂和构造碎裂为主，成土状	<10	<5	V
水解带	7~40	泥岩和破碎岩为主，多数风化分解破碎为泥土，以蚀变作用为主，较破碎	10~50	<8	Ⅲ—Ⅳ
淋蚀带	1~7	半破碎岩，气孔杏仁构造发育，以垂直缝为主；风化淋滤、构造碎裂和热液蚀变作用强，完整性差—较完整	10~200	8~20	Ⅱ—Ⅲ
崩解带	≦1	半破碎岩，少量气孔，微裂缝较发育，裂缝和气孔被充填或半充填，较完整	10~200	5~10	Ⅲ—Ⅳ
未蚀变带	<1	固结岩石，基本完整，孔洞缝不发育，完整	基岩	<5	V

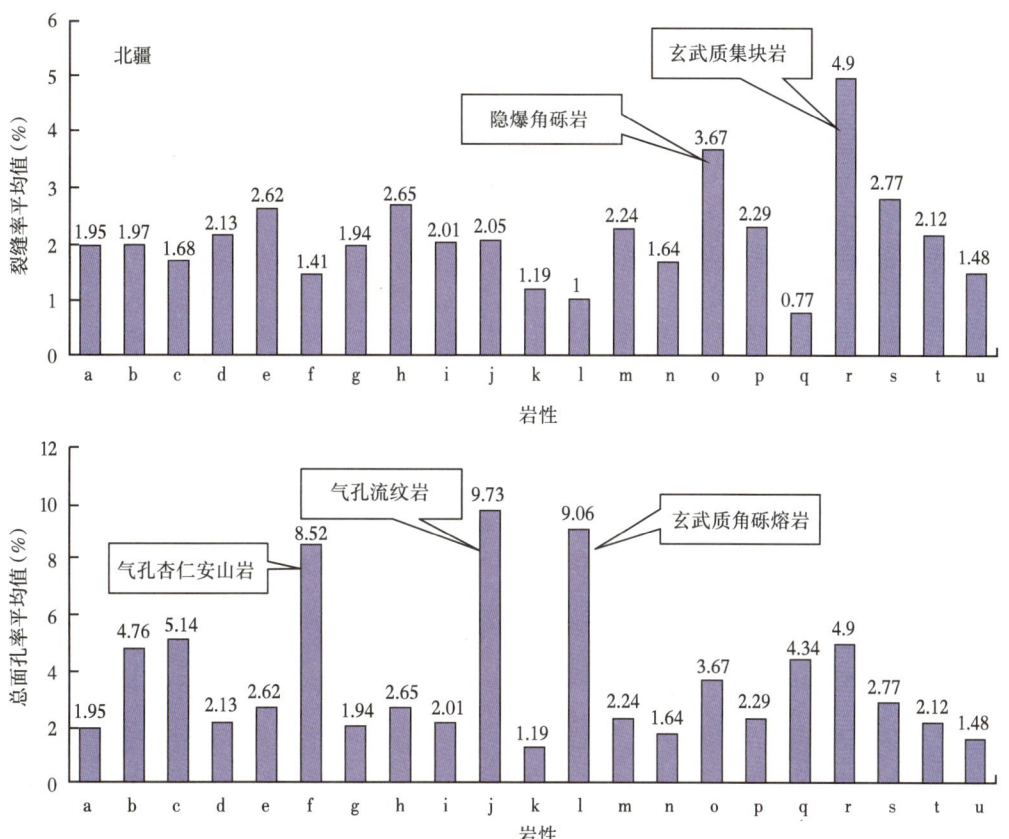

图 3-63　中国西部火山岩不同岩性面孔隙率分布直方图

a. 玄武岩；b. 气孔杏仁玄武岩；c. 含集块/角砾玄武岩；d. 玄武安山岩；e. 安山岩；f. 气孔杏仁安山岩（总孔隙）；g. 含集块/角砾安山岩；h. 英安岩；i. 流纹构造流纹岩；j. 气孔流纹岩（总孔隙）；k. 珍珠岩；l. 玄武质角砾熔岩（总孔隙）；m. 玄武质块熔岩；n. 安山质角砾熔岩；o. 隐爆角砾岩（裂缝）；p. 流纹质角砾熔岩；q. 流纹质熔结凝灰岩；r. 玄武质集块岩（裂缝）；s. 安山质集块/角砾岩；t. 安山质凝灰岩；u. 复成分砾岩

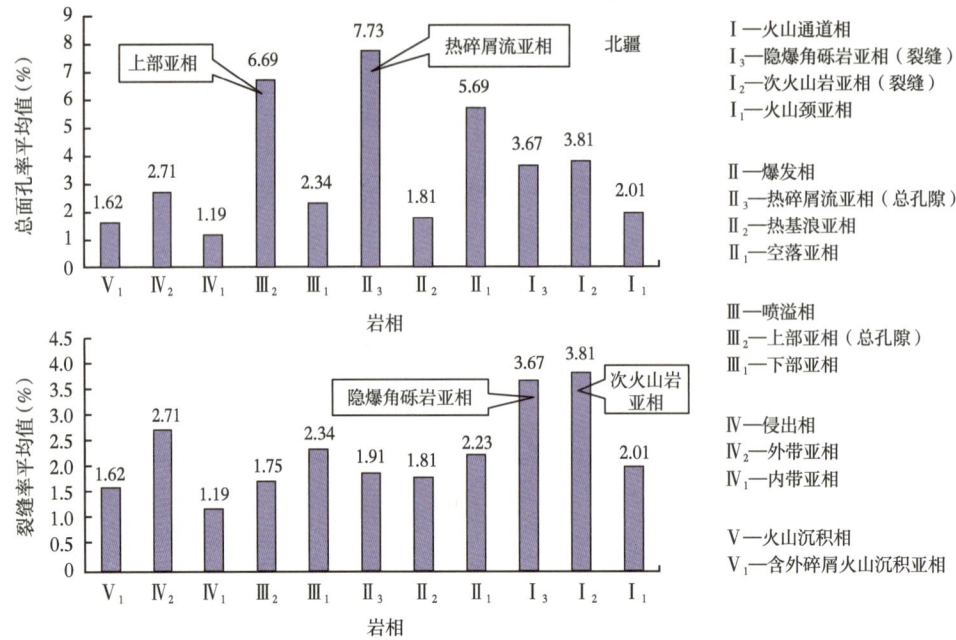

图 3-64 中国西部火山岩岩性、岩相控制储层差异风化程度图

二、球粒流纹岩有效储集空间与形成机制

在酸性火山岩中，球粒流纹岩是组成储层的最重要的岩石类型。例如，在大庆徐家围子地区的工业气层中，球粒流纹岩占所有火山岩岩石类型的59%，占低产气层的48%（黄薇，2006），说明球粒流纹岩是酸性火山岩油气储集能力最强的岩石类型。然而，自20世纪中后期以来，大部分国内外学者主要对球粒的形成做了许多矿物学和岩石学的研究，这些研究主要集中在球粒形态特征、球粒的形成机理和晶体生长速率与结构的关系三个方面，少量球粒的石油储集空间研究也仅局限在球粒脱玻化孔和溶蚀孔两种孔隙特征上（冯子辉等，2008；赵海玲等，2009）。缺乏对与球粒有关的球粒间缝、层间收缩缝、球粒内部同心环状和网状微裂缝、空腔孔等石油储集空间特征、储集能力，以及形成机理做详细深入的研究，而这些储集空间的孔隙度更大，渗透率更强，因此，具有更强的石油储集能力，是球粒流纹岩更重要的储集空间。探讨形成这些储集空间的主要控制因素和形成机制，将会对我国东部裂谷型断陷火山岩储层的优选、勘探实践具有重要指导意义。

在野外实测地质剖面、野外岩石露头大面积写真、室内显微镜下观察与统计，结合荧光分析、铸体分析、电子探针分析、高温高压实验等研究的基础上，对下白垩统流纹岩火山岩油气有效储集空间获得一系列新认识，并建立了球粒流纹岩有效储集空间体系，揭示了各种储集空间的形成机理。

1. 球粒流纹岩有效储集空间形成机理

与球粒相关的储集空间类型丰富，主要有球粒间缝、层间缝、球粒内部微裂缝、溶蚀孔、脱玻化孔、空腔孔、气孔、斑晶炸裂纹、解理缝等，它们是不同成岩作用的产物。

1）冷凝收缩作用形成的储集空间

主要包括球粒间缝、层间缝、球粒内部微裂缝、空腔孔和柱状节理等。

（1）球粒间缝。在流纹面理上观察，球粒间缝是分布在球粒周边的四边形、五边形或者六边形网状裂缝（图3-65a），裂缝形态与柱状节理相似，球粒的形态明显受裂缝制约。前人认为它们是显微尺度的柱状节理（张树业等，1982；常丽华等，2009），但是，柱状节理和球粒间缝二者在形态上存在区别，柱状节理是垂直层面具有一定长度的柱形裂缝，而球粒间缝是环绕球粒分布的多面体裂缝，这种多面体裂缝与珍珠构造中多面体裂缝特征相似。因此，笔者认为球粒多面体裂缝是冷凝收缩作用形成的。由于球粒冷却速度没有珍珠构造快，因此更容易形成规则的多面体裂缝。球粒间缝是良好的油气储集空间，镜下可见大量原油充填到球粒间缝之中。

（2）层间缝。在流纹面理上球粒相互连接形成球粒网，球粒网之间的球粒间缝相互连接形成层间缝，球粒网和层间缝相间排列组成流纹构造。层间缝的发育使球粒网连接性能降低，在遭受到后期应力作用和溶蚀作用时其开启宽度增加，导致有效面孔率和渗透率也明显增加。野外和镜下系统测量表明，球粒流纹岩的层间缝开启宽度为0.1~1mm之间，线密度为8~10条/cm，原油沿层间缝注入并在垂直流纹面理方向上向球粒间缝进行扩散，最终沉淀于裂缝和孔隙之中，凝固成大量沥青（图3-65b）。由于层间缝线密度大、有效孔隙度高、渗透性好，因此，能形成良好的油气储集空间。球粒间缝和层间缝叠加在一起，两者平均有效面孔率之和为16.04%。

（3）球粒内部微裂缝及空腔孔。在油迹含量较高的球粒个体中几乎全部都具有明显的同心环状和网状微裂缝，网状微裂缝将球粒内部分割成许多微颗粒（图3-65c至图3-65f），这些微裂缝是球粒在封闭体系中发生等容冷凝收缩作用形成的。球粒最外圈层是岩浆急剧冷凝形成的玻璃质外壳，由于玻璃质外壳的封闭作用，使球粒内部有相对较长的冷凝收缩时间，球粒内部等容降温，促进环状和网状收缩缝的形成，以及气体充分逸出。球粒不同微区微裂缝的发育程度不同。在球粒中心区，收缩程度较低，没有形成同心环状和网状微裂缝或者它们不发育，因此没有分割成或仅仅形成不明显的微颗粒（图3-65f）。向球粒中部，微颗粒明显，它们彼此分离呈现出规则排列的斑点状，暗示出收缩程度增大，微裂缝加宽，由于后期脱玻化作用，以及石油沿微裂缝溶蚀和充填，使微裂缝发生弥合，但是仍可以从微颗粒边界形态推断出来。如果在冷凝过程中伴随大量气体逸出，环状收缩缝就会发展成空腔孔（图3-65d和图3-65e）。

环状、网状微裂缝的另外一个重要作用是沟通脱玻化孔，形成孔缝网络，使溶蚀作用在球粒内部能大面积发生，大幅度提高了球粒内部的有效面孔率。

上库力组不同层位的球粒流纹岩中球粒内部微裂缝和空腔孔的发育程度是不同的，有的层位发育，含有大量油迹，有的层位不发育，不含或仅含有微量油迹。因此，需要进一步回答是什么因素制约了冷凝收缩作用和微裂缝、空腔孔的发育程度。

球粒和石泡是流纹岩中两种不同的组构类型。球粒直径一般为0.1~1mm，大者直径可达5mm，内部一般不具有空腔孔。石泡直径最小为5mm，最大可达10余厘米，内部具有空腔孔。在成因上，两者都可以是在原生成岩作用阶段岩浆冷却而成，可见两者主要区别是在粒度和内部结构上。在研究区，大部分层位的流纹岩球粒直径较小，与常见的球粒直径相同，一般在 0.1~1mm 之间，它们内部一般没有微裂缝，油迹主要分布在球粒粒间孔、气孔和层间缝中。另外一些层位的流纹岩球粒直径较大，在 1~8mm 之间，介于常见的球粒和石泡过渡区间（图 3-65），内部同心环状微裂缝和网状微裂缝十分发育，其中含有大量油迹。此外，在同一块标本中不仅仅分布大量球粒，在球粒之间还分布许多石泡。石泡除了具有空腔孔外，在粒度、球形冷凝外壳、微裂缝、脱玻化等特征上与球粒完全相同，因此，研究认为它们属于球粒和石泡的过渡类型，暂时将这种过渡类型归属到球粒中来讨论它的成因。

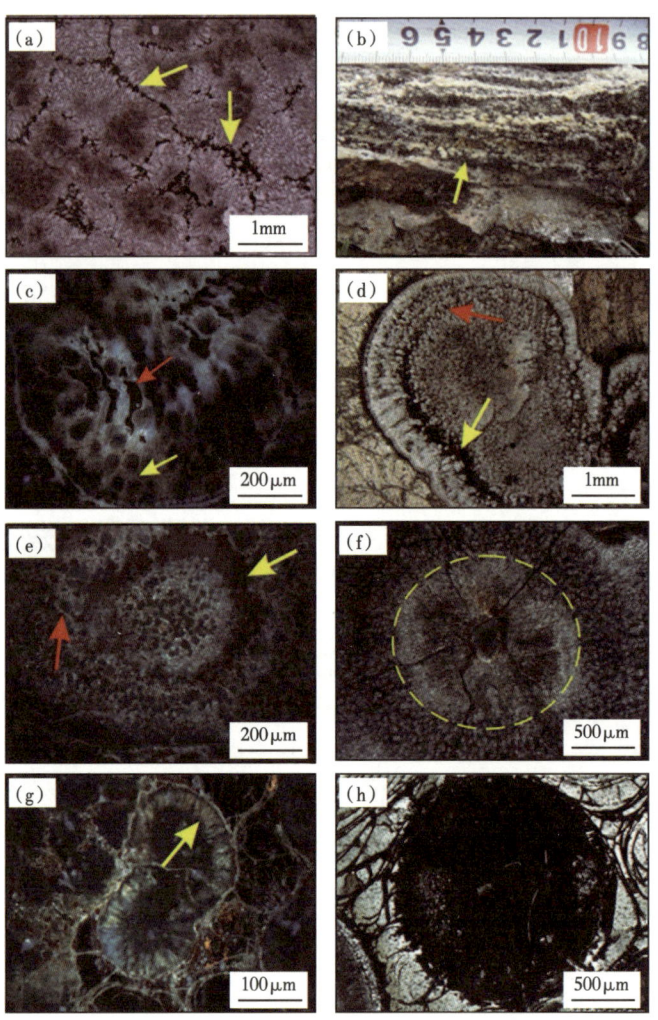

图 3-65 冷凝收缩作用形成的储集空间类型图

（a）黄色箭头指示球粒之间多边形粒间收缩缝，其中充填了黑色沥青；（b）球粒呈平行链状排列组成流纹构造和层间收缩缝，黄色箭头指示层间收缩缝中充填的沥青；（c）球粒内部发育的网状微裂缝，微裂缝的发育程度不同，因此溶蚀程度也不同，黄色箭头指示溶蚀微弱，红色箭头指示溶蚀强烈；（d）、（e）红色箭头指示球粒内部网状微裂缝，形成彼此分离的微颗粒，黄色箭头指示球粒不同部位形成的空腔孔；（f）在球粒中心区（黄色虚线内），网状微裂缝不发育；（g）黄色箭头指示球粒放射状脱玻化结构，脱玻化孔中充填蓝色烃类和黄色胶质；（h）黑色部分主要由沥青质组成，球粒几乎全部被有机质溶蚀球粒内部的收缩体积与球粒直径有直接关系，当直径小于 1mm 时，球粒封闭体系体积小，等容降温后收缩的体积更小，不利于形成微裂缝。当直径介于常见的球粒和石泡两者之间时，封闭体系内收缩的体积随之增大。在熔浆成分均一的条件下，颗粒直径与封闭体系内的挥发分含量呈正比，颗粒直径较大，等容降温后逸出的挥发分就会增加，形成大量的空间，有利于形成空腔孔，同时较大的直径也有利于形成环状和网状微裂缝。因此，当直径介于常见的球粒和石泡两者之间时，非常有利于微裂缝和空腔孔的形成。对于同一岩石标本上球粒和石泡共生的现象，一个可能的解释是石泡球形冷凝外壳冷凝速率更快，大部分气体在逸出之前冷凝壳已经形成，将气体封闭在体系内部，有利于空腔孔的形成。此外还观察到，直径在几个厘米的更大的石泡，虽然一些个体发育了空腔孔，但是大部分个体的空腔孔不同程度被同生期熔浆充填，形成"实芯"的石泡，因此，并不是颗粒直径越大，有效储集空间就越大。颗粒直径是形成球粒内部微裂缝和空腔孔的重要控制因素，当直径介于常见的球粒和石泡直径过渡区间时，最有利于个体微裂缝和空腔孔的形成。这也解释了为什么同样是球粒流纹岩，但球粒收缩缝的发育程度、溶蚀强弱和有效面孔率有很大差异的原因。

（4）珍珠构造缝。是岩浆在水中快速淬火形成的，本区主要分布在玻璃质流纹岩中。荧光分析显示，珍珠构造缝中充满石油，有机质沿裂隙进行充注并进一步对裂缝周围进行溶蚀，使有效面孔率进一步增大，珍珠构造缝及其溶蚀孔的平均有效面孔率为 6.92%（图 3-65c）。

（5）柱状节理。在呼伦湖凹陷上库力组流纹岩中熔浆冷凝收缩作用形成的柱状节理十分发育。属于大型原生裂缝。虽然柱状节理的长度和宽度都很可观，线密度却很小。松辽盆地徐家围子断陷钻井记录解释表明，当裂缝线密度小于 5 条 /m 和开启宽度小于 0.5mm 时，则成为较差的储层（舒萍，2007），但是，由于柱状节理几乎都发生在球粒流纹岩中，是垂直于层间缝的高角度裂缝，它们可以作为连接火山岩层间缝和气孔的重要通道而使岩石储集性能获得优化。

2）脱玻化作用形成的储集空间

脱玻化孔是脱玻化作用形成的储集空间，其形成机理是：火山玻璃是一种极黏的过冷却溶液，其中原子排列是无规律的，并不像固态结晶物质中原子按一定的结晶格架排列，这种玻璃状态极不稳定，在固态下会自发地转变为结晶物质，这个过程称为脱玻化作用（赵海玲等，2009）。流纹岩成岩后，其中的玻璃质发生脱玻化，形成由长石、石英微小矿物所组成的放射状、栉状、梳状、束状等脱玻结构。由于流纹质玻璃的密度（约 $2.3g/cm^3$）小于长石和石英的密度（分别约 $2.61g/cm^3$ 和 $2.65g/cm^3$）（冯子辉等，2008），脱玻化后晶体所占据的空间要小于脱玻化之前玻璃质所占据的空间，脱玻化后剩余空间则组成微孔隙，形成油气储集空间。球粒由中心向外脱玻化程度往往不同，表现在脱玻结构和孔隙度不同。脱玻化程度较低，脱玻结构不发育的球粒一般不含油迹，脱玻化程度较高，脱玻结构发育的球粒中可以观察到明显的烃类和胶质（图 3-65g）。

呼伦湖凹陷上库力组球粒流纹岩十分发育，占剖面总长度的 50.7%，含油的集块、角砾熔岩中的火山碎屑也是由球粒流纹岩所组成，球粒流纹岩及其角砾都发生不同程度的脱玻化现象。由于球粒流纹岩分布广，脱玻化孔数量多，可以作为重要的油气储集空间。

脱玻化孔虽小，但由于数量多，是火山岩油气储层重要的储集空间。海拉尔盆地西岸上库力组球粒流纹岩十分发育，球粒流纹岩中球粒发生不同程度的脱玻化现象，因此，脱玻化孔对储层的作用不容忽视。

上述现象可以衍生出一个重要推论：在火山岩油气开发时，先抽出的是大孔隙中的石油，然后球粒脱玻化孔等微孔隙中石油会慢慢释放，可促进火山岩油气藏开发保持稳产。

3）重结晶作用形成的储集空间

晶间孔是重结晶作用形成的储集空间。由于晶间孔在次生成岩作用阶段遭受到地层水及有机质流体的溶蚀交代，导致晶间孔和晶间溶蚀孔所形成的孔隙相互交织在一起不易区分，统称为晶间孔。晶间孔主要分布在石泡流纹岩和球粒流纹岩中。在石泡内部不同的同心状球形结晶层中，结晶程度往往不同，矿物的颗粒大小也不同，有效面孔率也不同。镜下168个视域统计表明，晶体直径越大，充满沥青的晶间孔的直径就越大。统计数据显示出一个重要规律，即晶体直径大小与晶间孔的大小和有效面孔率之间具有正相关关系（图3-66）。石泡内部晶间孔形成的机理是，在石泡形成过程中由于玻璃质外壳封闭了热能，热能散失缓慢，岩浆结晶时间相对较长，因此可以结晶出隐晶质矿物，同时形成晶间收缩孔。如果外界环境发生改变，隐晶质矿物又会发生重结晶使微小颗粒聚合成颗粒较大的长石和石英，同时微小晶间孔也聚合成较大的晶间孔。这是因为重结晶作用发生之前和之后，岩石处于等容环境，经过重结晶作用使早期晶体加大的同时，晶间孔的直径也增大。重结晶作用虽然不能增加孔隙度，但可以加大晶间孔的直径，为热液流体、地层水，以及有机质流体的溶蚀交代和沥青的沉淀创造了条件。

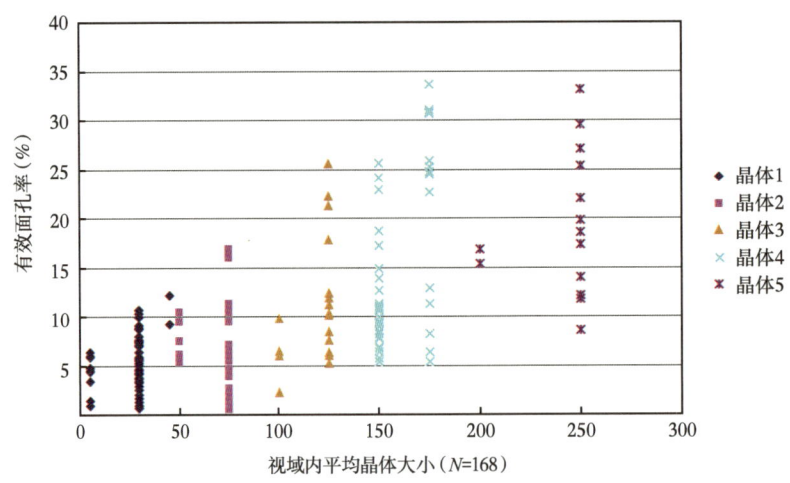

图3-66　晶体平均大小与有效面孔率关系散点图

4）溶蚀作用形成的储集空间

溶蚀作用会形成溶蚀孔，溶蚀孔包括斑晶溶蚀孔、基质溶蚀孔、玻璃质溶蚀孔、晶间溶蚀孔、角砾溶蚀孔、球粒溶蚀孔等，只要有石油和地层水渗入，都能有溶蚀作用发生。

（1）球粒溶蚀孔。荧光分析显示，在脱玻化程度较低和微裂缝不发育的球粒微区中，一般没有遭受到溶蚀作用，球粒没有油迹显示。在脱玻化程度较高和微裂缝不发育的球粒微区中，可见烃类和胶质充填在脱玻化孔之中，油迹往往沿脱玻结构呈放射状分布（图3-65g）。在微裂缝发育的球粒中，溶蚀作用非常强烈，大量油迹分布在微裂缝附近的溶蚀微区中，溶蚀区还保留了放射状脱玻结构的假象，说明有机质的溶蚀沿裂隙向脱玻化孔扩散。远离微裂缝的微区，不含或仅含有微量油迹（图3-65c至图3-65f）。研究认为，溶蚀作用的强弱控制了球粒内部有效面孔率的发育程度与大小。当微裂缝发育时，微裂缝可以大面积沟通脱玻化孔，形成孔缝网络，非常有利于地层水和有机流体沿着微裂缝扩散到脱玻化孔进行溶蚀，为石油的充注创造了有利条件。脱玻化孔对球粒储集空间的影响体现在两个方面，首先脱玻化孔本身就可以成为良好的储集空间；其次，为有机质的溶蚀提供显微通道，这一通道需要微裂缝的沟通才能更好地发挥作用。

系统显微镜观察和荧光分析显示，球粒内部有效面孔率主要取决于溶蚀作用的强弱。在有溶蚀作用参与时，有效面孔率明显增加。溶蚀作用越强烈，有效面孔率也越大。然而，又是什么因素控制了溶蚀作用的强弱呢？研究显示，球粒内部微裂缝形成于溶蚀作用之前，而且通常微裂缝的面孔率和渗透率明显大于脱玻化孔，它为地层水和有机质流体的流动和溶蚀提供了良好的显微通道，有利于促进溶蚀作用的发生。微裂缝不发育的球粒，不利于地层水和有机质等流体的流动，因此，溶蚀作用不明显，有效面孔率主要取决于脱玻化孔的发育程度；微裂缝中等程度发育的球粒，有利于流体流动，加速了溶蚀进程，导致了溶蚀作用的增强，球粒内部形成丰富的溶蚀孔，其中充填了油迹，有效面孔率达10%~20%；同心环状和网状微裂缝非常发育的球粒溶蚀作用最为强烈，有机质首先沿同心环状和网状微裂缝渗入溶蚀，然后再向球粒微区中脱玻化孔扩散，大面积均匀地对球粒进行溶蚀，形成网状溶蚀孔。溶蚀后球粒内部充填大量烃类、胶质和沥青质，其有效面孔率高达10%~37%（图3-65c至图3-65e）。溶蚀作用的极限是整个球粒都遭受到溶蚀并充填了石油。图3-65h的球粒几乎全部溶蚀，有效面孔率高达80%以上。普遍规律是：溶蚀作用最强烈的球粒微区是在微裂缝附近，远离微裂缝的微区溶蚀作用较弱。溶蚀作用从没有微裂缝→中等发育的放射状和环状微裂缝→非常发育的环状、网状微裂缝逐渐增强，说明微裂缝的发育程度和类型决定了溶蚀作用的程度，而溶蚀作用又决定了有效孔隙度的大小。上文已经讨论了控制微裂缝形成和发育的主要因素是冷凝收缩作用，正是由于球粒封闭体系中缓慢的冷凝收缩，才导致了球粒内部同心环状和网状微裂缝，以及微颗粒的形成，从而进一步控制了溶蚀作用的发生。

（2）斑晶溶蚀孔。是岩浆期后的热液流体、地层水，以及有机质流体等注入到长石炸裂缝和解理中，再沿解理对长石进行选择性溶蚀而形成，斑晶溶蚀孔的研究意义在于可以直观地研究矿物微区矿物成分和内部结构变化与溶蚀作用的关系，也可以解释部分晶间孔的成因。荧光分析显示，在长石炸裂缝和解理中分布胶质和沥青质，长石晶体内部有规律地充填了胶质，从裂缝邻近到远离裂缝，胶质含量逐渐降低，直至不含胶质。说明从裂缝到晶体内部含油程度发生从全油→多油→少油→无油变化，反映了与有机质含量相对应的矿物微区晶体结构从全孔→多孔→少孔变化（图3-67a至图3-67c），斑晶的扫描电镜测试也证实了这一变化规律。

（3）基质溶蚀孔。在基质中，流体沿微孔隙渗透、溶解、交代，使微孔隙扩大，形成基质溶蚀孔。基质溶蚀孔容易沿晶间孔产生，而且晶间孔越大，流体越易于渗透，溶蚀作用就越强烈。有机质注入到晶间孔中，对晶间孔周围的物质进行溶解交代，使晶间孔进一步扩大。溶蚀强烈时岩石呈筛孔状，不仅改善了岩石的孔隙度，而且还改善了岩石的连通性。

（4）玻璃质溶蚀孔。研究区玻璃质溶蚀孔主要有两种类型，一种分布在被岩浆期后热液充填的气孔中，一种分布在玻璃质流纹岩中（图3-67e和图3-67f）。研究表明，有机质作为流体通道是玻璃质发生溶蚀的前提，气孔中充填残余孔和构造裂缝分别是两种流体运移和溶蚀通道。在玻璃质流纹岩中溶蚀作用十分强烈，说明只要有裂缝沟通，玻璃质溶蚀孔可以作为十分可观的储集空间。

(a) 单偏光，长石溶蚀孔　　　　　(b) 荧光照片，长石溶蚀孔

(c) 电镜照片，长石溶蚀孔　　　　(d) 野外照片，角砾溶蚀孔

(e) 单偏光，玻璃质溶蚀孔　　　　(f) 荧光照片，玻璃质溶蚀孔

图 3-67　不同溶蚀孔类型

（5）角砾溶蚀孔。角砾溶蚀孔分布在火山集块熔岩和隐爆角砾岩的角砾和集块中。它的成因是石油和地层水等沿构造缝或炸裂缝注入到角砾中，再沿角砾内部的气孔、晶间孔、球粒间缝、球粒内微裂缝和脱玻化孔进行选择性溶蚀。图 3-67d 显示，原油沿裂缝渗透到火山集块熔岩的角砾孔隙中，对角砾进行溶蚀和充填，导致角砾被染黑，形成大小不同的黑色团块。将角砾胶结起来的熔岩为霏细岩，霏细岩岩石致密、孔隙度很小，因此仅含有微量沥青，颜色呈白色。白色霏细岩环绕黑色含沥青的角砾和集块分布，呈现黑白分明的格局。角砾溶蚀孔的发育程度主要取决于角砾原岩成分和角砾间孔隙的沟通程度。野外宏观、局部照片和薄片综合统计表明，整个角砾集块熔岩的有效面孔率高达 15.01%。

5）炸裂作用形成的储集空间

（1）斑晶炸裂缝。是岩浆早先结晶出的斑晶在喷出过程中被炸裂形成的裂缝。主要分布在流纹岩石英和长石斑晶中。长石的炸裂缝往往沿解理规则分布，而石英的炸裂缝分布不规则。在有合适的通道中，原油注入裂缝形成沥青。由于流纹岩中矿物斑晶含量较少，有效面缝率较低，因此不是火山岩主要的油气储集空间。

（2）基质炸裂缝。在角砾集块熔岩中分布大量不规则裂缝，裂缝的形态呈树枝状和网状，无定向性，切穿了流纹理、球粒和石泡，炸裂缝的开启宽度为 0.01~2mm，长度一般小于 10cm。该裂缝是已经固结的火山岩被准同生期的再次火山爆发所震裂的产物，一般分布在火山口附近。原油沿炸裂缝注入，再进一步扩散到火山岩角砾和集块的角砾内孔中。不规则炸裂缝面缝率虽然较小，但它可以作为油气运移的良好通道。

隐爆裂缝是隐爆角砾岩特有的炸裂缝类型，是岩石在火山通道经隐爆作用形成的角砾间裂缝。其特征是裂缝两侧角砾成分相同，角砾基本没有位移，角砾依托裂缝中后期充填的岩汁连接在一起。裂缝中未被岩汁充满或已经充满但被后期流体和蚀变作用改造的部分往往形成角砾间孔。

6）挥发分逸出形成的储集空间

是岩浆快速冷凝过程中挥发分逸出形成的气孔。气孔构造在玄武岩和流纹岩中都十分发育，是火山岩中最重要的孔隙类型。研究区流纹岩气孔构造较发育，气孔大小不一，直径变化范围较大，从 0.1mm 至 100mm 都有分布。

2. 流纹岩有效储集空间体系的建立

上述各种作用在流纹岩中形成的有效储集空间组成了一个完整体系，表明石油储集受多种因素共同制约。

球粒流纹岩孔隙类型极其复杂多样，石油储集能力受球粒间缝、层间缝、球粒内部同心环状和网状微裂缝、空腔孔、溶蚀程度、球粒直径、脱玻化作用，以及气孔等多种因素共同制约。各种储集空间的主控因素是：球粒直径制约了冷凝收缩空间大小，当球粒直径介于常见的球粒和石泡两者之间时，最有利于微裂缝和空腔孔的形成。冷凝收缩作用导致了球粒间缝的形成，以及控制了球粒内部微裂缝和空腔孔的形成和发育。球粒内部微裂缝的发育程度和类型决定了溶蚀作用的强弱。微裂缝周围溶蚀作用最强烈，远离微裂缝，溶蚀作用微弱甚至没有发生溶蚀。溶蚀作用从没有微裂缝 → 中等发育的放射状和环状微裂缝→非常发育的环状、网状微裂缝逐渐增强。溶蚀作用的强弱主要控制了球粒内部有效面孔率的大小，同时对球粒之间有效面孔率也会产生重要影响。脱玻化孔一方面可以成为良好的储集空间，另一方面为有机质的溶蚀提供显微通道，这一通道需要微裂缝的沟通才能更好地发挥作用。

第四章　火山作用的成烃、成藏效应与成藏模拟

油气勘探实践已在世界 20 多个国家 300 余个盆地中发现与火山作用有关的油气藏或油气显示，如印度尼西亚的 Jatibarang 玄武岩油气田、澳大利亚的 Scoot Reef 玄武岩油气田、纳米比亚的 Kudu 玄武岩气田及巴西 Parana 盆地二叠系油气藏（Schutter，2003；杨辉，2006；赵文智，2008）。近年来，我国松辽、渤海湾、准噶尔、三塘湖等盆地的火山岩油气勘探均获得重大突破，如松辽盆地深层约 $3000×10^8m^3$ 探明天然气储量富集在火山岩中，展示出巨大的勘探潜力。随着勘探进行，有关火山作用与烃源岩成烃、成藏的研究也不断深入。

本章主要阐述火山作用侵入与喷发岩成烃热效应模型、火山流体成烃实验模型与评价方法、火成岩成烃热效应定量评价技术，以及火山流体成烃效应半定量评价技术。

第一节　火山作用与有机质成烃、成藏研究现状

一、火山作用的成烃效应研究现状

与火山作用有关的成烃效应研究始于 20 世纪 80 年代。二十多年的探索性研究发现，火山岩的热效应对围岩中的烃类有明显的催熟作用，火成岩及相关岩石中的烃类存在有机和无机两种来源（戴金星等，2001）。

1. 火山活动的热效应，加快了有机质的成熟

火山活动带来的岩浆对加快有机质的热成熟存在有利的方面，火山岩覆盖区下的沉积岩可能不存在未成熟的有机质，即使埋藏较浅的含有机质沉积层也可进入成熟或高成熟阶段（郭占谦等，2000）。由于火山活动的岩浆携有大于 1020℃ 的热源体，在岩浆冷凝成火山岩的过程中，散发出的热能促使所覆盖的沉积岩中的有机质在较短时间内达到较高的演化程度。在中国东北部的三江盆地中，古近—新近纪玄武岩覆盖下埋深仅 500m 的有机质其镜质组反射率 $R_o>2.0\%$，已经达到高成熟演化阶段。岩浆活动对烃源岩的影响范围受其强度、性质、规模，以及岩浆活动时间与大量油气生成时间的先后关系控制。

2. 火山活动贡献了无机烃类物质

凡是岩浆作用，不管是侵入还是喷发，也不论是基性、超基性、中性、酸性还是碱性，无例外地同时伴随气体的大量活动，其中不乏可以生成烃类的组分，换言之，火山活

动可以带来无机成因的烃类物质。松辽及周围地区火山岩中热解出烃类物质，并有随来源深度的增加烃类物质的相对含量与碳原子数增加的现象（郭占谦等，2000）。

3. 火山活动带来的地球深部热液水对有机生烃具有催化作用

地球的活动构造域是地球深部热液水外泄的部位，是热液矿床最丰富的区域。火山活动除了岩浆物质之外，还将地球深部的热液水送到沉积盆地中来。来自地球深部的热液水中携有许多地壳表层罕见的元素，它们以元素状态随水迁移，如 Ru、Rh、Pd、Pt 等。这些元素在有机质演化生烃过程中起着催化剂的作用，使沉积层中的有机碳更多地与氢结合而生成更多的烃（金强等，1998）。

4. 火山活动带来的地球深部气体可能合成生烃

地球深部有大量的天然气存在，大洋中脊喷出的热液及气态物质就是地球深部的原始物质。气态物质的 CO_2、H_2 确实可以合成烃类物质；在自然界中合成生烃的催化剂存在与否成为关键。在沉积岩、火山岩兼而有之的二元结构盆地中，近似熔融铁的物质是玄武岩、橄榄玄武岩和橄榄岩。在二元结构盆地中有 CO_2 和 H_2，也有玄武岩类岩浆取代熔融铁作为催化媒介。因此，二元结构盆地的生烃模式应增加一类合成生烃机制。由于 CO_2 与 H_2 有生物成因与非生物成因之分，因此合成生烃机制依 CO_2 与 H_2 的成因不同可以分为有机合成、无机合成与混合合成 3 种合成生烃模式。

5. 断陷盆地中火山活动有利于优质烃源岩的形成

盆地处于构造演化稳定沉陷阶段，断陷深度较大，水体相对较深，岩浆体断续向湖盆水底喷溢，增加了水温和无机养料，有利于生物繁衍和富集。同时沉降速率大于沉积速率，有利于富含有机质泥页岩沉积。围绕火山喷溢体周缘的沉积物多含有白云岩化的生物灰岩透镜体，构成优质生油岩（金强等，2003）。

二、火山作用的成藏效应研究现状

1. 火山活动对油气成藏的建造与破坏作用

岩浆活动可以形成一些特殊类型的圈闭，如岩浆底辟构造、与火山岩有关的披盖构造，以及各种火山岩岩性圈闭，为油气聚集提供了条件。

岩浆活动时间对油气藏的保存极为重要。若岩浆活动晚于油气聚集，可对油气藏起明显的破坏作用，对油气破坏的范围与岩浆岩体的形态和规模有关。

2. 火山作用与 CO_2 气藏

流体包裹体、岩石学、地球化学等是研究火山与 CO_2 气藏的重要方法。我国东部中—新生代幔源玄武岩及与其相关的深大断裂，控制了 CO_2 气源及其通道（储雪蕾等，1995；陈昕等，1997；程有义，2000）。深部来源的富含 CH_4、CO_2 等成分的流体沿深断裂，以玄武岩浆为载体向上运移，在遇到孔隙度大、渗透性强的岩性层位如流纹岩、玄武岩后，流体很可能进入这些层位而发生以侧向流动为主的运移，并在合适的构造部位及盖层条件下储集成藏。松辽盆地 CO_2 资源丰富，储集体主要是营城组火山岩，CO_2 的来源与青山口组沉积期和新生代两期岩浆活动有重要关系。戴金星等（1995，1996，2001）认为火山活动与 CO_2 成藏的关系密切，并建立了我国东部无机成因 CO_2 组合及脱气模型（戴春森等，

1995，1996；侯启军等，2002；付晓飞等，2005；何家雄等，2005）。

尽管火山作用成烃、成藏效应的研究取得重要进展，但是仍然存在很多薄弱之处，甚至还是研究空白。相关问题包括：（1）对不同类型、不同时代典型火山岩油气藏的解剖程度不够；（2）火山岩体—烃源岩热传导动力学研究处于初步阶段；（3）尚未开展火山作用成烃效应的定量评价；（4）我国火山岩成藏效应的控制条件、机理和规律还未形成完整认识体系。

众多的研究表明，受火山岩侵入体结晶潜热释放（即岩浆冷却热释放）的影响，围岩中有机质镜质组反射率急剧上升（可达5%以上），远远高于沉积盆地正常热演化所能达到的成熟度，表明火山岩侵入体结晶潜热释放可以加速围岩有机质成熟。在侵入体附近，随着与接触面（侵入体与围岩的接触部位）距离的变小，围岩中有机碳含量快速降低、干酪根的H/C比值迅速下降、围岩中残留烃含量逐渐增加及芳香度逐渐变高等现象都表明火山侵入体可以促进烃类的生成（孙永革，1995）。但这些认识还只是停留在定性描述方面，尤其是对火山岩体引起围岩热蚀变程度研究较多，但认识不一，热蚀变的范围从侵入体厚度的0.3倍到4倍距离均有报道（陈荣书，1989），而引起热蚀变的范围大小对生烃量评价有重要影响。

国内学者（张健等，1997；傅清平等，2004）通过非稳态热传导方程模拟了火山侵入体冷却过程中所释放的热量，对冷却过程中的温度分布和变化规律进行了探讨性研究。国外学者通过对Carslaw和Jaeger热传导模型修订建立了火山侵入体冷却热释放模型，结合围岩镜质组反射率数据和EasyRo%模型标定了热释放模型参数。如Barker认为在距离火山侵入体1/3的厚度范围内，与火山侵入体越近，镜质组反射率R_o不增反而降低，Raymond的研究也得到与Barker相似的结论。

另外，据统计火山岩在盆地发育早期占盆地充填体积约1/4，占储集岩体积约1/2，且在盆地发育早期，盆地伸展、火山喷发、岩浆侵入、快速沉降、烃源岩沉积交互进行，往往形成火山岩与烃源岩互层。Stagpool认为火山侵入体的温度、厚度、平面展布控制了盆地中直接叠合在火山岩侵入体之上的烃源岩生排烃史。Araujo报道了通过物质平衡法所得到的巴西Parana盆地火山侵入体热作用的烃源岩排烃强度可达（500~3500）×$10^3 m^3$ HC/km^2，表明火山侵入体可以促进烃源岩大量生烃。

三、火山岩热作用对围岩有机质成熟度的影响

目前关于火山侵入体对附近烃源岩生烃影响的研究主要集中在成熟度参数［如，R_o、OEP、S/(S+R)等］变化描述及火山岩侵入体引起的围岩热蚀变强度上。如2009年Schimmelmann通过对伊利诺斯盆地（Illinois Basin）岩墙附近烟煤有机质成熟度变化研究表明，火山岩的热作用可使得煤岩快速成熟，成熟度R_o从0.62%升高到5.03%；2007年Cooper对科罗拉多州拉顿盆地中煤岩有机质成熟度研究表明岩床的存在可以使得R_o从0.99%升高到6.38%；1988年Raymond通过对苏格兰Midland Valley石炭系岩床围岩中有机质成熟度研究发现，这种异常热源可使得R_o从1%升高到4.1%；2001年Gurba通过对澳大利亚冈尼达盆地（Gunneda Basin）煤层中有机质成熟度研究表明，侵入体的存在可

以使得围岩有机质成熟度从 0.8% 升高到 6% 左右；1992 年 George 通过对苏格兰 Midland Valley 油页岩成熟度研究发现，岩床的存在可以使得 R_o 从 0.5% 升高到 6.5%；2001 年 Othman 通过对澳大利亚冈尼达盆地北部三叠系 Napperby 组中有机质成熟度研究表明，侵入体的存在使得 R_o 从 0.7% 左右升高到 2.43%；Chen（1999）报道的在辽河盆地 R16 井火山岩附近成熟度指标（R_o、OEP、$C_{29}\alpha\alpha$、$C_{30}\beta\alpha/\alpha\beta$）出现异常，同样现象在我国其他盆地出现，如渤海湾盆地、南堡凹陷，以及西部盆地。

四、火山岩热作用对围岩有机质元素及同位素的影响

一般来说，随着与侵入体距离的减小，有机质 H、N、O 元素逐渐降低，有机质/煤中易生烃的壳质组成分逐渐减少、不易生烃的组分逐渐增加。

随着与侵入体距离的变小，有机质干酪根氢同位素逐渐变重，认为是优先损失贫 D 的热解产物结果。但 2009 年 Schimmelmann 通过研究发现在侵入体附近的干酪根氢同位素值不增反而降低。同样，有人认为围岩中有机质干酪根碳同位素值则随着与接触面距离的减小逐渐变重，但也有人认为逐渐变轻，这种干酪根碳同位素值与距离的关系比较混乱。对于有机质 $\delta^{15}N$ 随着与接触面距离变化也有不同认识，一种观点认为随着距离的减小（即，成熟度的增加）$\delta^{15}N$ 逐渐变重，也有人认为关系比较混乱。

与接触面距离越近，围岩中有机质成熟度越高，有机质生烃进程逐渐增加，因此干酪根 C、H、O 元素含量逐渐减少，对应的干酪根中残留的 C、H、N 同位素应该逐渐变重。然而总结前人数据，变化关系比较混乱，对此 Schimmelmann 认为 H 同位素变重的原因跟地层水介质参与反应有关，并且认为不同的环境下地层水的参与将会导致 H 同位素不同的趋势。而 N 同位素的变化原因更为复杂，受控于热裂解、运移和再结合作用。2007 年，Cooper 则认为随着与接触面距离减小残留有机质碳同位素增大是由于热作用促使了较多含 ^{12}C 甲烷的生成并挥发，而随着与接触面减小残留有机质碳同位素减小的原因比较复杂，可能是由于富集了富含 ^{12}C 的有机化合物，这种有机化合物在高温阶段通过芳香化/缩聚作用与干酪根重新结合，形成了富 ^{12}C 的干酪根/有机质。

五、火山岩热作用对无机元素及同位素的影响

与接触面越近，碳酸盐含量逐渐增加，方解石含量也逐渐增加，碳酸盐的 $\delta^{13}C$ 逐渐降低，$\delta^{18}O$ vsmow 则逐渐升高。随着距离的减少由热解有机质生成的 CO_2 和钙离子结合越多，形成的方解石也就越多，由于 CO_2 的 $\delta^{13}C$ 较低，所以形成后的碳酸盐 $\delta^{13}C$ 也就越低；而距离侵入体越远，由于生物甲烷菌的 CO_2 还原作用，使得残余 CO_2 的 $\delta^{13}C$ 变重，CO_2 与钙离子结合形成的碳酸盐 $\delta^{13}C$ 也就越重。因此，随着距侵入体的距离减小，碳酸盐矿物含量增加，$\delta^{13}C$ 则降低。由于有机质 $\delta^{18}O$ vsmow 高于水介质的 $\delta^{18}O$ vsmow 值，结晶后产物的 $\delta^{18}O$ vsmow 就高。Finkelman 通过对岩墙附近煤岩中 66 种无机元素分析发现，挥发性元素（F、Cl、Hg、Se 等）含量随着与接触面距离的减小并无减少的趋势，大部分元素和矿物含量则随着距离的减小而增加。

六、火山岩热作用范围

目前研究中对侵入体引起围岩的热蚀变强度认识不一，如1977年Dow通过对侵入体附近围岩镜质组反射率数据分析认为火山侵入体引起围岩热蚀变的强度可以达到侵入体厚度的两倍。1989年，陈荣书研究则认为热蚀变的强度可以达到侵入体厚度的4倍。1959年，Carslaw和Jaeger认为热蚀变的强度在侵入体厚度的1~1.5倍范围内比较合适。1976年Rodnova，1981年Kazarinov和Homenko，Kontorovich通过对西伯利亚地台岩床、岩墙的研究认为其引起热蚀变的强度在30%~50%岩床/岩墙的厚度范围内，很少能超过1倍岩床/岩墙厚度范围。1997年Galushkin通过较多实例分析则认为侵入体热蚀变的强度在50%~90%岩床/岩墙的厚度范围内。2009年，Mastalerz则认为影响范围为侵入体厚度的1.2倍。

由于侵入岩的性质不同，其热作用影响存在差异也是可能的，比如岩浆初始温度、热传导、热扩散率、热容、密度等岩石物理和热性质参数的不同必然会导致热影响范围的不同。再者，关于侵入体热模拟的模型有多种，考虑的参数不同，得到的热模拟结果有很大的差别。另外潜热、围岩水的汽化作用传热等都将影响热作用范围。

第二节 火山作用成烃效应模拟实验基础

火山岩是火山活动的直接产物。火山活动使火山物质经火山通道上涌至地表，在陆上或是水体中经冷凝固结而形成火山岩。火山活动为烃源岩的母质提供了热量和矿物质，改变了原始的沉积环境，表现为温度场、压力场和地球化学场的改变，而这种改变直接影响了烃源岩母质的沉积规律、成岩作用和地球化学特征。因此，国内外学者均认识到火山活动（火山岩）对烃源岩的形成、发育，以及后来的生烃演化作用产生了重大影响。经前人学者研究发现，火山活动对烃源岩的影响作用主要体现在几个方面：(1)火山活动对同期沉积的烃源岩母质中有机质富集的影响作用；(2)火山活动对烃源岩生烃演化的热作用；(3)火山活动及火山物质对烃源岩生烃的加氢催化作用等。由于火成岩类型和火成岩与烃源岩共生组合的多样性，导致不同地区火成岩对烃源岩的影响作用程度大相径庭。

一、火山活动对同期沉积的烃源岩母质中有机质富集的影响作用

1999年Verati等通过研究发现，在大洋底的火山口附近的生命群落和细菌不是通过光合作用生存，而是主要依靠火山活动带来的热量和矿物质生存。由此可见，火山活动可以形成一些水生生物生存的特殊环境，而水生生物的繁盛正是优质烃源岩形成的物质基础。

2003年金强对渤海湾盆地东营凹陷火成岩区的P_2O_5与烃源岩中的有机碳的关系研究时发现，烃源岩的磷含量与有机碳含量具有良好的正相关关系，即有机碳的含量会随着磷含量的升高而升高。

2009年张文正等在研究鄂尔多斯盆地火山活动对烃源岩发育的影响时发现，火山灰等火山物质降落到湖盆后，火山灰中的Fe、P_2O_5、CaO等进入湖盆水体之中，会发生水

解作用，提高水体中营养的供给速度和底层水中的生物营养成分，促进藻类等底栖生物大量繁盛。

1998年金强等研究发现，火山物质中的氮、磷和金属矿物质通过火山活动而进入湖盆中，为水生生物提供了养料，有利于水生生物的生长繁殖。由此可见，陆相的火山活动也可促使湖盆中的水生生物繁盛，这正是我国陆相火山喷溢环境下富含有机质的优质烃源岩富集的重要原因之一。

二、火山活动及火山物质对烃源岩生烃的加氢、催化作用及模拟实验

关于火山物质对烃源岩的加氢及催化作用的研究已非常广泛。Berndt等根据室内模拟实验，在300℃和500bar条件下橄榄石与含二氧化碳的NaCl流体反应，发现二氧化碳降低，H_2、CH_4、C_2H_6和C_3H_8含量显著升高，表明橄榄石在蚀变过程中能够产生大量的氢气和烃类气体。金强等（2011）也认为橄榄石在蛇纹石化过程中产生的H_2（或者火山热液来的H_2）对烃源岩加氢及生成气态烃的数量非常可观。另外，金强等通过模拟实验证实绿泥石有利于有机物的催化加氢，促使烃源岩低熟及早熟。高岭土、蒙皂石等黏土矿物是生油岩有机质的生烃演化和油气生成过程中的重要催化剂，这一点已无可争议。绿泥石与高岭土、蒙皂石等黏土矿物结构和性质相似。Mango于1992年首次提出生油岩中的过渡金属在天然气形成过程中起了催化作用，并于1994年、1996年和1999年连续发表研究成果，他认为干酪根附近被活化的过渡金属是将石蜡转化为轻烃和天然气的催化剂，催化机理在于促使烯烃环烷化和碳碳键的断裂，从而产生环烷烃和烷烃。过渡金属元素在有机质演化的各个阶段中均起催化作用。他还认为过渡金属的催化作用是烃类天然气形成的主要途径。放射性元素铀的存在可以改变实验产物中饱和烃气相色谱特征参数，说明铀的存在可以使烃源岩的演化程度发生变化，促使烃源岩的生烃门限降低，提前生成"低熟"烃类；同时在高温阶段阻止有机质过度成熟，使其保持在较低的成熟度水平，有利于所生成烃的保存。铀应该为低熟油、气生成的促进因素之一（毛光周，2006）。

国外自20世纪60年代开始了烃源岩的生烃模拟实验。当时的模拟实验基本上只考虑温度对生烃过程的影响。为了更全面考虑多种因素对烃源岩生烃过程的影响，之后进行的模拟实验考虑了不同有机质类型、温度、时间、压力、催化剂和水介质对产物特征的影响。我国的生烃模拟实验研究是从20世纪80年代初期开始（卢家烂，1995），80年代末期，一些学者（刘德汉等，1986；张惠之等，1986）开展了对不同煤岩组分生烃的模拟实验研究。此后，广泛开展了对不同类型、不同成熟度的烃源岩有机质在不同温度、压力条件下，以及有无催化剂的生烃模拟实验研究（汪本善等，1980；刘德汉等，1982；姜峰等，1998；刘金钟等，1998；付少英等，2002；刘德汉等，2004；刘全有等，2001，2006，2008）。

现今国内外常用的各种热模拟方法，按照实验体系的封闭程度，大致可以分为以下三类：（1）开放体系，主要包括Rock-Eval热解仪、PY-GC热解—气相色谱仪、PY-GC-MS热解—气相色谱仪、热解失重仪等。热解生成的挥发物依靠其自身的压力或输入载气，不断从热反应区导出，进入计量或分析装置。（2）封闭体系，一般包括钢制容器封闭体系、

玻璃管封闭体系和黄金管封闭体系。其中，钢制容器封闭体系和玻璃管封闭体系只能依靠水蒸气压或反应生成的气体提供压力，而黄金管封闭体系可以通过高压泵利用水对釜体内部施加压力来控制实验压力。（3）半开放体系，这种体系在实验室内比较难以实现，目前国内中国石化无锡石油地质研究所实验中心研制出了一套自动化程度较高的半开放体系模拟实验系统，但实验效果不是很好；中国科学院广州地球化学研究所有机地球化学国家重点实验室 20 世纪 80 年代开发一种压力机条件下的生排烃实验装置，可以对烃源岩或煤岩进行定量生排烃实验研究。

众所周知，地质条件下的烃源岩生烃过程是一个漫长而又非常复杂的地质过程，不管采用哪种实验方法都不可能重现地质条件下的那种低温、慢速的生烃过程。再加上模拟实验条件下，取样、容器腐蚀、各种物理化学参数等难以控制，这使得实验条件和自然条件存在巨大差异，导致某些实验数据与自然样品有一定的偏差。因此，模拟实验往往具有一定的局限性。然而，要了解生烃的全过程与烃源岩的变化，漫长的自然演化过程是无法重复的，只能通过室内热模拟实验来实现。大量实验证明，热模拟实验结果可以与烃源岩的天然演化结果相对应（贾蓉芬等，1987；刘宝泉等，1990）。特别是近几十年来，各国实验工作者对新技术和新设备不断地改进和创新，使模拟实验过程和结果与自然界有机质的演化特征有了更进一步的接近。

通过各种模拟实验，不仅可以确定不同类型干酪根、各显微组分对烃类生成的贡献大小、生油门限的差异，以及不同演化阶段生成物和残余物的特征，为各类烃源岩油气生成潜力的定量评价、总油气生成量的计算、资源预测提供重要的参数和科学依据；并且，这些模拟实验还为成烃阶段的划分，认识成烃过程的演化特征、成烃机理，建立成烃模式提供宝贵的数据和有益的信息，为指导油气勘探、探索油气成因机理作出了巨大的贡献。

第三节　火山作用热效应与成烃效应定量评价

为了定量评价火山作用的生烃增量及定量描述对已有油藏的破坏过程，乃至为勘探决策提供依据，需要建立三个关键模型：火山岩热容模型、热传导模型、有机质成烃的化学动力学模型。

实际上，岩浆冷却热释放模型在盆地构造分析，岩石圈无机—有机相互作用方面已有大量研究，热传导模型在热力学研究中前人已有较多积累。然而地质上火山侵入体与烃源岩之间的这种热传导动力学行为研究比较薄弱，缺乏系统研究。一方面原因是地质上火山岩油气藏勘探起步较沉积岩油气藏勘探晚，缺乏相关的认识和理论指导；另一方面地质上火山侵入体发育规模、类型不一，而且多期叠置，以往地震精度的限制使得对其特征刻画程度不够。随着油气勘探范围的扩大、勘探程度的提高、地球物理技术的发展，已对火山侵入体对生烃促进作用有较多定性认识，对火山岩体识别已经不再是制约火山侵入体对生烃热效应定量评价的瓶颈。

有了热容模型和热传导模型，结合有机质成烃的化学动力学模型，即可开展火山作用的生烃热效应研究。然而，目前业已报道的有机质成气的化学动力学模型普遍有一个重要缺陷：由于过去标定模型所依赖的模拟实验温度多在 600℃ 以下完成，而已有的研究表明，在 600℃ 的实验条件下有机质并没有完全转化。从实验结果（无论是开放实验还是密闭实验）来看，在 600℃ 左右时甲烷的生成过程（尤其是对煤岩有机质）还远远没有结束，因此模型能够描述的成熟度上限多在 R_o 为 2%~3%。我国西部叠合盆地的碳酸盐岩现今的成熟度一般都高于 2.0%，从其热模拟结果及实例剖析来看仍然具备生气潜力（陈建平，2007；帅燕华，2008），并认为可以作为替补气源。同样煤岩在高—过成熟阶段仍具备生气潜力（陈永红，2003），少数几篇文献（卢双舫等，2006）报道的煤岩在高温（800℃ 左右）时仍然具有生甲烷能力。实验结果和地质实例均表明常规的借助于热模拟实验手段进行生烃评价低估了烃源岩的生烃潜力。因此，要描述 R_o=5% 左右甚至更高演化程度条件下的成气过程，需要利用更高温度的模拟实验来建立能够描述整个有机质成气过程的化学动力学方程。这是本项研究中拟着力探索、力求有所突破的关键环节。一旦获得了高温实验的产物产率曲线，就可以借助于化学动力学模型，标定其动力学参数，在根据不同规模、不同岩性火山侵入体热容及热传导模型结合大地热流背景值，建立热史，结合烃源岩地化、地质特征就可以进行火山作用的生烃定量动态评价。

一、理论基础与模型建立

研究火山作用的有机质成烃热效应评价一方面要建立火山岩体的热容模型和热传导模型，另一方面还需要建立有机质成烃动力学模型。

地下深处高温熔融物质沿构造脆弱带上升，侵入到地层中，形成侵入体/次火山岩。喷出到地表则形成喷出岩/火山岩。根据岩浆侵入的环境和侵入作用方式，可以分为深成侵入作用和浅成侵入作用。各种侵入作用所形成的岩体都具有一定的产状，所谓产状是指岩体的形状、大小、与围岩的接触关系，以及形成时期所处的地质构造环境。这种侵入体在沉积盆地中普遍存在，厚度一般为几米到几十米，上百米的少见，岩性有辉绿岩、安山岩、玄武岩。尽管岩浆侵入体厚度不是很大，但具有异常高温（可达 1300℃），其带来的热源对沉积有机质成熟演化具有很大影响。岩浆的温度往往随岩浆的成分而变化，酸性岩浆的温度为 700~900℃，中性岩浆的温度为 900~1000℃，基性岩浆的温度为 1000~1300℃。

岩浆发生侵位后，形成的侵入体与围岩存在温度差，在温度差的作用下，热量由温度高的区域向温度低的区域传递。传热是在温度差的驱动下，通过分子相互碰撞、分子振动、电子的迁移传递热量的过程，可分为两种：

（1）稳态传热：传热系统中无能量积累，其特点是传热速率在任何时刻均为常数，且系统中各点的温度仅与热源的位置有关，与时间无关；

（2）非稳态传热：传热系统中各点的温度不仅与位置有关，而且随时间变化。

本次研究的火山岩对有机质成烃的热效应仅限于岩浆侵入体的热作用。

1. 热传导方程

设有一横截面积为 A 的均匀细杆，沿杆长方向有温差，其侧面绝热（图 4-1），考虑其热量传播的过程。

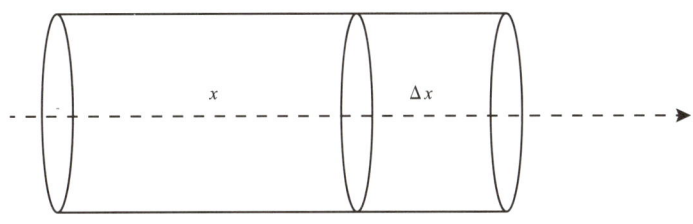

图 4-1　模型示意图

假设：(1)导热杆是均匀的，即杆上的密度视为相同；(2)侧面绝热，即热量只会沿着杆长方向传导，所以是一个一维问题。

如图 4-1 所示，取 x 轴方向与杆重合，以 $u(x,t)$ 表示杆上 x 点处在 t 时刻的温度。从杆的内部划出一小段 Δx，考察这一小段，在时间间隔 Δt 内热量流动情况。ρ 为杆的密度，则在 Δt 时间内引起小段 Δx 温度升高，所需热量为：

$$Q = c(\rho A \Delta x)[u(x, \Delta t) - u(x, t)] \qquad (4-1)$$

故当 $\Delta t \to 0$ 时，$Q = c\rho A u_t \Delta x \Delta t$。

式中：c 为材料的比热容，定义为单位质量的物体温度升高（或降低）1℃（或 1K）所吸收（或放出）的热量，在国际单位中，比热容的单位是 J/(kg·K)，常用的单位还有 kJ/(kg·℃)；A 为截面积。可以看出传递的热量为温度差×质量×比热容，即方程式 (4-1) 的左边为热容模型。

2. 火山岩体—围岩热传导模型

1) 模型建立

假定岩浆侵入具有恒定地温梯度的围岩中（图 4-2），其中侵入体顶面与盆地底的距离为 b_1，b_2 为侵入体底与盆地底的距离，b_1-b_2 为侵入体的厚度，地表温度 T_0，h 为盆地底埋深，a 为侵入体在 x 方向上长度的一半。

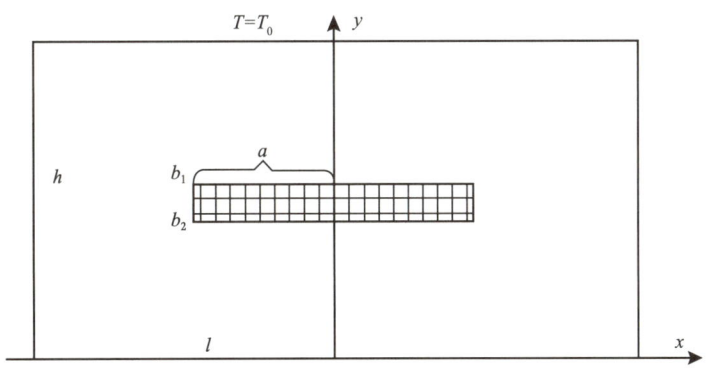

图 4-2　岩浆侵入体模型简图

依据热传导方程建立了描述侵入体附近温度场演化特征的模型。由于侵入体和围岩的热力学性质及地质的复杂性,假设侵入体的侵入是瞬间的,散热的方式主要是热传导,侵入体和围岩的热扩散率相同。因此,可建立根据岩浆侵入体—围岩热传导过程中遵循热量守恒定律的热传导方程,即:

$$\frac{\partial T}{\partial t}=k\nabla^2 T \qquad (4-2)$$

式中:$k=\dfrac{K}{\rho c}$,为热扩散率,m²/s;K 为热导率,W/(m·K);ρ 为岩石密度,kg/m³;c 为比热容,J/(kg·K)。式(4-2)通过傅里叶变换可以得到二维乃至三维热传导方程。

2)不同侵入体热传导模型应用效果对比。

根据上述岩浆侵入体热传导模型和 EasyRo% 模型,利用 VB 语言编写了描述岩浆侵入后围岩中温度场及有机质成熟度演化软件——TMMI(Thermal Modeling of Magmatic Intrusions),对比评价了不同岩浆侵入体热传导模型对不同规模、不同热力学性质侵入体热传导过程模拟结果的异同。

(1)模型参数确定。

地下深处高温熔融物质沿构造脆弱带上升,侵入到地层中,形成侵入体。这种侵入体在沉积盆地中普遍存在,厚度一般为几米到几十米,上百米的少见,岩性有辉绿岩、安山岩、玄武岩。尽管岩浆侵入体厚度不是很大,但是具有异常高温(可达 1300℃),其带来的热源对沉积有机质成熟演化具有很大影响。岩浆的温度往往随岩浆的成分而变化,酸性岩浆的温度为 700~900℃,中性岩浆的温度为 900~1000℃,基性岩浆的温度为 1000~1300℃。侵入岩一般为基性岩石,基性岩浆的初始温度为 1000~1300℃,模拟中选择的温度为 700℃、900℃、1100℃、1300℃。岩浆侵入体比热容取值 787.1J/(kg·K),导热率为 2.5W/(m·K),岩浆侵入体密度为 3010 kg/m³,地表温度为 10℃,地温梯度为 30℃/km。

(2)不同侵入体热传导模型模拟结果对比。

图 4-3 和图 4-4 分别给出了不同条件下岩浆侵入体发生侵位后不同模型计算的围岩中温度变化曲线。可以看出本文建立的模型和 Wang 模型计算结果十分相近(图 4-3 和图 4-4),而 Huter 模型计算的温度要低于本文模型和 Wang 模型计算值。从图 4-3 中看出侵入体温度衰减很快,在短短 100a 时间内,温度衰减到初始温度的 1/3 左右,说明这种高温的作用时间有限,侵入体温度一般在不到 1Ma 内就衰减到围岩温度。图 4-4 给出了 50m、100m 厚度侵入体时距离侵入体顶面 1 倍侵入体厚度处温度演化史,两处的温度均呈现先增加后降低趋势。尽管与侵入体的距离均为侵入体厚度的 1 倍,围岩达到的最大温度所需要的时间却不相同,达到的最高温度值也稍微不同,对于 50m 厚度的侵入体,达到最大温度所需要的时间约为 100a,对于 100m 厚度的侵入体,达到最大温度所需要的时间约为 500a。这一现象暗示不同厚度的侵入体对围岩温度和有机质成熟度影响的范围(与侵入体厚度的比值)不同。

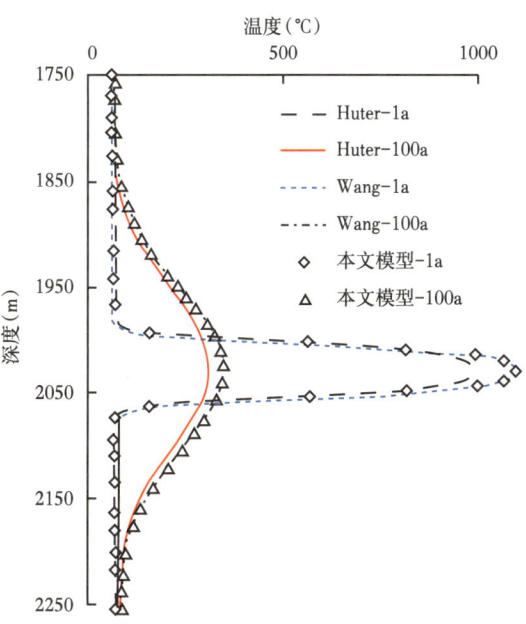

图 4-3　不同侵入体热传导模型计算结果对比图

模拟参数：侵入体顶面埋深 2000m，厚度 50m，初始温度 1100℃

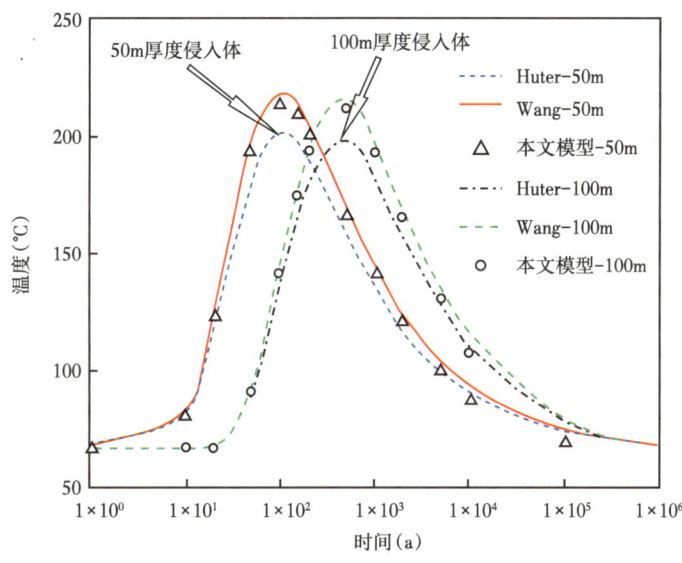

图 4-4　不同侵入体热传导模型计算的离侵入体顶面距离为 1 倍侵入体厚度处温度演化图

模拟参数：侵入体顶面埋深 2000m，初始温度 1100℃

由于镜质组反射率 R_o 是温度和时间共同作用的结果，也是地质上常用的描述有机质成熟度的指标，本次研究结合 Easy R_o% 模型计算了不同侵入体热传导模型引起的围岩成熟度

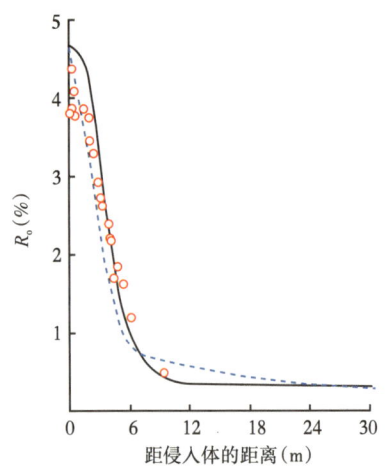

图 4-5 不同侵入体模型对实测 R_o 数据拟合对比图

圆圈代表实测 R_o 值；实线代表本文模型计算结果；虚线代表 Huter 模型计算结果；侵入体厚度 15m

变化值，并与文献报道的侵入体附近围岩 R_o 数据进行对比（图 4-5）。由于本文模型和 Wang 模型计算温度相同，这里只给出了本文模型和 Huter 模型计算 R_o 结果。可以看出 Huter 模型模拟计算的 R_o 值在 $R_o>3.5\%$ 时与实测 R_o 拟合效果较好，$R_o<3.5\%$ 时模拟计算的 R_o 低于实测 R_o 值。而本文所建立的模型计算值与实测 R_o 值接近，效果要优于 Huter 模型。同时本文所建立的模型可以方便地计算二维乃至三维空间内温度场及 R_o 值，因此下文只给出本文所建立模型计算的图版。

3）热传导模型对已知 R_o 的拟合

图 4-6 给出了模型计算的不同厚度侵入体附近 R_o 值与实测 R_o 值对比图，图中三角空心点为实测 R_o 值，实测数据取自文献报道数据。模型中需要的地表温度和地温梯度数据根据文献资料确定，岩浆侵入体密度、围岩热力学性质参数参考文献。由于岩浆侵入体初始温度难以获取，只能根据侵入体岩性估算初始温度范围，因此在模拟计算中通过反复调整侵入体初始温度来拟合实测 R_o，直到拟合最佳为止。通过这种不断调整计算，可以得到与实测数据拟合最佳时侵入体热传导模型参数。这样一旦确定了侵入体模型参数，就可以定量计算岩浆侵入体发生侵位后围岩中温度场及 R_o 演化史。从图 4-6 中可看出，所建立热传导模型可以很好地模拟不同厚度侵入体引起的围岩有机质成熟度变化情况。

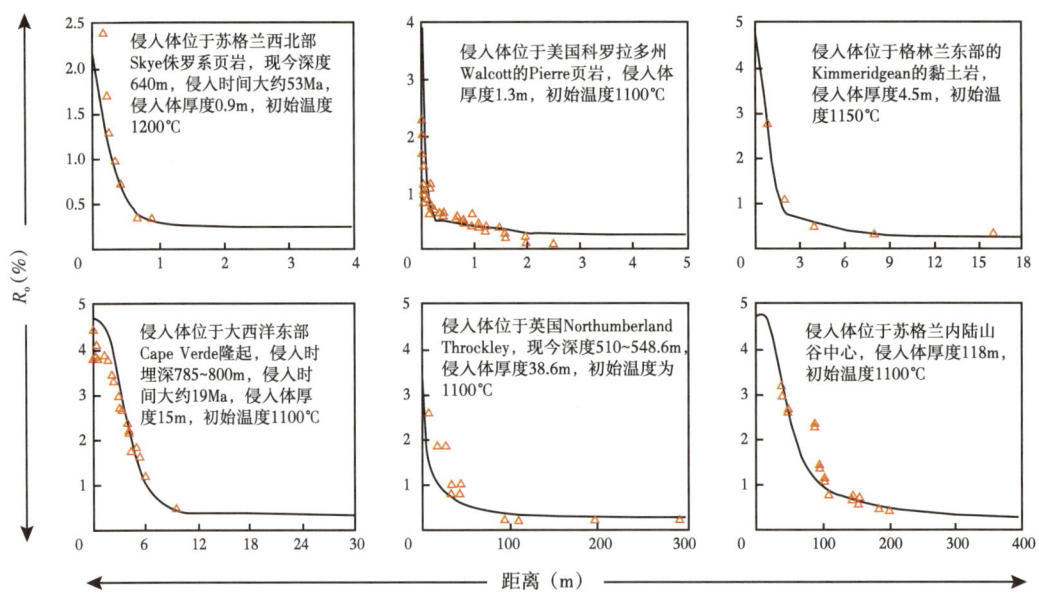

图 4-6 热传导模型模拟侵入体附近 R_o 变化结果

横坐标表示实测 R_o 点与侵入体的距离；实线部分为模型模拟的 R_o 结果，三角空心点为实测侵入体附近的 R_o 值

3. 化学动力学模型

化学动力学是物理化学的一个重要分支学科,其所要探讨的主要内容是从动态角度由宏观到微观探索化学反应全过程的速率和机理,即研究化学反应过程的速率。同时探索化学反应过程中诸内因(结构、性质等)和外因(浓度、温度、催化剂、辐射等)对反应速率(包括反应方向变化)的影响,以及探讨能够解释这种反应速率规律的可能机理。作为研究化学反应速度和反应机理的一门基础学科,化学动力学理论在油气资源评价中得到了广泛应用。与化学工业生产中所遇到的大规模快速化学反应过程相比,地球化学领域内研究的油气生成过程,实际上属于地质条件下低温、长时间的慢速反应过程。所以有机质成油、成气及油成气动力学的研究可以借鉴化学动力学研究中所涉及的基本概念、基本原理和研究方法。

目前,石油行业所报道、所描述的有机质成烃化学动力学模型有:(1)总包反应;(2)串联反应(假定随着反应的进程,动力学参数将发生变化,实际操作中则假设反应进行到某一程度时动力学参数发生变化);(3)平行反应;(4)连串反应等多种反应速率模型,并且每一种模型又可分为若干亚型。例如,平行反应又可以分为无限个平行反应和有限个平行反应,其中根据所采用平行反应方程中频率因子是否相同又分为具有一个相同频率因子(A)和一个活化能(E)分布的平行反应(SFF 模型)及具有不同频率因子和一个活化能分布的平行反应(MFF 模型)。

1)总包反应(Overall Reaction)动力学模型

所谓的总包反应实质上是用一个简单反应来描述一个可能比较复杂的反应过程。不难理解,由于沉积有机质组成的异常复杂性,其成烃过程也相应地将比较复杂,如它可能由一系列的平行反应和连串反应所构成。但是标定这类复杂模型时的计算量相当大,而在这方面研究的早期,计算机还难以满足这类要求。因此,早期的研究大多采用总包反应模型,这相当于将干酪根的成烃过程视为一个简单的分解反应过程,即:

$$A \rightarrow B+R \tag{4-3}$$

式中:A 为干酪根;B 为油气等挥发性产物;R 为残炭等非挥发性产物。其反应速度微分方程式为:

$$\frac{dC_A}{dt} = -kC_A^n \tag{4-4}$$

式中:C_A 为作为反应物的干酪根的即时浓度;$\frac{dC_A}{dt}$ 为反应速度;n 为反应级数;k 为反应速度常数。按阿仑尼乌斯方程,k 可表示为:

$$k = Ae^{-\frac{E}{RT}} \tag{4-5}$$

式中:A 为指前因子(量纲与反应级数有关,对一级反应为 min^{-1} 或 s^{-1});E 为反应的表观活化能,kJ/mol;R 为气体常数,取值 1.987×4.187J/mol;T 为绝对温度,K。

2)串联(Friedman Type)反应动力学模型

串联反应模型将干酪根的热解过程视为一系列串联的具不同活化能(E)和指前因子(A)的反应,即热解达某一生烃率时,热解反应具有某特定的E、A、反应级数n。即:

$$\left(\frac{dx}{dt}\right)_{T,x} = A(x)\exp[-E(x)/(RT)](1-x)^n \tag{4-6}$$

式中:x为反应进行至t时刻所生成的烃量,可用它占干酪根总可反应量的分率表示,即它表示了干酪根的生烃率;T为绝对温度;R为气体常数;$A(x)$,$E(x)$为作为干酪根转化率(x)函数的指前因子和活化能;n为反应级数。目前,国内的串联反应模型多取$n=1$。动力学参数的求取可以通过对不同升温速率实验数据进行作图,采用线性回归的办法获得动力学参数。

3)连串(Sequential Reaction)反应动力学模型

连串反应指的是要经过几个连续的基元反应才能得到最后产物,并且前一个基元反应的产物是最后一个反应的反应物。尽管目前采用连串反应描述有机质生烃过程的应用较少,但是从目前三类热模拟生烃实验(开放体系、无水密闭体系、有水密闭体系)结果来看,干酪根初次降解产物中以杂原子的大分子的化合物(NSOs)为主。

连串反应模型是描述A→B→C的反应,其中B是中间产物。干酪根在热解过程中先形成热解沥青或NSOs和部分非烃类气体及残留物,之后中间产物NSOs再热解为烃类和部分非烃类气体及残留物。根据这一反应机理,可以建立干酪根热解的连串反应动力学模型。假设实验室升温速率为恒速升温,则:

$$\frac{dK}{dt} = -k_1 K \tag{4-7}$$

$$\frac{dB}{dt} = k_1 f_1 K - k_2 B \tag{4-8}$$

$$\frac{dO}{dt} = f_3 k_1 K + k_2 f_2 B \tag{4-9}$$

式中:K为干酪根质量分率;B为NSOs质量分率;O为油质量分率;k_1为干酪根热解生成中间产物NSOs的速率常数;k_2为NSOs生成油气的速率常数;f_1为干酪根热解成中间产物的量占总干酪根的分率;f_2为热解沥青分解成油气的量占沥青总分量的分率;f_3表示干酪根热解成油气的量占总干酪根的分率。

4)平行反应(Parallel Reaction)动力学模型

对于平行一级反应,根据反应个数可以分为无限个平行反应和有限个平行反应,其中根据所采用平行反应方程中频率因子是否相同又分为具有一个相同频率因子(A)的平行反应和具有不同频率因子的平行反应。原则上讲,所设定的平行反应的数目越多,就越有可能接近有机质的真实成烃过程。根据活化能分布函数形式可分为服从离散(Discrete)分布、正态(Gaussian)分布、韦布(Weibull)分布、二项(Binomial)分布、伽马(Gamma)

分布的动力学模型，其中前三种分布模型研究和应用居多，而这三种分布模型中离散分布模型在目前研究和应用中最多。

平行一级动力学模型可用方程式（4-10）描述：

$$x = \int_0^\infty \exp\left[-\int_0^T k(t)\mathrm{d}t\right] D(E)\mathrm{d}E \tag{4-10}$$

式中：$D(E)$ 为活化能分布函数。对于正态分布函数：

$$D(E) = (2\pi)^{-\frac{1}{2}} \sigma^{-1} \exp\left[-(E-E_0)^2 / (2\sigma^2)\right] \tag{4-11}$$

对于韦布分布函数：

$$D(E) = (\beta/\eta)[(E-\gamma)/\eta]^{\beta-1} \exp\left[-(E-\gamma)/\eta\right]^\beta \tag{4-12}$$

式中：σ 为高斯正态分布的方差；β 为韦布分布的形状参数，又称韦布斜率；η 为韦布分布的缩放参数，又称缩放因子。

对于离散分布，则假定活化能在一定范围内以一定的间隔分布，比如国内学者卢双舫常采用活化能在 160~340kJ/mol（或 140~320kJ/mol）范围内，以 10kJ/mol 为间隔的 19 个平行反应的离散分布。

结合实验所得到的结果，参考 Fjeldskaar（2008）模型，并对其进行改进获得改进中的 Fjeldskaar 模型（Fjeldskaar 模型对地温梯度的考虑不够全面，本次研究在其基础上将地温梯度加入到模型中），建立起烃源岩生油、生气、原油裂解气动力学方程［方程式（4-13）至方程式（4-15）］，达到定量评价生烃目的。对上述化学动力学模型进行结果标定；模型计算的结果和实验结果拟合程度很高，相关系数可达到 90%~98%，表明动力学模型完全能够反映烃源岩生烃全过程。

有机质成烃（油、气）动力学模型：

生油：

$$XO = \sum_{i=1}^{NO} XO_i = \sum_{i=1}^{NO}\left(XO_{i0}\left\{1 - \exp\left[-\int_{T_0}^T \frac{AO_i}{D} \exp\left(-\frac{EO_i}{RT}\right) \mathrm{d}T\right]\right\}\right) \tag{4-13}$$

生气：

$$XG = \sum_{i=1}^{NG} XG_i = \sum_{i=1}^{NG}\left(XG_{i0}\left\{1 - \exp\left[-\int_{T_0}^T \frac{AG_i}{D} \exp\left(-\frac{EG_i}{D}\right) \mathrm{d}T\right]\right\}\right) \tag{4-14}$$

原油热裂解成气动力学模型：

$$XOG = \sum_{i=1}^{NOG} XOG_{i0}\left\{1 - \exp\left[-\int_{T_0}^T \frac{AOG_i}{D} \exp\left(-\frac{EOG_i}{D}\right) \mathrm{d}T\right]\right\} \tag{4-15}$$

应用建立起的火山作用热动力学模型，对松辽盆地徐家围子断陷进行了天然气重新计算与评价。松辽盆地晚侏罗世—早白垩世断陷期，具有频繁的火山活动，主要有三次活动规模较大,火山活动时期分别为火石岭组二段沉积期、营城组一段沉积期和营城组三段沉积期。松辽盆地北部深层火山岩主要为喷发岩,喷发岩由于直接喷出地表,其热量迅速散失,仅对其下伏地层产生轻微的接触变质作用。但它的产生必然引起区域性地温梯度升高,对区域油气的生成肯定会产生影响。由于主力气源岩泥质岩与煤岩均处于三次热事件的长期作用过程中,使得烃源岩有机质在沉积初期就处于较高的热流环境中,相应地促进了烃源岩有机质的成熟热演化成烃过程。

二、实验装置与模拟实验

确定烃源岩生烃时间和生烃量是评价盆地油气资源潜力的主要内容之一,而生烃动力学方法是确定烃源岩生烃时间和生烃量的有效方法。这一方法需要结合盆地内埋藏史、热史、烃源岩质量及烃源岩的生烃动力学参数。一般来说,埋藏史—热史通过地层、岩性、热导率、地表温度、热流和其他成熟度参数来确定,烃源岩质量通过其发育分布、有机质丰度、类型等确定,而烃源岩的生烃动力学参数则需要通过热模拟实验来确定。获得了生烃动力学参数,通过结合埋藏史—热史就可以得到烃源岩生烃(油、气)转化率剖面,进一步结合烃源岩质量就可以方便地评价烃源岩生烃史及生烃量。可以看出热模拟生烃实验在这一过程中起关键作用。

国内外已有许多学者用不同的实验设备(如高压釜、真空管、金管、Rock-Eval 热解仪及各种自制的加热设备),在不同的加热温度范围、时间和压力条件下,对各类烃源岩进行了许多热模拟生烃实验。实验可分为密闭体系和开放体系,实验过程中可分为加水热解和干法热解,加热方式可分为恒温热解和恒速升温热解;恒速升温实验的设备主要有 Rock-Eval 热解仪、MSSV、金管。本节主要采用开放(Rock-Eval、TG-MS)和金管两种体系热模拟装置进行生烃实验。

1. 样品

表 4-1 列出了所用样品基本地质地球化学资料,表 4-2 列出了油样的元素和碳、氢同位素组成信息,表 4-3 列出了所采样品泥质与煤岩烃源岩元素组成。

表 4-1 样品的基本地质地球化学资料

样品	层位	岩性	R_o (%)	TOC (%)	T_{max} (℃)	HI (mg/g TOC)	OI (mg/g TOC)	S_2 (mg/g)	类型
松辽煤	Ksh	煤	0.50	73.39	427	217	3	159.28	II_2—III
杜13井	Ksh	泥岩	0.56	2.00	432	190	197	3.79	II_1

表 4-2 油样元素及碳、氢同位素组成信息

样品	碳同位素 ^{13}C(‰)	氢同位素 D(‰)	元素百分含量(%)				
			C	H	N	S	O
大庆轻质油	-29.04	-120.39	—	—	—	—	—

注:"—"表示未检测。

表 4-3　松辽盆地深层沙河子组暗色泥岩及煤样元素组成

样品	N（%）	C（%）	H（%）	O（%）
杜 13 井泥岩	0.30	1.50	1.03	4.60
沙河子组煤岩	0.51	69.95	5.24	12.46

2. 实验

1）Rock-Eval、PY-GC 实验

采用 Rock-Eval-II 型热解仪，进样量 100mg，升温速率 25℃/min，进行 T_{max}、HI、OI 等分析。开放体系有机质成烃实验采用 Rock-Eval-II 型热解仪，泥岩样品进样量 100mg，煤岩及干酪根进样量 30mg，在不同升温速率条件下（10℃/min、20℃/min、30℃/min、40℃/min、50℃/min）将样品从 200℃ 加热升温至 600℃，实时记录产物量，即可得成烃率—温度关系。然后在相同的加热温度范围和升温速率条件下，以 30℃ 的温度间隔收集热解产物并进行气相色谱分析（即 PY-GC 分析），从气相色谱图上定出各个温度段气体（C_1—C_5）和液体（C_{6+}）组分的相对含量，结合前一实验结果，即可将产烃（油+气）率—温度关系曲线转换为产油率—温度和产气率—温度关系两条曲线，以供标定有机质成油、成气的动力学参数之用。

2）TG-MS 实验

样品在惰性气体保护下（氩气，流量 45mL/min），分别以 1℃/min、5℃/min、10℃/min 的升温速率从 30℃ 加热到 1000℃，样品质量 10mg 左右，仔细研磨。热重分析仪为法国 SETARAM 公司生产的 TGA92 型。采用瑞士 Balzers 仪器生产的 OmniStar^{TM} 200 小型在线质谱仪（四级滤质质谱仪 QMS422）检测产物产率信息，质谱仪具体参数如下：检测荷质比范围 1~300amu，扫描速率 0.2~60s/aum（图 4-7）。为了保证质谱检测的精度，每个样品分析前 30℃ 时恒温 2h，同时进行 2h 的吹扫过程，直到所有分析产物的基线平稳后再以设定的升温速率进行恒速升温热解。

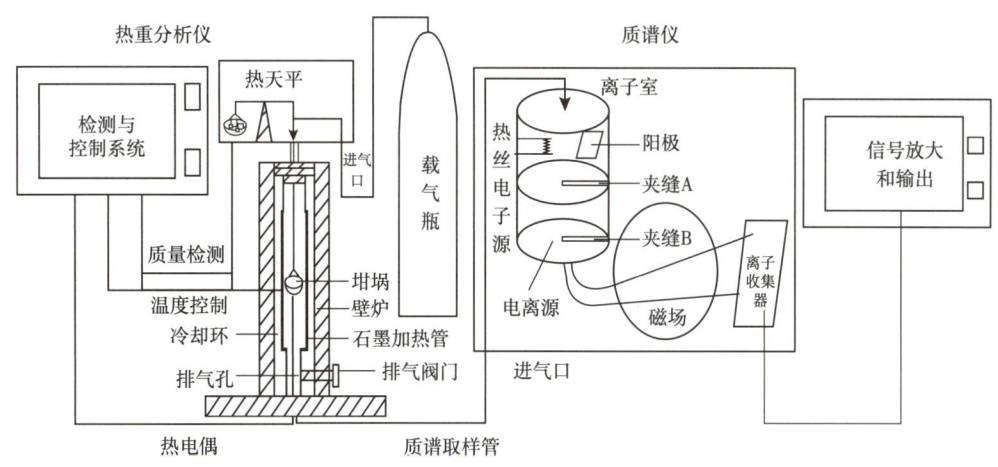

图 4-7　TG-MS 联用分析仪装置图

3）金管实验

金管实验是近年来国际上比较流行的密闭体系热模拟实验方法，它的突出优点是利用金管良好的可塑性对实验压力进行灵活设置和调控，而所施加的压力正是研究所需的流体压力。本文即用金管实验来研究地质条件下有机质和原油裂解成气的过程及其成气动力学行为。

实验装置及过程如下：实验用金管的壁厚为 0.2mm，外径 4mm，最大容积 $1cm^3$；加样量范围为 5~100mg 油样 / 干酪根 / 煤。将装样后的金管置于氩气箱中，置换出管中空气，用高频焊机进行焊封，如图 4-8 所示。将焊封好的金管放入以水为压力介质的高压釜中，系统可同时接入 15 个高压釜。每一个高压釜连接一个截止阀并最终连接于同一压力系统中。这样各个金管都处在相同的压力、温度条件下。压力、温度系统都受控于中心控制电脑。实验装置图如图 4-9 所示。

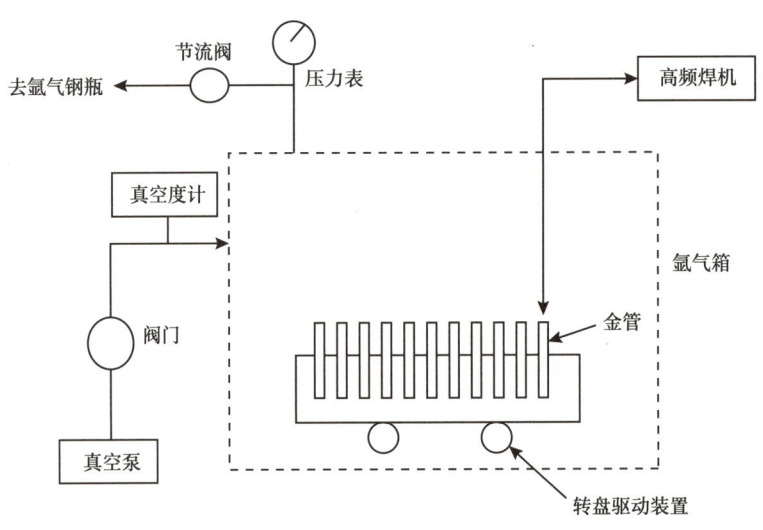

图 4-8　金管自动焊封装置

由烃气体积和样品量可得各实验点单位质量样品的产气量。极限产气率一般根据实验数据进行外延获得。本次研究将尝试探讨不同极限产气率对模型参数标定结果的影响，以及地质外推的异同。各实验点产气率与极限产气率的比值即为各点的成气转化率，由此可得成气转化率—受热温度关系曲线，供标定油成气的化学动力学模型用。

3. 结果分析

1）Rock-Eval 实验产物特征

在国内外 Rock-Eval 热解生烃实验中不区分油、气，常用来计算生烃动力学参数（Bulk Kinetic Parameters）。结合 PY-GC 实验装置可以进行油气分离，国外则采用在线的 PY-GC 实验，在线检测烃类各组分。开放体系 Rock-Eval 实验得到的为样品生烃强度信号值，信号值受诸多方面因素的影响，比如进样量、样品的均一性、受热温度、升温速率等。从目前实验结果来看，很难对同一样品不同升温速率或者不同样品之间的生烃特征

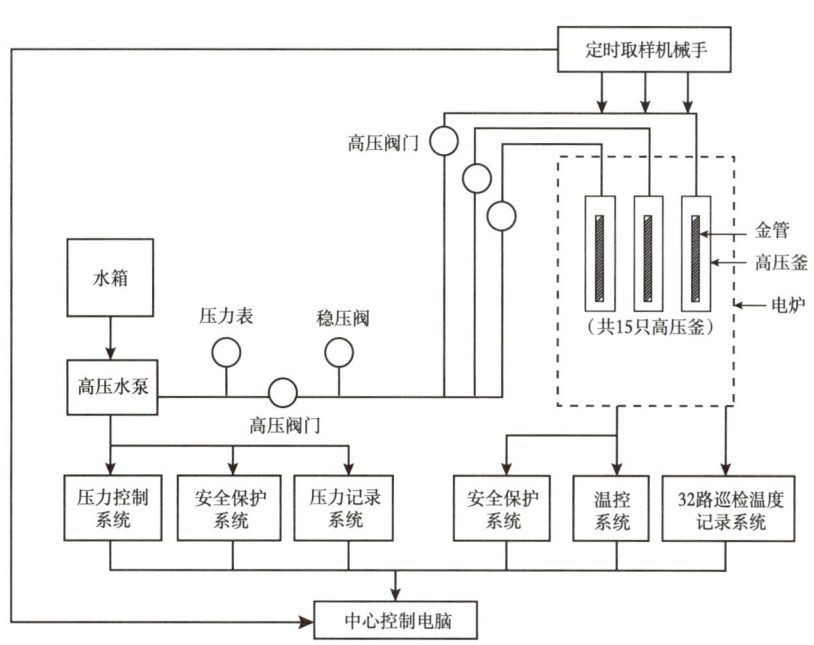

图 4-9 高温高压热解装置示意图

（生烃量多少）分析，只能对各样品各升温速率本身信号强度进行归一化处理后的生烃转化率特征进行对比研究，由于缺少了绝对生烃量信息而显得意义不大。图 4-10 给出了松辽盆地沙河子组煤岩 Rock-Eval 实验结果及数据处理后得到的成烃转化率与温度关系图；从图 4-10 中可以看出，在相同温度时，慢速升温速率实验获得的成烃转化率要高于快速升温速率实验获得的成烃转化率；暗示着地质上不断深埋情况下（慢速升温）的有机质生烃过程可以在实验室用高温快速生烃实验反演。

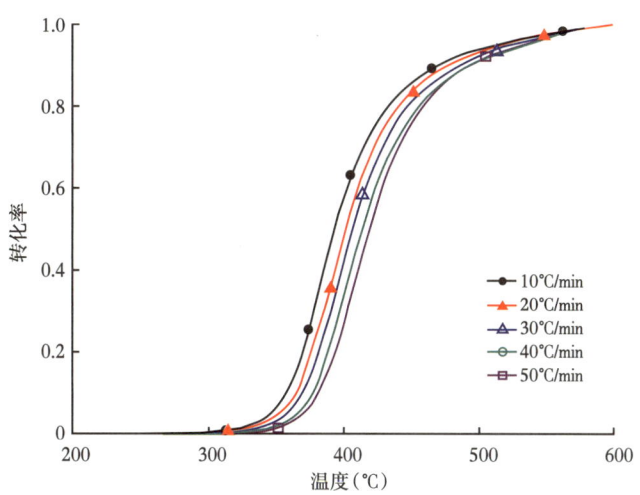

图 4-10 松辽盆地沙河子组煤岩 Rock-Eval 实验成烃转化率与温度关系图

2）TG-MS 实验产物特征

从样品的热失重、失重速率曲线可以看出，煤岩热失重达 40% 左右。可将煤的热分解分为三个阶段，第一阶段是小于 200℃，损失水分及吸附的气体；第二阶段为 200~500℃，主要是大分子键断裂阶段，主要产物是水、烃类、二氧化碳，这一阶段也是煤岩质量损失最快阶段（T_{DTGmax}=400℃）；第三阶段高于 500℃，主要是芳香结构的缩聚反应，产物主要是氢气、甲烷、一氧化碳（图 4-11）。

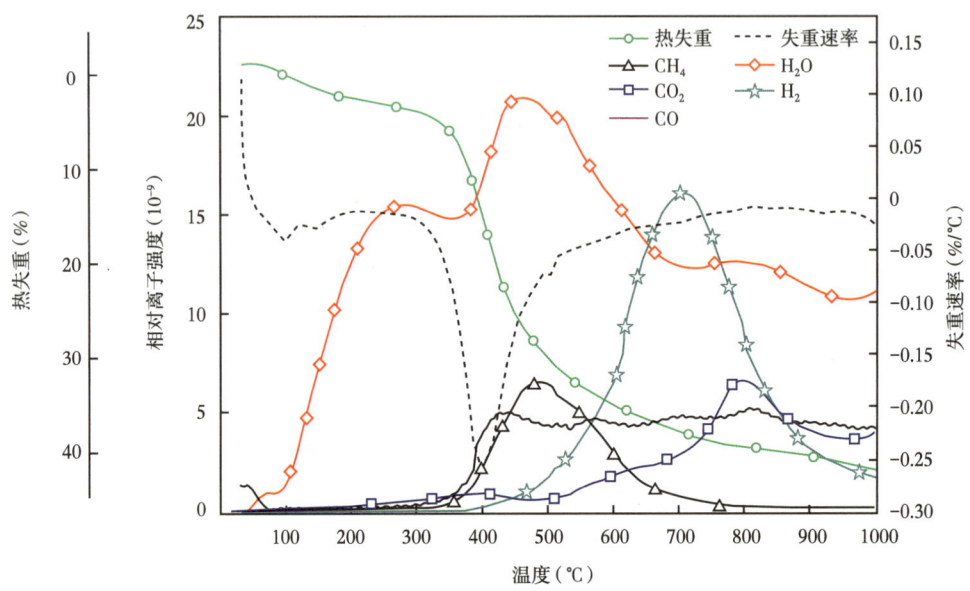

图 4-11　煤岩热失重、失重速率及部分产物析出强度图

3）金管实验产物特征

密闭体系有多种装置可以进行生烃动力学研究，其中 MSSV 和封闭金管高压釜应用较多，可以用于存在二次裂解和成熟度较高天然气的研究。前文已经指出了金管实验的优越性。

（1）有机质密闭体系裂解产物特征。

随着温度升高，总烃气质量产率逐渐增高，在高温阶段（约 500℃）泥岩总烃气质量产率出现下降趋势。

重烃气的产率则是随着温度升高先升后降，煤岩在高温阶段甲烷产率或总烃气质量产率一直呈明显增加趋势的原因可能是由于在低温阶段热解的正构烷烃产物与沥青或者干酪根发生缩聚/再结合作用形成了具有较高热稳定性的产物，这一产物在高温阶段可以再次生成甲烷（图 4-12）。

（2）原油密闭体系裂解产物特征。

随着温度升高总烃气质量产率逐渐增加，在高温阶段则出现下降趋势，重烃气则先增高后降低。湿度在低温时快速上升，在重烃气产率达拐点前，湿度逐渐降低，说明在重烃气大量裂解前甲烷的生成速率超过了重烃气生成速率,也说明甲烷除了重烃气裂解来源外,也应该有更大分子裂解的贡献。

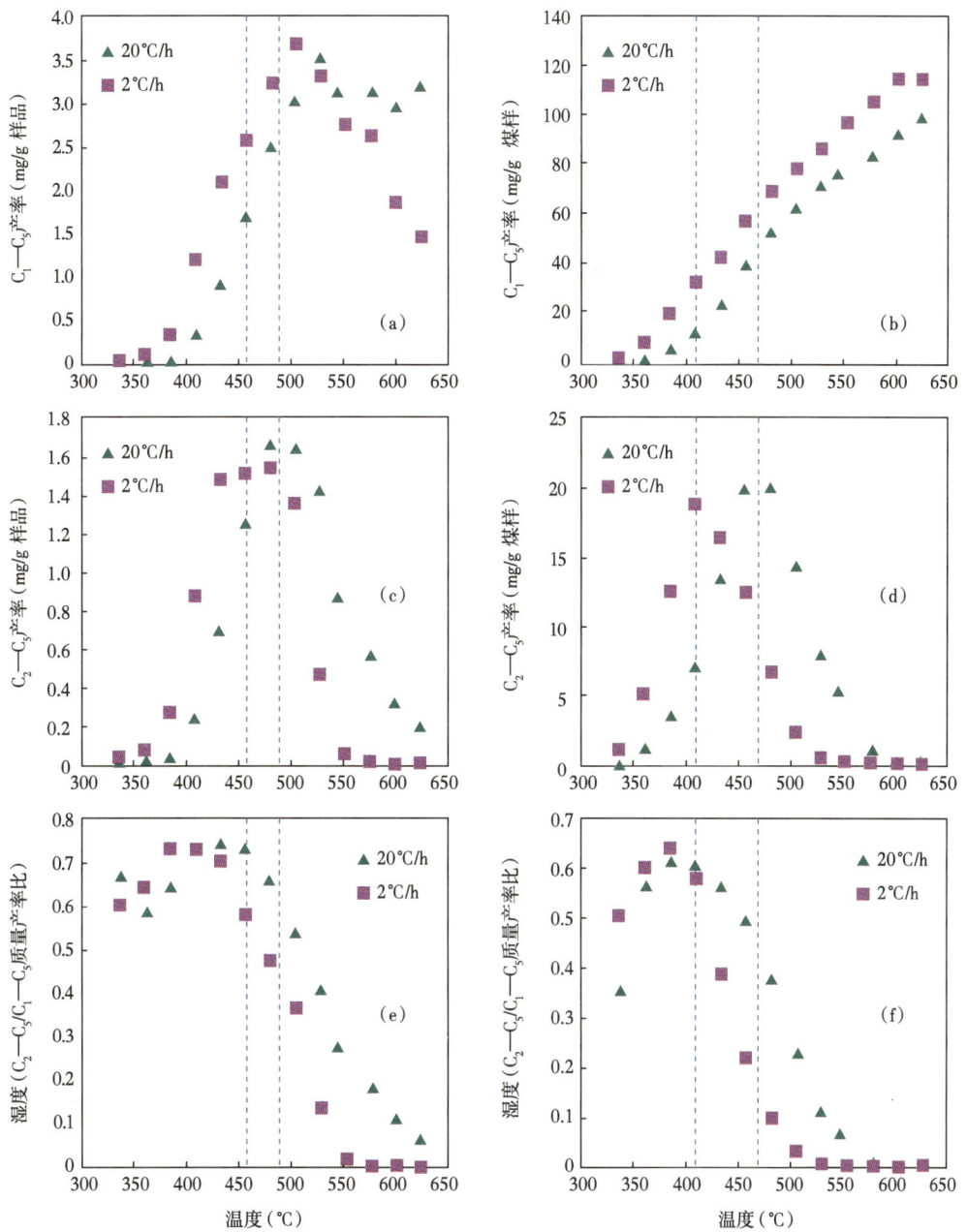

图 4-12　松辽盆地沙河子组泥岩和煤岩金管密闭体系热解产物特征

(a)泥岩总烃气质量产率;(b)煤岩总烃气质量产率;(c)泥岩重烃气质量产率;(d)煤岩重烃气质量产率;(e)泥岩热解过程中湿度变化;(f)煤岩热解过程中湿度变化

在高温阶段，总烃气质量产率的降低表明重烃气在裂解过程中除了生成小分子产物甲烷外，还有热解沥青的存在（应该是缩聚反应的产物）（图4-13）。

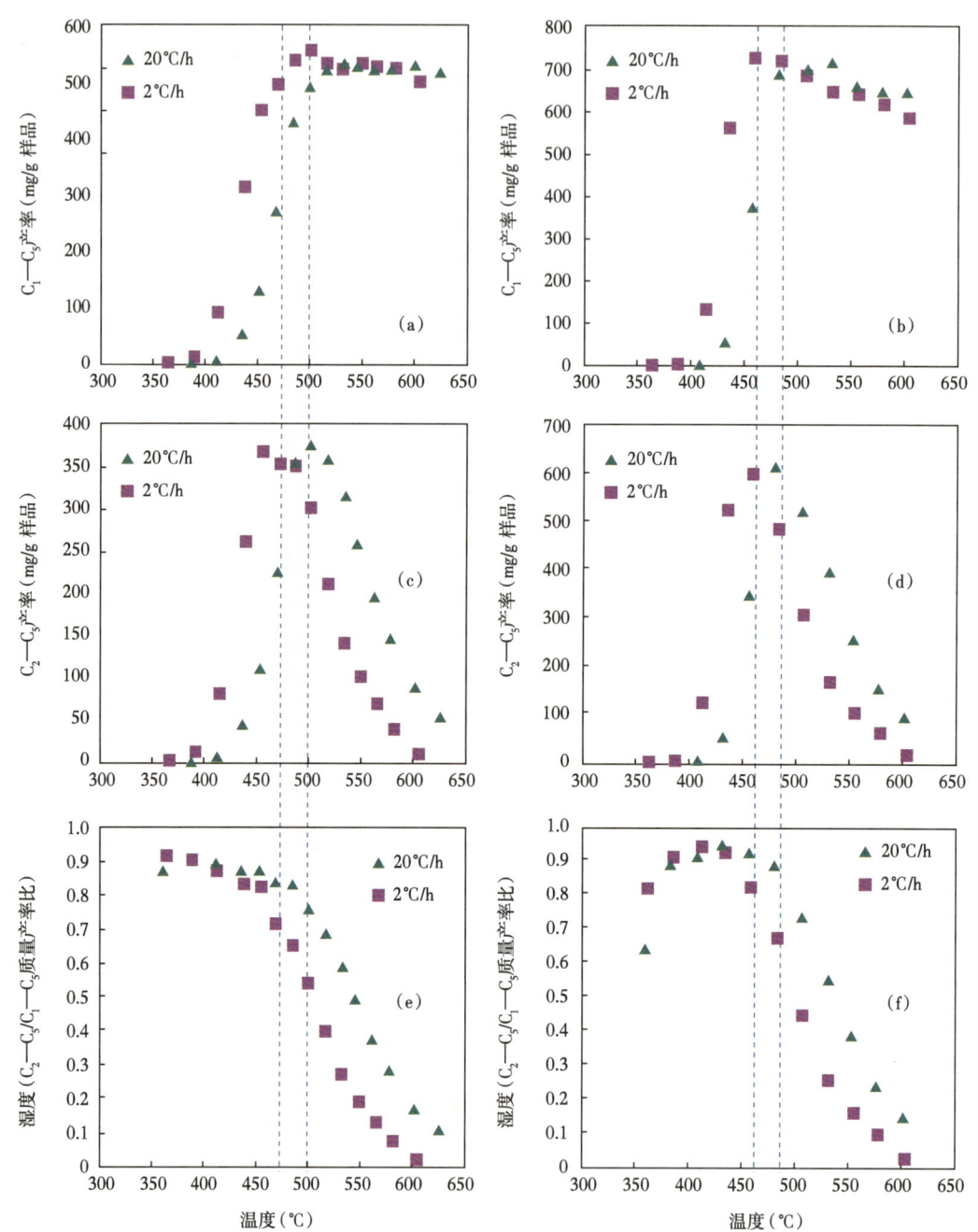

图4-13 原油裂解过程中烃气质量产率变化特征

（a）轮南57井原油总烃气产率；（b）大庆轻质油总烃气产率；（c）轮南57井原油重烃气产率；（d）大庆轻质油重烃气产率；（e）轮南57井原油裂解过程中湿度变化规律；（f）大庆轻质油裂解过程中湿度变化特征

4. 高演化阶段有机质生烃研究

目前，国内热模拟实验温度多在 600℃ 以下完成，而已有的研究表明，在 600℃ 的实验条件下有机质并没有转化完全。从实验结果（无论是开放实验还是密闭实验）来看，在 600℃ 左右时甲烷的生成过程（尤其是对煤岩有机质）还远远没有结束，因此所用的模型能够描述的成熟度上限多在 R_o 为 2%~3%。我国西部叠合盆地的碳酸盐岩现今的成熟度一般都高于 2.0%，从其热模拟结果及实例剖析来看仍然具备生气潜力，并认为可以作为替补气源，同样煤岩在高—过成熟阶段仍具备生气潜力。从图 4-14 干酪根和煤 H/C 原子比与 R_o 关系来看，煤在较高成熟度时仍然具有生气潜力。

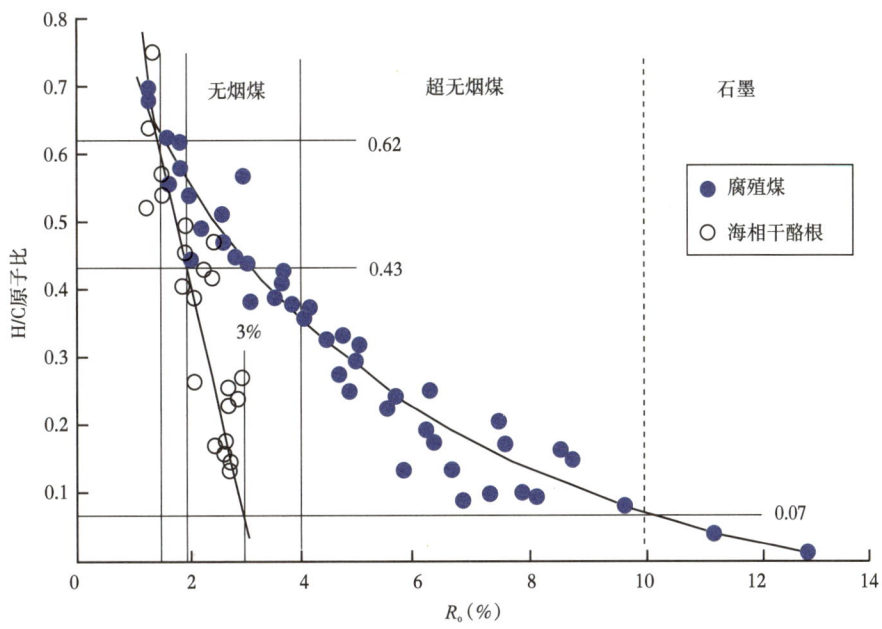

图 4-14 腐殖煤、海相烃源岩干酪根 H/C 原子比随成熟度变化图

图 4-15 中可以看出，在 10℃/min 的升温速率下，达到 600℃ 对应的 R_o 约为 2.58%，达到 1000℃ 时对应的 R_o 约为 6%；50℃/min 的升温速率下，达到 600℃ 对应的 R_o 约为 2%，达到 1000℃ 时对应的 R_o 约为 5.8%；1℃/min 升温速率下，达到 600℃ 对应的 R_o 约为 3.5%，达到 1000℃ 时对应的 R_o 约为 6.2%。在国内主要采用 Rock-Eval-Ⅱ 型热解仪进行，温度不超过 600℃，升温速率最低常为 10℃/min，最高 50℃/min。近两年国内引进了 Rock-Eval-Ⅵ 型热解仪，最高温度可达 750℃，最低升温速率为 0.1℃/min。国外最近几年开放体系的热解仪器主要有 Rock-Eval-Ⅵ 型热解仪和 PY-GC 在线分析仪。可以说在生烃模拟实验中，国外学者采用的实验温度更高，升温速率更低。

高演化阶段有机质生烃研究可以正确评价油气生成过程，尤其是生成期的评价，如果按照 TG-MS 实验数据结果进行评价，生成期将会延迟（与常规开放体系实验结果相比）。对于天然气来说，生成越晚对于成藏保存越有利。

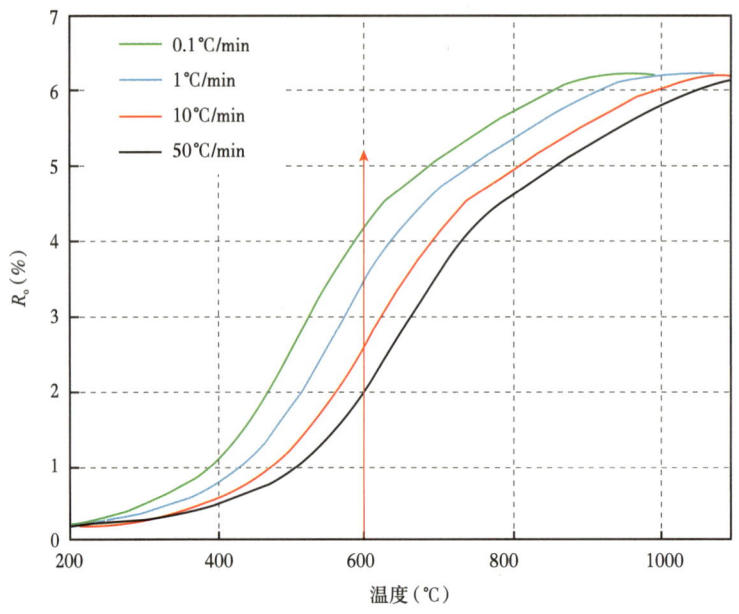

图 4-15 扩展的 Easy $R_o\%$ 模型计算的不同升温速率实验条件下温度与 R_o 关系

从图 4-16 中煤岩 TG-MS 实验结果来看,生成甲烷的温度区间在 200~850℃,结合扩展的 Easy $R_o\%$ 模型,生甲烷转化率达到 10% 时对应的 R_o 为 0.7%,转化率 50% 时,R_o 为 1.3%,转化率 90% 时,R_o 为 3.2%。

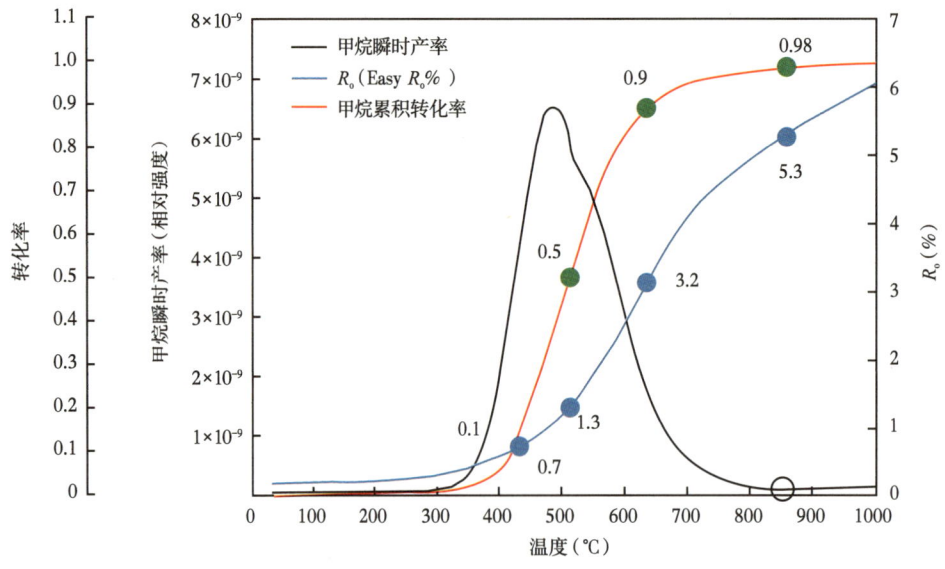

图 4-16 松辽盆地沙河子组煤岩 TG-MS 高温热模拟实验甲烷瞬时产率与 R_o 关系图
开放体系,温度范围 30~1000℃,升温速率 10℃/min

从金管密闭体系实验结果及分析来看（图 4-17），在 R_o 达到 4.5% 以上时，煤岩仍具有较强的生气能力，而开放体系（TG-MS）中甲烷在 R_o 约为 3.2 时就达到 90%。如果以 850℃ 作为 TG-MS 实验中煤岩生甲烷结束温度，则对应的 R_o 约为 5.3%。金管实验中高演化阶段煤岩仍具有较强的生气能力（甲烷），这与煤岩在低温阶段生成的正构烷烃产物通过环化和芳香化作用与干酪根/热解沥青再次结合生成新的稳定性较高的干酪根有关。

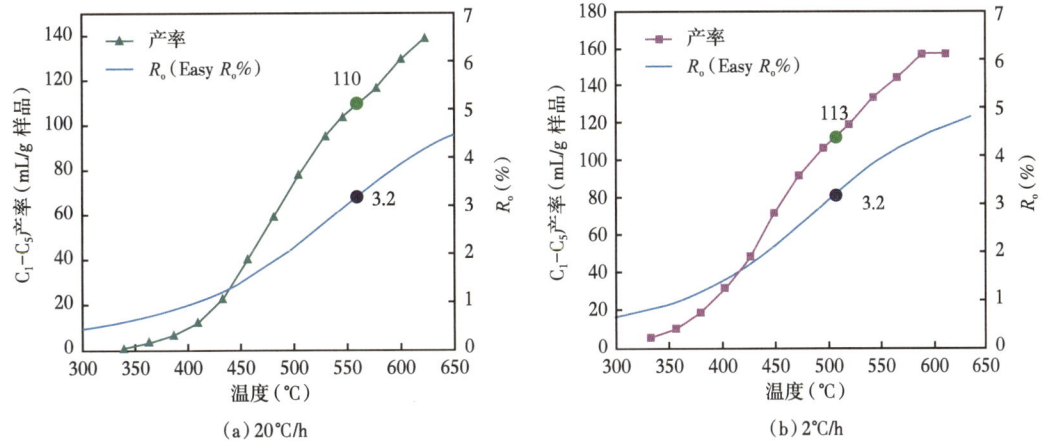

图 4-17　松辽盆地沙河子组煤岩金管热模拟实验甲烷瞬时产率与 R_o 关系图（密闭体系）

三、理论基础与模型建立

1. 岩浆侵入体散热过程的数值模拟

1）岩浆侵入体散热特征及其对围岩的影响

为了考察不同规模侵入体，不同热力学性质，以及多个岩浆侵入体散热过程及其对有机质成熟作用的影响，利用 VB 语言，根据本章第一节建立的岩浆侵入体热传导模型和 EasyR_o% 模型编写了描述岩浆侵入后围岩中温度场及有机质成熟度演化的软件——TMMI（Thermal Modeling of Magmatic Intrusions）。

为了更加深入了解岩浆侵入后围岩温度场演化规律，模拟计算了 50m 厚度的侵入体侵位后围岩温度场，并与 BMT 软件模拟计算结果进行对比。图 4-18 给出了 50m 厚度的侵入体侵入后围岩温度场在 10000a 内的演化特征图。模拟岩浆侵入体初始温度 1000℃，其他模拟参数见表 4-4。

从图 4-18 中可以看出岩浆侵入后在短时间内温度达到最大值，随后急剧降低，其中 200a 以内温度衰减最快，而在岩浆发生侵位之后 10000a 时，围岩温度与正常沉积所产生的温度相差不大，与 Fjeldskaar（2008）认为的岩浆侵入体发生侵位后围岩温度快速升高，随后急剧衰减，一般不到 1Ma 围岩中温度场几乎与正常沉积所产生的温度场相同的结论一致。

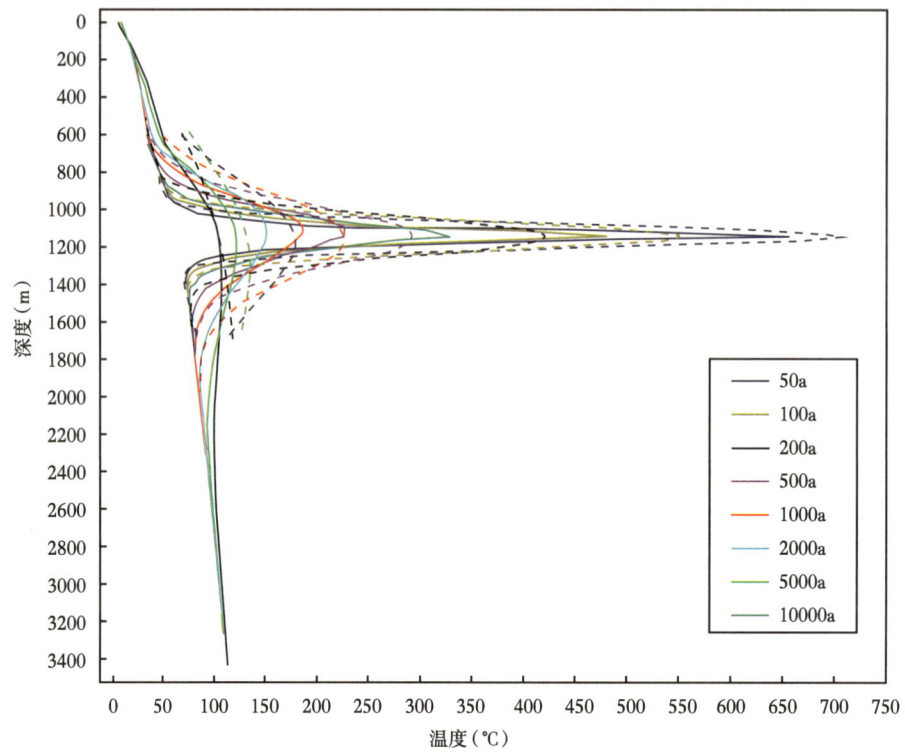

图 4-18 模拟 50m 厚度的侵入体侵入后围岩中温度演化图

图中实线部分为 BMT 软件模拟结果，虚线部分为本文建立的模型模拟结果

表 4-4 岩浆侵入体模型参数

比热容 [J/(kg·K)]	787.1
导热率 [W/(m·K)]	2.5
地温梯度（℃/m）	0.03
密度（kg/m³）	3010
地表温度（℃）	10
侵入体长度（m）	5000

2）岩浆侵入体对围岩有机质热成熟度影响的范围

图 4-19 给出了 118m 厚的岩浆侵入体具有不同初始温度时所引起的围岩中有机质成熟度（R_o）演化图，其中横轴表示模拟深度点与接触面（侵入体和围岩）的距离。可以看出，初始温度对围岩有机质成熟度有一定影响，初始温度越高，对于相同的距离引起热演化的程度越高，对有机质成熟作用的影响范围也越大，反之，则越低和越小。

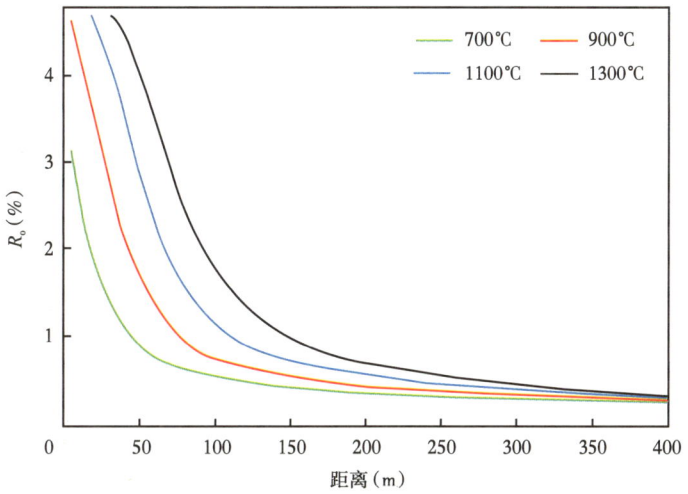

图 4-19　不同岩浆侵入体初始温度与围岩有机质 R_o 关系图（侵入体厚度 118m）

地质情况往往是复杂的，有可能是多期次、多层位侵入体侵入，本次研究假定某盆地发生岩浆侵入，侵入时间为 32Ma，一共有 4 个侵入体，其中厚度自下而上分布是 50m、100m、30m、50m，利用 BMT 软件模拟了岩浆侵入体对围岩有机质热成熟度的影响，其中侵入体初始温度 1000℃，模拟岩浆侵位发生后 50×10^4a 以内的温度演化图（图 4-20），从图中可以看出，岩浆侵入后短时间内温度达到最高，呈现多峰形态，并衰减很快。在经历 1000a 之后，多峰形态消失，围岩中温度受附近多个侵入体的影响，具有叠加性，在岩浆发生侵位之后 50×10^4a 时，围岩温度逐渐趋近正常沉积所产生的温度。

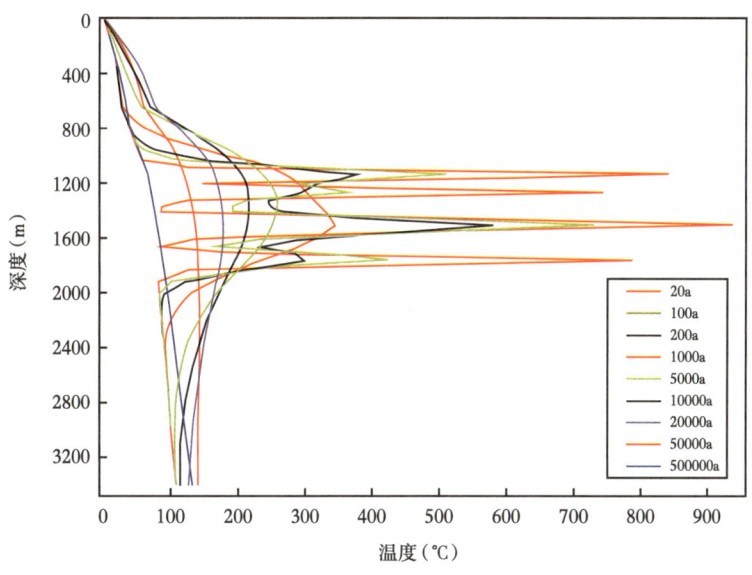

图 4-20　模拟四个侵入体侵入后温度演化图

模拟参数：初始温度 1000℃，侵入时间 32Ma，侵入体厚度从下而上分别是 50m，100m，30m，50m

2. 侵入体与烃源岩不同匹配关系时的热效应

1）同温、同期、同厚、不同埋深侵位时有机质成熟度及生烃热效应

设计模拟了具有不同初始 R_o 的有机质在经历侵入体热作用后成熟度演化情况（图 4-21）；从图 4-21 中可看出，随着 R_o 值增加，生烃增量 ΔR_o 呈现先增加后减小的演化趋势，拐点值在 0.9% 左右，也就是说当 R_o < 0.9% 时成熟度热效应随着 R_o 的增加而增加，而当 R_o > 0.9% 时成熟度热效应则随着 R_o 的增加而降低。

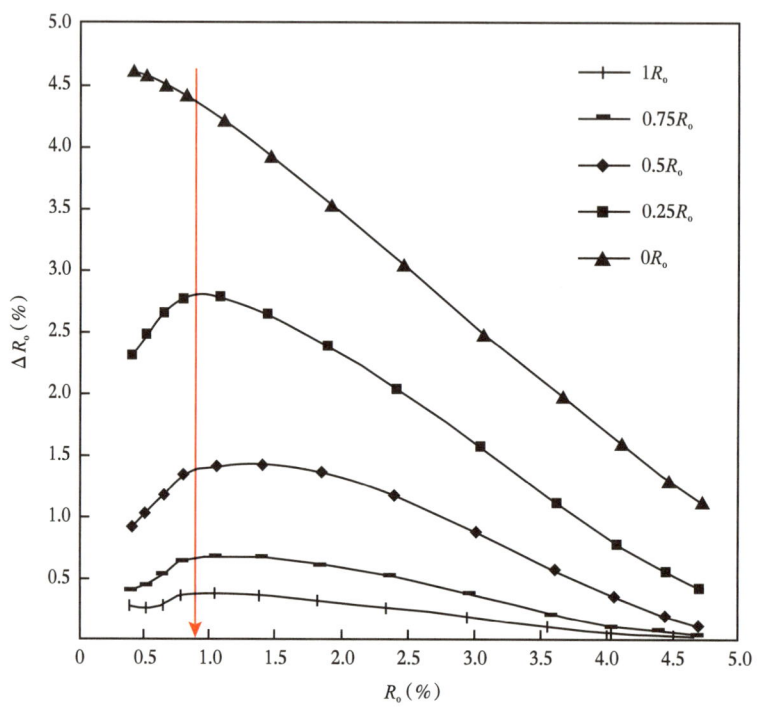

图 4-21　不同初始 R_o 值时侵入体对围岩有机质成熟度热效应图版（初始温度 900℃）

产生这一现象的本质在于镜质体演化的非线性，对于具有不同 R_o 的镜质体，即使经历了相同的热演化历史，ΔR_o 也不相同。同时 R_o 反映了有机质生烃的进程，在生烃速率达到最大前，相同的热量对处于不同生烃阶段的有机质产生的生烃增量不同；相同热量侵入体对于不同 R_o 的影响表现在 R_o 越大，热效应 ΔR_o 越大；而在生烃速率达到最大值之后（R_o > 0.9%），R_o 越大，热效应 ΔR_o 越小。

2）同温、同厚、同深、不同期侵位时有机质热成熟度及生烃热效应

图 4-22 为侵入体不同时间侵位时围岩有机质成熟度演化剖面，可以看出随着侵位时间变晚，围岩 R_o 逐渐增大（图 4-22a），此时 R_o 的值是侵入体热作用和正常沉积地层热作用共同作用的结果。图 4-22b 给出了不同侵位时间的热效应图版，侵位时间越晚、有机质热成熟度受影响越大，波及范围也越广。这一结论与不同深度侵位时侵入深度越深热效应越大，影响范围也越广的结论一致，其本质在于镜质组反射率演化的不可逆

性。两种情况都具有较高的基础 R_o 值时，在侵入体热作用后具有较大的热效应，波及的范围也越广。

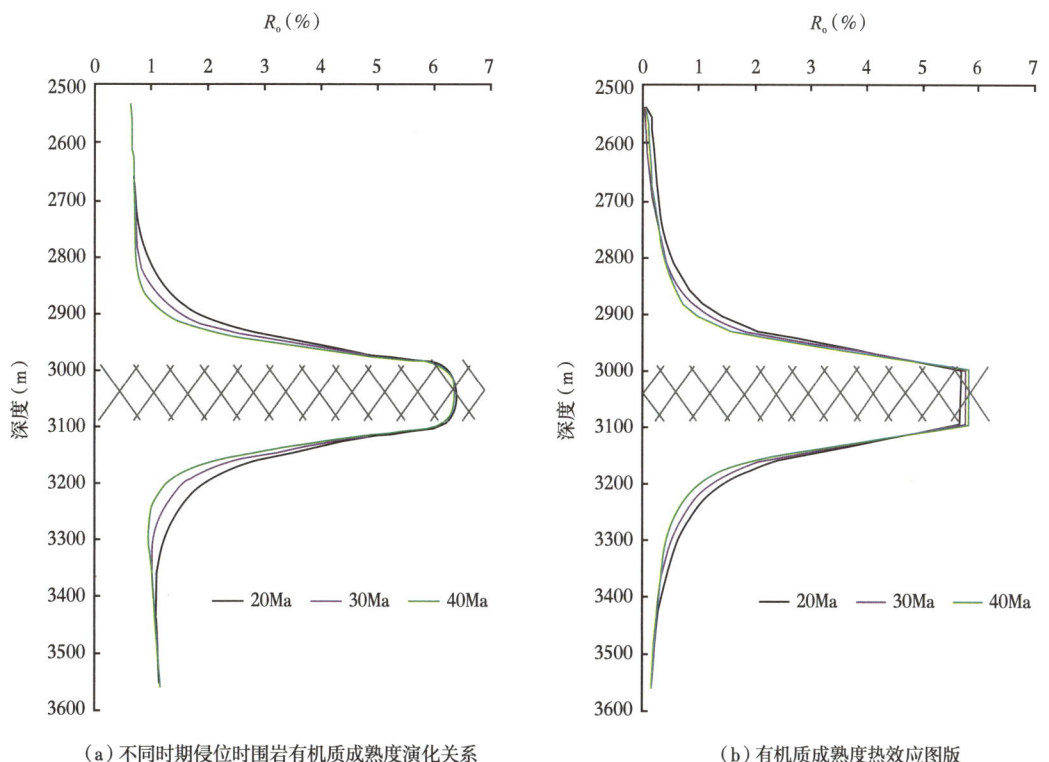

(a) 不同时期侵位时围岩有机质成熟度演化关系　　(b) 有机质成熟度热效应图版

图 4-22　不同时期侵位时围岩有机质成熟度 R_o 演化关系及有机质成熟度热效应图版

侵入深度 3000m，侵入体厚度 100m，初始温度 1100℃；R_o 为扩展的 Easy R_o% 模型计算

镜质组反射率值是镜质体所经历最高地温的反映，因此对于侵位时间较早的情况，侵位前有机质经历的热演化程度要低于侵位时间较晚的情况，而侵位后都经历了较高的温度，侵位之后地层正常埋深地温要远低于侵入体热作用引起的温度，也就是说在侵入体影响的范围内，后期的地层埋深基本上不会再对镜质体演化起作用。

3）同时、同厚、同深、不同初始温度侵位时有机质热成熟及生烃热效应

随着侵入体初始温度的升高，有机质成熟度热效应及生烃热效应逐渐增加，且影响的范围逐渐变大。初始温度越高，距离接触面越近，达到的生烃转化率越大，同时所需要的时间也越短（图 4-23）。

4）同温、同时、同深、不同厚度侵位时有机质热成熟度及生烃热效应

随着侵入体厚度的增加，有机质成熟度热效应及生烃热效应逐渐增加，所波及的范围（X/D）变化不太大，在 1~2 倍之间。侵入体厚度越大，在相同 X/D 处对成烃转化率影响越大，但是达到最大转化率时需要的时间却越长，这是由于厚度越大，在相同的 X/D 处，距离就越大，受到热影响最大时需要的热传导时间就越长。

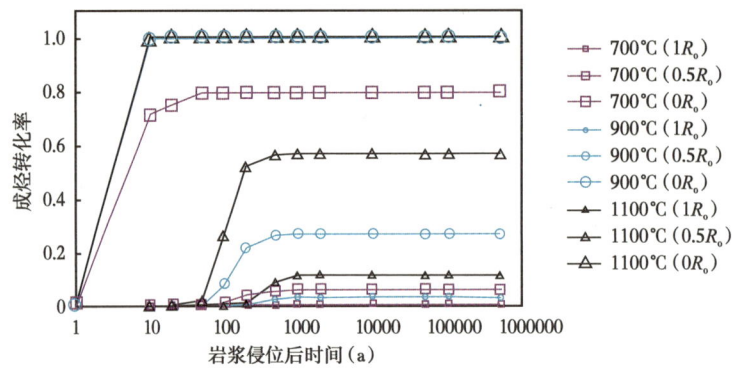

图 4-23　具有不同初始温度侵入体侵位时围岩有机质成烃史热效应图版

侵入深度 2500m，侵入体厚度 100m，侵入时间 25Ma

5）多套侵入体不同时期侵入与同期侵入对有机质热成熟度的影响

前文指出，侵入体很多情况下是多层、多期侵位的。由于镜质体发生率演化的不可逆，以及反映其所经历的最大受热温度的特性，相同厚度、侵入位置及相同岩石物理性质的侵入体由于不同期或同期侵位，围岩有机质成熟度就可能产生不同的演化历程。对此，利用 TMMI 软件模拟了同期和不同期侵位这两种情况下侵入体对围岩有机质热演化的影响（图 4-24）。可以看出，同期侵位时对围岩有机质热成熟度影响要大于不同期侵位情况，并且波及的范围还有可能大于不同期侵位情况，至少是等同波及范围（主要取决于多套侵入体侵位深度与侵入体厚度的关系匹配情况）。

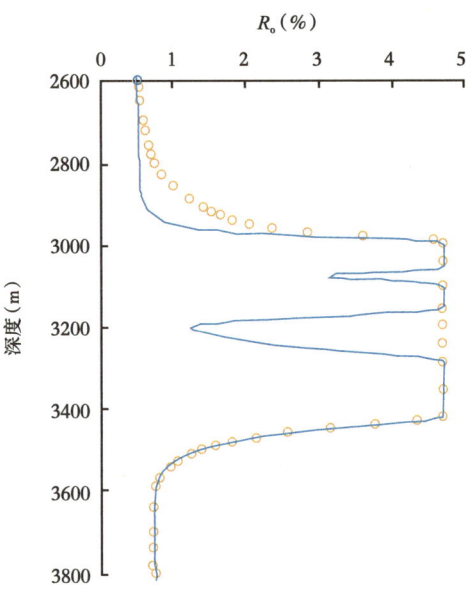

图 4-24　三套侵入体同期（空心圆点）/不同期（实线）侵位时对围岩有机质成熟度影响结果

侵入体位置自上而下依次为：3000m、3100m、3300m；侵入体厚度自上而下依次为：50m、50m、100m；侵入时间自上而下依次为：25Ma、30Ma、35Ma；同期侵入则假定为 30Ma；R_o 为 EasyR_o% 模型所计算

6)岩浆侵入体热作用对原油裂解成气的影响

有机质在热力作用下生成液态烃,当液态烃排出后在适当圈闭聚集成藏并在热应力继续增加的条件下发生裂解,形成气态烃。原油裂解气已经成为我国西部盆地众多大中型气田的主要来源。前文已经对油裂解气的特征进行了详细描述,这里不再赘述。主要考察侵入体存在与否时对油藏的热裂解作用影响。

油成气实验采用密闭体系金管实验,从总气(C_1—C_5)体积产率和质量产率可以推出,在质量产率减少时,生成的体积产率占总体积的65%。前文实验部分已经论述了在总气质量产率减少前主要是油裂解为重烃气的阶段,之后主要是重烃气的裂解阶段,并据此对原油裂解划分两个阶段,即原油裂解为重烃气阶段和重烃气裂解阶段。

通过将体积产率转换为成气转化率是进行动力学模型参数标定的重要前提,本次研究对体积转化率进行了动力学参数标定。实验结果和模型计算结果如图4-25a所示,可以看出模型计算值和理论值拟合较好,同时图4-25b给出了样品成气活化能分布图,主要分布在230~300kJ/mol之间,平均活化能246kJ/mol,活化能较高。

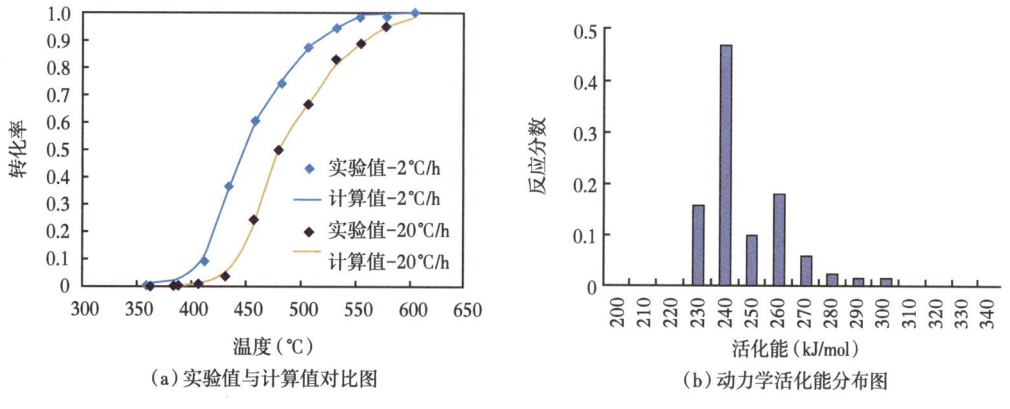

(a)实验值与计算值对比图　　(b)动力学活化能分布图

图4-25　大庆轻质油总气体积实验转化率与模型计算值对比及动力学活化能分布图

假定简单的地质情况下(升温速率2℃/h),轻质油动力学成气动力学参数可以方便外推得到成气转化率和温度,以及R_o(EasyR_o%模型计算)的关系。模拟计算,轻质油在150~160℃开始发生裂解,关于地质情况下原油发生裂解的温度前人有较多研究,一般认为原油在低于160℃的地质条件下可以稳定存在。本次研究表明,如果取转化率为0.05(即5%)作为裂解气的开始阈值,则对应的开始裂解R_o约为1.2%,温度为162℃。如果以0.65(65%)作为原油裂解生成重烃气结束点,则对应的R_o为2.05%,地质温度202℃,也就是说R_o在1.2%~2.05%之间主要是重烃气生成阶段,成熟度高于2.05%后则主要是重烃气的裂解阶段。原油在储层中发生热裂解时,对于封闭体系,最终重烃气裂解完全,以甲烷形式存在。然而原油裂解是一个体积骤然增大的过程,要想保持原有的封闭体系,对保存条件要求十分苛刻,因此伴随体积增大过程中难免发生气体渗漏,渗漏后的气体向上运移至浅层,热演化历程发生改变,致使浅层重烃气裂解程度降低。在以往的天然气资源评价中往往忽略了这一点,使得评价的天然气资源潜力偏高。

与侵入体对有机质生烃热作用类似，模拟侵入体热作用对油藏裂解的影响、不同距离时对原油裂解的影响，可以看出离侵入体越近，原油裂解程度越高，在 0.25 倍厚度距离处原油全部裂解，在 1 倍距离处约有 60% 原油发生裂解，在 2 倍距离时受影响较小。且随着距离的增加，开始受热影响发生裂解的时间依次推后。在研究侵入体对油藏的热作用时不仅要考虑侵入体与油藏的位置匹配关系，更重要的一点是油藏的形成时期和侵位时期，如果侵位早于油藏形成期，则基本上不受影响。

四、喷发岩的成烃效应与定量评价

喷出岩热作用范围十分有限，如地质实例观察显示，喷出岩对围岩有机质地球化学参数无明显影响（图 4-26）。由于岩浆喷出到地表或在水下喷发（陆上或水下喷发），其热量迅速以对流或辐射的形式散失到地表或水中。火山活动/喷出岩的形成主要引起区域性地温梯度的升高和构造活动，对区域油气生成会产生影响。图 4-27 是假定岩浆喷出地表或者水下，在水中或空气中的散热过程示意图。可以看出，在很短时间（不足 300d），其热量散失殆尽。而岩浆侵入到沉积岩中的冷却时间较长，可达 1×10^4a（王民等，2010）。

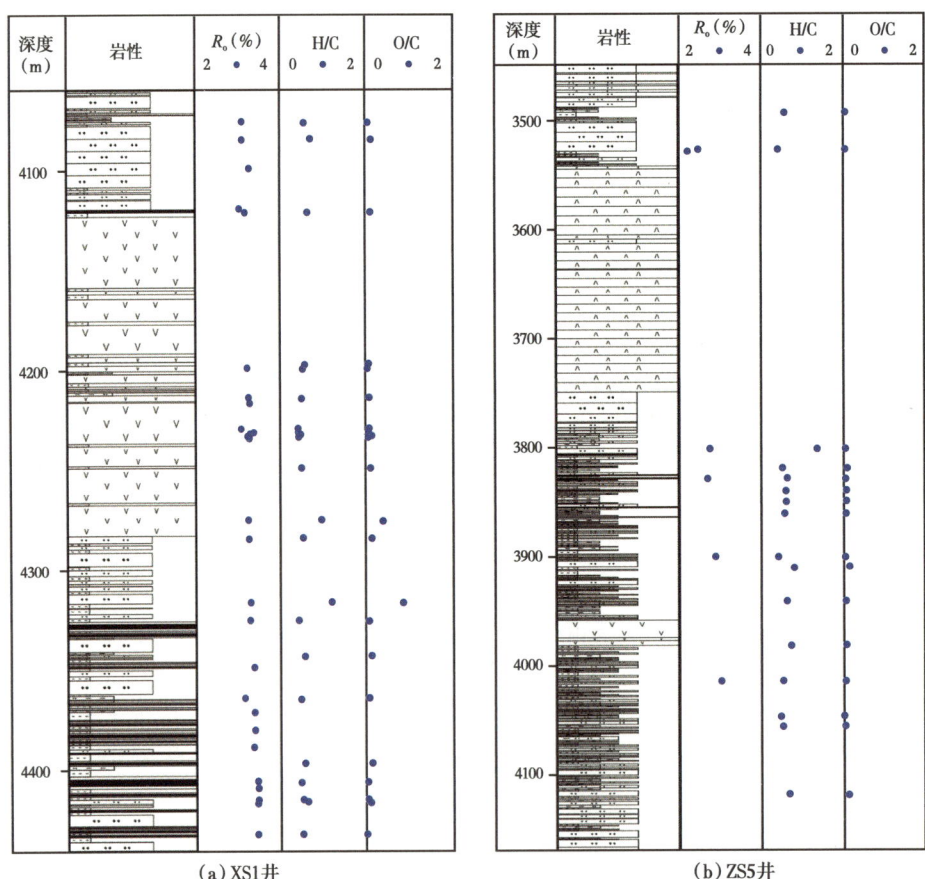

图 4-26　徐家围子断陷典型井地球化学剖面

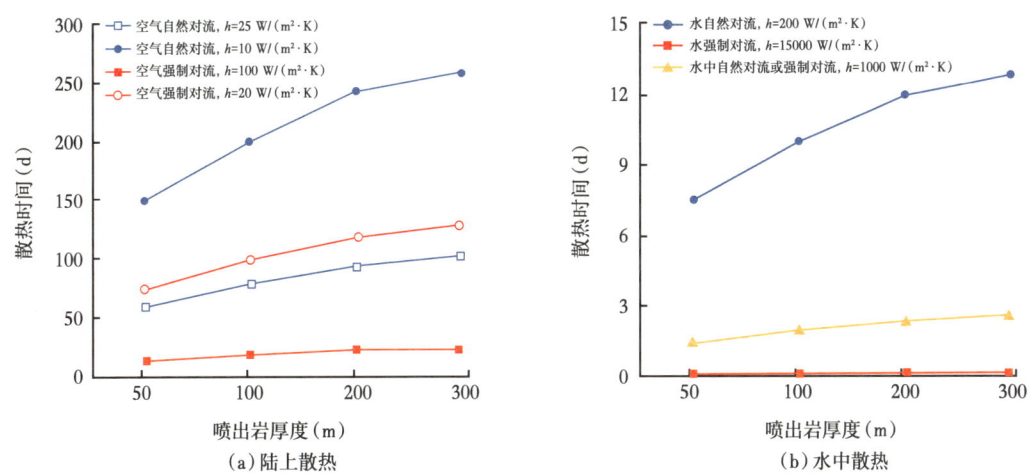

图 4-27 模拟喷出岩在水下和陆上散热过程

散热公式为：$Q=h\times A\times(t_w-t_\infty)$。式中：$t_w$、$t_\infty$ 分别为固体表面和流体的温度，K；A 为壁面面积，m^2；Q 为面积 A 上的传热热量，W；h 为表面对流传热系数，$W/(m^2\cdot K)$

第四节 火山流体成烃效应定性评价

火山流体对烃源岩有着复杂、特殊的生排烃作用，其中包括加氢（或甲烷）作用、各种过渡金属元素的催化作用等。为了阐明火山流体对烃源岩有机质生烃演化的影响，初步评价火山流体的成烃效应，采用烃源岩干燥体系和火山流体体系生烃模拟实验的对比方法，利用色谱、质谱分析生成物二氧化碳、气态烃的组成、产率和碳同位素特征，以及液态烃的组成和产率，对火山流体与烃源岩相互作用机理做出初步探讨，并最终为火山岩油气勘探工作提供理论指导。

一、理论基础与模型建立

烃源岩生烃模拟实验是油气资源评价、油气源对比等方面研究中的重要手段，随着近年来技术的进步，生烃模拟实验方法得到了改进。目前，生烃模拟实验方法按照体系的封闭程度分为开放体系、半开放体系和封闭体系 3 种，不同的实验体系具有不同的优缺点，可根据不同的研究目的选择不同的模拟实验方法。温度是影响烃源岩生烃模拟实验的最主要因素，实验过程中实际反应温度测定准确与否主要由实验体系的结构决定。对不同类型烃源岩样品，开展同一体系、不同温度和不同压力条件下的系统生烃模拟实验，探讨温压条件对烃源岩生烃过程的影响具有重要的意义。通过各种模拟实验，不仅可以确定不同类型干酪根、各显微组分对烃类生成的贡献大小、生油门限的差异，以及不同演化阶段生成物和残余物的特征，为各类烃源岩油气生成潜力的定量评价、总油气生成量的计算、资源预测提供重要的参数和科学依据；并且，这些模拟实验还为成烃阶段的划分，认识成烃过程的演化特征、成烃机理，建立成烃模式提供宝贵的数据和有益的信息，为指导油气勘探、探索油气成因机理作出了巨大的贡献。

1. 理论基础

1)火山流体

火山流体是从岩浆中分离出来的具有一定的温度、压力和化学性质活泼的流体,成分以水为主,并含有挥发性组分和金属成矿元素,具有密度低、黏度小、流动性大等特征(翟庆龙,2003)。其中,挥发性组分主要为 CO_2、H_2、CH_4、CO 等;金属成矿元素则都是以较高浓度的 Ni、Co、Cu、Mn、Zn、Ti 和 V 等过渡金属为特征。

火山流体的组成非常复杂,特别是挥发性组分和金属元素的种类及其含量,在现有的实验条件下很难准确地配制出地质条件下的火山流体。但由于其主要组分为水,所以为了更好地模拟地质条件下的火山流体情况,采用火山岩加水来模拟火山流体,这样做具有很强的可操作性。从前人对松辽盆地内火山岩所做的主元素和微量元素分析可以看出,流纹岩可提供火山流体中的金属元素(闫全人等,2002);挥发性组分的来源可以由流纹岩中存在的流体包裹体提供,前人所做的大量的关于盆地内深层火山岩的流体包裹体分析表明(冯子辉等,2003;王可勇等,2004),其组分与火山流体中所定义的组分具有相当可对比性。

2)封闭体系

封闭体系包括一般的钢质容器体系、玻璃管体系和黄金管体系。最大优点是可以模拟烃源岩的最大生气量。由于生成的液态组分无法排出体系之外,在高温条件下与重烃气体组分都会发生裂解,因此不适用于原油模拟实验研究。本实验采用石英管封闭体系,该体系是最早使用的一种封闭模拟体系。加热方式一般有2种:(1)把装有样品的石英管放在马弗炉中加热;(2)利用电阻丝对石英管中的样品进行加热。由于石英熔点较高,样品可以加热到非常高的温度(1000℃),因此能够达到热模拟过程中烃源岩达到最大生气量时的温度要求。但石英管易碎,操作较难。另外,石英管加热的模式实验结果不能反映压力对生烃作用的影响(米敬奎,2009)。

3)温阶选取

温度是烃源岩有机质演化和油气生成的决定性因素,由阿仑尼乌斯公式可知,温度与反应的速度成指数关系,温度每升高10℃,反应的速度就增加2~4倍。当火山热液从岩浆中分离出来或经深大断裂上涌时,也带出了大量的热量。尽管岩浆热液的质量只有岩浆的5%~10%,基性岩浆可达6%,但是热液流动性强,能够进入烃源岩之中,对有机质作用强。就岩浆的温度而言,安山岩(中性岩)一般为900~1000℃,辉长岩(基性岩)为900~1150℃,闪长岩(中性岩)为770~850℃,花岗闪长岩为700~800℃,花岗岩(酸性岩)为700℃左右,玄武岩(基性岩)最高,可达1000~1250℃。对于岩浆冷凝热液来说,初始温度与其所对应的烃源岩一致。

水是火山流体中的主要组成部分,当它的温度未超过374℃,压力未超过22.05MPa时,是作为一种液体或气体状态存在,当温度超过374℃和压力大于22.05MPa时,则达到了一种气液混合状态,很难区分,称为超临界状态。在密封的玻璃管中,当温度没有超过374℃时,其压力为10~20MPa,水未达到超临界状态。当水未达到超临界状态时,具有较强的溶剂化能力，此时，水作用于即将形成气体的基团放出的溶剂化能可降低生成自由基所需的能量，从而使热解容易进行，降低反应所需的温度（高岗，2000）。而且，水作为一种溶剂，使流体中的过渡金属元素充分地在烃源岩中流动，增加了反应接触面，能更好地发挥出过渡金属元素的催化能力。

2. 模型建立

为研究火山流体对烃源岩的影响，建立干燥、加水和流体三个实验体系进行对比。水体系的实验与火山流体体系的实验的对比即反映出在实验中火山矿物对烃源岩生烃的影响。水体系的实验与干燥体系的实验的对比即反映出在实验中流体对烃源岩生烃的影响。综合上述，基本能够建立火山流体与烃源岩相互作用实验研究概念性模型（图 4-28）。

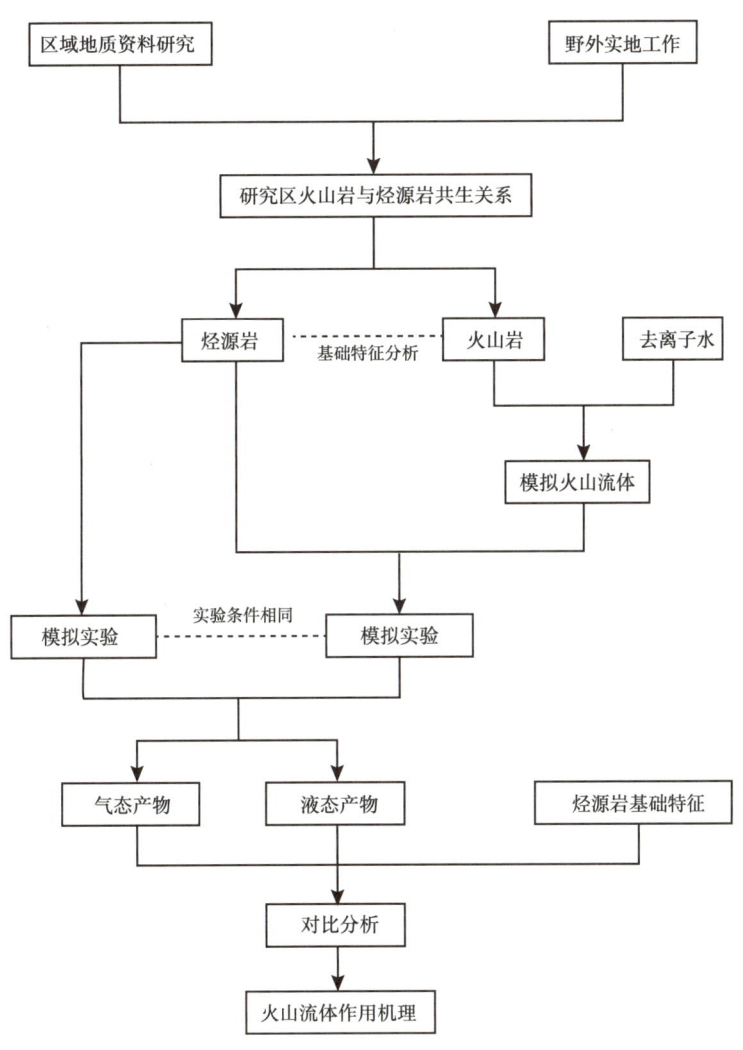

图 4-28　火山流体与烃源岩相互作用实验研究的概念性模型

二、实验装置与模拟实验

1. 模型实验原理

随着油气地球化学研究的深入发展,烃源岩热模拟实验越来越成为一种广泛应用的研究方法和手段。它主要是依据干酪根热降解成烃原理和时间—温度补偿定律,在大量地质现象观测的基础上,吸收有机地球化学领域的新理论和新方法,借助高温高压的新技术和新设备,对地壳中有机质所经历的物理和化学演化过程进行实验研究,探求有机质在不同的地质参数(温度、压力和催化剂等)条件下的化学组成变化、化学反应方向及烃类形成的各种物理化学条件。

2. 模型实验的目的和要求

本次实验为对比模拟实验,分三个体系进行:干燥体系,水体系和流体体系。主要是为了研究烃源岩在有火山流体的作用下和无火山流体的作用下生烃演化的情况,并从实验中得出火山流体对烃源岩生烃的影响(促进或抑制)。加入水体系实验,可以将流体对实验的影响排除,水体系的实验与火山流体体系的实验的对比即反映出在实验中火山矿物对烃源岩生烃的影响。水体系的实验与干燥体系的实验的对比即反映出在实验中流体对烃源岩生烃的影响。

3. 模型实验方法与装置选取

国内外常用的各种模拟实验方法按照实验体系的封闭程度,大致可以分为以下三类:(1)开放体系,主要包括 Rock-Eval 热解仪、PY-GC 热解—气相色谱仪、PY-GC-MS 热解—气相色谱仪、热解失重仪等。热解生成的挥发物依靠其自身的压力或输入载气,不断从热反应区导出,进入计量或分析装置。(2)封闭体系,一般包括钢制容器封闭体系、玻璃管封闭体系和黄金管封闭体系。其中,钢制容器封闭体系和玻璃管封闭体系只能依靠水蒸气压或反应生成的气体提供压力,而黄金管封闭体系可以通过高压泵利用水对釜体内部施加压力来控制实验压力。(3)半开放体系,这种体系在实验室内比较难以实现。

本次实验由于有火山流体的参与,在现有实验条件下,采用"封闭系统"的模拟方法可以更好地模拟自然地质条件下火山流体与烃源岩之间的作用。根据本次实验的实际情况,对干燥体系下的实验采用玻璃管封闭体系,配套的实验装置包括马弗炉、数字温控仪和玻璃管(图 4-29),流体体系下的实验样品中由于要加入一定量的去离子水,在加热过程中会给容器带来较大的压力,为了在实验过程中尽量避免发生爆管现象,故采用高压釜和石英管双封闭体系,即将装有样品后真空封闭的石英管放入高压釜中,高压釜中加一定量水来平衡石英管内外的压力,从而提高实验成功率,配套的实验装置有加热炉和数字温控仪(图 4-30)。

4. 模型实验步骤

1)实验前期准备部分

(1)实验样品的选取与处理。

在生烃动力学热解实验中,全岩及其干酪根具有相似的动力学参数,采用烃源岩应该比干酪根更符合实际,但是干酪根样品可以测得更为详细的实验数据,因此可以根据样品的情况，选择合理且易行的实验条件。为了尽可能地贴近实际情况，本次实验中采用烃源岩原岩作为实验样品。

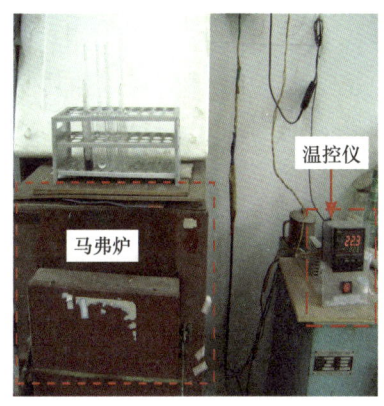

图 4-29　干燥体系模拟加热装置图

图 4-30　流体体系模拟加热装置图

（2）样品基础地化数据测试分析。

①烃源岩样品 Rock-Eval 分析。

烃源岩样采用的分析仪器是法国石油研究院最新专利研制的新一代 Rock-Eval-Ⅵ型岩石热解仪。

②烃源岩样品 R_o 测定。

a. 测定前实验物品准备。

玻璃板（无划痕）4 块，抛光软贴 1 块（贴在一块玻璃板上），1000 目磨粉，1200 目磨粉，1500 目磨粉，抛光粉。

b. 样品准备。

将待测样品用切割机切成小块，大约 2cm×2cm×1cm（可视情况而定），找出层理的垂直面，用切割机切平。

c. 制作光片。

将磨粉撒在玻璃板上，滴入少量水。每种磨粉分别用不同的玻璃板，两种磨粉之间不可混杂。样品先经 1000 目粗磨，然后用 1200 目中磨，最后用 1500 目细磨。磨过后保证光片上无划痕。将抛光粉撒在抛光软贴上，滴入少量水，进行抛光。抛光后，进行检查，确认无划痕后，将光片洗净，待测；若光片有划痕，则重新磨。

d. R_o 测定。

R_o 的测定在有机岩相实验室中进行，仪器为 FLUO-3 型 Leica 体视显微镜。在测试之前要了解样品 R_o 的大致范围，然后用相应的标样（钇铝石榴石）进行校准。测试时，找 50 个镜质体，每个点测两次，如果相差范围在 0.01 内，则数据可信。

③火山岩样品全岩分析。

火山流体是从岩浆中分离出来的具有一定的温度、压力和化学性质活泼的流体，成分以水为主，并含有挥发性组分和金属成矿元素，具有密度低、黏度小、流动性大等特征

(翟庆龙，2003)；挥发性组分由于实验条件有限未予考虑。

2) 热模拟实验部分

(1) 实验参数的确定。

①加热时间。

因为大多数模拟实验的时间为72h，所以笔者也选定为72h，这样可以和其他研究者的实验对比。实践证明，时间太短往往达不到化学平衡，而太长也没有必要，72h比较合适。在水体系和流体体系的情况下，400℃和450℃两个温度点可以缩短时间到24h。

②温阶。

参照火山流体的温度范围（小于600℃）和前人所做的有机质生烃模拟实验温度情况（刘全有，2001；贺建桥，2004），将实验温度设定为300℃、350℃、400℃和450℃四个温阶来进行。

(2) 实验设计流程与具体步骤。

本次实验为对比模拟实验，分为2个体系——干燥体系和流体体系分别进行（图4-31）。

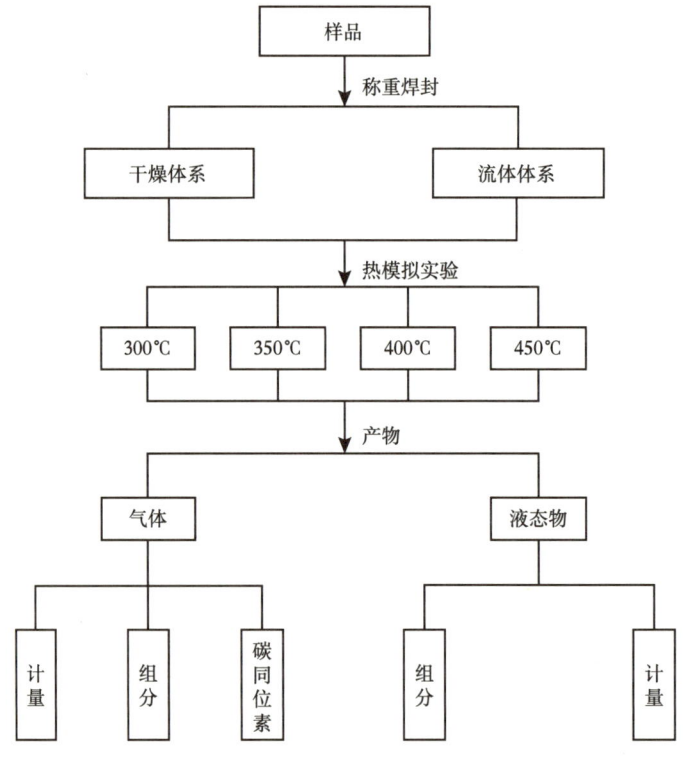

图 4-31 模拟实验设计流程图

①称重装样。

流体体系下的实验还要加入火山岩样品和去离子水，火山岩样品和烃源岩样品按1∶1配比混合，加水量同样为石英管剩余容积的1/5，流体体系下容器中因为水的存在，在加热过程中会承受更大的压力，故干燥体系下的装样容器使用普通玻璃管，流体体系下使用耐压能力更好的石英管。

②冷冻、真空封焊。

将一定量样品装入玻璃（石英）管后，在焊封前均要将管子抽成真空，然后用煤气和氧火焰焊封。

③加热模拟。

模拟实验装置由马弗炉、加热炉、高压釜和温控仪组成。2个体系下的模拟实验根据实际情况，分别采用不同的模拟实验装置。

流体体系下所需要的装置为加热炉、高压釜和数字温控仪。温控仪与干燥体系使用的温控仪是相同的，石英管封焊后放入高压釜，这时在高压釜内添加适量的水，可以平衡加热时石英管内水和火山流体所产生的压力。按照实验设计，300℃、350℃温阶下的实验加热时间为72h，400℃、450℃温阶下的实验加热时间为24h，加热完毕后取出高压釜，室温冷却后打开高压釜，取出石英管待用。

3）模拟实验产物测试分析

（1）模拟实验气体产物组分分析。

①分析仪器。

气体成分分析使用美国HP6890/wasson-ECE气体全组分测试仪（图4-32），本仪器为生烃动力学配套设备，用于测定模拟实验中产生的气体组分，可一次进样完成气体产物中有机气体和无机气体分析（在线分析）。该仪器直接与真空系统连接，气体通过自动进样系统进入仪器进行成分分析，采用外标定法定量。色谱升温程序为：起始温度50℃，恒温2min，以15℃/min的速率升至190℃。

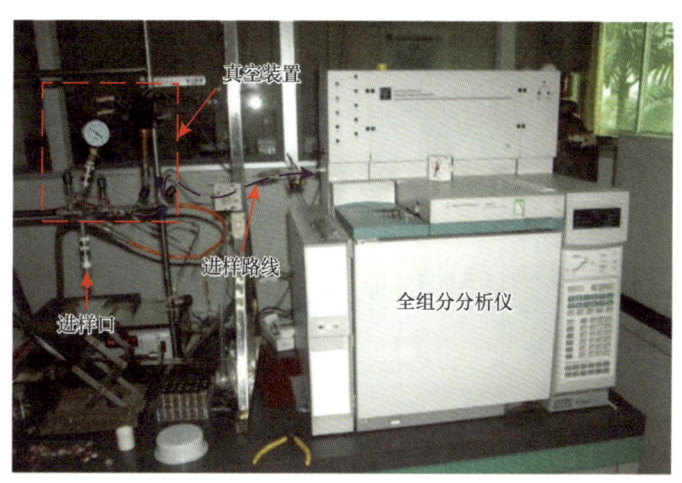

图4-32 气体组分分析仪器

②模拟实验产气结果。

在本次模拟实验中，气态烃指模拟过程中各演化阶段直接由烃源岩中热解出的C_5以下气态烃类。

气体产物中CO_2主要来自脱羧基、羰基、甲氧基等含氧基团，如：R-COOH→RH+CO_2，而CO主要来自羧基的热解。

氢气是指模拟过程中，各演化阶段热解出来的氢气。天然气中基本不含游离的氢，而在模拟实验中氢气是主要的产物之一，可能来自长链烷烃的裂解、环烷烃的芳构化和芳香烃的缩聚反应（关德师等，1985；石卫等，1992）。而在高温下，氢气的产生主要是由于已生成烃的热解碳化反应，温度越高，碳化反应越剧烈，产生的氢气也就越多（刘宝泉等，1990）。

（2）模拟实验气体产物稳定碳同位素特征。

对模拟实验所产出的气体做碳同位素分析，采用的仪器是英国GV Instruments Isoprime公司生产的气相色谱—稳定同位素比值质谱仪。该仪器主要用于石油、天然气、环境污染有机物、近现代沉积有机质的碳同位素分析，可对气体烃类和可溶有机质进行碳同位素比值分析。

（3）模拟实验液态产物测试分析。

烃源岩的热解固体产物中有机溶剂萃取的液态产物可以为烃源岩的有机地球化学研究提供大量信息。在本次实验中主要针对固体残留物中萃取出的液态产物的量，以及各族组成的变化特征做一些测定分析。

①分析仪器。

为了查明萃取出的液态产物地球化学特征，本次模拟实验中，选择性地对液态产物进行了色谱（GC）分析和色谱/质谱（GC-MS）分析。

液态烃GC分析为Finnigan色谱仪，分析条件为：检测器为FID，氮气作载气，流量为1.0mL/min，色谱柱为DB-1柱（30m×0.32mm×0.25μm）。升温程序为起始温度70℃，恒温2min，再以4℃/min的速率直接升温至295℃，恒温20min。

②液态产物的萃取分离。

本次模拟实验中，由于使用的烃源岩样品量不是很大，所以对固体产物中液态有机产物采取超声快速萃取法（图4-33）。

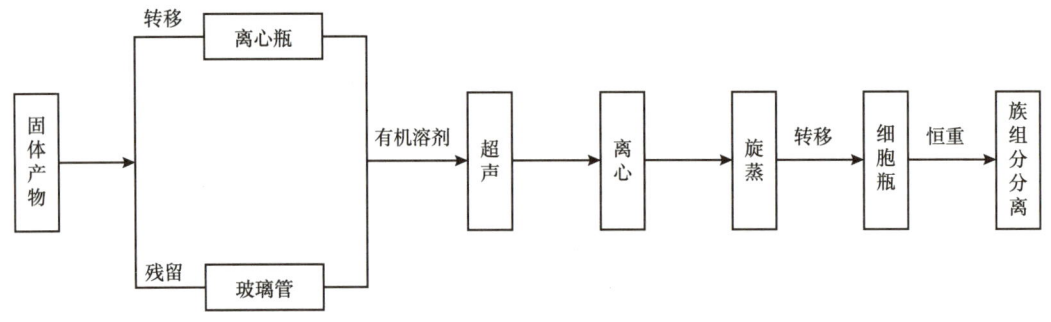

图4-33　液态产物萃取、分离流程图

a. 将玻璃管中的固体产物转移到50mL的离心瓶中，加入约20mL有机抽提溶剂（二氯甲烷）；

b. 在已倒出固体产物的玻璃管（石英管）中加入有机抽提溶剂进行清洗，反复3~5次，清洗液倒入离心瓶中，最后，再在玻璃管中加入约5mL的有机抽提溶剂；

c. 将离心瓶和玻璃管放入超声仪器中，超声时间设为5min；

d. 将超声好的玻璃管中的液体倒入离心瓶中，然后将离心瓶放入离心机，采用4000r/min，离心15min；

e. 离心后，将上层清液转移到鸡心瓶中；

f. 将上述a~e步重复，直到离心后的上层清液中为无色；

g. 用旋转蒸发仪将鸡心瓶中的有机抽提溶剂蒸干；

h. 用二氯甲烷将旋蒸后鸡心瓶中的抽提物转移到4mL细胞瓶中，待二氯甲烷挥发后，恒重。

③液态产物柱层析分离。

原理：柱层析分离是利用吸附原理，即利用硅胶和三氧化二铝对混合物中各种成分吸附能力的差异，从而使混合物中各成分得以分离的色谱方法。

操作步骤：

a. 样品和装置准备；

b. 装柱；

c. 上样；

d. 洗脱；

e. 收集处理。

三、火山流体的成烃效应与定性评价

1. 模型实验气体产物特征

1）气态产物的产气率

将模拟实验所得的结果（表4-5和表4-6），经过换算整理后，可看出对九台碳质泥岩所做的平行模拟实验，相同温阶的气体产率值大致相同，表明本次模拟实验所采用的方法是可行的，所得到的实验数据具有可比性。

表4-5 干燥体系气体产率

温度（℃）	气体产率（mL/g TOC）			
	N101	N103	CS2	JT
300	69.33	142.34	181.00	190.14
				193.51
350	187.67	304.74	225.00	228.30
				231.71
400	249.33	511.92	373.33	308.33
				314.05
450	286.00	902.92	506.00	290.13
				288.81

表 4-6 流体体系气体产率

温度(℃)	气体产率(mL/g TOC)	
	N101	N103
300	189.33	553.28
350	192.67	—
400	223.33	591.24
450	281.33	639.65

注：由于时间和设备原因，四个系列样品中只完成了一部分。

2）气态产物组分组成

气态产物组分可以分为烃类和非烃两大部分，烃类主要包括 C_1—C_5 的烷烃类，非烃主要为 CO_2、H_2、CO 等。九台（JT）平行样模拟实验气体组分特征对比实验结果表明此次模拟实验可行、可靠。

3）气态产物特征分析

（1）不同样品相同体系产气特征。

①产气率特征。

a. 干燥体系：在此体系中，N101、N103 和 CS2 烃源岩样产气率都是随着模拟温度的升高而增大，特别是 N103 在 400~450℃，其产气率的变化最为明显，由 400℃ 时的 511.92mL/g TOC 猛增到 902.92mL/g TOC，而 N101 和 CS2 增幅相对较平缓。JT 泥炭在 300~400℃ 的温度区间内，产气率也具有随着温度的升高而增大的特征，但在 400~450℃ 的温度区间，产气率则是随着温度的升高而降低，表明 JT 泥炭样的气体的生成高峰应该低于 450℃。

b. 流体体系：在此体系中，N101 和 N103 烃源岩样模拟气体的产率都是随着温度的升高而增大，但整体而言，增幅平缓。

②气体组分特征。

a. 干燥体系：

（a）甲烷：具有不断增高的规律，特别是在 350~450℃ 的高温阶段，增幅更大。说明在高温阶段，容易进行热解反应，发生断链、侧链脱落、桥链破裂，以及官能团分子间重新组合等过程，从而生成小分子的 CH_4 及其同系物。

（b）二氧化碳：在整个气态产物中占有相当大的比例，除了 CS2 在 350~450℃ 范围内，含量未超过 50% 外，其余样品在模拟温度范围内，均在 50% 以上，并且随着模拟温度增高而有规律地减少，在 300~350℃ 范围内，减小幅度不是很明显。然而，就 CO_2 的产量来说，在整个模拟过程中，随着总产气量的增加，基本处于增加状态，只是占气体总体积的比例在缩小。

（c）氢气：总体上是随着温度的升高而增大，但在 300~350℃ 范围内，变化幅度较小，超过 350℃ 后，增幅最为明显，表明 H_2 在高温阶段产量较大。

b. 流体体系：

（a）N101 和 N103 烃源岩产生的烃类含量极少，整体上是呈现一种平缓的增长趋势。
（b）CO_2 和 H_2 的变化规律和干燥体系相同。

（2）相同样品不同体系产气特征。

①产气率变化特征。

a. N101 烃源岩。从图 4-34 中可以看出，N101 样在干燥体系和流体体系下的产气率特征变化主要分为两个温度区间。

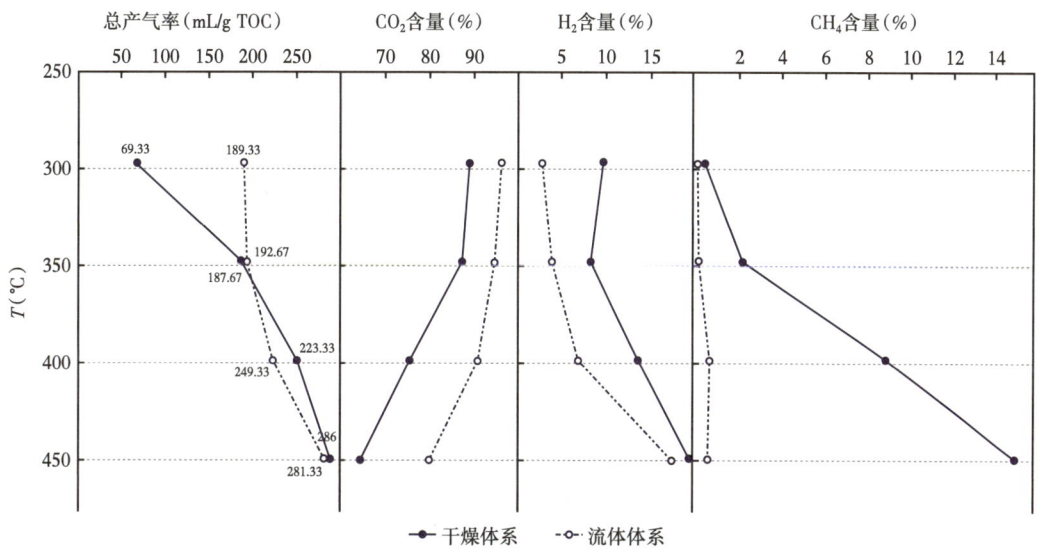

图 4-34　N101 在干燥体系和流体体系下模拟气体随温度变化图

（a）300~350℃。在此温度区间内，干燥体系的产气率低于流体体系的产气率，特别是在 300℃ 这个温度点上，干燥体系的产气率为 69.33mL/g TOC，流体体系的产气率则可达到 189.33mL/g TOC，在同等条件下，产气率增加了 120mL/g TOC。在 350℃ 这个温度点上，流体体系的产气率为 192.67mL/g TOC，干燥体系的产气率为 187.67mL/g TOC，相差 5mL/g TOC。说明随着温度的升高，产气率的增加幅度越来越小。

（b）350~450℃。在这个温度区间内，干燥体系的产气率高于流体体系的产气率，说明从 350℃ 后，随着温度的增加，流体体系的产气率低于干燥体系产气率。

b. N103 烃源岩。从图 4-35 中可以看出，N103 样的产气率变化特征也具有温度区间性规律。

（a）300~400℃。在此温度区间内，干燥体系的产气率低于流体体系的产气率，特别是在 300℃ 这个温度点上，干燥体系的产气率为 142.34mL/g TOC，流体体系的产气率则可达到 553.28mL/g TOC，在同等条件下，产气率增加了 410.94mL/g TOC。在 400℃ 这个温度点上，流体体系的产气率为 591.24mL/g TOC，干燥体系的产气率为 511.92mL/g TOC，相差 79.32mL/g TOC。说明随着温度的升高，产气率的增加幅度越来越小。

（b）400~450℃。在这个温度区间内，干燥体系的产气率高于流体体系的产气率，说明从 400℃ 后，随着温度的增加，流体体系的产气率低于干燥体系产气率。

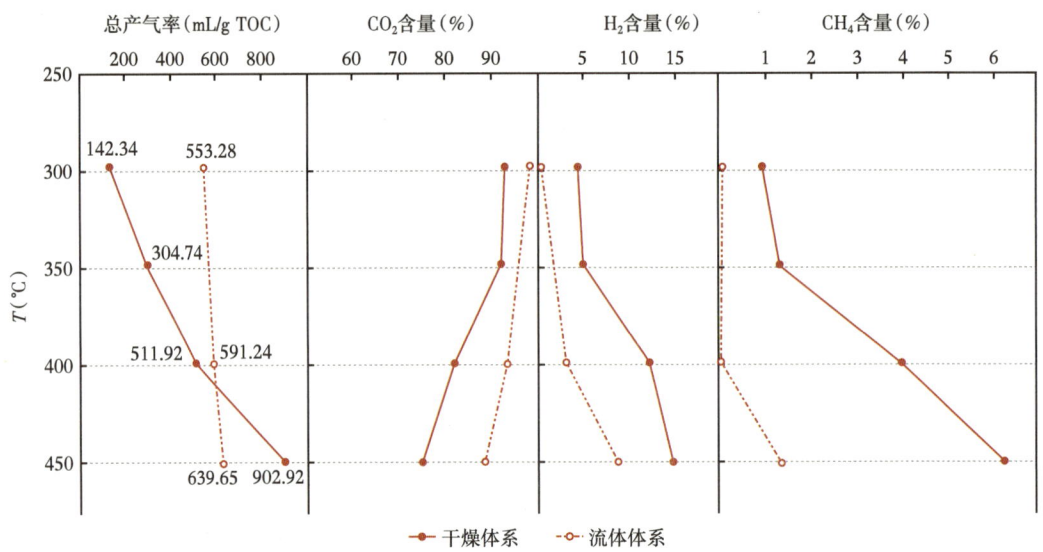

图 4-35 N103 在干燥体系和流体体系下模拟气体随温度变化图

②组分变化特征。

a. 二氧化碳：两种体系的 CO_2 都具有随着模拟温度升高其产率不断降低的特征，在 300~350℃ 含量的降低幅度较小，350~450℃ 含量的降低幅度较大。流体体系 CO_2 的百分含量在模拟温度范围内，都是大于干燥体系 CO_2 的百分含量，特别是在 350~450℃ 的温度范围内，火山流体对烃源岩生成 CO_2 的影响作用最大。

b. 氢气：两种体系下，H_2 都是随着温度的升高而不断增大，流体体系下 H_2 的百分含量低于干燥体系。N101 在火山流体的作用下，300~400℃ 时与干燥体系产气量相比，变化较大，在 400~450℃ 时，两者的差别最小，而 N103 差别最大的温度点是 400℃。

c. 甲烷：在两种体系下，CH_4 产率也具有随着模拟温度的升高而增大的趋势。流体体系下 CH_4 的百分含量低于干燥体系，温度越高，与干燥体系的产气量差别越大。

4）模拟实验气体地球化学特征

（1）烷酸比特征。

烷酸比是气体中（C_1—C_5）烷烃类气体总和与氧化碳（$CO+CO_2$）的含量比：烷酸比 =∑（C_1—C_5）/∑（$CO+CO_2$）。主要反应烃源岩中杂原子物质的丰度及其在演化过程中成气的相对变化。干燥体系：4 个样品的烷酸比总体上都是随着温度的升高而变大。CS2 的烷酸比在 400℃ 和 450℃ 出现了大于 1.00 的情况，反映了在高温阶段以形成烷烃气体为主，同时也说明了高温碳链的裂解成烃特征。流体体系：烷酸比基本上都是零值，只有在高温阶段才稍微有所增大，说明火山流体对（C_1—C_5）烷烃类气体产生有抑制作用。

（2）干燥系数特征。

干燥系数是模拟气体中 CH_4 与 ∑（C_1—C_5）含量的比值：干燥系数 =CH_4/∑（C_1—C_5）。两种体系下的干燥系数都是随着模拟温度的升高而增大，说明 CH_4 是最终的烃类产物。另外，干燥体系中 JT、N101、N103 的干燥系数整体较大（0.80 以上，个别点除外），说明这三个样品应该属于高成熟样品，CS2 的干燥系数整体偏小，说明其成熟度较低，与原始样品 Rock-Eval 的分析特征相一致。

2. 模型实验气体产物稳定同位素特征

1）稳定碳同位素测试结果

模拟气体的碳同位素分析包括烃类系列碳同位素和 CO_2 碳同位素分析。由于模拟气体的组分丰度变化较大，在分析过程中，一些气体的含量不能达到仪器分析的上限值，其结果不是很准确，所以在分析过程中，一些模拟气体的碳同位素值没有给出。为了确保资料的可靠性，每个样品测 2 次，若两次的结果其误差范围在 ±0.3‰内，取平均值即可，若相差超过 ±0.3‰，则再次进样，直到达到允许的误差范围。干燥体系和流体体系碳同位素分析结果见表 4-7 和表 4-8。

表 4-7　干燥体系模拟气体碳同位素

样品	温度（℃）	$\delta^{13}C_{CO2}$（‰）	$\delta^{13}C_1$（‰）	$\delta^{13}C_2$（‰）	$\delta^{13}C_3$（‰）
JT	300	−25.77			
	350	−25.60			
	400	−22.98	−32.06		
	450	−22.53	−27.96		
N101	300	3.94	−40.12	−32.44	
	350	3.73	−43.06	−31.18	
	400	2.88	−31.71	−24.89	
	450	0.98	−39.13	−20.96	
N103	300	−4.77	−39.01	−30.50	
	350	−4.88	−37.94	−29.24	
	400	−5.14	−35.28	−26.32	
	450	−5.89	−28.84	−23.93	
CS2	300	−21.04	−44.42	−34.46	−38.64
	350	−21.91	−44.90	−32.84	−36.95
	400	−21.69	−45.31	−34.11	−31.39
	450	−20.78	−40.45	−32.39	−21.66

表 4-8 流体体系模拟气体碳同位素

样品	温度（℃）	$\delta^{13}C_{CO_2}$（‰）	样品	温度（℃）	$\delta^{13}C_{CO_2}$（‰）
N101	300	0.59	N103	300	-5.37
	350	0.52		350	
	400	0.36		400	-5.80
	450	-0.55		450	-6.36

2）稳定碳同位素特征分析

（1）CO_2 碳同位素特征。

① 干燥体系下 4 个烃源岩产生的 CO_2 碳同位素分布区间为：JT $\delta^{13}C_{CO_2}$ 为 -25.77‰~-22.53‰；N101 $\delta^{13}C_{CO_2}$ 为 0.98‰~3.94‰；N103 $\delta^{13}C_{CO_2}$ 为 -5.98‰~-4.77‰；CS2 $\delta^{13}C_{CO_2}$ 为 -21.91~-20.78‰。流体体系下 2 个烃源岩样产生的 CO_2 同位素分布区间为：N101 $\delta^{13}C_{CO_2}$ 为 -0.55‰~0.59‰；N103 $\delta^{13}C_{CO_2}$ 为 -6.36‰~-5.37‰。根据 CO_2 成因划分标准（宋岩等，2005），可以初步判断出 JT 和 CS2 样品产生的 CO_2 多来源于有机质的演化，N101 和 N103 样品产生的 CO_2 多为无机来源。

② 在两种体系下，N101 和 N103 烃源岩样 CO_2 碳同位素是随着模拟温度的升高而不断变轻的趋势。说明原始样品是有机质和碳酸盐岩的混合物。随着反应的进行，有机成因 CO_2 和无机成因 CO_2 互相混合，根据碳同位素的分馏机制，导致了这种变化规律的出现。

③ N101 和 N103 样在两种不同模拟体系下，相同温阶的 CO_2 的碳同位素流体体系较干燥体系轻。

（2）气态烃碳同位素特征。

在模拟实验中，流体体系时烃类气体产率较小，达不到仪器分析的下限值，只能得出干燥体系下烷烃的生成规律：

① CS2 样中烷烃的碳同位素值具有在 300~350℃ 时 $\delta^{13}C_1 < \delta^{13}C_2$ 且 $\delta^{13}C_2 > \delta^{13}C_3$，350~450℃ 时 $\delta^{13}C_1 < \delta^{13}C_2 < \delta^{13}C_3$ 的特点。说明是一种混合成因气。

② 甲烷。JT 样 $\delta^{13}C_1$ 分布范围是 -32.06‰~-27.96‰；N101 样 $\delta^{13}C_1$ 分布范围是 -43.06‰~-31.71‰；N103 样 $\delta^{13}C_1$ 分布范围是 -39.01‰~-28.84‰；CS2 样 $\delta^{13}C_1$ 分布范围是 -45.31‰~-40.45‰。从图 4-36 中看出，JT 和 N103 样的甲烷碳同位素随着温度的升高具有变重的趋势，而 N101 样则是重—轻—重—轻的趋势，CS2 样在低温阶段（小于 400℃）表现为重—轻，到 450℃ 又变重。

③ 乙烷。四个样品的乙烷碳同位素分布都具有随着温度增高，逐渐变重的趋势，只有 CS2 样在 400℃ 时变轻。

④ 丙烷。在四个样品中，只有 CS2 样测出了较为准确的丙烷碳同位素，具有随着温度的升高不断变重的特征。总之，烷烃类气体碳同位素基本上都是符合随着演化温度的升高，其同位素值有不断变重的趋势。

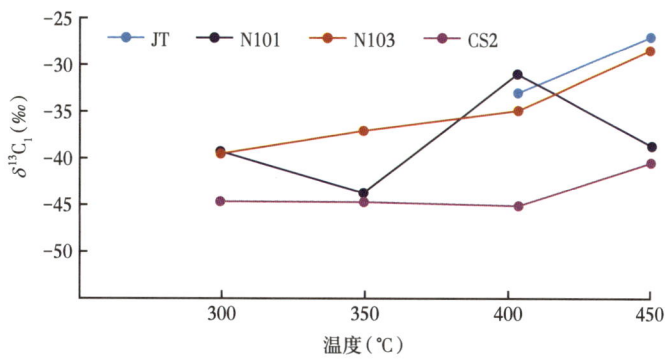

图 4-36　干燥体系不同样品甲烷碳同位素随温度变化图

3. 模型实验液态产物特征

1）液态产物产率特征

经过模拟实验，可直接将萃取后的产物作为烃源岩生成的液态产物。在对液态产物特征进行分析的过程中，由于产物总量较低，在进行族组分分离时，只选取了具有代表性的几个温度点产物进行了族组分分离。

2）不同样品相同体系液态产物特征

（1）干燥体系。

在干燥体系中，N101、N103 和 CS2 烃源岩样在 300~350℃ 区间内，液态产物产率是逐渐变小的，在 350~450℃ 区间内，则是随着温度的升高逐渐增大的。整体上呈现一个不规则"<"的变化趋势。JT 烃源岩样恰好相反，在 400℃ 之前是随着温度的增大而增大，400℃ 之后减小，整体上呈现出一个不规则的">"的变化趋势。

（2）流体体系。

① N101 烃源岩样的液态产物最大生成温度是 350℃，这个温度点之前是增大趋势，这个温度之后，先缓慢减小，到达 400℃ 后，又缓慢增大。

② N103 烃源岩样具有随着模拟温度的升高，液态产物产率逐渐增大的特征。

3）相同样品不同体系液态产物特征

（1）N101 和 N103 烃源岩样在模拟温度范围内，流体体系的液态产物产率都是大于干燥体系的。说明火山流体对液态产物产率是有影响的。

（2）添加火山流体后，N101 液态产物产率在 350℃ 时较干燥体系的提升幅度是最明显的，提升率达到 1.99mg/g。

4）液态产物气相色谱/质谱图特征

本次模拟实验中，为了更深层次地了解火山流体对液态产物的影响作用，把 N101 和 N103 模拟产生的液态产物进行了 GC 和 GC-MS 分析。

（1）N101 烃源岩。

将 N101 在干燥体系和流体体系产出的液态产物未经过柱色谱分离族组分而直接进色谱，所得色谱图如图 4-37 和图 4-38 所示，从图中可看出：

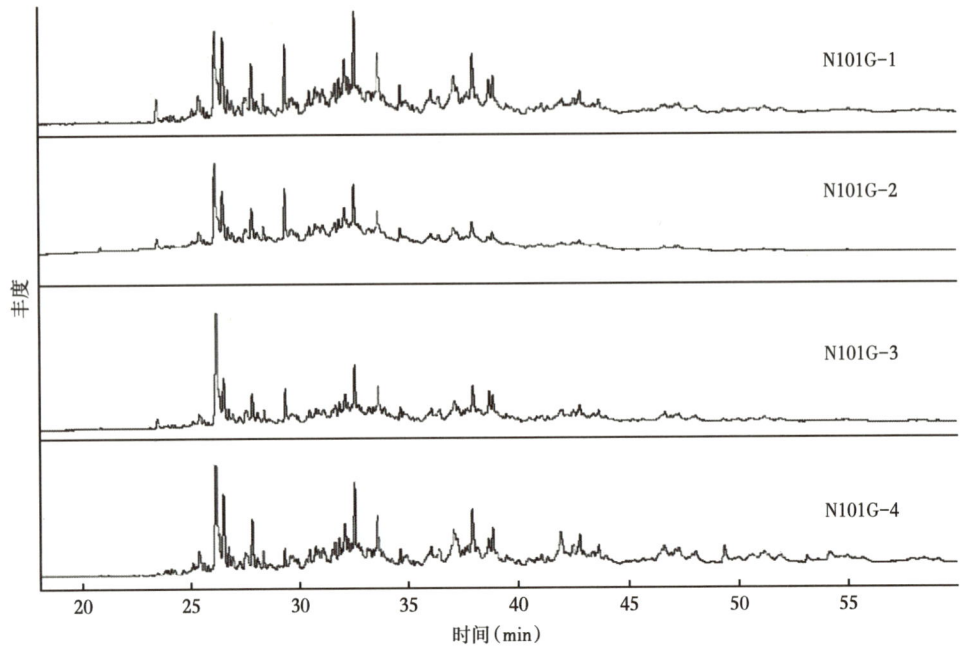

图 4-37　N101 干燥体系色谱特征图

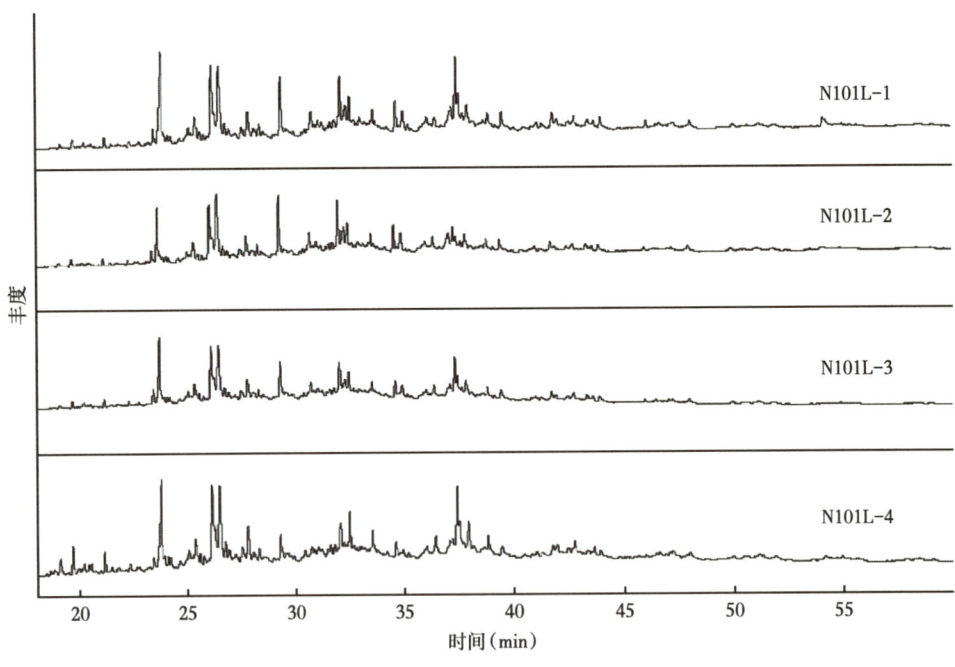

图 4-38　N101 流体体系色谱特征图

N101G 系列中液态烃色谱呈现相似的分布特征，基本都看不到等间距的正构烷烃序列，而主要是支链、异构烷烃及烯烃以簇状形态存在。随着温度升高，液态烃中高碳数烃类的含量有所增加。

N101L 系列中液态烃色谱的分布特征也十分相似，同样不存在明显的等间距正构烷烃序列。

对比发现，加入火山流体与否对烃源岩产生的液态烃组成影响不大。

（2）N103 烃源岩。

N103 在干燥体系和流体体系产出的 300℃、350℃ 和 400℃ 的液态产物色谱特征图如图 4-39 和图 4-40 所示。另外，把 450℃ 产出的液态产物进行了族组成分离，对分离出的饱和烃和芳烃进行更加精确的质谱分析。

从图 4-39 和图 4-40 发现，N103G 与 N103L 系列与 N101 具有相同的特征。

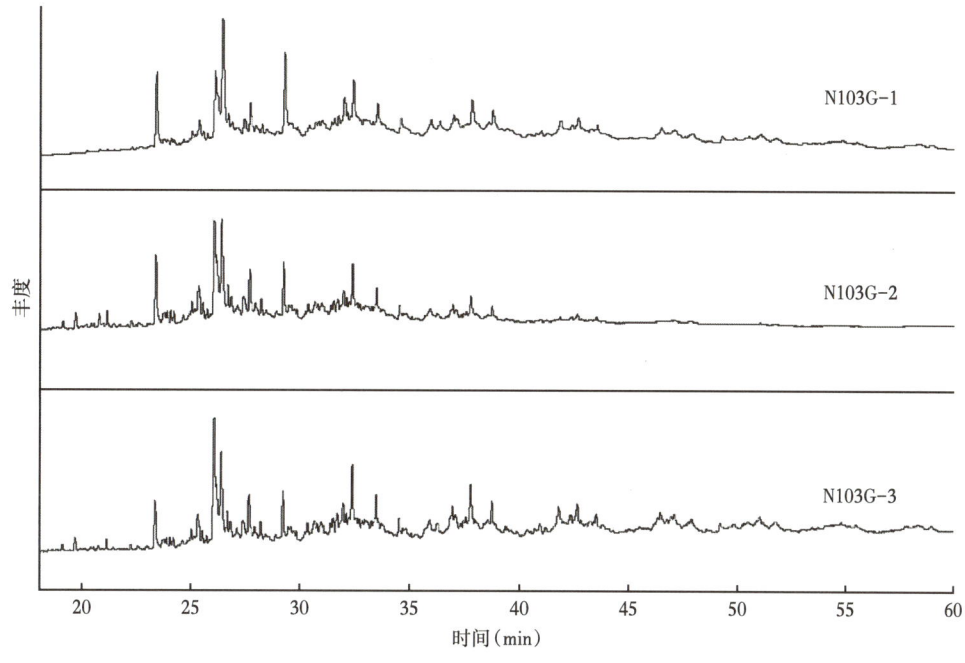

图 4-39　N103 干燥体系色谱特征图

从质谱图中可以得到较色谱图更可信的化合物组成信息。加入流体与否对烃源岩液态烃的组成影响不大。可以看出两个体系下生成的液态烃的饱和烃中，都是明显的以等间距峰分布为主体的簇状分布。

干燥体系和流体体系下生成的液态烃的芳烃 GC-MS 谱图存在较大差异。未加入流体的样品中菲的含量异常高，相比之下加入流体的样品中烷基萘、烷基菲系列化合物的含量有所增加。

火山流体中含有大量的水和过渡金属元素。过渡金属元素（Fe、Cr、Co、Ni、Cu 等）的 3d 电子层都处于未充满状态，对气体和有机质具有强烈的吸附作用，并可催化有机质中碳—碳键、碳—硫键、碳—氧键的断裂，从而达到使裂解反应加速，缩短反应时间，改变反应机理的催化目的（Mango，1992，1996；Mango et al.，1994；张敏等，1996）。而且，过渡金属元素对碳酸盐岩的分解具有催化作用（翟庆龙等，2003）。

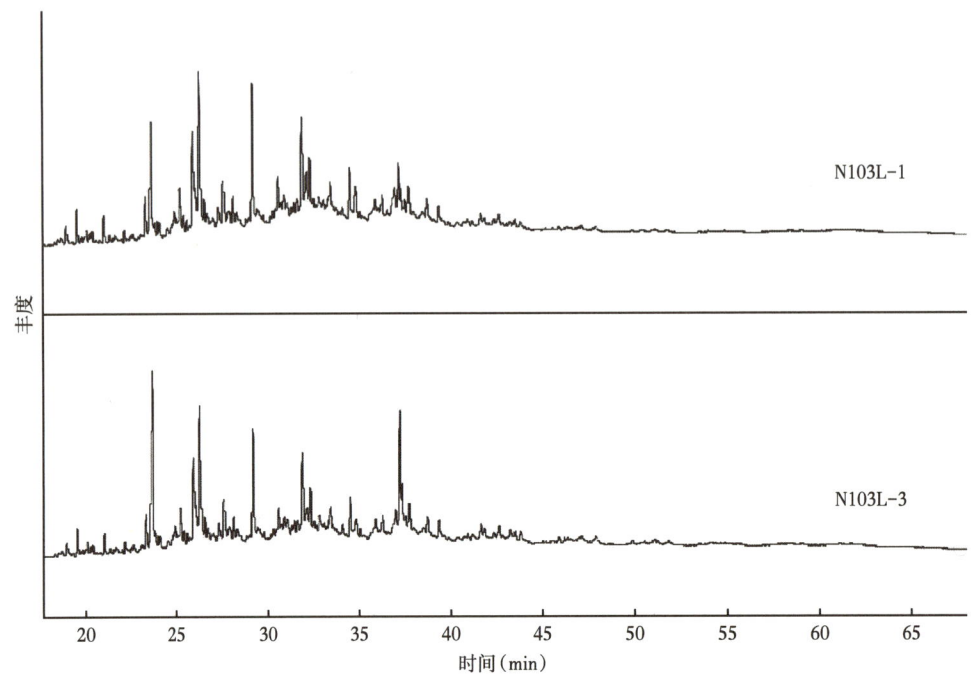

图 4-40　N103 流体体系色谱特征图

此外，水作为一种流体，当它的温度未超过 374℃，压力未超过 22.05MPa 时，是作为一种液体或气体状态存在，当温度超过 374℃ 和压力大于 22.05MPa 时，则达到了一种气液混合状态，很难区分，称为超临界状态。在密封的玻璃管中，当温度没有超过 374℃ 时，其压力为 10~20MPa，水未达到超临界状态。当水未达到超临界状态时，具有较强的溶剂化能力，此时，水作用于即将形成气体的基团放出的溶剂化能可降低生成自由基所需的能量，从而使热解容易进行，降低反应所需的温度（高岗，2000）。而且，水作为一种溶剂，使流体中的过渡金属元素充分地在烃源岩中流动，增加了反应接触面，能更好地发挥出过渡金属元素的催化能力。

通过对 N101 和 N103 烃源岩样在有无火山流体参与作用下的模拟研究发现，气体产率在 350~450℃ 之间存在一个临界温度点，当温度小于这个临界温度点时，产气率增大，当温度大于这个临界温度点时，产气率下降。造成这种现象的主要原因可能是火山流体中水的影响作用，因为水的临界温度点刚好在这个区间范围内，火山流体在其组分水未达到临界状态之前，水和过渡金属元素共同作用，提高烃源岩产气率；在低温阶段，这种促进作用更加强烈，当温度超过水的临界温度点后，由于水的物理化学性质发生了很大的变化，火山流体对烃源岩的产气率促进作用减弱，但由于金属元素的存在，还有不同程度的缓慢增大趋势。

在模拟实验中，笔者还发现，火山流体的存在，使得 H_2 的含量比干燥体系时的含量有所降低，这与前人在含水热解模拟实验与无水热解模拟实验取得的认识是一致的。在对烃类产出的影响上，主要表现为火山流体抑制低碳数的气态烷烃类物质的生成，促进一些高碳数的液态烃类的形成。这可能是由于火山流体中水所产生的压力，不利于轻烃组分的形成。

第五章　火山岩油气藏形成机理与数值模拟

本章通过解剖典型火山岩气藏、对比火山岩致密气藏与碎屑岩致密气藏、东西部火山岩油气藏共性与差异性和模拟油气汇聚成藏过程，综合分析生、排、运、聚等关键成藏要素，揭示火山岩具有非常规致密油气分布特点，首次提出火山岩油气藏具有"相—面控储、断—壳控运、复式聚集"的成藏机制：相—面控储：岩相、不整合面或火山旋回、期次界面控制优质储层；断—壳控运：油源断层控制垂向运移，风化壳控制油气侧向运移；复式聚集：同一成藏背景下发育多层系、多类型火山岩油气藏。

第一节　典型火山岩气藏解剖

一、徐家围子断陷火山岩气藏

1. 气藏类型与分布

多年勘探实践证实，松辽盆地北部深层断陷区发现的火山岩气藏类型十分丰富，从圈闭类型角度可分为构造、岩性、复合型的构造—岩性和岩性—构造气藏；从流体性质角度可分为常压、超压气藏；从气藏演化角度可划分为原生、次生气藏；从气源角度可分为不同有机混源、有机无机混源、无机 CO_2 气藏。气藏的分类方案很多，本节重点从圈闭角度来分析火山岩气藏类型与分布。

构造、岩性、构造—岩性、岩性—构造四种气藏类型中，徐家围子断陷火山岩气藏以岩性气藏和岩性—构造气藏类型居多（图5-1）。

1）岩性气藏

岩性气藏在徐家围子断陷深层较为发育，从下部的火石岭组到上部的登娄库组都有分布，其分布情况为：（1）营一段火山岩岩性气藏主要分布在FS9、FS701、ZS12、XS19、FS6、FS8等井区；（2）营三段火山岩岩性气藏主要分布在DSX301井区。

2）构造气藏

火山岩储层纵向连通性较差，在深大断裂及其伴生断裂带的纵向连通、侧向遮挡条件下，天然气可在有效储层内聚集成藏，形成构造气藏。徐家围子断陷内该类气藏仅见于升平构造带内SHS2-1井区。

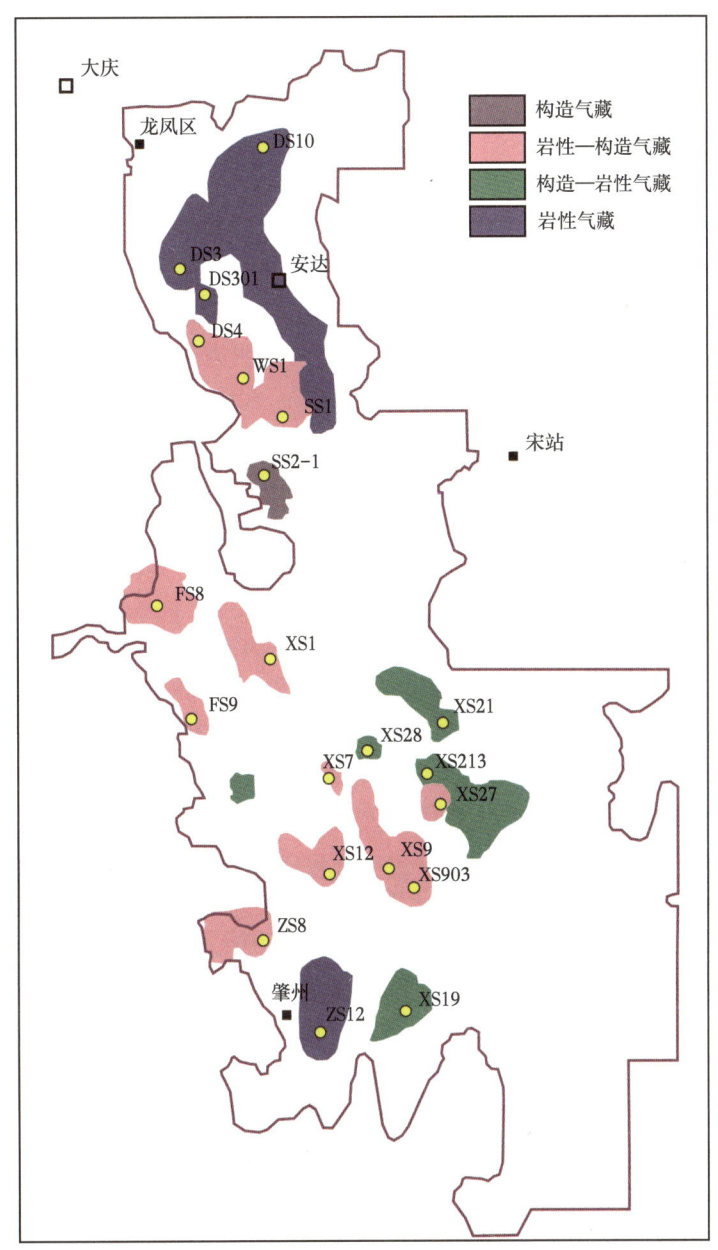

图 5-1 徐家围子断陷火山岩气藏类型分布图

3）构造—岩性气藏

这种气藏类型主要是构造背景控制下的火山岩岩性气藏，气藏高度大于构造幅度，气藏并不受构造圈闭控制，没有统一的气水界面，构造高部位气柱高度大，气水界面高；构造低部位气柱高度小，气水界面也低，但上气下水的特征又说明构造位置对含气性具有一定的控制作用。该类气藏分布情况如下：（1）火石岭组火山岩构造—岩性气藏主要分布在 SHS101、FS10 井区等处；（2）营城组一段火山岩构造—岩性气藏主要分布在 XS27、XS201、XS3、XS9、XS8、XS13、XS12—XS14、XS141、XS17、XS1、XS6、XS15、XS10、FS6、XS401、XS4、XS231 井区等处；（3）营三段火山岩构造—岩性气藏主要分布在 DS1-3、DS2、WS1、DS4、SS5、XS23、XS21、XS29、XS28 井区等处。这种气藏类型在徐家围子断陷最为发育，火石岭组到登娄库组都有发现，主要分布在徐家围子断陷中部和北部安达地区，是主要的气藏类型。

4）岩性—构造气藏

这种气藏类型主要发育在背斜构造上，高部位井的气柱高度大，低部位井的气柱高度小，总体呈上气下水的特征，气水界面基本一致，说明构造对含气性具有主要控制作用。但由于构造圈闭内岩性变化大，导致物性差异较大，天然气分布存在一定差异，也说明岩性对气藏具有控制作用。这种气藏类型在徐家围子断陷发现很少，主要发育在升平地区的火石岭组和营一段、营三段的火山岩地层中，其分布情况为：（1）火石岭组火山岩岩性—构造气藏主要分布在 SHS101 井区处；（2）营一段火山岩岩性—构造气藏主要分布在 XS7 井区处；（3）营三段火山岩岩性—构造气藏主要分布在 SHS2-1 井区处。

2. 烃源岩条件

徐家围子断陷烃源岩主要发育于沙河子组，由于该套地层普遍埋深大，有机质成熟度高，普遍达到高—过成熟阶段，腐殖型和混合型的有机质都以成气为主，沙河子组烃源岩中的有机质残余丰度均较高，因此，深层的气源条件的优劣受有机质丰度、类型和成熟度的影响较小，而主要受控于沙河子组暗色泥岩及煤系地层发育的厚度和分布面积。

徐家围子断陷烃源岩排气强度最高可达 $600\times10^8m^3/km^2$，分布于汪家屯附近；安达、兴城、徐东等地区排气强度也达 $200\times10^8m^3/km^2$，天然气生成量丰富，具备形成大气田的物质基础。目前已发现的气藏主要分布于断陷内高排气区的内部或边部，表明深层天然气成藏形成与分布明显受到气源供给条件的控制。徐家围子断陷重点气井距离沙河子组烃源岩距离一般不超过10km。

本区发育了多期次大面积火山喷发，造成了区域性高地温场，加快了烃源岩熟化速率和生气速率。松辽盆地早中生代烃源岩古地温梯度、埋藏时间与国内其他含气盆地对比来看，古地温梯度最高，埋藏时间最短，因此具有高效、快速生气的特征，能够及时聚集成藏，散失量少是松辽盆地天然气富集的重要原因。

烃源岩的生烃量取决于其体积及原始有机质丰度、类型和热演化程度。前三项参数为烃源岩所固有的性质，只有热演化程度是随外界条件的变化而变化的，而这里的外界条件主要是温度和时间。因此，盆地热史（古地温梯度或古热流演化史）是影响烃源岩生烃史的主要因素。

根据 XS1 井实测 R_o 与深度的关系，用 Lerche 的热指标反演拟合法分时间段模拟得到该井古热流演化史。徐家围子断陷从火石岭组沉积开始，大地热流值逐渐升高，白垩纪末期（距今 65Ma）达到最大值 $96.3mW/m^2$，同时平均地温梯度达到 $5.0℃/100m$，高于现今的 $4.0℃/100m$。然后地层逐渐冷却，大地热流值降至现今的 $73.3mW/m^2$。

在埋藏史和热演化史恢复的基础上,模拟了烃源岩的生烃史(图5-2)。XS1井沙河子组烃源岩从距今105Ma开始快速生气,距今90Ma和80Ma出现两次显著的生气高峰,白垩纪末期以后,明显的生气过程结束。第一次大的生气高峰对应泉头组沉积时期,泉头组一段、二段盖层基本形成。第二次大的生气高峰对应姚家组沉积时期,青山口组区域盖层已经形成。白垩纪之后,徐家围子断陷上覆古近—新近系和第四系总沉积厚度不足50m,深层烃源岩成熟演化基本停滞,因此在距今60Ma以后,生气量十分有限。

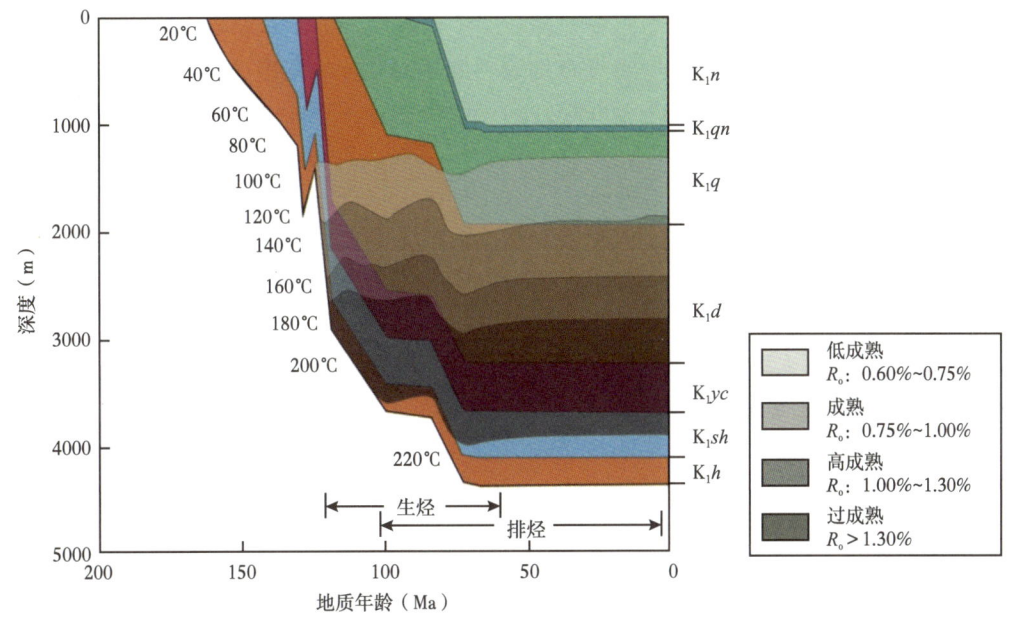

图 5-2 XS1 井烃源岩生气演化史图

结合 FS9 井、ZS5 井、SHAS3 井的生烃史模拟表明:徐家围子断陷深层烃源岩与火山岩处于同一层系,烃源岩沉积时期即处于较高的地温场中。因此,在登娄库组沉积期的快速沉降阶段,烃源岩快速成熟,并进入主生气期,主力烃源岩生气期发生在 100Ma 以前,即早白垩世晚期。

3. 储层类型

在具备充足气源的基础上,天然气优先进入孔隙度大、渗透率好的火山岩储集体,因此火山岩的物性在某种程度上决定着气藏的形成。

徐家围子断陷基性岩至酸性岩的多种岩石类型中均存在流体储集和产出。多种类型火山岩中均发育有效储层,不同地区各类有效储层的分布比例有所不同,整体而言,主要发育 4 类有效储层,分别是流纹岩、流纹质熔结凝灰岩、粗面岩和玄武岩。

流纹岩或流纹质岩类原生气孔最为发育,次生孔隙也较为发育,并且岩石脆性大,易产生裂隙,裂隙沟通孤立气孔又是良好渗流通道,有利于次生孔、缝的发育。

根据徐家围子断陷内近百口井试气资料、单层试气结果对比分析,显示酸性岩单层产能最高、产能规模最大,中性岩(主要为粗面岩)单层产能次之,基性岩(主要为玄武岩)

单层产能最小,基性岩产能规模大于中性岩。从松辽盆地火山岩气藏勘探和开发历程来看,酸性岩储层发现的时间最早,目前的研究程度也最高。然而,近几年在安达—汪家屯地区越来越多的中基性火山岩有效储层陆续被发现,其中钻遇主体岩性为粗面岩的几口探井均获得了工业气流,从而推动了松辽盆地火山岩储层研究的领域由酸性岩逐渐向中基性岩过渡。

4. 控藏要素

1)断裂及其演化是最为重要的控藏要素

(1)断裂的性质、规模、活动性控制着烃源岩的发育程度与生排烃条件。徐家围子断陷中的天然气主要来自下伏沙河子组发育的煤系地层,其生气强度分布控制着徐家围子断陷火山岩中天然气分布。而徐家围子断陷沙河子组煤系烃源岩的发育程度又受到断裂分布的控制。在沙河子组强烈伸展时期,徐西断裂为徐家围子断陷主要控陷断裂,沉降中心和沉积中心位于活动强度较大的徐西断裂的上盘。伴随着徐西断裂活动,形成西断东超的箕状断陷,在斜坡上受发育的北北东向断裂控制,形成了水体较浅的湖泥沉积环境,沉积了厚度大的煤系地层,成为徐家围子断陷火山岩的主力气源岩,是造成火山岩天然气藏沿着断裂分布的重要原因之一。

(2)断裂构造对火山岩储层具有改造作用。主要体现在:一方面诱发大量构造缝产生,相互连通的构造缝能使渗透率提高几个数量级,这些构造缝还能沟通孤立的原生孔缝,改善储层物性;另一方面产生的构造缝促进地下流体的运移,易溶物质(长石杏仁体及充填各种孔、洞、缝的碳酸盐)极易被溶解,形成次生孔隙空间。徐家围子中部断裂火山岩带上,构造裂缝发育,有效地改造了储层,使其具有良好的储集性能,因而形成了高产气层,靠近徐中断裂井的火山岩裂缝密度高,远离徐中断裂井的火山岩裂缝密度低;徐中断裂两侧火山岩裂缝主体走向与徐中断裂平行,而在东西向断裂交叉部位的火山岩发育着多方位的裂缝。XS1井位于中部断裂火山岩带上,150号层裂缝发育,裂缝面密度为 2%~3%,为裂缝孔隙型储层,产气达 $100\times10^4 m^3/d$ 以上。

(3)断裂空间延伸层位控制着天然气在垂向上运移的最大距离,在一定程度上决定了天然气在空间上运聚成藏的范围。徐家围子断陷营城组火山岩中的天然气主要来源于下伏沙河子组煤系气源岩,空间上营城组上部火山岩储层和沙河子组气源岩被不同物性的火山岩相带相隔,尤其是火山喷溢相的中部亚相和下部亚相、火山通道的空落亚相和热基浪亚相,火山岩储集物性差。沙河子组气源岩生成的天然气难以穿过这些火山岩孔隙向上部火山岩圈闭中运移聚集,而只能通过断裂才能使沙河子组气源岩生成的天然气向上运移至营城组的火山岩圈闭中。通过统计分析徐家围子断陷发育 557 条从沙河子组断至营城组火山岩中的断裂,这些断裂在泉头组沉积晚期—青山口组沉积时期活动开启,此时正是沙河子组气源岩大量排气期,沙河子组气源岩生成的天然气沿着这些断裂向上运移进入火山岩圈闭中聚集成藏,所以断裂延伸层位控制着天然气的富集层位。断穿不同层位的断裂分布控制着不同层位火山岩气藏的分布:徐家围子断陷只断穿沙河子组和营一段的断裂最多,沙河子组气源岩生成的天然气沿其进行运移,只能进入到营一段火山岩中聚集成藏,形成的工业气流井数最多;而断穿沙河子组至营三段的断裂明显少于南部断至营一段的断裂,沙河子组气源岩生成的天然气沿其运移，只能进入营三段火山岩储层中聚集成藏，形成的工业气流井数明显较南部要少。断穿沙河子组至营四段的断裂尽管以断穿沙河子组至营三段的断裂居多，但较断穿沙河子组至营一段的断裂要少，沙河子组气源岩生成的天然气先在营一段火山岩储层中聚集，再进入上覆营四段火山角砾岩中聚集成藏，形成的工业气流井数明显较营一段要少。

（4）断裂活动时期控制着天然气的垂向运聚。断裂只有处在活动时期时，才可成为天然气大量运移的通道，因此，气源岩大量生烃期后的断裂活动时期是天然气垂向运移时期。沙河子组—营城组气源岩在泉二段沉积末期达到生气高峰。此后断裂主要的活动时期有3期：泉头组沉积末期—青二段、青三段沉积中期、嫩江组沉积末期和明水组沉积末期。这3个时期为气源岩大量生烃期后的断裂活动期，是该区天然气垂向运移的主要时期。泉头组沉积末期—青山口组沉积中期，该区登二段盖层此时已经具备封闭能力，泉一段、泉二段区域性盖层开始具封闭能力，且气源岩开始进入大量生排气期，有利于沙河子组—营城组天然气在登二段、泉一段、泉二段盖层下面运聚成藏，为该区天然气的主要聚集期。嫩江组和明水组沉积末期，几套盖层均已形成封闭能力，此时气源岩的大量生排气期已过，排出的天然气不能在深层形成大规模的天然气聚集，只能造成原生气藏的破坏和油气的重新聚集与分配，是该区中浅层的主要天然气聚集期。

（5）断裂控制圈闭完整性和盖层封闭性。通过徐家围子断陷典型火山岩气藏断裂侧向封闭性研究对比分析，只要错断火山岩圈闭断裂两盘火山岩储层与砂泥岩对接，断层侧向封闭，火山岩圈闭有效，就有利于形成天然气聚集，如徐中断裂、XS12井气藏边界断裂（上部）和XS27井气藏边界断裂（上部）；若是火山岩与火山岩相对接，断层侧向不封闭，火山岩圈闭封闭无效，则不利于天然气聚集，如XS12井气藏边界断裂（下部）、XS27井气藏边界断裂（下部）和徐中断裂（XS14井下部）。断裂活动影响盖层的完整性，导致气藏的破坏或调整。尤其是形成于盆地沉降期及构造反转期活动的反转断层，如果是穿过深层火山岩气藏的区域性盖层，由于它们是在火山岩的成藏期或成藏期后活动，则对火山岩气藏盖层封闭性有重要影响，导致天然气逸散损失或重新运聚。断裂体系对火山岩气藏成藏的每个要素都有着重要的控制，因此对断裂体系的研究应将构造与地层、沉积、石油地质特征等相结合，充分利用地震资料揭示断裂体系的发育、分布与组合特征，并在油气勘探中不断修正完善，才能有效地指导松辽断陷盆地火山岩气藏的勘探。

2）火山机构类型、相带、旋回期次控制气藏的纵横发育规律

（1）火山机构类型控制岩性、岩相，进而控制储层及气藏。

火山机构是指一定时间范围内，来自同喷发源的火山物质围绕源区堆积构成的，具有一定形态和共生组合关系的各种火山作用产物的总和，表现为火山喷发在地表形成的各种各样的火山地形及与其相关的各种构造。根据岩性岩相组合特征的火山机构划分方案，按结构特征将火山机构划分为碎屑岩类、熔岩类和复合类，然后按成分分为酸性型和中基性型。松辽盆地营城组以酸性火山机构为主，中基性火山机构次之。

徐家围子断陷营城组火山岩气藏主要集中在熔岩类火山机构（占72%），特别是酸性

熔岩火山机构的贡献率达到50%，长岭断陷中基性火山机构中只有熔岩类获得了工业气流。整体而言，松辽盆地酸性火山机构成藏效应好，尤其以熔岩火山机构对气藏的贡献最大。酸性熔岩火山机构的成藏效率较高，徐家围子断陷中基性火山机构的成藏效率高于松辽盆地南部。单井最高产能出现在酸性复合火山机构；中基性火山机构的产能较酸性火山机构低；中基性碎屑岩、熔岩和复合火山机构的产能差别较小，而酸性火山机构的产能差别较大。

火山岩气藏内部特征与火山机构类型关系密切，这是因为不同火山机构具有不同的储层特征。各类火山机构发育的储集空间类型存在一定的差别，导致了储层物性的差异。基于606个样品分析得知，熔岩类火山机构的储层物性最好，复合火山机构次之，碎屑岩火山机构排第三。在酸性火山机构中（储层样品为544个），熔岩火山机构的储层物性最好，复合火山机构次之。在中基性火山机构中（储层样品为62个），碎屑岩火山机构的孔隙度最大，复合火山机构次之，熔岩火山机构排第三。熔岩火山机构的渗透率最高，碎屑岩火山机构次之，而复合火山机构最低。储层物性的差别可以导致不同类型火山机构之间产能和气藏内部气层、差气层分布特征的差别。

从典型火山机构气藏成藏要素、成藏效率和储层物性的分析可知，火山岩勘探方向应该聚焦在具有烃源岩和通源断层的区带，首先针对酸性火山机构，其次是中基性火山机构。

（2）火山机构相带影响气藏的平面分布。

火山机构相带依据火山堆积物距火山口源区的远近分为火山口—近火山口、近源和远源三个相带或相组合带，它们在垂向上具有各自的序列特征，在平面上呈现围绕火山口由近及远呈环带状分布的趋势。

火山口—近火山口相带火山岩厚度大，由于火山喷发物近源快速堆积，火山穿窿作用频繁发生，导致岩性、岩相复杂，火山口附近属构造薄弱带，也是后期断裂、热液活动多发地带，火山喷发后高压热液流体导致围岩炸裂、发生角砾岩化、形成大量角砾间孔和裂缝，易于形成良好的孔隙和裂缝配置，储集性能最佳，并且其储层建造和改善作用早于烃类运移，含气性最好，近源相次之，而远源相中有效储层所占比例极小。火山口—近火山口相带地层倾角多在40°~70°之间，常形成原生构造古隆起，是天然气长期运移的指向区，易发育岩性—构造圈闭。

勘探实践总体上呈现钻井位置离火山口越近成藏的概率越大，越远成藏的概率就越小、单井产能越低的趋势。这为火山岩勘探提供了一个重要线索：寻找火山机构中心相带。

（3）火山机构旋回、期次的顶部是气藏分布的有利部位。

火山喷发间歇期，在暴露面顶部发生的风化淋滤作用形成的裂缝，常与溶蚀缝和构造裂缝交错相连，将岩石切割成大小不同的碎块；同时，风化裂缝为后期构造裂缝复杂化或进入深埋藏阶段后再次受到热液溶蚀作用创造了有利条件；另外，在旋回的顶部常发育拱张裂缝。因此在火山喷发期次的顶部尤其在旋回顶部或底部（有松散层存在），具备形成有效火山岩储层的有利条件。

火山岩在喷出地表后，冷凝速度较快，能够保留大量的原生气孔和长石等斑晶的晶间结构。徐家围子断陷营城组火山岩具有多期次喷发的特点，岩心观察表明，每一期次喷发熔岩顶部储层相对较为发育。这是因为当每一期次喷发时，含有大量气液包裹体的火山物质喷出地表后，气液包裹体受到浮力的作用向上浮动，从岩浆中逸出。由于温度降低，岩浆冷凝固结，部分未来得及逸出的气液包裹体被封闭在熔浆内部，这些被封闭的气液包裹体所占据的空间如果没有被后期外来的物质所充填，就形成了气孔，主要分布在火山岩体每一期次喷发的顶部，从而也决定了气藏在垂向上分布于每一期次火山岩的上部。

火山岩喷发期次多少和多岩性的互层叠置也控制火山岩物性好坏。通过对松辽盆地探井资料的统计发现，中基性火山岩是否发育有利储层还与多旋回喷发、多岩性互层叠置有关。喷发期次和旋回越多，岩性互层叠置越频繁，火山岩的物性越好，如 DS3 井等。相比较而言，单一厚层火山岩储层相对不发育，如 DES7 井等。

5. 圈闭及盖层条件

徐家围子天然气储藏类型主要有火山岩性圈闭及火山构造圈闭：

（1）火山岩性圈闭。最常见的火山岩性圈闭是：火山岩系中不整合面、风化壳层（尤其是火山岩系与登娄库组之间的不整合、风化壳层），还有火山岩中受断块所限的气孔带、节理带、碎屑带、破碎带、溶解带等，不仅有利于天然气的运移，也均可形成好的气藏。如 DS3 井区位于安达凹陷内，产气层为中孔低渗透中基性火山岩储层，为典型的岩性气藏。

（2）火山构造圈闭。①直接圈闭。主要为火山机构，是指以火山通道为中心，由岩浆直接喷出发育的构造（环状、放射状断裂，裂隙）及岩石（喷出相、火山通道相、次火山岩相岩石）组成的等轴或长形隆起。常见的是火山穹隆、火山背斜、火山锥、火山堤、火山穹丘和破火山口等，可以构成火山构造圈闭。如徐家围子断陷升平隆起带北侧 SHS2-1 井区，长岭断陷哈尔金构造高部位 CS1 井区。②间接圈闭。由于火山活动等引起的构造断隆带及断隆区。断隆带范围通常大而长，常与断陷盆地共生。相间排列，尤其是较大的断陷盆地的边缘的断隆带；而断隆区多呈不大的等轴形。前者以"古中央隆起"为代表；后者多为盆地内部古正突起的"坳中隆"。它们常受两侧或四周断层圈闭而隆起，由于隆起时间长，断裂发育，因此风化剥蚀强，风化壳、不整合面发育，而且基岩碎裂及次生节理也发育，常是很好的构造圈闭。如坳陷中部形成隆起带的 XS1 井区。火山岩构造圈闭多位于构造高部位，为天然气运移的指向区，有利于形成天然气聚集带。

岩性致密、未遭受破坏的火山岩可以作为圈闭盖层或遮挡物，可形成火山岩自储自盖圈闭。长岭断陷带营城组向东逐渐减薄，易形成地层圈闭。徐家围子断陷和长岭断陷火山岩区发育各种类型圈闭，往往规模较大，并且火山岩层位与烃源岩层位相近，圈闭形成时间多早于油气生排烃期和成藏期，时空匹配较好，为气藏的形成奠定了基础。

形成气田必须要有良好的保存条件，盖层对天然气藏形成与分布起着重要的控制作用。但就松辽盆地徐家围子断陷而言，深层天然气封盖层主要是登二段和泉一段、泉二段发育的泥岩，这两套盖层全区分布，且厚度较大（图 5-3）。其中登二段泥岩累计厚度一般为 100~200m，高值区位于断陷中部偏东地区；泉一段、泉二段泥岩累计厚度一般大于 250m，断陷中部最厚，向东北及西南逐渐减薄，泥岩横向连续性好。从盖源时间匹配上来看，天然气第一次大规模充注期为泉头组沉积末期，此时登二段和泉一段、泉二段盖层均已形成，因此具有较强的封闭能力。另外，在营城组内还发育一套局部盖层，为火山岩与上伏沉积岩之间，以泥岩、泥质砾岩夹层或凝灰岩为主，主要分布于徐东地区及断陷南部。该区深层已发现的气藏和含气区与登二段、泉一段、泉二段盖层的综合评价结果表明，封盖条件等级以好为主，少量为中等。

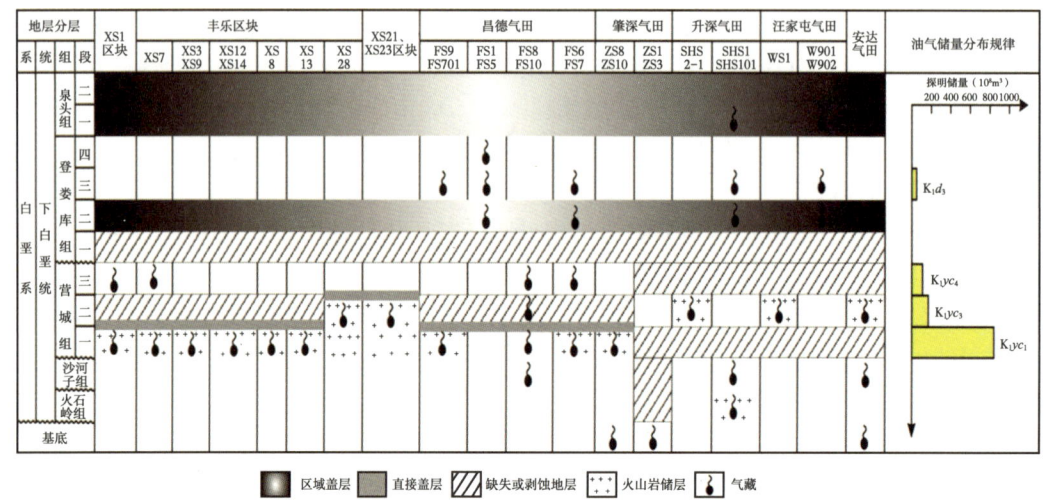

图 5-3 徐家围子断陷盖层与天然气分布关系图

分析松辽盆地徐家围子断陷断裂主要活动时期与气源岩排气史关系图可知，徐家围子断陷登二段和营城组火山岩顶部 2 套盖层封闭能力形成时期均在气源岩大量排烃期之前，且均早于天然气的 4 个充注期。因此对于徐家围子断陷和长岭断陷火山岩气藏成藏而言，有利的盖层条件为必要前提，但不是该区天然气成藏的制约性因素。

二、准噶尔盆地火山岩油气藏

五彩湾气田位于五彩湾凹陷的北部，其气藏规模较小。1998 年首先在 C25 井石炭系火山岩中获得工业气流，之后在 C201 井和 C27 井也获得工业气流，但随后钻探的 C202 井、C203 井、C204 井和 C29 井等井却相继落空。五彩湾气田天然气主要位于石炭系顶部火山岩风化壳内，中二叠统将军庙组砂泥岩和泥岩不整合覆盖于火山岩之上，岩性致密，是一套良好的盖层。C25 井区石炭系为一个向西倾的鼻状构造，C25 井、C201 井、C27 井这三口井均位于鼻状构造轴部的三个局部构造高点。鼻状构造轴部的油气显示比较活跃，且构造位置越高，油气显示越活跃，而在鼻状构造的两翼几乎没有油气显示；位于高部位的 C29 井油气显示很活跃，没有成藏的主要原因在于不存在圈闭，油气通过断层破碎带运移到上部地层了。

五彩湾断鼻的古今构造发生了显著的变化，古构造的高点处于现今构造的低部位，这主要是因为燕山期该区地层发生掀斜，油气的溢出点抬高，导致闭合度减小，相应的古圈闭受到严重破坏，这直接导致五彩湾地区石炭系火山岩中的油气大量逸散，只残留局部高点或火山岩内幕岩性圈闭，因此五彩湾凹陷火山岩油气藏规模较小。

克拉美丽气田位于准噶尔盆地腹部陆梁隆起东段滴南凸起上，2005年DX10井于石炭系获得$20.2×10^4m^3/d$高产工业气流，从而发现克拉美丽气田。克拉美丽气田由DX10井区、DX14井区、DX17井区、DX18井区4个气藏组成，属风化壳地层型气藏，2008年克拉美丽气田探明天然气储量为$1033×10^8m^3$，是我国北疆地区发现的首个超千亿立方米的大气田。

克拉美丽气田天然气主要分布在石炭系顶部火山岩风化壳内，其储层岩性类型众多，包括多种火山碎屑岩和酸性、中性、基性火山熔岩，以及侵入岩。中二叠统平地泉组不整合覆盖于石炭系火山岩上，为上百米厚的泥岩、粉细砂岩，是一套优质的区域性盖层，具有良好的封堵能力；一些未经历强烈风化作用的致密火山岩起到了侧向封堵作用，而早期活动、后期停止活动的断裂一般下部开启、上部封堵，对油气也具有封闭作用，如DX10井流纹岩中发育气藏，气藏东北部发育的断裂及其上盘致密凝灰岩一起构成了有效的油气封闭体系，阻止了油气的逸散。此外，三叠系、侏罗系等上覆地层中也发现了少量天然气。

克拉美丽气田天然气与五彩湾气田天然气特征相近，主要表现出煤成气的特征，与准噶尔盆地西北缘乌夏地区来自二叠系烃源岩的油型气有明显区别，与南缘来自侏罗系煤系的天然气相比，其具有较高的$δ^{13}C_1$值和明显较低的$δ^{13}C_2$—$δ^{13}C_1$值，反映其成熟度较高。这些储集在火山岩中的天然气主要来自石炭系腐殖型烃源岩，部分可能受到油型气混合的影响。而上覆三叠系、侏罗系等层位中的天然气主要是次生成因，来自石炭系烃源岩早期生烃后的逸散。

滴南凸起带石炭系自西向东地层由新到老分布，顶部与二叠系呈角度不整合接触。石炭系顶面构造形态为南北两侧为边界断裂所切割、向西倾伏的大型鼻状构造。滴南凸起上发育一系列近东西向、北西向断裂，规模较大的有北侧的滴水泉北断裂，为东南倾逆断层，断开层位为石炭系—下侏罗统。石炭系火山岩岩性反映火山作用平面呈现出明显规律性，西部发育中基性熔岩，东部发育中酸性熔岩，南部沿断层发育中—酸性侵入岩，各区之间有间断沉积火山碎屑岩类—沉凝灰岩类。由于石炭系火山岩体受到长期风化剥蚀，火山岩储集体经过较强烈改造，储层复杂多样；浅成侵入岩、火山熔岩和火山碎屑岩类角砾岩均能够形成有效储层。石炭系火山岩储层原生孔隙主要为气孔、粒内孔和粒间孔，形成于火山岩固化成岩阶段，次生孔隙主要为溶蚀孔，形成于火山岩成岩后表生作用阶段；构造缝普遍发育，溶蚀缝次之，冷凝收缩缝主要发育于火山熔岩中，孔隙类型多样，储层以次生溶蚀孔和裂缝为主，具有孔隙—裂缝双重介质特征。

1. 气藏特征

构造上位于陆梁隆起东段滴南凸起带之上的局部鼻状背斜构造。烃源岩发育层位为下石炭统滴水泉组、上石炭统巴塔玛依内山组湖相沼泽煤岩与暗色泥岩层段。下石炭统滴水泉组煤岩有机碳含量5.7%~28.6%，平均值13.3%，暗色泥岩有机碳含量1.15%；上石炭统巴塔玛依内山组煤岩有机碳含量6.82%~40.24%，平均值23.6%，暗色泥岩有机碳含量大于1.54%。气藏盖层为上石炭统巴塔玛依内山组顶部风化黏土层与上二叠统上乌尔禾组深灰色泥岩、粉砂质泥岩。

储集体发育层位为上石炭统巴塔玛依内山组火山岩，岩性主要为玄武岩、安山岩、流纹质熔结凝灰岩、晶屑凝灰岩、火山角砾岩及浅成侵入岩花岗岩，岩相主要为爆发相、溢流相。储层孔隙度0.9%~28.4%，平均孔隙度为14.85%，渗透率0.02~123mD，平均渗透率0.618mD，物性变化大，非均质性强，岩性、岩相与物性存在一定关系，流纹岩、熔结凝灰岩渗透率一般大于1mD，裂缝不发育的集块岩、凝灰岩储集物性一般小于1mD。

气藏顶面埋藏深度2995~3645m，气层高度130~430m，气藏地层压力系数1.07~1.27MPa/100m，气藏中部温度89.73~115.51℃，气藏有效厚度59.3~236.4m，平均含气饱和度60.1%~71.3%，气藏地质储量丰度（3.3~16.9）×$10^8m^3/km^2$，存在底水，为块状油藏。

DX17井区石炭系气藏为断层—地层型凝析气藏，千米井深稳定产量$2.2×10^4m^3/(km·d)$，可采储量丰度$3.3×10^8m^3/km^2$，属于低产、中丰度、深层中型气藏。DX14井区石炭系气藏为带底水的地层凝析气藏，天然气千米井深稳定产量$1.6×10^4m^3/(km·d)$，可采储量丰度$10.1×10^8m^3/km^2$，属于低产、高丰度、深层中型气藏。DX18井区石炭系气藏为带底水的地层—岩性凝析气藏，千米井深稳定产量$3.3×10^4m^3/(km·d)$，可采储量丰度$16.9×10^8m^3/km^2$，属于中产、高丰度、深层中型气藏。DX10井区石炭系气藏为带底水的地层—岩性凝析气藏，千米井深稳定产量$2.6×10^4m^3/(km·d)$，可采储量丰度$3.4×10^8m^3/km^2$，属于低产、中丰度、中深层的中型气藏。

2. 天然气组分特征

气藏天然气以烃类气体占绝对优势，总烃含量77.5%~97.79%，平均93.53%。其中甲烷含量83.6%~87.5%，平均84.80%；烃类气体中C_{2+}含量3.05%~13.02%，平均6.47%；干燥系数0.88~0.98，平均0.94。非烃气体含量很低，主要为氮气，其含量4.08%~21.72%，平均6.16%；二氧化碳含量低，为0~2.05%，平均0.30%；氧气含量0.055%。天然气相对密度0.633~0.664；凝析油密度0.774g/cm^3，50℃时原油黏度0.95~1.18mPa·s，含蜡1.18%~3.22%，凝点1.3~13.2℃，初馏点76.1~115℃。气藏地层水为$CaCl_2$型，总矿化度为11569.61~22606.33mg/L，氯离子含量6796.19~16022.47mg/L。

3. 气藏主控因素

滴南凸起自西向东分布多个气藏，整体是天然气富集区。最西端的DX17井区的主力产层岩性为玄武岩，向东部削蚀尖灭，上倾方向在上、下火山序列之间发育一套暗色泥岩，与上覆的二叠系泥岩形成遮挡，为不整合遮挡气藏。中部的DX14井区储层岩性复杂，为溢流相基性玄武岩、酸性流纹岩、爆发相凝灰质角砾岩，上倾方向泥岩段形成遮挡，为复合火山岩锥体岩性气藏。DX18井为浅成侵入花岗岩体，南侧受断裂遮挡。最东端DX10井区块空落相凝灰岩发生相变，南侧受断裂遮挡。DX17井区、DX14井区、DX18井区、DX10井区各气藏均有各自独立气水界面。

陆东—五彩湾地区天然气主要表现为干酪根裂解气的特点。但并不是说该地区直接聚集了源自石炭系干酪根的裂解气。成藏过程对天然气组分和碳同位素的影响则更为显著，该区石炭系天然气的不同参数反映的天然气成熟度存在明显的差异,如石炭系天然气干燥系数为 0.88~0.96,反映其为高—过成熟特征,通过陆东—五彩湾地区气藏解剖,结合该区构造演化与天然气阶段聚气成气特征,该区石炭系烃源岩油气藏形成主要经历了海西晚期—印支期和燕山中期的油气成藏聚集过程(图 5-4)。

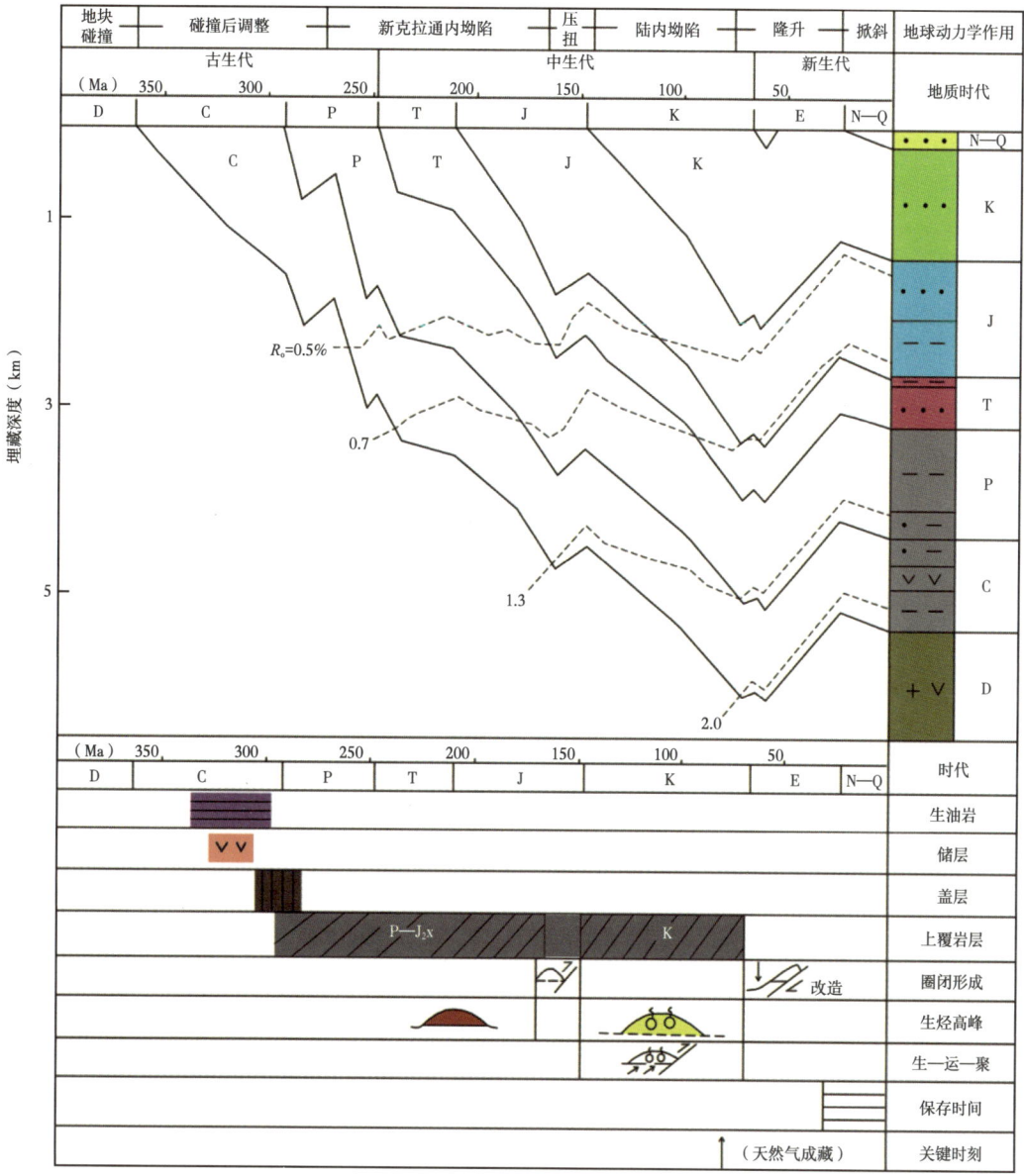

图 5-4 准噶尔盆地陆东—五彩湾地区石炭系含油气系统成藏事件图

海西晚期,除了五彩湾地区石炭系烃源岩成熟较早、在二叠系沉积时就进入了成熟阶段外,在滴南凸起的西段进入低成熟阶段,其他地区尚未成熟。C25 井 3232m 巴塔玛依内山组砂岩中杏仁体内方解石脉的包裹体呈群体定向分布，盐水包裹体均一温度为86.2~88.5℃，反映了五彩湾地区该期油气充注特征。

印支晚期，由于三叠纪和早侏罗世地层的沉积，五彩湾地区石炭系烃源岩进入成熟阶段的末期或高成熟阶段的初期，在滴南凸起西段进入成熟阶段；滴南凸起东段进入低成熟阶段。五彩湾地区 C25 井 2990m 下二叠统砂岩中石英次生加大形成的包裹体均一温度为96.6~105.6℃；滴南凸起西段 DX17 井 3477.1m 的石炭系玄武岩方解石脉中伴生的烃类包裹体以气态为主，盐水包裹体均一温度为 98.9~117.6℃，反映了印支晚期油气充注。

由于强烈的燕山早期构造活动，造成地层抬升和断裂强烈活动，使印支晚期石炭系储集体中的天然气聚集基本被破坏殆尽，即石炭系烃源岩在 R_o 为 0.8%~1.2% 之前生成的油气由于断裂的强烈活动而散失，同时可能在侏罗系储集体中形成次生气藏。在滴南凸起西部破坏的是石炭系烃源岩在 R_o 为 0.8%~1.0% 之前生成的产物；在五彩湾地区破坏的是石炭系烃源岩在 R_o 为 1.2% 之前生成的产物。此时，下侏罗统砂岩中形成的包裹体少，如 DX17 井区石英包裹体测定的 73.6℃，反映晚期油气充注。

燕山中期，是陆东—五彩湾地区石炭系烃源岩成藏的关键时期，由于白垩纪地层的巨厚沉积，决定了该区石炭系烃源岩的最终成熟程度。五彩湾地区石炭系烃源岩进入高成熟湿气阶段；滴南凸起的西段进入高成熟凝析油—湿气阶段，东段进入成熟阶段；滴北凸起进入了低成熟阶段。该期主要聚集的是石炭系烃源岩在 R_o 为 0.8%~1.2% 之后生成的天然气，造成了天然气参数所反映的天然气成熟度与实际值的差异。CC2 井巴塔玛依内山组凝灰岩石英裂隙及次生加大边包裹体均一温度为 133.9~139.6℃，DX17 井 3637.8m 玄武岩样品中晚期方解石脉中盐水包裹体均一温度主要分布在 140~150℃ 区间，与燕山期中期天然气为主的烃类充注相一致。

燕山晚期至今，该时期断裂活动很弱，有利于早期在上二叠统乌尔禾组泥岩区域盖层之下聚集原生气藏的保存，燕山晚期局部发生天然气藏调整，在侏罗系、白垩系形成次生天然气藏，造成天然气从石炭系到侏罗系、白垩系散失和聚集。

陆东—五彩湾地区天然气成藏具有"早期聚集、晚期保存"特征（图 5-5）；尽管陆东—五彩湾地区总体来说经历了海西晚期、印支晚期和燕山中期的多期油气充注和成藏，但燕山中期应为该区天然气成藏关键时期。在二叠系乌尔禾组区域盖层之下具有源自石炭系腐殖型烃源岩原生天然气藏形成的条件，如 DX10 井区石炭系气藏为主要源自石炭系过成熟腐殖型天然气，天然气的 $\delta^{13}C_1$ 值和 $\delta^{13}C_2$ 值分别为 −29.5‰~−29.1‰ 和 −26.7‰~−26.6‰；五彩湾石炭系气藏为主要源自石炭系过成熟天然气，天然气的 $\delta^{13}C_1$ 值和 $\delta^{13}C_2$ 值分别为 −31.0‰~−29.5‰ 和 −26.8‰~−24.2‰。海西晚期强烈的压扭构造活动，印支期构造活动相对较弱；燕山早期断裂活动强烈；燕山晚期—喜马拉雅期断裂活动较弱，有利于早期形成天然气藏的后期保存。

对于自生自储风化壳地层型油气藏，石炭系烃源岩生成的油气沿断裂在纵向上运移，沿风化体横向上运移，在火山岩风化体内聚集成藏，形成自生自储的火山岩风化壳地层型油气藏，断裂和不整合面是主要输导体系，由于新疆北部石炭系单个火山机构规模较小，火山岩和沉积岩互层，在大角度倾斜地层中，风化壳顶面火山岩风化体与沉积岩间互分布，形成的油气藏规模决定于火山岩层的厚度和地层倾角。火山岩长期风化淋滤形成的有利储层是油气聚集的主要场所，是成藏的关键要素之一；有效的盖层是油气保存的关键，正向构造背景有利区是油气聚集的有利场所。油气近源成藏特点决定了在靠近油气源或近油气运移路径上的有效圈闭会先捕获油气并成藏，在油气源不足或构造较高部位保存条件不好的情况下，构造较高部位的圈闭不一定成藏。该成藏模式指导在油气勘探中首先寻找距离油气源岩最近的有效圈闭，而不是距离烃源岩较远的构造高部位圈闭。

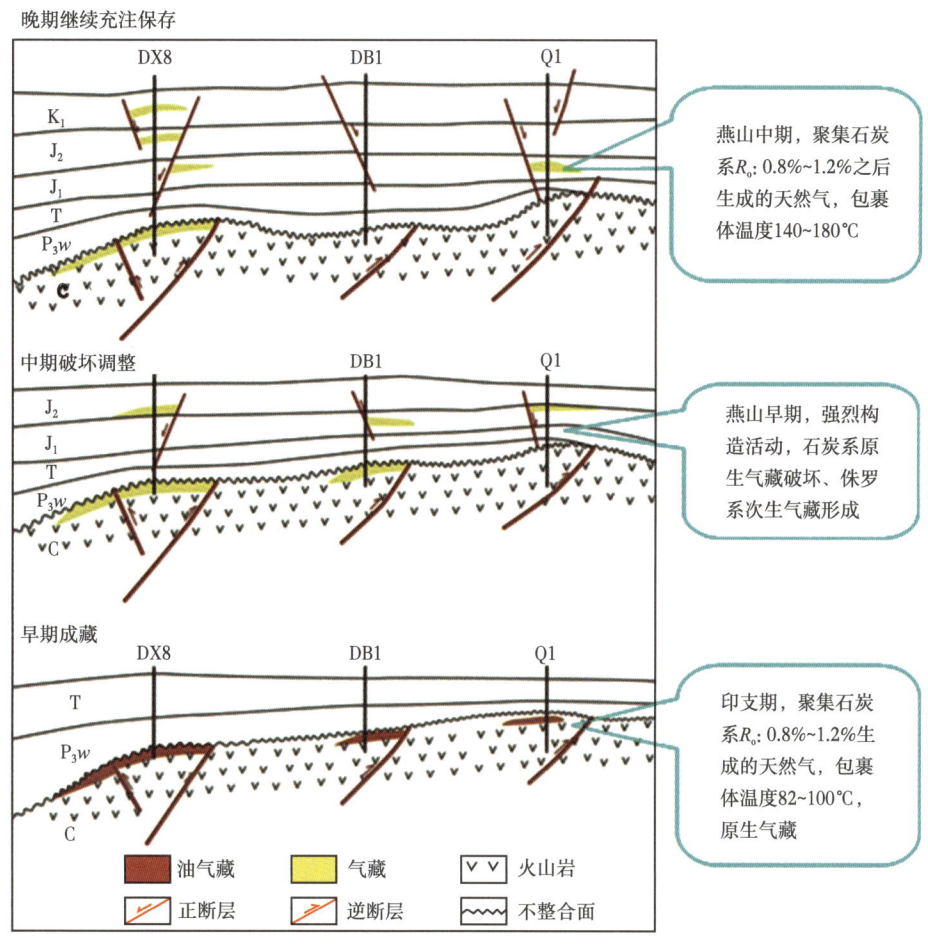

图 5-5　克拉美丽石炭系火山岩气藏成藏过程分析剖面

第二节　火山岩致密油气藏与碎屑岩致密油气藏的共性与差异性

火山岩致密油气藏与碎屑岩致密油气藏同属致密油气藏，又称连续性油气藏，具有孔隙度低（小于10%）、渗透率低（小于0.1mD）、含水饱和度高（45%~70%）、埋藏深和成岩历史复杂等共性。它们的差异主要表现在油气藏气源、成藏期次、成藏过程和充注机理等方面。

一、火山岩油气藏气源

气源对比模拟实验结果表明，徐家围子断陷火山岩油气藏天然气重烃组分与以往的深层烃源岩不具有可比性，主要来源于甲烷煤型气与原油裂解气的混合。因此，深层断陷中原油裂解气是天然气重烃同位素组成的一个重要来源。基于此，本节选取深层天然气中的重烃组分，利用液氮冷冻的方法富集徐家围子断陷深层天然气中的重烃，进行碳同位素分析。

1. 重烃碳同位素分析

用钢瓶现场采集16口井的深层天然气，进行了重烃碳同位素分析（表5-1）。分析结果显示，除DS4井和DS401井天然气重烃碳同位素较重外，其余14口井天然气重烃碳同位素异常轻，苯和甲苯碳同位素平均值分别为-38.8‰和-37.7‰。碳同位素如此轻的天然气在国内外公开发表的文献中未见报道。为了找出重烃碳同位素异常轻的原因，与沙河子组泥质烃源岩和煤系烃源岩进行了一系列对比分析。

表5-1 深层天然气重烃碳同位素检测结果　　　　单位：‰

井号	3-甲基戊烷	NC6	2,2-二甲基戊烷	甲基环戊烷	2,4-二甲基戊烷	苯	环己烷	NC7	2,2-二甲基环己烷	甲苯
XS1-202	-33.70	-39.04	-36.95	-37.82	-33.60	-39.81	-40.37	-36.71		-39.10
XS1-304	-34.66	-38.76	-36.43	-36.66	-31.47	-37.85	-38.45	-30.87		-37.14
XS6-208	-35.91	-38.65	-36.94	-38.71	-33.85	-40.80	-40.34	-36.81		-39.05
XS1	-35.28	-39.14	-37.08	-37.11	-32.50	-37.30	-39.68	-31.90	-40.71	-37.70
XS1-3	-34.78	-39.18	-36.57	-37.26	-31.91	-39.47	-38.62	-35.38		-38.85
W903	-33.45	-36.62	-36.73	-39.27	-33.54	-37.28		-31.62		-34.82
WS101	-42.26	-35.57	-37.22	-39.33	-34.60	-37.50	-41.52			
DS4	-26.82	-29.10	-30.72	-30.44				-27.48		
DS401	-27.32	-32.58	-28.41	-30.82	-30.12		-34.42	-18.37		-30.17
XS6		-39.79	-37.18	-38.06	-35.66	-39.83	-43.22	-33.95	-41.47	-39.06
XS9		-38.54	-38.04	-39.92	-39.23	-39.29	-46.18	-36.10	-40.35	-40.00
SHSG2		-39.64	-39.38	-40.86	-39.30	-39.98	-46.70	-34.54	-40.59	-40.79
W29-16		-38.33	-31.72	-34.19	-24.52	-37.51	-35.57	-24.23	-36.12	-33.72
SH502		-35.29	-36.56	-28.33	-38.22	-40.55	-29.74	-40.05		-36.42
S183		-38.04	-36.47	-37.19	-25.86	-38.78	-41.10	-38.57	-38.00	-37.48
S18		-40.42	-31.83	-34.03	-29.64	-39.57	-35.33	-29.00	-39.02	-36.03

1）沙河子组成熟烃源岩高温模拟实验

选取徐家围子断陷深层沙河子组成熟烃源岩（R_o＞1.2%）进行了高温模拟实验。实验结果揭示，400℃、450℃和500℃时，气产物苯和甲苯碳同位素平均值分别为-22.07‰和-19.88‰，远比深层天然气苯和甲苯碳的同位素重。

2）沙河子组低成熟烃源岩高温模拟实验

用梅里斯断陷D13井沙河子组低成熟泥岩（R_o=0.52%）进行了高温模拟实验，实验结果显示，400℃、450℃和500℃的产物苯和甲苯碳同位素平均值分别为-24.26‰和-22.40‰，仍然远比深层天然气的苯和甲苯碳同位素重。

3）沙河子组煤系烃源岩高温模拟实验

煤是徐家围子断陷不可忽视的气源岩，采用吉林省九台营城煤矿沙河子组煤层的低成熟样品（R_o=0.56%）做了生气热模拟实验。实验结果揭示，400℃、450℃和500℃时，产物苯和甲苯碳同位素平均值分别为-22.07‰和-19.88‰，重于成熟度接近的泥岩（杜13井），也比深层天然气重烃碳同位素重得多。

由上述各类烃源岩的高温模拟实验结果可以看出，深层天然气的重烃碳同位素不仅轻于已经钻遇的深层烃源岩的模拟气，甚至比中浅层油型气的重烃碳同位素还要轻。如T284井天然气苯和甲苯碳同位素分别为-24.62‰和-26.54‰，G92井烃源岩吸附气苯和甲苯碳同位素分别为-22.92‰和-22.99‰。

将深层天然气苯和甲苯碳同位素与上述模拟实验获得气产物（包括中浅层天然气）进行对比（图5-6），可以看出，中浅层天然气和烃源岩模拟气同区分布，深层烃源岩模拟气分布在一起，深层天然气单独分布在图的右上角。可见，深层天然气与烃源岩模拟气不具有可比性。

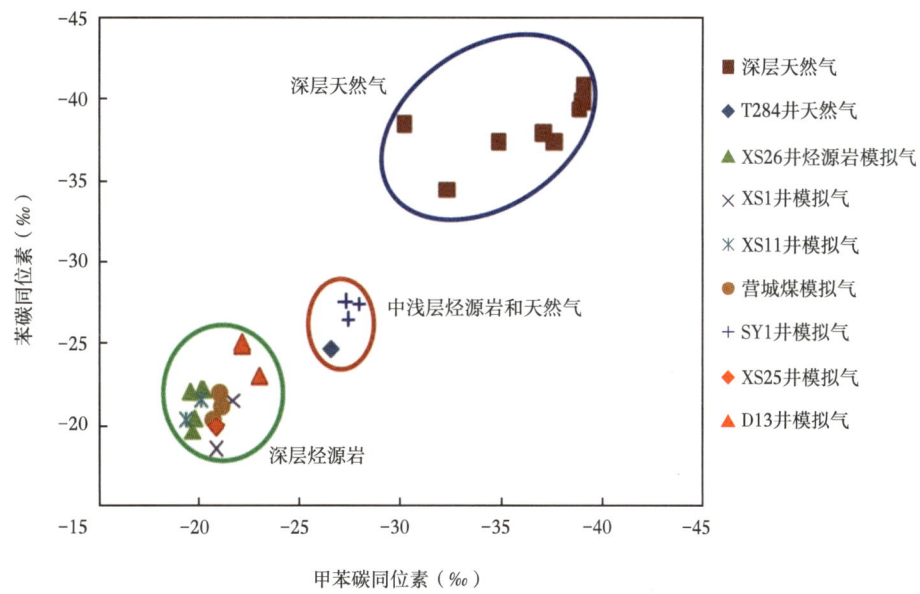

图5-6 松辽盆地深层天然气气源对比图

2. 碳同位素分馏模拟实验

深层天然气苯和甲苯碳同位素与深层烃源岩模拟实验获得的气产物和深层烃源岩吸附气没有可比性。由于徐家围子断陷多口井发现高纯度二氧化碳气,大多数烃类气藏也不同程度地混有二氧化碳。那么,会不会在气藏里发生了烷烃气和CO_2的碳同位素交换,致使重烃碳同位素变轻呢?为了探索深层天然气中重烃的来源,开展了高温条件下和低温条件下在火山岩介质中碳同位素交换实验。

1)高温碳同位素交换实验

实验结果见表5-2,天然气组分和二氧化碳碳同位素在反应前后未出现明显的变化。这说明,在高温实验条件下,二氧化碳和烃气未发生碳同位素交换。

表5-2 天然气与CO_2在高温下碳同位素交换实验结果 单位:‰

温度参数	C_1	C_2	C_3	C_4	CO_2	$2-MC_5$	C_6	$MCyC_5$	苯	C_7	$MCyC_6$	甲苯
原气样	-46.6	-32.4	-31.2	i-31.4, n-30.5	-29.7	-28.3	-30.5	-26.4	-27.7	-30.9	-26.8	-29.1
200℃	-49.9	-32.3	-31.5	i-31.3, n-30.2	-29.5	-28.5	-29.7	-25.7	-26.0	-29.3	-26.1	—
300℃	-48.3			i-30.6, n-30.3	-29.3	-28.2	-29.5	-26.0	-26.1	—	-26.1	—

2)低温碳同位素交换实验

实验结果如图5-7所示,与高温交换实验结果类似,天然气组分和二氧化碳碳同位素在反应前后未出现明显的变化。这说明,在低温实验条件下,二氧化碳和烃类气体也未发生碳同位素交换。

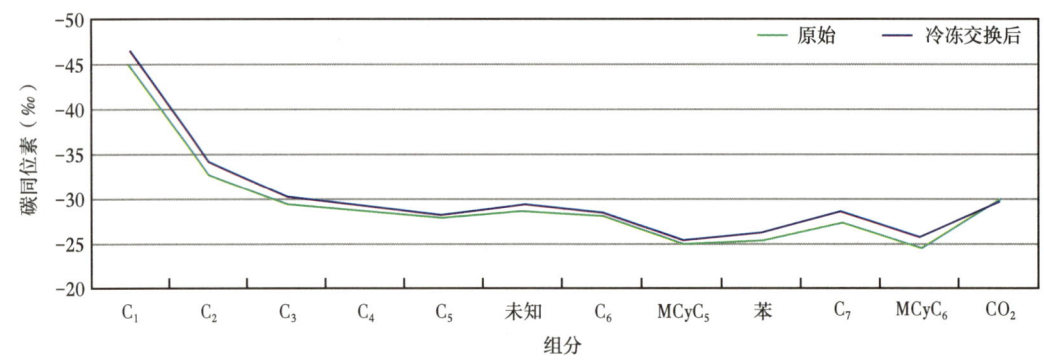

图5-7 低温下碳同位素交换实验前后的产物对比图

3)原油裂解生气模拟实验

为了继续探索深层天然气重烃碳同位素轻的原因,选取FS2井原油开展了裂解生气模拟实验。

表5-3是FS2井原油(登娄库组)裂解气产物碳同位素特征。随着模拟温度升高,烃产物碳同位素明显变重,400℃和450℃生成的气态烃中重烃碳同位素较轻,与深层天然气中重烃碳同位素相近。这说明,深层天然气重烃可能来自这类原油的裂解。

表 5-3　FS2 井原油裂解气产物碳同位素特征

组分	$\delta^{13}C$ (‰)				
	400°C	450°C	500°C	550°C	600°C
C_1	−46.14	−41.85	−38.54	−30.65	−26.69
C_2	−46.43	−34.58	−33.63	−25.54	−22.83
C_3	−40.24	−30.83			
C_4	−40.36	−33.35			
C_5	−35.50	−32.96	−37.50		
C_6	−36.74	−32.38	−35.07	−30.39	−34.09
C_7	−38.74	−33.93	−33.29	−30.79	−29.11
C_8	−39.77	−34.90	−36.60	−34.03	−33.06
C_9		−35.19			
C_{10}		−36.26			
C_{11}		−36.68			
C_{12}		−37.66			

深层原油裂解模拟实验表明，这些天然气重烃的来源有深层原油的裂解。对断陷中部 10 个气藏进行了天然气类型比例计算。对于徐家围子断陷中部甲烷煤型气和原油裂解气的混合，原油裂解甲烷所占比例为 4.76%～17.59%，大部分为 10% 左右（表 5-4）。因此，深层断陷中原油裂解气是重烃同位素组成变轻的一个重要因素。

表 5-4　徐家围子断陷中部各气藏油型气比例

气藏序号	气井	$\delta^{13}C_1$ (‰)	$\delta^{13}C_2$ (‰)	油型气比例（%）
1	XS1, XS5, XS6, XS601, XS603	−27.23	−28.90	4.76
2	XS21, XS23, XS231, XS221	−28.27	−33.26	11.53
3	XS3, XS301, XS9, XS901, XS902, XS903	−27.73	−32.60	8.01
4	XS12, XS14, XS141	−27.58	−32.91	7.04
5	XS8	−27.85	−33.38	8.79
6	XS27	−28.23	−34.33	11.27
7	XS7	−27.73	−33.54	8.01
8	XS13	−27.34	−34.04	5.47
9	XS213	−29.20	−36.08	17.59
10	ZS11, ZS12, ZS13	−28.14	−32.99	10.68

3. 地幔岩捕掳体烃类检测实验——证实地幔岩中存在可溶烃

实验样品为黑色致密玄武岩中的角砾状地幔岩捕房体，选取 6 块样品进行烃类检测实验，样品编号分别为 1~6 号。经显微岩相学观察，1~5 号样品岩性为细—中粒斜辉橄榄岩，6 号样品岩性为细—中粒尖晶二辉橄榄岩。根据研究的需要和所采集样品的特点，在样品处理前，先将橄榄岩从其围岩——玄武岩中剥离出来，挑选较纯净的橄榄岩样品进行前处理工作。

橄榄岩溶解烃实验结果表明，本次研究的地幔岩捕掳体内发现了烃类物质的存在。进一步对比分析，确定这些烃类物质含有 C_{13} 到 C_{35} 之间的正构烷烃，同时在多数样品中检测到了姥鲛烷和植烷（图 5-8 至图 5-13）。

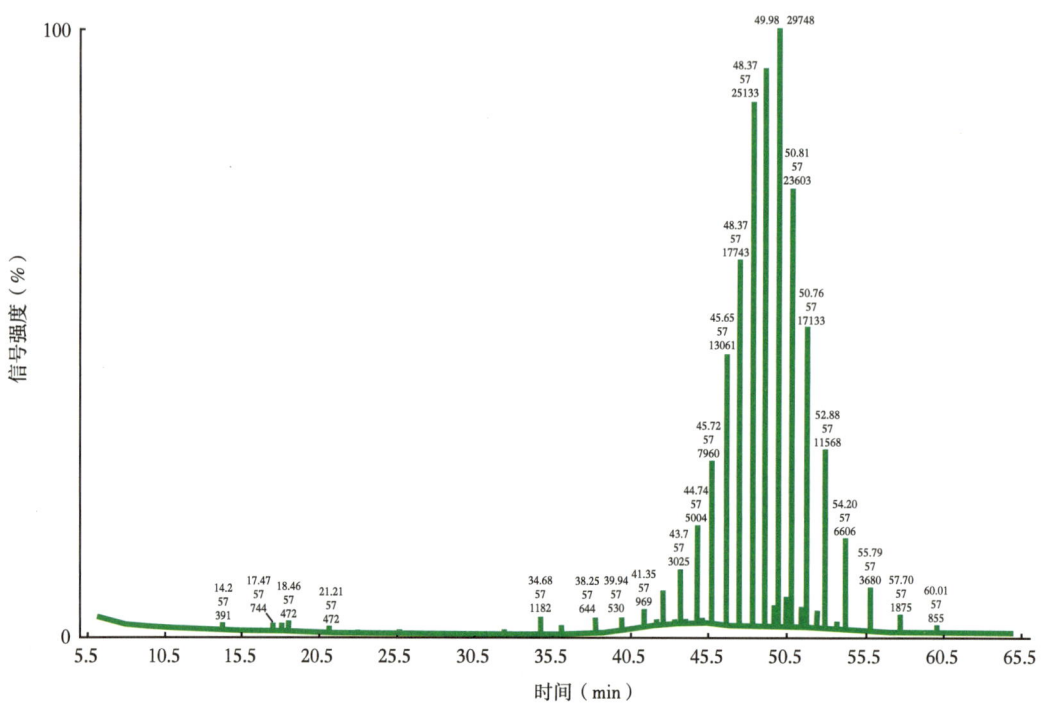

图 5-8 1 号样品 m/z=57 质量色谱图

由上述 6 组实验 m/z=57 质量色谱图可以看出，1 号和 5 号样品正构烷烃呈单峰分布，碳数分布范围为 C_{13}—C_{35}，其中 C_{20} 以上的正构烷烃系列发育完整，均无明显的奇偶优势。1 号样品主峰碳为 C_{31}，5 号样品主峰碳为 C_{29}，轻组分与重组分之比 $\sum C_{20-}/\sum C_{20+}$ 为 0.03 左右，显示这两个样品以大于 C_{20} 高碳数的正构烷烃为主。5 号样品在紧邻 C_{17}、C_{18} 之后出现了两个峰，强度较 C_{17}、C_{18} 稍弱，经分析认为是姥鲛烷、植烷等异戊间二烯烷烃类化合物。1 号样品由于 C_{17}、C_{18} 含量低，峰不明显，其后的姥鲛烷、植烷峰亦不明显。

2 号、3 号、4 号和 6 号样品的正构烷烃碳数分布范围为 C_{13}—C_{35}，均呈明显的双峰分布，其中前一个峰以 C_{16} 为主峰碳，后一个峰以 C_{29} 或 C_{30} 为主峰碳。另外这些样品均检测到少量支链烷烃、环烷烃等系列化合物。轻组分与重组分之比 $\sum C_{20-}/\sum C_{20+}$ 介于 0.2~0.7，

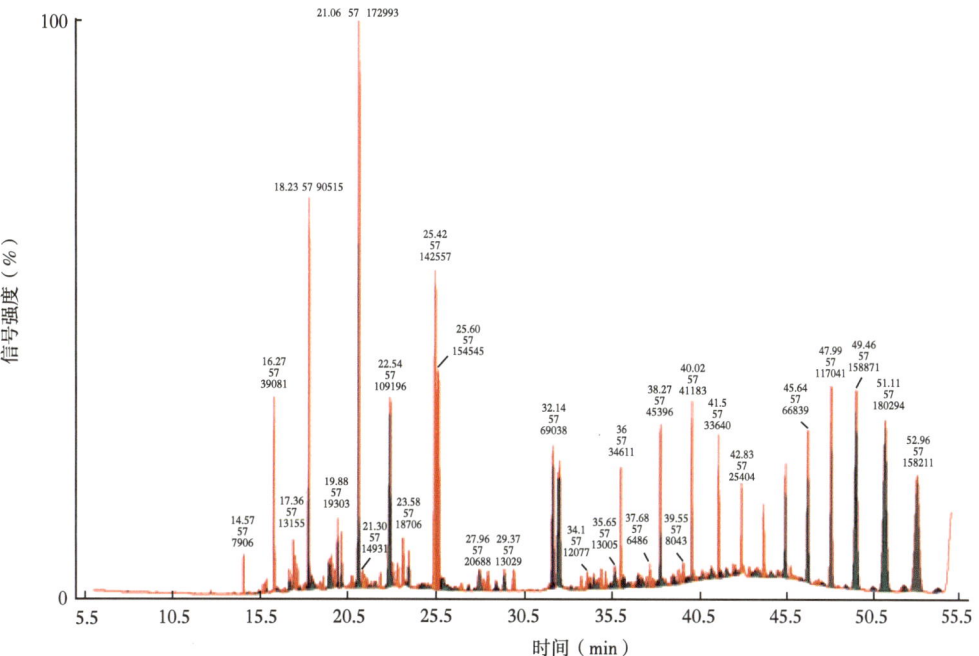

图 5-9 2 号样品 $m/z=57$ 质量色谱图

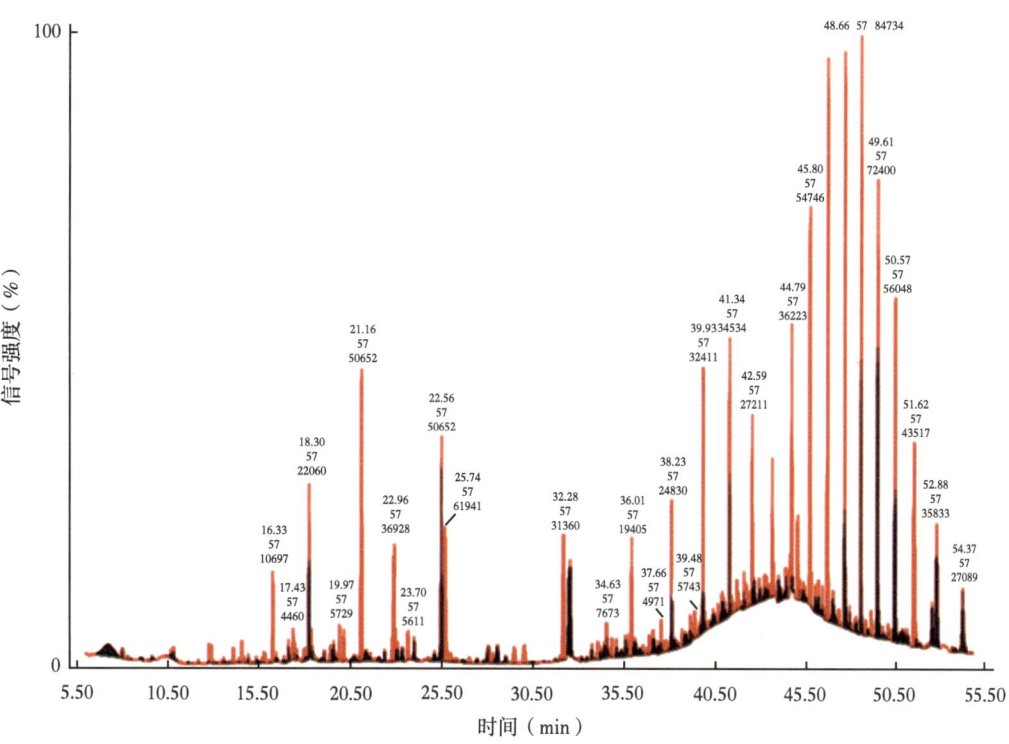

图 5-10 3 号样品 $m/z=57$ 质量色谱图

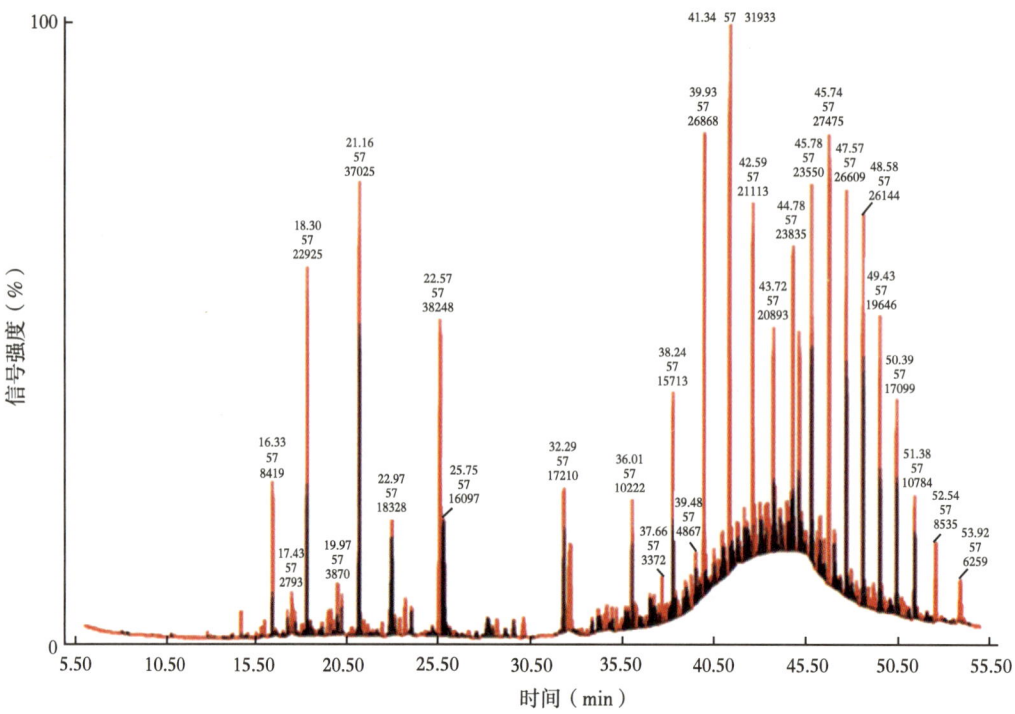

图 5-11 4号样品 $m/z=57$ 质量色谱图

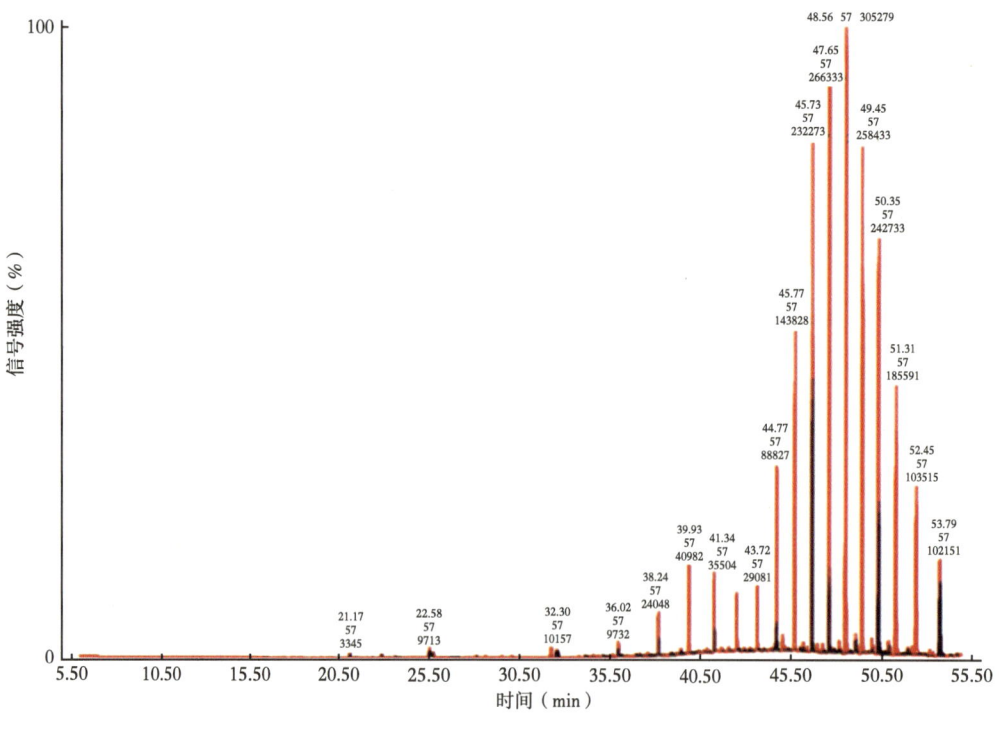

图 5-12 5号样品 $m/z=57$ 质量色谱图

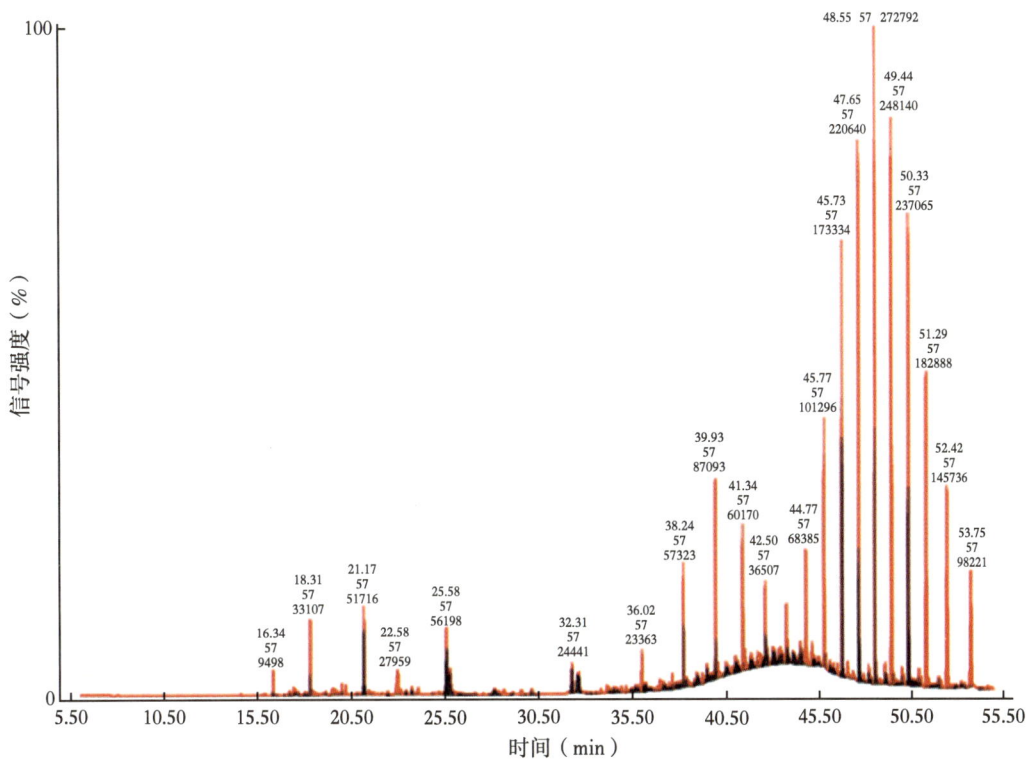

图 5-13 6 号样品 $m/z=57$ 质量色谱图

显示这四个样品以大于 C_{20} 高碳数的正构烷烃为主,但与 1 号和 5 号样品相比,低碳数正构烷烃含量有大幅度增加。这四个样品在紧邻 C_{17}、C_{18} 之后均出现了两个特征峰,强度较 C_{17}、C_{18} 稍弱,分析认为分别是姥鲛烷和植烷的特征峰。

总之,在地幔岩捕掳体内,发现了烃类物质的存在。从地幔橄榄岩提取的烃类物质在气相色谱记录上显示一个共同的性质,在相同的保留时间内出现了平滑的尖峰分布,经对比分析,这些烃类物质含有 C_{13} 到 C_{35} 之间的正构烷烃,同时在多数样品中检测到了姥鲛烷和植烷。此外,本次实验气相色谱—质谱的分析记录与来自石油的烷烃气相色谱记录十分相似。

松辽盆地地幔岩捕掳体发现可溶烃的地质意义在于:

(1)证明火山岩油气藏天然气来源,不仅来源于沙河子组泥质烃源岩或煤系烃源岩,而且深部流体来源的可能性不容忽视。

(2)火山岩储层的形成,除地层水和有机酸外,还可能与地幔深部携带的碱性流体作用有关。

二、火山岩油气藏成藏期次

成藏期确定,最关键的是古地温梯度的恢复。其难点在于,现有热指标只能测得地层所经历的最高古地温,无法确定最高古地温出现的时间和深度,因而无法恢复确切的地质时间的古地温梯度,即无法恢复盆地地质历史时期的热历史。

国外学者的实验表明,对于单一成分的气体包裹体,该气体在激光拉曼谱图上的出峰位置(峰位)与包裹体内气体的压力具有相关性(图5-14)。基于以上原理,选择重点区块、重点井(XS1-203井、FS9井和DS401井),通过激光拉曼流体包裹体逐层剥离技术及古地温梯度恢复,精确确定了徐家围子断陷营城组火山岩油气藏成藏期为100—93Ma。

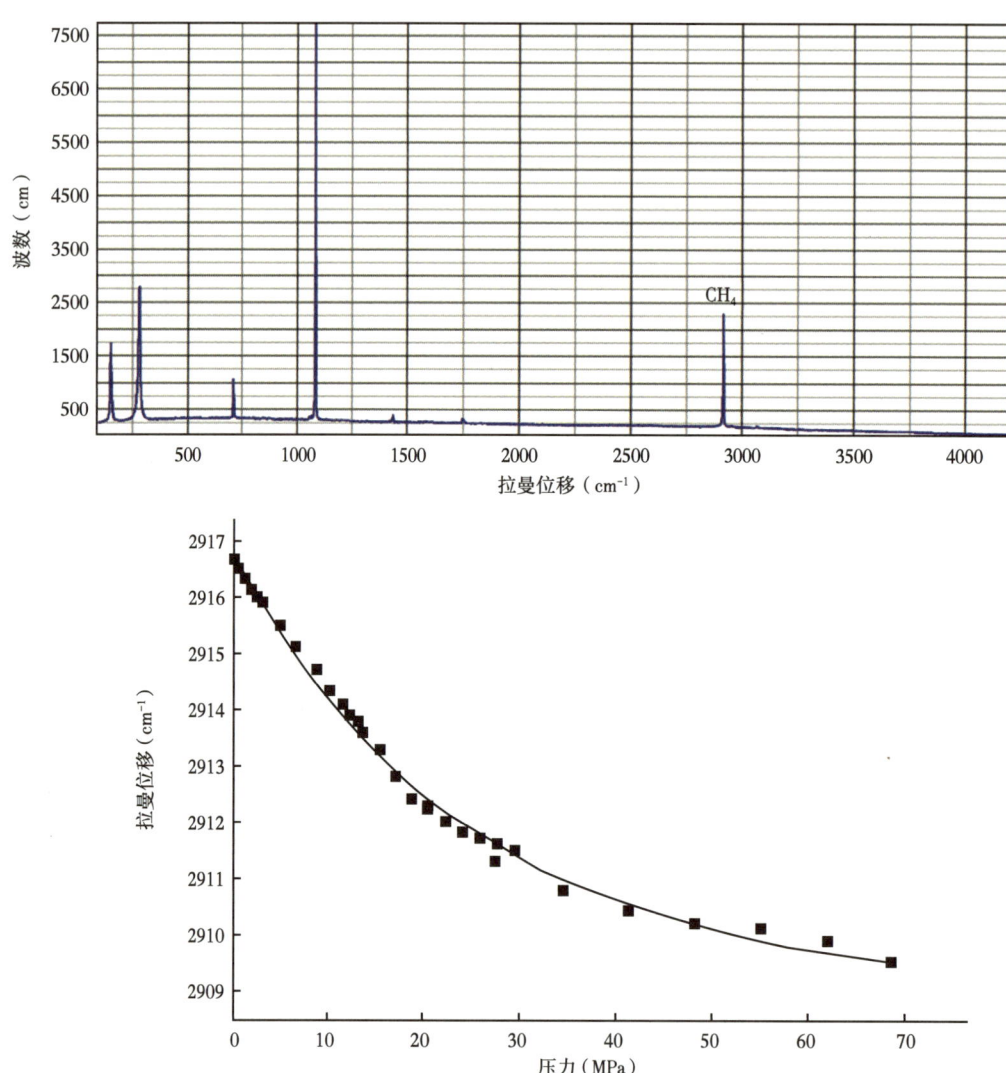

图5-14 CH_4 拉曼位移与压力关系图(据 Jeffery et al.,1996)

1. XS1-203井古地温梯度恢复与成藏期确定

对XS1-203井样品进行了包裹体激光拉曼检测,共检测到6个纯甲烷包裹体(表5-5),峰位相对较为一致,平均为2913.17cm^{-1}。共生盐水包裹体均一温度范围在135.5~141.5℃之间,平均值为137.8℃。

表 5–5 XS1–203 井纯甲烷气包裹体拉曼光谱分析数据表

井号	井深（m）	层位	检测编号	峰位（cm^{-1}）	同期盐水包裹体均一温度（℃）	主矿物
XS1-203	3526.36	K_1yc	DH125	2913.20	137.5	方解石
			DH126	2913.15	138.5	长石
			DH139	2913.15	135.5	石英
			DH332	2913.18	137.5	方解石
			DH333	2913.20	141.5	方解石
			DH334	2913.15	136.5	方解石
			平均	2913.17	137.8	

在甲烷包裹体激光拉曼峰位与压力关系图上，峰位 2913.17cm^{-1} 对应的包裹体压力是 16MPa（图 5-15）。这是包裹体在实验条件下（20℃）的压力，包裹体形成时的地层温度（包裹体均一温度）为 137.8℃，当时包裹体内的气体压力应该大于 16MPa。根据理想气体状态方程，在包裹体体积不变的情况下，压力与温度的比值是常数。由此计算，包裹体形成时的压力为 22.4MPa，即为当时的气藏压力。假设当时气藏没有超压存在，即压力系数为 1，则气藏形成时的深度为 2240m。

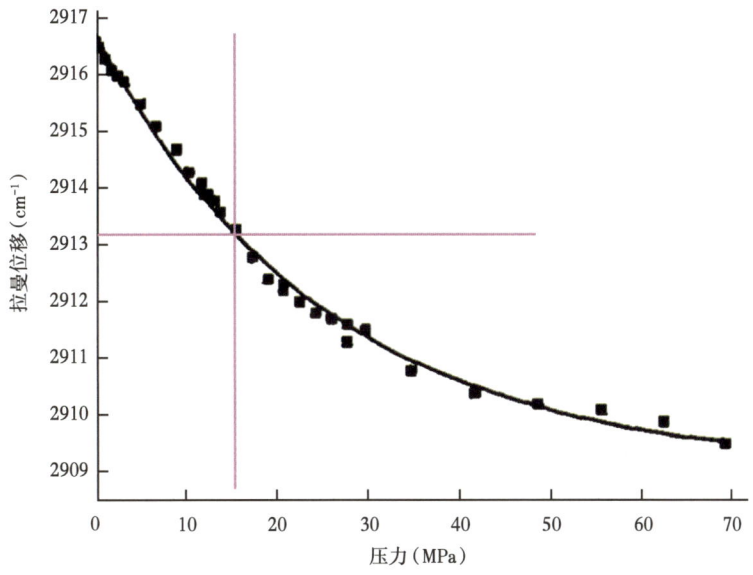

图 5-15 利用 CH$_4$ 拉曼位移与压力关系确定包裹体压力图解

由以上讨论可知，XS1-203 井样品包裹体形成时，温度为 137.8℃，深度为 2240m。设当时年平均地表温度为 10℃，恒温层深度为 50m，则当时的古地温梯度为 5.8℃/100m。可见，松辽盆地的古地温梯度远高于现今地温梯度（大约 4℃/100m）。由 XS1-203 井埋藏史（图 5-16）可知，营城组中部（样品位置）埋深 2240m 的时间为距今 93Ma。

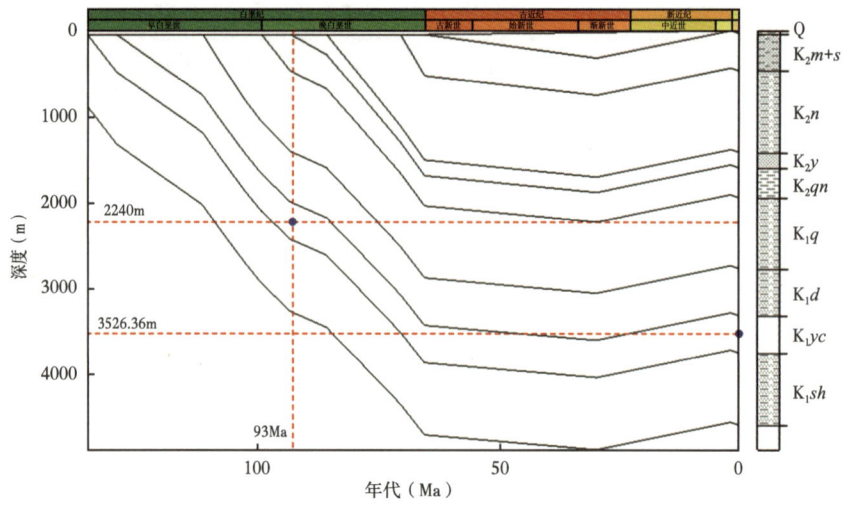

图 5-16　XS1-203 井埋藏史图

2. FS9 井古地温梯度恢复与成藏期确定

对 FS9 井 2 块样品进行了包裹体激光拉曼检测，共检测到 9 个纯甲烷包裹体（表 5-6），峰位相对较为一致，平均为 $2913.39cm^{-1}$。共生盐水包裹体均一温度平均值为 124.35℃。

表 5-6　FS9 井纯甲烷气包裹体拉曼光谱分析数据表

井号	井深（m）	检测编号	CH_4 峰位（cm^{-1}）（1800 光栅）	均一温度平均值（℃）
FS9	3697.88	DH422	2913.70	124.35
		DH423	2913.48	
		DH424	2913.29	
		DH426	2912.84	
	3699.25	DH427	2913.48	
		DH428	2913.48	
		DH429	2913.48	
		DH430	2913.48	
		DH431	2913.27	
		平均值	2913.39	

在甲烷包裹体激光拉曼峰位与压力关系图上（图 5-14），峰位 $2913.39cm^{-1}$ 对应的包裹体压力是 14.8MPa（方法同图 5-15）。这是包裹体在实验条件下（20℃）的压力，包裹体形成时的地层温度（包裹体均一温度）为 124.35℃，根据理想气体状态方程计算，包裹体形成时的压力为 20.07MPa，即当时的气藏压力。假设当时气藏没有超压存在，即压力系数为 1，则气藏形成时的深度为 2007m。

FS9 井样品包裹体形成时，温度为 124.35℃，深度为 2007m。设当时年平均地表温度为 10℃，恒温层深度为 50m，则 FS9 井区当时的古地温梯度为 5.9℃/100m。由 FS9 井埋藏史（图 5-17）可知，营城组底部（样品位置）埋深 2007m 的时间为距今 100Ma。

3. DS401 井古地温梯度恢复与成藏期确定

为了研究安达地区古地温梯度、深层天然气成藏期，以及成藏过程，采集 DS401 井营城组火山岩样品（3183.69m），进行了包裹体激光拉曼和均一温度分析。该样品只检测到一个纯甲烷气体包裹体，峰位 2913.4cm^{-1}，与其共生的盐水包裹体均一温度为 115.35℃。

在甲烷包裹体激光拉曼峰位与压力关系图上（图5-14，峰位 2913.4cm^{-1} 对应的包裹体压力是 14.3MPa（方法同图5-15）。换算到包裹体形成时的地层温度为 115.35℃，当时地层压力为 18.95MPa，即包裹体形成时的埋深为 1895m。设当时年平均地表温度为 10℃，恒温层深度为 50m，则安达地区当时的古地温梯度为 5.7℃/100m。由 DS401 井埋藏史（图5-18）可知，营城组中上部（样品位置）埋深 1895m 的时间为距今 93Ma。

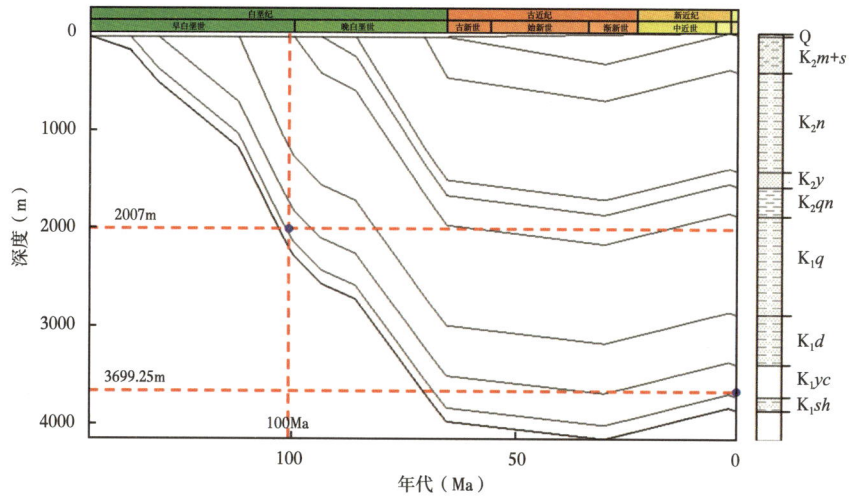

图 5-17 FS9 井埋藏史图

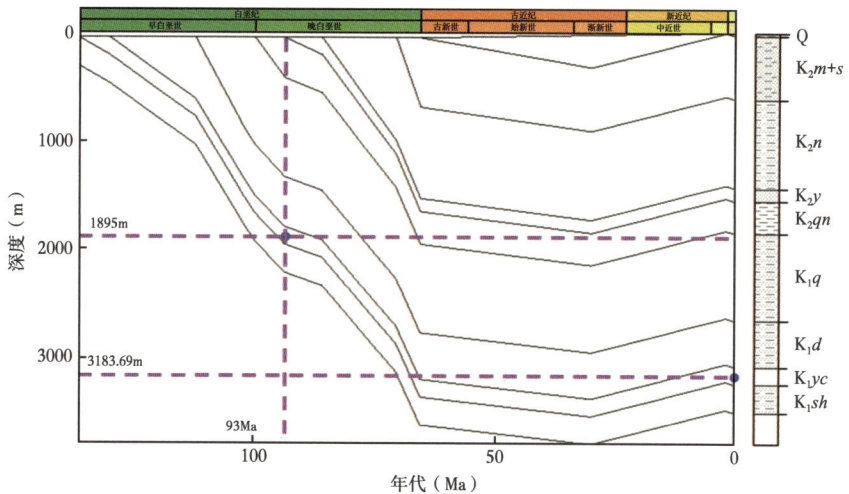

图 5-18 DS401 井埋藏史图

综上所述，通过古地温梯度的恢复，同时实现了用包裹体压力恢复天然气成藏期，XS1-203 井、FS9 井和 DS401 井营城组烃类天然气的成藏期分别为 93Ma、100Ma 和 93Ma。

与包裹体均一温度法恢复天然气成藏期相比，包裹体压力法更为有效和可信，因为：（1）后者可以给出一个具体的时间，而不是时间段；（2）不需要进行热史恢复，减小了不确定性。

三、火山岩油气成藏过程

在徐家围子断陷已经发现的天然气储量中以烃类气为主，并多处探明二氧化碳气藏。多年来，二氧化碳气藏与烃类气藏成藏机制与富集规律研究，一直困扰着深层天然气的勘探。搞清徐家围子断陷烃类气和二氧化碳的成藏次序，有助于深入认识该断陷烃类气和二氧化碳的成藏机制与富集规律，有助于深化对火山岩油气藏成藏机理的认识。

大多数情况下，在烃类气和 CO_2 充注过程中，会在储层中形成相应的气体包裹体。如能鉴定出包裹体中气体成分，并确定不同成分气体包裹体形成次序，即能正确分析并得出烃类气和 CO_2 气的成藏先后顺序。

激光拉曼光谱分析能够实现单个气体包裹体成分鉴定，是天然气成藏研究的重要手段，可再现油气成藏过程。对营城组 15 口井 53 块包裹体样品进行了拉曼光谱分析，分析近 1500 个点。

在现今为烃类的气藏中，选取 WES5 井、XS1-203 井、FS9 井、XS19 井，进行了包裹体激光拉曼鉴定，并结合矿物生长次序的镜下鉴定和包裹体均一温度检测，综合确定出天然气成藏存在 4 种过程：

1. 只经历过烃类成藏——WES5 井

WES5 井 2 块样品 18 个气体包裹体的激光拉曼检测结果表明，只有甲烷气体（表 5-7），这说明 WES5 井营城组只经历过烃类气成藏。

表 5-7　WES5 井包裹体激光拉曼分析数据

井深（m）	层位	检测编号	CH_4 峰强度	CO_2 峰强度	CH_4 含量（%）
3088.63	K_1yc	DH74	920	0	100
		DH75	472	0	100
		DH76	1748	0	100
		DH77	1884	0	100
		DH78	513	0	100
		DH452	9512	0	100
		DH453	8463	0	100
		DH454	1934	0	100
		DH455	6102	0	100
		DH456	3192	0	100
		DH457	4464	0	100
		DH458	3923	0	100
		DH460	12616	0	100
		DH461	10267	0	100
		DH462	14115	0	100
3072.59	K_1yc	DH464	6706	0	100
		DH465	3110	0	100
		DH467	10673	0	100

2. 先充注 CO_2，然后烃类充注，最后成为烃类气藏——XS1-203 井

XS1-203 井共 36 个气样或气液包裹体检测到了流体成分（表 5-8），既有纯甲烷包裹体，也有 CH_4—CO_2 包裹体，未检测到纯二氧化碳包裹体。

表 5-8　XS1-203 井包裹体激光拉曼分析数据（3526.36m，K_1yc）

检测编号	峰面积 CO_2	峰面积 CH_4	CH_4 含量（%）	包裹体类型	检测编号	峰面积 CO_2	峰面积 CH_4	CH_4 含量（%）	包裹体类型
DH55	64	3535	92	气	DH135	53	5997	96	气
DH57	320	2546	64	气	DH136	42	6242	97	气
DH58	42	3566	95	气	DH138	0	306	100	气
DH120	415	2743	59	气	DH139	0	1782	100	气
DH121	53	3725	94	气	DH140	130	7098	92	气
DH122	185	721	46	气	DH141	100	5871	93	气
DH123	22	1099	92	气	DH142	919	1424	25	气—液
DH124	32	923	86	气—液	DH143	81	3339	90	气
DH125	0	625	100	气	DH144	73	4317	93	气
DH126	0	1267	100	气	DH145	68	5323	95	气
DH127	915	860	17	气	DH146	0	132	100	气—液
DH128	1031	650	12	气	DH332	0	557	100	气
DH129	336	285	16	气	DH333	0	8708	100	气
DH130	252	144	12	气	DH334	0	346	100	气
DH131	778	499	12	气	DH335	249	1879	62	气
DH132	552	707	22	气	DH336	228	9026	90	气
DH133	1077	655	12	气—液	DH337	53	3649	94	气
DH134	443	417	17	气	DH338	0	1059	100	气

孔洞方解石中与气包裹体同期发育的盐水包裹体均一温度为 123.4~130.6℃，条带方解石中与气包裹体同期发育的盐水包裹体均一温度为 133.7~145.7℃（图 5-19 和图 5-20），因此，孔洞方解石中的包裹体生长早于条带方解石中的包裹体。另外，从孔洞方解石照片中可以看出，方解石从下边的核部开始向上生长。

在孔洞方解石的生长方向上，包裹体中甲烷含量逐渐增大，从 46.24% 到 100%。另外，发育较晚的条带方解石中的包裹体气体成分均为甲烷。由此可见，XS1 气藏首先充注 CO_2，然后烃类充注，最后成为烃类气藏。

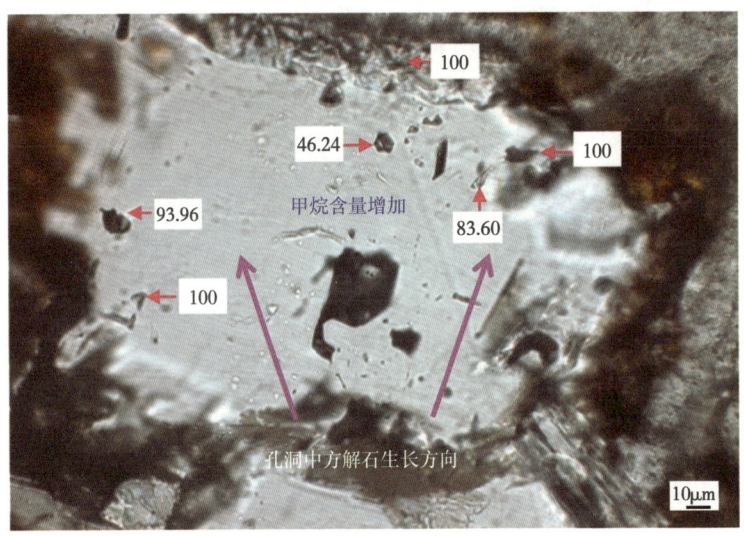

图 5-19 均一温度较低（123.4~130.6℃），孔洞方解石生长较早

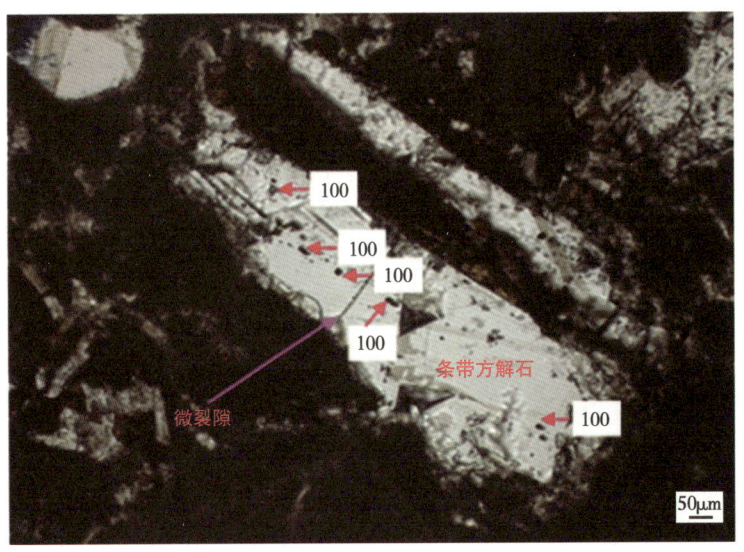

图 5-20 均一温度较高（133.7~145.7℃），条带方解石生长较晚

3. 先充注烃类气，然后 CO_2 驱走烃类成为 CO_2 为主的气藏——FS9 井

选取 FS9 井，进行包裹体激光拉曼鉴定，并结合矿物生长次序的镜下鉴定和包裹体均一温度检测，综合研究了烃类气与 CO_2 气的成藏过程。

检测了 FS9 井 3 块样品 16 个气体包裹体成分（表 5-9），既有 CH_4、CO_2 混合气包裹体，也有纯 CH_4 包裹体和纯 CO_2 包裹体。

从激光拉曼检测结果看（图 5-21 至图 5-23），在成岩早期矿物中，发育纯甲烷包裹体，而成岩期后的裂隙中只发育纯 CO_2 包裹体。由此可见，FS9 气藏首先经历了烃类气成藏，中期混合成藏，晚期二氧化碳后期注入成藏。

表 5-9 FS9 井包裹体激光拉曼光谱分析数据表

井深(m)	检测编号	峰面积			相对摩尔分数(%)			包裹体类型
		CH_4	CO_2	N_2	CH_4	CO_2	N_2	
3581.76	DH101	0	54.85	0	0	100.00	0	气
3699.25	DH239	3300.06	0	489.66	49.81	0	50.19	气
	DH240	3789.01	3179.96	0	20.73	79.27	0	气
	DH241	3282.49	0	689.89	41.20	0	58.80	气
	DH242	2900.49	0	515.45	45.32	0	54.68	气
	DH243	1017.75	0	239.07	38.54	0	61.46	气
	DH244	1539.88	489.57	0	40.84	59.16	0	气
3697.88	DH246	1083.17	996.45	360.09	13.42	56.28	30.30	气
	DH247	1028.76	781.55	379.59	14.35	49.69	35.96	气
	DH251	11196.40	670.61	78.79	75.72	20.67	3.61	气
	DH252	4947.26	317.59	63.48	72.48	21.21	6.31	气
	DH253	0	2332.21	0	0	100.00	0	气
	DH256	4243.59	0	0	100.00	0	0	气
	DH445	1346.74	1891.53	343.90	10.95	70.07	18.98	气
	DH446	318.98	325.19	56.03	14.62	67.94	17.44	气
	DH447	743.99	636.12	177.37	15.35	59.80	24.85	气

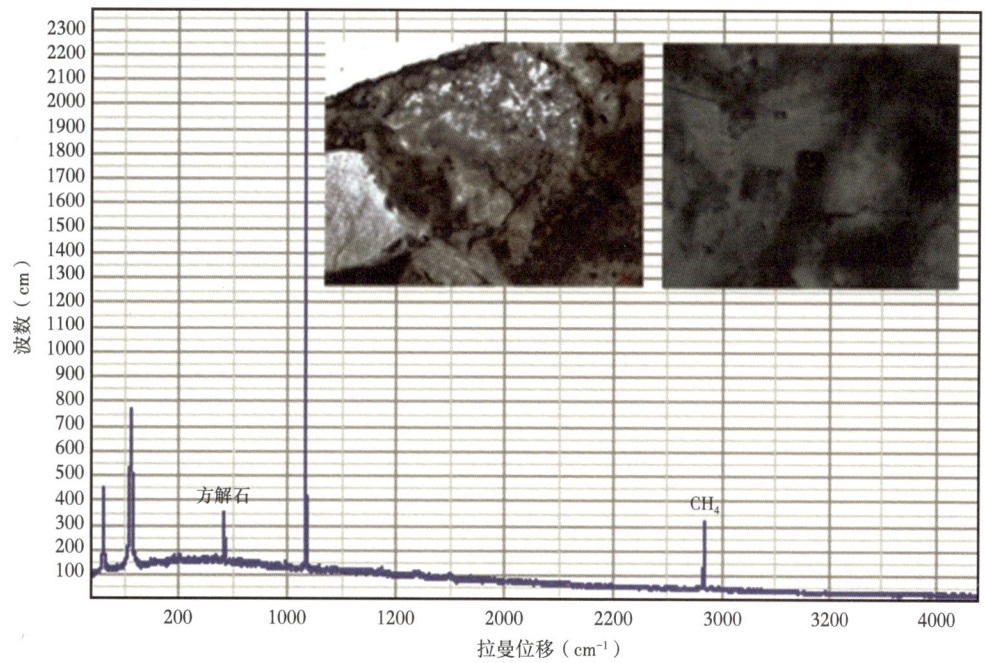

图 5-21 早期方解石中气包裹体

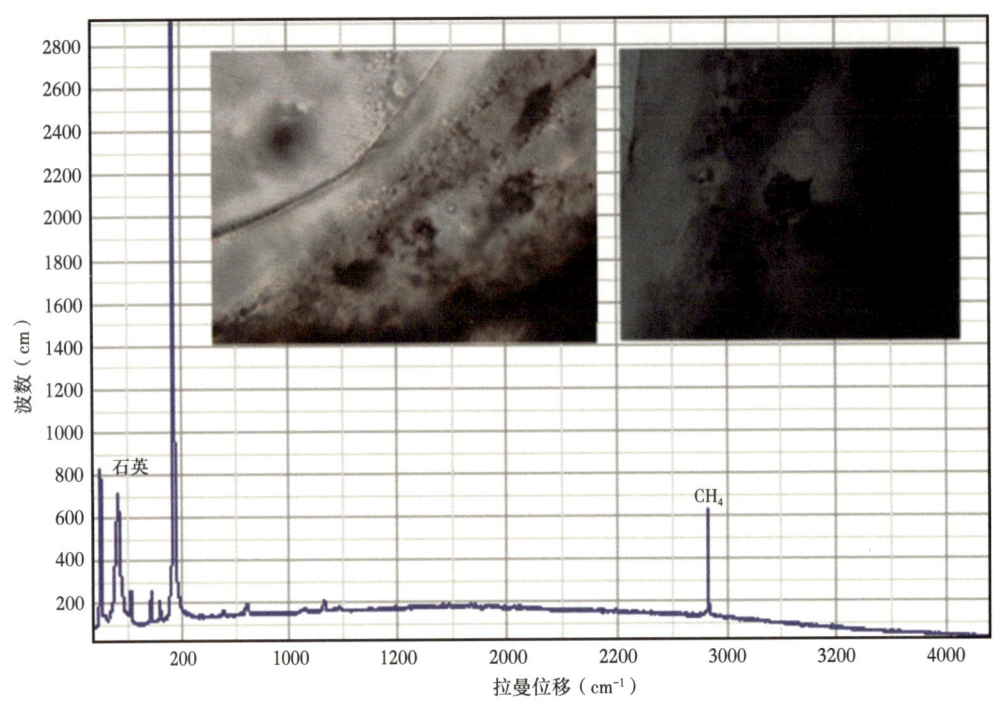

图 5-22 中期石英加大边中气—液包裹体

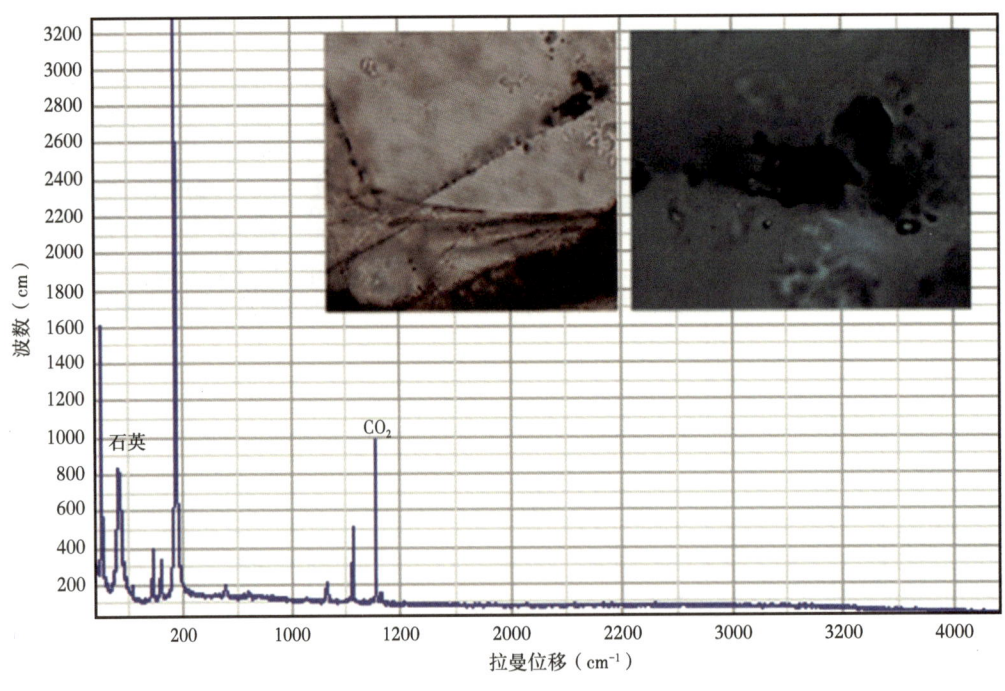

图 5-23 成岩期后穿过石英及其加大边的气包裹体

4. 充注次序为 CO_2、烃类、CO_2——XS19 井

XS19 井分析结果,既没有检测到纯 CH_4,也未检测出纯 CO_2,20 个包裹体的 CH_4 和 CO_2 相对含量连续变化(表 5-10)。

表 5-10 XS19 井包裹体激光拉曼光谱分析数据表

检测编号	CO_2 峰面积	CH_4 峰面积	C_6H_6 峰面积	$CH_4/(CH_4+CO_2)$(%)
DH289	4160	803	0	4
DH290	4151	847	0	4
DH291(气)	6308	1129	0	3
DH291a(液)	5974	1263	0	5
DH292	1101	15986	291	76
DH293	677	10142	258	77
DH294	686	11734	183	79
DH295	2079	1151	0	11
DH296	388	5851	119	77
DH297b	113	870	0	63
DH298	1117	14948	213	75
DH299	1977	21707	547	71
DH300	1988	21381	654	70
DH301	2668	8630	202	42
DH302	1286	1724	0	22
DH303	988	1094	0	19
DH304	2157	430	0	4
DH305	3074	724	0	5
DH306	987	494	0	10
DH307	3415	14557	358	48

照片里方解石中发育的盐水包裹体均一温度为 145℃,石英裂隙中发育的盐水包裹体均一温度为 123℃(图 5-24 和图 5-25)。因此,该石英裂隙中发育的包裹体形成较早。

与上述盐水包裹体同期发育的石英裂隙中检测的包裹体 CO_2 浓度 46.5%,方解石中检测的包裹体 CO_2 浓度 95.3%,后者大于前者。因此,XS19 井气藏为依次充注 CO_2、烃类、CO_2 的成藏过程。

综上所述,火山岩气藏存在四种充注方式和成藏过程,发育烃类、CO_2,以及烃类与 CO_2 的混合气藏。

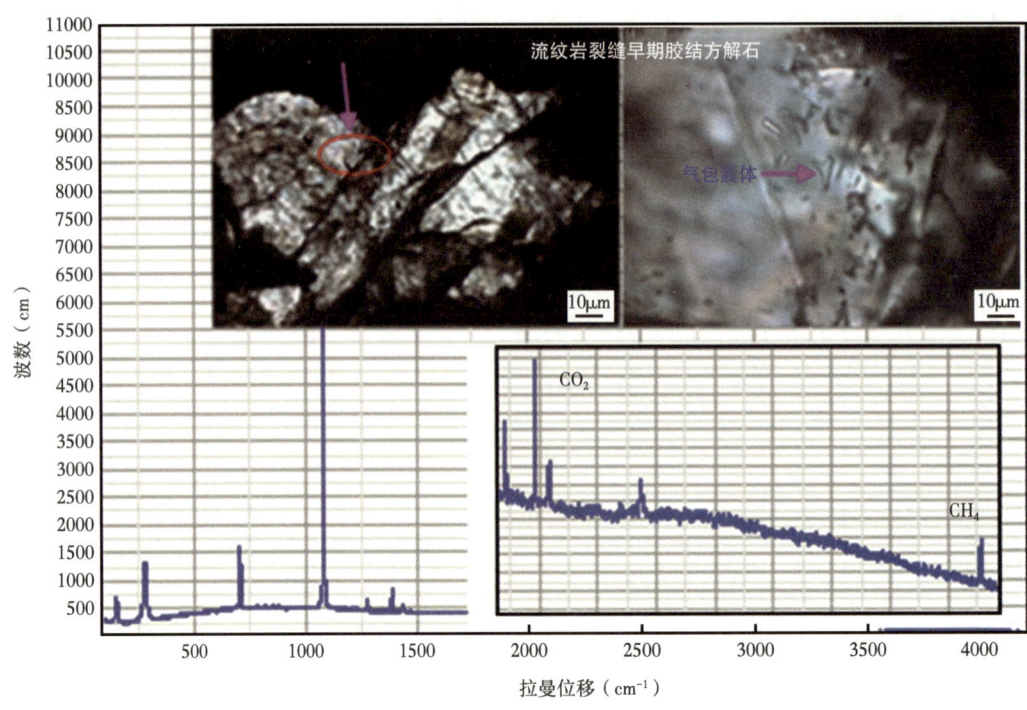

图 5-24　早期 CO_2 与晚期烃类充注的组分含量变化

CO_2 浓度较高（89.3%）

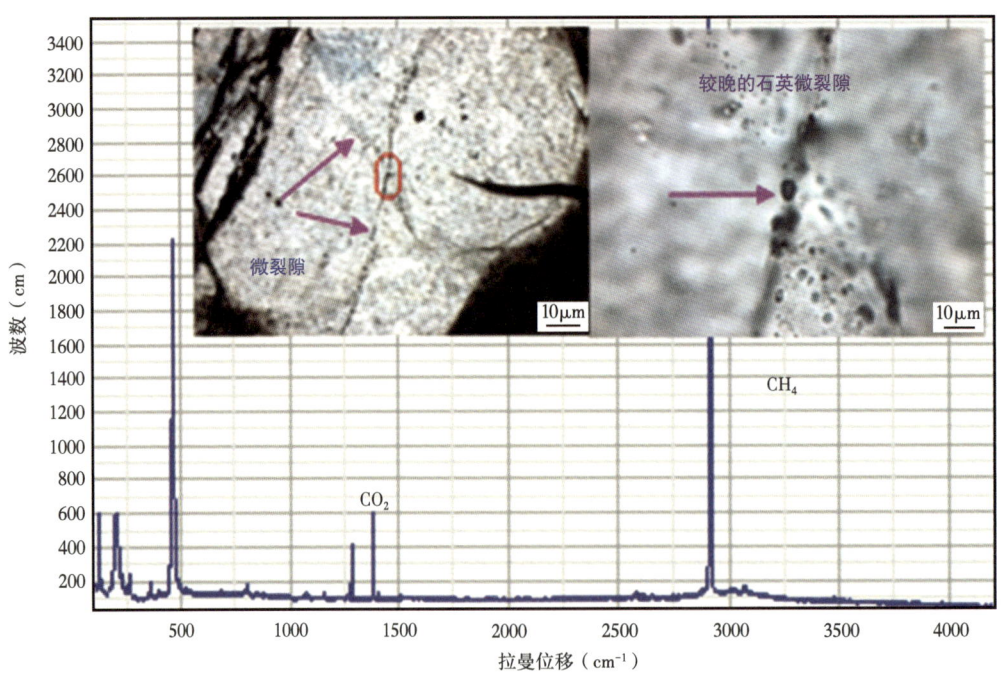

图 5-25　晚期 CO_2 组分含量变化图

CO_2 浓度较高（23.8%）

四、火山岩油气藏充注机理

（1）压力与时间的关系，无论是哪种类型的火山岩样，定容衰减压力都与时间呈指数关系递减，只是渗透率不同的岩石压力衰减速度不同。

（2）压力与压力衰减速度的关系，压力衰减速度体现了天然气在火山岩介质中运移的速度。以裂缝为主要疏导通道的火山岩介质压力与压力衰减速度的关系曲线类似不规则的高斯分布，裂缝需要在启动压力作用一段时间后逐渐完全开启，天然气疏导速度随着裂缝的完全开启迅速升高，裂缝天然气疏导速度提高并达到峰值后，随着充注压力的减小，裂缝天然气疏导速度下降且趋势越来越缓。高孔高渗透型与中孔低渗透型火山岩介质压力与压力衰减速度的关系整体都是减小的趋势，下降的过程中都存在波浪起伏的情况，只是随着孔隙度和渗透率的增高这种波浪起伏的现象在压力与压力衰减速度关系曲线上表现得越明显。

（3）天然气充注疏导方式，除裂缝型火山岩介质外，孔隙型火山岩天然气主要以"幕式"方式在火山岩介质中运移疏导，主要表现在以下三个方面：高孔高渗透型火山岩介质在岩样表面可明显记录下多处幕式运移从开始到稳定、从幕式周期逐渐变长至失去幕式运移路径的实际过程；中孔低渗透型火山岩较致密，在岩样表面无法记录动态过程，其幕式运移方式表现在数字压力表记录的压力下降时的摆动现象，压力总是在下降时来回摆动几次才能真正稳定下降到新的压力值，记录的最长摆动时间可达 5min。压力范围内的孔渗单元接收到新的气体后压力升高，压力升高导致孔渗单元体积瞬间变大，而体积变大瞬间又会使孔渗单元压力降低，压力降低瞬间又会使体积缩小，压力这样来回摆动，直至孔渗单元不断接收到新的气体使孔渗单元压力升高后导致的体积增大可以与邻近孔渗单元连接，从而真正使气体排出卸掉压力，压力停止摆动而稳定下降，一个幕式运移周期结束，同时也是下一个周期的开始。各个小的孔渗单元摆动特征综合表现为整体压力的摆动而体现在数字压力表上。摆动周期越长说明运移速度越慢，随着充注压力的降低，这种摆动周期会越来越长，最终不能在有效时间内完成一次运移。第三个方面就是高孔高渗透型和中孔低渗透型火山岩介质充注压力与衰减速度的关系都呈波浪起伏形式整体下降，这种周期的速度波浪起伏就是内部小单元幕式运移的综合体现。

（4）对于孔隙型火山岩介质，当启动压力相对较大时其天然气充注疏导主要有以下几个过程：首先，是连续疏导方式，在较大启动压力下，有效孔道路径范围迅速达到最大，天然气疏导速度快，此时天然气路径是连通的连续疏导方式。然后，是幕式疏导方式，由于天然气迅速疏导，充注压力很快下降，随着充注压力的衰竭，非均质孔隙型火山岩介质中相对低渗透的小隔层首先停止连通，将相对较高渗透率的介质隔成相对独立的孔渗小单元，小单元内具有同一压力值，小单元间由相对低渗透介质隔开，当小单元内气体压力增高时，这些邻近隔层会被压力突破与孔渗小单元合并使孔渗单元体积增大。最后，扩散疏导，随着压力的继续衰减，孔渗较小的小单元逐一丧失幕式运移能力，此时主要以气体的扩散为主要疏导方式，速度极慢，这一过程与压力随时间的指数变化规律相符合。

（5）裂缝型火山岩介质在天然气成藏过程中主要起到运移疏导的作用；高孔高渗透型火山岩介质是良好的疏导通道，实验观察中发现以较小的压力充注高孔高渗透型火山岩就会以较高的速度疏导天然气，且出口直接可观察气水混合物（气泡、水沫）排出，而没有气体将液体先推出的过程，需要经过长时间疏导液体才能够完全被气体取代，这说明该类储层首先需要较好的构造条件及盖层封闭条件才能成藏，其次该类储层需要在较充足的供气条件下才能大规模成藏，否则容易形成含气水层，15号岩心为XS6井3849.46m处凝灰角砾岩，该位置测井综合解释为含气水层。中孔低渗透型火山岩在一定压差下可作为天然气疏导的有效通道，同时在盖层和构造条件下可作为天然气良好的储层，在物理模拟过程中该类型火山岩天然气充注过程中气体总是先驱替液体，出口有液体不断流出，经过较长时间、排出大部分液体后才开始有气体排出，这个过程就是模拟天然气驱替地下水充注成藏的过程。因此，当其他条件良好时中孔低渗透型火山岩形成有效天然气储层。4号岩心为XS1井3448m处凝灰岩，该位置测井解释为气层，试气日产气195698m^3。

第三节　中国东西部火山岩油气藏共性与差异性

我国东、西部地区火山岩广泛分布，勘探证实均可形成大中型规模油气藏；就已发现的火山岩油气藏来看，东、西部火山岩油气藏存在一定共性；但由于火山岩形成构造环境及所经受后期改造不同，油气成藏条件和分布存在明显差异（表5-11）：共性主要表现在烃源岩有机质类型和源储配置关系上，烃源岩均以Ⅱ—Ⅲ型为主，均为近源成藏，火山岩储层受埋深影响小（图5-26）。差异性主要体现在火山岩形成时代、火山机构和储层类型、储集空间和控储因素、油气藏类型、成藏主控因素等方面。东部地区火山岩发育于裂谷构造环境，以中基性火山岩为主，火山结构完整，喷发相控储，构造与岩性控藏；西部火山岩发育于碰撞期后伸展断陷，火山结构遭受剥蚀不完整，火山岩岩性多样，溢流相控储，不整合与岩相控藏。

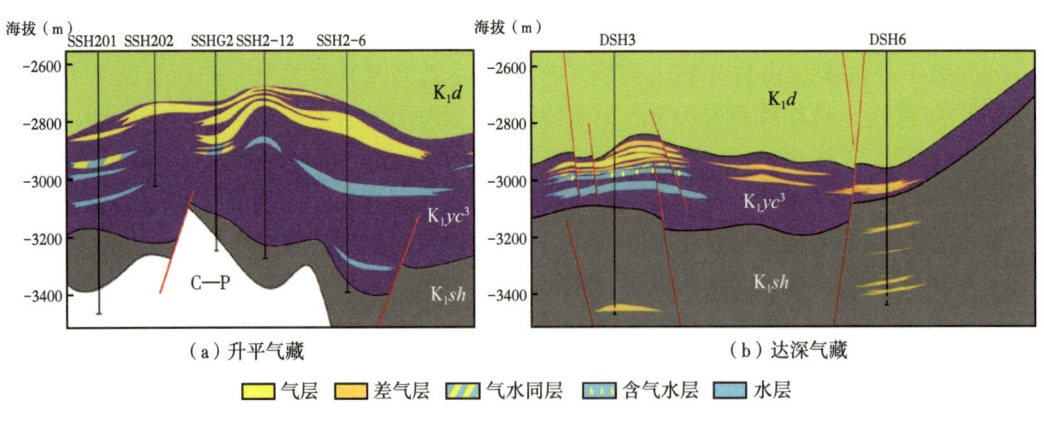

图5-26　徐家围子断陷典型火山岩气藏剖面图

表 5-11 中国东西部火山岩油气藏成藏共性和差异性对比表

成藏特征		东部		西部	
		渤海湾欧利坨子	松辽徐深气田	准噶尔陆东—五彩湾	三塘湖牛东油田
共性	生储盖组合	自生自储，近源		自生自储、新生古储，近源	
	储层特征	非均质性强，受埋深影响小			
	烃源岩	含煤泥岩，干酪根Ⅱ—Ⅲ型，高—过成熟	干酪根Ⅱ—Ⅲ型，高—过成熟	泥岩、碳质泥岩，干酪根Ⅱ—Ⅲ型，高—过成熟	碳质泥岩、油页岩，干酪根Ⅱ₁型，高成熟
差异性	火山岩形成时代、背景	中—新生代火山岩，陆内裂谷环境		古生代石炭系火山岩，古生代岛弧和碰撞后陆内裂谷环境	
	火山机构、储层岩石类型	火山机构完整，中酸性火山岩为主，流纹岩、安山岩、晶屑凝灰岩为主要储层岩石类型		火山机构大多遭受破坏，变形变位，基性岩、中性岩居多，玄武岩、安山岩、火山角砾岩和凝灰岩为主要储层	
	储集空间	原生气孔、裂缝、次生溶孔组合		风化淋滤溶蚀孔、裂缝组合	
	优质储层主控因素	断裂、火山岩相		不整合面	
	油气藏类型	岩性、构造—岩性		地层不整合型	
	成藏主控因素	生烃中心、深大断裂和火山机构		烃源岩、不整合面和大型断裂	
	油气富集带	断裂带周围		区域不整合面附近	

一、中国东西部盆地火山岩所处的区域构造背景对比

1. 松辽盆地火山岩形成的区域地质背景

松辽盆地除了基底发育一些二叠纪、三叠纪和侏罗纪火山岩外，断陷内发育的火山岩，无论是火石岭组还营城组，其形成时代均为白垩纪。一个事实是白垩纪松辽盆地所处的位置没有海洋，只有大陆，尽管这个大陆的一部分物质由古亚洲洋的岛弧物质拼贴而成。它的形成应是一个陆内裂谷盆地，是一个双俯冲下的后续作用结果，至少蒙古—鄂霍次克洋关闭后的造山后伸展垮塌会对松辽盆地的形成起到十分重要的作用。

2. 准噶尔、三塘湖盆地火山岩形成的区域地质背景

准噶尔盆地石炭纪早期海相盆地规模大、分布广，范围远超过现今的盆地，沉积巨厚；石炭纪末期—二叠纪早期处于海陆盆地转换期，形成分割型的坳隆格局，具备较为雄厚的物质基础和油气资源潜力。石炭系广泛发育的暗色泥岩、煤岩、富含有机质的沉凝灰岩具备良好生烃条件，石炭系—二叠系火山岩岩体规模大、分布广，成为重要的油气储层；坳陷期的中—上二叠统所发育的暗色泥质烃源岩成为重要的补充。尽管准噶尔盆地石炭系—下二叠统地层划分方案多样，但是在石炭系—下二叠统的成盆期发育大量的火山岩。目前公开发表的数据显示，对这些火山岩进行锆石定年工作主要集中在晚石炭世晚

期。该期整个北疆地区均转入了后造山伸展背景下，之后的二叠纪火山岩也应是这种后造山伸展背景下形成，可能伴随有大火成岩省的活动。早石炭世火山岩，目前的勘探触及尚少，并且有关北疆早石炭世的构造背景目前的争论较大，但北天山早石炭世晚期蛇绿岩的发育显示北疆在早石炭世可能还存在大洋。

对于三塘湖盆地，多数学者认为它是准噶尔盆地的一个部分，沉积序列与准噶尔盆地相一致，除发育石炭统古鲁巴斯套组和姜巴斯套组，还发育二叠系卡拉岗组、芦草沟组和条湖组，从石炭系到二叠系都有发育，只是相对来说二叠系地层相对发育些，这些晚古生界的地层中也都发育了大量的火山岩，前人对这些火山岩做了大量的工作，基本厘定了火山岩的喷发时间序列。从晚石炭世一直延续到二叠纪。其形成的大地构造背景与准噶尔相一致，自晚石炭世到二叠纪处于后造山伸展背景。

从以上分析来说，中国东西部的火山岩油气藏形成的大地构造背景是不一样的，尽管在构造背景图解中有相似性，都落在板内区（图5-27），但同样的板内性质不一样，东部的板内属于陆壳，断陷盆地的火山岩形成于板内裂谷，而西部的板内则属于后造山伸展背景下的板内，它的地壳组成仍以岛弧物质为主。同时准噶尔盆地一部火山岩落在岛弧区和洋脊区，显示其复杂性。

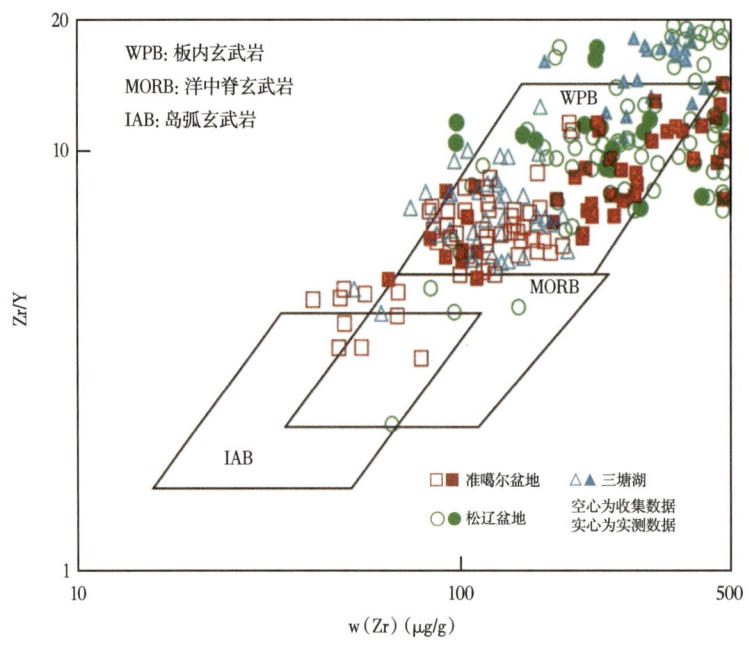

图5-27 中国东西部火山岩油气藏火山岩形成构造环境 Zr/Y—Zr 图解

二、火山岩岩石学、地球化学、同位素特征对比

松辽盆地火山岩是以流纹岩、英安岩为主的中酸性火山岩，但也发育玄武岩，中性岩相对较少（图5-28），多数属钙碱性系列（图5-29）；西部准噶尔盆地的火山岩以玄武岩、

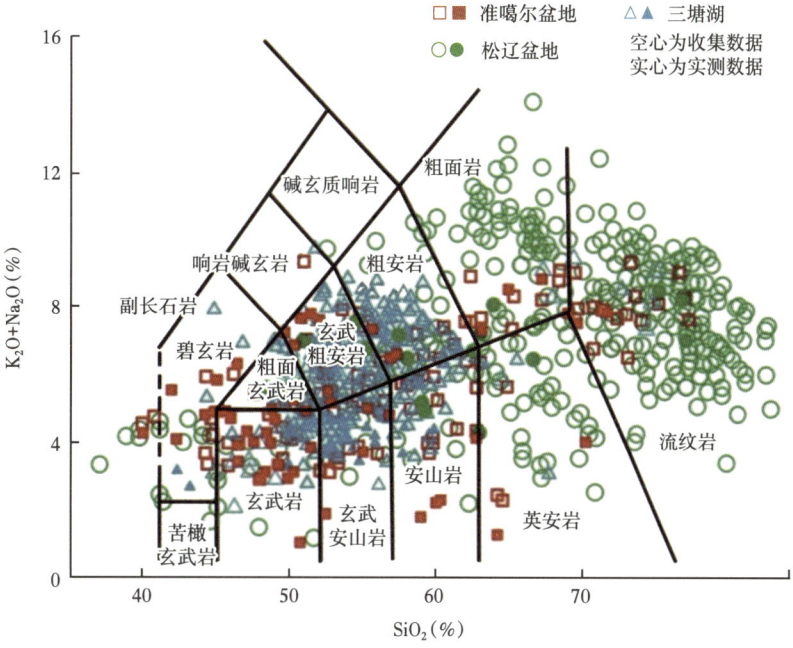

图 5-28 中国东西部火山岩油气藏火山岩岩性对比图

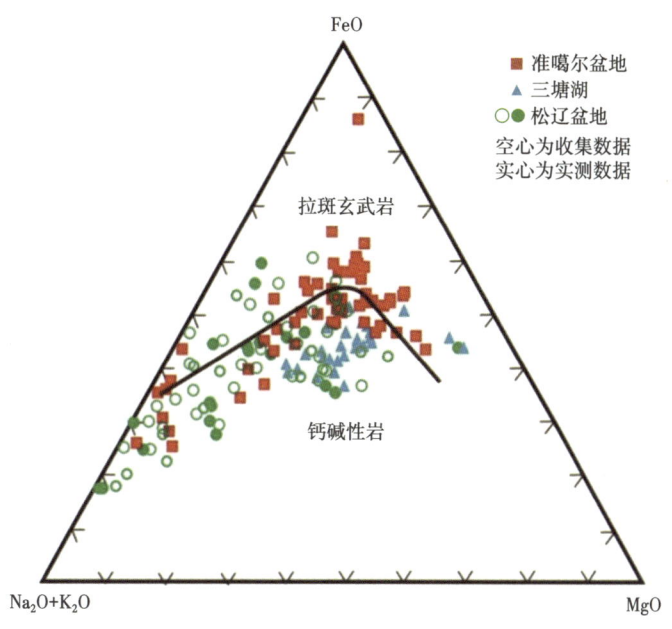

图 5-29 中国东西部火山岩油气藏火山岩 AFM 图解

玄武安山岩等中基性火山岩为主，但也发育少量的流纹岩等酸性岩，多属钙碱性与拉斑玄武岩过渡系列。相对来说三塘湖盆地的火山岩则基本属玄武安山岩、安山岩和粗安岩、玄武粗安岩，发育少量的基性端元，几乎不发育酸性端元，属钙碱性系列（图 5-28 和图 5-29）。显示出东西部火山岩明显差异。实际上造成这种差异主要是由其形成的构造背景或者说火山岩物源的差异决定的，东部以陆壳熔出的火山岩显然以中酸性火山岩为主，而西部以弧物质熔出来的中火山岩以中基性火山岩为主。

同位素特征提供了关于这一点的进一步的佐证（图 5-30），西部火山岩的 $\varepsilon_{Nd}(t)$ 值较高，多数在 5~8 之间，部分接近北疆洋壳的值（韩宝福等，2000），与整个北疆地区的岩浆岩 Nd 同位素特征相一致，显示主要为新生幔源物质作用源区；而松辽盆地火山岩 $\varepsilon_{Nd}(t)$ 值也为正值，但都在 0~3 之间，显示虽然有年轻幔源物质的加入，但是还是以老的陆壳为主。

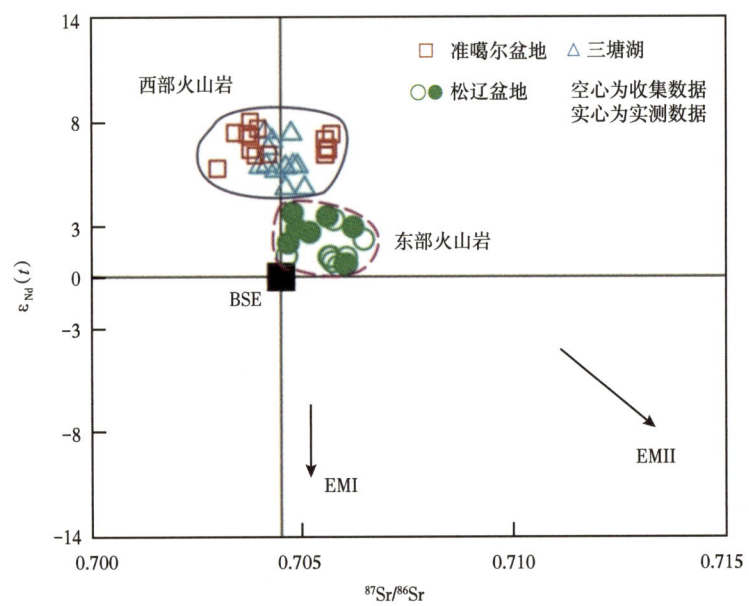

图 5-30　中国东西部火山岩油气藏火山岩同位素特征图解
BSE—基底陆壳演化趋势；EMⅠ—富集地幔Ⅰ；EMⅡ—富集地幔Ⅱ

三、储层分布与储集空间特征对比

松辽盆地火山岩受控于各个大大小小不等的断陷，而这些断陷的发育明显受到断裂的控制，特别是北东向断裂的控制，如徐家围子的火山岩，火山口基本都沿断裂带分布（图 5-31）。而中国西部准噶尔和三塘湖盆地的火山岩虽然也受断裂控制，但是主要呈大面积面状分布（图 5-32）。

松辽盆地火山岩以原生孔隙为主，其中气孔熔岩储集空间以原生孔隙为主（约占 70%），块状熔岩以原生裂缝和次生裂缝为主，火山碎屑熔岩中各类储集空间均有分布，

图 5-31　松辽盆地徐家围子断陷火山岩分布图（据冯子辉等，2008）

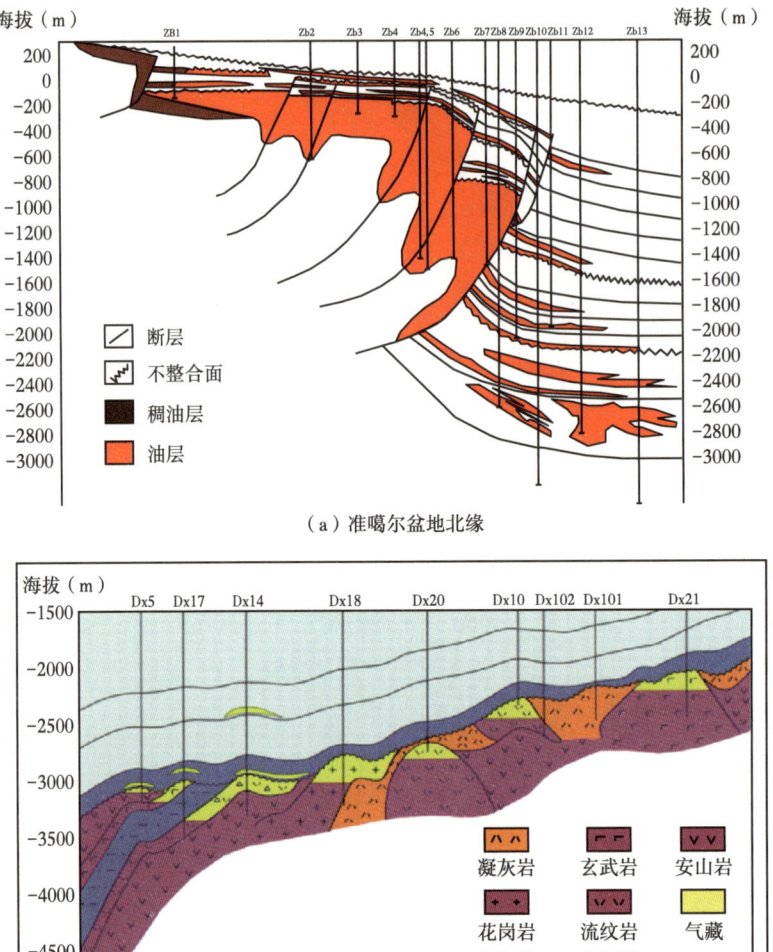

图 5-32 准噶尔盆地北缘和克拉美丽地区火山岩储层分布

隐爆角砾岩以次生裂缝为主（图 5-33）。通过研究揭示后期风化溶蚀孔也是一个重要的储集空间，但是可能由于松辽盆地是一个短期内连续伸展盆地（偶尔有短期抬升），风化作用不强，因而风化壳的厚度较小（图 5-34）。整体上与埋深没有相关性，平均在 10% 左右，高者达到 20%（图 5-35）。

而西部盆地火山岩喷发后，有一个较长时间的暴露地表过程，受到强烈的风化改造作用（图 5-36），并且后期经历了强烈的构造运动，构造裂隙不仅提供了很好的油气运移通道，也是重要的油气储集空间。整体上，在 3500m 以浅火山岩的孔隙度与埋深似乎略呈正相关，在 4500m 深度孔隙度最大，可达到 35%，可能与深部流体作用有关。

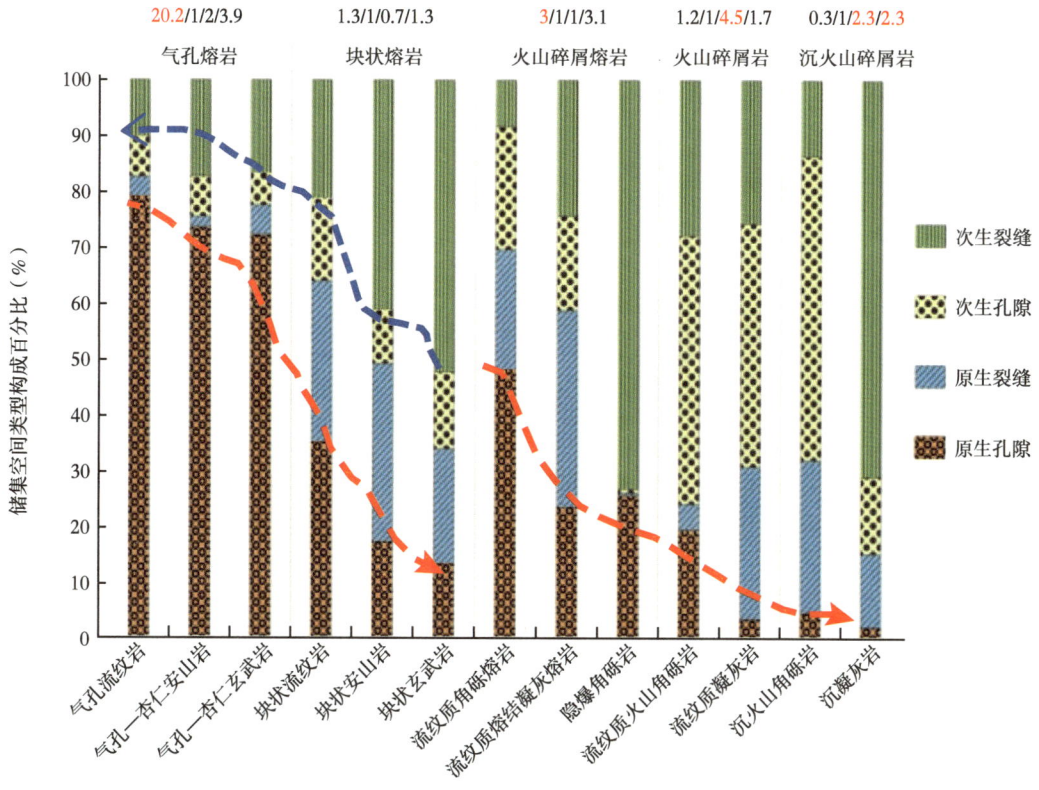

图 5-33 松辽盆地不同岩性储集类型

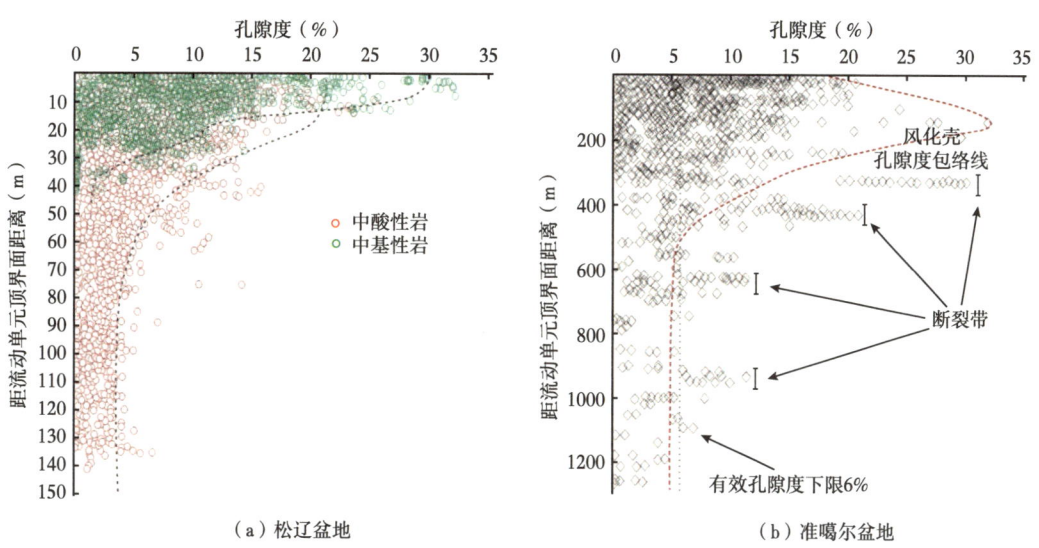

（a）松辽盆地　　　　　　　　（b）准噶尔盆地

图 5-34 中国东西部火山岩油气藏火山岩孔隙度与顶面距离的关系

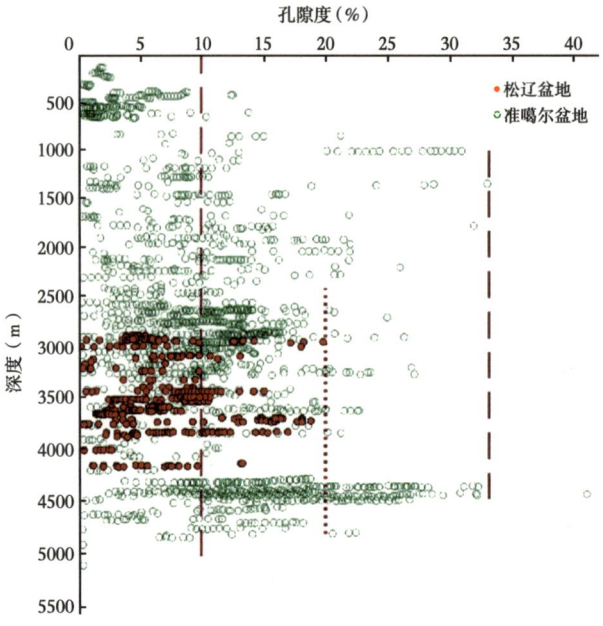

图 5-35　松辽盆地、准噶尔盆地火山岩储层孔隙度随深度变化图

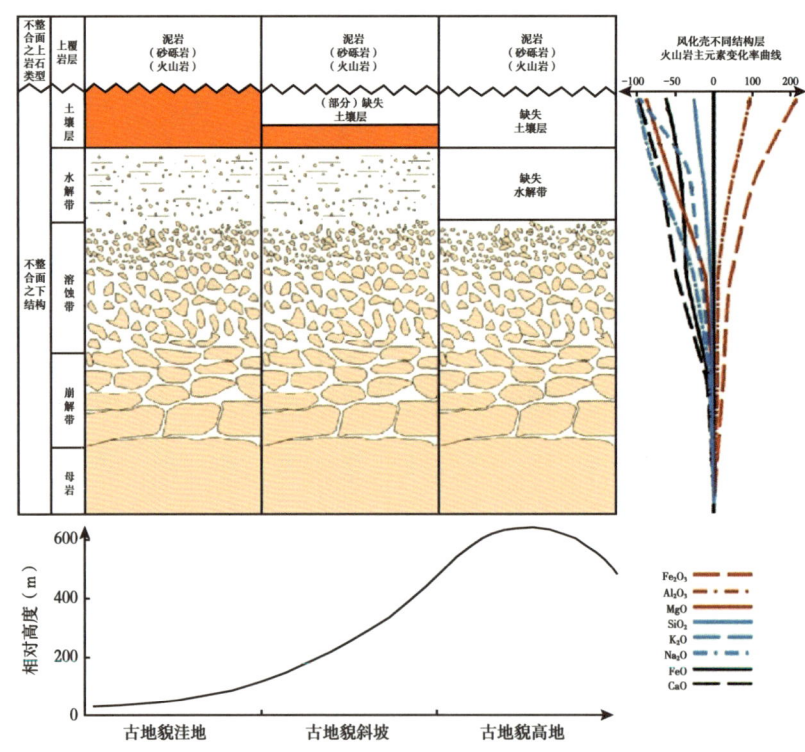

图 5-36　中国西部盆地火山岩风化壳改造示意图（据邹才能等，2008）

值得一提的是，中国东西部火山岩的储层都受到后期热液的强烈改造，后期溶蚀作用为储层改善提供了重要的帮助，尤其像凝灰岩这种由细小颗粒组成且已经压实作用的致密储层，后期的溶蚀作用尤为重要，这种溶蚀作用不仅包括有机酸的溶蚀作用，另外一个重要贡献来自深部烃碱性流体（冯子辉等，2008；童英等，2009）。

四、中国东西部火山岩油气藏分布对比

从目前的勘探成果来看，松辽盆地的火山岩油气藏的油气需要通过断层运移，但是基本上以垂向运移为主，古生新储，明显受到烃源岩的控制，火山岩之下没有烃源岩则几乎不成藏，而受到岩性、岩相的控制，在多种岩相叠合区（储层相变带）储层性能较好，而火山口（火山机构）附近是多种岩相叠合最好的地区，因此火山机构具有明显的控储作用，晚期的区域性盖层提供了封盖条件，因此火山岩油气藏多在这些地区聚集（图5-37），东部的火山岩油气藏类型也多表现出受源控制的以构造气藏为主，同时也有岩性气藏，并且火山岩气藏与常规砂砾岩油气藏伴生，如营城组的火山岩气藏。

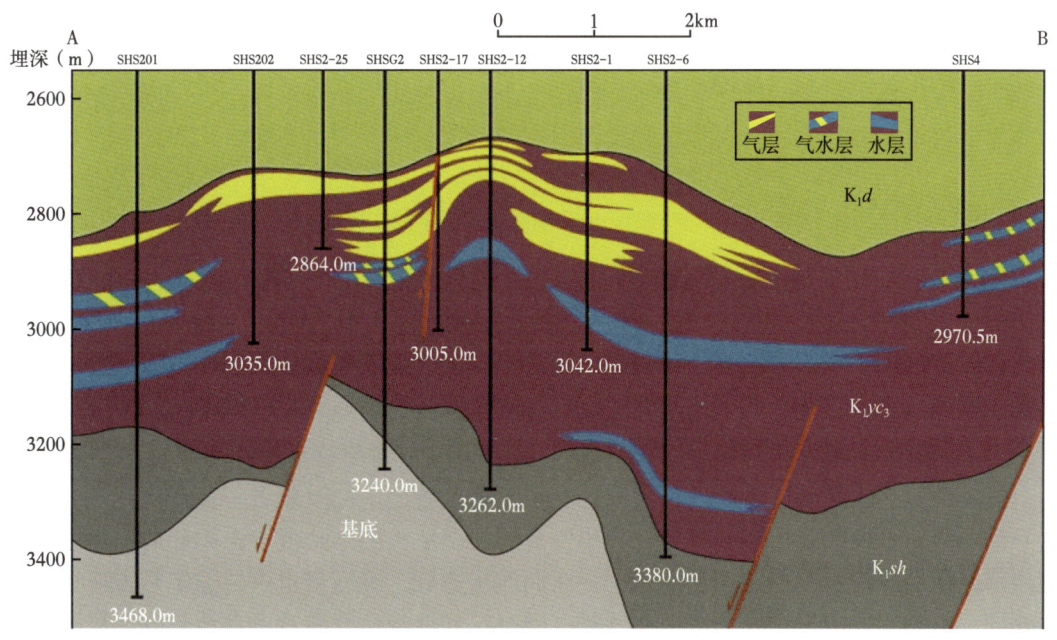

图 5-37　松辽盆地徐家围子断陷火山岩油气藏剖面图

相对来说，由于西部火山岩储层规模大，除了一部分岩性本身（如玄武岩的构造裂缝）、岩相叠合区具有很好的储集性能外，风化壳火山岩为主要的有效储层，成藏虽然受到生烃中心的气源断层控制，但断层作为很重要的运移通道为油气运聚提供了重要通道，形成近源气藏，如三塘湖盆地（图5-38），但是由于风化壳厚度大，位于不整合面附近，储集性能好，储集空间大，可以作为很好的油气运移通道，油气经此可以向构造高部位运移，同时各期泥岩提供了很好的封盖条件。目前的勘探结果也证实，准噶尔盆地的火山岩

油气藏主要分布在构造高部位。而后期的构造运动,将底部的石炭纪火山岩推覆至晚期的地层之上,形成新生古储性油气藏,但仍体现了下生上储的特征,而后期的构造作用为油气的运移提供了重要的保障。

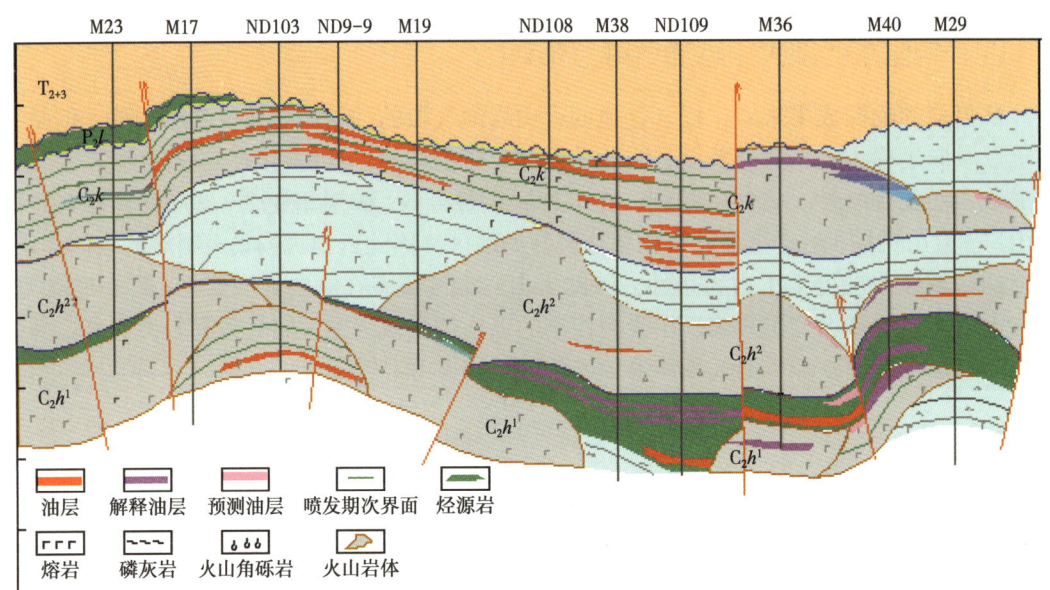

图 5-38 三塘湖盆地马朗凹陷火山岩油气藏剖面图

五、中国东西部火山岩油气藏形成与分布规律对比

从上文分析不难看出,从区域地质背景到最后的火山岩油气藏分布,一环扣一环(图5-39)。

(1)中国东西部盆地所处的位置不同导致了中国东西部盆地火山岩形成构造背景不同,位于中国大陆东部连续的松辽盆地是在古亚洲背景之上的受蒙古—鄂霍次克洋关闭和太平洋的俯冲多种因素作用的结果,其中发育的白垩纪火山岩形成于板内环境;而位于中国西部内陆的准噶尔、三塘湖盆地位于古亚洲洋构造域,晚石炭世—二叠纪是古亚洲洋演化晚期,该期的火山岩形成于造山后背景;同时,盆地的位置决定了盆地受改造程度,东部盆地持续伸展,风化面薄,后期改造相对较弱,而西部后期抬升明显,并且受到后期挤压,断裂发育,岩石碎裂度高。

(2)不同的构造背景决定了盆地类型的不同,东部为陆内裂谷盆地,西部是在岛弧基础上发展起来的伸展盆地;同时,不同构造背景也决定了火山岩的岩性不同,东部陆内裂谷盆地的火山岩以中酸性为主,而西部熔自岛弧物质的多表现为中基性;另外,不同构造背景也决定了火山岩的分布,东部明显受断裂控制,中酸性火山岩的规模也小,而西部的中基性火山岩规模大,流动性强,虽也受断裂带控制,但总体表现出区域面状。

(3)岩性及岩性组合(岩相)、火山岩的分布,以及盆地受改造程度也决定了火山岩储层的储集空间类型，东部以原生孔隙为主，西部以次生孔隙为主。

（4）盆地改造程度、盆地类型决定了油气的运移方式和生储盖组合，东部以垂向为主，下生上储，西部表现在垂向、侧向、水平，既有下生上储，也有新生古储。而这些因素共同控制了火山岩油气藏的分布。

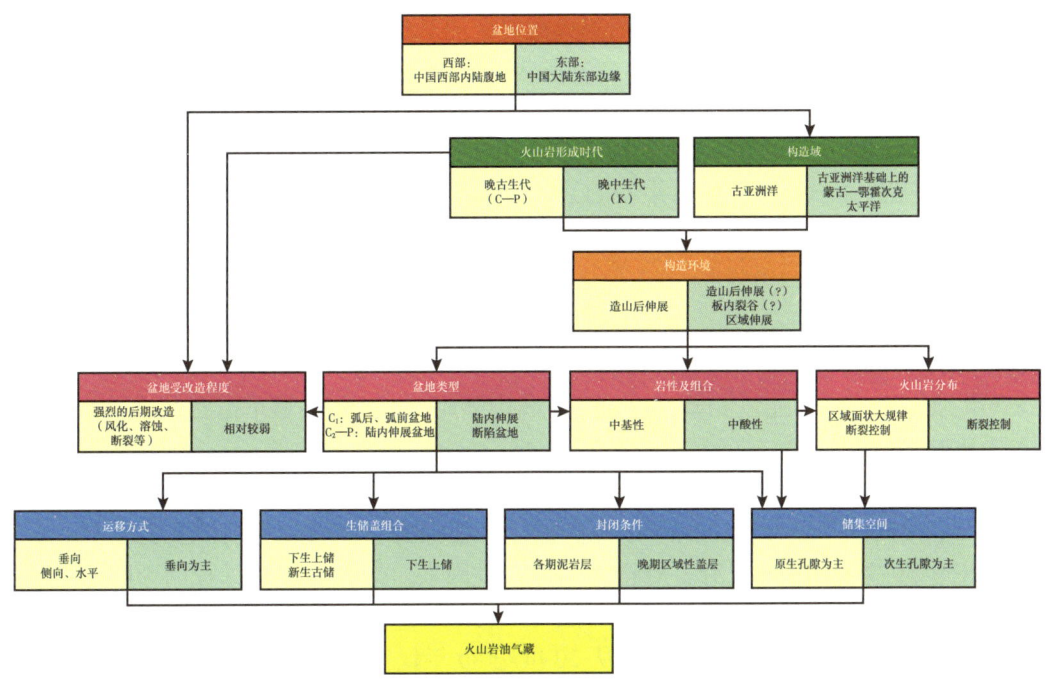

图 5-39　火山岩油气藏控制因素及中国东西部火山岩油气藏对比流程图

第四节　火山岩油气运聚成藏过程的数值模拟与成藏模式

一、火山作用成烃效应模拟实验基础

火山岩是火山活动的直接产物。火山活动使火山物质经火山通道上涌至地表，在陆上或是水体中经冷凝固结而形成火山岩。火山活动为烃源岩的母质提供了热量和矿物质，改变了原始的沉积环境，表现为温度场、压力场和地球化学场的改变，而这种改变直接影响了烃源岩母质的沉积规律、成岩作用和地球化学特征。因此，国内外学者均认识到火山活动（火山岩）对烃源岩的形成、发育及后来的生烃演化作用产生了重大影响。经前人学者研究发现，火山活动对烃源岩的影响作用主要体现在几个方面：（1）火山活动对同期沉积的烃源岩母质中有机质富集的影响作用；（2）火山活动对烃源岩生烃演化的热作用；（3）火山活动及火山物质对烃源岩生烃的加氢催化作用等。由于火成岩类型和火成岩与烃源岩共生组合的多样性，导致不同地区火成岩对烃源岩的影响作用程度大相径庭。

1. 火山活动对同期沉积的烃源岩母质中有机质富集的影响作用

Verati（1999）等通过研究发现，在大洋底的火山口附近的生命群落和细菌不是通过光合作用生存，而是主要依靠火山活动带来的热量和矿物质生存。由此可见，火山活动可以形成一些水生生物生存的特殊环境，而水生生物的繁盛正是优质烃源岩形成的物质基础。

金强（2003）对渤海湾盆地东营凹陷火成岩区的 P_2O_5 与烃源岩中的有机碳的关系研究时发现，烃源岩的磷含量与有机碳含量具有良好的正相关关系，即有机碳的含量会随着磷含量的升高而升高。

张文正等（2009）在研究鄂尔多斯盆地火山活动对烃源岩发育的影响时发现，火山灰等火山物质降落到湖盆后，火山灰中的 Fe、P_2O_5、CaO 等进入湖盆水体之中，会发生水解作用，提高水体中营养的供给速度和底层水中的生物营养成分，促进藻类等底栖生物大量繁盛。

金强等（1998）研究发现，火山物质中的氮、磷和金属矿物质通过火山活动而进入到湖盆中，为水生生物提供了养料，有利于水生生物的生长繁殖。由此可见，陆相的火山活动也可促使湖盆中的水生生物繁盛，这正是我国陆相火山喷溢环境下富含有机质的优质烃源岩富集的重要原因之一。

2. 火山活动及火山物质对烃源岩生烃的加氢、催化作用及模拟实验

国外自 20 世纪 60 年代开始了烃源岩的生烃模拟实验。当时的模拟实验基本上只考虑温度对生烃过程的影响。为了更全面考虑多种因素对烃源岩生烃过程的影响，之后进行的模拟实验考虑了不同有机质类型、温度、时间、压力、催化剂和水介质对产物特征的影响。我国的生烃模拟实验研究是从 20 世纪 80 年代初期开始（卢家烂，1995），20 世纪 80 年代末期，一些学者（刘德汉等，1986；张惠之等，1986）开展了对不同煤岩组分生烃的模拟实验研究。此后，广泛开展了对不同类型、不同成熟度的烃源岩有机质在不同温度、压力条件下，以及有无催化剂的生烃模拟实验研究（汪本善等，1980；刘德汉等，1982，2004；姜峰等，1998；刘金钟等，1998；付少英等，2002；刘全有等，2001，2006，2008）。

目前，国内外常用的各种热模拟方法，按照实验体系的封闭程度，大致可以分为以下三类：（1）开放体系，主要包括 Rock-Eval 热解仪、PY-GC 热解—气相色谱仪、PY-GC-MS 热解—气相色谱仪、热解失重仪等。热解生成的挥发物依靠其自身的压力或输入载气，不断从热反应区导出，进入计量或分析装置。（2）封闭体系，一般包括钢制容器封闭体系、玻璃管封闭体系和黄金管封闭体系。其中，钢制容器封闭体系和玻璃管封闭体系只能依靠水蒸气压或反应生成的气体提供压力，而黄金管封闭体系可以通过高压泵利用水对釜体内部施加压力来控制实验压力。（3）半开放体系，这种体系在实验室内比较难以实现，目前国内中国石化无锡石油地质研究所实验中心研制出了一套自动化程度较高的半开放体系模拟实验系统，但实验效果不是很好；中国科学院广州地球化学研究所有机地球化学国家重点实验室 20 世纪 80 年代开发一种压力机条件下的生排烃实验装置，开始了对烃源岩或煤岩进行定量生排烃实验研究。

众所周知，地质条件下的烃源岩生烃过程是一个漫长而又非常复杂的地质过程，不管采用哪种实验方法都不可能重现地质条件下的那种低温、慢速的生烃过程。再加上模拟实验条件下，取样、容器腐蚀、各种物理化学参数等难以控制，使得实验条件和自然条件存在巨大差异，导致某些实验数据与自然样品有一定的偏差。因此，模拟实验往往具有一定的局限性。然而，要了解生烃的全过程与烃源岩的变化，漫长的自然演化过程是无法重复的，只能通过室内热模拟实验来实现。大量实验证明，热模拟实验结果可以与烃源岩的天然演化结果相对应（贾蓉芬等，1987；刘宝泉等，1990）。特别是近几十年来，各国实验工作者对新技术和新设备不断地改进和创新，使模拟实验过程和结果与自然界有机质的演化特征更加接近。

通过各种模拟实验，不仅可以确定不同类型干酪根、各显微组分对烃类生成的贡献大小、生油门限的差异，以及不同演化阶段生成物和残余物的特征，为各类烃源岩油气生成潜力的定量评价、总油气生成量的计算、资源预测提供重要的参数和科学依据；并且，这些模拟实验还为成烃阶段的划分，认识成烃过程的演化特征、成烃机理，建立成烃模式提供宝贵的数据和有益的信息，为指导油气勘探、探索油气成因机理作出了巨大的贡献。

二、火山岩油气运聚过程的数值模拟

本节在徐家围子断陷建立地层、沉积、储层等地质模型，结合盆地地热史，烃源岩特征和构造演化史，利用PetroMod含油气系统模拟软件，采用成因法计算天然气资源量，模拟天然气的运移方向、聚集特征和散失特征，并实现了气藏分布的三维可视化。

选择勘探程度较高的徐家围子断陷建立地质模型，结合含火山岩盆地热史、生烃史和构造史演化特点，模拟火山岩天然气充注方式、运移和聚集过程，进一步揭示火山岩油气藏成藏机理。

1. 天然气运聚模拟的地质、地球化学基础

1）建立三维地质模型

采用了最新的三维地震解释和钻探成果，建立了三维地质格架（包括构造、地层厚度、沉积相和烃源岩分布）（图5-40）。烃源岩包括沙河子组泥岩、沙河子组煤层，以及营城组四段泥岩。储层包括沙河子组、营城组火山岩（营城组一段和三段）、营城组砂砾岩（营城组四段）和登娄库组。区域盖层为泉头组和登娄库组，营城组火山岩也具有封盖能力。

2）烃源岩生气强度

从分层生气强度分布图上看（图5-41），沙河子组泥岩在整个断陷的生气强度均大于$20\times10^8m^3/km^2$，最大值达到$500\times10^8m^3/km^2$，为徐家围子断陷最主要的气源岩，具备形成大气田的物质条件。沙河子组泥岩的主要生气区在断陷的北部，3个生气中心分别为徐东凹陷、徐西凹陷和升平—宋站隆起。

相比泥质烃源岩，沙河子组煤层的生气范围小于泥岩，生气强度最大值在宋站地区，达到$300\times10^8m^3/km^2$。沙河子组煤层的主要生气区也在断陷的北部。

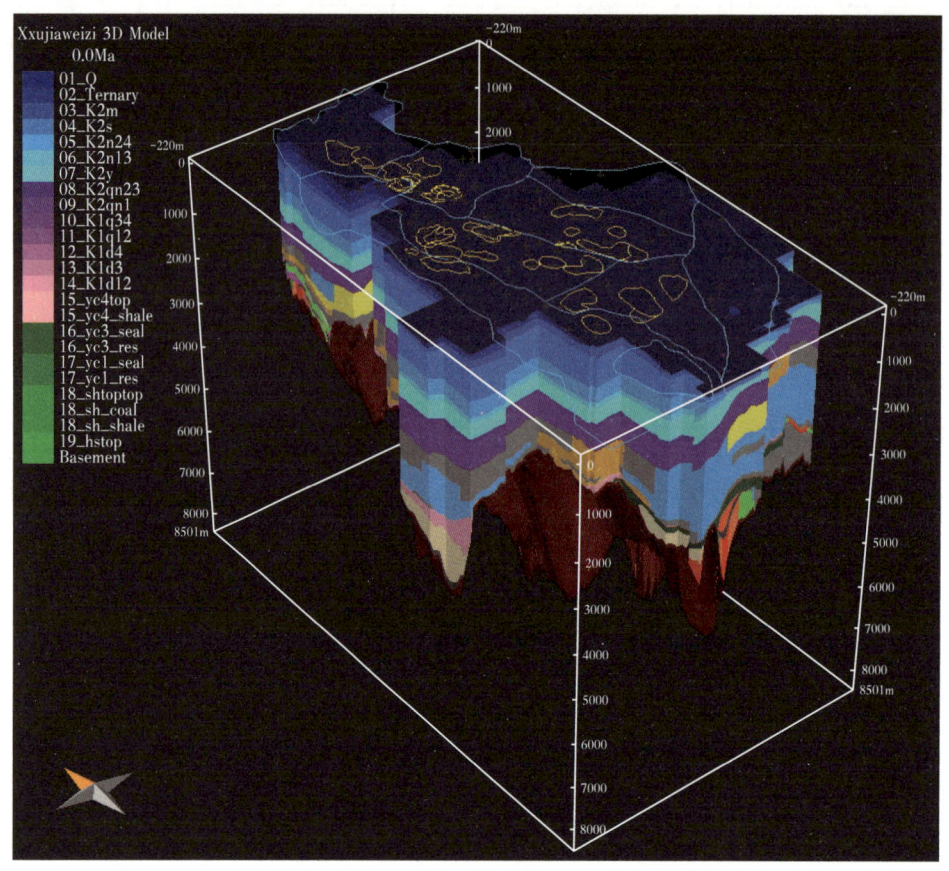

图 5-40　徐家围子断陷深层三维地质模型

2. 天然气运移聚集过程数值模拟

针对火山岩储层的特点，数值模拟充分考虑了火山岩相和主要断层的分布，并加入地质模型。

1）天然气运移方向模拟

通过油气运算法中的逾相渗流法（IP算法）和混合运移算法的叠加，可得到不同地质时期天然气的运移流线图，结果如图 5-42 所示。从天然气的运移流线图可以看出，徐家围子深层天然气的运移以垂向运移作用为主，横向运移范围相对较小。天然气在 73Ma 的运聚图与现今的运移十分相似，表明徐家围子深层在嫩江组沉积末期天然气的充注作用基本完成。

2）天然气逸散作用模拟

就天然气的逸散损失作用过程而言，不仅其地质过程是较为复杂的，影响因素也十分繁杂。盖层排驱压力的差异、地层的抬升与剥蚀、断层封闭性能的变化、压力条件的变化等，都在很大程度上决定了早期形成的天然气藏在保存时间内的保存条件。现阶段天然气损失量的模拟主要基于达西流的微渗漏运移损失模拟方法。

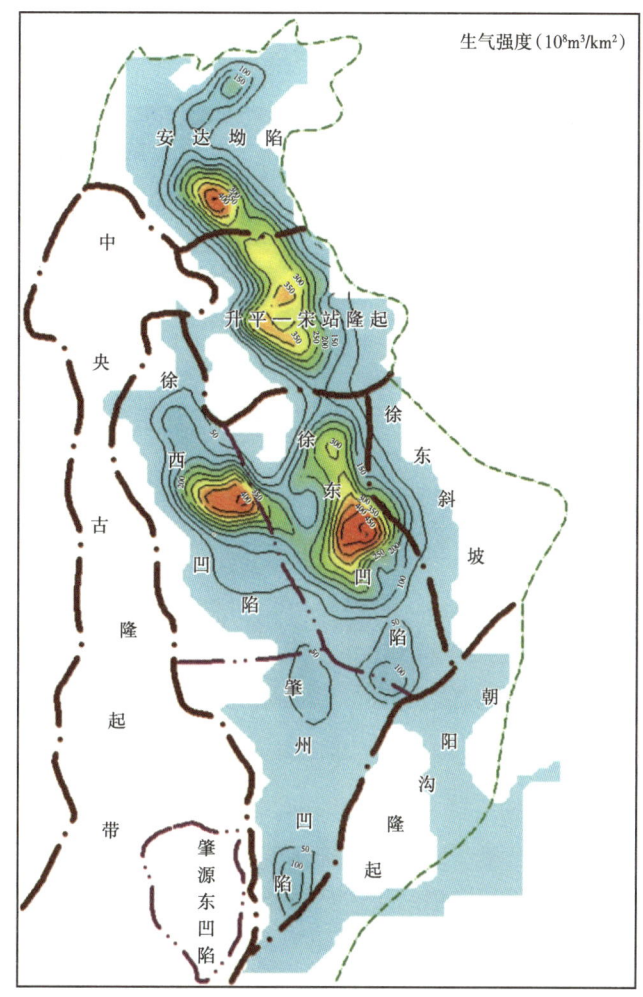

图 5-41 徐家围子断陷沙河子组泥岩生气强度等值线图

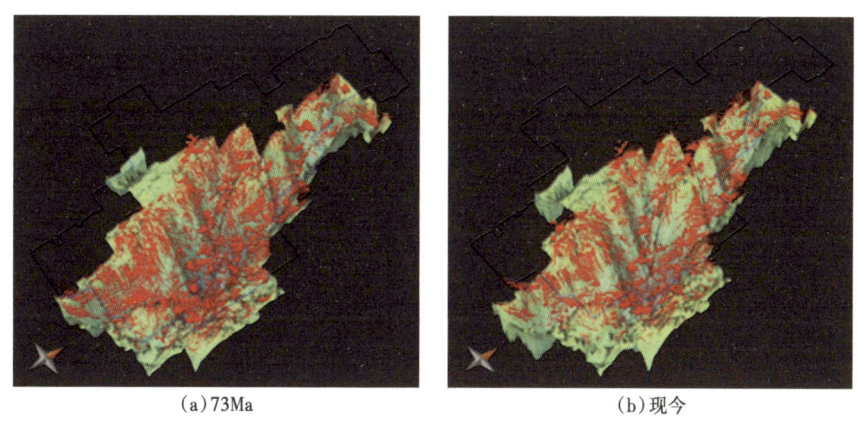

(a) 73Ma (b) 现今

图 5-42 徐家围子断陷天然气运移流线图

从模拟结果来看（图 5-43），在朝阳沟隆起带和古中央隆起带天然气的逸散相对严重，保存条件较差。其他的损失量，则需要根据具体的地质资料进行综合分析与研究获得。

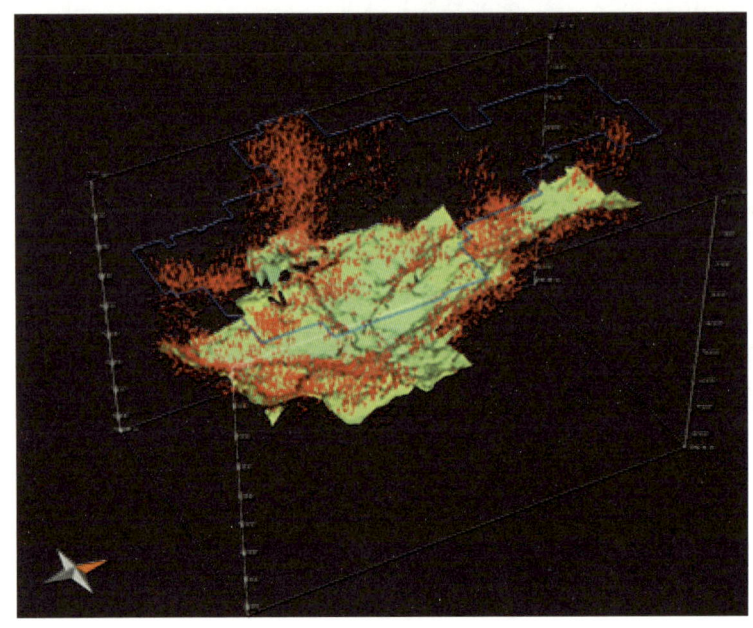

图 5-43　基于达西流的运移损失图

3）天然气聚集场所的模拟

天然气聚集场所的模拟结果，实际上是天然气运移模拟结果的综合。根据天然气资源的现今分布结果，对聚集场所的模拟结果进行检验。徐家围子深层天然气聚集场所的模拟结果如图 5-44 所示。天然气现今聚集模拟的结果，则与天然气资源的分布具有较好的对应关系，说明天然气运移、聚集模拟结果可以在较大程度上反映天然气的运移、成藏过程。

值得说明的是，天然气聚集场所的模拟应该充分考虑天然气资源损失量的模拟结果。由于天然气的损失量的影响因素较多，实际模拟的数值结果可能只能定性看待。

三、火山岩油气成藏模式

依据火山岩储层与烃源岩的纵横向配置关系，火山岩油气成藏组合可以分为近源与远源两种类型。近源型组合是指在纵向上火山岩与烃源岩基本同层，在平面上火山岩储层主要分布在生烃范围之内；远源型组合是指在纵向上火山岩与烃源岩不同层，在平面上火山岩储层主要分布在生烃范围之外。一般说来，近源型组合成藏条件最为有利。

从我国主要含油气盆地火山岩纵向生储盖特征分析，东部断陷以近源组合为主，如渤海湾盆地和松辽盆地深层，火山岩发育在生烃层内；而西部存在近源、远源两种组合，如准噶尔、三塘湖盆地火山岩分布的石炭—二叠系烃源岩发育，为近源型组合类型，而四川、塔里木盆地火山岩主要发育在二叠系，而生烃层系主要发育在下古生界寒武—奥陶系，为远源型组合。

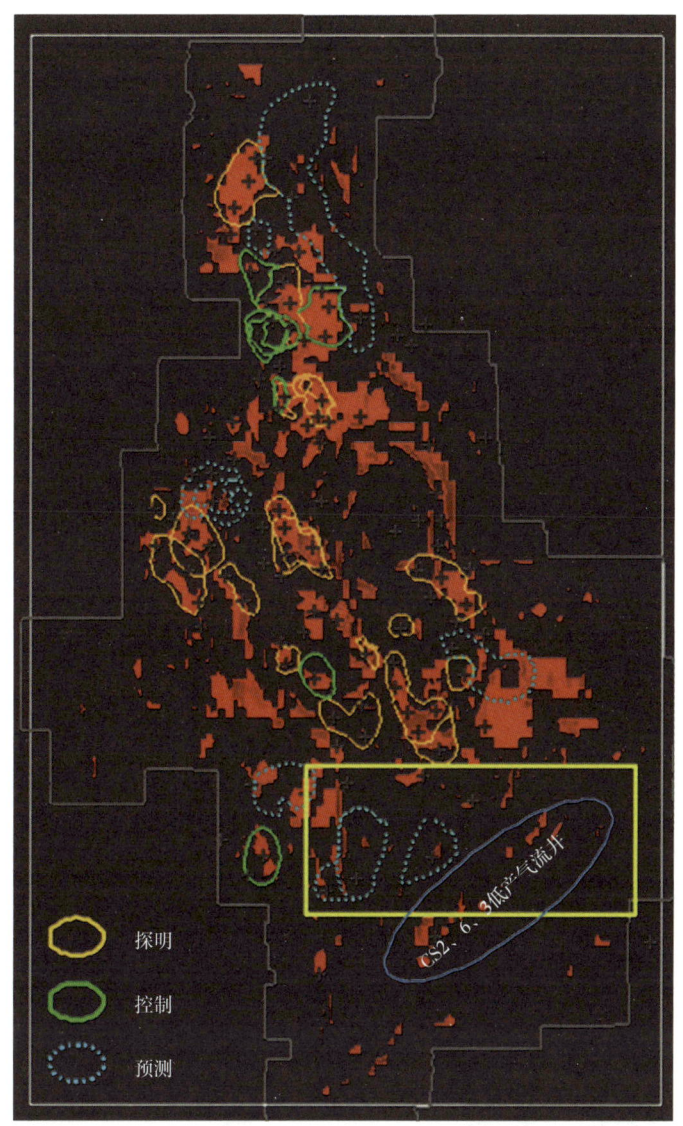

图 5-44　徐家围子断陷预测火山岩气藏与储量区叠合图

1. 我国东部火山岩油气藏成藏模式

东部地区渤海湾、松辽、二连、海拉尔、苏北、江汉等含油气盆地,火山岩油气藏主要发育在断陷时期形成的地层,如渤海湾盆地古近系、松辽盆地下白垩统;同时断陷盆地的结构也控制了火山岩的空间分布,即火山岩大部分分布在断陷盆地内,因此,在纵向上和平面上火山岩储层都与生烃层系或生烃中心紧密接触,形成近源型成藏组合。如松辽盆地深层徐家围子断陷,火山岩储层与烃源岩分布基本重叠,是典型的近源成藏组合。

东部断陷以近源组合为主,火山岩与烃源岩互层,主要分布在生烃凹陷内或附近,因此,在高部位形成爆发相为主的构造—岩性油气藏,在斜坡部位形成喷溢相为主的岩性油气藏；中西部发育近源与远源两种成藏组合类型，大型不整合火山岩风化壳储层有利于形成地层油气藏。

中国东部地区火山岩油气藏以岩性、构造—岩性型为主，成藏受生烃中心、深大断裂和火山结构联合控制。

徐家围子地区构造—岩性气藏为构造背景控制下的岩性气藏，气藏高度大于构造幅度，气藏并不受构造圈闭控制，没有统一的气水界面，构造高部位气柱高度大，气水界面高；构造低部位气柱高度小，气水界面也低，但上气下水的特征又说明构造位置对含气性具有一定的控制作用。如营一段火山岩气藏：XS27、XS201、XS3、XS9、XS8、XS13 区块，XS12—XS14、XS141、XS17、XS1、XS6、XS15、XS10、XS6、XS401、XS4、XS231 井等。营三段火山岩气藏：DS1-3、DS2、WS1—DS4、SS5、XS23、XS21、XS29、XS28 井等都属于这种气藏类型。

岩性—构造气藏主要发育在背斜构造上，高部位井的气柱高度大，低部位井的气柱高度小，总体呈上气下水的特征，气水界面基本一致，说明构造对含气性具有主要控制作用。但由于构造圈闭内岩性变化大，导致物性差异较大，天然气分布存在一定差异，也说明岩性对气藏具有控制作用。这种气藏类型在徐家围子断陷发现很少，主要发育在升平地区的火石岭组和营一段、营三段的火山岩地层中（图 5-45），其分布情况为：（1）火石岭组火山岩气藏：SHS101 井；（2）营一段火山岩气藏：XS7 井；（3）营三段火山岩气藏：SHS2-1 井。

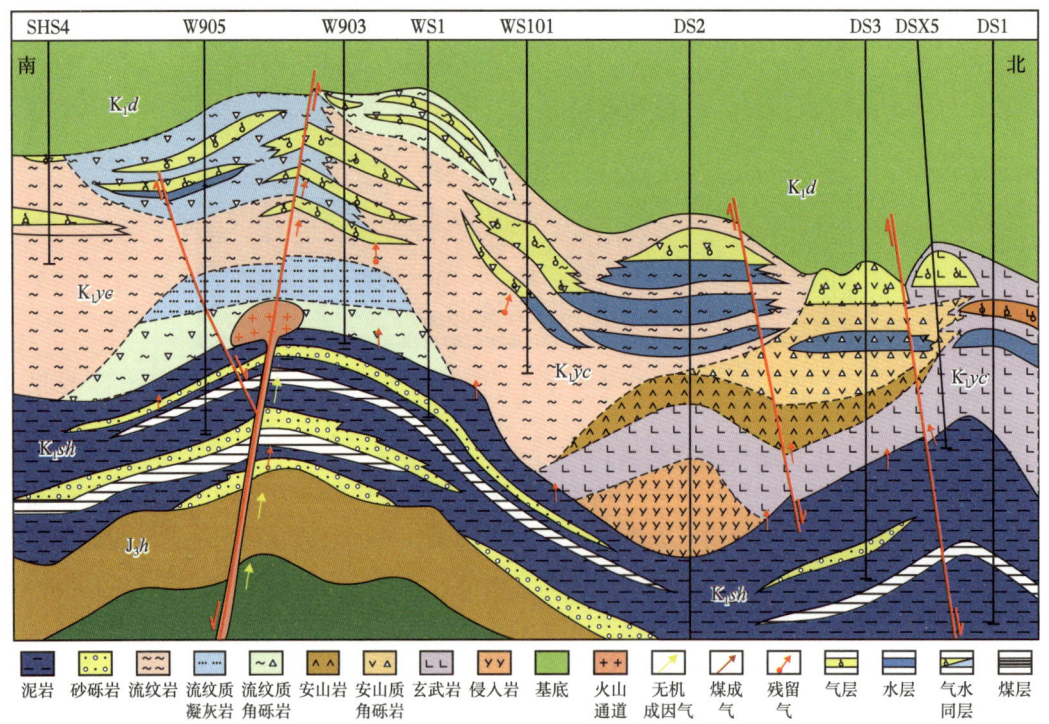

图 5-45　松辽盆地徐家围子断陷安达地区营城组气藏剖面图

根据甲烷碳同位素值、乙烷碳同位素值和干燥系数3个方面的天然气成因类型划分结果，开展的气源对比表明，营城组烃类主要分布在煤成气区域（深源混合气区），属于有机成因气范畴，天然气主要来源于沙河子组的湖相泥岩和煤层。全区的气井揭示，CO_2的含量不等，但一般都低于10%，但XS28井CO_2的含量为89.82%、DSX301井CO_2的含量大于75%、XS10井CO_2的含量为89%~93%，其CO_2来源于无机成因的地幔。徐家围子断陷全区的气井揭示，在徐家围子断陷深层有6个层系发现气藏：基岩风化壳、火石岭组火山岩、沙河子组砂砾岩、营一段火山岩和砂砾岩、营三段火山岩、营四段砂砾岩。

徐家围子断陷四套烃源岩和四套储层间互发育，构成有利的生储盖组合条件（图5-46）。徐家围子断陷深层勘探已证实作为主要储层的登一段、营城组、沙河子组和火石岭组砂砾岩、火山岩储层，二者均具有较好的储集条件；尤其是断陷期火山岩储层，孔隙度一般为7%~8%。FS8井于井深3778m处的火山岩孔隙度达到11%，储集介质以孔隙—裂隙双重介质为主。登二段与泉一段、泉二段分布稳定，泥岩沉积与营城组火山岩和砂砾岩构成了下储上盖的储盖组合。另外，营城组火山岩内部爆发相火山岩角砾岩、流纹岩与上覆凝灰岩等可构成下储上盖的储盖组合。

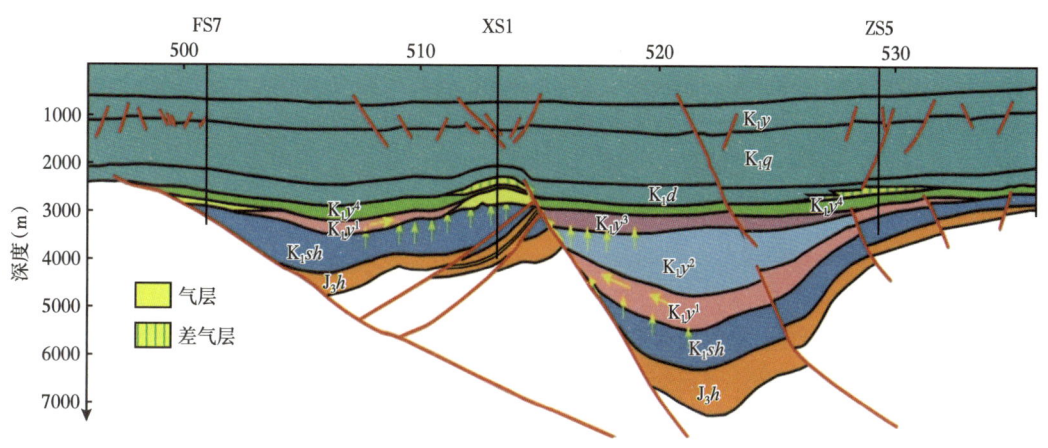

图5-46 松辽北部深层徐家围子断陷生储盖组合剖面图

齐家—古龙断陷发育有一定数量的构造圈闭，但更主要的是存在大面积分布的地层超覆圈闭和火山岩岩体圈闭，且集中分布于断陷周边。由于其邻近烃源区，具有优先富集烃源区生气的天然气条件。正钻井PS1井见到的良好天然气显示，进一步证实了齐家—古龙断陷区的勘探前景，并成为下一步天然气勘探的突破方向。齐家—古龙断陷沉积末期构造运动和火山活动均比东部强烈，因此其火山岩、砂砾岩的分布面积、沉积厚度较大，储集条件相对优越。

齐家—古龙断陷大面积分布的泉一段、泉二段泥岩由于沉积厚度大，埋藏深，其封盖条件好。徐家围子断陷勘探已证实该区域盖层为登二段、泉一段、泉二段。且由于存在巨厚的青山口组烃源岩盖层，形成多层次的储盖组合，对天然气的保存十分有利。

东南隆起区现已发现的油气主要赋存于下白垩统沙河子组和营城组及泉头组中,基岩裂缝中也发现了天然气。从生烃评价中可知该地区沙河子组和营城组烃源岩各断陷都有发育,尤其是梨树断陷、德惠断陷和王府断陷,暗色泥岩厚度大、丰度高、类型好、已进入生油气门限。泥岩既是生油层又是好的局部盖层,从而形成了自生自储的生储盖组合。

长岭断陷钻井揭示,发育4种类型的生、储、盖层组合关系:(1)以沙河子组为生烃层,以营城组—泉一段为储层,以泉二段、泉三段为盖层形成下生上储上盖式组合;(2)沙河子组既为生烃层,又为盖层,以火石岭组为储层,形成上生下储上盖式组合;(3)沙河子组既为生烃层,又为储层,又为盖层,形成自生自储自盖式组合;(4)以壳源或幔源为气源,以上覆沉积层为储层和盖层,形成深源浅储式组合。断陷内气藏主要发育沙河子组暗色泥岩和煤系烃源岩,在断陷内形成一独立含气系统,成藏模式表现为:沙河子组的暗色泥岩及煤系地层排出的天然气通过断裂垂向运移或通过不整合面侧向运移到上部营城组的火山岩储层中。登娄库组二段、泉头组一段、二段以暗色泥岩为主,分布稳定,成为良好的区域盖层。本区断陷储层发育、构造有利、生储盖组合匹配良好,具备形成大气田的物质基础;徐家围子断陷火山岩气藏主要发育下生上储式成藏模式(砂砾岩和火山岩气藏)和幔生上储成藏模式(各组段的二氧化碳气藏)。

2. 我国西部火山岩油气藏成藏模式

西部含油气盆地火山岩主要分布在石炭—二叠系中,时代较老,原型盆地改造强烈,成藏组合变化较大。如准噶尔盆地火山岩在层系上主要分布在石炭—二叠系,从纵向上看应以近源型组合为主。但由于受后期构造活动影响,准噶尔盆地西北缘石炭—二叠系地层遭受抬升风化剥蚀改造,冲断带本身地层生烃能力明显减弱,油气来源主要为冲断带下盘的石炭—二叠系,因此在平面上生烃范围与火山岩储层的分布不一致,从而形成侧源型成藏组合。

1)准噶尔盆地中东部近源型组合

准噶尔盆地腹部石炭—二叠系保存较完整,本身具有较好的生烃条件,因而主要形成近源型成藏组合(图5-47)。石炭系烃源岩已成为准噶尔盆地腹部一套有效的烃源层,对石炭—二叠系火山岩有效成藏起决定作用。

石炭系滴水泉组为一套暗灰色泥岩,碳质泥岩不规则互层夹薄煤层及煤线。中部为中基性火山熔岩、火山角砾岩及火山碎屑岩互层。有效烃源岩岩性为深灰色泥岩与碳质泥岩。地表出露于克拉美丽山前一带,盆地内主要发育于陆梁隆起东段滴水泉凹陷与滴南凸起断裂下盘东道海子北、五彩湾凹陷中,属于碰撞期后短期拉张裂谷裂陷内沉积;LN1井、SAC1井、DB1井、DX17井、CC1井、CAS1井钻遇,烃源岩厚度50~500m。

滴水泉组有机碳含量为0.27%~10.7%,平均为2.19%;氯仿沥青"A"含量为0.0014%~0.1291%,平均含量为0.0471%;总烃含量为231.13×10^{-6}~989.55×10^{-6},平均含量为485.49×10^{-6};生油潜量S_1+S_2为0.07~2.47mg/g,平均为1.05mg/g。氢指数HI为25.0~262.5,平均值为85.56,干酪根类型指数TI值小于-4,反映出腐殖型的母质类型特征。镜质组反射率R_o值为0.5%~1.6%,平均为1.35%;T_{max}为446~494℃,平均为468℃。滴水泉组属于中等有机质丰度的烃源岩,处于高成熟阶段。

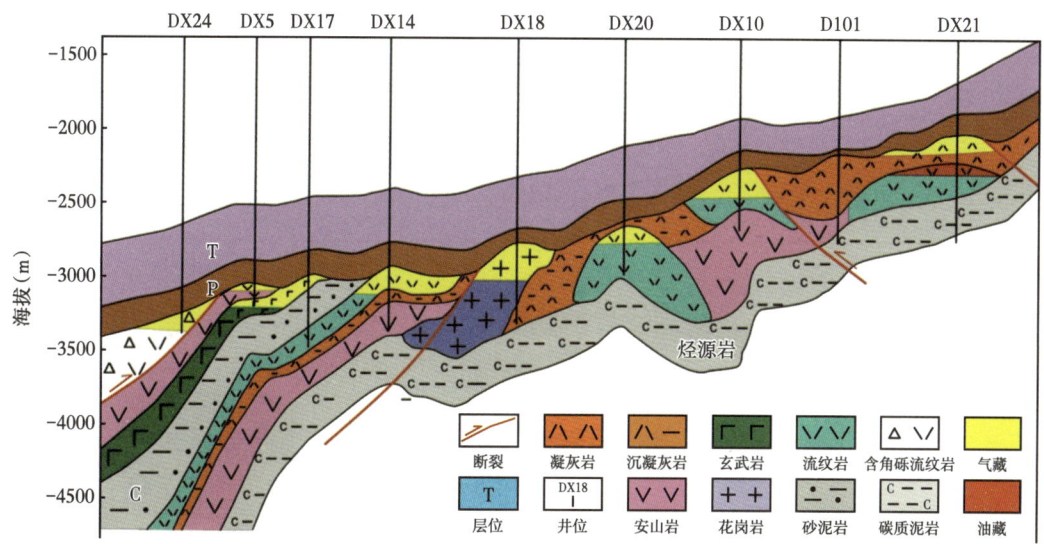

图 5-47 准噶尔盆地陆东地区石炭系火山岩储层与烃源岩配置关系图

陆东—五彩湾地区天然气除了甲烷碳同位素很轻外，乙烷、丙烷和丁烷碳同位素都偏重，其中甲烷碳同位素比值为 -48.4‰~-34.77‰；乙烷为 -24.54‰~-23.72‰；丙烷为 -22.57‰~-21.16‰；丁烷为 -22.33‰~-21.03‰，天然气组分中以甲烷为主，为偏干气。该类天然气应该是一种比较特殊的类型，可能与生物改造油气藏有关。生物改造气藏可以使甲烷碳同位素变轻，而乙烷、丙烷碳同位素变重；石炭系滴水泉组烃源岩生成特征明显。

从整个陆东—五彩湾地区石炭系成熟度来看，陆东地区石炭系滴水泉组成熟度均很高，部分已达到过成熟阶段。滴南凸起上的 LN1 井和 DX1 井、DX2 井、DX3 井、CC1 井、CS1 井在中生界和下伏古生界之间也存在明显的间断；石炭系生烃中心位于滴水泉凹陷与东道海子北凹陷，滴水泉组烃源岩成熟度高，以生气为主，主要生排烃期为二叠纪。虽然早期形成的大部分油气藏均已破坏，但仍有少量残余，典型油气藏为滴南凸起带 DX10 井区及五彩湾凹陷内的 C25 井区石炭系气藏。

准噶尔盆地晚海西期具有较强的分割性，形成多个生烃中心与多个含油气系统，在平面上复合叠加（图 5-48）。在陆梁隆起、五彩湾凹陷、中央凸起带处于碰撞期后短期陆内裂陷带，石炭系烃源岩得到有效发育，主要以陆源植物 II_2 型、III 型干酪根所生成天然气为主。陆梁隆起—五彩湾凹陷石炭系火山岩围绕滴水泉凹陷、东道海子北凹陷、五彩湾凹陷形成自生自储；三台与北三台凸起带石炭系火山岩紧邻阜康凹陷二叠系生烃中心形成新生古储；吉木萨尔凹陷石炭系在凹陷内形成自生自储。

陆东—五彩湾地区油气勘探证实，陆梁隆起东段陆东地区滴水泉凹陷及南邻的东道海子北凹陷、五彩湾凹陷主要发育石炭系烃源岩（C_1d），属于一套海陆过渡相含煤陆源碎屑层系。

图 5-48 准噶尔盆地陆东—五彩湾地区烃源岩与油气藏分布图

准噶尔盆地已发现的火山岩储层以陆梁隆起东段和五彩湾凹陷最为集中，且大都沿主断裂分布，说明古火山活动与断裂形成有密切的关系。火山岩特殊储层发育层位上属于盆地基底下石炭统包谷图组（C_1b）、上石炭统巴塔玛依内山组（C_2b）和下二叠统佳木河组（P_1j），有效储层主要为火山喷发岩。陆梁隆起与准东地区多属于中酸性火山喷发岩、火山碎屑岩组合，以爆发相和溢流相为主。通过对火山岩储层的综合描述及评价，发现火山喷发熔岩及火山碎屑岩为两种主要储层。

因此，准噶尔盆地腹部组成以滴水泉组为主要生烃层，包谷图组（C_1b）、上石炭统巴塔玛依内山组（C_2b）和下二叠统佳木河组（P_1j）为储层的下生上储型近源成藏组合。

2）准噶尔盆地西北缘侧源型组合

西北缘处于碰撞带，石炭系烃源岩发育与分布不清，目前认为油气主要来自冲断带下盘玛湖凹陷二叠系烃源岩（图 5-49），烃源层主要为下二叠统佳木河组、风城组和中二叠统下乌尔禾组。

佳木河组烃源岩主要分布在下亚组，最厚可达 250m 以上。佳木河组残余有机碳含量平均 0.56%，氯仿沥青"A"含量平均 0.0056%，生烃潜量 S_1+S_2 平均 0.25mg/g。残余有机质类型以Ⅲ型为主，个别为$Ⅱ_2$型和$Ⅱ_1$型，干酪根碳同位素较重，一般大于 -23‰。实测 R_o 分布范围在 1.38%~1.9% 之间，为一套高—过成熟度阶段的烃源岩。

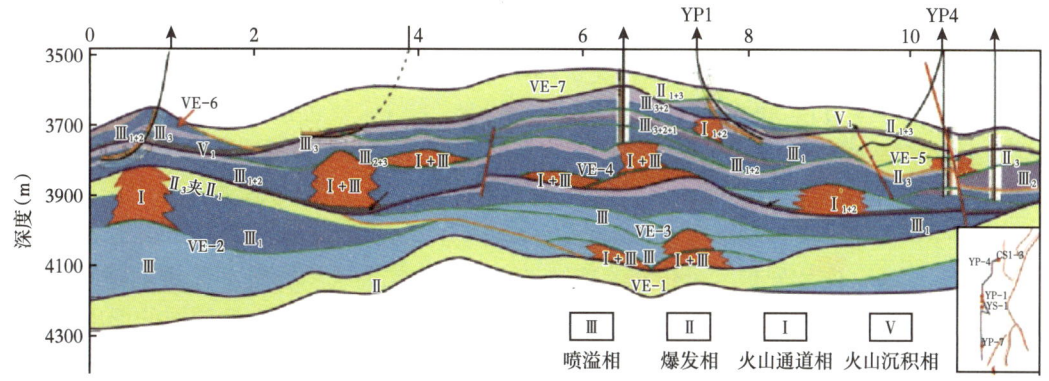

图 5-49 准噶尔盆地西北缘冲断带远源组合成藏模式

风城组是主力烃源层，主要分布于西北缘的克百断裂带、乌夏断裂带和中央坳陷区的玛湖凹陷，烃源岩厚度一般在 200~300m 之间。风城组属海陆缘近海湖泊相沉积，水介质条件属咸化性质，岩性为黑灰色泥岩、白云质泥岩、凝灰质泥岩、凝灰质碳酸盐岩与沉凝灰岩。残余有机碳含量平均 1.26%，氯仿沥青 "A" 含量平均 0.1493%，总烃含量平均 0.0820%，生烃潜量 S_1+S_2 平均 7.30mg/g。有机质类型多为Ⅰ—Ⅱ型，R_o 为 0.85%~1.16%。处于成熟—高成熟阶段，总体上是一套较好—好的烃源岩。

玛湖凹陷西斜坡 AC1 井下乌尔禾组厚 1220m，暗色泥岩厚 178m，属浅湖相—半深水湖相沉积；为典型陆源烃源岩，有机碳含量平均在 0.7%~1.4% 之间，氯仿沥青 "A" 含量平均 0.0088%，有机质类型以Ⅲ型为主，个别为 $Ⅱ_2$ 型和 $Ⅱ_1$ 型。R_o 在断裂带附近平均 0.86%，斜坡区 1.0%，玛北背斜高达 1.7%。下乌尔禾组处于成熟—高成熟阶段，是一套差—较好的烃源岩。

西北缘冲断带石炭—二叠系火山岩储层主要为大型地层风化壳型，储层物性与火山岩类型无关，各种岩性均可形成有效储层。根据岩矿鉴定，准噶尔盆地西北断裂带上盘的火山喷发岩绝大部分都是基性和中性玄武岩与安山岩组合（多属于下石炭统），以爆发相为主；而下盘多属于中酸性火山喷发岩、火山碎屑岩组合，以爆发相和溢流相为主。

西北缘地区区域性盖层主要有中二叠统下乌尔禾组、上三叠统白碱滩组，岩性均为湖泊相泥岩，分布稳定，厚度一般大于 50m。另外，还有一些局部性的盖层，如上二叠统上乌尔禾组顶部的"泥脖子"、中三叠统克拉玛依组内部的泥岩隔层等。因此西北缘断裂带石炭—二叠系火山岩储层与围绕玛湖二叠系生烃凹陷形成远源型成藏组合。

3）三塘湖盆地近源型成藏组合

三塘湖盆地下组合包括下石炭统的姜巴斯套组、上石炭统的哈尔加乌组和卡拉岗组，主要发育了一套海陆交互相的火山岩夹碎屑岩沉积。盆地石炭系分布广泛、厚度大，残余厚度一般在 600~2000m。卡拉岗组主要分布于盆地西南缘，厚度一般在 800~1000m，马朗凹陷东北部及方梁凸起以东缺失该套地层，大黑山、淖毛湖露头发现下石炭统的生油岩厚度约 300m，展示出良好的勘探潜力。

上石炭统烃源岩集中分布于顶部，马朗凹陷、条湖凹陷、汉水泉凹陷均有钻井揭示，揭示的单井最大累计厚度66m，按地震资料推测东南部一带烃源岩相对更发育。

下石炭统烃源岩主要分布于条湖—马朗凹陷，推测凹陷南部及东南部烃源岩厚度较大，估计最大厚度可达500m，一般厚度150~300m。岩性主要包括黑色泥岩、油页岩，有机碳含量1.87%~8.8%，平均5.5%，生烃潜量平均达21mg/g，有机质类型II_1型，烃源岩热演化程度较高。

古生界火山岩与中生界呈角度不整合，全盆地分布，平面上石炭系各个层系火山岩风化壳改造储层叠合连片分布。风化淋滤溶蚀带主要沿上二叠统剥蚀线发育并控制着优质储层的分布。近火山口相和过渡相是有利火山岩储集相带，火山岩改造型储层的形成是成藏的关键，牛东区块卡拉岗组发育四期火山岩，火山休眠期在各旋回的顶部形成自碎火山角砾岩储层。风化—淋滤孔缝型、溶蚀孔隙型、孔隙—裂缝型是三种有效的孔隙类型。

三塘湖盆地石炭系火山岩储层属于近源成藏组合（图5-50），下石炭统是潜在的烃源岩层系，烃源岩与火山岩储层紧密接触，三叠系是优质的区域盖层。该组合成藏范围广泛，钻井揭示汉水泉、条湖、马朗、淖毛湖凹陷均有下组合火山岩地层分布。北部及东、西两端二叠系剥蚀殆尽，但石炭系全盆地分布；中央坳陷带及其南部残余厚度大，中部马朗凹陷—条湖凹陷为残余"沉降"主体，展示三塘湖盆地下组合良好的勘探前景。下组合成藏模式研究认为，火山岩改造储层的形成是成藏的关键，鼻隆构造带是火山岩油气富集的重要构造背景，裂缝、微裂缝控制着储层产液能力。

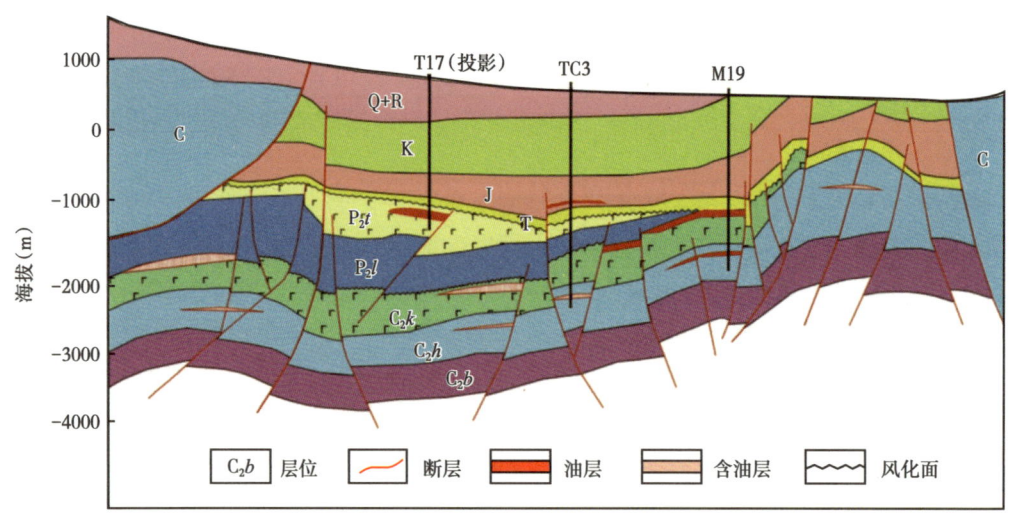

图5-50 三塘湖盆地石炭—二叠系成藏组合剖面图

3. 火山岩油气成藏机理探讨

对于火山岩油气成藏机理研究，目前尚无有效的研究手段和研究方法，火山岩油气藏除储层岩性特殊以外，其成藏就是原地油气成藏表现，火山岩储层有效改造与有效形成是其成藏的主要机理；探讨火山岩油气藏成藏机理可以从两个方面进行：一是从火山岩油气成藏要素方面，二是从火山岩油气藏运聚成藏模式探讨。

1）火山岩油气成藏要素机理

火山岩已从油气勘探的"禁区"转变为了"靶区"，成为油气勘探的新目标，也成为油气地质研究的热点之一，前人研究主要集中在火山岩油气藏的识别、成藏条件及主控因素，以及成藏模式的研究，但对火山岩油气成藏机理的深入研究较少。刘嘉麒等（2010）总结了火山岩油气成藏具有自身的特色，比如火山岩储集物性较好，其本身可直接作为储层，各类侵入体与围岩相互作用还可形成与火成岩有关的圈闭。火山岩油气藏的烃源包括有机成因和无机成因两种。火山作用可以明显提高烃源岩内有机质的成熟度，加快烃的产生，促进油气运移，并为无机成因烃提供合成原料（CO_2和H_2等）和运移通道。操应长等（1999）对渤海湾盆地惠民凹陷古近系和新近系已发现的火成岩及其相关油气藏研究，探讨了湖盆中火山作用与油气藏形成的关系。认为当火山活动发生在烃源岩主要生烃期之前，火山活动对油气的形成是有利因素，将促使有机质向烃类转化。火山作用所形成的火山岩在形成和埋藏成岩作用过程中，可形成丰富的储集空间，按形成机理可分为原生孔隙、溶解孔隙和收缩缝、构造裂缝等，因此火成岩可以作为油气良好储层；同时，惠民古近系和新近系沉积地层在岩浆的侵入和喷发作用下，形成了一系列与火成岩相关的圈闭，如火成岩遮挡、火山锥披覆、侵入岩上拱、侵入岩岩性圈闭等类型。

综上所述，火山岩与沉积岩油气成藏机理的主要区别表现在4个方面：（1）火山作用对烃源岩形成及生烃具有积极影响；（2）火山作用对无机成因气藏的作用；（3）火山岩成储机理；（4）火山岩成藏独特的圈闭与疏导体系。

与烃源岩同期的火山活动可以促进优质烃源岩的形成，目前这方面的研究主要针对陆相火山岩水下喷发过程及其烃源岩赋存关系的地质模型，包括陆相水下喷发火山岩识别标志、分布范围预测和对烃源岩影响的综合模型等。火山活动对油气的形成是有利因素，将促使有机质向烃类转化。主要开展两个方面的研究：火山活动的热效应和火山流体对烃源岩生烃的促进效应。

火山作用对烃源岩形成及成烃具有积极影响，这已经从地质研究进入实验模拟阶段，从定性描述进入半定量刻画。下一步应该深入地质实例解剖与模型建立、实验模拟定量评价认识，以及地质建模与实验模拟的结合，从机理上完善火山作用对烃源岩形成及成烃具有积极影响。

近年来，国内外许多学者对含油气盆地CO_2地质成因问题进行了深入研究，取得了一系列的认识（戴金星等，1995，2001；关效如，1990；杜建国，1991；陶士振等，1999；程有义，2000；何家雄，2001；李先奇等，1997）。综合前人研究成果，可划分为无机成因和有机成因两种类型，其中无机成因CO_2又可分为地幔—岩浆成因和岩石化学成因两大类，其中地幔—岩浆成因CO_2又可进一步分为上地幔岩浆脱气和中下地壳或消减带上地幔楔形体中的岩石熔融脱气。岩石化学成因包括碳酸盐岩热分解成因和岩石中的碳酸盐岩矿物的热分解成因两种。

火山作用对无机成因气藏的作用研究需要进一步开展以下深入的探讨。（1）CO_2气藏成藏过程研究，包括气源、运移、充注条件，特别是火山活动期次、基底断裂活动等。

（2）含 CO_2 气藏成藏机制研究，在 CO_2 天然气成藏组合和气藏类型基础上，通过地球化学方法分析深层天然气的来源和成因，利用流体包裹体均一温度资料和拉曼光谱分析结果，结合沉积埋藏史、古地温史分析，揭示和建立含 CO_2 气藏成藏模式。（3） CO_2 分布规律及控制因素，包括平面上与纵向上分布规律，高含 CO_2 天然气的分布与火山岩和基底大断裂的关系。控制因素，包括基底大断裂、幔源火山活动等。

火山岩成储机理是火山岩油气成藏机理的核心内容之一，因为与沉积岩相比，火山岩成储具有鲜明的独特性和复杂性。目前火山岩储层的研究主要集中在储层地质特征及控制因素、储层识别、储层评价等方面。火山岩储层的形成不仅与火山岩的岩性、喷发旋回、火山相、火山机构等关系密切，而且受火山活动后期的成岩作用、构造改造等影响明显。

火山岩成储机理可以从微观和宏观两个方面进行探讨。火山岩形成的储层属于致密储层，其孔隙微小，甚至为纳米孔隙。因此，火山岩成储微观机理主要是指火山岩储层微小孔隙的成因研究。研究内容包括火山岩储层的孔隙结构特征、原生孔隙与次生孔隙的成因、成岩作用与孔隙发育演化关系等。火山岩成储的宏观机理主要是指火山岩储层裂缝和大孔的成因研究。研究内容包括裂缝和大孔的特征、火山机构与孔隙发育关系、断层对火山岩储层发育的影响、风化作用与火山岩储层发育等。

与沉积岩相比火山岩具有更强的非均质性，因此火山岩圈闭与输导体系更复杂，研究难度更大。

目前，火山岩圈闭的研究主要集中在油气藏解剖、气水分布等宏观研究，火山岩圈闭的类型主要有：（1）复合型（构造—岩性型）油气藏，以松辽盆地徐家围子断陷、长岭断陷营城组为典型；（2）岩性型（透镜体型）油气藏，以渤海湾盆地南堡凹陷等古近系沙河街组为典型；（3）地层型（地层不整合遮挡型），以辽河坳陷中生界潜山为典型；（4）岩体刺穿型（岩浆岩体刺穿接触型），以渤海湾盆地惠民凹陷等古近系沙河街组为典型。圈闭研究应以宏观分析为主，从成因角度进行研究，具体研究内容包括火山机构的详细解剖和识别，火山喷发规模的恢复，火山机构、旋回和期次与圈闭类型的关系等。

根据目前研究成果，火山岩油气藏输导体系为断层和不整合面，东部火山岩油气藏以断层输导为主，不整合面输导为辅，形成近源型油气藏，西部以二者联合输导为主，可形成远源型油气藏。输导体系的研究主要为运移距离和时间的判断，运移动力（浮力、异常压力、毛细管力、分子运动）分析，输导通道开启的物理化学证据等。具体研究内容有：与火山有关的断层活动时间、与烃类充注时间的关系、烃类充注在断层面上的证据、火山岩储层的渗流特征、火山岩体的输导能力等。

2）火山岩储层油气运聚成藏组合模式

我国火山岩油气藏主要分布于东、西部地区，火山岩储层油气藏发育层位主要为上古生界石炭—二叠系与新生界古近系，对应的构造环境为古生代古残留洋岛弧和碰撞后陆内裂谷及被动大陆边缘裂谷。火山岩储层主要成藏控制因素为有效烃源岩、火山机构、岩相、岩性、油源断裂、不整合、风化壳、储盖组合、保存条件等。由于火山岩储层作为特殊岩性储集体，其产出状态类型多样，与上覆盖层组合方式多样，故其储盖组合与成藏类型多种多样。按照火山岩储层油气藏油气源供给与储层组合方式，可划分为"新生古储"

（为非本层系较老火山岩体作为储集体，非本层系较新地层为烃源岩贡献者）、"自生自储"（为本层系内沉积为烃源岩贡献者，本层系内火山岩体为有效储集体）两种类型；"新生古储"类型多为勘探早期发现，"自生自储"类型多为勘探中后期发现；火山岩储层油气藏主要形成构造+岩性型（东部地区松辽盆地徐深营城组火山岩藏储层为代表）与不整合（风化壳）地层+岩性型（西部地区克拉美丽石炭系火山岩储层气藏为代表）两种成藏模式；"新生古储"主要为不整合+岩性型（例如渤海湾盆地辽河西部凹陷欧利坨子古近系火山碎屑岩油藏、准噶尔盆地西北缘石炭系火山岩油藏、北三台石炭系火山岩油气藏）。

火山岩油气成藏首先受盆地类型制约，沉积盆地是油气生成与成藏的基本单元，只有发育在沉积盆地内的火山岩体才有可能具备成藏基本条件。我国东、西部两大火山岩发育区中，不同构造环境造就不同火山岩成藏模式与成藏机理。东部为构造背景下岩性成藏模式，西部为经过改造作用风化壳地层岩性成藏模式；受成藏控制因素制约，相应发育东部生烃中心和气源断层约束下火山机构控藏"SFE"（Source Fault Edifice）[近源（S）、断层运移（F）、机构控储（E）]（图5-51）与西部生烃中心和气源断层约束下不整合和岩相控藏"SFUL"（Source Fault Unconformity Lithofacies）[近源（S）、断层运移（F）、不整合面（U）和岩相控储（L）]两种火山岩储层控制成藏组合模式。

（1）生烃中心和油源断层约束下的火山机构控藏（"SFE"成藏组合）模式。

该成藏组合模式主要发育于我国东部被动大陆边缘中新生代裂谷型盆地，火山岩油气藏位于生烃中心附近的火山岩体内，表现为近源成藏（S），火山活动有利于有机质富集和向烃类转化，烃源岩控制着火山岩气藏的宏观分布区；例如松辽盆地火山岩储层气藏距离沙河子组有效生气运移聚集距离均不超过10km（图5-52）；松辽盆地深层火山岩储层油气藏主要围绕各自断陷独立发育，气源主要来自下白垩统沙河子组与营城组湖沼相煤岩与暗色泥岩层段。徐深气田位于徐家围子断陷徐中构造带，长深气田位于长岭断陷中央凸起带。

断层附近有利火山岩相优先成藏，气源断层（F）：烃源岩多位于火山岩之下，属"下生上储"型油气藏；火山岩相对致密，油气运移至有利储集相带中，断层是重要的运移通道，气藏沿着气源断裂两侧展布。连接气源岩与圈闭，在成藏关键时刻（泉头组沉积晚期—青山口组沉积早期）活动，顶部具封闭能力的断层，如徐中断裂、徐西断裂、徐东断裂，均为有利气源断裂。油气都围绕生气中心沿断裂带呈带状分布。

火山机构规模和类型控制火山机构储层发育总体特征，火山机构不同部位对储层物性有较大的影响作用，火山机构控藏（E）：火山机构依据产出岩石组合类型可分为碎屑岩火山机构、熔岩火山机构、复合火山机构三类；不同火山机构控制了火山岩有利相带、有利岩性展布，从而控制了优质储层和气藏。火山机构规模和类型控制火山机构储层发育总体特征，火山机构不同部位对储层物性有较大的影响作用。例如，长深气田火山岩气藏发育在熔岩火山机构和碎屑火山机构等多种火山机构中，储层为爆发相安山岩、流纹质熔结凝灰岩、流纹质晶屑凝灰岩，火山岩碎屑岩，火山角砾岩类；火山机构内部岩相解剖反映储层分布，火山岩机构岩性亚相控制气层分布。

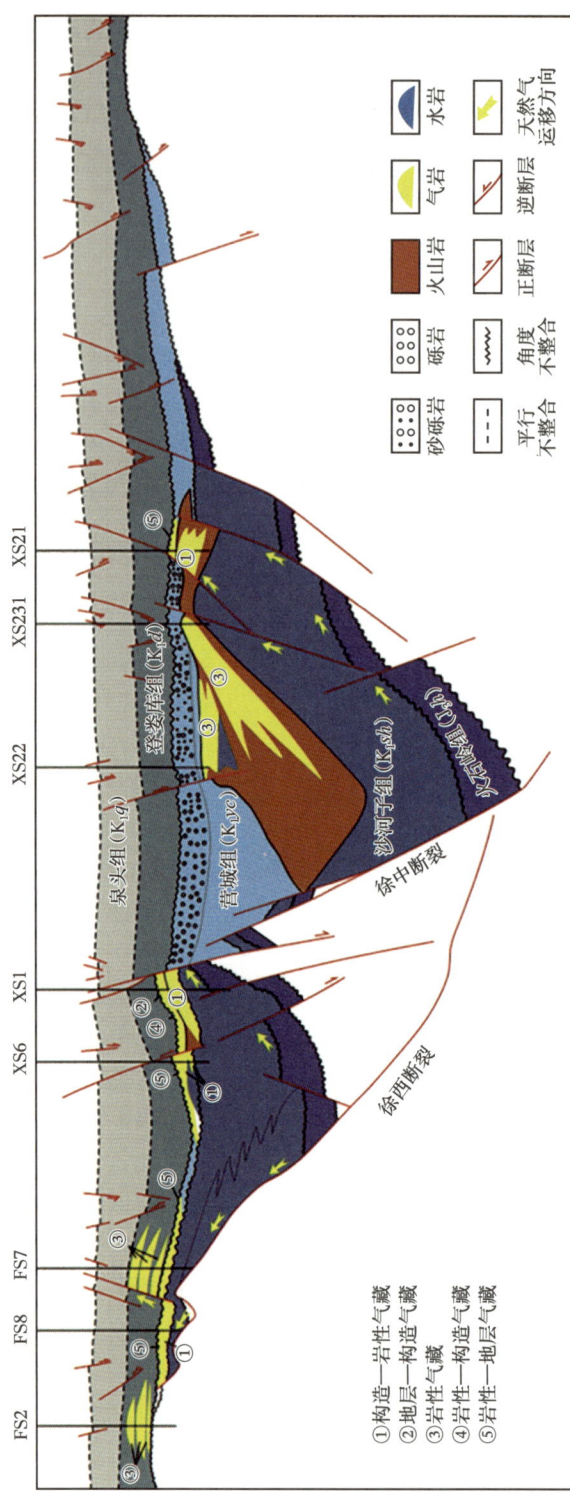

图 5-51 松辽盆地徐家围子断陷中生代火山岩气田剖面图

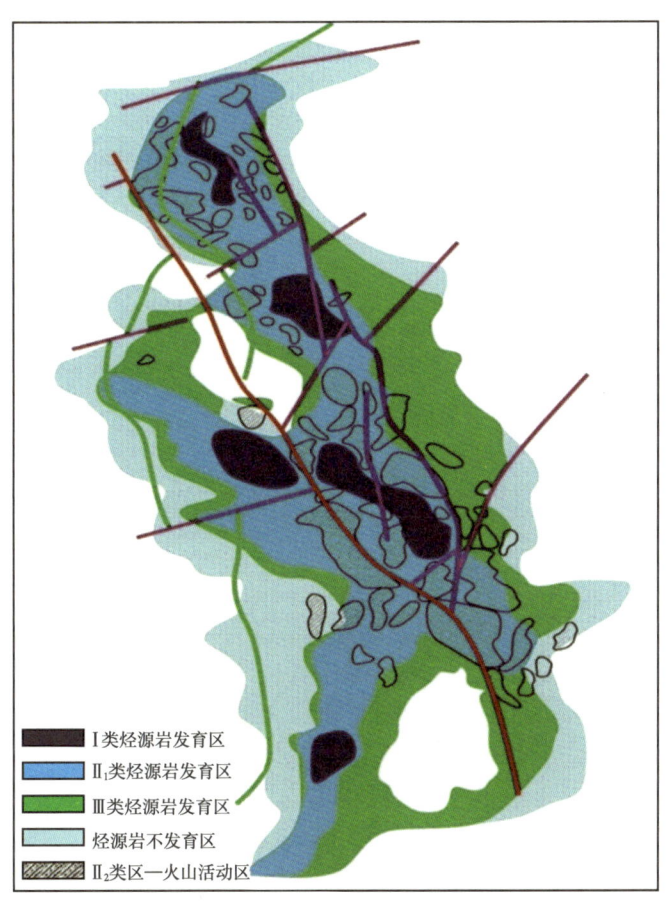

图 5-52　松辽盆地徐家围子断陷沙河子组烃源岩品质分类图

（2）西部生烃中心和油源断层约束下不整合和岩相控藏（"SFUL"成藏组合）模式。

该成藏组合模式主要发育于我国西部古亚洲洋岛弧型残留盆地，火山岩油气藏位于生烃中心的火山岩内，生烃中心控制火山岩气藏宏观分布，位于生烃中心的火山岩体有利成藏，表现为近源成藏（S），准噶尔盆地克拉美丽气田位于腹部陆梁隆起东段滴南凸起上，紧邻滴水泉和五彩湾两个生烃中心（图 5-53）。烃源岩层位为下石炭统滴水泉组与上石炭统巴塔玛依内山组湖沼相煤岩与暗色泥岩层段。牛东油田构造位置位于三塘湖盆地马朗凹陷北部牛东鼻状构造带；石炭系烃源岩由北往南加厚，条湖—马朗凹陷最为发育；下石炭统姜巴斯套组（C_1j）、上石炭统巴塔玛依内山组（C_2b）、哈尔加乌组（C_2h）三套湖沼相煤系泥质烃源岩，埋藏适中。

断层附近有利火山岩相带优先成藏，沿气源断层（F）运移、汇聚：烃源岩多位于火山岩之下，多属"下生上储"型油气藏；断层不仅起运移通道作用，也起重要遮挡封闭作用；沿断裂带产生微裂缝改善储层物性，致使断层附近有利火山岩相带优先成藏。

不整合面控储（U）：位于火山岩顶面，形成风化壳与风化淋滤带；不整合不仅是重要运移通道，而且起到封盖作用；沿不整合形成风化淋滤带，有效储层发育，有利于油气成藏；多沿不整合面附近形成地层型油气藏。风化淋滤是后期储层改善、火山岩体变为有效储层的关键。例如，准噶尔盆地陆东地区滴南凸起带 DX17 井区，石炭系顶部中基性火山岩因受长期风化淋滤作用改造，物性较好，孔隙度可达 15%~28%，且渗透性较好；中间沉积层下的酸性或基性火山岩，受风化作用影响时间相对短，孔隙度在 15% 左右。西部准噶尔、三塘湖盆地火山岩体有效储层物性统计结果表明，在不整合面之下 450m 的风化淋滤带，火山岩储层物性较好，次生孔隙较为发育，为油气主要聚集成藏范围。

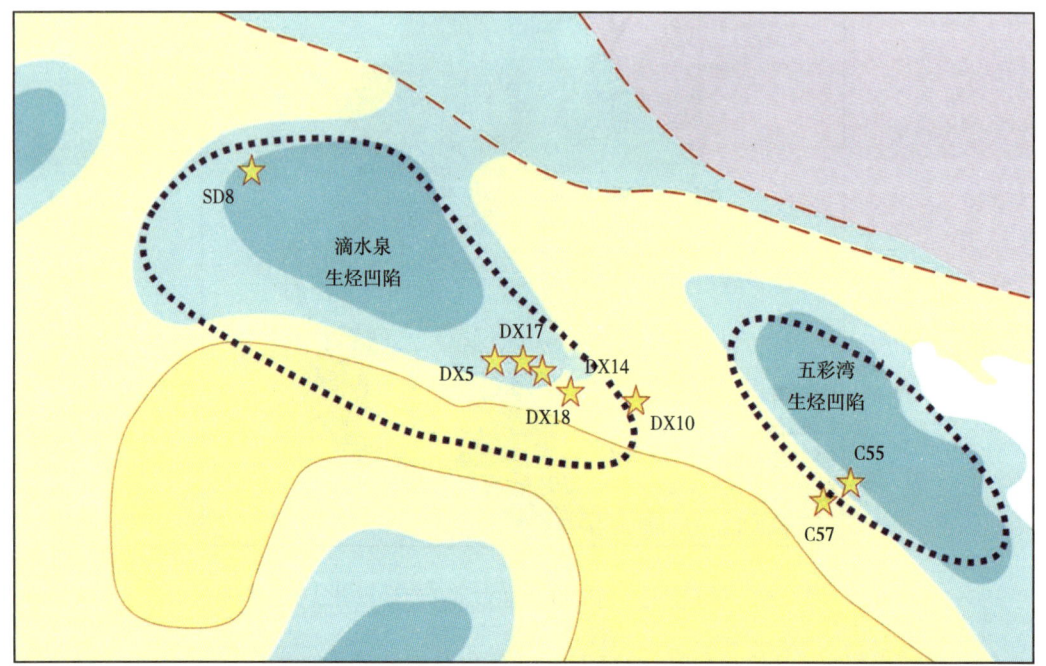

图 5-53　准噶尔盆地陆东—五彩湾凹陷烃源岩中心与油气分布关系图

火山岩风化程度受岩性影响较小，各种岩性均能经风化形成有利储层；统计西部已发现的火山岩油气藏发现，经风化淋滤形成的淋滤带深度达 450m（图 5-54），断裂发育处更厚，拓展了有效勘探深度，在合适部位能够形成"内幕型"有效储层。

岩相控储、控藏（L）：西部火山岩主要发育于残留洋岛弧碰撞期后松弛期，陆内裂谷构造环境，表现为残留盆地特征，石炭系火山岩遭受长期风化与剥蚀；火山岩机构、火山岩相带、岩性带序列多遭受破坏，保存不完整；长期的风化剥蚀，各类火山岩岩性均能够形成有效储层；但规模性油气藏的形成，需要具有一定规模的火山岩体作根本保障，火山岩岩相控制着火山岩储层规模大小、改造程度、次生孔隙发育带分布，进而控制有效储层发育、控制油气藏有效形成与保存。火山岩储层油气藏储集岩性：主要为溢流相玄武岩、安山岩，爆发相流纹质熔结凝灰岩、晶屑凝灰岩、火山角砾岩等。

火山岩油气藏形成机理与数值模拟 第五章

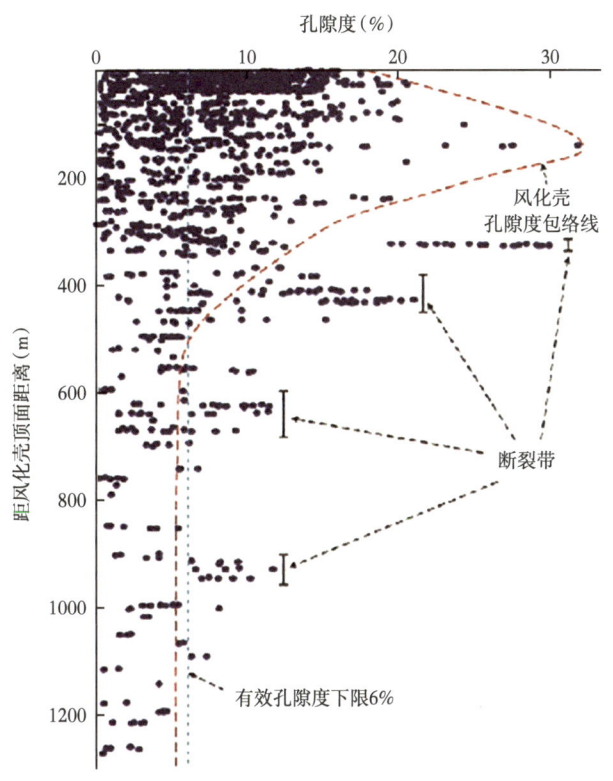

图 5-54　我国西部地区距石炭系顶面风化壳距离与孔隙度关系图

第五节　火山岩油气藏主控因素与分布规律

一、火山岩油气成藏主控因素

我国东部火山岩发育于中—新生代陆内裂谷盆地，火山岩与上覆沉积岩基本连续充填，火山岩岩石类型与喷发规模在空间分布上具有原位性特点，对应的油气藏称之为原位火山岩油气藏。我国西部火山岩喷发于古生代岛弧和碰撞后陆内裂谷环境，火山岩与上覆沉积岩存在明显的沉积间断，火山岩受后期构造影响、风化淋滤改造等变化较大，所形成的油气藏为异位火山岩油气藏。这两类油气藏形成条件的差异性显示出，寻找原位火山岩油气藏，不能拘于传统的由火山岩改造而形成的基岩油气藏或潜山油气藏的认识，需要突出火山岩体或火山机构对成藏的控制作用，核心是揭示火山作用与油气藏的形成关系。

通过成藏条件分析和已开发火山岩油气藏解剖，明确了我国东西部火山岩油气藏不同的形成机制，首次提出我国东部原位火山岩油气藏的形成具有"断控体、体控相、相控储、储控藏"的发育模式。即深大断裂样式控制火山岩喷发方式，决定火山岩体及气藏分布；火山岩体控制火山岩相带的展布空间，决定火山岩油气藏规模；火山岩相控制储层物

253

性的优劣，决定油气层的有效厚度；火山岩储层物性控制油气藏类型，决定火山岩油气层产能。

1. 相面控储：岩相、不整合面或火山旋回、期次界面控制优质储层的形成

火山岩储层不同于常规碎屑岩储层，火山岩结构构造属性和近地表风化淋滤作用决定火山岩成储机理的独特性。我国火山岩多属陆相喷发火山岩体，火山岩体由多期喷发叠加而成，每期喷发多形成一定程度的岩相与沉积间断界面。火山岩储层在喷发与侵入时固结成岩均较为致密，非均质性较强，后期成岩变化较弱，要形成有效储层，多需要进行后期改造，由非储集体转变为有效储集体，火山岩岩性、岩相决定其抗风化、改造难易程度，后期暴露地表时间长短、风化淋滤及成岩变化强度多决定其储集物性好坏及产能高低。火山岩的火山通道相与爆发相，多形成大量原生气孔，不仅相带有利，也利于地下水流动，后期也易形成溶蚀次生孔隙发育带；溢流相多大面积分布，但多致密，难以成为有效储层，其岩性决定抗风化难易程度，流纹岩易风化，易形成次生溶蚀孔隙，玄武岩脆性较强，剪切易形成网状裂缝，也增加了微裂缝与晶间次生溶孔的发育机会。火山喷发旋回、每期喷发都可以形成一次沉积间断，沉积间断时间长短决定火山岩储集体改造强度、风化淋滤带深浅、风化壳厚薄与规模、储集物性好坏程度。火山岩风化壳储层垂向分带性特征在油气地质研究领域的应用相对较晚，我国西部地区首先开展了火山岩风化壳特征及对油气储集的控制作用研究。通过野外露头、钻井取心、镜下薄片、主量元素、微量元素等分析化验资料将火山岩体风化壳分为五层结构，即土壤层、水解带、溶蚀带、崩解带和母岩（图5-55）。

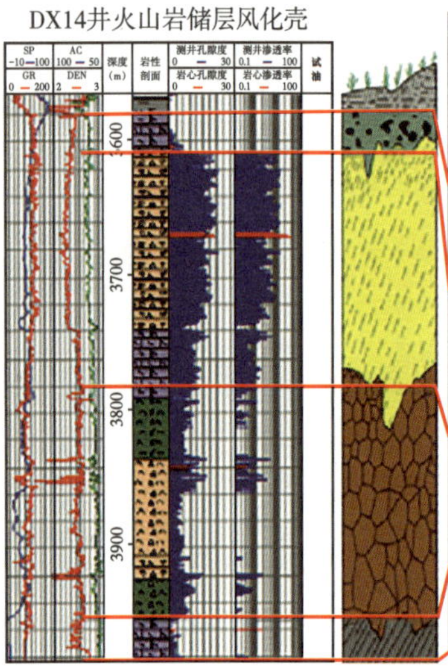

分布	K指数	识别标志	厚度(m)	孔隙度(%)	储集性
土壤层	>40	大多为次生矿物，多数地区遭蚀，以风化碎裂和构造碎裂为主，成土状	<10	<5	V
水解带	7~40	泥岩和破碎岩为主，多数风化分解破碎为泥土，以蚀变作用为主，较破碎	10~50	<8	III—IV
溶滤带	1~7	半破碎岩，气孔杏仁构造发育，以垂直缝为主；风化淋滤、构造破裂和热液蚀变作用强，完整性差—较完整	10~200	8~20	II—III
崩解带	≅1	半破碎岩，少量气孔，微裂缝较发育，裂缝和气孔被充填或半充填，较完整	10~200	5~10	III—IV
母岩	<1	固结岩石，基本完整，孔洞缝不发育	基岩	<5	V

图5-55 我国西部地区石炭系火山岩体风化壳结构图

我国西部石炭—二叠系火山岩储集体沉积间断时间较长，火山机构破坏严重，沿不整合面形成较大规模的风化壳，风化淋滤带较深，火山岩受到风化淋滤作用时间较长。原状火山岩中，从基性火山岩到酸性火山岩自然伽马值增大，密度、速度和电阻率降低；从熔岩、过渡岩类向角砾岩类，密度和速度减小。由于火山岩差异风化，在相同环境下，火山岩从基性岩到酸性岩，风化强度由弱到强，导致密度、速度、电阻率降低，放射性增大。多数火山岩相性多被改造，火山岩岩相所起作用大于火山岩岩性，油气沿不整合面聚集成藏，岩相决定富集程度。

我国东部虽然没有西部石炭系火山岩体风化壳典型，但作为陆相火山岩体，其每次喷发也能够发育多个界面，表现出一定程度的沉积间断；其完整的火山机构、岩相、岩性与岩性界面、岩相界面、火山旋回喷发界面共同组成一个有效储集体发育的共同体，界面与不整合面的发育也为火山岩体风化、次生溶蚀孔隙及优质储层发育创造了良好条件。松辽盆地徐家围子断陷白垩系营城组一段普遍钻遇火山岩风化壳，火山岩风化壳表现为：褐铁矿铁染、表生矿物充填、火山岩中的长石普遍严重高岭土化、风化缝普遍发育。例如，WS1井营城组火山岩风化壳结构明显（图5-56）：（1）2951.7~2955m为紫色泥岩。为一套正常沉积碎屑岩，填隙物为铁染的杂基，碎屑成分中有中、酸性火山岩、轻微变质岩、长石、石英和云母碎片。长石多具次生变化，岩石普遍受氧化铁染而呈红褐色，可能为岩石中黄铁矿风化后游离氧化铁所致。（2）2963~2970m，为球粒流纹岩。岩石中见有微粒状黄铁矿，呈浸染状分布。由于黄铁矿在氧化环境中变成褐铁矿，并有游离的氧化铁析出，使岩石染成褐色。本段岩石见硅化、黏土化、碳酸盐化，有时见黄铁矿化。（3）2985.88~2998.88m，为强烈绢英岩化、石英化的流纹岩、凝灰岩。（4）3010.3~3086.3m，为具显微嵌晶结构、球粒结构的蚀变流纹岩，特点是矿物粒径细小而均匀，蚀变较轻，原岩结构保留较清晰，蚀变作用主要为黏土化，部分碳酸盐化、绢英岩化、石英化。徐家围子断陷风化溶蚀厚度在100m左右，风化壳与岩相共同控制了储层的发育，风化溶蚀厚度控制气藏分布范围与产能高低（图5-57）。因此，火山岩岩相、不整合面或火山旋回、期次界面控制优质储层形成；油气主要沿不整合面、岩相界面、岩性界面聚集成藏。

2. 断—壳控运：油源断层控制垂向运移，风化壳控制油气侧向运移

火山岩微裂缝、断裂、不整合面、风化壳构成火山岩体成藏的疏导系统；火山岩脆性较强，在后期构造运动、成岩作用过程中，易发育脆裂或断裂；微裂缝与断裂多沿火山机构薄弱带：构造主应力方向、火山旋回界面、岩相变化带、岩性界面、沉积间断不整合面发育；微裂缝或断裂是流体优势运移通道，主要控制流体垂向运移。由于火山岩体较为致密，火山岩体裂缝发育程度差异较大，在火山通道相与爆发相火山角砾岩相带、原生气孔发育带、风化壳与界面有利次生溶蚀孔隙发育带与微裂缝发育带，天然气运移通道较为顺畅，主要遵循"浮力"驱动、"达西渗流"常规模式运聚，微裂缝是油气运聚的首先及优势通道。充注实验证明裂缝促进天然气高效运移（图5-58），起始状态裂缝处于封闭状态，缝隙中饱和石蕊水溶液，从表面看裂缝基本呈现灰黑色；在充注压力下随着充注时间的增长，气体驱动裂缝中的水溶液向前运移，液体被气体驱替后的位置呈现灰白色；整个裂缝贯通后整条裂缝的形态以灰白色呈现出轮廓，同时可以观察到主裂缝周围有细小微裂缝同样变为灰白色，说明这些微裂缝是连通的有效疏导通道。气体贯通后观察岩心出口，可明显判断气体从裂缝中排出。在火山岩体相对致密的溢流相带、火山空落相带，原生孔隙、风化壳淋滤带与界面有利次生溶蚀孔隙、微裂缝发育较弱区域，孔隙结构复杂，喉道狭窄，

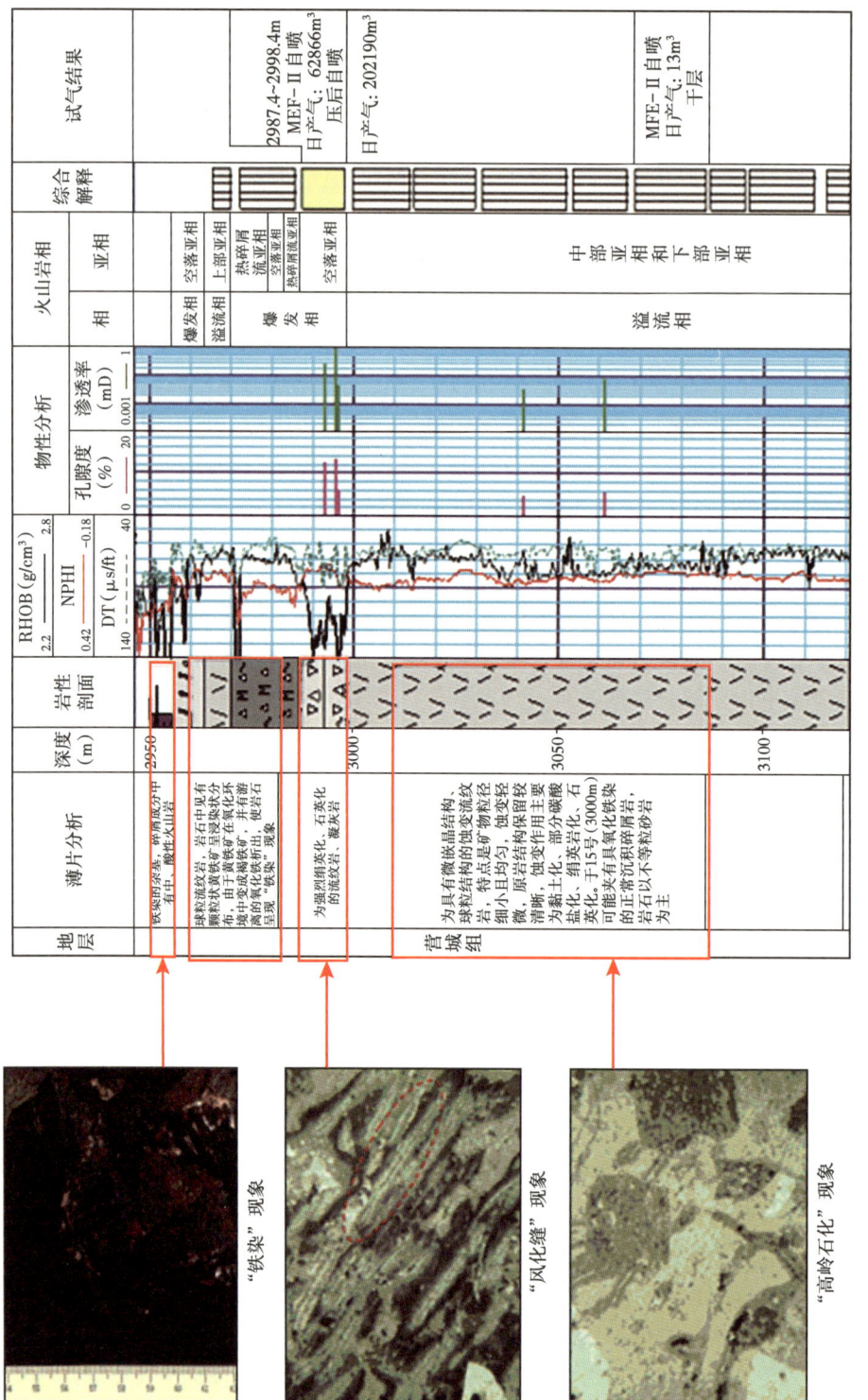

图 5-56 松辽盆地白垩系营城组火山岩测井综合评价图

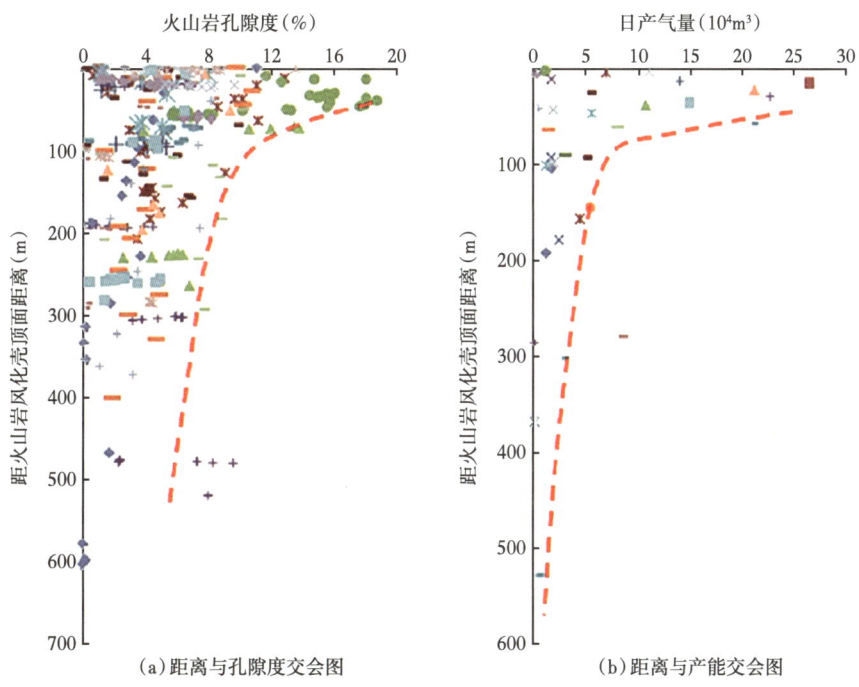

图 5-57 松辽盆地距营城组火山岩顶面距离与物性和产能交会图

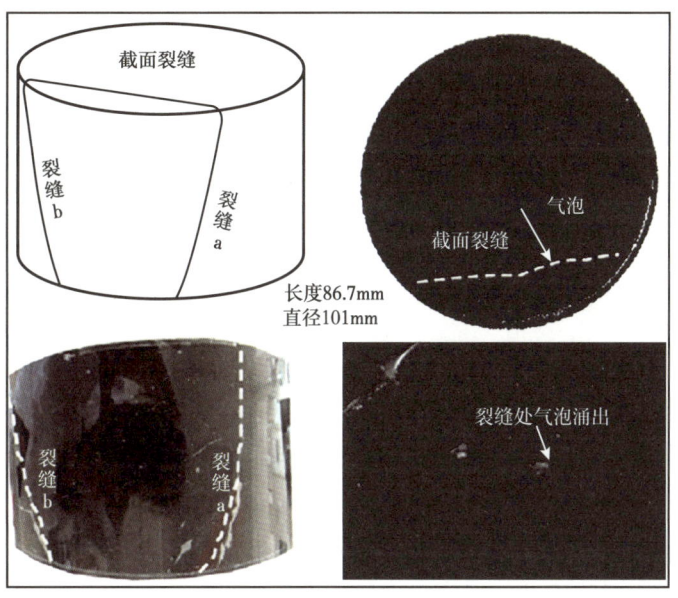

图 5-58 低密度裂缝型岩样主要疏导裂缝示意图

天然气运移通道不顺畅，排驱压力较高，流体运移并不遵循"浮力"驱动，呈"非达西渗流"非常规模式运聚，天然气运聚动力主要是下上地层"压差"，压差"活塞式幕式"排驱运聚成为天然气运聚的主要方式，压差式排驱运移，起决定作用的依然是微裂缝系统，微裂缝确保天然气高效运移。通过全直径岩心充注实验证实，充注初期裂缝尚未完全开启，但在较大启动压力差下气体运移速度迅速增加，达到速度最大，此时裂缝处于围压下最大开启状态（速度最高点），随后随着充注压力差的降低裂缝逐渐趋于闭合状态，气体运移速度下降；但随着压力差减小，压力降低速度逐渐变小。

火山喷发旋回，火山岩体与火山岩体之间、火山岩体与沉积碎屑岩之间界面或沉积间断所发育的不整合面，不整合面多呈近水平地层面延展，沿不整合面形成的风化淋滤带成为流体运移的主要运载层，主要控制流体的侧向运移。通过松辽盆地徐家围子断陷营城组火山岩油气藏数值模拟，泉头组沉积初期，XS1气藏初具规模，青山口组沉积初期，聚集量最大，天然气沿风化壳运移，姚家组沉积末期至今，聚集气量逐渐减小；模拟结果证实天然气沿风化壳侧向运移聚集；XS1井区火山岩气藏—天然气运聚成藏明显受控于断裂、风化壳。

3. 复式聚集：同一聚集带发育多层、多种类型火山岩油气藏

火山岩体由火山机构组成，多个火山喷发旋回岩体、多种火山岩相带叠合而成；火山机构作为一个整体，面临多套有效烃源岩、多个有效生烃中心，作为同一聚集带具有多种岩相、多种岩性、多个层段、多种运聚方式捕获油气成藏；形成多种类型复式聚集火山岩油气藏。松辽盆地徐家围子断陷和长岭断陷纵向上发育多套烃源岩：下白垩统火石岭组，沙河子组，营城组；也发育多套火山岩储层：火石岭组，营城组一段，营城组三段、多套储盖组合（图5-59）；横向上各凹陷分布有构造—岩性型、岩性型多个不同类型的火山岩气藏。准噶尔盆地陆东—五彩湾凹陷发育下石炭统滴水泉组泥质烃源岩、上石炭统巴塔玛依内山组煤系烃源岩，沿石炭系火山岩体顶面不整合面风化壳淋滤带形成地层型气藏；纵向上，沿气源断裂，富集成藏；横向上，在凸起构造背景下沿岩相与岩性界面聚集成藏，并叠加连片；气藏规模大小受有利岩相带与风化壳、风化淋滤带规模控制。三塘湖盆地石炭系火山岩油藏横向上，哈尔加乌组、姜巴斯套组泥质烃源岩叠置，火山岩储层交叉，叠合连片；纵向上，卡拉岗组发育风化壳地层型油藏，哈尔加乌组发育岩性型内幕型火山岩油藏，纵向叠加形成复式聚集油藏组合。

二、火山岩油气藏分布规律

通过成藏条件分析和已开发火山岩油气藏的系统解剖，表明火山岩油气藏储层相对致密、非均质性强、大面积分布、局部有"甜点"、需水平井和大规模压裂开发，且具有致密油气藏特点，但有别于碎屑岩致密油气藏，深大断裂控制火山喷发方式，决定火山机构类型；火山机构控制火山岩相带，决定储层规模；相带控制储层物性，决定油气产能。

1. 深大断裂控制喷发方式，决定火山机构类型

火山岩油气富集成藏条件研究证实，烃源岩与火山岩圈闭空间配置是成藏关键。岩浆活动通道大都与断裂有关，喷出的火山岩体形态多样。中心式喷发，岩浆多沿交叉断裂交

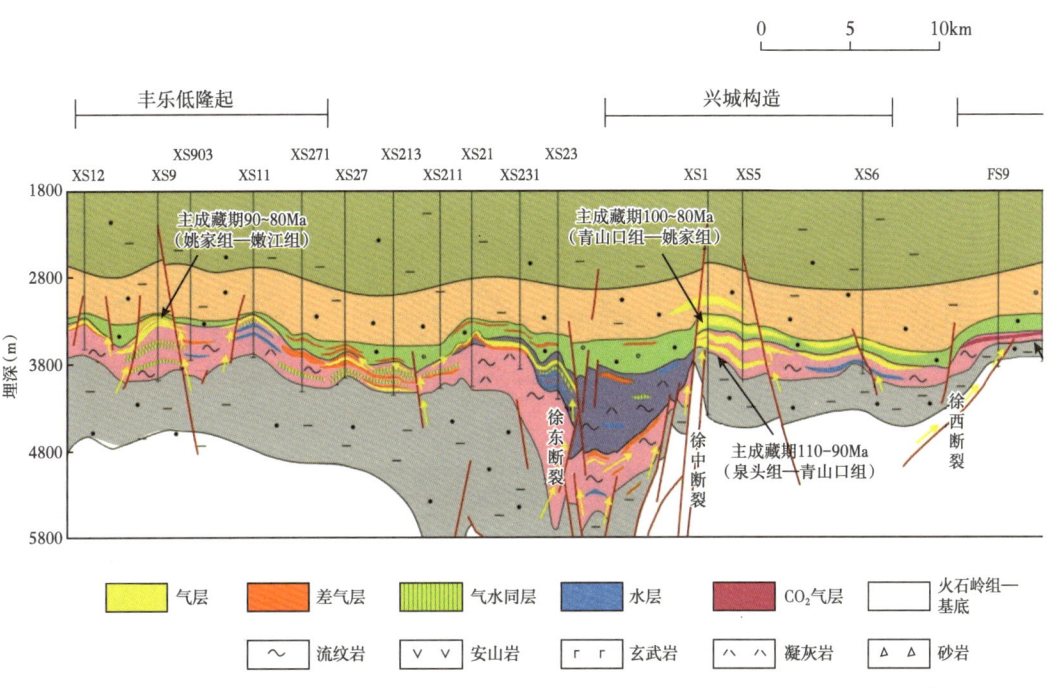
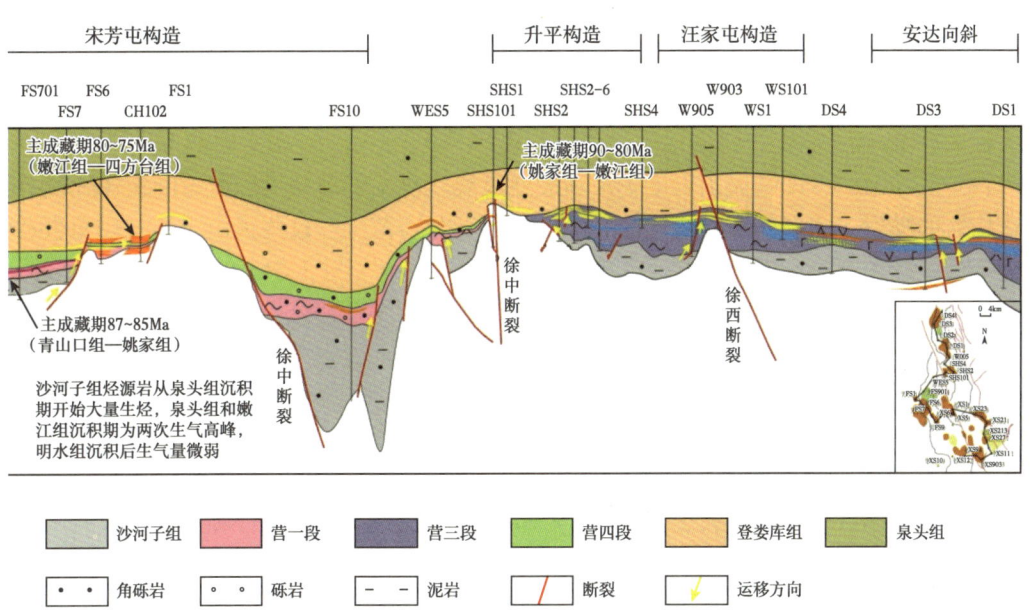

图 5-59 松辽盆地徐家围子断陷 XS12—DS1 井火山岩成藏大剖面图

汇处喷发，易形成火山锥；裂隙式喷发，岩浆缓和地沿裂隙流出，火山口多呈线状排列，可形成熔岩被或熔岩台地。例如，徐家围子断陷不同断裂样式构成了不同的岩浆喷发通道（图5-60），其中拉张断裂构成了点状喷发通道，走滑断裂构成了线状喷发通道。

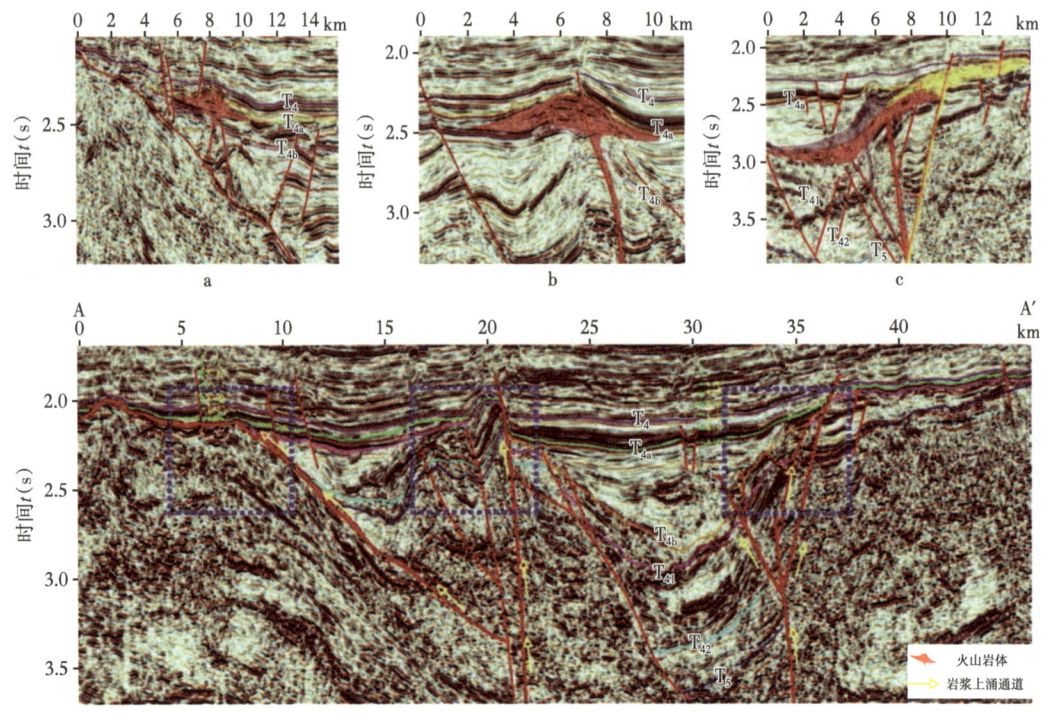

图 5-60 深大断裂类型与火山岩喷发方式关系图

徐中断裂火山岩从北向南逐期喷发，以及徐东断裂火山岩从南向北逐期喷发的过程（姜传金等，2010），即是火山岩沿走滑断裂通道线状喷发的反映。因此，断裂样式既控制了火山岩的喷发方式，又决定了火山岩体的形态和分布范围。这些火山岩体与烃源岩和断裂的不同匹配关系最终控制了原位火山岩气藏的分布特征（图5-61）。

徐西断裂为早期控陷断裂，控制沙河子组烃源岩的发育与分布范围，因此这个地区烃源条件优越，气藏形成的关键是火山机构。该地区由于火山岩为中心式点状喷发，火山喷发规模小，火山岩厚度薄。局限分布的火山机构在断层的沟通下，形成孤立分布的气藏，目前共发现2处零散分布的小型气藏。

徐中断裂带近邻烃源岩，气源相对丰富。这个地区由于火山为裂隙式喷发，火山机构沿断裂带呈条带状展布，火山岩分布广、厚度大。优越的储集条件和充足的气源条件为火山岩大气藏的形成奠定了坚实基础。这个地区呈条带状发育的火山机构体在大型走滑断裂的沟通下，有利于形成沿断裂分布的火山岩气藏，目前共发现8处呈带状分布的大型气藏，为徐家围子断陷主力产气区。

徐东断裂带相对远离烃源岩区，同时火山岩受到多期次、多通道的复合式喷发的影响，裂隙式喷发带状分布的火山岩和中心式喷发零散分布的火山岩横向连片纵向叠置，导致火山喷发规模大，火山机构极为发育，成藏关键在于火山机构与烃源岩的有效匹配。复合式喷发形成的火山机构规模一般较小，且各火山机构连通性差，只有在烃源岩发育且有断裂沟通的火山岩体中才能发育气藏，且有一体一藏的特征，目前主要发现3处小型气藏。

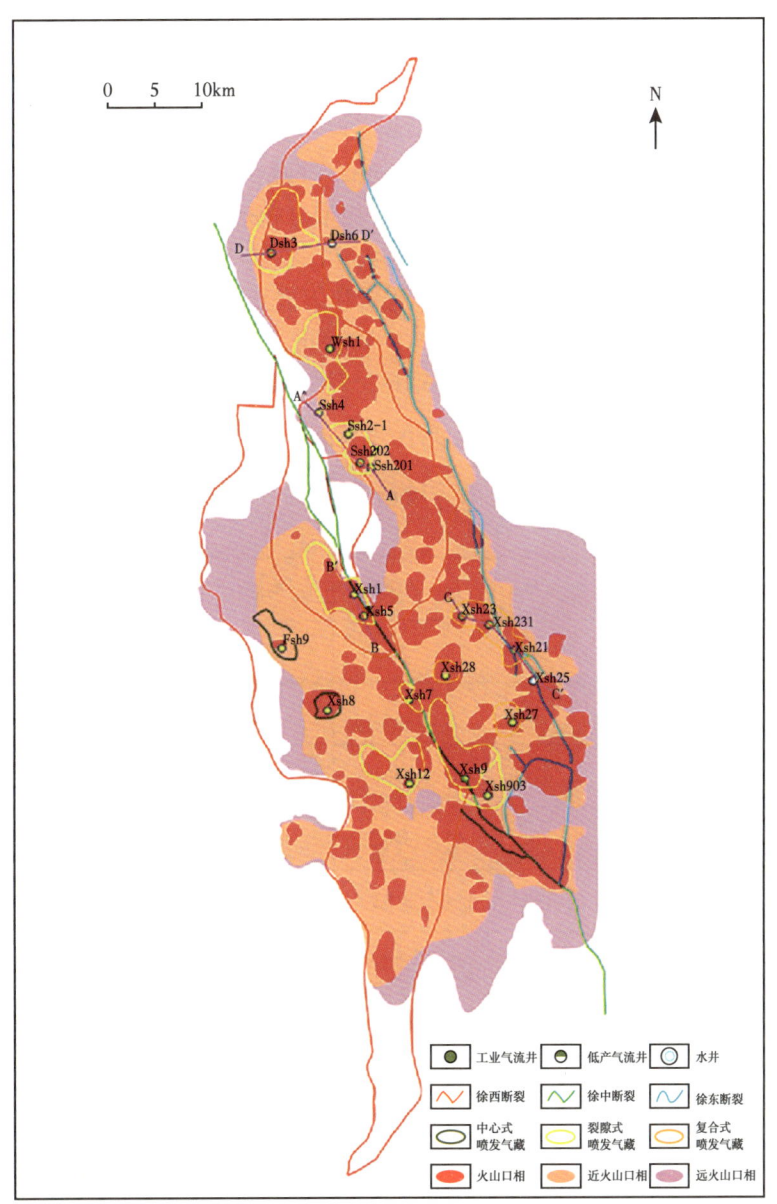

图 5-61 徐家围子断陷断裂带及火山岩岩相与气藏分布关系图

2. 火山机构控制火山岩相带，决定储层规模

徐家围子断陷徐西、徐中断裂形成的营城组一段火山岩以酸性岩为主，主要分布于

杏山凹陷，凹陷南部有部分中基性火山岩。徐东断裂形成的营城组三段火山岩，在杏山凹陷东部以酸性岩为主，向北到安达凹陷主要为中基性火山岩（姜传金等，2010）。各地区不同喷发方式和不同岩性的火山岩体，形成了不同规模的火山岩气藏（表5-12和图5-62）。中心式点状喷发火山机构，凝灰岩作为储层，火山口相带和近火山口相带分布范围小，一般20km²左右，火山岩储层厚度薄，范围为52.3~160.5m，以形成小型气藏为主。气藏面积7.5~13.6km²，有效气层厚度27.5~94.6m，气藏估算资源（65~145）×10⁸m³。裂隙式喷发火山机构，流纹岩作为储层，火山口相带和近火山口相带分布范围中等，范围为10.3~58.7km²，火山岩储层厚度大，范围为109.7~315.7m，以形成大中型气藏为主。气藏面积4.1~44.4km²，有效气层厚度24.6~86.5m，气藏估算资源（36~357）×10⁸m³。安山岩和玄武岩作为储层，火山口相带和近火山口相带分布范围达67.7km²，火山岩储层厚度94.2m，以形成大型气藏为主。气藏面积44.4km²，有效气层厚度48.3m，气藏估算资源418×10⁸m³。复合式喷发火山机构，火山碎屑岩和熔岩互层，火山口相带和近火山口相带分布范围15.2~58.4km²，储层发育厚度173.1~408.8m，以形成中型火山岩气藏为主。气藏面积6.1~32.4km²，有效气层厚度44.8~116.1m，气藏估算资源（129~182）×10⁸m³。

表5-12 火山岩喷发方式与火山岩气藏特征数据表

喷发方式	区块	储层岩性	火山口和近山口面积（km²）	储层厚度（m）	有效气层厚度（m）	孔隙度（%）	含气面积（km²）	估算资源（10⁸m³）
中心式	Xsh8	凝灰岩	20.6	160.5	94.6	10.7	7.5	145
	Fsh9	凝灰岩	26.7	52.3	27.5	7.6	13.6	65
裂隙式	Xsh12	流纹岩	46.2	142.0	24.6	7.2	29.5	86
	Xsh1	流纹岩	48.0	159.8	86.5	6.9	34.5	357
	Xsh7	流纹岩	10.3	310.2	82.6	6.7	4.1	36
	Xsh9	流纹岩	58.7	315.7	60.1	6.1	38.1	234
	Xsh903	流纹岩	20.9	220.4	46.4	5.6	17.1	74
	Ssh2-1	流纹岩	27.7	220.4	52.5	8.1	18.4	128
	Dsh3	安山岩,玄武岩	67.6	94.2	48.3	12.5	44.4	418
	Wsh1	流纹岩	53.3	109.7	29.7	8.7	34.0	147
复合式	Xsh21	流纹岩	58.4	173.1	44.8	7.1	32.4	182
	Xsh27	凝灰岩	15.2	168.5	77.3	8.4	10.4	129
	Xsh28	流纹岩	16.4	408.8	116.1	9.1	6.1	160

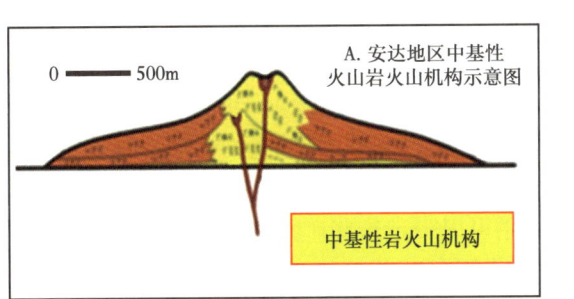 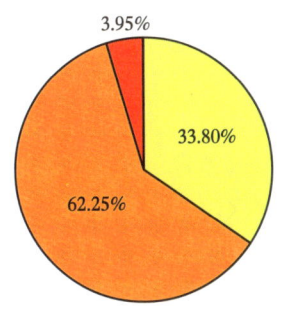

平面规模大大于3km，厚度一般100~200m，以喷溢相为主

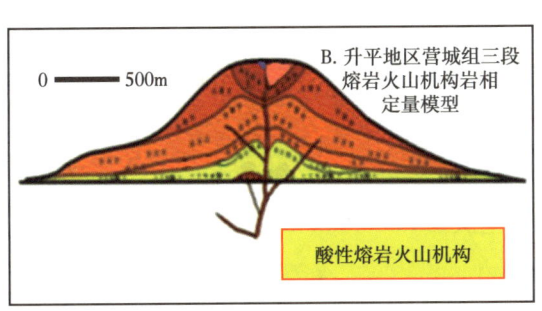 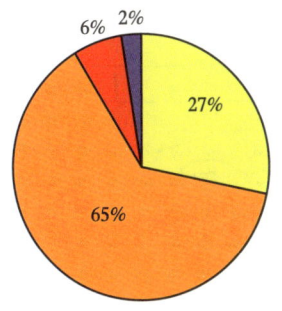

平面规模小＜3km，厚度一般150~300m，以喷溢相为主，夹薄层爆发相

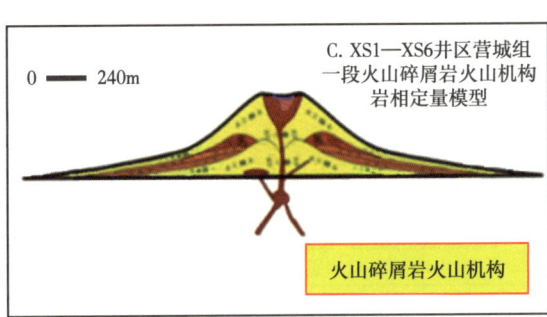 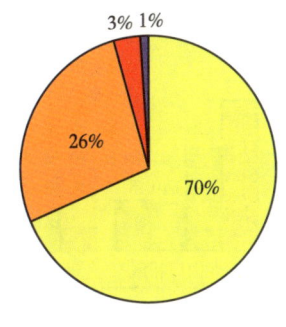

平面上呈小规模堆积＜1.5km，厚度变化快，以爆发相为主，夹薄层喷溢相

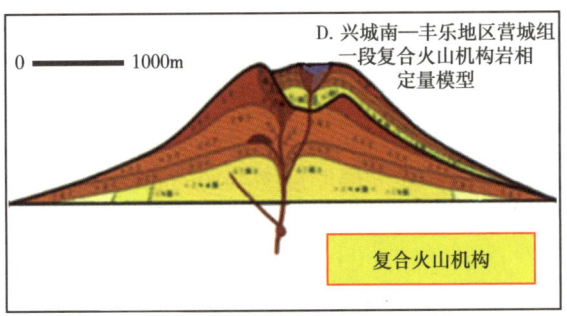 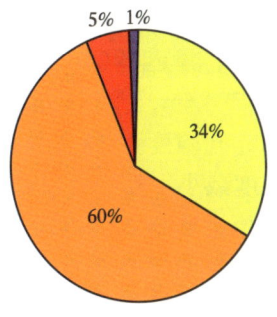

平面上规模通常较大＜4km，厚度一般大于300m，以爆发相与喷溢相交替

图 5-62　徐家围子断陷火山岩岩性与火山机构规模及岩相分布关系图

3. 相带控制储层物性，决定油气产能

火山岩喷发的初期过程决定储层的孔隙度和渗透率，表现为不同的火山岩相具有不同的储集能力。火山口相带主要为火山通道相、爆发相和喷溢相叠置区，近火山口相带以爆发相和溢流相叠置为主，远火山口相带有爆发相和火山沉积相（冯子辉等，2011），各火山岩相带的岩相组合差异，决定了不同的储集物性。火山口相带储集物性通常较好，如火山口爆发相形成的火山碎屑角砾岩，发育大量的孔隙和裂隙，尽管这些孔隙和裂隙可能被后期喷发的次生矿物所充填，但随后的溶解作用可以带走这些矿物并恢复或增大孔隙。随着远离火山口，火山岩孔隙的发育程度和溶解作用呈减弱趋势（王璞珺等，2010），各火山岩相带的储层厚度在不断减薄的同时物性也逐渐变差，从而影响了油气层的发育程度（图5-63）。

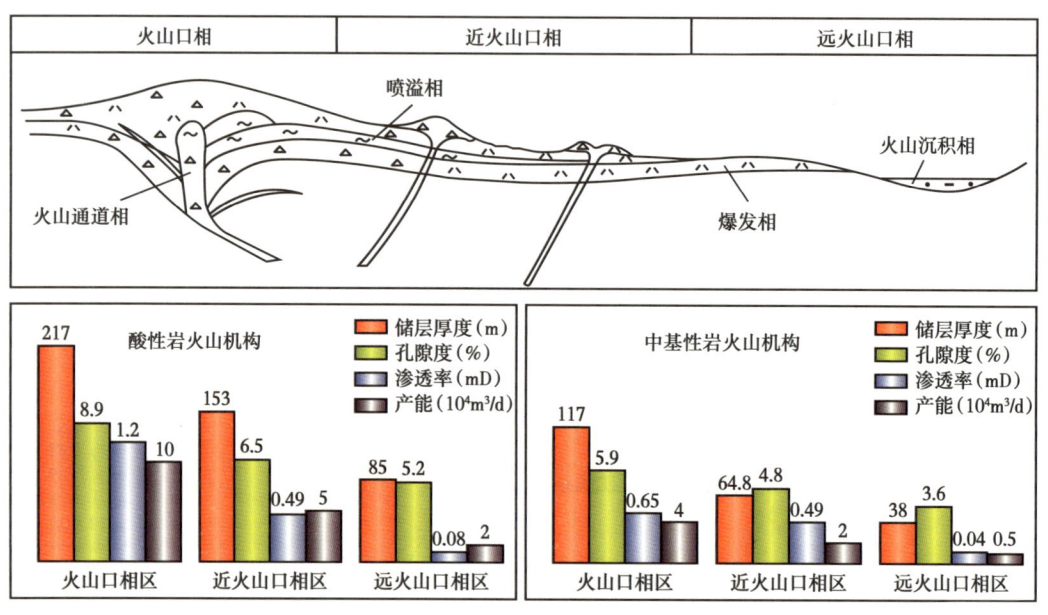

图5-63 火山岩相叠置区类型与储层物性及产能关系图

据安达地区已钻探井统计结果，火山口相储层厚度78.2~578.2m，储地比0.53~0.86，孔隙度2.1%~14.8%，渗透率0.012~0.43mD。由于储层厚度大、物性好，气层较发育，其中气层厚度24.0~294.6m，差气层厚度14.0~141.4m。近火山口相储层厚度7.6~106.0m，储地比0.04~0.91，孔隙度3.7%~10.6%，渗透率0.028~0.795mD。由于储层厚度变薄、物性变差，含气厚度减小。其中气层厚度16.6~61.2m，差气层厚度7.4~106.0m。远火山口相储层不发育，厚度范围12.8~124.8m，储地比0.07~0.71，孔隙度1.7%~8.7%，渗透率0.008~0.181mD。由于储层厚度薄、物性差，气层不发育，其中气层厚度3m，差气层厚度12.8~64.8m。

第六章　火山岩油气识别与评价技术

本章通过开展火山岩油气藏的地球物理响应研究，揭示了火山岩油气藏地球物理响应规律，创新、集成4项火山岩油气藏地球物理识别评价配套关键技术系列：

（1）火山岩体、岩性重磁电早期、宏观分布预测技术系列。

通过开展火山岩重磁响应机理研究，明确火山岩重磁异常响应特征，创新火山岩宏观分布重磁预测技术系列，为发现盆地火山岩提供了有效的技术手段。

（2）火山机构、岩相、岩性、有效储层地震预测技术系列。

通过开展火山岩地震成像机理研究，明确火山岩反射地震学响应特征，形成火山岩储层反射地震学预测技术系列，为火山岩油气藏勘探开发提供技术保障。

（3）火山岩岩性、岩相、储层、流体测井识别技术系列。

通过开展火山岩测井导电机理研究，明确火山岩岩性、岩相地球物理测井响应特征，形成火山岩储层结构与性质的测井识别与评价技术系列，为火山岩油气藏的评价提供技术支撑。

（4）火山岩岩性及其储层的实验室微观分析技术系列。

通过开展火山岩微孔隙分析技术研究，揭示火山岩储层存在"大孔＋微孔"组合的新类型，形成火山岩储层岩矿微观鉴定技术系列，为火山岩油气藏的地球物理预测研究奠定基础。

第一节　火山岩体、岩性重磁电早期、宏观分布预测技术系列

一、火成岩的密度、磁性特征

1. 火成岩的密度变化特征

由于各类火成岩所含矿物、构造及结构的不同，在密度上会表现出很大的不同；而成分相同的火成岩，由于形成的方式不同，密度也有差异，通常熔岩的密度较低，而侵入岩的密度稍高。

通过大量的火成岩密度统计发现，从花岗岩类向辉长岩类、橄榄岩类过渡，密度值随岩石中较重的铁镁矿物（暗色矿物）含量增加而变大。从整体上讲火成岩的密度比沉积岩的大，但有部分重叠（表6-1），这就成为利用重力资料圈定、识别火成岩的前提条件。

表 6-1　常见的火成岩密度分布范围

火成岩名称		纯橄榄岩	橄榄岩	玄武岩	辉长岩	安山岩	辉绿岩	玢岩	花岗岩	石英岩	流纹岩
密度（g/cm³）	最小值	2.5	2.6	2.6	2.7	2.5	2.9	2.6	2.4	2.6	2.3
	最大值	3.3	3.6	3.3	3.4	2.8	3.2	2.9	3.1	2.9	2.7

2. 火成岩的磁性变化特征

由花岗岩类到辉长岩类，二氧化硅含量逐渐减少，铁磁性矿物含量逐渐增多，磁性逐渐由弱到强。同一成分的火成岩，侵入岩与火山岩的磁性有所不同，火山岩的磁性变化范围较大，剩磁 M_r 也相对大些。

不同时代的同种类型火成岩往往具有不同的磁性。此外，同一岩体（包括火山岩体）的不同岩相带往往也表现出不同的磁性，如花岗岩的中心相和边缘相，辉长岩类与橄榄岩类的不同相带，其磁性都有所不同。

火山岩在形成过程中由于温度急剧下降，快速冷凝成岩，因而获得了较大的热剩磁，同时成岩的块体在熔岩流的拖动下进行翻滚，因而火山岩的剩磁方向具有随机性，只有那些稳定下来慢慢冷却形成的火山岩（熔岩）剩磁方向才具有一致性。因此，从这个意义上来说，火山岩从整体上具有剩磁的随机性。表 6-2 列出了各类火成岩类及变质岩、沉积岩磁化率及剩磁的数量级。

表 6-2　各类火成岩类及变质岩、沉积岩磁化率及剩磁的数量级

岩石类型	磁铁矿，钛磁铁矿	其他铁矿	橄榄岩类	辉长岩类	花岗岩类	变质岩类	沉积岩类
磁化率 $k(10^{-5}\mathrm{SI})$	$10^4\sim10^7$	$10^2\sim10^6$	$10^3\sim10^5$	$10^2\sim10^5$	$10^2\sim10^4$	$10^1\sim10^4$	$10^1\sim10^3$
剩磁 $M_r(10^{-3}\mathrm{A/m})$	$10^3\sim10^6$	$10^0\sim10^5$	$10^2\sim10^4$	$10^0\sim10^4$	$10^0\sim10^4$	$10^0\sim10^2$	$10^0\sim10^2$

二、火山岩的重力场特征

火山岩在重力场上表现的异常特征并不像磁异常那样显著。重力异常的产生具有多样性、复杂性，不论是纵向还是横向分布的地下不同种类、密度不均匀的地质体均可产生重力异常。即使同一火山岩体，在不同密度的围岩中产生重力异常的性质也不同。火山岩作为一种特殊的地质体能够产生局部的重力异常，它所产生的重力异常也是叠加在其他规模较大地质体所产生重力异常之上的局部重力异常。

火山岩形成以后，其密度一般不随深度的增加而发生显著的变化，具有相对的稳定性，而沉积岩的密度随深度的增加，压实作用增强，密度逐渐加大。因而，火山岩在盆地的浅部常常表现为正局部重力异常。不同岩性的火山岩在深部所表现的重力异常特征不同。火山岩与盆地深部的沉积岩相比较，酸性火山岩具有较低的密度，可产生负的局部重力低异常，中基性的火山岩具有较高的密度，可产生正的局部重力异常。

三、火山岩的磁场特征

火山岩一般具有比沉积岩更大的磁化率并具有很高的剩磁，而剩磁具有方向的不确定

性。因而，在地表或近地表的火山岩磁异常表现为杂乱、幅值较大、正负相间、呈紧密的锯齿状磁异常（图6-1），相邻勘探线上磁异常不具有相关性。一般说来，基性火山岩引起的磁异常强度明显大于中性火山岩、酸性火山岩、沉积岩引起的磁异常；中性火山岩引起的磁异常强度明显大于酸性火山岩、沉积岩引起的磁异常；酸性火山岩引起的磁异常强度明显大于沉积岩引起的磁异常；基性火山岩磁异常强度最大，酸性火山岩磁异常强度最小。玄武岩磁异常峰值常达几百至几千纳特，正负异常大体相当；安山岩比玄武岩磁异常要弱些，异常峰值为几百至一两千纳特。酸性火山岩的异常峰值为几十至几百纳特。

由火山喷发形成的各种火山岩相，其磁异常特征也不相同，近火山口相、爆发相异常较大，溢流相次之，远火山口相、火山碎屑岩相最弱。各种不同火山岩相磁异常特征还与喷发类型及岩浆类型有很大的关系。基性岩浆、中性岩浆、酸性岩浆所形成的各种火山岩相所产生的磁异常大小依次降低。火山口处的磁异常大小及异常形态也有很大的不同，火山锥表现为较大的磁异常孤立特征，破火山口表现为中间低周边高的磁异常特征。

应用火山岩在近地表呈现出的这种磁异常特征，能够在磁异常平面等值线图或平剖图上较为可靠地圈定火山岩的范围并能对火山岩的性质进行识别。

埋藏较深的火山岩磁异常失去了近地表的高频磁异常特征，剖面或平面上的磁异常变得较为平缓（图6-1和图6-2）。

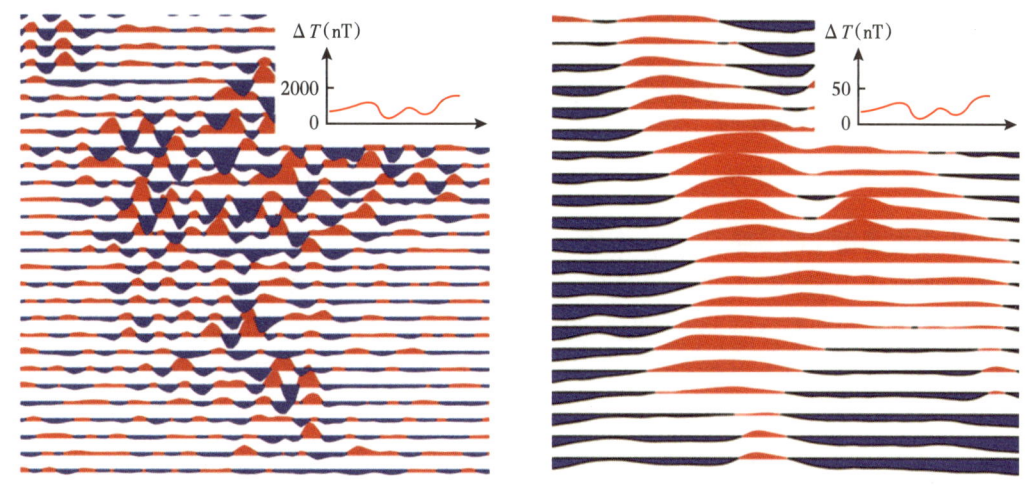

图6-1 地表附近火山岩磁异常特征　　图6-2 盆地内火山岩磁异常特征

四、火山岩层重磁响应特征

1. 火山岩磁异常的无穷细节原理

火成岩的磁性取决于岩石内磁铁矿的分布，非常不稳定。前文已经介绍，在地表或近地表，火成岩体上的磁异常常常表现得十分尖锐，而当火成岩埋深较深时，剖面或平面上的磁异常变得比较平缓。这说明火山岩埋藏浅时，磁异常能够反映火山岩磁性的不均匀性、高磁性特征，对火山岩内部的磁性分布具有较高的分辨力，火山岩独特的磁异常特征反映得尤为清晰。当火山岩埋深较深时，在近地表的那种独特的反映火山岩细小变化磁场特征已不再存在。当火山岩埋深达到一定程度时，所反映火山岩内部细节变化区域的磁异常在曲线上合并为一个整体，同时磁异常在剖面或平面上变得较为平缓，异常峰值也随深度的加大而急剧减小。

图 6-3 为大兴安岭火山岩区地表磁异常及不同火山岩埋深磁异常变化特征，从不同埋深火山岩磁异常的变化很清楚地看到火山岩磁异常由浅至深的变化规律，也充分体现了火山岩磁异常的变化过程。

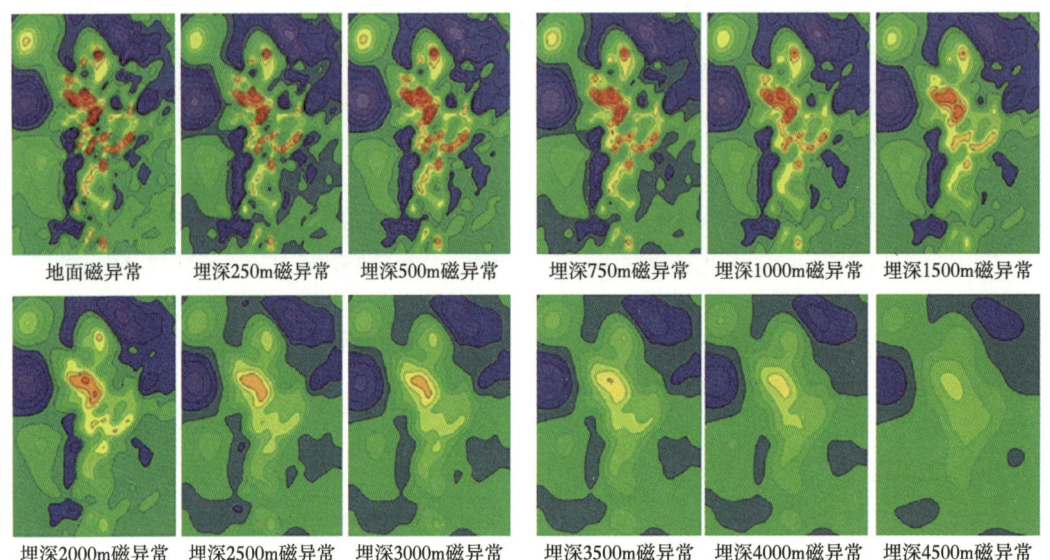

图 6-3　大兴安岭火山岩随埋深变化磁异常特征

2. 火山岩层重磁响应特征

为了明确火山岩层的磁力响应特征，应用棱柱体磁异场正演方法，正演了 30 万个不同水平尺度、不同埋藏深度及不同厚度的火山岩层磁力响应，建立了能够全方位刻画火山岩层的磁力响应立方体（图 6-4）。通过分析磁力响应立方体的界面、中心剖面的磁异常，明确层状火山岩磁力响应具有以下 4 个重要的特征。

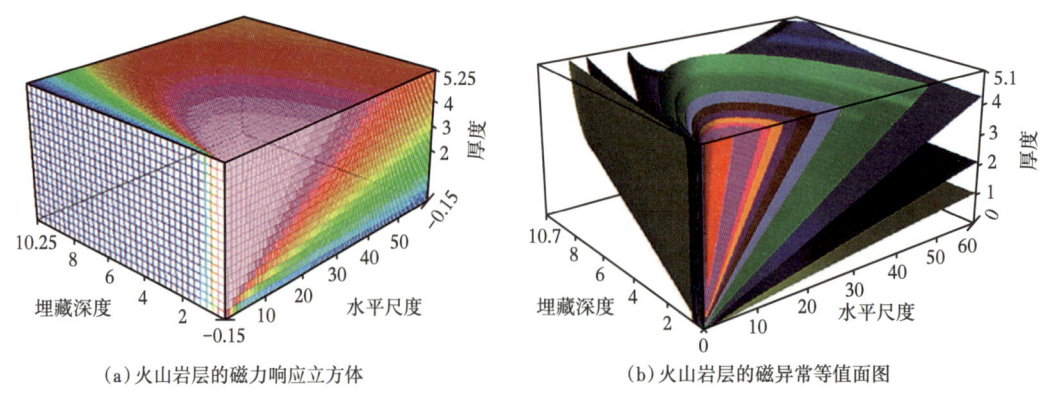

图 6-4　火山岩层磁力响应立方体和磁异常等值面图

（1）不同规模尺度的层状火山岩磁力强度响应具有一定的等价性，即不同规模尺度的火山岩层可产生幅值相同的磁力异常。这一特征说明，应用磁力异常圈定、识别与判断火山岩层的空间分布必须要有一定的约束条件，否则将带来地质认识的不可靠性。

（2）当其他因素不变的情况下，水平尺度的变化对磁异常的特征影响较大，初始磁性层中心磁异常的大小随水平尺度的加大而加大。当达到极值后，又随水平尺度的加大而缓慢地衰减，异常呈现出中间低、四周高的特点（图6-5）。这一特征表明四周高、中间低的磁异常代表了面积规模较大的火山岩体，而并非指示火山岩体只是分布于那些四周高的一些局部地区。这对于应用磁异常进行火山岩的预测具有重要的指导意义。

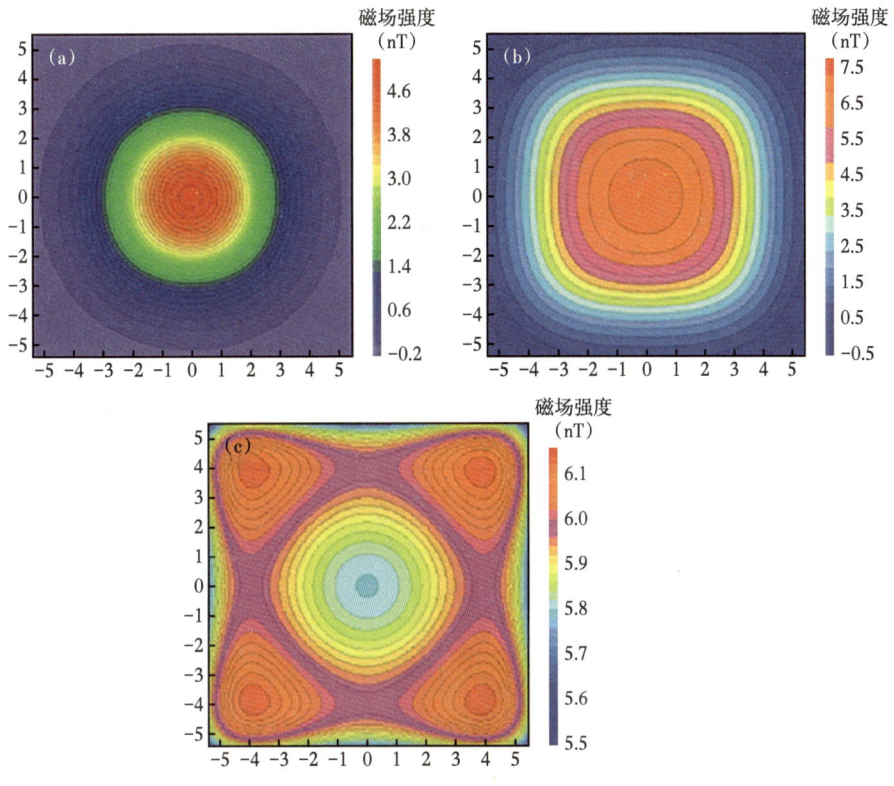

图6-5　不同水平尺度磁性层磁异常平面图

地磁场强度：56000nT；磁性层厚度：500m；埋深：3000m；磁化率：$500×10^{-5}$(SI)；磁倾角：90°
（a）水平尺度：4000m；（b）水平尺度：7500m；（c）水平尺度：16000m

（3）当其他因素不变的情况下，火山岩层的磁异常大小与火山岩厚度呈近线性关系（图6-6），利用这一理论依据，可以应用经过适当校正的磁异常对火山岩层的厚度进行预测。

（4）按比例缩放的模型体具有相同磁异常形态与磁异常大小，与长度单位无关。

层状火山岩模型为最具代表性的火山岩类型，它的重磁场响应也能表征火山岩的重磁异常特征。正如前文所分析的那样，火山岩具有与其他磁性地质体所不同的磁异常性质。其中之一就是火山岩较为普遍存在的磁性共性:磁性分布具有随机性。本书中所涉及的层状火山岩模型水平尺度为10km,埋深为3000m,厚度为500m。但所不同的是在层状火山岩模型中充填均值为$500×10^{-5}$(SI),方差为$250×10^{-5}$(SI)的呈正态分布的磁化率。

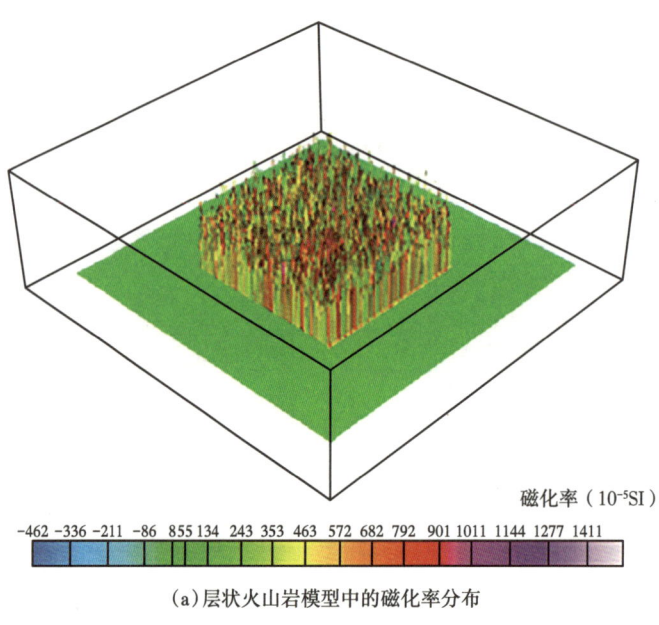

(a)层状火山岩模型中的磁化率分布

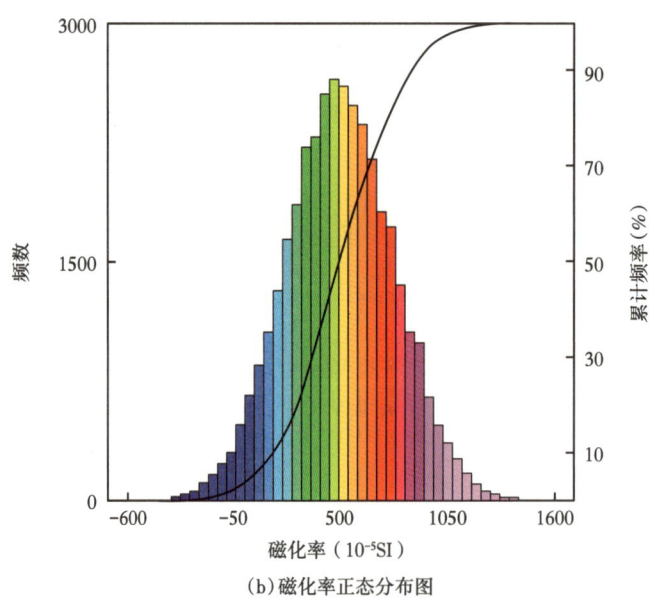

(b)磁化率正态分布图

图6-6 磁化率分布

在地磁场强度56000nT,磁倾角为60°的地磁场磁化下,正演了层状火山岩不同埋深的磁异常(图6-7)。

火山岩油气识别与评价技术

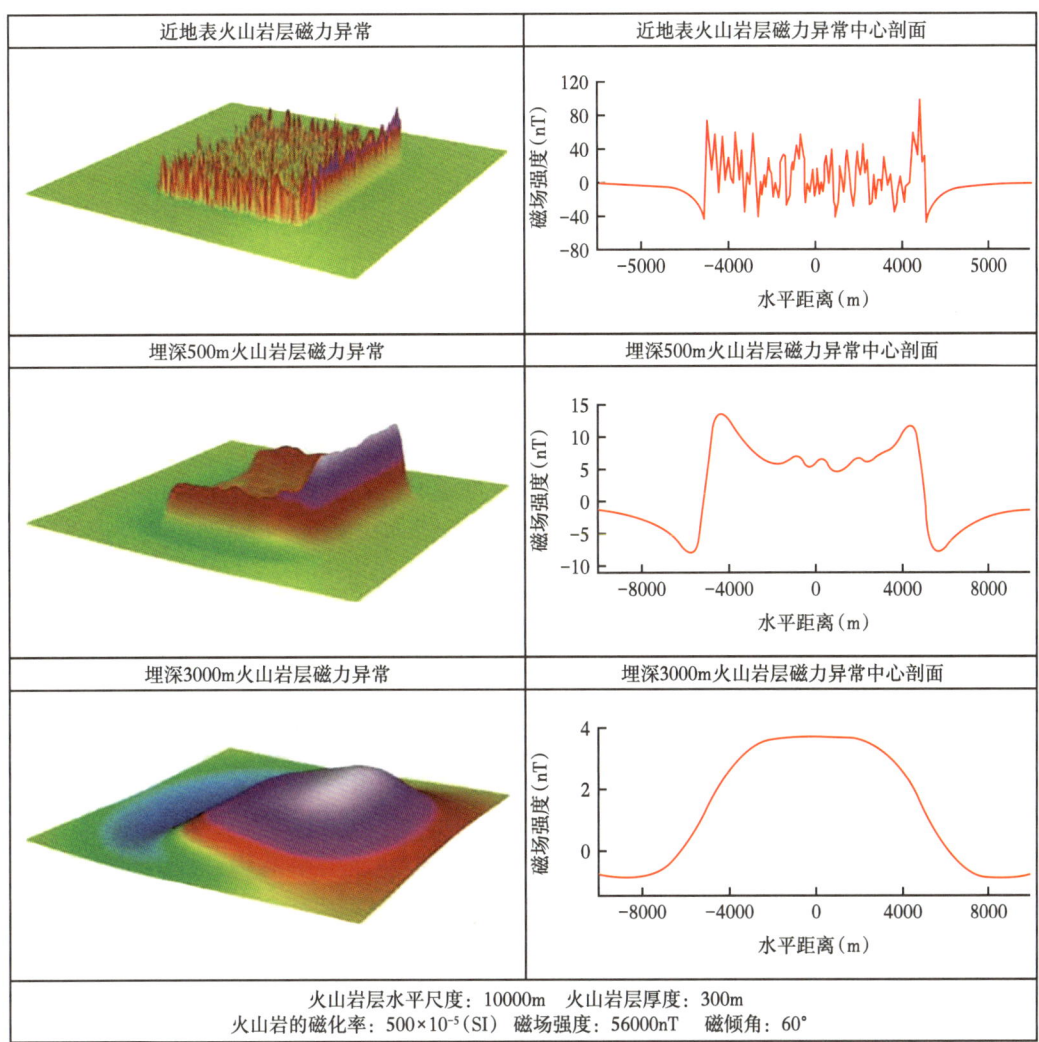

图 6-7 火山岩层磁力异常响应特征图

从图 6-8 可以看到随机磁化的层状火山岩的磁异常具有如下响应特征。

（1）近地表的磁异常特征体现了火山岩随机磁化的特点，具有剧烈振荡、正负相间、呈锯齿状的火山岩标志性的磁异常特征。

（2）随着埋深的增加，磁异常迅速衰减，尤其是反映火山岩随机磁化的异常衰减尤为迅速。

（3）在埋深达到 1000m 时，随机磁化的火山岩磁异常特征消失殆尽。

（4）随着埋深的加大、随机火山岩磁异常特征的消失，反映磁性体整体磁化特征的磁化率均值所表现的磁异常特征进一步得到增强。

（5）到达深部，对磁异常起主要作用的就是磁化率为均值的均匀磁化的地质体的磁场特征。

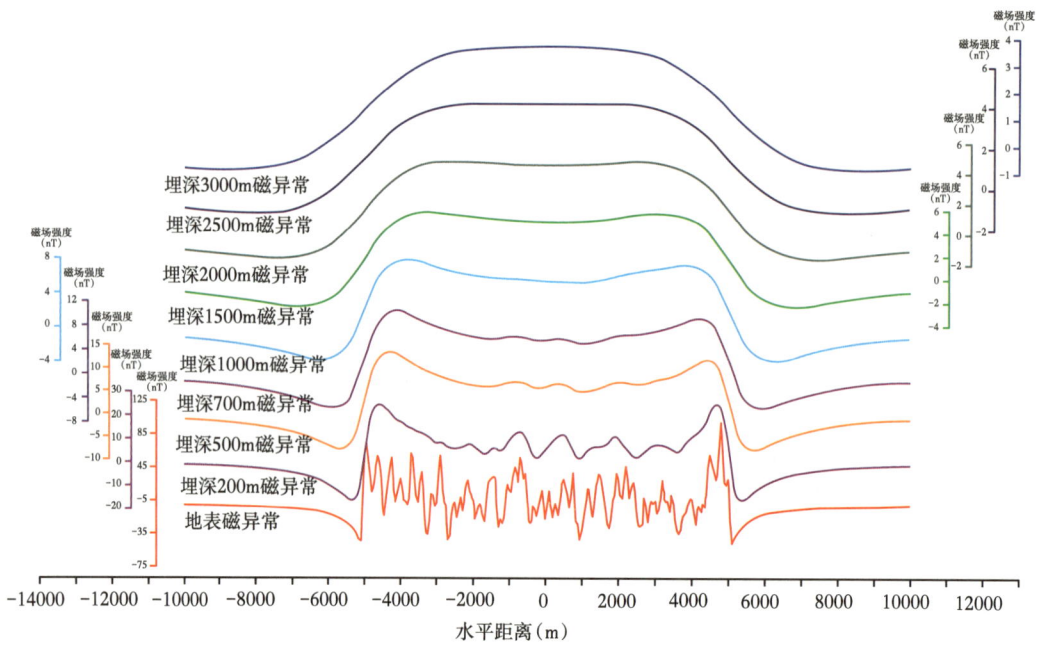

图 6-8　不同埋深的火山岩层的磁力异常剖面响应特征

（6）随着深度的加大，磁性地质体水平磁异常特性慢慢呈现出来，先表现为中间低、周边高的磁场特征，而后表现为中间高且平缓的磁异常响应特征。

通过对层状火山岩模型进行正演进一步证明：深层火山岩产生的磁异常值很小，只有具有相当厚度的情况下才能在磁异常中得到反应。不仅如此，盆地内的磁异常也是由深部磁性层、基岩内具有磁性的古老变质岩系、各种具有磁性的岩浆侵入体、盖层中的磁性层及火山岩共同产生，火山岩所产生的磁异常也仅仅是其中的一部分。

盆地内的磁异常是由多种复杂因素产生的，并不是单纯火山岩的反映，这无疑为应用综合地球物理方法圈定识别火山岩带来困难。

五、盆地深层火山岩的重磁异常的分离

不论是浅部地质体还是深部地质体，它们所产生的重磁异常都包含各种不同波长的异常成分，只是高频与低频成分的能量有所侧重。因而这就造成重磁异常分离的困难，目前还没有一种方法能够准确分离某一特定地质目标所产生的重磁异常。目前的目标异常的分离方法只是尽可能地使分离的目标异常合理。常用的方法有已知构造界面控制下的剥皮法、滑动趋势分析、小波多尺度异常分解、窄波带滤波、插值切割法、延拓差值场等方法。无论采用何种方法其主要目的都是提取与火山岩相关的较高频率的磁异常。在应用重磁异常对松辽盆地深部火山岩的研究中，进行了在 T_5 构造界面的控制下消除基底起伏的重力异常影响因素，采用滑动趋势分析方法结合功率谱分析分离获取相关深层火山岩的重力异常信息。在磁异常处理方面，进行了小波多尺度分析（图 6-9）、逐级匹配滤波等方法进行磁异常的分离（图 6-10）及滑动趋势分析（图 6-11）。

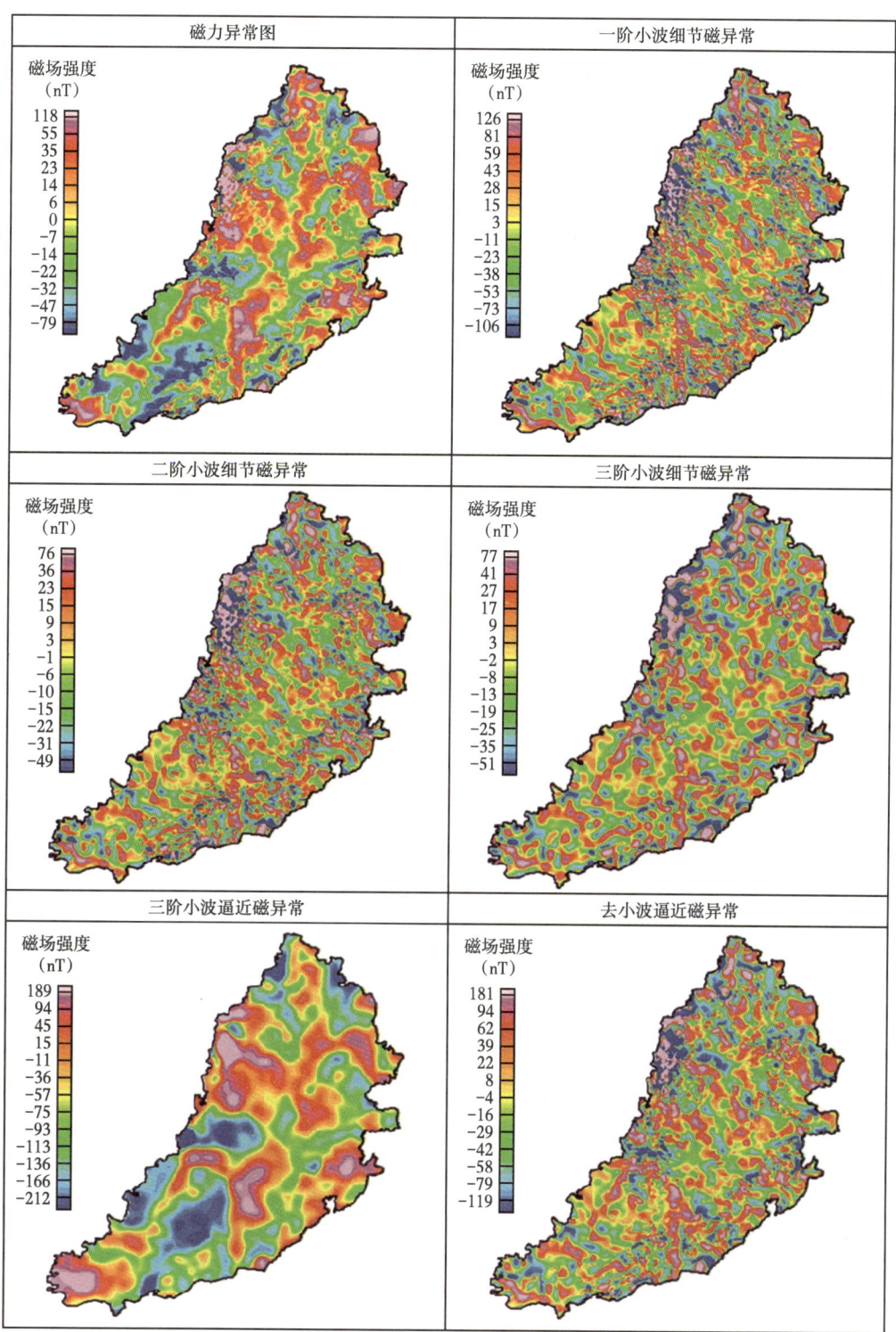

图6-9 小波多尺度分解分离深层火山岩磁信息系列图

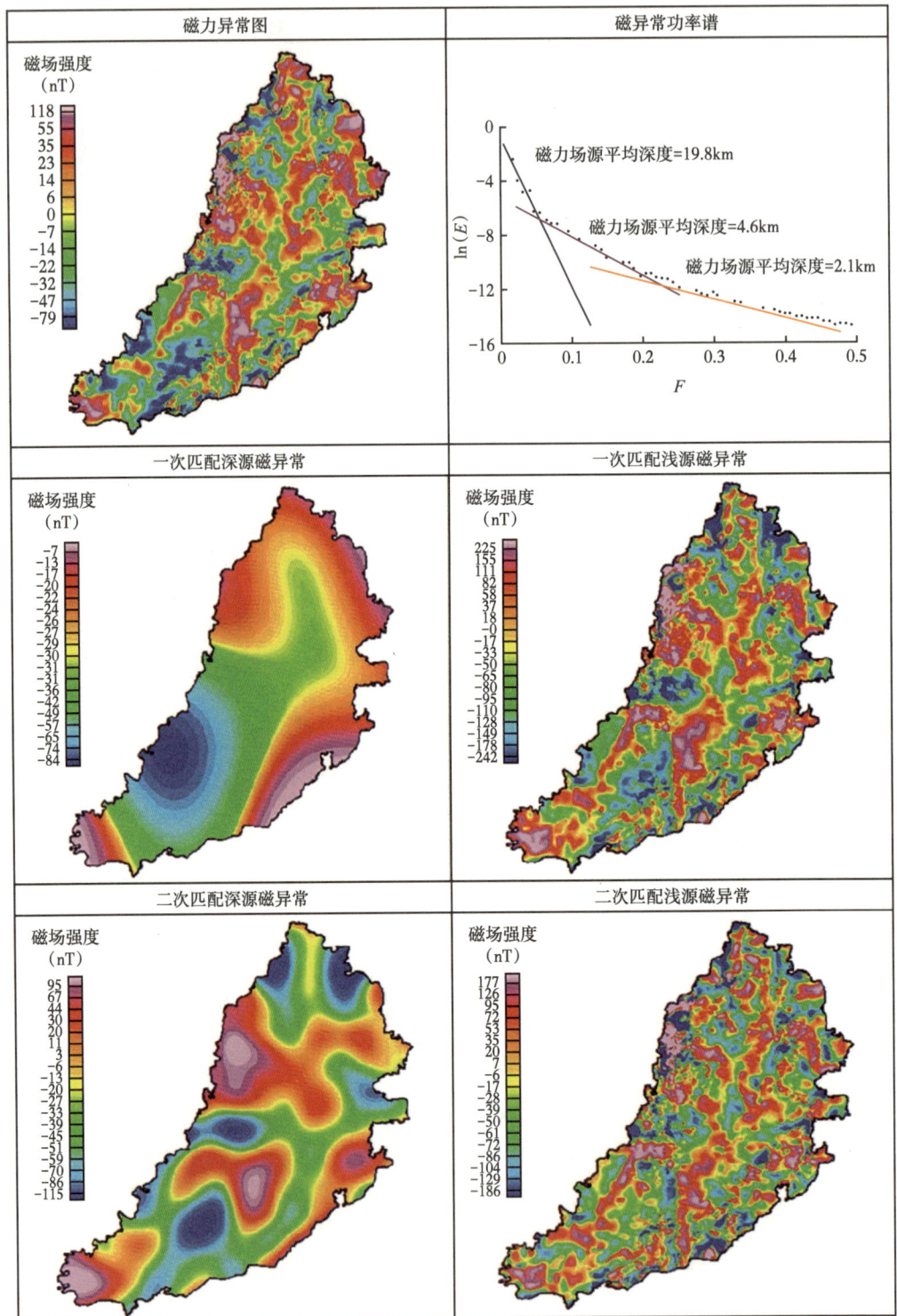

图 6-10 匹配滤波法分离磁异常获取深层火山岩磁信息系列图

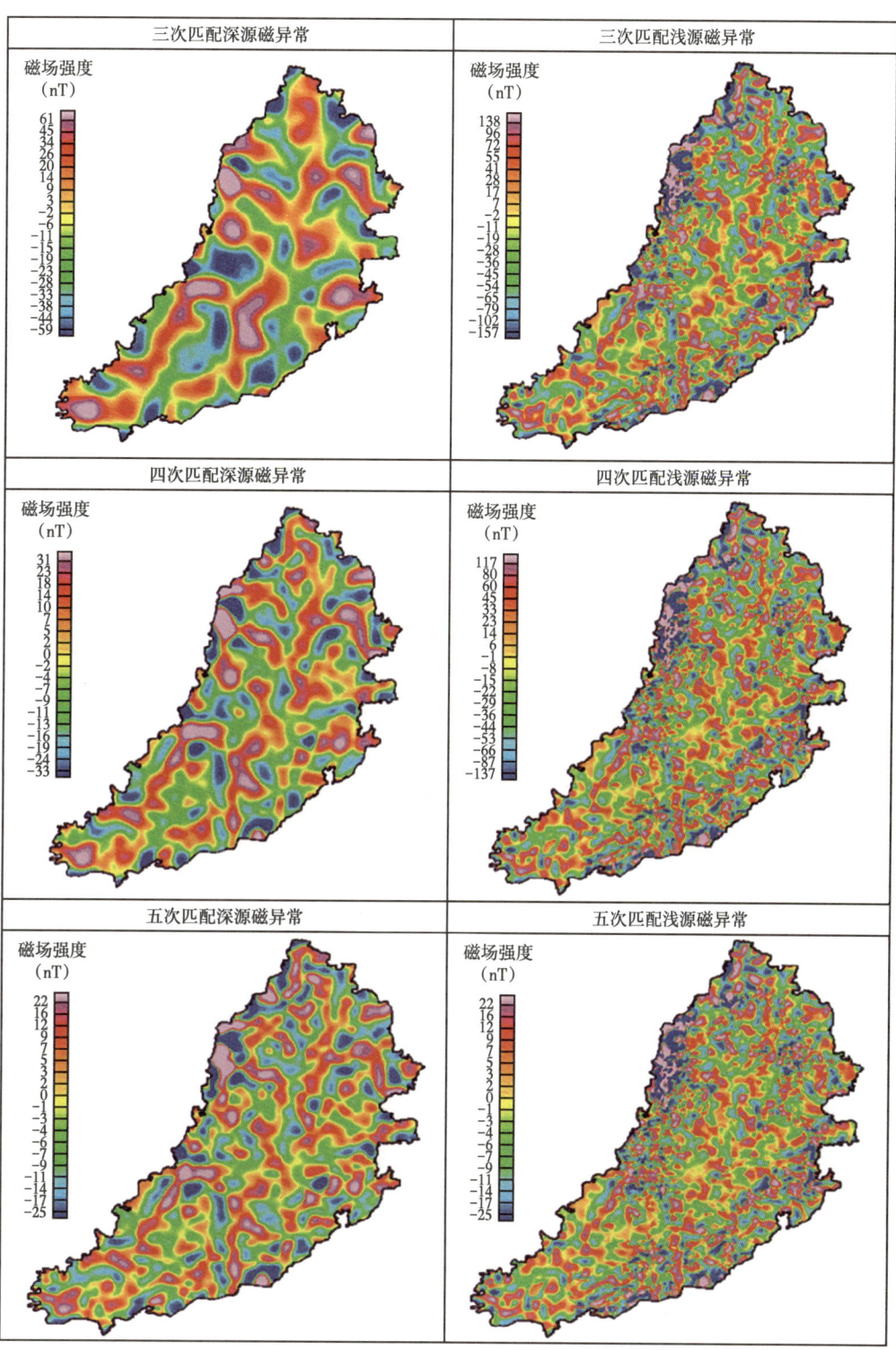

图 6-10　匹配滤波法分离磁异常获取深层火山岩磁信息系列图（续图）

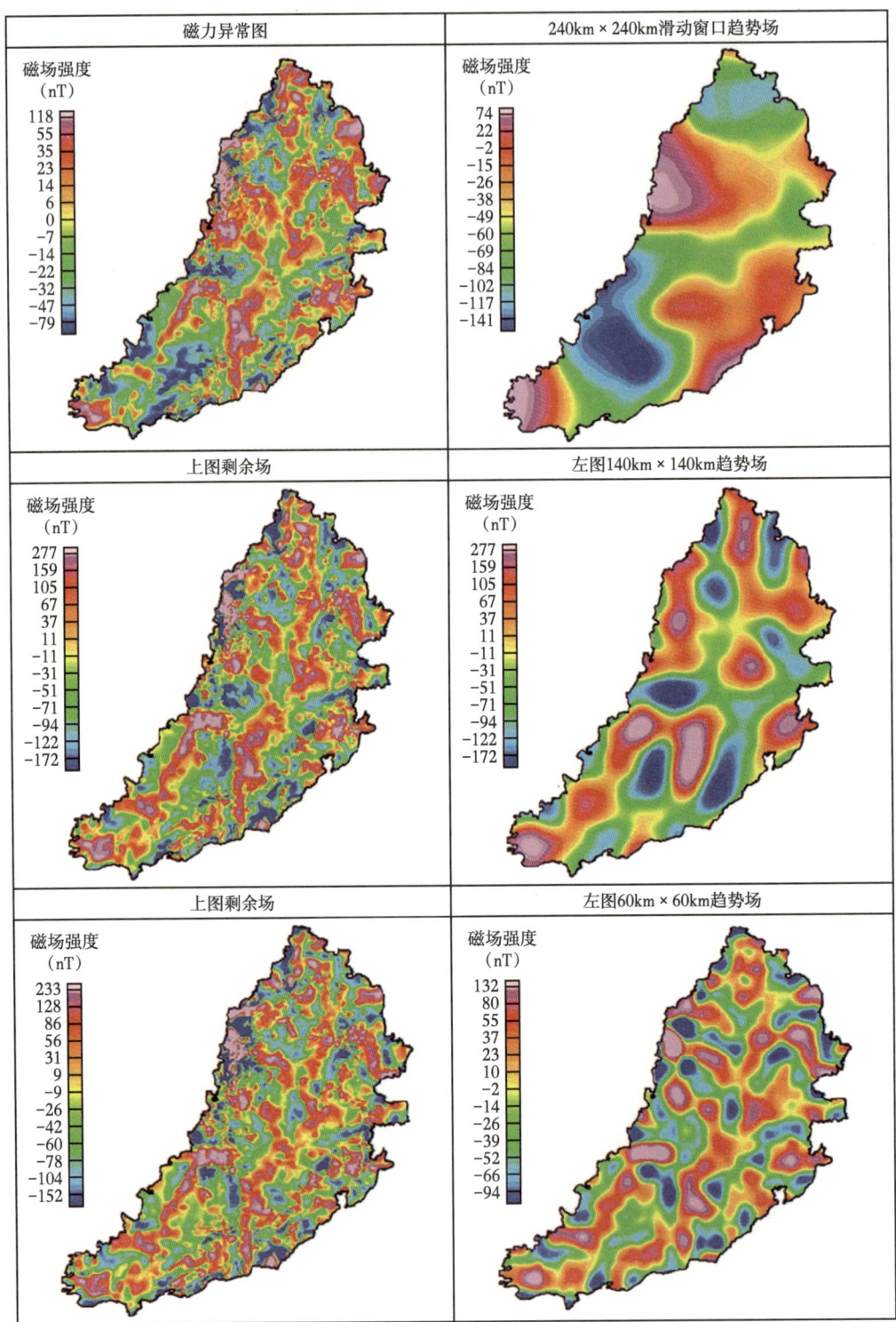

图 6-11 滑动趋势分析法分离磁异常获取深层火山岩磁信息系列图

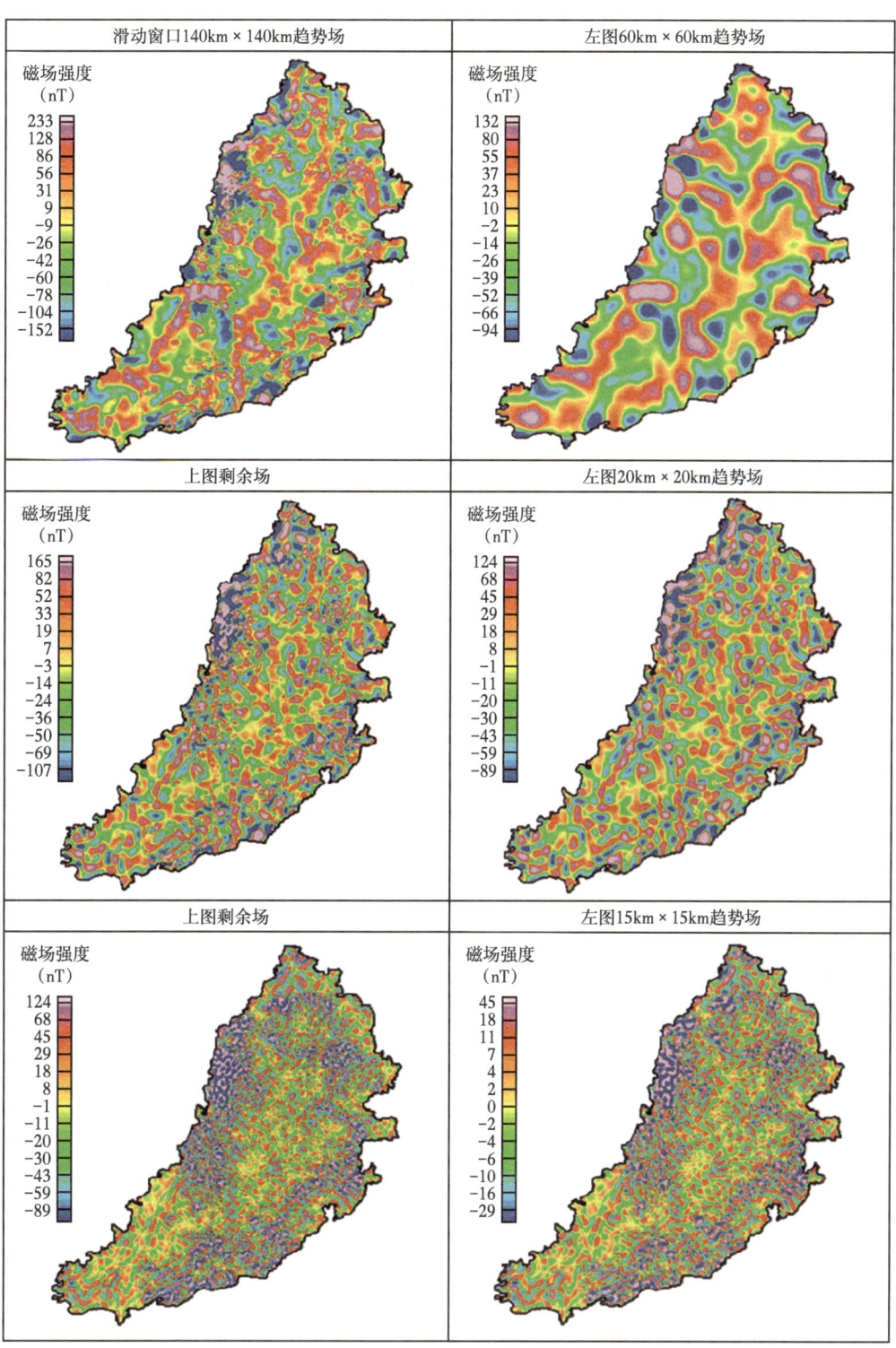

图 6-11 滑动趋势分析法分离磁异常获取深层火山岩磁信息系列图（续图）

通过对功率谱视深度的计算，与深层火山岩相关重力异常所反映地质体的深度在3.1~4.5km，这个深度范围与松辽盆地断陷火山岩的顶部深度大体相当。

从所获取的关于深层火山岩的重力异常值，与利用徐家围子地震资料解释的关于营城组和火石岭组建立的火山岩模型做正演的重力异常大小基本是一致的。因而应用上述方法获取的反映松辽盆地深部火山岩的重力异常基本上能够反映深层火山岩的总体的重力异常特征。但这个反映深层火山岩的重力异常也还是初步的，因为重力异常还包含盖层中的局部构造及地层中不同岩相的变化所产生的重力异常。尽管如此，该异常在宏观上为深层火山岩的预测研究提供了一个参考依据。

通过对三种分离磁异常的方法所获得的结果分析认为，这三种方法不同程度地获取了反映深层火山岩的磁异常信息，这些方法都是在没有增强火山岩信息基础上对深层火山岩信息的分离。所分离的结果也可以进行深层火山岩的圈定与识别。由于在松辽盆地深层断陷火山岩的埋深相差很大，浅者几百米，深者可达几千米，磁异常模型的正演（图6-12）表明，相同的火山岩地质体在埋深不同时会产生差异较大的磁异常，因此，要使磁异常能够正确地识别火山岩，就必须对火山岩磁异常进行均衡处理，消除这种因深度不同而产生的不利影响。从图6-13可以看出，相距较近的两个地质体，当地质体的埋深与相距距离相当时，通过重磁场异常难以区分。

六、盆地火山岩磁异常的增强

1. 积分迭代延拓平化曲方法

积分迭代延拓平化曲的目的是为了增强深层磁性地质体所产生的弱异常，消除深度不同而对磁性地质体所产生磁异常的影响，提高磁性地质体的横向分辨率。是建立在迭代积分延拓基础上的方法，实际上该方法是一个变深度延拓问题。

2. 松辽盆地火山岩磁异常增强

在重磁异常增强处理及区分叠加异常方面，常规的重磁处理方法有：高阶导数、下延拓、小波分解、匹配滤波、滑动趋势分析等方法技术。通过理论分析认为：常规的位场分离技术只能对原始异常进行分离，达不到增强与突出信息的目的。下延拓能够有效地对叠加异常进行增强，但下延拓存在理论上的不适定性，对高频噪声也具有相当强的放大作用。因而常规的下延拓方法具有延拓深度浅的特点，无法下延更深而达到突出松辽盆地深层火山岩磁异常的目的。在松辽盆地断陷中，火山岩埋深差别也比较大，浅的几百米，甚至在盆地边缘，火山岩已经出露地表，深则达到近6000m。如此埋藏深度的差异，也会使得磁异常具有不均衡的效应，给圈定与识别火山岩带来困难。因此必须采用合适的处理手段，达到既能突出与增强火山岩的磁异常，又能对磁异常起到深度均衡校正的目的，磁异常积分迭代延拓平化曲的方法在深层火山岩分布预测中是一增强深层火山岩磁异常信息、均衡火山岩磁异常，消除深度影响最为有效的方法。该方法是建立在迭代积分下延基础之上的，迭代下延法是徐世浙院士提出的一种下延方法。迭代下延法能够有效消除高频振荡，在突出深层火山岩弱信号及能量均衡上定能发挥较好的应用效果。

在进行平化曲的过程中必须要有一个参考界面作约束，对于松辽盆地而言，这个界面就

是 T_4 界面，但缺乏全盆地的 T_4 界面的构造图。为此，利用磁异常采用功率谱估算的方法反演了一个能够反映松辽盆地整体特征的深部磁性体埋藏深度图，以此来作约束，达到平化曲的目的。通过大量的计算及理论分析认为：平化曲 10km（图 6-14）能够反映基底以下的磁异常特征，平均径向归一化对数功率谱反映该场具有平均深度达 19km（图 6-15）。而平化曲 3km（图 6-16）能够起到增强与突出深层火山岩的目的，平均径向归一化对数功率谱反映该场具有平均深度为 4.7km（图 6-17）。但平化曲 3km 的异常中还包含有基底以下的磁力效应。为此必须进行基底以下磁异常的校正处理，即求取上述两种处理的差值异常（图 6-18）。

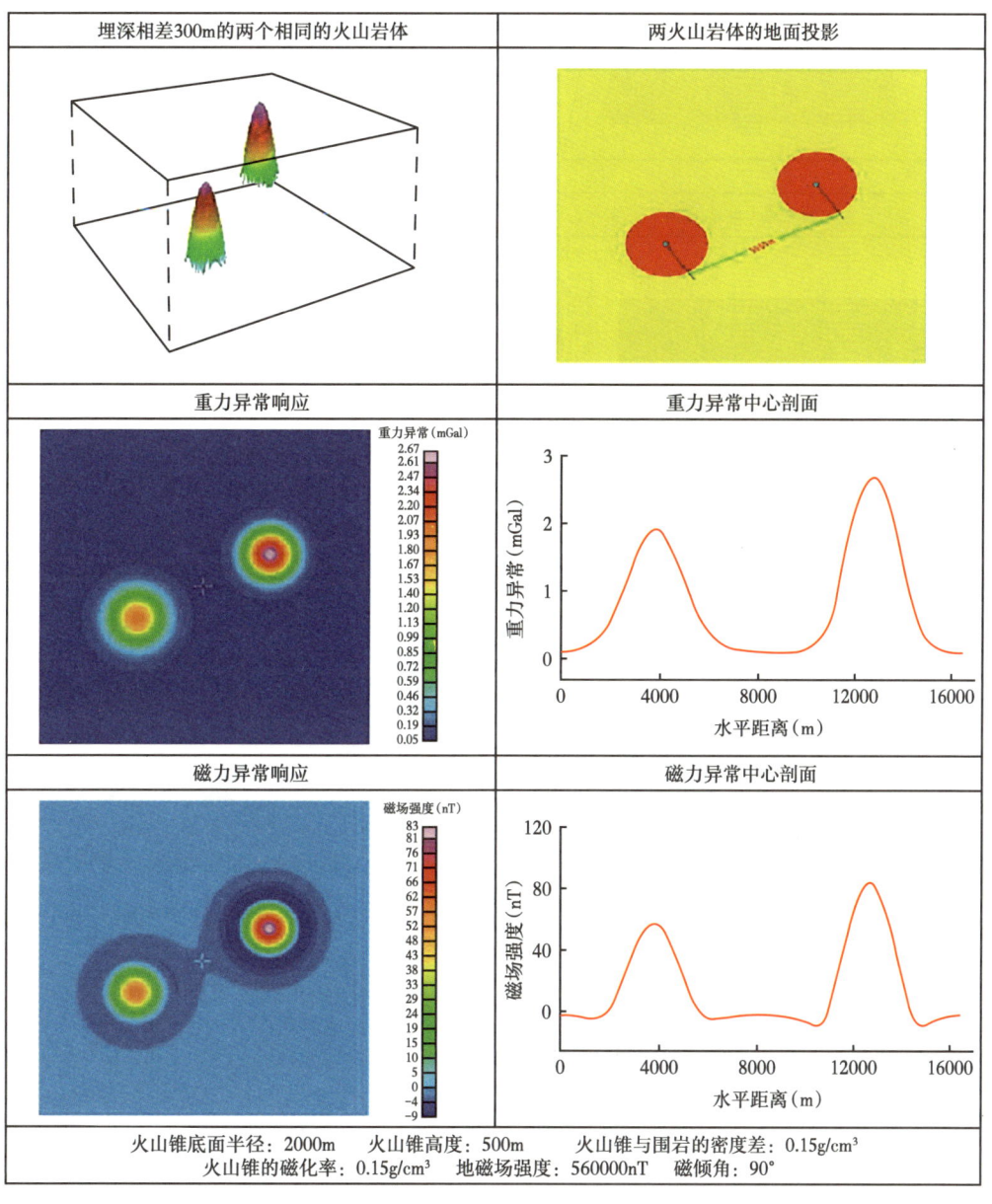

图 6-12　埋深相差 300m 的两个火山体产生的重磁响应

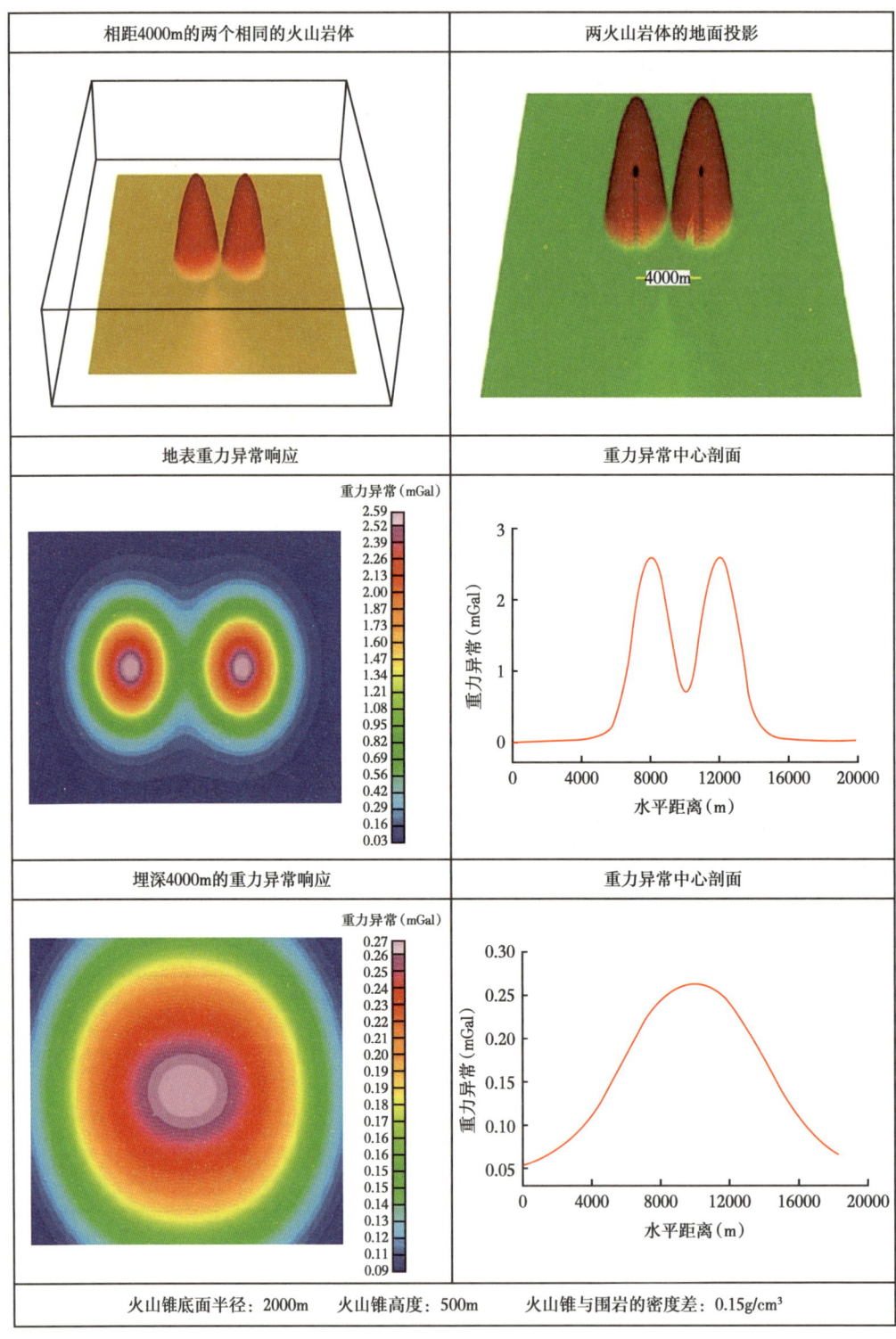

图 6-13 地质体埋深与重磁异常横向分辨率之间的关系图

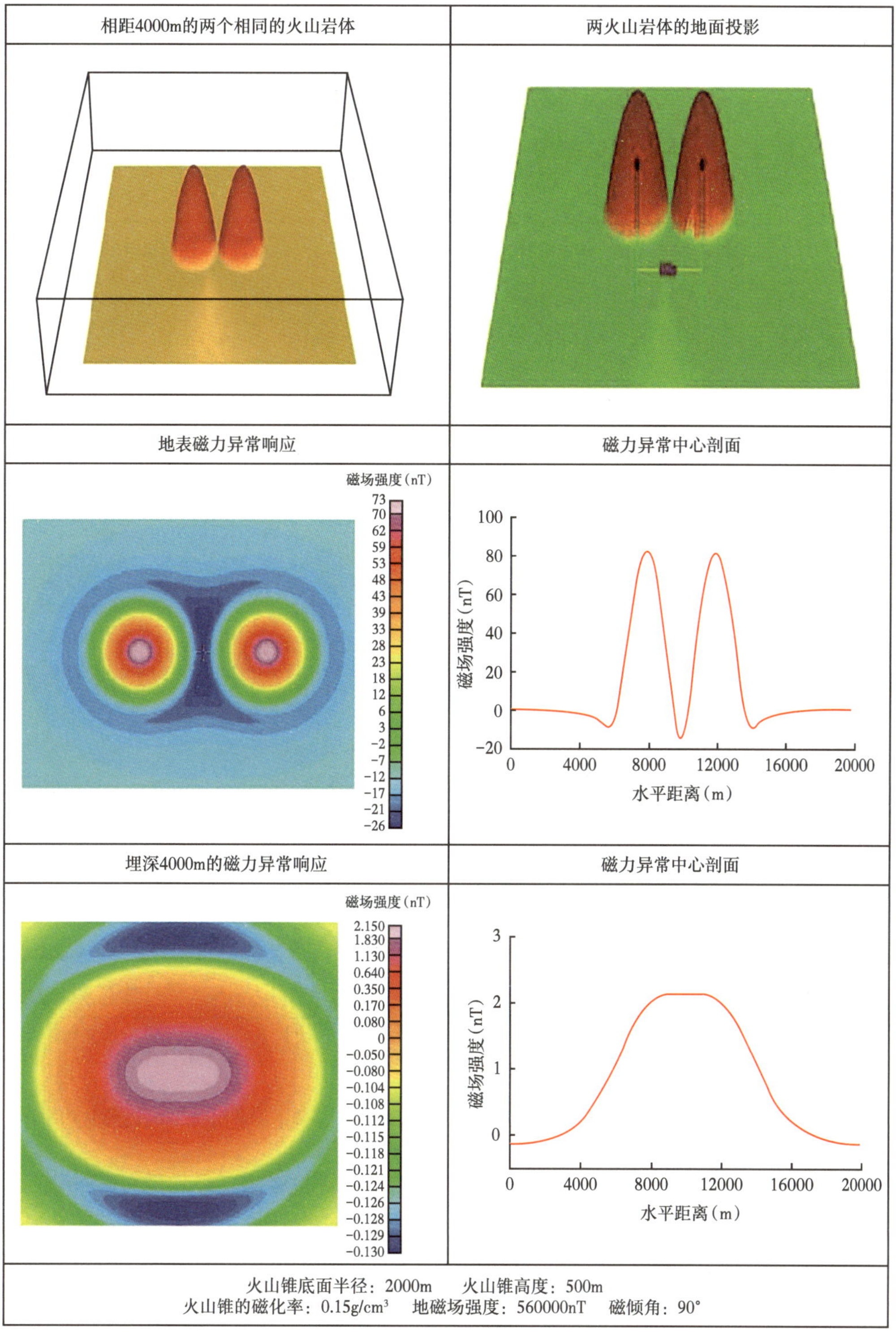

图 6-13 地质体埋深与重磁异常横向分辨率之间的关系图（续图）

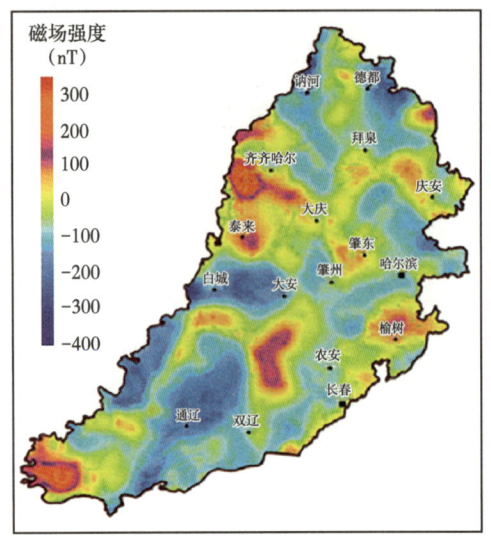 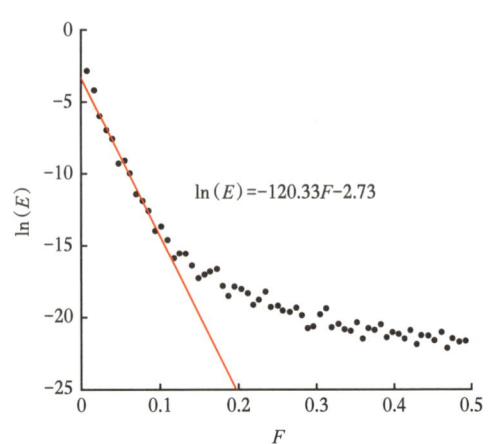

图 6-14　磁异常平化曲 10km 磁异常平面图　　图 6-15　磁异常平化曲 10km 磁异常功率谱

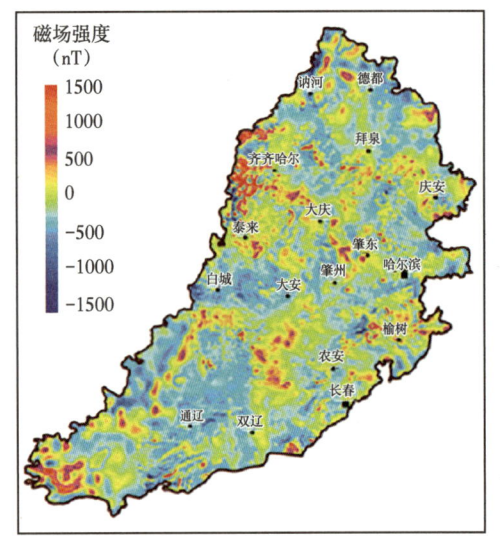 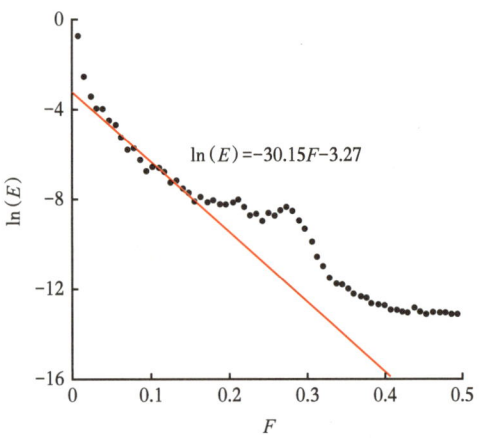

图 6-16　磁异常平化曲 3km 磁异常平面图　　图 6-17　磁异常平化曲 3km 磁异常功率谱

该差值很好地刻画了深层火山岩磁异常，由于盆地周边较浅，平均径向归一化对数功率谱反映该场具有 2.2km 的平均深度（图 6-19）。通过对差值磁异常与原始磁异常对比分析，差值磁异常较好地反映了火山岩磁异常的信息，火山岩磁异常是叠加在强背景上的弱异常，多为原始磁异常发生扭曲或呈脊状叠加在背景场上。而分布在负背景之上的火山岩磁异常也得到明显的加强并得到分离（图 6-20）。该磁异常在深部主要反映的是营城组火山岩与火石岭组两者的总和，未加以进一步地区分，在一定程度上还包含有基底岩性的影响。

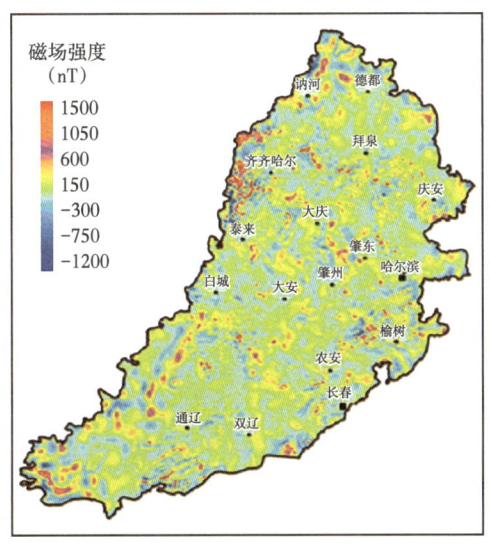

图 6-18　火山岩磁异常平面图　　　　图 6-19　火山岩磁异常功率谱

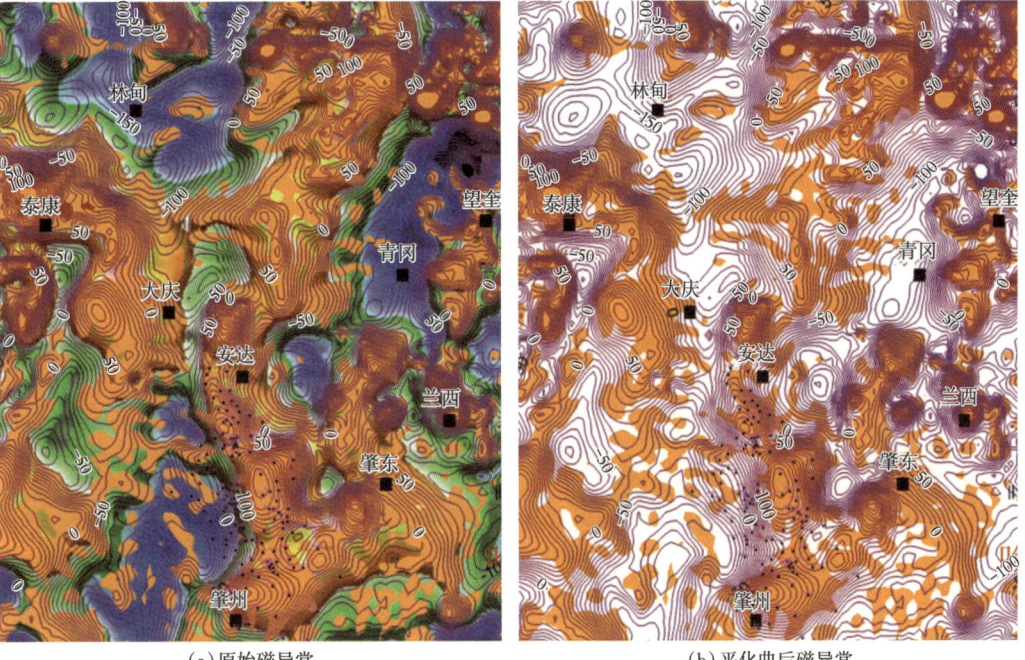

图 6-20　松辽盆地徐家围子地区原始磁异常与经平化曲后提取的火山岩磁异常对比图

七、盆地深层火山岩的圈定与识别

理论模型研究表明，地质体磁异常的斜导数的水平梯度、实际资料的垂向二阶导数与解析信号对磁性地质体的边界有较强的识别作用。

在获取反映深层火山岩磁异常的基础上，应用斜导数的水平梯度（图6-21）、垂向二阶导数（图6-22）与解析信号（图6-23）进行火山岩边界的确定，结合火山岩磁异常对火山岩进行圈定。应当说明的是：由于火石岭组火山岩和营城组火山岩相距较近且埋深较大，原则上不应进一步再将反映深层火山岩的磁异常分解为火石岭组及营城组两个独立的火山岩磁异常，关于这个问题还需做进一步的研究。应用上述方法所圈定的深层火山岩是火石岭组与营城组火山岩的综合反映（图6-24）。

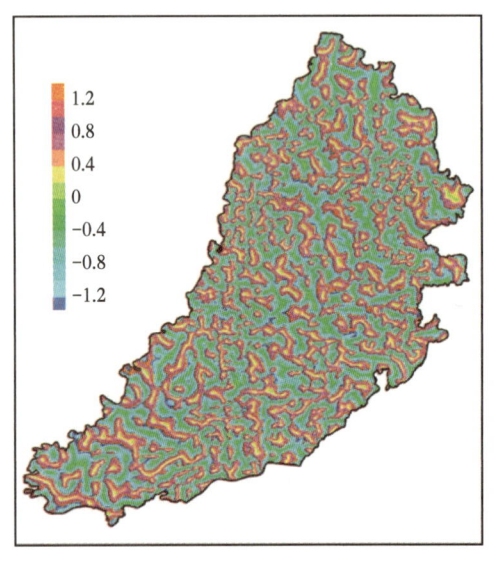

图6-21 斜导数的水平梯度平面图

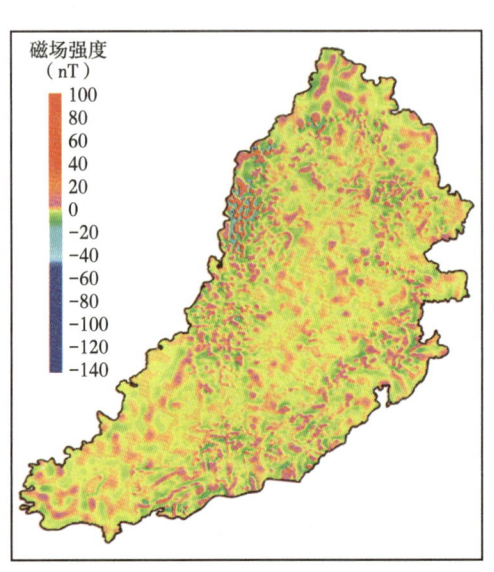

图6-22 垂向二阶导数平面图

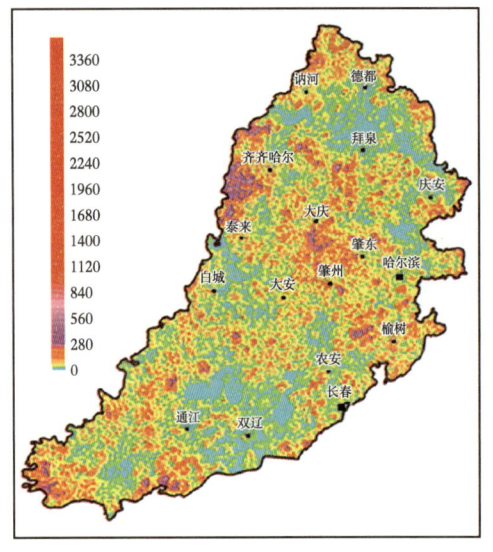

图6-23 火山岩磁异常解析信号平面图

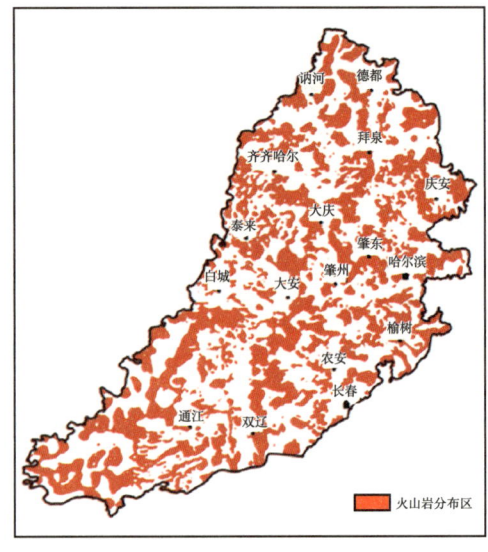

图6-24 火山岩分布预测平面图

通过与徐家围子地震解释的火山岩相对比发现（图6-24和图6-25）：由于受资料精度及比例尺的制约，推定的火山岩不可能与地震完全一致，同时酸性火山岩磁性较弱，只有较厚的火山岩才能在磁异常上得到反映，但应用磁力资料采用平化曲及垂向二阶导数技术预测的火山岩总体和地震是吻合的。该火山岩分布预测达到了宏观预测松辽盆地深层火山岩的目的，为深入分析火山岩的形成机制、深层火山岩气藏有利区的预测及勘探部署提供了重要的参考依据。依据深层火山岩分布预测图，深层火山岩分布面积为114316km^2，占整个盆地面积的43.8%。

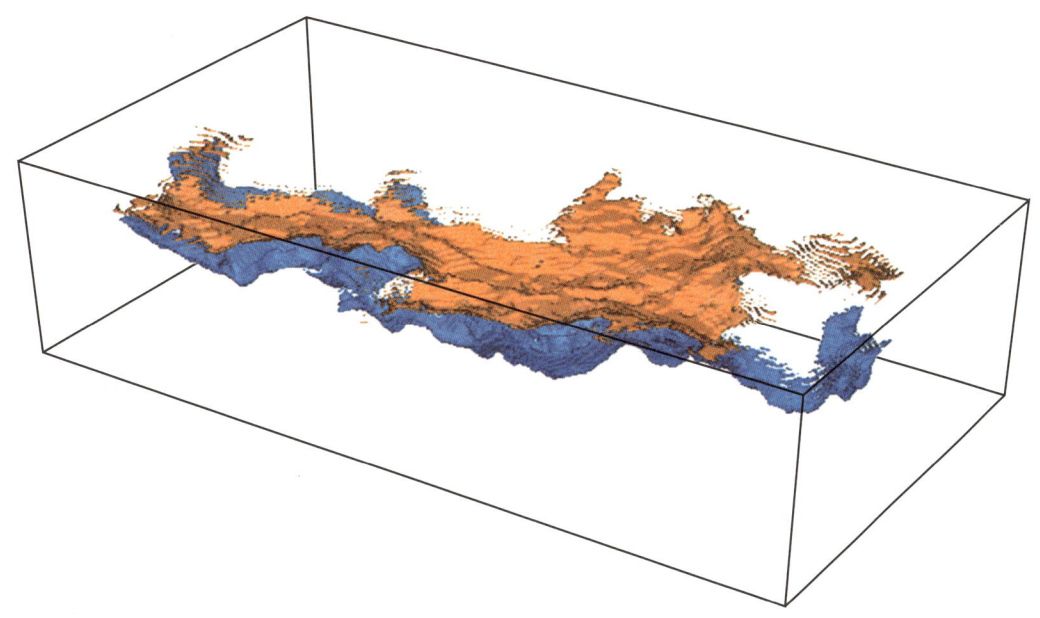

图6-25　地震解释反映的徐家围子断陷深层火山岩空间分布范围

八、盆地深层火山岩岩性预测

不同岩性的火山岩通常表现为不同的密度及磁化率，因而也就产生不尽相同的重磁异常。在地表的火山岩按照一般的重磁异常特征及相关分析可以有效地进行火山岩岩性的识别。但在盆地深处的火山岩，由于受盖层及基岩岩性等复杂因素的影响，一般很难准确地分离出由单一火山岩产生的重磁异常，尽管已经通过各种增强技术也不能达到这一目的。但无论如何，在所分离的重磁异常中已最大程度地包含火山岩产生的重磁异常效应。火山岩的重磁异常特征就包含在这样的异常中。仅通过火山岩重磁异常进行火山岩岩性直接逐一识别是困难的，甚至是做不到的，因此必须借助于其他方法才能进行判断识别。

通过研究发现，视磁化率、相对视密度及两者的相关系数在判断岩性方面是最佳的组合参数。为此将反映火山岩的重磁异常分别进行了三维磁化率、密度反演（在断陷深度范围内），并提取相关深度的磁化率及密度的切片，最后进行两者的相关分析，获取两者的相关系数，并作为判别火山岩岩性的基本参数。

在模糊判别中，人工神经网络模拟人类智能信息具有分布式存储、自适应学习、联想记忆和容错性、鲁棒性等特点，在模式判别中被广泛利用。本书在深层火山岩岩性预测中应用人工神经网络模式判别技术。

在特征井已知火山岩岩性的控制学习下，完成对火山岩岩性的识别训练。利用训练的知识结构对其他地区的火山岩岩性进行识别。

图 6-26 为深层火山岩岩性识别的资料处理流程。

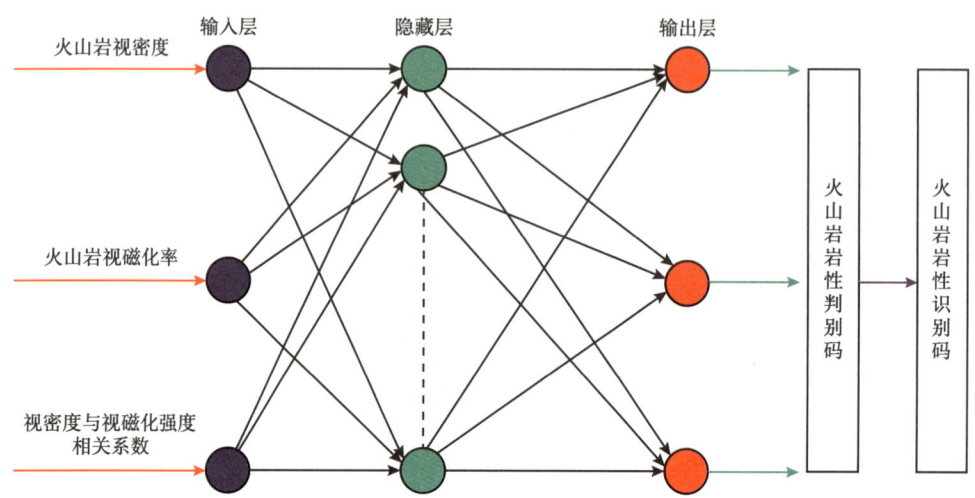

图 6-26　火山岩岩性的神经网络判别方法技术

（1）对反映深层火山岩重磁异常进行三维磁化率及相对视密度反演（图 6-27 和图 6-28），提取了磁化率反演断面，并获取与 T_4 界面相关的磁化率及密度切片。

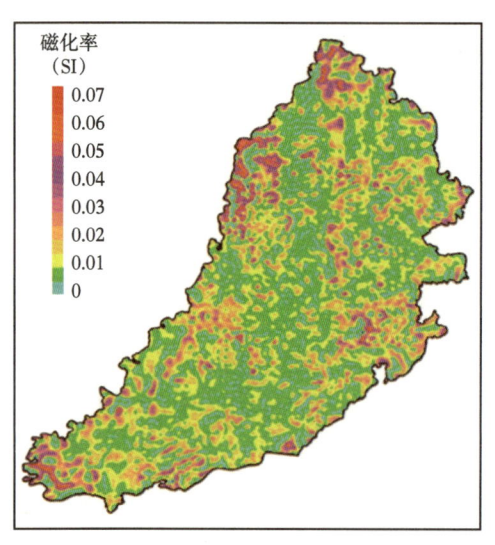

图 6-27　火山岩磁异常三维磁化率反演切片

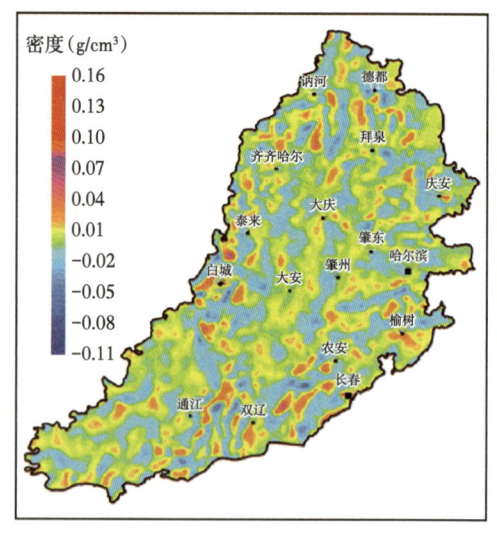

图 6-28　火山岩重力异常三维密度反演切片

磁化率断面切片显示，经平化曲求取的火山岩磁异常反演的磁化率较原始磁异常反演的磁化率对深层磁性体具有更高的分辨率，局部磁性体的空间分布特征非常清楚，这些局部磁性体大多反映的是断陷内的火山岩。

（2）对反映火山岩岩性的相对视密度、视磁化率进行对应分析处理获取相关系数（图6-29）。

（3）对钻遇的深层火山岩岩性进行岩性分类编码，通过插值获取已知井处的相对视密度、视磁化率及两者的相关系数，形成神经网络训练学习的样本空间。

（4）应用BP神经网络对已知样本进行训练学习，形成判别网络。

（5）应用判别网络对火山岩岩性进行判别，完成火山岩岩性的预测。

在所收集到的深部探井中，有292口井钻遇深层火山岩，按火山岩岩性类别分为基性火山岩、中性火山岩、酸性火山岩及火山碎屑岩。其中钻遇基性火山岩37口、钻遇中性火山岩38口、钻遇酸性火山岩77口、钻遇火山碎屑岩140口。

利用已知井的坐标获取井点位置的相对视密度、视磁化率及两者的相关系数，并作为网络的输入参数进行网络学习，网络学习识别火山岩岩性的准确率为85.3%。

最后在神经网络的识别下完成松辽盆地深层火山岩岩性的预测并编制了松辽盆地深层火山岩岩性平面分布预测图（图6-30）。

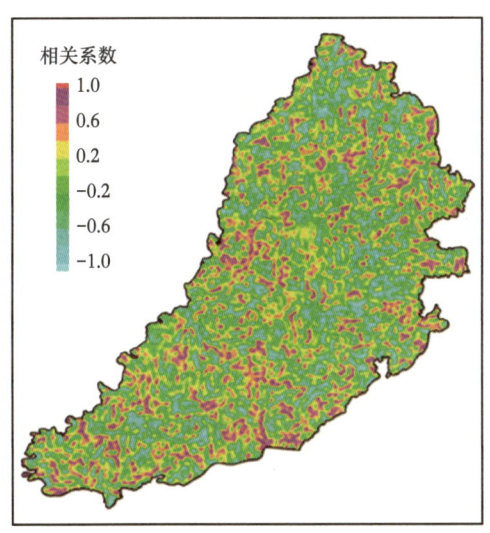
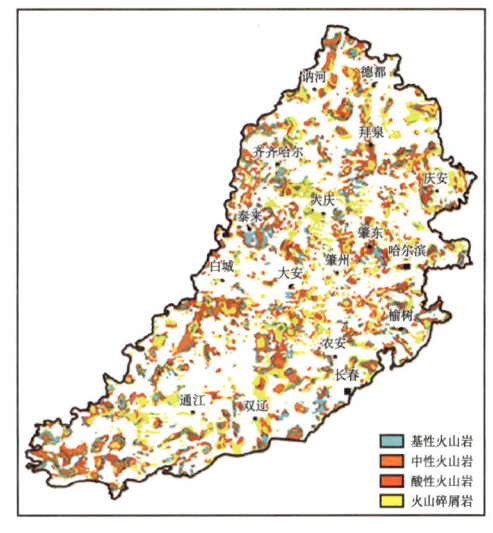

图6-29 磁化率与相对密度相关系数平面图　　图6-30 深层火山岩岩性分布预测平面图

火山岩岩性预测图显示，基性火山岩分布面积为4137km²，占火山岩总分布面积的3.62%；中性火山岩分布面积为26628km²，占火山岩总分布面积的23.31%；酸性火山岩分布面积为28239km²，占火山岩总分布面积的24.70%；火山碎屑岩分布面积为55311km²，占火山岩总分布面积的48.37%。从分布情况来看，中性火山岩与酸性火山岩分布相当，火山碎屑岩几乎占据深层火山岩的一半，是松辽盆地深层最主要的火山岩类型。

九、松辽盆地火山岩的分布规律

火山岩主要分布于深断陷中（图6-31），沿深大断裂展布，NE及NW向断裂明显地控制着火山岩分布厚度最大的区域（图6-32）。这也说明火山活动主要受深大断裂的控制。同时也反证：深大断裂不仅控制了火山活动，也控制了盆地深层断陷的形成与发育。在断陷形成的过程中伴随火山喷发，火山沿深大断裂喷发并使熔浆溢流到断陷其他区域，使得断陷低洼处也分布大量的火山岩。基性火山岩分布较少，主要沿超壳深断裂分布。值得进一步说明的是：深大断裂控制断陷形成的过程中，由于阶梯状的伸展运动，也会使得在断陷外围发育一定量的早期喷发的火山岩，主要是火石岭组中基性火山岩，而营城组火山岩主要分布在断陷中。

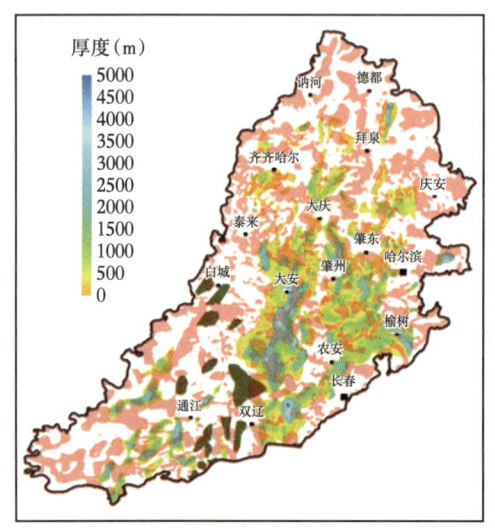

图6-31 深层火山岩与断陷地层厚度叠合图

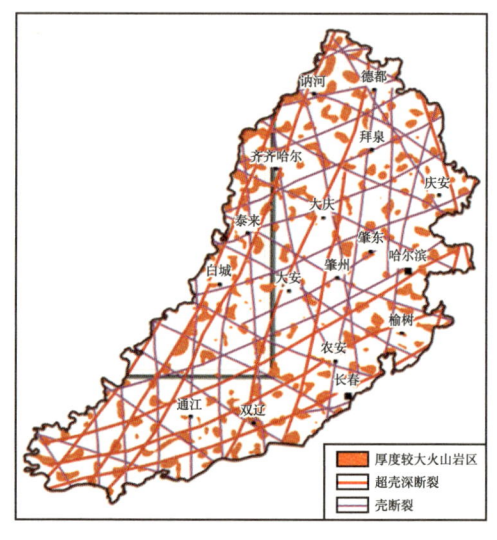

图6-32 深断裂与较厚火山岩深度叠合图

第二节 火山机构、岩相、岩性、有效储层地震预测技术系列

一、火山岩数字化模型建立与地震波场模拟技术

地震波场模拟是地震勘探和反射地震学研究的重要基础。地震波场模拟在假定地下介质结构模型和相应物理参数已知的情况下，模拟研究地震波在地下各种介质中的传播规律，并计算在地面或地下各观测点记录的地震反射数据，将地质模型和地震响应有机地联系起来，使地震反射特征既具有地球物理意义，又具有明确的地质意义。松辽盆地徐家围子火山岩具有地层连续性差且延伸较短、地层产状倾角大、横向变化快、成层性较差、纵横向速度变化剧烈等特征，火山岩油气藏属于复杂油气藏类型，埋藏深、断层和裂隙发育，分布范围广而无明显的规律，这些特性极大地加剧了火山岩地层精确成像和预测难度，导致识别、预测储

层困难,严重制约了火山岩油气藏的勘探。通过对不同岩性、岩相及多种地层参数组合的地震响应模型的基础性研究,可减少地震解释的多解性,更好地指导地震解释和校正储层的预测结果。建立在岩石物理理论基础上的正演模拟既是全面认识地震波在储层中的传播特征、划分储层类型和烃类检测的有效技术手段,也是建立火山岩储层地震预测理论的基础。

本节以松辽盆地徐家围子深层火山岩油气藏为研究样本,开展地震波场正演和偏移成像研究,明确火山岩气藏地震响应特征,为火山岩及其储层地震预测奠定坚实可靠的基础。

1. 火山岩地质建模与地球物理模型的建立

1)火山岩地质模型的建立

设计和建立复杂构造火山岩气藏的地质—地球物理模型,首先构建典型的火山机构模型。松辽盆地徐家围子营城组火山岩地层具有火山机构为块状,岩流为层状的反射结构特性,火山机构具有多期喷发叠置的特点。似层状结构随岩相变化横向延伸尺度不一,爆发相和喷溢相规模最大,侧向延伸范围在 400~3500m,火山通道相、侵出相和火山沉积相的规模较小,侧向延伸范围在 100~500m,地层中主要发育爆发相和喷溢相,火山机构由多期喷发建造形成山形地貌。因此,根据上述地质特征,构建出具有两大喷发旋回、多期叠置的典型火山机构模型(图 6-33)。

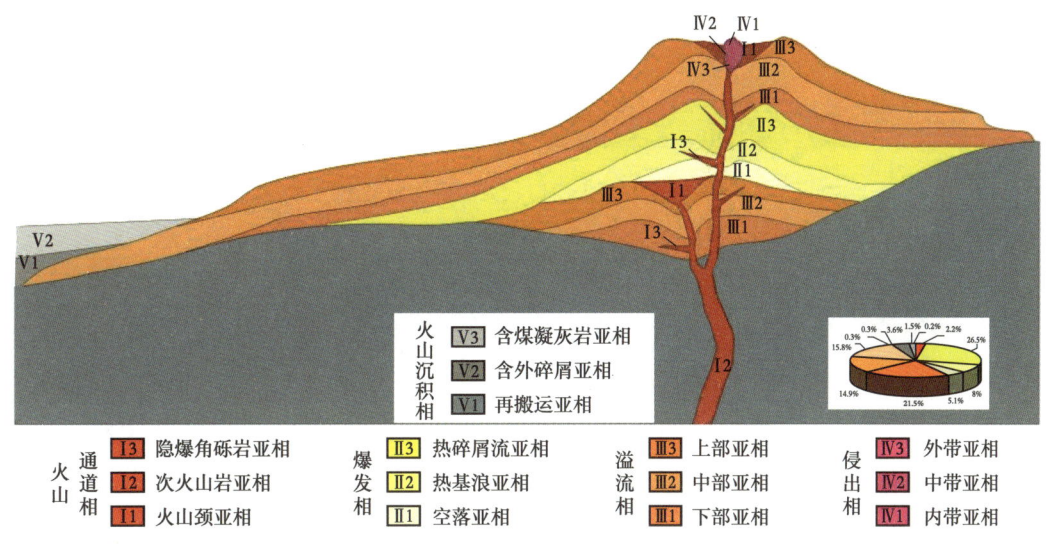

图 6-33 典型火山机构模型

为了确定火山机构的地震响应影响因素,采用由简单到复杂的模拟方法,即采用多尺度建模技术将复杂模型分解,先形成简单的模型,进而组合构成不同尺度、不同复杂程度的地球物理模型,便于剖析不同地层、构造、储层及不同流体的地震波响应,从本质上揭示火山岩及其储层的地震响应特征,从而有效指导地震资料的正演与反演解释。

(1)不同外形的火山机构模型。

火山岩由于喷发环境和喷发方式的差异,形成形态各异的火山机构。为了模拟火山机构外部形态差异,搞清波场传播路径和方式,首先考虑不同外部形态对火山机构地震成像的影响。从几何学特征角度,将火山机构的外形设计成三类:丘状火山机构(图6-34)、破火山口状火山机构(图6-35)和台地状火山机构(图6-36)。

图6-34　丘状火山机构模型

图6-35　破火山口状火山机构模型图

图6-36　台地状火山机构模型

(2)裂隙发育的火山机构模型。

火山岩地层为高密度的裂缝发育带,裂缝发育带将会引起地震波在传播过程中的能量消耗和散射,影响地层横向的地震成像效果。基于等效介质理论,采用直接刻画裂隙、孔隙(带)方式来表征火山岩裂隙(带),开展非均匀混合弹性介质算法研究裂缝发育型火山机构的地震响应,建立一个含两组裂隙的丘状火山机构弹性介质模型(图6-37)。

(3)爆发相发育的火山机构模型。

多期相互叠置形成的碎屑流与熔岩流互层是火山机构的原始物质组成。且后期的火山作用对早期形成的火山岩具有明显的改造作用，使火山口附近岩性复杂多变，岩性主要是由大小不等、粒径一般都大于10cm的火山集块、火山角砾组成。从火山口向两翼，火山碎屑粒度逐渐变小，直至完全变为火山灰并混合于陆源碎屑沉积中，地层的倾角变小直至变平。根据地质—地球物理建模原则和方法，将火山口处地层的横向延伸尺度和产状进行了修正，地层连续性从喷口向两侧逐渐增强（图6-38）。

图6-37　发育两组裂隙的丘状火山机构模型

图6-38　爆发相发育的火山机构模型

（4）含不同流体火山机构模型。

为了研究地震波通过气层时，储层顶底及横向上能量分布的响应特征，以及流体性质不同时，火山岩地震波场传播特征的差异，设计了两种流体状态的火山机构模型（图6-39和图6-40），使之更加真实反映流体的特性、流动形式，以及对速度和频散的影响规律。

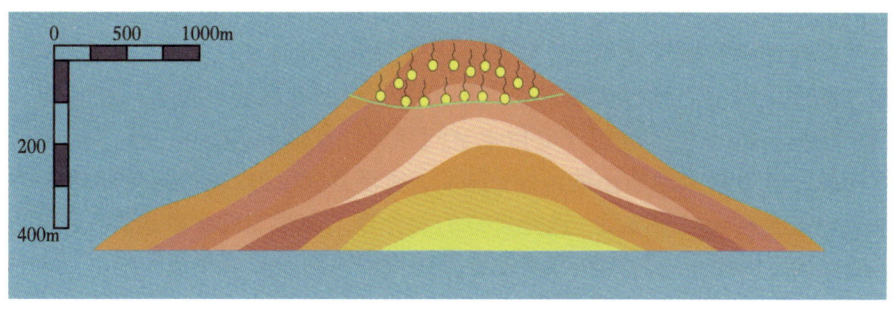

图6-39　含气火山机构模型

图 6-40　含水火山机构模型

（5）多火山机构叠置的火山岩地层模型。

火山岩地层是由多期火山喷发形成。火山喷口一般与深大断裂相伴生，形成了断裂、火山机构相匹配的复杂火山岩地层。多个火山机构横向、纵向叠置，使地层连续性和韵律性具有"无序"性。当多个火山岩体组合在一起时，地震波场相互影响干涉，进一步增加了火山岩地震波场的复杂性。图 6-41 是以松辽盆地徐家围子断陷 XS8—XS301 井区精细地震解释剖面为依据，建立的多火山机构叠置的火山岩地层结构模型（横向 23km、高度 1000m）。

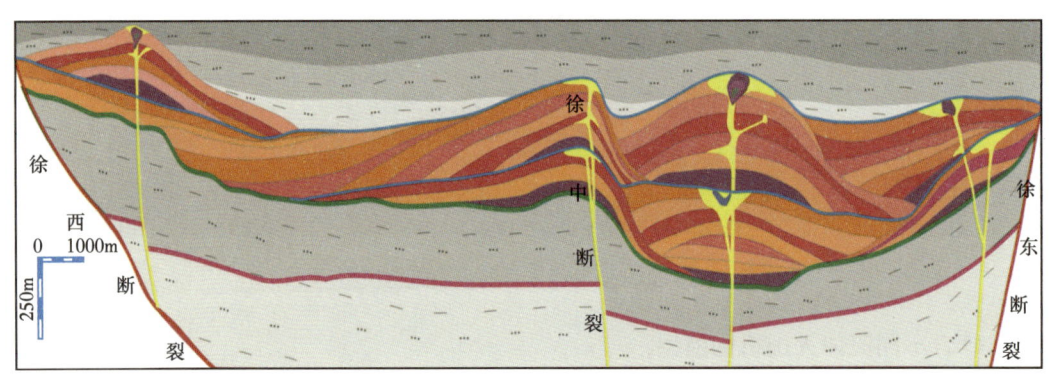

图 6-41　多火山机构叠置的火山岩地层模型

2）火山岩地球物理模型的建立

在火山机构地质模型构建的基础上，将绘制好的二维封闭结构底图作为初始输入数据，利用图像处理中区域填充算法（种子填充和扫描转换填充），对不同二维封闭结构底图进行颜色填充，用不同颜色代表不同二维封闭结构面的属性（速度、密度等）。然后对二维封闭结构模型的彩色图进行速度像素空间和属性空间转换，将颜色空间和属性空间一一映射，最终获得复杂地质体的属性（速度、密度等）模型。通过对模型的空间剖分实现地质模型转化为地球物理模型，选择合适的差分算子和稳定的吸收边界，是得到高精度地震波场的前提，因此采用稳定性和精度更高的交错网格差分算子进行模型的离散化。

（1）火山岩地层地球物理参数设定。

根据岩石物理测试结果并结合测井、地震资料，获得火山岩地层的地球物理参数，如

图 6-42、图 6-43 和表 6-3 所示。

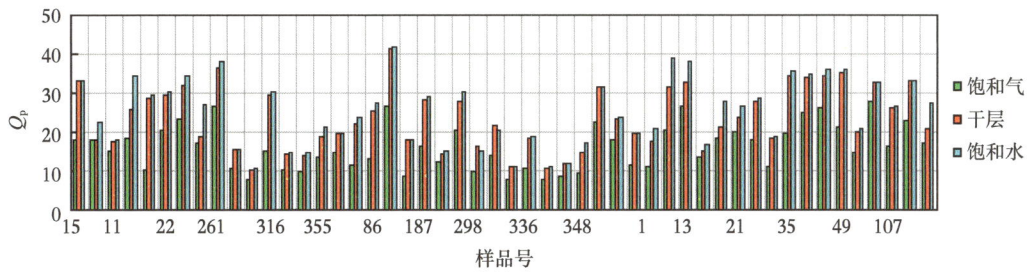

图 6-42　火山岩地层岩心超声波测试纵波品质因子 Q_p 分布图

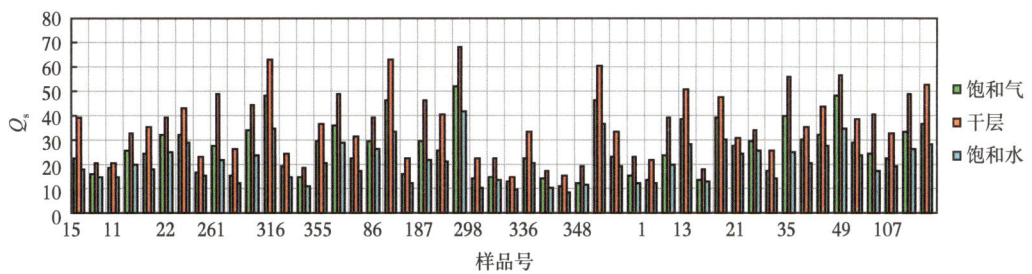

图 6-43　火山岩地层岩心超声波测试横波品质因子 Q_s 分布图

表 6-3　火山岩地层地球物理参数表

岩性（代码）	岩性	岩相	v_p（m/s）	v_s（m/s）	ρ_o（kg/cm³）
1	集块岩	空落亚相	5300	3270	2450
2	火山角砾	空落亚相	5255	3110	2530
3	凝灰岩	热基浪亚相	5160	3140	2500
4	熔结凝灰岩	热碎屑流亚相	5250	3425	2550
5	角砾熔岩	空落亚相	5500	3200	2580
6	熔结角砾	空落亚相	5350	3150	2540
7	流纹岩	中部亚相	5255	3200	2540
8	气孔流纹岩	上部亚相	5100	3160	2510
9	含角砾流纹岩	下部亚相	5440	3200	2560
10	隐爆角砾岩	火山通道相	5150	3110	2550
11	围岩（沉积岩）	沉积相	5100	3000	2500
12	含裂缝火山岩		5050	3010	2450

（2）规则网格和交错网格上一阶导数的有限差分法的精度。

通过函数 $u(x)=e^{i\omega x}$ 的一阶导数计算，检验虚谱法、中心有限差分法和交错网格有限差分法的精度。

图 6-44 所示为不同阶数（或长度）中心差分算子、交错网格差分算子的振幅谱与虚谱差分算子的振幅谱对比。图 6-44 中（曲线自下而上）$L=1\sim10$，即差分精度为 $2\sim20$ 阶。图 6-44 中直线对应于虚谱差分算子。一阶导数的不同长度（或差分精度）中心差分算子在 Nyquist 频率或波数（或 1/格点数 =0.5）时，振幅谱为零，即中心差分算子精度不能达到虚谱差分算子的精度。而交错网格差分算子的振幅谱在接近 Nyquist 频率或波数时，略偏离于虚谱差分算子的谱线，但随着差分算子长度的增加，偏差越来越小。可见，交错网格差分算子的精度可以达到虚谱差分算子的精度，即每波长 2 个网格点。

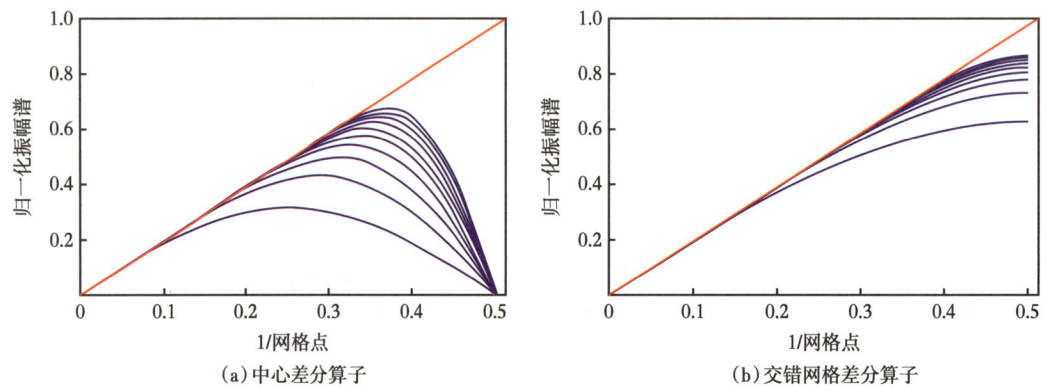

图 6-44　中心差分算子和交错网格差分算子振幅谱与虚谱差分算子的振幅谱对比图

（3）规则网格和交错网格上一阶导数的有限差分系数的收敛性。

随着阶数的不断增高，规则网格上的差分系数（或权重）收敛于 $\dfrac{(-1)^{m+1}}{m}(m=1,2,\cdots)$（对应于虚谱法）。而在交错网格上收敛于 $\dfrac{4(-1)^{m+1}}{\pi(2m-1)^2}(m=1,2,\cdots)$（对应于虚谱法），即规则网格上的差分系数收敛速度为 $O\left(\dfrac{1}{m}\right)$，而在交错网格上收敛速度为 $O\left(\dfrac{1}{m^2}\right)$。可见，交错网格上有限差分的权重衰减很快。交错网格法的差分算子局部特性更好，收敛性好。图 6-45 为规则网格、交错网格上一阶导数的 20 点差分算子和相应的虚谱差分算子的对比。

2. 火山岩地震波场正演模拟与地震响应分析

地震波传播理论可分为地震波动方程理论和射线理论。地震波动方程理论建立在弹性或黏弹性理论和牛顿力学基础上，其数学表达形式为双曲型偏微分方程，即地震波传播方程。由于地下介质性质不同，其相应的地震波传播方程也不同。如声学介质中的声波波动方程、弹性介质中的弹性波波动方程、黏弹性介质中的黏弹性波波动方程、孔隙弹性介质（双相或多相介质）中的双相（或多相）介质弹性波方程及各向异性介质中的各向异性弹性波波动方程等。而射线理论是建立在波动方程高频近似理论基础上的，其数学表达形式为程函方程和传输方程。本节基于地震波动方程理论重点阐述复杂介质地震波场数值模拟方法,并对正演结果进行了地震响应分析。

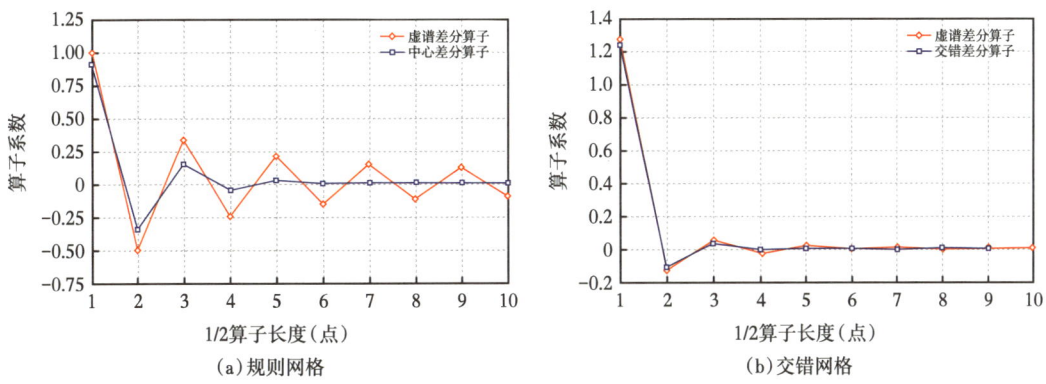

图 6-45　一阶导数的 20 点差分算子和相应的虚谱差分算子对比图

(1) 不同外形的火山机构模型波场特征。

根据不同外形火山机构,通过地震波数值模拟方法分析研究丘状火山机构、破火山口状火山机构、台地状火山机构的地震波场特征和成像模式。对三个不同外形的火山机构模型(图 6-46 至图 6-48),采用二维地震数据进行声波方程数值模拟。

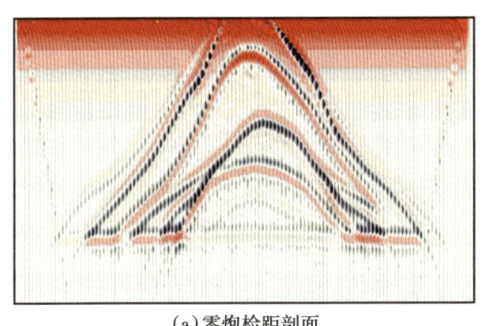
(a) 零炮检距剖面

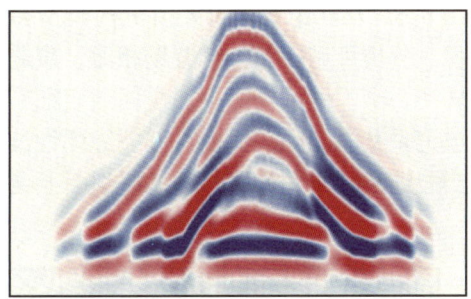
(b) 成像剖面

图 6-46　丘状火山机构模型声波方程正演模拟零炮检距剖面与成像剖面

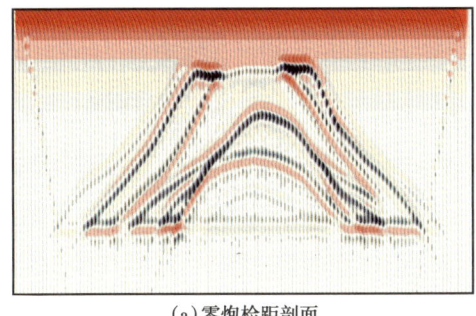
(a) 零炮检距剖面

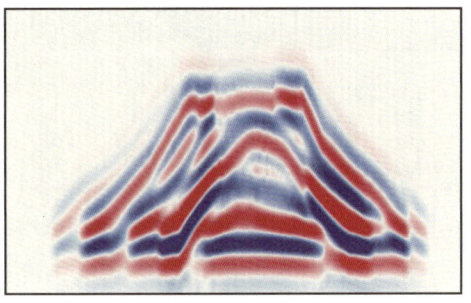
(b) 成像剖面

图 6-47　台地状火山机构模型声波方程正演模拟零炮检距剖面与成像剖面

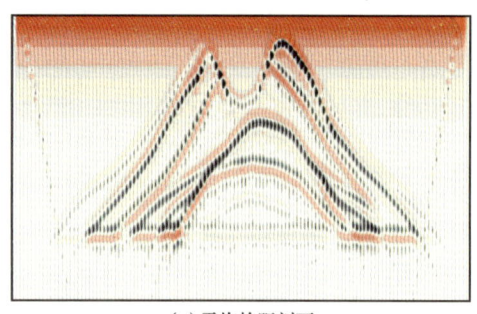
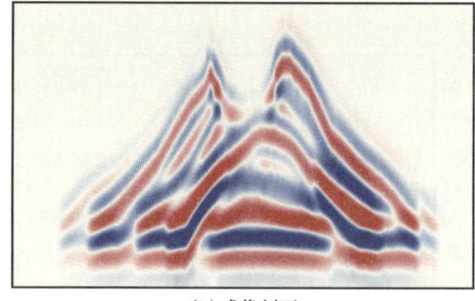

(a)零炮检距剖面　　　　　　　　　　　(b)成像剖面

图 6-48　破火山口状火山机构模型声波方程正演模拟零炮检距剖面与成像剖面

(2)裂缝发育的火山机构模型波场特征。

裂缝发育的火山机构模型地震正演成像:根据裂缝型火山机构模型,通过声波方程和弹性波方程数值模拟方法对比分析其地震波场特征。

由裂缝发育的火山机构模型声波方程正演模拟地震记录(图 6-49)和 121 炮模拟零炮检距剖面(图 6-50)可见:①火山岩裂缝(带)产生强散射波场;②散射波场与其他波场(如反射波场、透射波场等)叠加、干涉相互作用,造成波前面出现断断续续的现象;③裂缝散射波能量大小与离震源距离有关,离震源近的裂缝散射波能量较强。

图 6-51 为裂缝发育的火山机构模型弹性波方程和声波方程正演模拟第 41 炮地震记录对比。分析可见:①与声波场相比,裂缝模型的弹性波场波形复杂,且存在模式转换和能量转换,全弹性波场能更加全面地表征裂缝储层;②声波地震记录与全弹性波场分离后的纵波记录基本相同,区别在于裂缝弹性波场存在模式转换和能量转换。成像剖面特征显示,当裂缝成带状发育时,在地震剖面上会形成反射同相轴断续反射(图 6-52)。

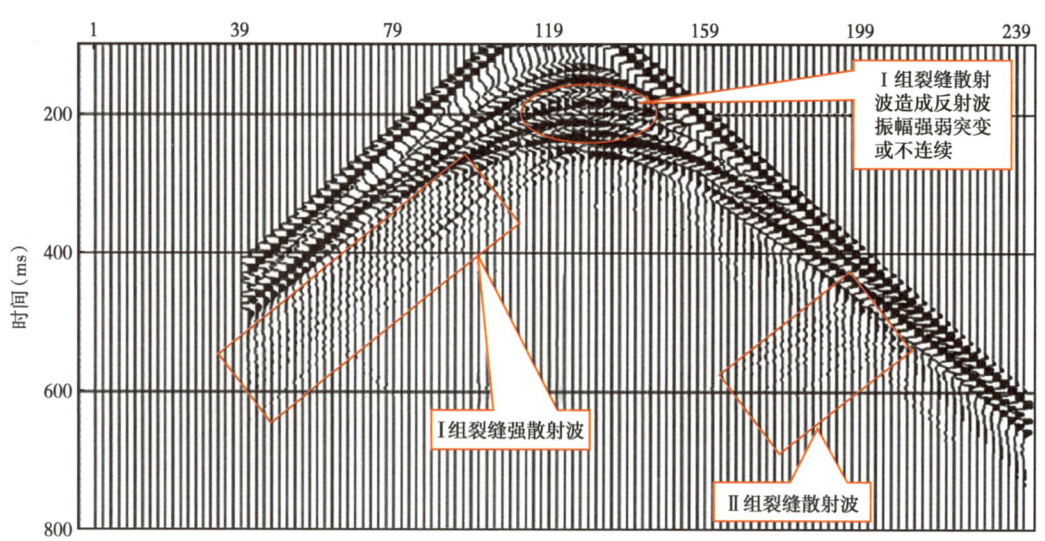

图 6-49　裂缝发育的火山机构模型声波方程数值模拟第 41 炮地震记录图

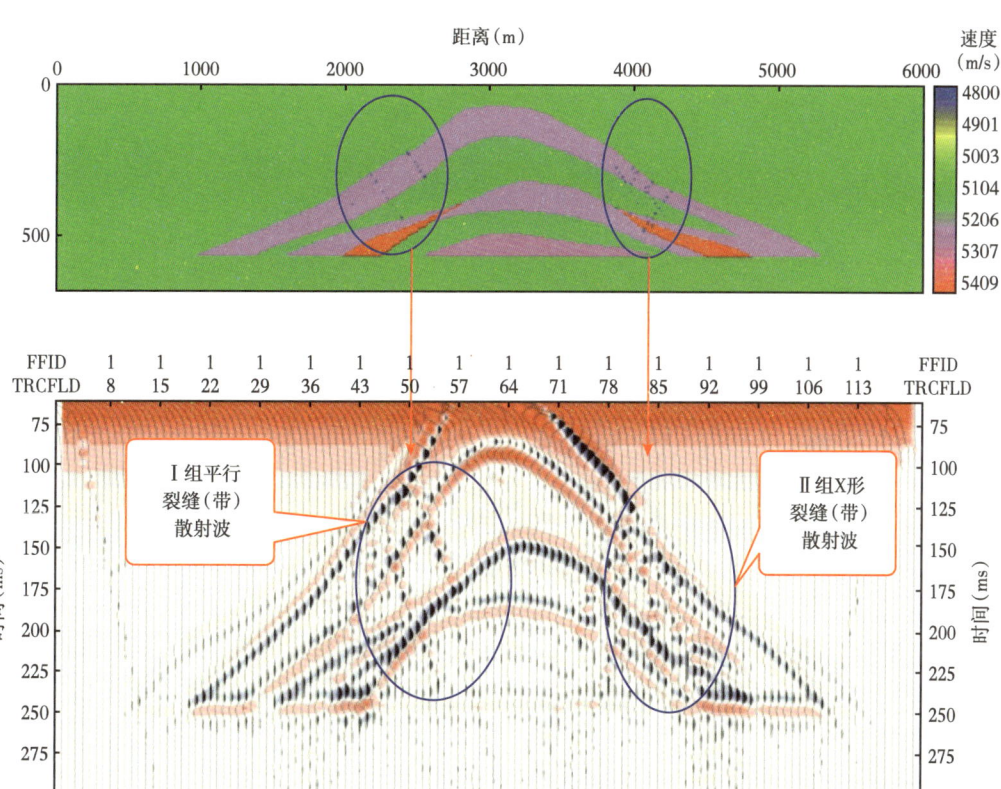

图 6-50 裂缝发育的火山机构模型图（上图）声波方程正演模拟零炮检距剖面图（下图）

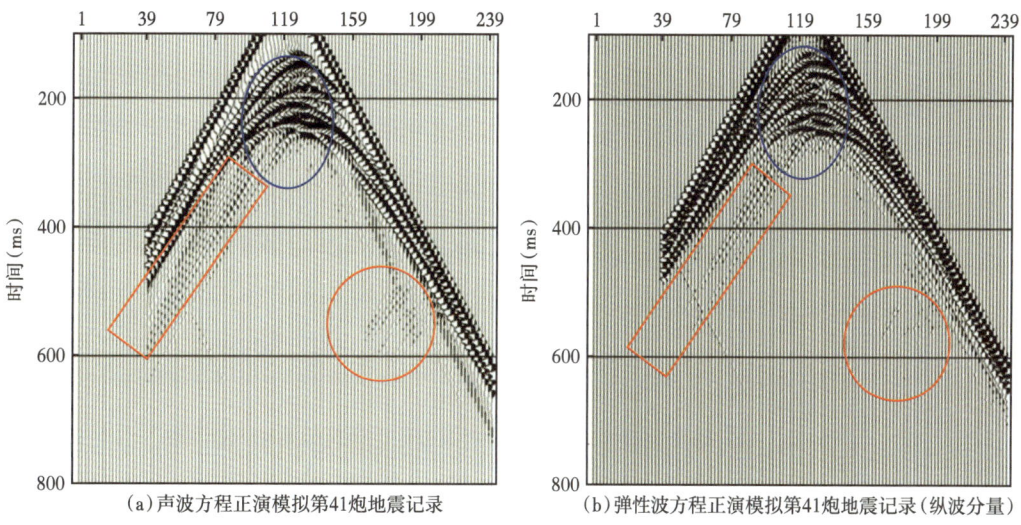

图 6-51 裂缝发育的火山机构模型弹性波方程和声波方程正演模拟第 41 炮地震记录对比

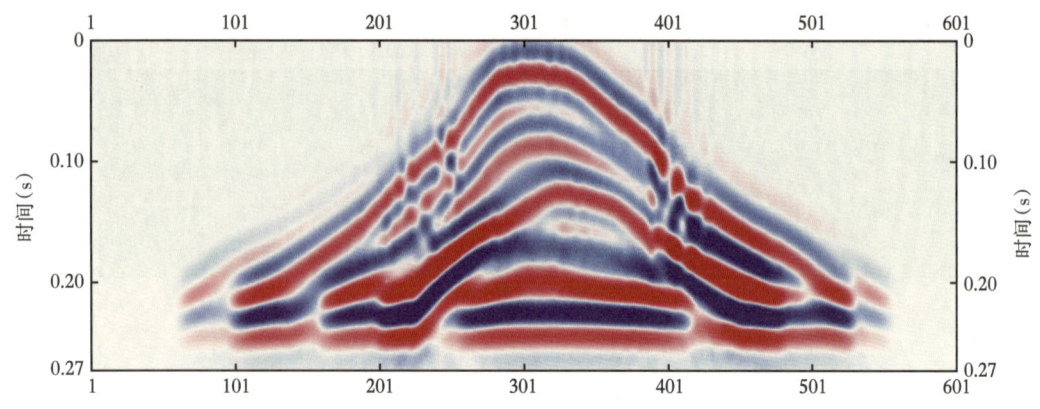

图 6-52　裂缝发育的火山机构模型成像剖面

（3）爆发相和通道相发育的火山机构模型波场特征。

爆发相发育的火山机构模型声波方程正演模拟第 41 炮地震记录如图 6-53 所示。由图 6-53 可见：①楔形火山岩地层的反射波场表现为短反射或不连续反射（图 6-53 中较大椭圆标注）；②火山爆发相和通道相产生强的一次散射波和多次散射波场，这些散射波场与反射波场叠加、干涉，形成了连续性差的杂乱反射波（图 6-53 中较小椭圆标注）。此外地震波在火山通道中传播时，由于多次反射波场的叠加、干涉，易形成低频波，即通常所说的槽波；③火山岩内部复杂结构使得地震波场复杂化。

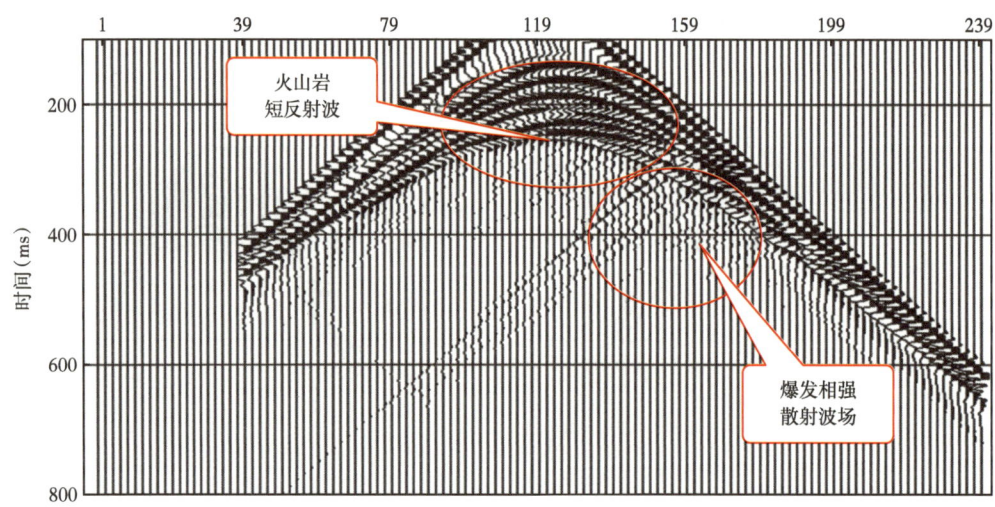

图 6-53　爆发相发育的火山机构模型声波方程正演模拟第 41 炮记录

（4）含不同流体的火山机构模型的地震波场特征及其分析。

通过黏弹性波方程数值模拟，对比分析含不同流体火山机构模型的地震响应和 AVO 特征。图 6-54 至图 6-58 所示为含不同流体的火山机构模型黏弹性波方程数值模拟零炮检距剖面。分析可见：①P 波分量上储层分别含气、含水时，储层底反射波振幅存在明显的差异，含气反射波振幅大于含水的；②PS 波分量上储层分别含气、含水时，储层底反射波振幅也存在较明显的差异，但含水的反射波振幅大于含气的。

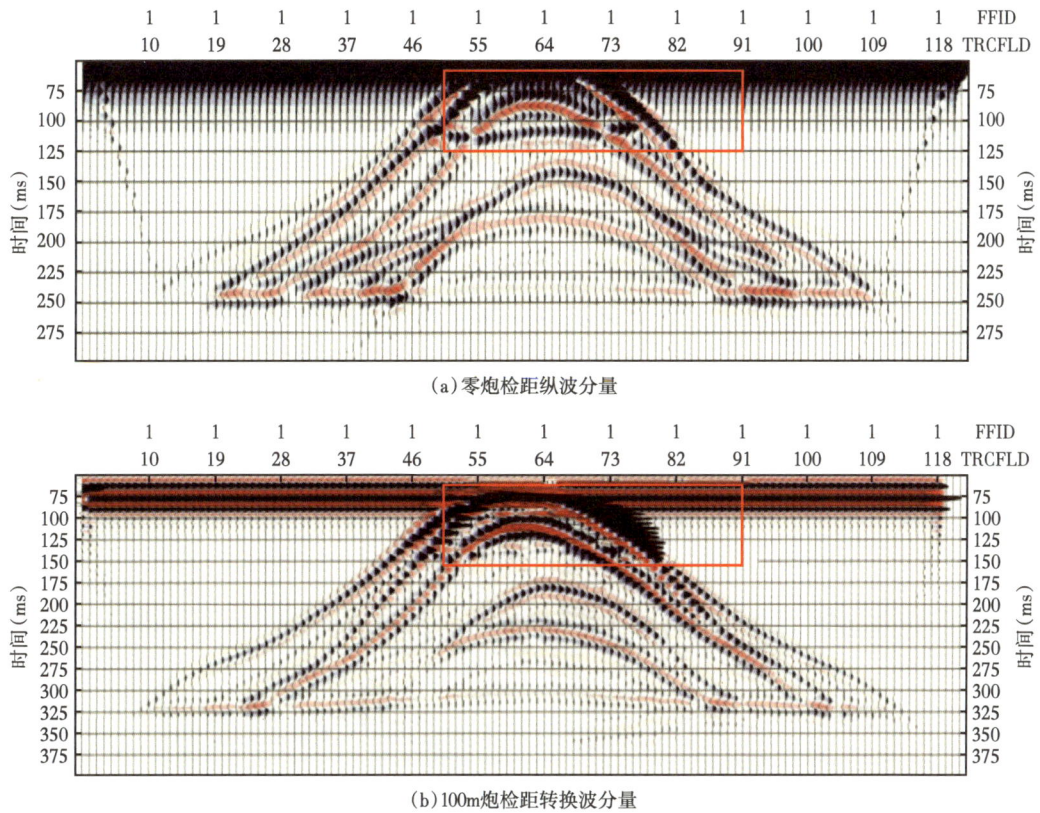

(a) 零炮检距纵波分量

(b) 100m 炮检距转换波分量

图 6-54　含气火山机构模型黏弹性波方程数值模拟近似叠加剖面

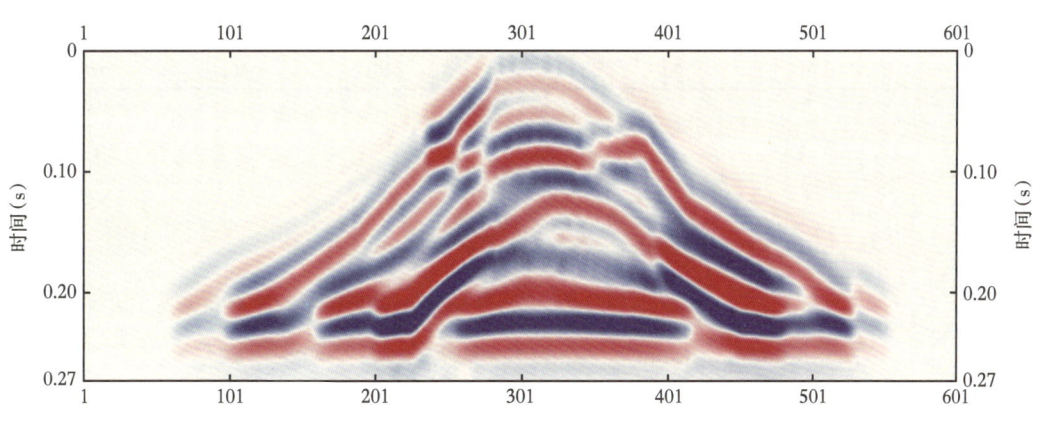

图 6-55　含气火山机构模型黏弹性波方程数值模拟近似叠加剖面

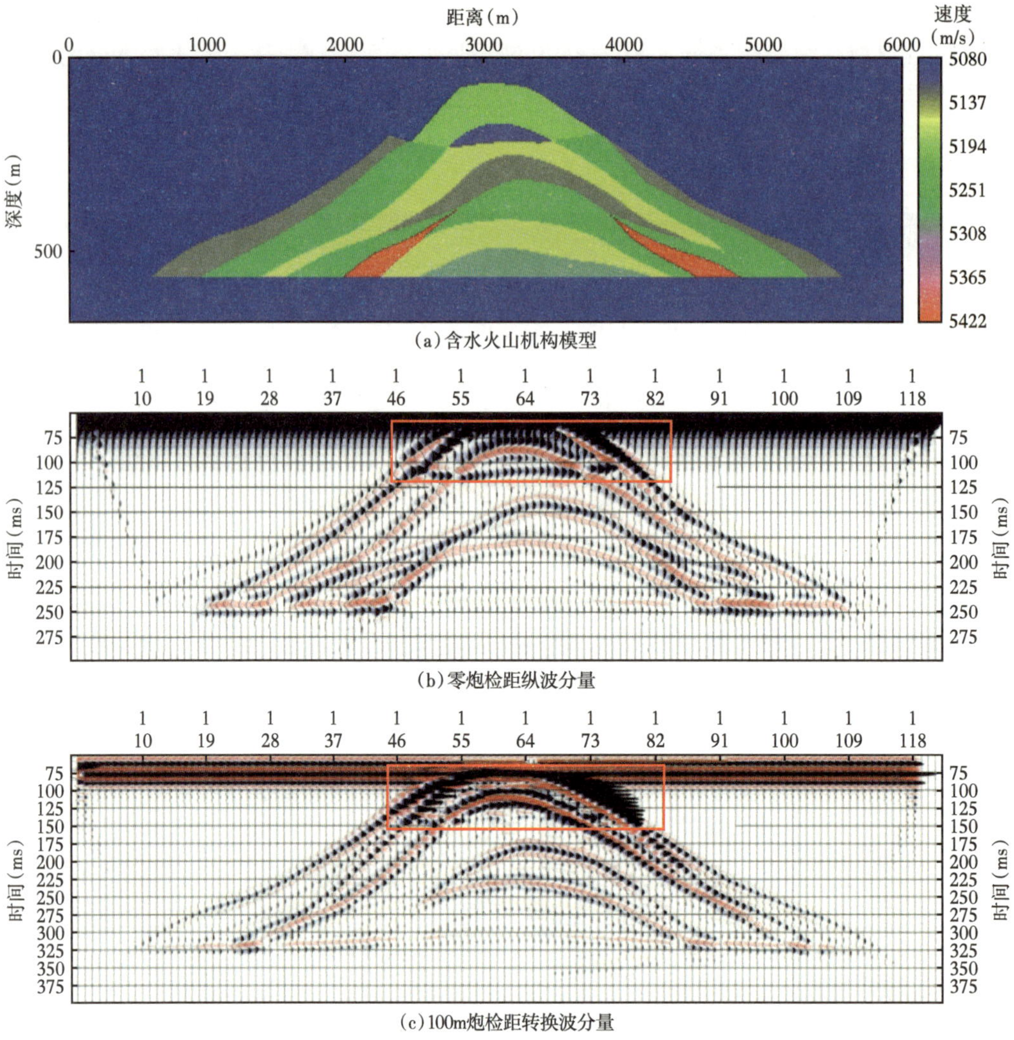

(a) 含水火山机构模型

(b) 零炮检距纵波分量

(c) 100m炮检距转换波分量

图 6-56 含水火山机构模型黏弹性波方程数值模拟近似叠加剖面

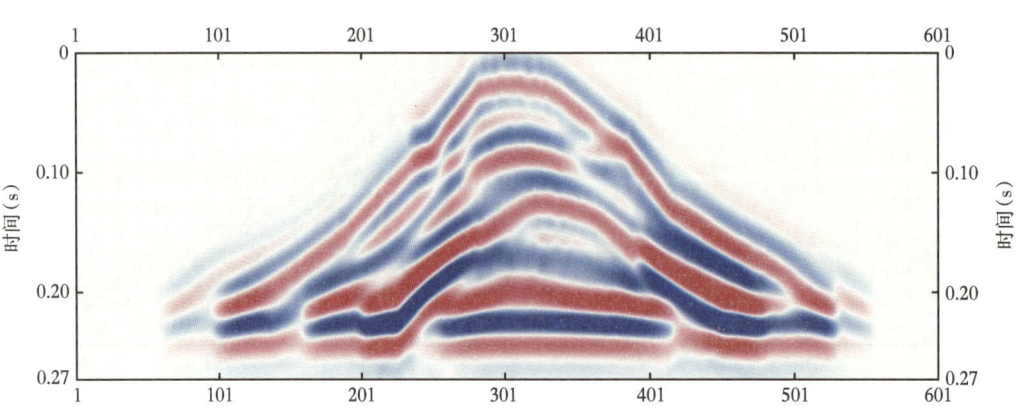

图 6-57 含水火山机构模型黏弹性波方程数值模拟近似叠加剖面

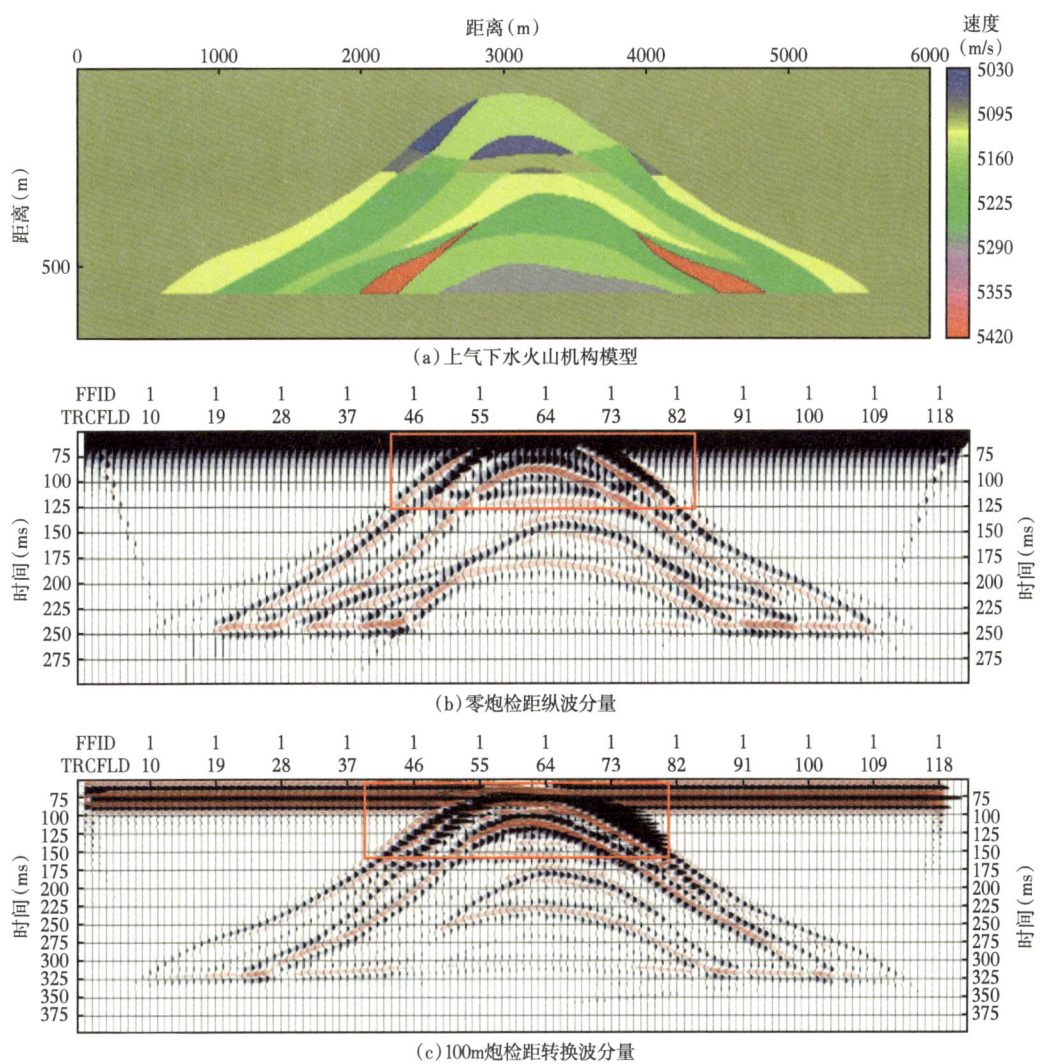

图 6-58 上气下水火山机构模型黏弹性波方程数值模拟近似叠加剖面

由图 6-59 和图 6-60 可见：①含不同流体的火山岩储层，其反射波振幅有一定差异，含气反射振幅比含水大，储层与非储层反射波振幅差异明显；②含不同流体火山岩储层，其反射波谱（或 AVF 特征）的低频部分有一定差异，含气谱振幅比含水大，储层反射波谱振幅与非储层反射波谱振幅差异明显。

（5）复杂火山岩地层模型的地震波场正演模拟与响应分析。

对由多个火山机构组成的复杂火山岩地层模型，采用二维地震采集参数进行声波方程数值模拟及成像分析。图 6-61 为复杂火山岩地层模型声波方程数值模拟第 41 炮（2000m，0m）地震记录。可见有如下特征：

爆发相和火山通道相引起强一次散射波场和多次散射波场，多个楔形地层尖点也形成一系列逆散射波场，但前者的散射波场能量明显强于后者的；低速薄层形成地震波能量聚焦如图 6-62 所示（$t=300\text{ms}$）。

图 6-62 所示为复杂火山岩地层模型声波方程正演模拟零炮检距剖面和成像剖面。可见：①火山通道一般为接近垂直分布，在地震剖面上表现为弱振幅，使得地层反射不连续或错断；②爆发相在地震剖面上表现为强振幅；③埋深浅的爆发相在其地震剖面下部往往存在类似于多次反射波的波组，这是由于爆发相所产生的强散射波作为二次震源所形成的反射波。

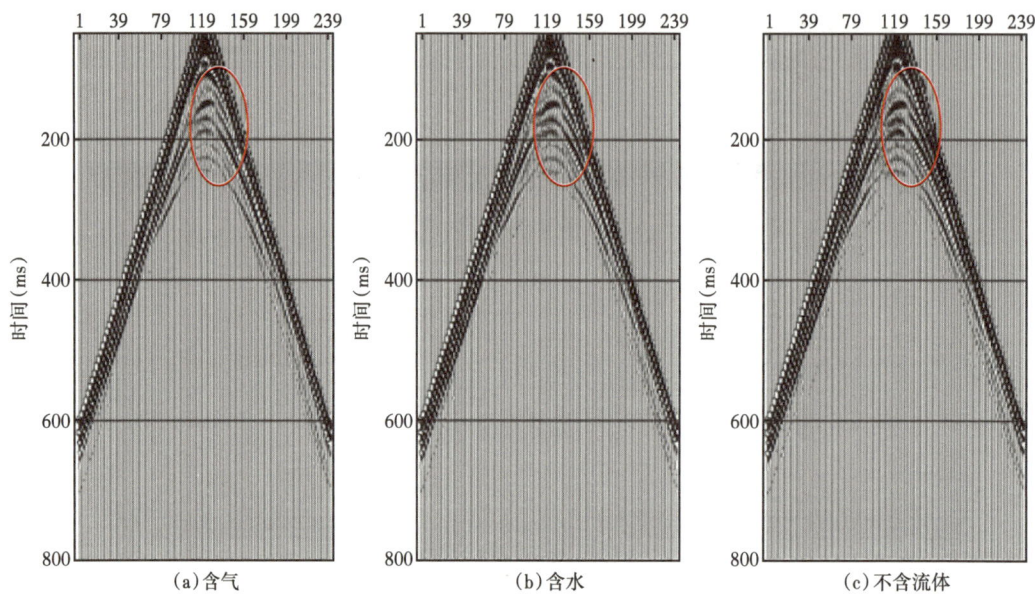

图 6-59　含流体和不含流体的火山机构模型黏弹性波方程正演模拟第 61 炮纵波分量记录对比

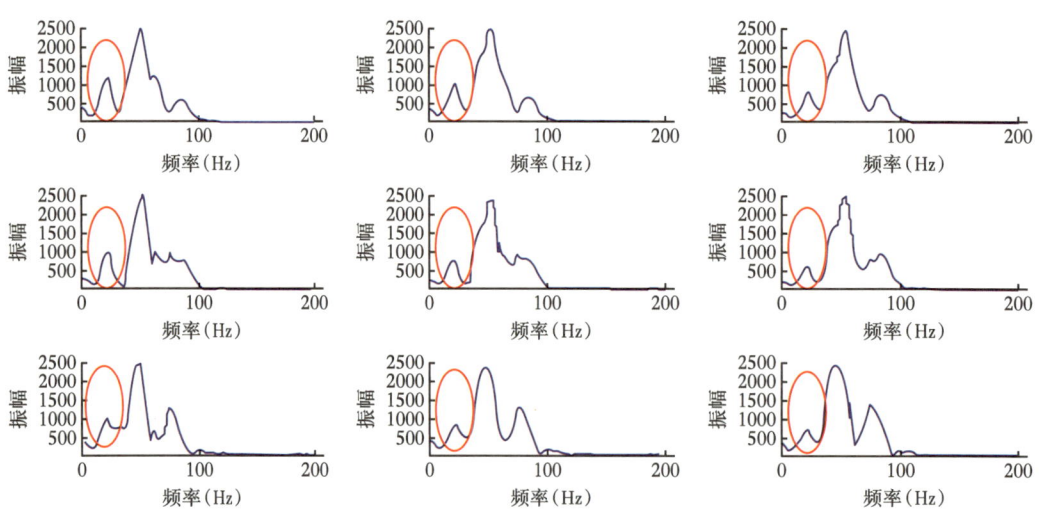

图 6-60　含流体和不含流体的火山机构模型黏弹性波方程正演模拟第 61 炮纵波分量波形频谱对比
上：118 道，中：121 道，下：124 道；左：含气，中：含水，右：不含流体

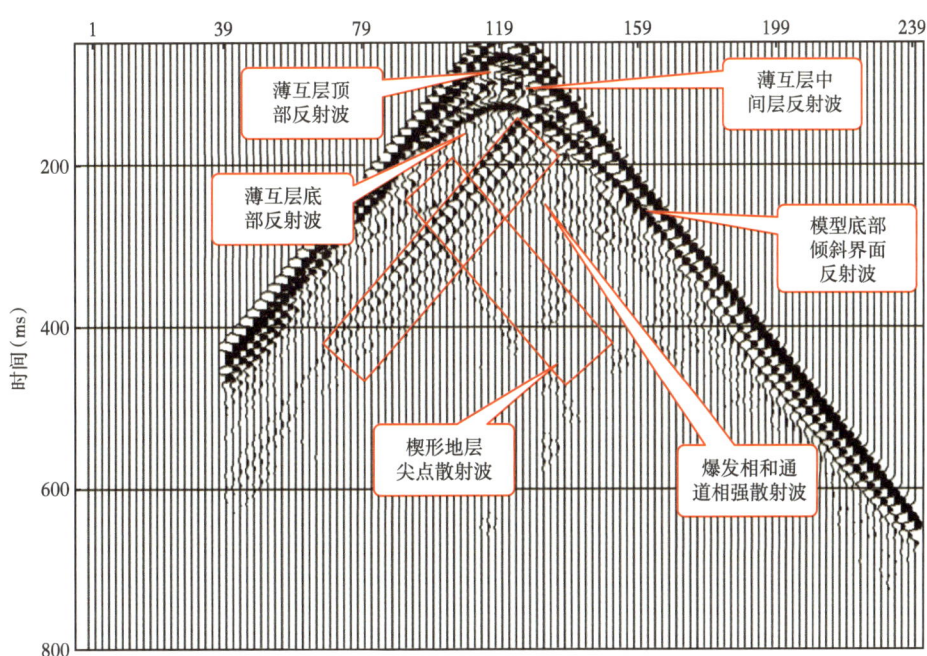

图 6-61　复杂火山岩地层模型声波方程数值模拟第 41 炮记录

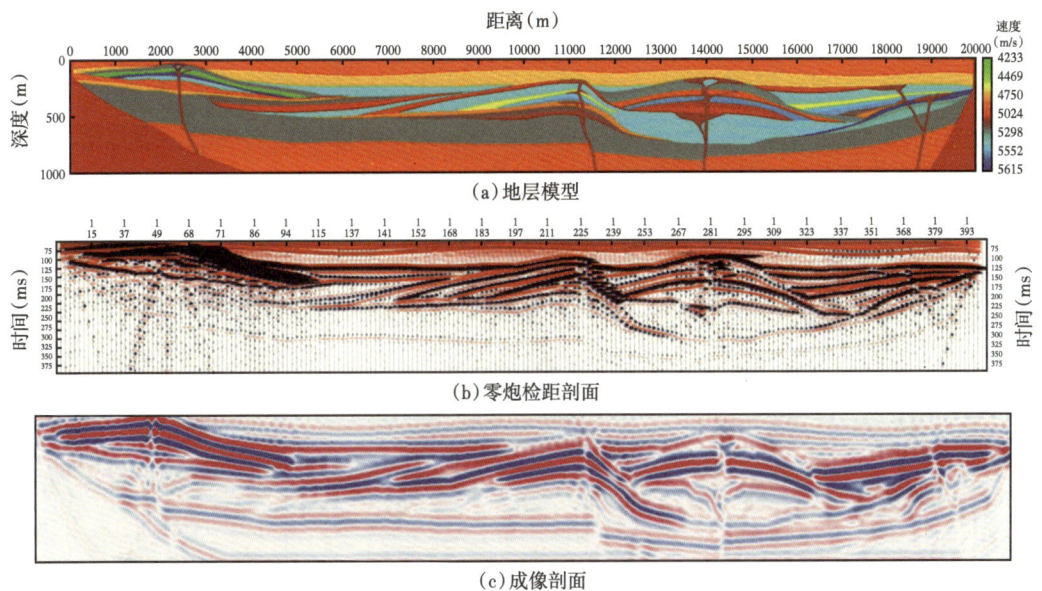

图 6-62　复杂火山岩地层模型声波方程正演模拟零炮检距剖面和成像剖面

（6）火山岩储层、裂缝地震波场模拟与响应分析。

火山爆发作用产生的岩性多样性和堆积结构的复杂多变性，引起复杂强散射波场，形成杂乱的地震响应特征。由图 6-63 所示：①火山机构内部结构清晰；②楔形火山岩地层表现为局部短反射特征；③爆发相和火山通道相表现为散射波（包括一次和多次）与反射波的叠加、干涉，以及能量聚焦所形成的强、弱相间且杂乱的反射波特征。此外，地震波在火山通道中传播时，出现了低频波，即通常所说的"槽波"。

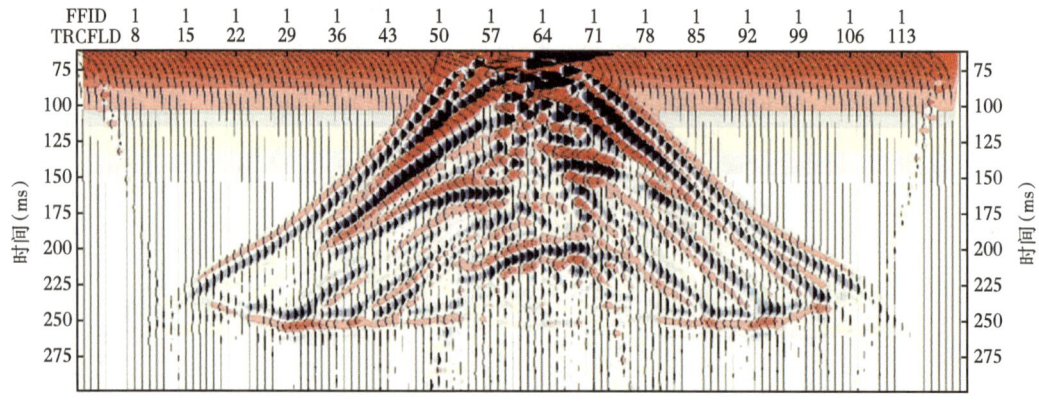

图 6-63　爆发相发育的火山机构模型声波方程正演模拟零炮检距剖面

火山机构中火山岩裂缝（带）产生强散射波场，散射波场与其他波场（如反射波场、透射波场等）叠加、干涉相互作用，造成波前面出现不连续的现象。通过对含裂缝和不含裂缝火山机构模型进行全弹性波方程数值模拟、对相同炮点炮记录相减来提取裂缝的散射波（图 6-64）及对第 41 炮 118 道、120 道波形的谱分析（图 6-65）可得，裂缝的 AVF 特征如下：①散射波由一组同相轴组成，裂缝散射波组的时间上的宽度与裂缝的长度有关；②散射波同相轴也是双曲线型，但与水平层反射波不同；③散射波振幅与裂缝数量、速度差等有关，裂缝散射波能量大小也与离震源距离有关，离震源近的裂缝散射波能量比较强；④散射波主频（80Hz 左右）高于地层反射波的主频（50Hz 左右）。

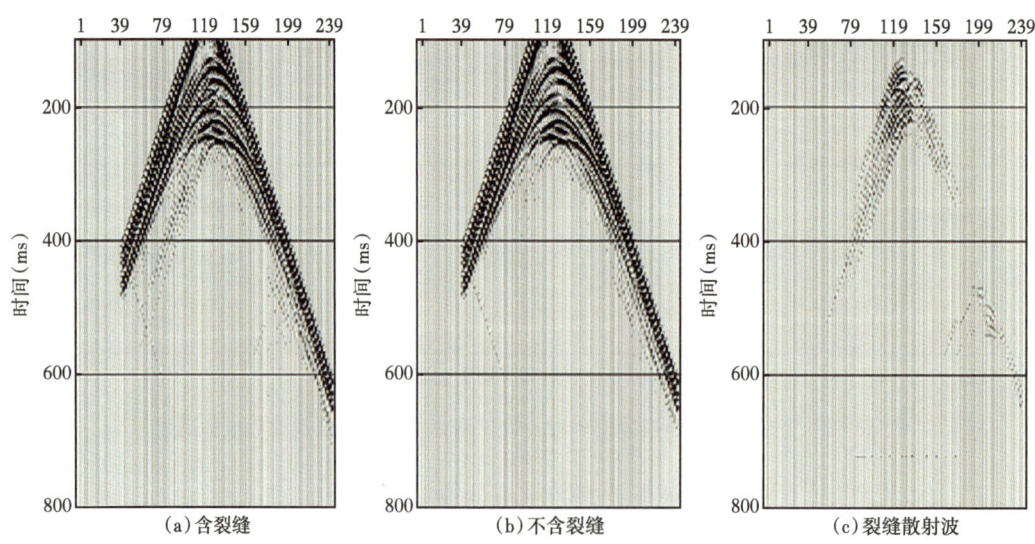

图 6-64　含裂缝和不含裂缝火山机构模型弹性波方程正演模拟第 41 炮地震记录对比（纵波分量）

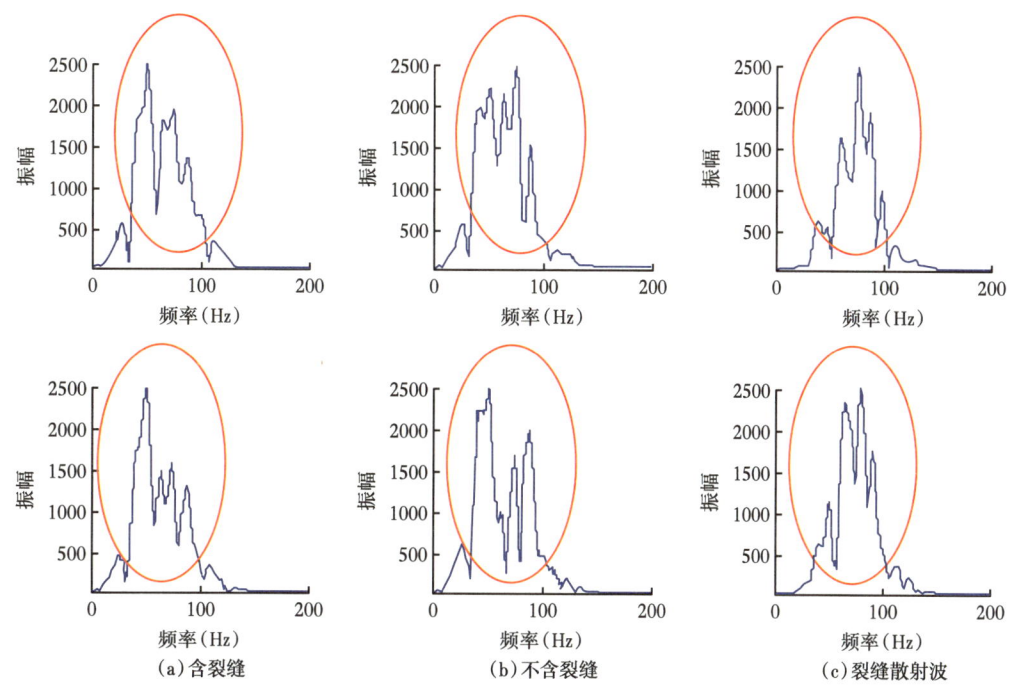

图 6-65　含裂缝和不含裂缝火山机构模型弹性波方程正演模拟第 41 炮 118 道（上）和 120 道（下）波形频谱对比（纵波分量）

二、火山岩及其储层地震识别技术

1. 火山岩地层的地震识别技术

1）火山岩地层地震反射特征

火山阶段性喷发和规模的差异导致了岩性的多样性和堆积结构的复杂多变性，还有风化剥蚀作用及围岩的影响，从而致使火山岩地震反射结构具有多样性。探井为研究火山岩体地震反射特征提供了最好的样本，近年通过进行大量的火山岩地震解释工作，总结出火山岩的基本地震响应特征（图 6-66）：

（1）强振幅，低频，断续—较连续反射，蚯蚓状，杂乱（爆发相）反射或亚平行较连续（喷溢相）反射，其顶底反射界面较明显。

（2）火山岩表现为丘形或锥形反射结构，火山锥上部常出现披覆构造或具有披覆构造特征。

（3）火山口的地震剖面特征：火山岩体下部往往存在基底断裂，火山岩体呈楔形依附在大断裂的上盘一侧；此外，岩浆通道附近的基底断面的反射产状突变，反射变得断续杂乱。

（4）典型火山构造的顶部中浅层往往有对称式或定向排列的地堑带发育。

（5）多期发育的火山岩和沉积岩反射波呈指状交错叠置的现象。

（6）厚度较大的火山岩体或火山锥侧翼沉积岩常常有超覆现象。

特征描述	响应特征剖面
强振幅、低频、断续—较连续反射、蚯蚓状、杂乱（爆发相）反射或亚平行较连续（喷溢相）反射，其顶底反射界面较明显	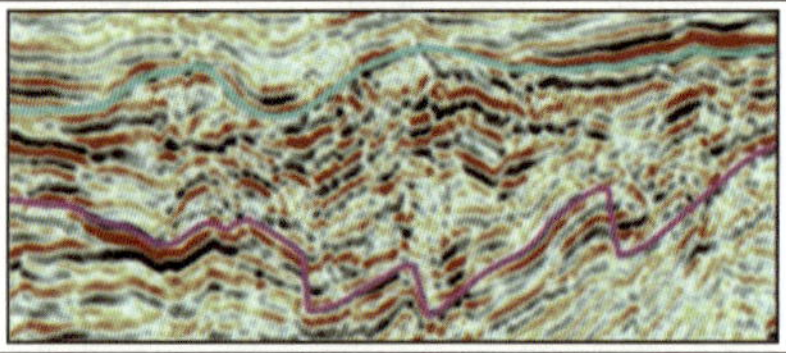
火山岩表现为丘形或锥形反射结构，火山锥上部常出现披覆构造或具有披覆构造特征	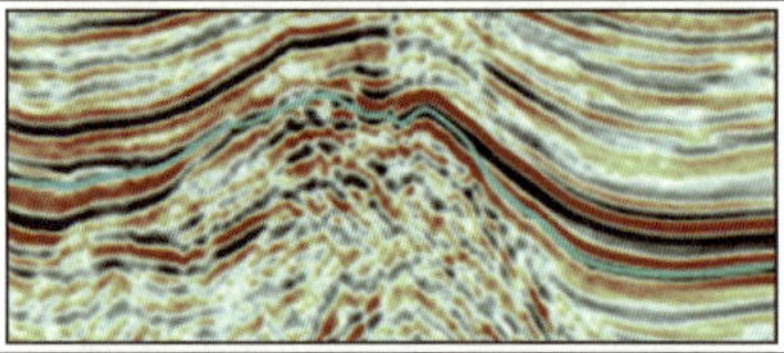
火山口的地震剖面特征：火山岩体下部往往存在基底断裂，火山岩体呈楔形依附在大断裂的上盘一侧；此外，岩浆通道附近的基底断面的反射产状突变，反射变得断续杂乱	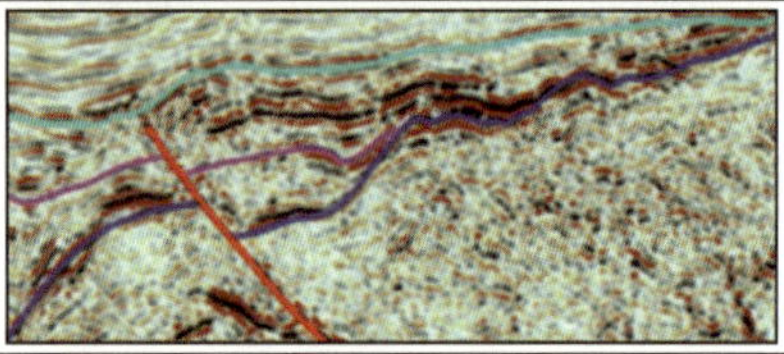
典型火山构造的顶部中浅层往往有对称式或定向排列的地堑带发育	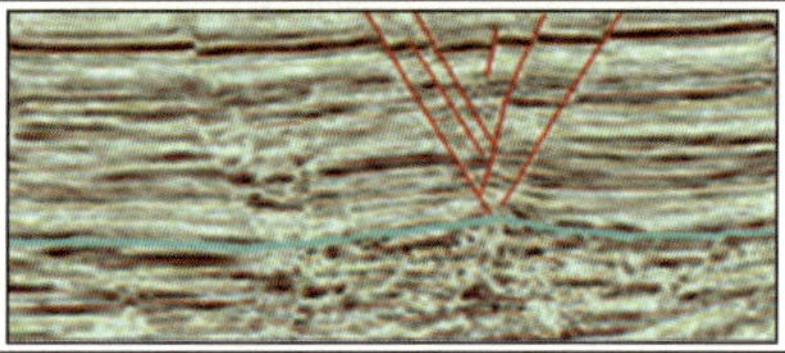

图 6-66 典型火山岩体地震响应特征

裂隙式喷发形成的火山岩的地震响应，一般具有楔状外形，亚平行—斜交结构；中心式喷发形成的火山岩的地震响应，一般具有丘形（火山锥）外形，内部常见空白杂乱反射。

由于火山岩与沉积岩的成因方式不同，地震反射特征也有很大不同。一般情况下，沉积岩反射较连续、稳定，而火山岩反射不稳定；沉积岩反射多以中弱振幅为主，而火山岩反射多以强振幅为主；火山岩地震反射频率与沉积岩相比相对较低；火山岩体上部常出现披覆构造，侧翼沉积岩常有上超现象（图 6-67）。火山岩与沉积岩由于成因机制的差异导致地震反射特征有很大不同，主要表现如下（图 6-68）：

（1）外部形态。

火山岩外部形态通常具有丘状、弧形及漏斗形反射特征；沉积岩外部形态多呈现席状、板状及楔状反射特征。

（2）顶底面反射特征。

火山岩顶面呈现强振幅、强能量，具有包络特征；底面呈现中、弱振幅，中低连续反射特征。沉积岩顶、底界面多为平直反射。

（3）内部结构。

火山岩内部结构大多表现为杂乱、蠕虫状、断续、不规则、低频反射特征；沉积岩基本表现为层状、连续、有规律、中高频内部结构反射特征。

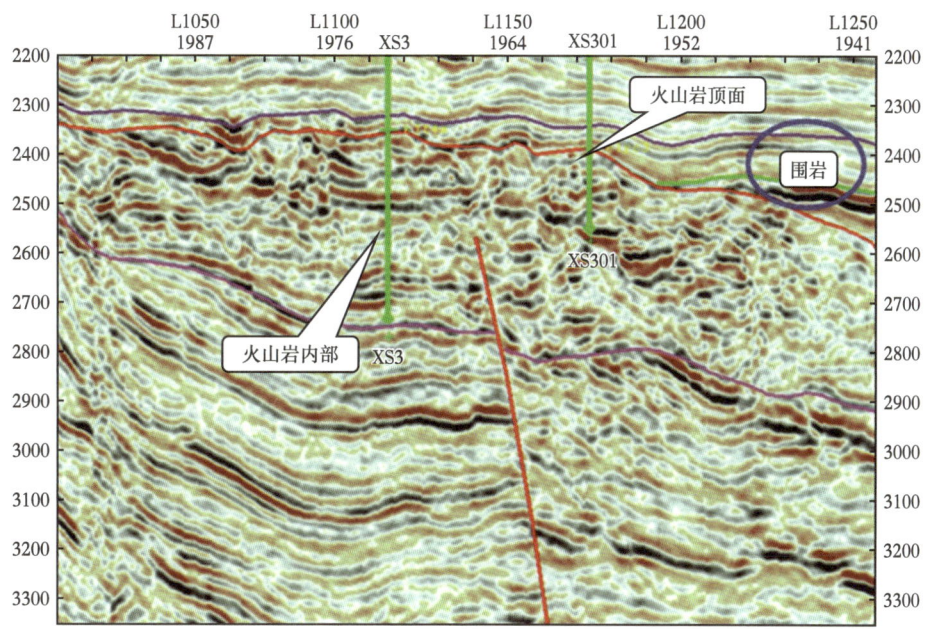

图 6-67　火山岩典型地震反射剖面

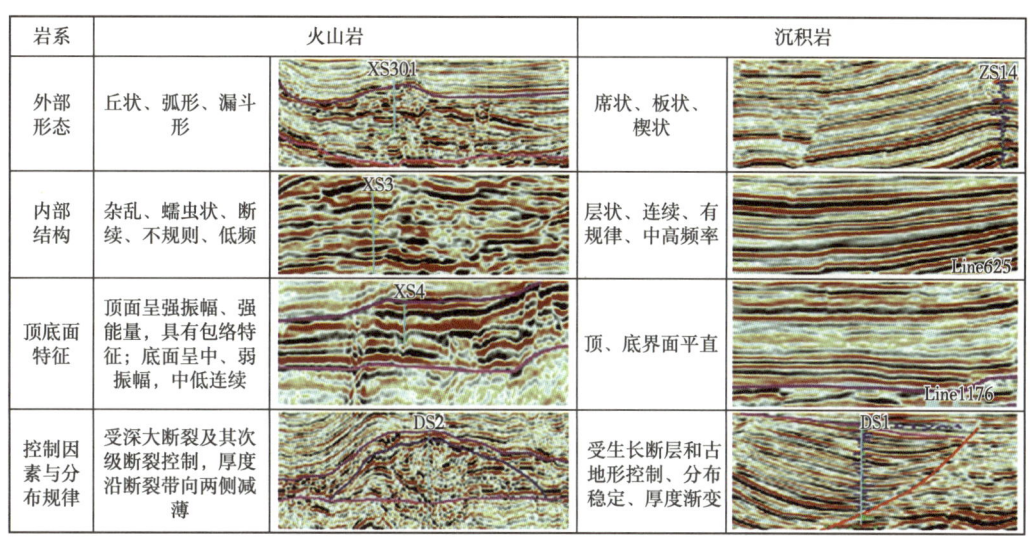

图 6-68　火山岩及沉积岩地层地震响应特征对比

2) 火山岩地层预测方法

(1) 火山岩地震识别：火山岩地层地震波组特征识别是最直接的火山岩宏观地震预测方法。在地震数据体剖面上，以钻井岩性为标定，分析火山岩地震反射特征与沉积岩的区别，进行火山岩分布解释，宏观上预测火山岩。无论是裂隙式喷发、中心式喷发还是多期次喷发的火山岩，在常规地震剖面和地震特殊处理剖面上，与围岩相比，都有其独特的地震反射特征（图 6-69）。

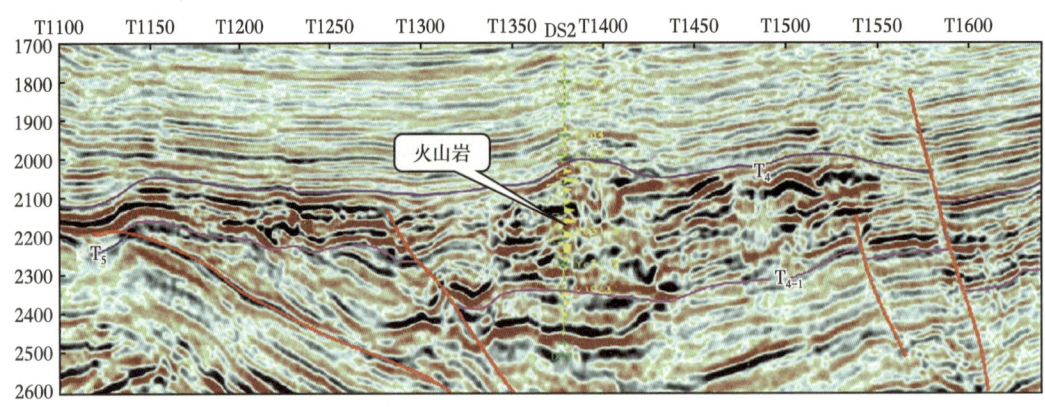

图 6-69　过 DS2 井岩性解释剖面

（2）谱成像技术预测火山岩：首先制作交互合成地震记录，自动扫描或交互微调对比，进行合成记录与井旁道频谱成像分析；然后分频扫描分析各频率点的能量变化，将最大能量扫描结果与单井岩性对比，提取火山岩对应层间能量的累计时间厚度（图 6-70）；

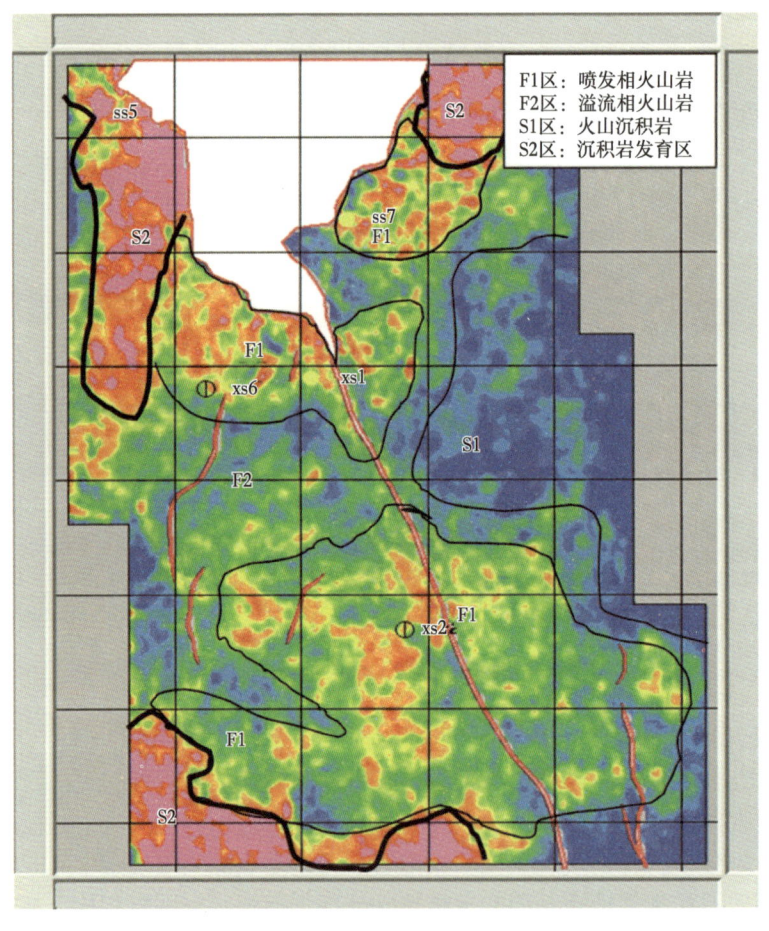

图 6-70　营城组一段上部火山岩频谱成像最大能量分布图

进行时深转换，计算火山岩厚度（图6-71）。频谱成像技术在某一地层单元中从宏观上区别火山岩和沉积岩效果明显。由频谱成像层间能量检测最大能量剖面可见，火山岩的层间能量小，横向变化大；而沉积岩具有层间能量高的特点（图6-72）。

（3）频谱分解技术识别中基性及酸性火山岩：中基性与酸性火山岩相比，具有明显的地震—地质属性差异。由于岩性黏度的差异，酸性岩往往形成厚层断续反射；中基性岩火山机构规模较小，喷口位置相对固定，横向影响范围大，易形成层状、相对连续的反射。在火山喷口以外的区域形成强振幅、低频的地震相特征（图6-73）。因此利用振幅切片和频谱分解技术，可以识别中基性及酸性火山岩。

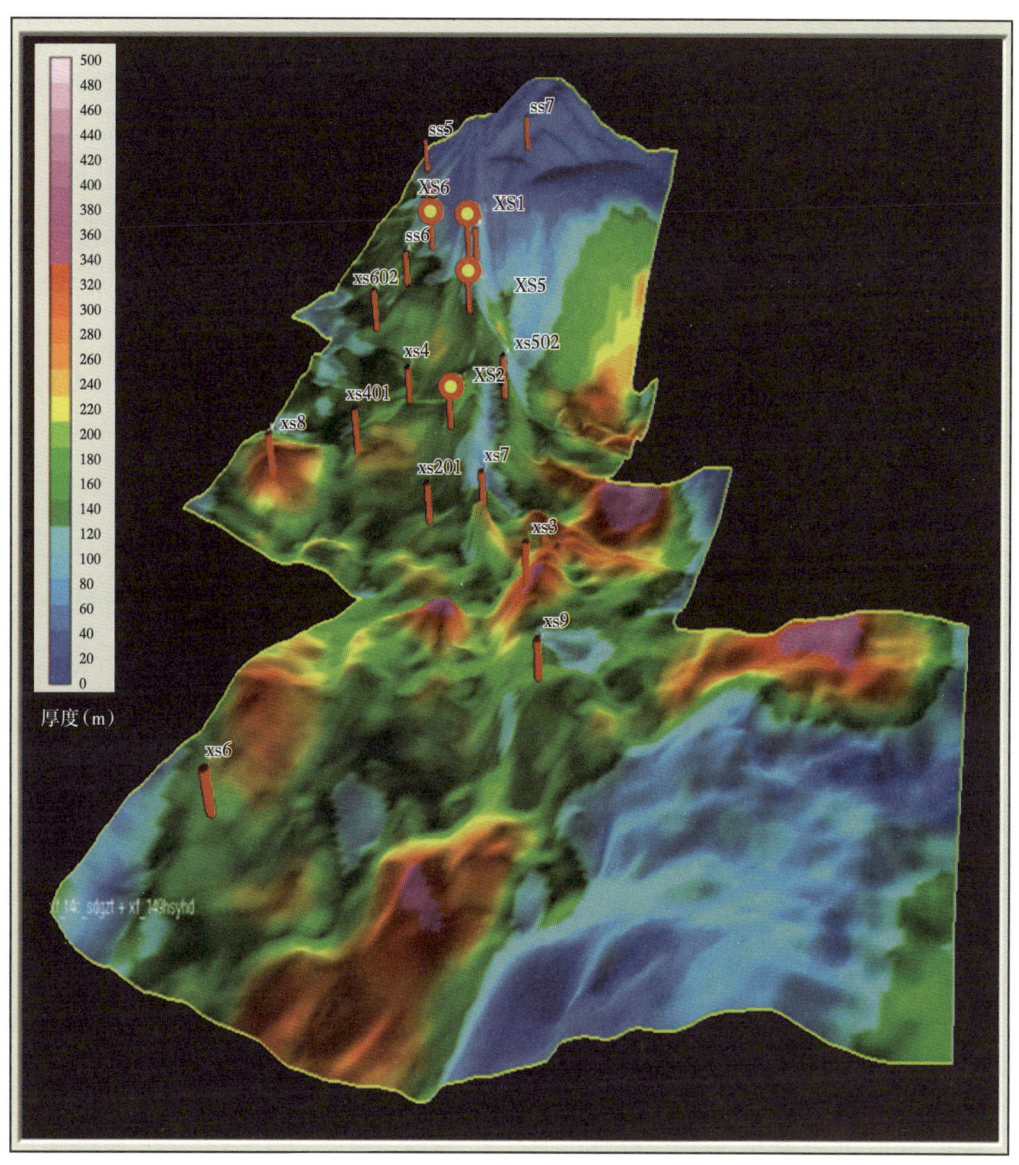

图6-71 营城组一段火山岩厚度分布图

图 6-72　频谱成像最大能量剖面与地震剖面对比图

岩系	酸性火山岩		中基性火山岩	
外部形态	显性火口：丘状、弧形、漏斗形		隐形火口：破丘状，高度较小	
火口特征	多喷口、多期叠置迁移、横向连片		喷口单一，位置相对固定	
相带特征	以近火口的爆发相和溢流相为主		以溢流相为主	
溢流相带差异	延伸范围小，呈团状、絮状特征		延伸范围大，形成熔岩被或熔岩三角洲	

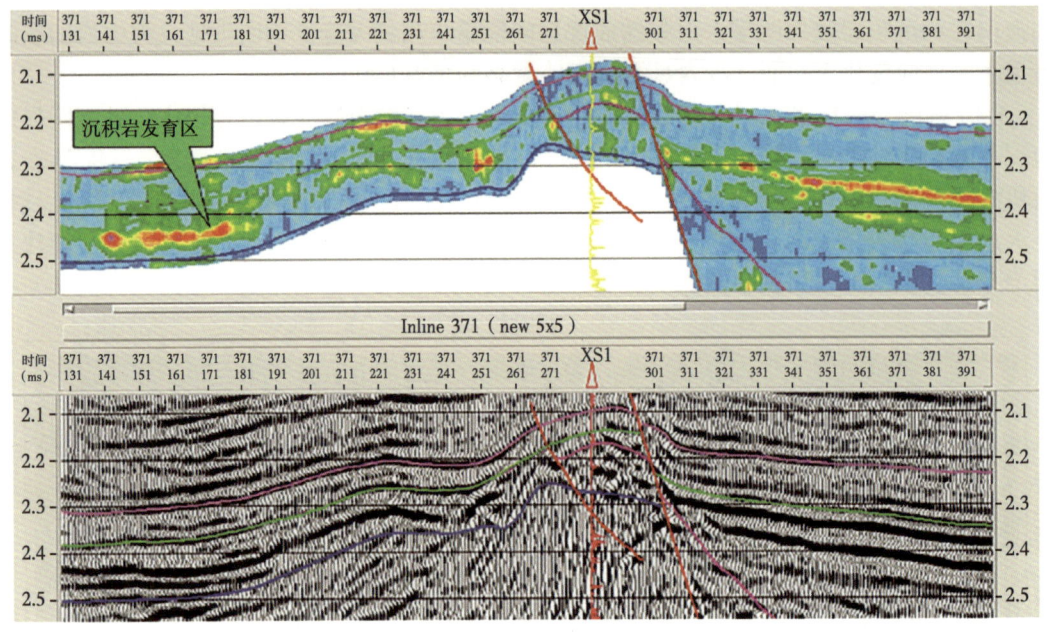

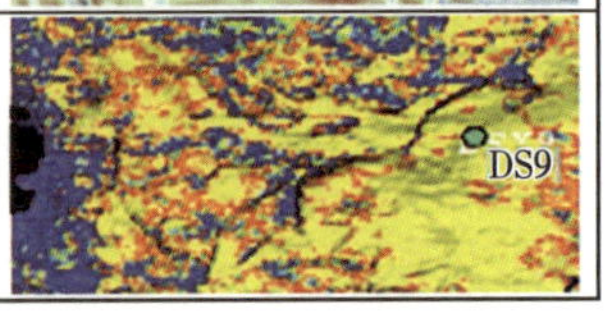

图 6-73　酸性火山岩和中基性火山岩地震识别模式

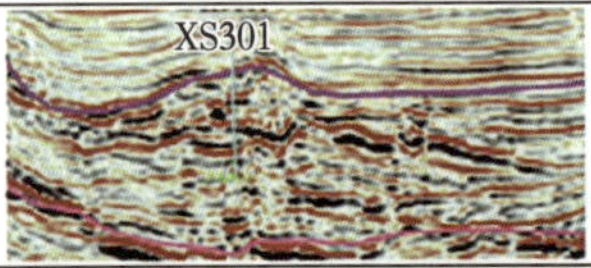

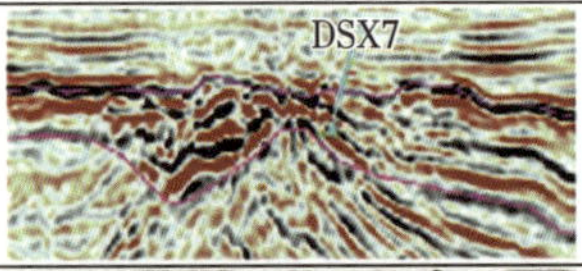

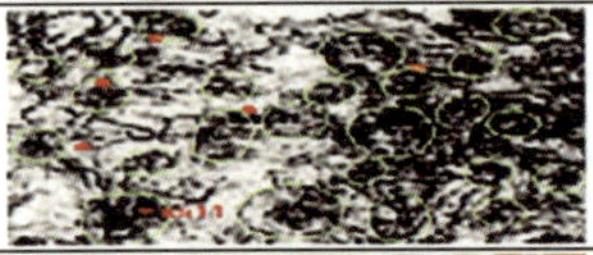

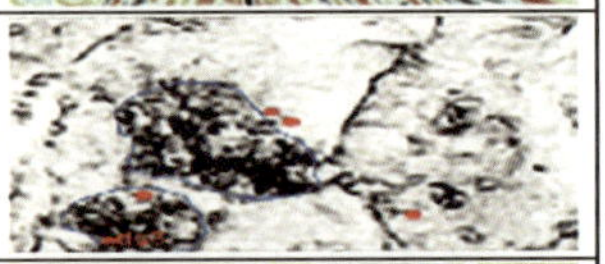

首先对振幅数据体进行分频段扫描（如 10Hz、20Hz、30Hz ……），形成频段为 0~10Hz、10~20Hz、20~30Hz ……的数据体；然后对各个频段的数据体振幅能量扫描；将

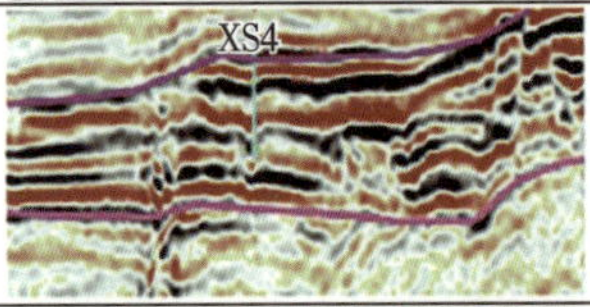

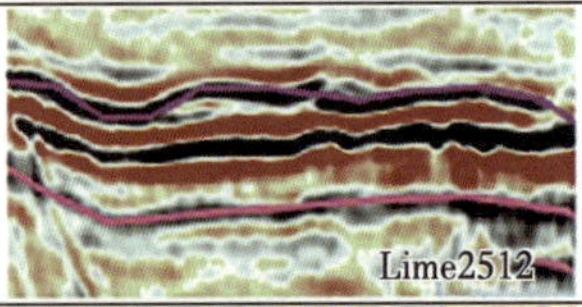

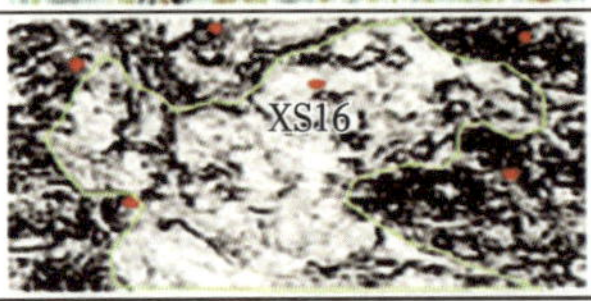

振幅能量扫描结果与单井岩性对比，提取对应中基性及酸性火山岩岩性时间点的沿层振幅切片；结合井分析，确定中基性及酸性火山岩发育区。

2. 火山岩机构类型、特征与地震识别技术

1）火山岩机构的分类与特征

火山机构在不同时期、不同研究阶段有不同的定义。1983 年版《地质辞典》收录的火山机构定义为构成一个火山的各个部分的总称，是火山作用的各种产物的总体组合。它包括地面上的火山锥和岩浆在地下穿插形成的火山通道。近年来将火山机构（又称火山体、火山筑积物）定义为火山喷发时在地表形成的各种火山地形，有时还涉及火山颈、火山通道等地下结构。在松辽盆地火山机构研究过程中，火山机构定义为，具有成因联系的各种火山喷出物堆积体的总称。它们具有相同物源，通常围绕火山通道及其附近分布；它们具有一定的岩性组合和结构构造特征；基于这些特征人们能够识别出它们的物源、搬运及就位方式，即所谓的火山岩相。在多中心多期次火山喷发地区形成的火山机构，在空间上往往呈现叠置关系，即一个大的火山岩体可能由不同时代和不同类型的火山机构叠置而成。

火山岩的储层类型和物性受岩性、岩相的控制，熔岩以气孔和裂缝为主，碎屑岩以角砾间孔、溶蚀孔和裂缝为主，所以火山机构的成分控制着储层类型的发育。火山熔岩、火山碎屑岩及其比例关系的不同，决定了该火山机构总体成储能力的差别。为了满足火山机构储层研究的需要，在进行盆地内深层火山机构类型研究时选用成分参数，将火山机构划分为碎屑岩火山机构、熔岩火山机构和复合火山机构 3 种（表 6-4）。火山通道的区域发育丰富的裂缝，这些裂缝使火山岩储层相互连通，成为有效储层的可能性增大。火山锥或火山穹窿通常是火山通道的地表出露部分，所以火山锥的数目对火山岩储层的影响巨大，再根据火山锥的数目将火山机构细分为 8 类：（1）碎屑岩火山机构分为 3 类：无锥、单锥和多锥碎屑火山机构；（2）熔岩火山机构分为 3 类：无锥、单锥和多锥熔岩火山机构；（3）复合火山机构可划分为 2 类：单锥复合火山机构、多锥复合火山机构。在判定火山机构的岩性时，后期改造型岩石应根据原岩来判定。原岩是熔岩则划归为熔岩，是火山碎屑岩则划归为碎屑岩。

表 6-4　松辽盆地北部营城组埋藏火山机构类型

类	亚类	岩性特征*	岩相特征*	参比实例
碎屑岩火山机构	无锥碎屑火山	火山碎屑岩和碎屑熔岩占 60% 以上	火山通道相 8.1%，爆发相 55.3%，喷溢相 29.2%，侵出相 1.4%，火山沉积相 4.8%	中国田洋玛珥湖
	单锥碎屑火山			新疆于田卡尔达西碎屑锥
	多锥碎屑火山			黑龙江五大连池老黑山
熔岩火山机构	无锥熔岩火山	熔岩占 65% 以上，这类火山含有较多的玄武岩	火山通道相 9.3%，爆发相 23.4%，喷溢相 62.6%，侵出相 5.1%，火山沉积相 1.8%	南极埃里伯斯火山、印度德干玄武岩
	单锥熔岩火山			夏威夷基拉韦火山
	多锥熔岩火山			冰岛拉基火山
复合火山机构	单锥复合火山	熔岩占 35%~65% 之间，火山碎屑岩和碎屑熔岩占 35%~60% 之间	火山通道相 4.9%，爆发相 34.4%，喷溢相 56.8%，侵出相 2.6%，火山沉积相 1.3%	富士火山
	多锥复合火山			长白山火山

注：*据松辽盆地北部 127 口钻井统计结果。

将松辽盆地典型火山机构分为酸性熔岩火山机构、酸性碎屑岩火山机构、酸性复合火山机构、中基性熔岩火山机构和中基性复合火山机构五种类型。

2)火山机构的地震识别方法

对于现代火山机构类型,可利用形态参数、喷发方式进行划分和识别(Thouret,1999;Thordarson and Larsen,2007)。地震上采用如下三种方法组合进行识别。

(1)地震剖面直接识别。

在解释系统中,通过对常规地震成果剖面反复浏览、对比、观察,可以发现火山机构所处位置地震反射结构特征与周围地层有着很大的不同,特别是火山通道特征更是不同,火山锥和火山通道是火山喷发的直接指示。做火山岩发育段的振幅切片能够识别火山锥、火山通道或火山机构的分布。

(2)构造趋势面分析。

火山机构的外部形态常常具有近似对称的背形反射结构(局部物源),也常呈现上部为地堑,下部为背形的构造带。火山机构位置特有地震波反射结构,为识别火山机构提供了更直观的信息。

构造趋势面分析方法是通过对构造趋势面和古构造发育史的分析,研究局部构造起伏来识别火山机构发育情况。地层界面的趋势变化是区域构造背景的反映,而在此背景上由于构造运动、沉积作用、压实作用,以及火山活动等原因可造成地层界面的局部变化、凸起或下凹。具体实现方法如下所述:

①对火山岩顶面反射层形成等 T_0 图,在构造成图时,用最小曲率法进行网格化,网格大小视地震测网而定,所得构造图可作为区域构造趋势背景。

②用克里金法进行网格化,缩小扫描半径,网格可依据图精度要求而定,可获得精确构造图。

③用精确构造图减去(滤波)区域构造趋势背景,得剩余差值构造图。

为进一步落实剩余构造,将剩余差值转换回数据体,调整扫描半径,重新网格化形成剩余构造图。并对剩余构造进行古构造发育史分析和地质研究,确定其可信度。利用剩余差值构造图即可得到火山机构的位置。

(3)地震属性识别。

地震属性是地下介质构造形态、岩性、裂缝、流体等的综合响应,在消除地震采集及处理过程中的不当影响因素之后,地震数据信息能基本代表地下的真实情况。因此通过对地震数据的属性提取,可以从地震振幅体数据中发现更为隐蔽的岩性信息。通过地震属性对比分析,火山岩的横向连续性频率能够反映火山机构的分布范围(图6-74)。

通过分析松辽盆地徐家围子断陷徐东地区营城组火山岩顶面构造趋势面,结合地震反射结构识别、相干分析、层切片,以及地震属性分析等方法的研究成果,能够识别出营城组上部火山机构分布(图6-75)。

振幅切片识别技术:利用三维数据体的构造趋势面振幅切片进一步确定火山机构的分布情况。在非火山机构处,趋势面是下部火山岩和上部沉积岩的分界面。在火山机构处趋势面表现火山岩内部地震反射特征,所以在趋势面振幅切片上,火山机构处振幅值呈现出强弱相间横向突变、连续性差、杂乱分布的特点。而在非火山机构处振幅连续性好,而且切片特征比构造趋势面层切片更加明显(图 6-76)。

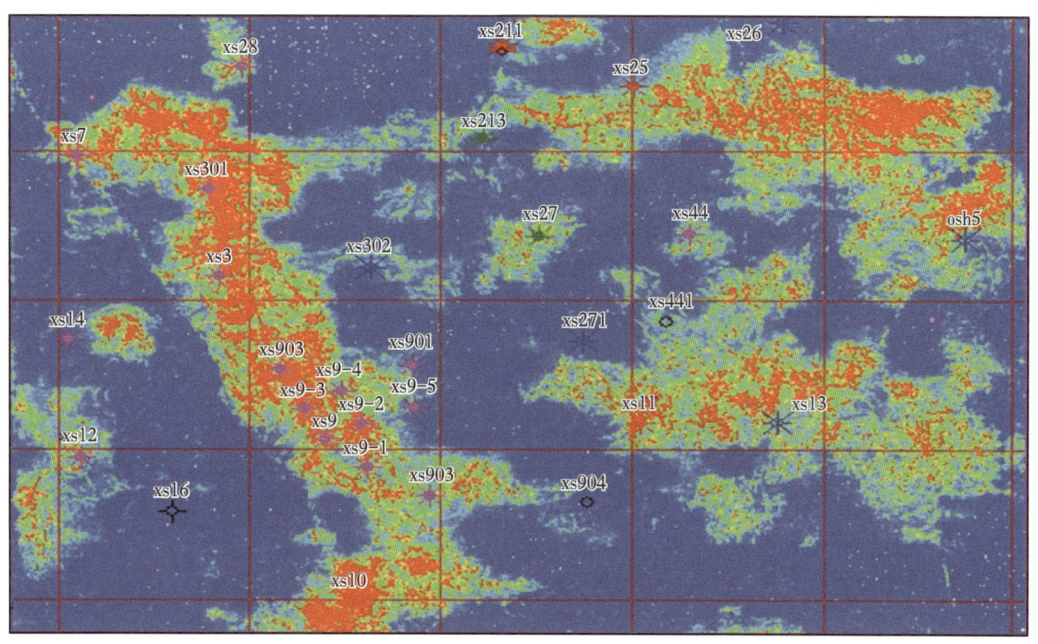

图 6-74　徐家围子断陷营城组上部火山岩横向连续性瞬时频率

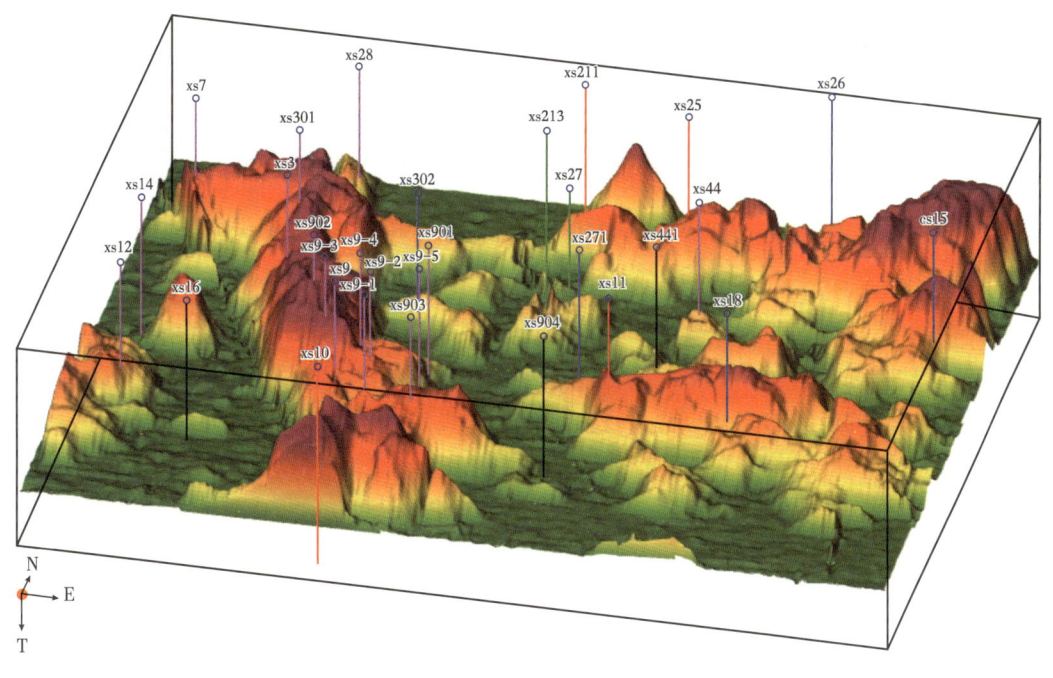

图 6-75　徐家围子断陷营城组上部火山机构分布图

图 6-76　徐家围子断陷营城组火山岩顶面趋势面层振幅切片图

地震相干分析技术：三维相干数据体技术是利用三维地震数据体中相邻道之间地震信号的相似性来描述地层、岩性的横向非均匀性。

在断层切割的部位，相邻道之间的相干性将产生明显的不连续性。由沉积环境引起的地层岩性横向非均质性的变化也会表现为地震相干性的强弱变化，从而可在相干时间切片上很清楚地识别出断层和不同的岩性体系特征。

相干数据体是通过分析在三维地震纵横测线方向上的局部波形变化，逐点计算三维地震数据相干值生成相干体。在三维相干体生成之后，应用统计学从不相干性、随机的同相轴中，勾绘出相干的空间同相轴变化，如断面和岩性的反射等。由于断层的存在和岩性的变化，使逐道相干的数据突然中断，造成沿断面存在的弱相干的轮廓。地层构造产生类似的中断和不连续的特征，从中能清楚地分辨和解释断层或地层岩性变化。由于火山机构的特殊地震反射特征，在层相干切片上显示出杂乱细碎的反射特征（图 6-77）。

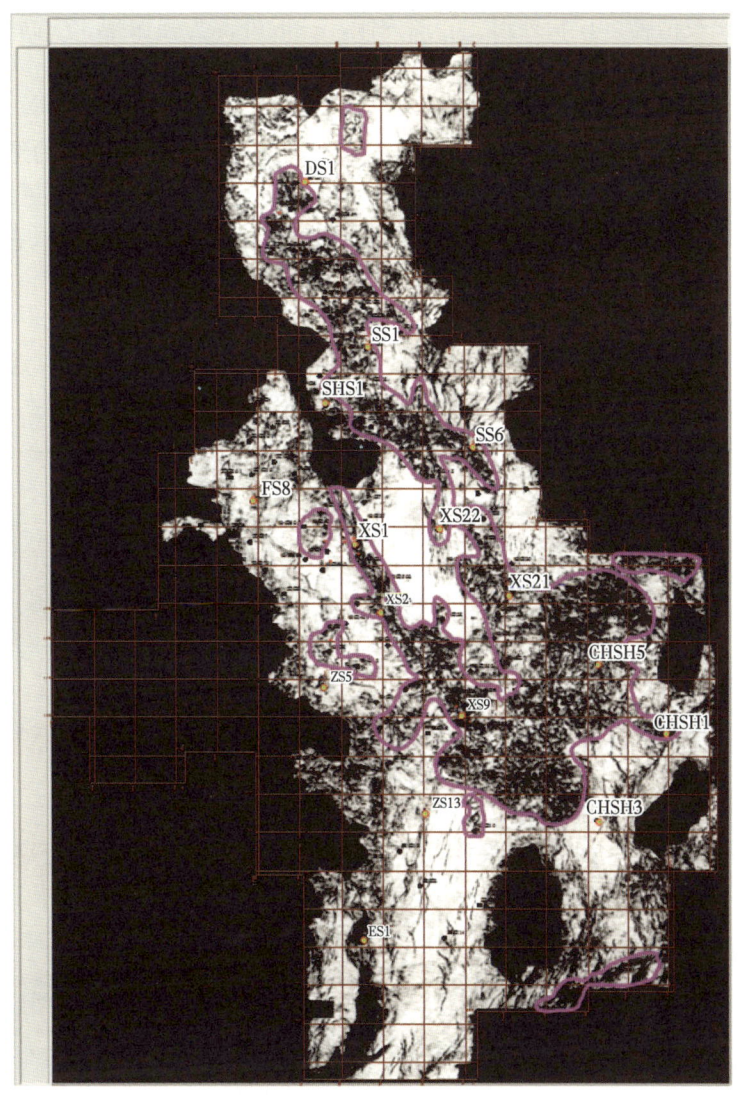

图 6-77 徐家围子断陷营城组火山岩趋势面层相干切片图

各种火山岩机构地震反射特征总结如下：

①酸性熔岩火山机构。

高黏度岩浆由火山通道缓慢挤出形成，火山活动进入晚期，酸性岩浆大量溢出地表形成穹丘状火山锥，从外形来看多为熔岩穹丘，岩层外倾，从反射特征看，多为强振幅，中高频，连续性较好。

②酸性碎屑岩火山机构。

岩性多为流纹质熔结角砾岩、流纹质熔结凝灰岩和沉凝灰岩，地震反射特征为平行反射结构，中强振幅，断续反射。

③酸性复合火山机构。

岩性多为流纹岩、流纹质角砾岩、流纹质凝灰熔岩、沉火山角砾岩、角砾岩和凝灰岩。反射特征比较清晰，丘状外形，岩层内倾，一般外部为强振幅、中高频、断续反射、内部以低频、断续、杂乱反射为主。

④中基性熔岩火山机构。

此类火山机构岩性相对单一，一般为粗面岩和玄武岩，粗面岩岩穹的形成与流纹岩具有相似性，单期喷发形成的火山岩厚度大，以粗面岩为主的岩穹整体呈透镜状、穹丘状，内部为中强振幅杂乱反射；玄武岩由多期喷发的熔岩流叠加而成，以玄武岩为主的熔岩被呈席状，反射特征一般为强振幅，近平行反射、连续性好。

⑤中基性复合火山机构。

岩性主要以流纹岩和玄武岩为主，地震上强振幅和弱振幅同时存在，连续性差。

各种类型火山机构反射特征总结如图 6-78 所示。

火山机构类型	岩性组合	反射特征	岩相模型	实例
酸性熔岩火山机构	流纹斑岩、流纹岩，流纹岩夹粗面岩	丘状外形、岩层外倾，中强振幅，内部平行断续反射	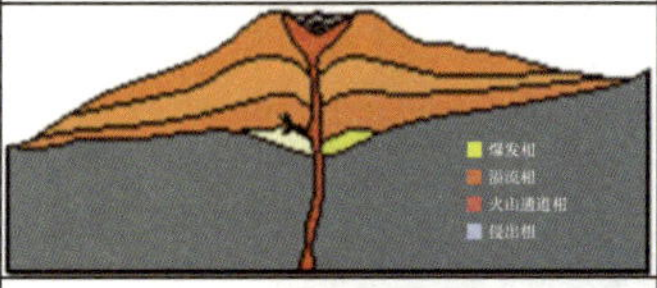	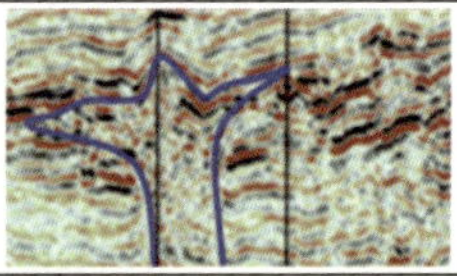
酸性碎屑岩火山机构	流纹质熔结角砾岩、流纹质熔结凝灰岩、沉凝灰岩	平行反射结构，中强振幅，断续反射	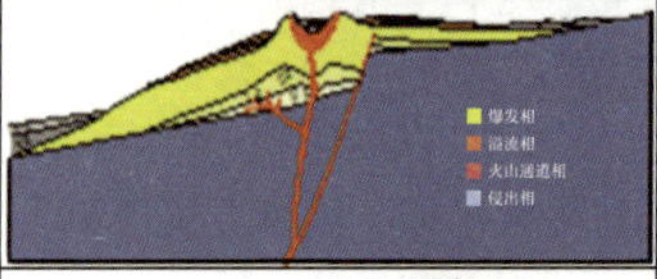	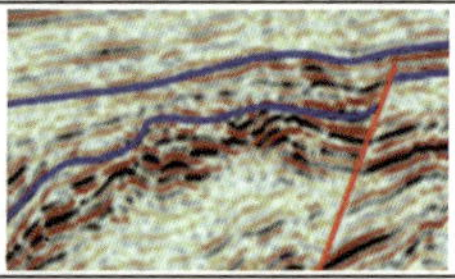
酸性复合火山机构	流纹岩、流纹质角砾岩、凝灰岩、角砾岩、流纹质晶屑凝灰岩	丘状外形、岩层内倾，连续性差，杂乱反射	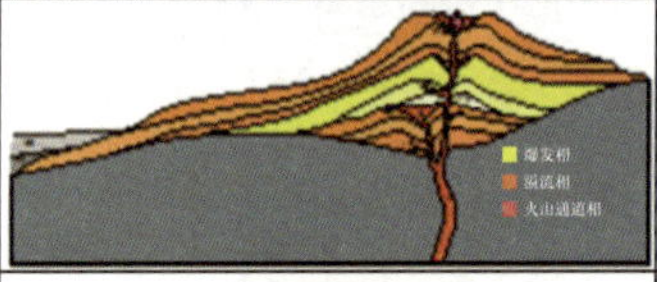	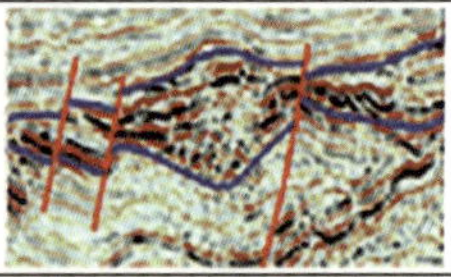
中基性熔岩火山机构	玄武岩 粗面岩	席状外形、内部近平行反射、连续性好	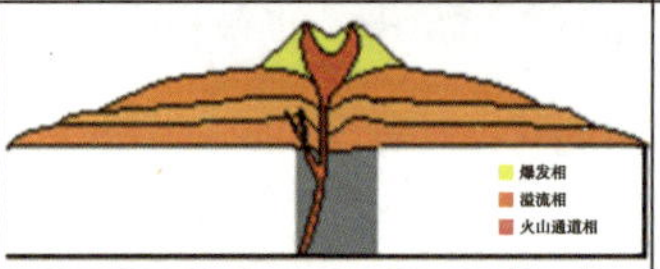	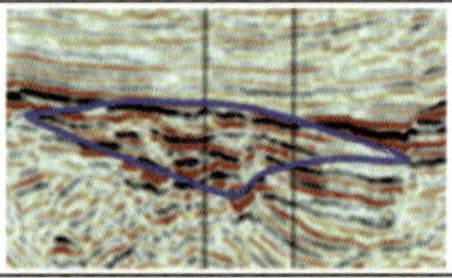
中基性复合火山机构	流纹岩 玄武岩	丘状外形、中强振幅、断续反射	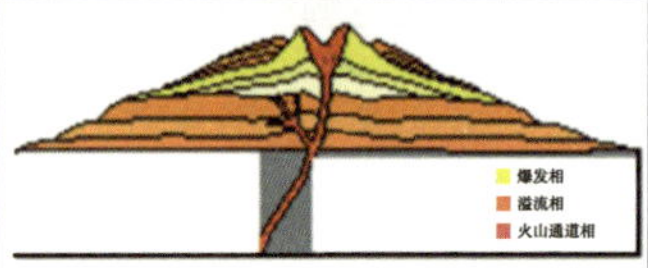	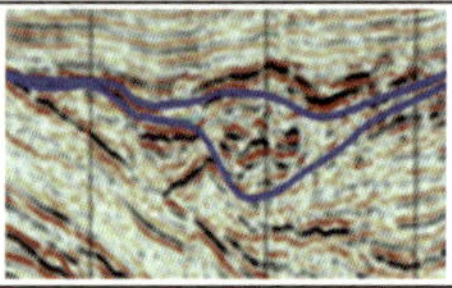

图 6-78 徐家围子断陷典型火山机构地震反射特征

3. 火山岩相的划分及地震特征

地震波形是地震勘探最可靠、最直接的地下信息，也是地下地层岩性、岩相等发生变化的最直接反映。同一种相态，理论上应该具有相同或相似的波形。利用自组织神经网络计算方法，对地震波形进行波形聚类分析，绘制岩相图和相关图，通过分析岩相图，能够对火山岩岩相进行准确的地震识别。

1）单井相划分

单井相分析是进行火山岩岩相研究的重要手段，也是进行火山岩相平面划分的基础和前提。火山岩旋回的划分必须要建立在正确划分韵律的基础上，它可以是一个较厚的完整的韵律组成，也可以是几个组合相同或相似的韵律组成。同时还必须考虑岩石学特点和总的地质特点。从火山岩相类型、特征、相标志、岩性与其钻井揭示的火山岩总的特征分析，从深到浅大致呈现逐渐由偏基性的玄武岩向偏酸性的流纹岩，再到凝灰岩过渡的趋势，营城组火山岩为一个大的旋回，但通过测井曲线（自然伽马曲线、电阻率曲线、双感应曲线、双侧向曲线）响应特征、岩心观察及岩心综合柱状图综合分析，在这个大的旋回中还存在几个次级的喷发旋回，但每一次喷发所形成的火山岩有所区别，主要表现在火山喷发的规模和火山岩成分上。

应用岩相和岩性标志，对研究区内火山岩岩性组合进行了分析，总结出本区火山岩相测井响应的基本特征：

溢流相的岩性较单一，厚度大；测井曲线特征为自然伽马稳定，电阻率的曲线外形表现为厚层、微齿化，电阻率平稳且较高，井径较正常。电阻率曲线为高振幅指状及峰状，为多次喷溢的结果，侧向电阻率正幅度差较明显。

爆发相内部的岩性复杂、非均质性强、爆发单体厚度相对较小，测井曲线特征为自然伽马曲线变化范围大、能谱曲线杂乱、电阻率曲线呈齿状且幅度低，井径大。

溢流相上部亚相多发育气孔、杏仁、石泡流纹构造，孔隙、裂缝较发育，可以成为天然气聚集的有利相带。测井曲线表现为自然伽马稳定，电阻率变化较大，井径变化小。

爆发相热基浪亚相内粒间孔、斑晶熔蚀孔、基质内熔蚀孔及后期构造裂缝发育，为有利储集相带。测井曲线上表现为自然伽马相对较高、电阻率齿化、较低，井径较大，声波时差略高。

爆发相空落亚相：火山碎屑岩粒间孔、火山角砾岩的基质收缩缝、角砾内原生孔隙及后期构造裂缝发育，为有利储集相带。测井曲线上表现为自然伽马较高、变化较大，电阻率较高、变化大。

依据以上火山岩相和亚相典型测井曲线特征，结合钻井资料，还要考虑各种相的地震剖面特征，对研究区内的代表井进行了单井相划分。

2）地震相划分

通过自组织的神经网络计算，对地震波形进行聚类分析，绘制岩相图和相关图，通过分析岩相图，划分砾岩和火山岩地震相。

（1）波形聚类分析划分地震相基本原理。

地震信号的任何物理参数的变化总是对应着反映地震道形状的变化。

波形聚类属性原理：沉积地层的任何物性参数的变化总是反映在地震道波形形状的变化上。波形聚类属性的分类处理就是基于地震道的形状变化情况，将地震数据样点值的变化转换成地震道形状的变化，振幅值的大小对地震道整体形状变化来说意义并不是很重要。波形聚类属性首先划分出几种典型的形状，然后每一实际地震道被赋给一个非常相似的模型道的形状。

模型道计算是采用神经网络的模式识别来完成的，它是根据每道的数值对地震道形状进行分类，也就是划分地震相。自组织神经网络是一种具有自学习功能的神经网络，由两层组成。输入层中神经元在一维空间中排列,而输出层的神经元可以是多维的,并且输出节点与邻域的其他节点广泛互连。神经网络在地震层段内对实际地震道进行训练,通过几次迭代之后,将神经网络构造合成地震道,然后与实际地震数据进行对比,通过自适应试验和误差处理,合成道在每次迭代后被改变,在模型道和实际地震道之间寻找更好的相关。

通过自组织的神经网络计算,首先得到模型道,这些模型道的模板代表了在地震层段中整个区域内的地震信号形状的多样性。根据层位和模型道控制运算,得到沿层的波形聚类属性平面图。

观察岩相图上颜色的分布,并通过评估地震形状,解释岩相区域分布。将岩相的信息投影到地震上去,井信息变化对应地震变化,按照波形的特征对每一个井的位置赋予某种颜色,检查单井相与地震相模型道的对应关系,获得沉积相的解释。

(2)地震相划分步骤。

①建立训练组,形成地震相。

以徐东三维工区为例,在选择用于训练神经网络采样的数据量时,每两道抽一道处理,以减少计算时间。这样,程序就每隔两道抽出一道去建立网络训练数据。

②选取合适的地震相处理参数,处理地震相。

分类数选取:它是指在整个目的层段内所遇到的地震道的种类数。较为理想的分类数定义是不容易获取的,一般需要多次去估算该参数。正确的分类数应取决于所要研究的目标和对数据的了解程度,分类数大,结果过于详细,难以寻找出区域上规律性的认识;分类数小,结果过于粗糙,不容易发现相邻地区地震波形区别。根据试验结果,将营城组一段和营城组四段分类数选为7后,分类特征较为明显。

迭代次数选取:试验表明,该神经网络大约在10次迭代后就收敛到实际结果的80%,这对于快速浏览很有效。通过试验,在实际应用中20次迭代就可以确保较好的分类,以保证网络收敛最佳。应用上面参数,利用stratimagic波形聚类软件对徐东地区营城组一段上部地层进行了波形分类,形成了徐东地区地震相图(图6-79)。

(3)地震相分类。

在相图处理之后,执行分类,形成岩相图和相关图。

通过分析图上颜色的分布,预测地震相所对应的火山岩分布。

在岩相图形成之前,必须作质量评估,将这些信息返回到实际的地震剖面,并比较实际道与模型道的形状的相关性,这是很重要的质量控制步骤。

地震波形分类结果是岩性岩相变化最直接的反应,是可靠的地质划相依据。

3)井震联合火山岩相识别

XS13井在营城组一段上部的岩相分为喷溢相和爆发相,但是优势相为喷溢相,喷溢相分为中部亚相和下部亚相(图6-80)。应用单井岩相划分结合岩石分类统计,编制各类岩石厚度,以及火山岩占地层总厚度的百分比的平面等值图,研究组成各种岩相岩石成分变化情况,从而确定钻井揭示岩相区域分布特征,同时结合古地貌的变化(其高低变化影响着岩相的发育)来对地震相进行标定。

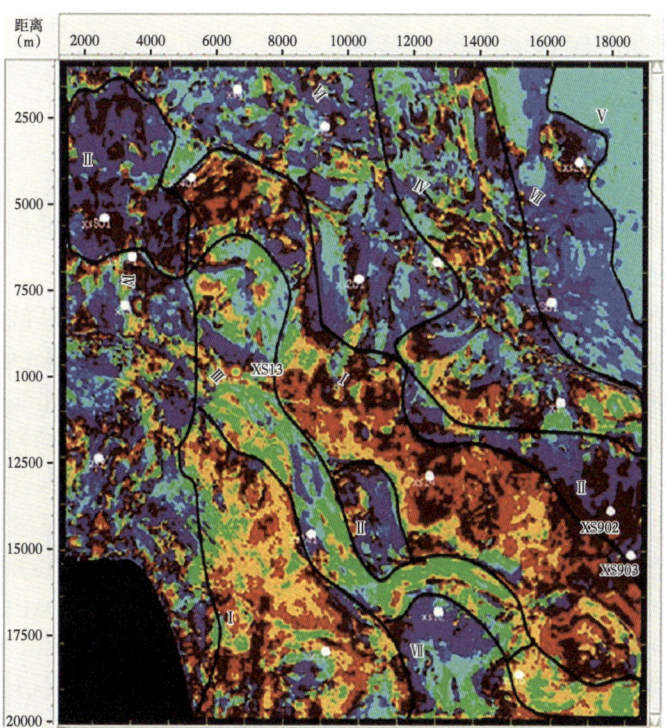

图 6-79　徐东地区火山岩波形聚类地震相图

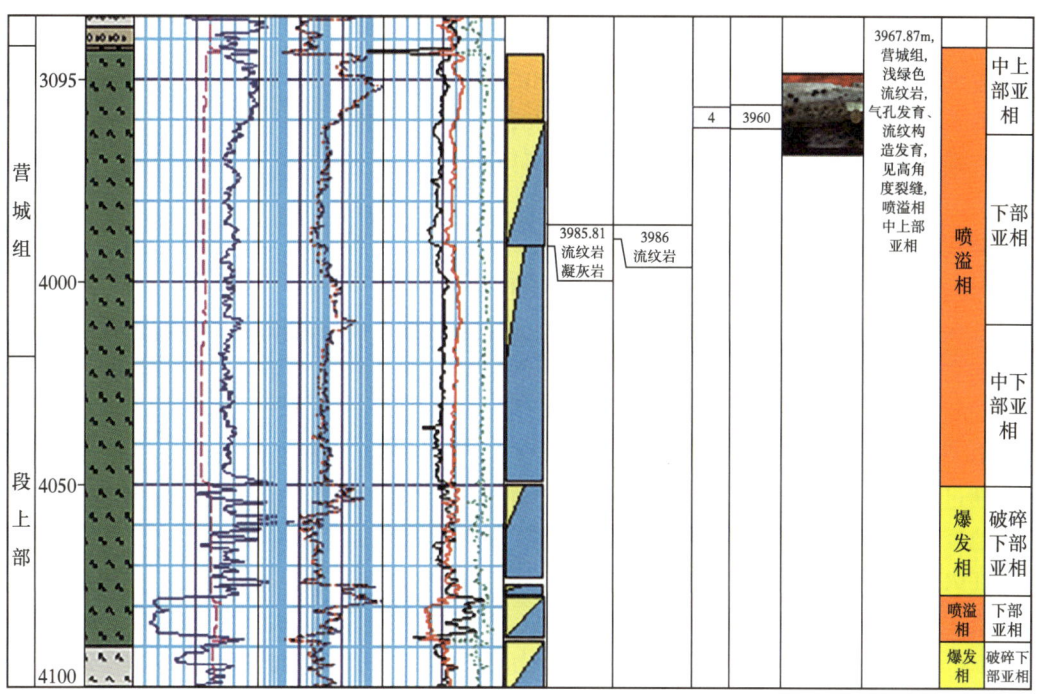

图 6-80　XS13 井营城组一段上部单井相划分图

三、火山岩有效储层地震预测技术

随着火山岩勘探技术的不断提高,仅利用包含纵波信息的叠后地震资料进行叠后储层反演,无法满足油气勘探和生产的需求,需要对复杂岩性、岩相变化快、储层非均质性强的火山岩地层进行含油气性预测。而火山岩储层叠前地震预测方法则是利用不同炮间距道集数据,结合测井资料,联合反演出与岩性、含油气性相关的多种弹性参数,结合岩石物理分析成果,预测岩性、储层及气层。

火山岩储层叠前地震预测方法核心在于岩石物理特征研究及叠前弹性参数同步反演。

1. 火山岩实验室岩石物理测试分析,建立火山岩纵、横波速度理论模型

为了保证试验的可靠性和普遍性:(1)取样方面:对松辽盆地北部徐家围子、双城、古龙及林甸四个断陷的 38 口典型井取心资料进行了分析,优选了 16 种岩性 155 块样品开展测试,共获得 664 组数据,以确保岩石物理分析结果的准确性和普遍性。(2)测试方面:采用超声脉冲透射法进行岩石纵、横波速度测定,该系统最高温度可达 150℃,采用高压容器内加热方式进行温度加热,尽可能使高压容器内温度场均匀,温度控制精度为 1℃。最大压力可达 150MPa,最大孔隙压力可达 40MPa(气体最大压力 30MPa)。

建立火山岩纵波速度与横波速度理论模型:火山岩横波速度的预测不可以直接应用沉积岩理论公式,且不同岩性的火山岩纵波速度(v_p)与横波速度(v_s)拟合关系也不同(图 6-81 和图 6-82)。根据不同岩性纵波速度和横波速度测试结果,拟合了火山岩 7 种岩性的纵横波方程,为火山岩的横波速度预测提供了理论模型。

不同岩性纵波速度与横波速度的关系:

安山岩:$v_s = 0.4912v_p + 512.24$,$R = 0.9003$;

流纹岩:$v_s = 0.5095v_p + 361.56$,$R = 0.9050$;

英安岩:$v_s = 0.8026v_p - 1181$,$R = 0.9800$;

玄武岩:$v_s = 0.4779v_p + 554.93$,$R = 0.9640$;

集块岩:$v_s = 0.647v_p - 330.51$,$R = 0.7468$;

凝灰岩:$v_s = 0.4605v_p + 648.68$,$R = 0.7110$;

火山角砾岩:$v_s = 0.3856v_p + 1038.3$,$R = 0.8973$。

2. 火山岩岩石物理参数测井分析,建立火山岩岩性、储层及气层岩石物理图版

前文已经详细论述了火山岩的测井曲线的特征。测井曲线中还包含着大量的岩石弹性特征的信息,通过这些弹性参数可以获得火山岩的岩性、储层、含流体性质的信息。这也是火山岩岩石物理研究的重要组成部分。

通过对测井岩石物理参数规律进行统计分析,对储层敏感特征参数进行优选,指导火山岩地震反演参数的选择和属性提取,从而实现火山岩储层的准确预测。

在火山岩岩性敏感参数优选中,首先利用玄武岩类火山岩具有高密度的特征,区分玄武岩类火山岩与其他岩类火山岩(图 6-83),即密度大于 2.67g/cm³ 为玄武岩;利用泊松比与 Lambda 双弹性参数对把除玄武岩类火山岩的其他火山岩类分为两组,即安山岩组和流纹岩组,Lambda 值大于 25.4GPa 为安山岩组。其中,流纹岩组包括:流纹岩、凝灰岩、火山角砾岩及砂砾岩;安山岩组包括:安山岩、英安岩及粗面岩。

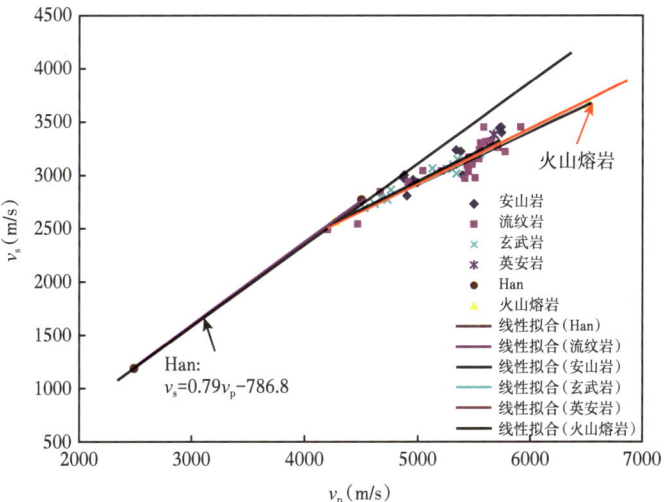

图 6-81 火山熔岩类 v_p-v_s 关系

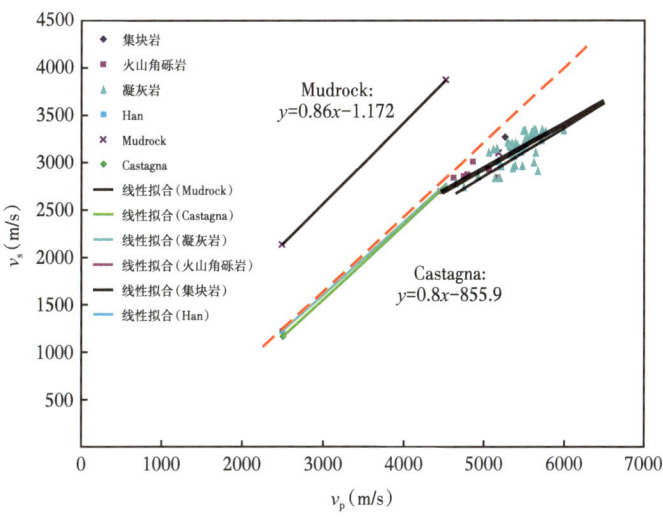

图 6-82 火山碎屑岩类 v_p-v_s 关系

在火山岩岩性分组基础上,进行不同岩性组储层敏感参数的优选,研究发现不同火山岩组的有利储层都具有低密度、低纵波速度的特征,因此分别在三组岩性中,应用密度和纵波速度参数交会识别有利储层(图 6-84)。其中,玄武岩储层密度低于 2.74g/cm³、纵波速度小于 5300m/s;安山岩组储层密度低于 2.53g/cm³、纵波速度小于 5700m/s;流纹岩组储层密度低于 2.55g/cm³、纵波速度小于 5800m/s。

火山岩各类有利储层密度均具有低密度的特征,因此,需要对储层的流体性质进行检测。通过多种敏感弹性参数的优选,泊松比对火山岩储层含流体性质敏感,含气储层具有低泊松比的特征,安山岩组的气层泊松比小于 0.25,流纹岩组气层泊松比小于 0.23(图 6-85)。

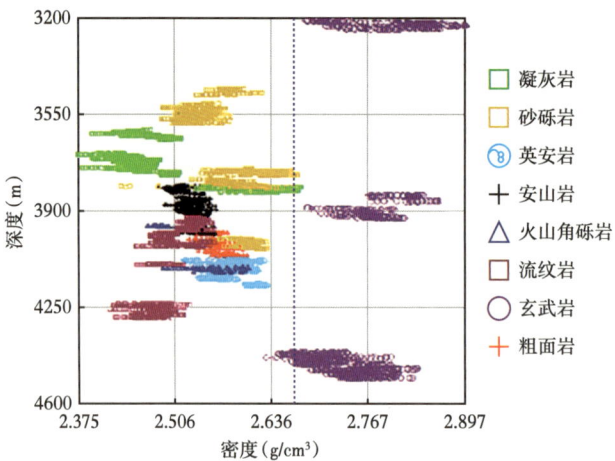

图 6-83 玄武岩类火山岩密度参数特征

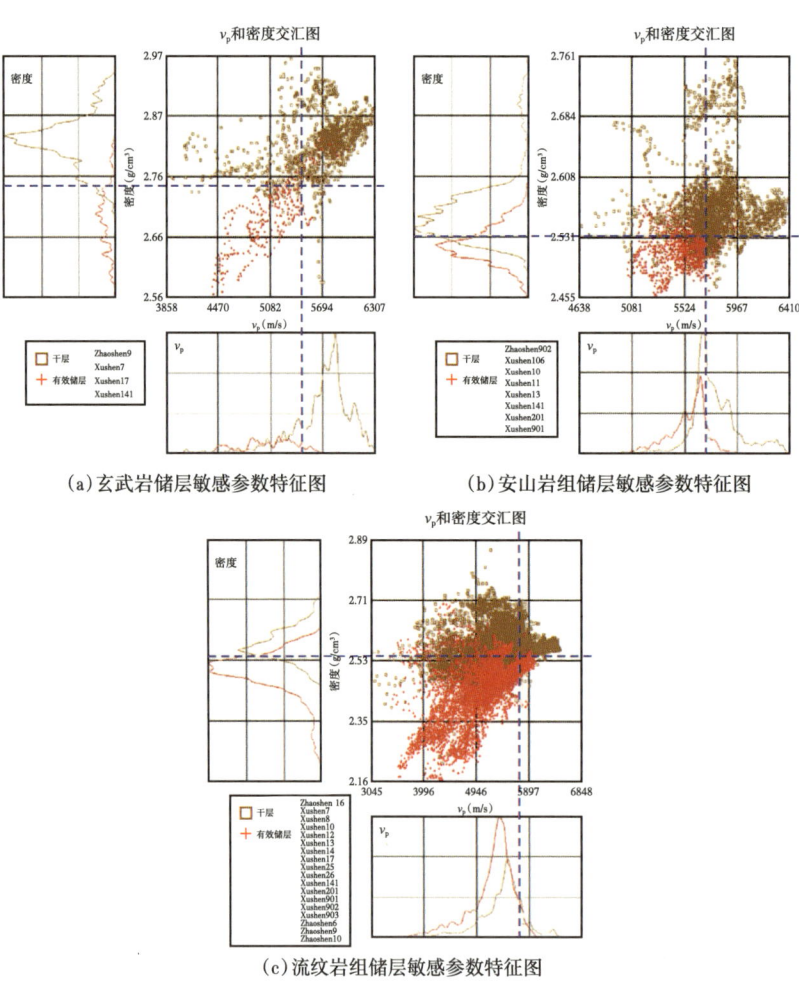

(a) 玄武岩储层敏感参数特征图　　(b) 安山岩组储层敏感参数特征图

(c) 流纹岩组储层敏感参数特征图

图 6-84 不同岩性组合有利储层敏感性分析图

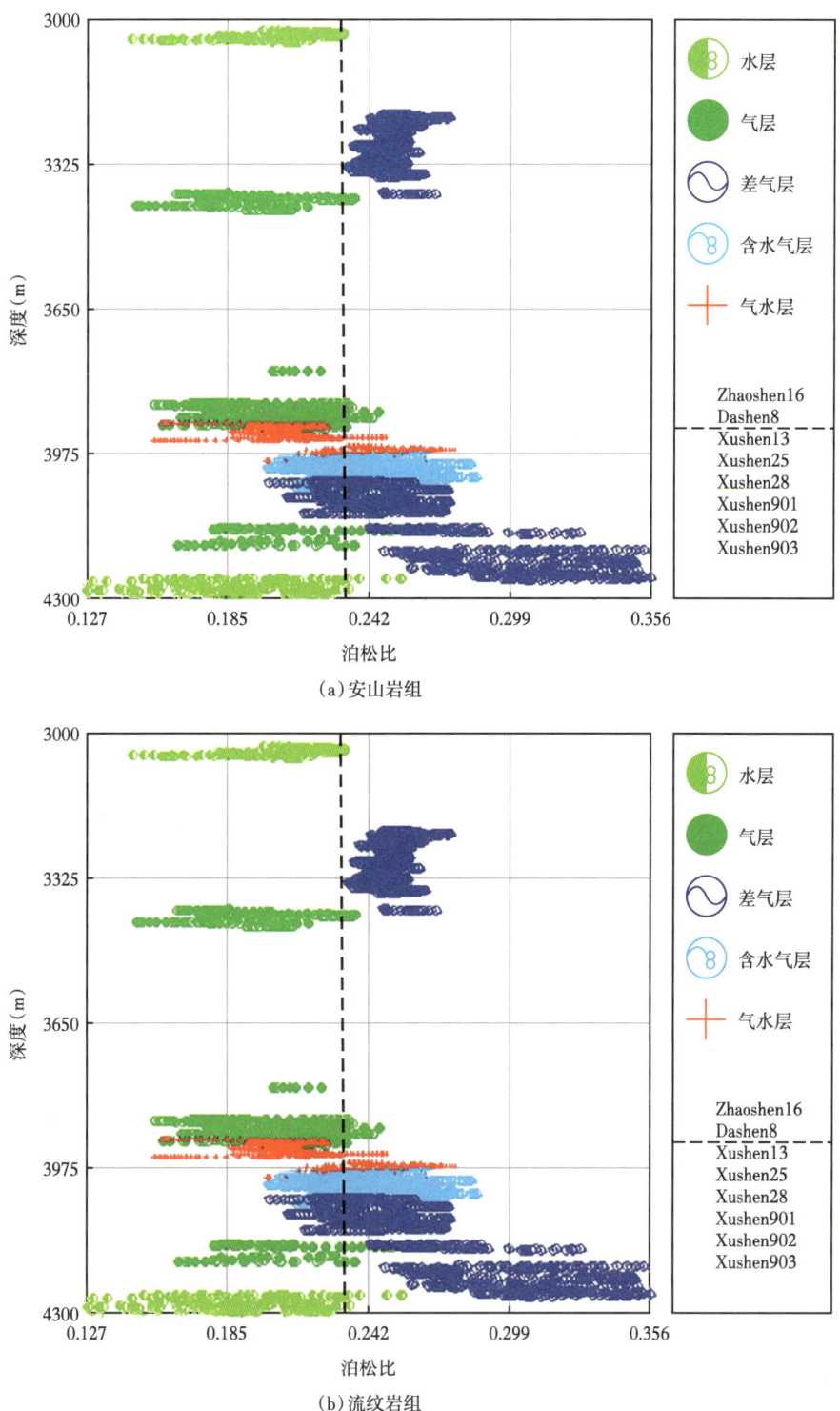

(a)安山岩组

(b)流纹岩组

图 6-85 安山岩组和流纹岩组气层敏感参数分析

3. 叠前弹性参数反演火山岩储层预测

1) 反演原理

叠前 AVO 弹性参数同步反演基于叠前地震资料，根据测井的 v_p、v_s、ρ_o 等数据和构造框架模型建立初始低频模型，使用地震的偏移距道集—超道集—角道集数据，基于以下 Fatti 方程式进行反演运算：

$$R_{\mathrm{pp}}(\theta) = c_1 R_\mathrm{P} + c_2 R_\mathrm{S} + c_3 R_\mathrm{D}$$

式中：R 为反射系数；P 为纵波阻抗；S 为横波阻抗；D 为密度；θ 为小射角；c_1, c_2, c_3 为不同道集计算系数。

2) 反演效果分析

利用火山岩叠前 AVO 弹性参数同步反演完成松辽盆地徐家围子断陷北部安达地区 1300km² 的岩性、储层及气层的预测工作，结合岩石物理分析成果，密度大于 2.67g/cm³ 为玄武岩，Lambda 大于 25.4GPa 为安山岩组，小于 25.4GPa 为流纹岩组，岩性反演效果如图 6-86 所示，DS6 井区、DS302 井区、DS303 井区流纹岩发育，SS2 井区、SS102 井区安山岩相对发育，其他井区主要发育流纹岩，预测效果与连井剖面符合率较高（图 6-87）。储层预测方面，玄武岩储层密度范围为 2.66~2.74g/cm³，纵波速度小于

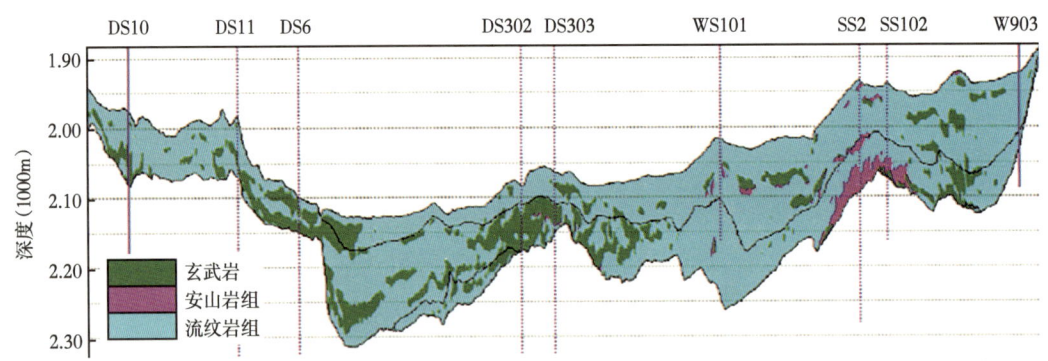

图 6-86 火山岩不同岩性组预测叠合图

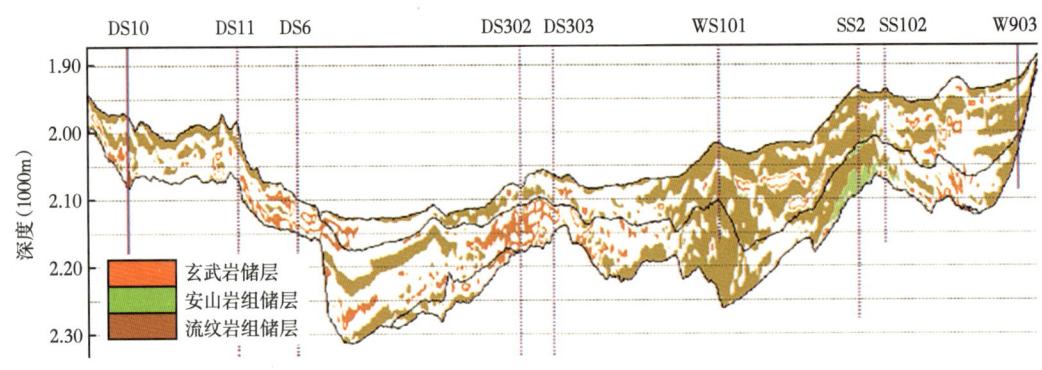

图 6-87 DS10—W903 井连井剖面

5300m/s，安山岩组储层密度低于 2.53g/cm³、纵波速度小于 5700m/s，流纹岩组储层密度低于 2.55g/cm³、纵波速度小于 5800m/s，通过叠合不同岩性组储层预测图（图 6-88），提高预测效果；安达地区玄武岩没有水层，因此，气层预测剖面由玄武岩储层预测成果、泊松比小于 0.25 的安山岩组气层和泊松比小于 0.23 的流纹岩组气层的预测成果叠合而成（图 6-89），跟实际测井综合解释对比，成果符合率较高。

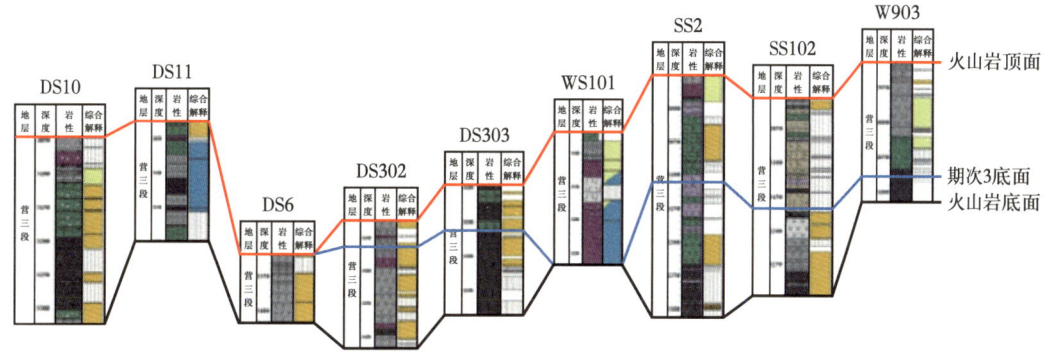

图 6-88　火山岩不同岩性组储层预测叠合图

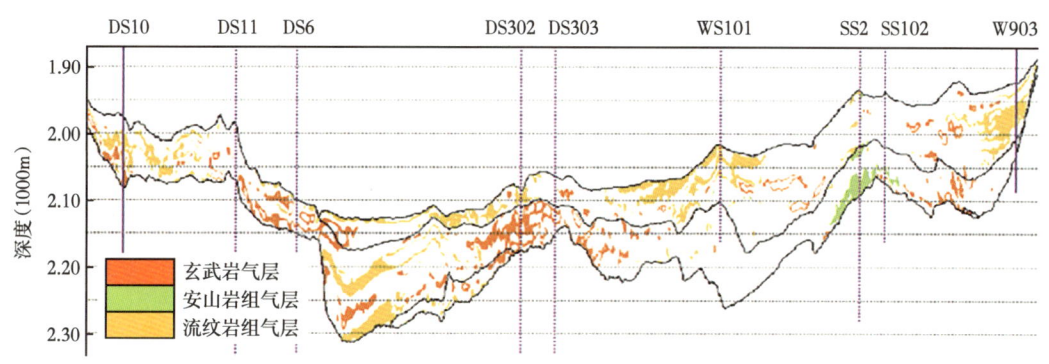

图 6-89　火山岩不同岩性组气层预测叠合图

第三节　火山岩岩性、岩相、储层、流体测井识别技术系列

一、火山岩岩石成分与结构构造的测井响应机理

火山岩的测井响应主要是岩性（化学成分、矿物）、物性和含油（气）性的综合响应。尽管火山岩岩性复杂，但不同火山岩的矿物具有明显的共生组合，在化学成分上存在明显差异，即使火山岩的主要成分基本相同，但含量上也存在明显的差别，具有内在的规律性。不同岩性的火山岩其矿物成分和化学成分的变化在电学、声学、核物理学等方面有不

同的响应特征，研究岩石学和岩石物理学之间的相互关系，寻找普遍或特殊的变化规律，探索测井信息的响应机理，对火山岩岩性、岩相识别具有重要意义。

1. 火山岩岩石成分测井响应机理

1）火山岩放射性测井响应机理

火山岩中含放射性同位素较多的矿物有钾长石、云母、似长石，锆石类的副矿物独居石、褐莲石等，其中碱性长石中 K_2O 的含量较高。数值模拟结果显示，随着岩性由基性变为酸性，放射性强度比较大的碱性斜长石增多是造成放射性强度增大的主要原因。

2）火山岩孔隙度测井响应机理

（1）火山岩密度测井响应机理。

火山岩岩性从基性到酸性，密度值逐渐降低，这种现象具有内在的岩石物理学成因。1996年，邱家骧研究了火山岩中 SiO_2 含量与其他金属氧化物含量的关系，并证明了从基性到酸性，火山岩随着二氧化硅含量的增加，铁镁等物质的含量逐渐减少。根据松辽盆地火山岩23口井443块全岩分析资料，建立交会图，如图6-90所示：随着二氧化硅含量的增加，铁、钛、钙、铝等金属元素的含量逐渐降低。松辽盆地元素俘获能谱（ECS）测井资料也显示，随着 SiO_2 含量的增大，铁、铝、钙和钛的含量逐渐减少，均与前人研究成果具有较好的一致性。

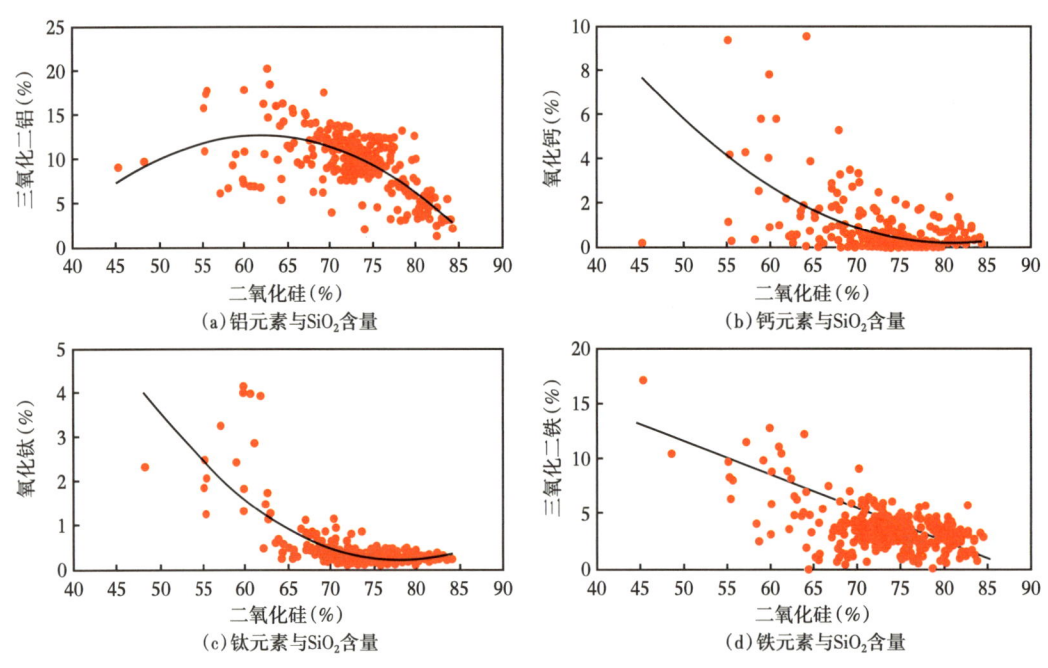

图6-90　全岩氧化物分析中金属氧化物随二氧化硅含量变化图

因此，低密度的二氧化硅含量不断增加，高密度的铁镁矿物含量逐渐减少，是造成火山岩从基性到酸性密度由大逐渐变小的原因，也可以认为密度的变化在一定程度上反映了成分的变化。

（2）火山岩声波时差测井响应机理。

岩石的声学性质在一定程度上反映了岩石成分、物性等参数的变化，主要用于研究岩石的声阻抗、传播速度和动态泊松比等声学特性，进而用于地震标定、计算地层孔隙度、计算地层机械特性等方面。1965年，Christensen N.I. 对侵入岩的纵波传播速度进行了测量，得出了从酸性火山岩到基性火山岩纵波传播速度增加的结论。从酸性侵入岩到基性侵入岩，纵波速度变化范围为5500~8000m/s。

（3）火山岩补偿中子测井响应机理。

火山岩从基性到酸性补偿中子测井值由高到低，反映了岩石成分的变化。补偿中子的测井响应是岩石骨架含氢量和岩石孔隙中含氢量之和，同时受岩石的减速能力的影响。在不考虑孔隙的情况下，岩石骨架本身具有减速能力，由于金属元素的弹性散射减速能力要强于硅等非金属元素，特别是磁铁矿和褐铁矿含有大量的结合水，补偿中子的测井值大于60%，从基性到酸性火山岩，这些矿物的含量降低，这是造成基性火山岩骨架中子测井值大于酸性岩的原因之一。

玄武岩的主要造岩矿物是斜长石和辉石，占总量的50%以上，次要矿物有橄榄石、角闪石、黑云母、碱性长石、石英等，占总量的15%以下。副矿物磁铁矿、钛铁矿、赤铁矿、磷灰石等，占总量的1%以下。主要矿物的中子孔隙度一般较小，次要矿物、副矿物中有的矿物尽管中子孔隙度较大，但其含量总体较少，故原生矿物组成的玄武岩中子孔隙度不大，一般分布在1.3%~5.1%之间，也就是说，无次生变化的中、基性火山岩中子测井值相对较小。

通常认为，由于Fe、Mg含量高的暗色矿物很不稳定，比以浅色矿物为主的岩石容易蚀变，因此，中、基性火山岩由于暗色矿物含量高，比酸性火山岩更容易发生蚀变。由于火山岩蚀变后产生了绿泥石、高岭石、绢云母和伊丁石等矿物，这些矿物由于含有结晶水或结构水，使中子孔隙度ϕ_{CNL}升高，因此，热液蚀变是造成中、基性火山岩补偿中子测井值异常增大的一个重要原因。

3）元素俘获伽马能谱测井响应机理

在超基性岩中，矿物成分主要为辉石和橄榄石，铁镁矿物占主要地位，二氧化硅含量低于45%，富含FeO和MgO；在基性岩中，辉石和基性斜长石共生，二氧化硅含量在45%~52%之间，氧化钙和氧化铝大量出现，并出现峰值；在中性岩中角闪石和中性的斜长石共生，暗色矿物占30%左右，二氧化硅增至52%~63%，FeO、MgO和CaO较基性火山岩均有所减少，氧化钠和氧化钾含量相对增加；在酸性岩中常出现钾长石、酸性斜长石、石英，二氧化硅的含量大于63%，FeO和MgO大大减少，氧化钠和氧化钾含量显著增加。松辽盆地深层火山岩23口井443个样品显示，随着二氧化硅含量的变化，金属氧化物有规律地发生变化，其金属元素的含量也随之发生变化。

ESC测井元素随SiO_2含量变化的关系如图6-91所示，也说明了火山岩化学成分的变化符合理论分布特征，因此，ECS测井可以较好识别火山岩岩石成分。

4）火山岩电阻率测井响应机理

通常情况下，火山岩的骨架是不导电的，电阻率测井值的大小主要受孔隙结构及孔隙内流体类型的影响。首先，对于蚀变的火山岩，骨架矿物蚀变为含水较多导电较强的伊利石、高岭石等，骨架具有导电性。其次由于岩石成分及后期热液、溶蚀、风化淋滤、构造等作用的不均一性，造成孔隙空间类型和孔隙结构极强的各向异性，从而造成电阻率测井值的严重各向异性，产生较大的变化范围。另外溶蚀孔洞和裂缝在火山岩中分布是不均匀的，从而也造成了电阻率测井具有较大的变化范围。

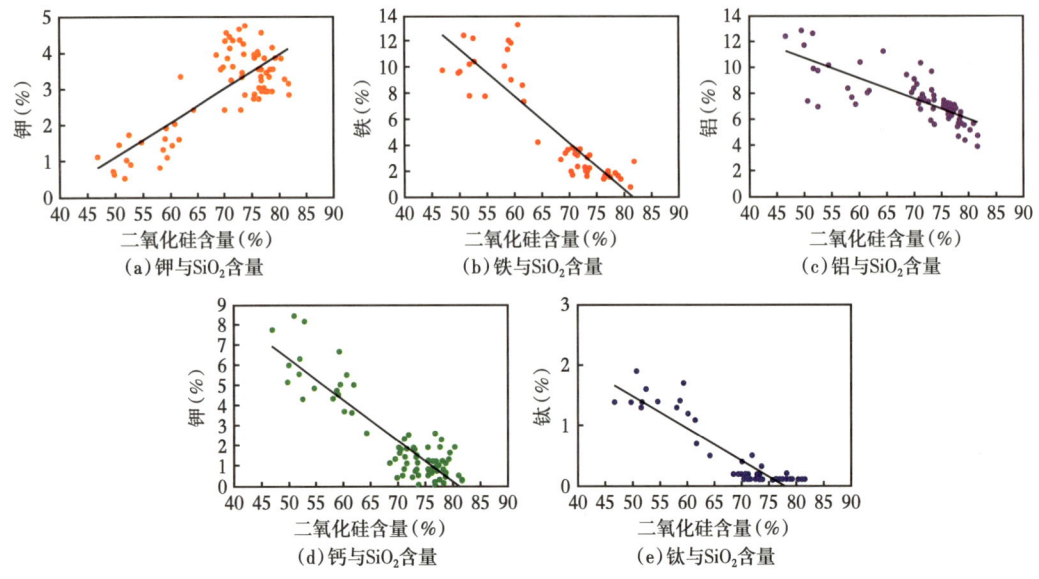

图 6-91　火山岩 ECS 测井元素随 SiO_2 变化关系

2. 火山岩结构、构造测井响应机理

常规测井和 ECS 测井对火山岩成分具有良好的反应，但对火山岩结构、构造的识别能力较差。电成像测井以灰度值的高低或色彩的变化表示测量值的大小，得到相应层段地层电阻率的井壁成像结果，从而直观反映火山岩的结构、构造特征。

1）火山岩成像测井响应的数值模拟

由于所有火山岩地质体都可以归为线状体和点状体两类，因此，建立线状体和点状体组合模型，采用有限元法模拟火山岩地质体的电成像测井图像特征。圆点状电阻率异常体是孔洞及砾石等地质事件的响应，设计孔洞半径分别为 1mm、2mm、4mm、5mm，电阻率为 $10\Omega \cdot m$，背景电阻率为 $100\Omega \cdot m$；线状电阻率异常体是纹层、裂缝、流纹等地质事件的响应，设计裂缝电阻率 $0.3\Omega \cdot m$，围岩电阻率 $300\Omega \cdot m$，裂缝宽度 1mm，如图 6-92 所示。

以 FMI 测井仪为对象，数值仿真的求解空间为中心有井眼的圆柱体，首先将整个中空的圆柱体沿某一平行于井轴且包括井轴的半平面切开并展成平板状的六面体，然后进行剖分，最后再恢复回圆柱体。运用仿真程序，分别考察了电成像测井对缝洞的分辨能力、径向延伸深度和对比度对测量结果的影响，以及缝洞真实尺寸与仿真测井图上检测出来尺寸的对应关系。结果表明：（1）所有电阻率异常体（小到 1mm 张开度的裂缝和 1mm 半径的孔洞）均可被检测出来，且形状及大小有一定的对应关系；（2）孔洞的径向延伸情况对测量结果有影响，但不严重；（3）对比度对测量结果的影响比较明显。

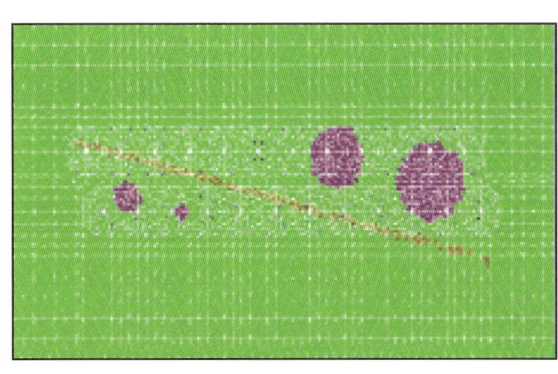 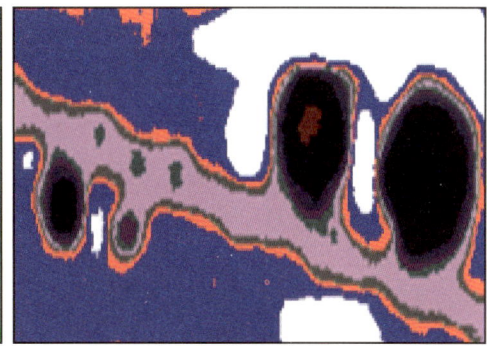

(a)点状体模型　　　　　　　　　　　(b)模拟结果

图 6-92　点状体模型及模拟结果图

2)电成像测井分辨率的实验模拟结果及分析

利用电阻率扫描成像实验装置(人工模块中掺入花岗岩、石灰岩、砂岩等不同形状的岩石,先渗合固化后再钻眼),模拟了点状体和线状体的电成像图像特征(图 6-93),结论如下:(1)对于点状体,直径 5mm 以上的,电成像测井图像上有响应,且直径 1cm 的要比直径 5mm 的图像清楚;(2)对于线状体,模拟了宽度 1mm 的裂缝,当间距大于 5mm 时,可单独成像,当间距小于 5mm 时,图像合并加强;(3)点状体成像测井分辨率下限为 5mm,线状体没有具体的分辨率下限,与电阻率对比度关系较大。

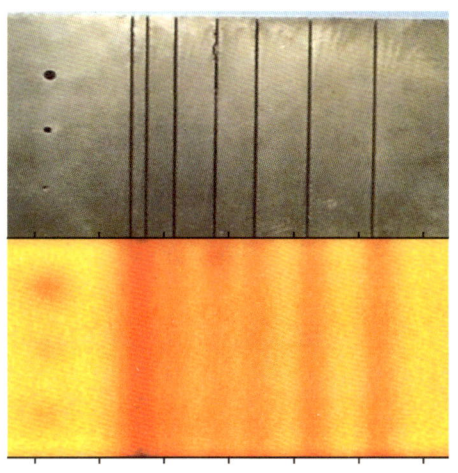

图 6-93　电阻率扫描实验模拟结果

二、火山岩岩性测井识别方法

火山岩岩性识别方法包括两大类,一类是应用常规测井和元素俘获能谱测井(ECS)识别火山岩成分的方法,另外一类是应用电成像测井识别火山岩结构、构造的方法。前者主要用于确定火山岩的成分,后者用于识别火山岩岩石的结构和构造,二者结合综合确定火山岩岩性。

1. 岩石成分识别方法

由于不同类型的火山岩具有不同的常规测井响应特征，基性岩具有"低自然伽马、铀、钍、钾，高密度、中子孔隙度"的特征；酸性岩具有"高自然伽马、铀、钍、钾，低密度、中子孔隙度"的特征；中性岩介于二者之间，因此，从基性到酸性，火山岩具有自然伽马升高，铀、钍、钾含量增加，密度、中子孔隙减小的变化趋势，根据这些特征研究火山岩常规测井岩性识别方法。

1）常规测井交会图版法

在火山岩测井响应特征及机理研究的基础上，寻找不同岩石类型之间的测井响应差异，采用岩心标定测井的方法，选取中子密度差值（$\phi_D-\phi_N$）、自然伽马（GR）、铀（U）、钍（TH）、钾（K）等测井参数，建立交会图版（图6-94和图6-95），识别基性岩、中性岩、中酸性岩、酸性岩（流纹岩、凝灰岩）的效果较好，而对于火山碎屑岩类（流纹质熔结凝灰岩、角砾凝灰岩、火山集块岩、火山角砾岩等）则需要结合电成像测井资料进行识别。

2）ECS测井识别方法

元素俘获能谱测井中，钙、铁、钛、钾、钠、硅、钆、铝元素质量百分含量的变化反映了火山岩岩石成分的变化，如图6-96所示，当岩性从沉积岩过渡到火山岩时，岩石矿物成分发生变化，可引起钆（Gd）元素的含量有一个突变的过程，钆（Gd）元素值突然升高；火山岩岩性从基性、中性到酸性的变化，铁元素、钙元素和钛元素曲线值是逐渐降低的，而硅元素、钠元素和钾元素曲线值是逐渐升高的。利用这一现象，建立铁元素含量与钆元素含量交会图，可较好地区分沉积岩、酸性、中性及基性火山岩（图6-97）。

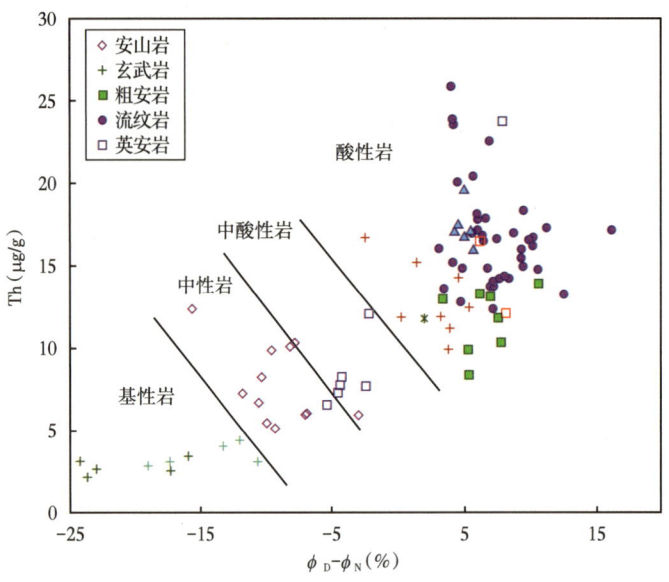

图6-94 火山岩岩性识别图版（一）

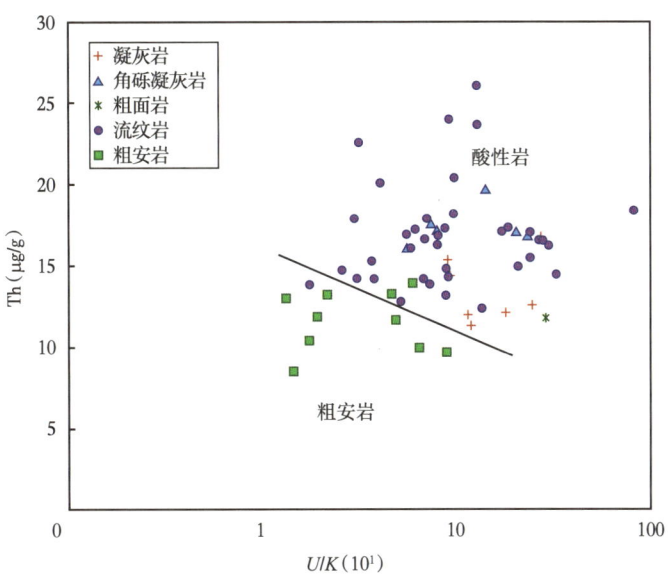

图 6-95 火山岩岩性识别图版(二)

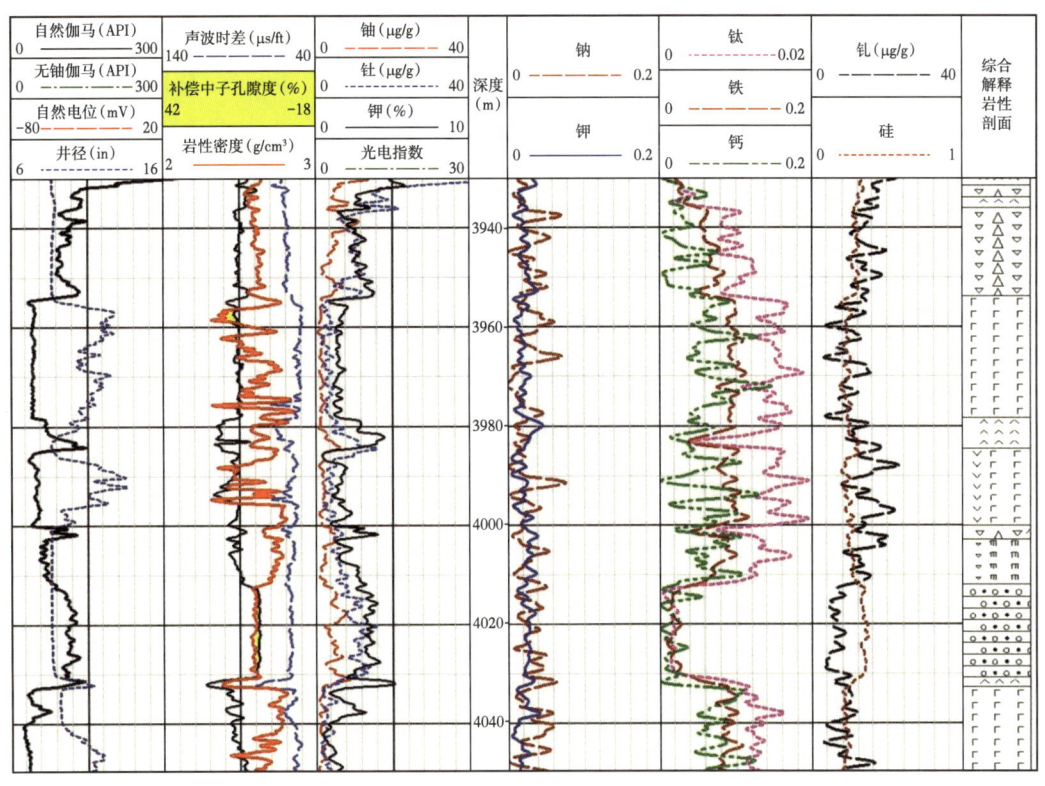

图 6-96 火山岩中沉积岩夹层 ECS 特征图

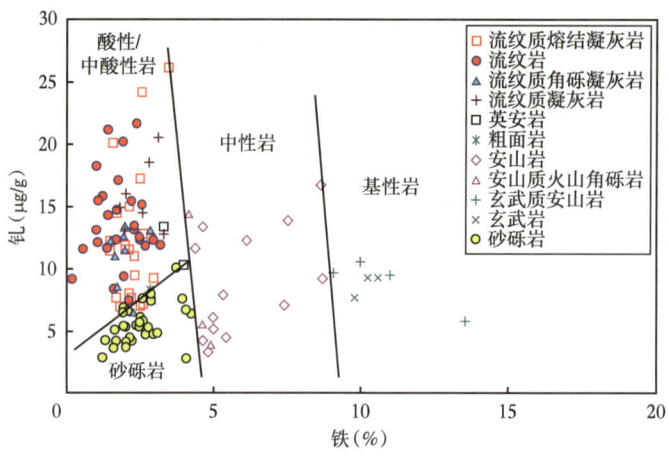

图 6-97 火山岩 ECS 测井岩性识别图版

TAS 图分类法（Total Alkali Silica），即硅—碱分类法，是目前国际上通用的火山岩分类方法，其基本的分类依据是根据二氧化硅（SiO_2）含量和碱度高低（K_2O+Na_2O）的比例关系进行岩性划分。应用该方法不仅可以识别酸性、中性及基性等火山岩，还可以识别英安岩、粗安岩、粗面岩等过渡岩性。因此，通过对 ECS 测井资料进行分析，得到地层主要元素的氧化物含量，将样本点投影到 TAS 图上，如图 6-98 所示，可区分出不同成分的火山岩。

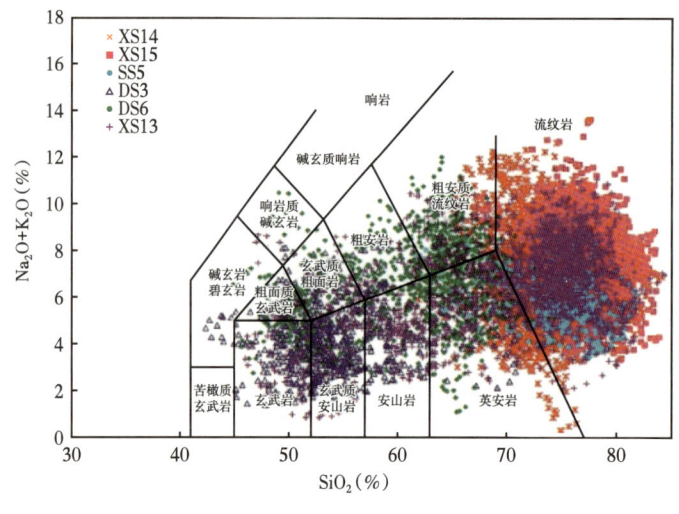

图 6-98 火山岩 TAS 分类图（ECS 测井）

上述几种方法可以很好地区分沉积岩、酸性岩、中性岩、基性岩及过渡岩性，但对于成分相近而结构、构造不同的岩性，应用上述方法难以有效区分，必须研究测井识别火山岩结构、构造的方法。

2. 岩石结构、构造识别方法

火山喷发作用形成的环境和堆积条件的不同，形成了各岩性特有的结构和构造特征。

这些结构、构造特征是测井识别火山碎屑岩与熔岩、火山岩与沉积岩的重要依据。火山岩成因结构复杂，即使岩石化学成分相近，但如果成因、结构不同，其岩石类型和名称也会不同，因此，仅用反映成分特征的方法很难将这类岩石区分开。同时由于火山岩地层取心资料少，且取心成本高，利用丰富的测井资料准确识别火山岩岩性就显得尤为重要。本节在火山岩电成像测井响应机理及典型结构、构造响应特征研究的基础上，形成了电成像测井识别火山岩岩性的方法。

基于岩心成像测井技术，建立不同岩石结构、构造的成像图像模式（图6-99），以识别火山岩的结构、构造特征。应用这些图像模式可识别具有熔结结构、集块结构、角砾结构、凝灰结构及流纹构造等不同结构、构造的岩石类型。

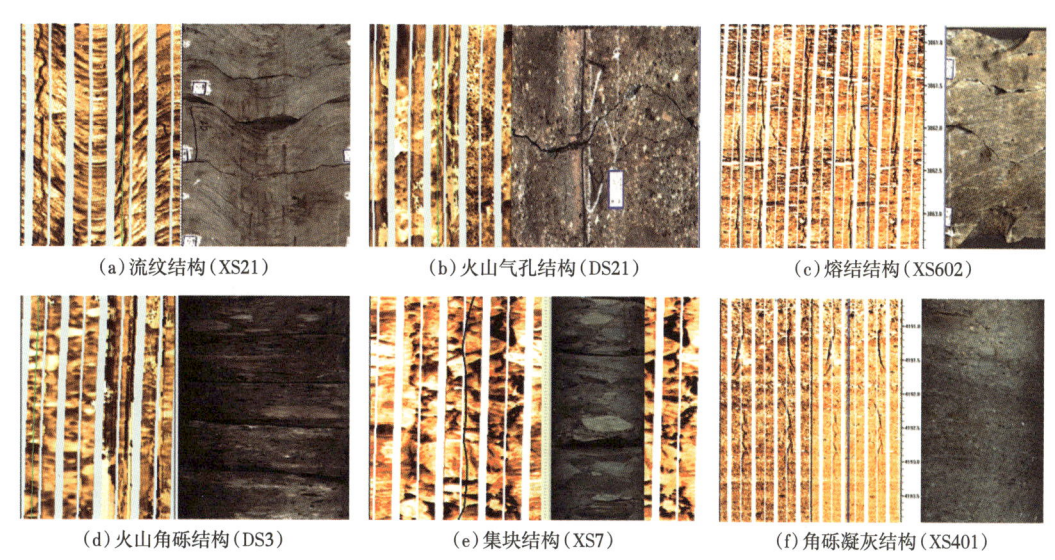

图6-99 成像图像识别岩性结构、构造典型图版模式

3. 岩性综合解释

采用"成分+结构"的岩性识别方法，首先，利用常规测井、ECS元素测井识别火山岩岩石成分，然后，利用电成像测井识别岩石的结构、构造特征，最后，根据岩石成分、结构、火山碎屑粒级及其比例确定具体岩石的基本类型。

三、火山岩测井相特征及识别方法

1. 火山岩岩相模式及岩性序列

火山岩岩相模式能够直观反映火山岩岩相和亚相之间的叠置和依存关系，是展现火山岩岩相之间依存关系的概念化、简单化的直观模型，它是已知剖面/钻井的相序研究成果的概括总结，同时它对于新的剖面/钻井的岩相预测又具有指导作用。火山岩岩相模式在勘探开发中最重要的作用是用来约束和指导地震—岩相解释，对测井岩相识别同样具有指导意义。本次研究以松辽盆地火山岩岩相的相模式为例，如图6-100所示。

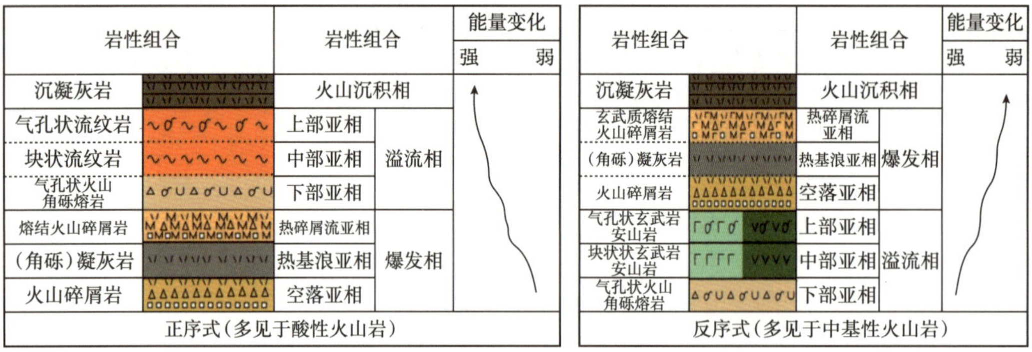

岩性组合		岩性组合		能量变化 强 弱
沉凝灰岩		火山沉积相		
气孔状流纹岩		上部亚相	溢流相	
块状流纹岩		中部亚相		
气孔状火山角砾熔岩		下部亚相		
熔结火山碎屑岩		热碎屑流亚相	爆发相	
(角砾)凝灰岩		热基浪亚相		
火山碎屑岩		空落亚相		
正序式(多见于酸性火山岩)				

岩性组合		岩性组合		能量变化 强 弱
沉凝灰岩		火山沉积相		
玄武质熔结火山碎屑岩		热碎屑流亚相	爆发相	
(角砾)凝灰岩		热基浪亚相		
火山碎屑岩		空落亚相		
气孔状玄武安山岩		上部亚相	溢流相	
块状玄武安山岩		中部亚相		
气孔状火山角砾熔岩		下部亚相		
反序式(多见于中基性火山岩)				

图 6-100 松辽盆地火山岩岩相原始喷发相模式

2. 火山岩岩相的成因序列及测井响应特征

火山岩岩相、亚相在测井曲线或图像上并不存在一一对应关系，但作为岩相指示标志的火山岩成分、结构、构造具有明显的测井响应特征，提取不同岩相、亚相的测井特征模式，对于火山岩岩相、亚相识别具有重要的意义。

对于一个完整的火山岩相，不同亚相间火山岩岩石的成分相对稳定，其结构、构造要相对发生变化。常规测井数值大小对火山岩岩石成分的变化具有良好的响应，而成像测井图像在判断岩石结构、构造方面具有优势，常规测井曲线形态的变化仅在一定程度上反映岩石结构、构造的变化。

1) 火山通道相的成因序列及测井响应特征

火山通道相位于整个火山机构的下部和近中心部位，是岩浆向上运移到达地表过程中滞留和回填在火山管道中的火山岩类组合，分为火山颈亚相、次火山岩亚相、隐爆角砾岩亚相。火山通道相的成因序列及 FMI 图像特征、岩性、孔隙特征如图 6-101 所示。

(1) 隐爆角砾岩亚相。

其代表性特征是岩石由"原地角砾岩"组成，即不规则裂缝将岩石切割成"角砾状"，裂缝中充填有岩汁或细角砾岩浆，充填物岩性和颜色往往与主体岩性相似但颜色不同。自然伽马及铀、钍、钾曲线呈锯齿状，孔隙度曲线平直，电阻率呈漏斗状，上高下低。其主要原因是隐爆角砾岩被不同成分的熔浆充填，造成放射性强度的变化；隐爆角砾岩由下及上发生破裂，底部岩石破裂程度大，因而造成电阻率上下不一致，一般呈现上高下低的形态。由于熔浆充填造成与原生角砾成分的差异，因此，在 FMI 图像上显示为不规则组合亮斑模式和亮暗截切。如图 6-102 所示，FMI 图像中可观察到呈低阻暗色的岩汁侵入条带，岩汁内部呈高阻亮色的角砾，且这些角砾与围岩同为高阻亮色，显示围岩被爆破后由岩汁带入"原地堆积而成"。

(2) 火山颈亚相。

火山颈亚相典型特征为"堆砌结构"，即角砾未经搬运磨圆、基质未见流动拉长，显示出原地垮塌堆积后胶结成岩的特点。如图 6-103 所示，由于火山通道相是垮塌造成的，而垮塌一般从火山口开始，上部破裂严重，因此，电阻率曲线呈锯齿状、钟形状，呈上低下高的特征，自然伽马及能谱曲线较平直，三孔隙度曲线较平直，FMI 图像显示不规则组合亮斑状模式、不规则组合斑状模式。

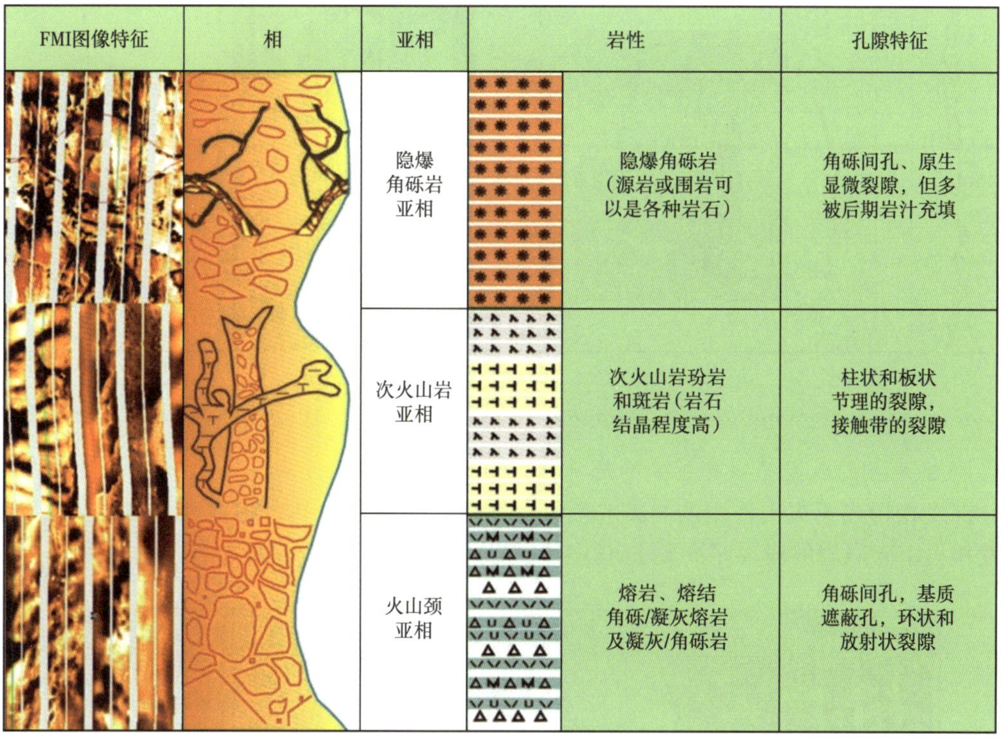

FMI图像特征
相
亚相
岩性
孔隙特征
隐爆角砾岩亚相
隐爆角砾岩（源岩或围岩可以是各种岩石）
角砾间孔、原生显微裂隙，但多被后期岩汁充填
次火山岩亚相
次火山岩玢岩和斑岩（岩石结晶程度高）
柱状和板状节理的裂隙，接触带的裂隙
火山颈亚相
熔岩、熔结角砾/凝灰熔岩及凝灰/角砾岩
角砾间孔，基质遮蔽孔，环状和放射状裂隙

图 6-101　火山通道相成因序列及其综合特征

自然伽马
深侧向
岩石密度
0 (API) 300
2 (Ω·m) 2000
2 (g/cm³) 3
3170
3180
井壁成像测井图像
0° 180° 360°
3180
3180.5
3181
岩性特征图像
地质模式
隐爆角砾岩亚相

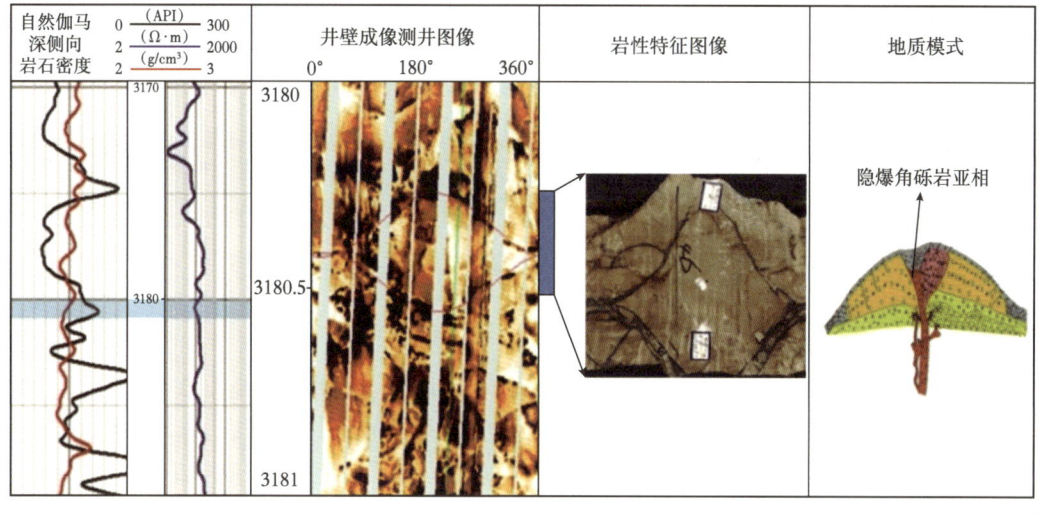

图 6-102　隐爆角砾岩亚相 FMI 图像模式

自然伽马
深侧向
岩石密度
0 (API) 300
2 (Ω·m) 2000
2 (g/cm³) 3
岩性特征图像
井壁成像测井图像
0° 180° 360°
地质模式
3660
3670
3667
3667.5
3668
火山颈亚相

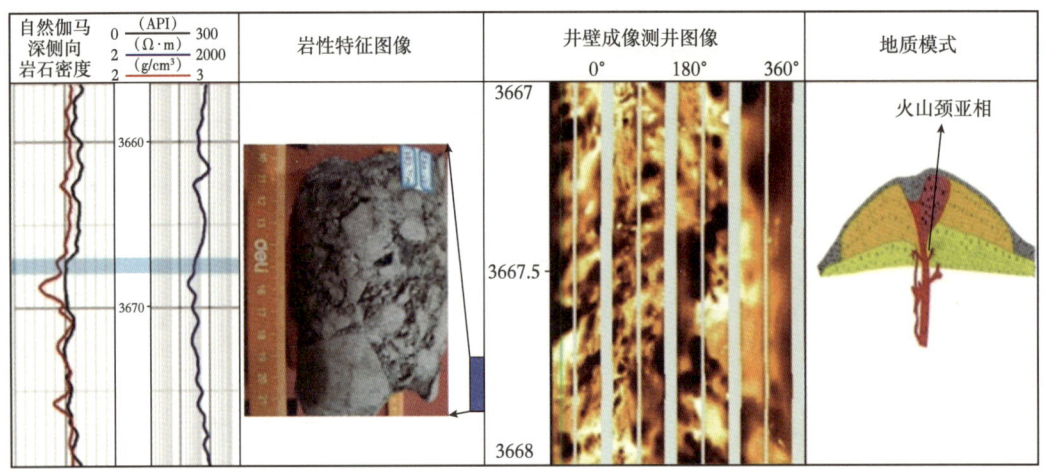

图 6-103 火山颈亚相 FMI 图像模式

2）爆发相的成因序列及测井响应特征

爆发相形成于火山作用的早期和后期，分为空落亚相、热基浪亚相、热碎屑流亚相。爆发相火山碎屑岩的成因序列及 FMI 图像特征、岩性、孔隙特征，如图 6-104 所示。

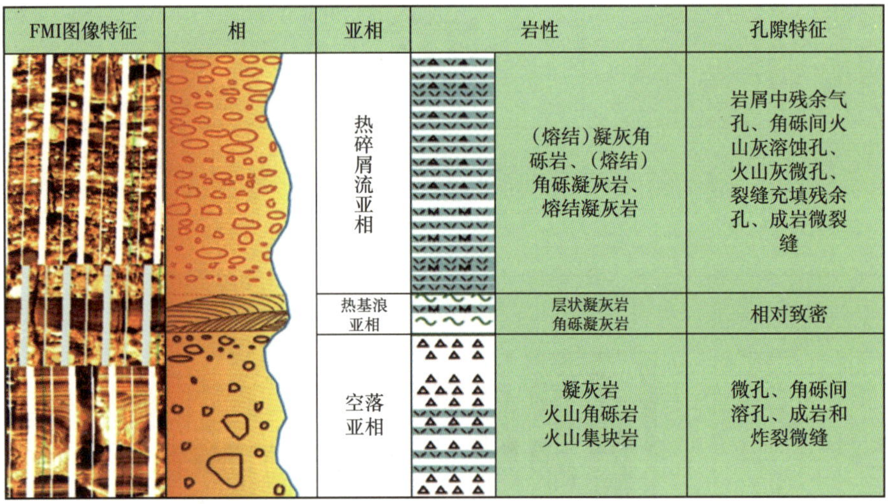

FMI图像特征
相
亚相
岩性
孔隙特征
热碎屑流亚相
(熔结)凝灰角砾岩、(熔结)角砾凝灰岩、熔结凝灰岩
岩屑中残余气孔、角砾间火山灰溶蚀孔、火山灰微孔、裂缝充填残余孔、成岩微裂缝
热基浪亚相
层状凝灰岩
角砾凝灰岩
相对致密
空落亚相
凝灰岩
火山角砾岩
火山集块岩
微孔、角砾间溶孔、成岩和炸裂微缝

图 6-104 爆发相成因序列及其综合特征

（1）热碎屑流亚相。

由于热碎屑流亚相典型岩性为含晶屑、玻屑、浆屑、岩屑的熔结凝灰（熔）岩，熔结凝灰结构、火山碎屑熔岩结构，常见由于局部熔岩基质或塑性浆屑在流动过程中拉长而形成的“假流纹构造”，故电成像测井图像上响应为不规则组合亮斑状模式。常规测井曲线呈微锯齿状，密度和测井中子曲线显示物性较好，电阻率曲线呈微幅变化，如图 6-105 所示。

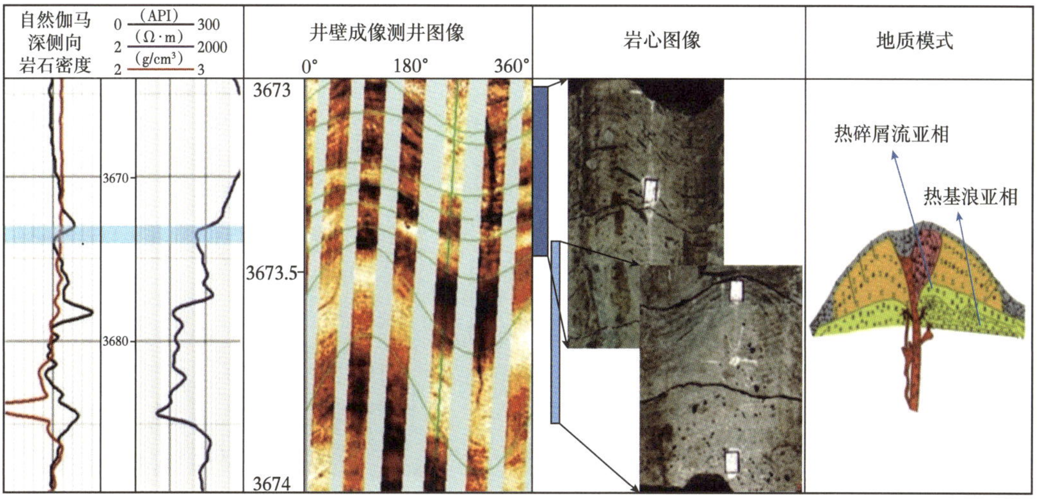

图 6-105 热碎屑流亚相 FMI 图像模式

（2）热基浪亚相。

由于热基浪亚相典型岩性为层状（角砾）凝灰岩，以晶屑凝灰结构为主，具平行层理、交错层理，特征构造是逆行沙波层理（反丘）构造，故电成像图像上响应为反映层状凝灰岩的暗色条带状模式或为反映火山碎屑结构的不规则组合斑状模式。如图 6-106 所示，热基浪亚相具有明显的层理，厚度一般较薄。

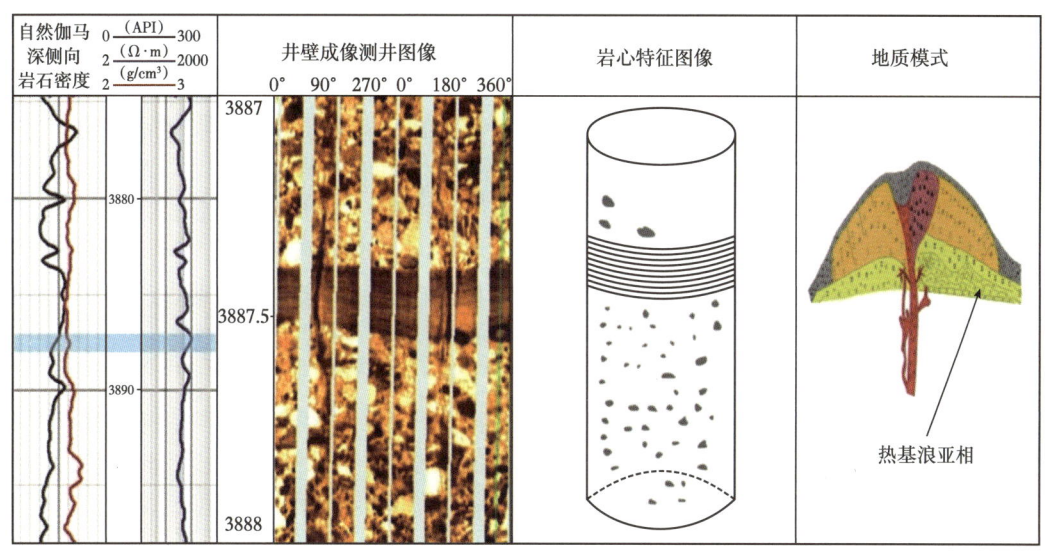

图 6-106 热基浪亚相 FMI 图像模式

（3）空落亚相。

由于空落亚相岩性为各种火山碎屑岩，常见粒序层理，主要结构为集块结构、角砾结构和凝灰结构，颗粒支撑，颗粒之间形成粒间孔隙，具有与颗粒不一样的导电能力，因此，其电成像测井图像上可以清晰地显示出颗粒大小等形状，通常响应为反映碎屑结构的不规则组合斑状模式，或为反映具有层理的凝灰岩层的条带状模式。如图6-107所示，由于空落亚相岩石类型多、成分复杂，孔隙空间类型多样、放射性元素易于流失，造成常规测井曲线多呈锯齿状。

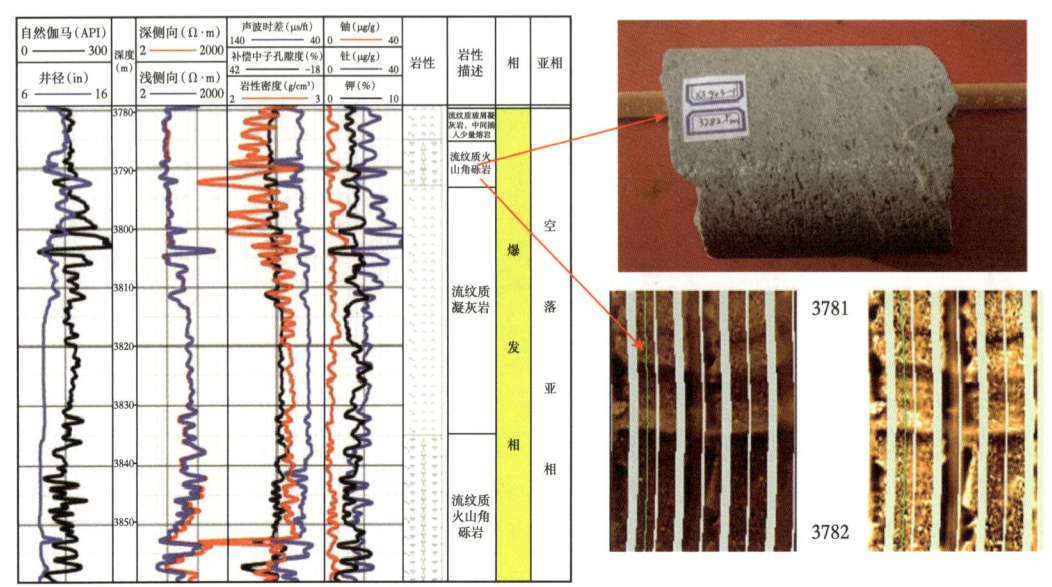

图6-107 空落亚相常规测井响应特征

3）溢流相的成因序列及测井响应特征

溢流相形成于火山喷发旋回的中期，是含晶喷出物、同生角砾的熔浆在后续喷出物推动和自身重力的共同作用下，在沿着地表流动过程中，熔浆逐渐冷凝、固结而形成。溢流相在酸性、中性、基性火山岩中均可见到，分为下部亚相、中部亚相、上部亚相。溢流相的成因序列及FMI图像特征、岩性、孔隙特征，如图6-108所示。

对于一个完整的溢流相，上、中、下三个亚相的自然伽马曲线总体平直，上部亚相物性最好，中部亚相物性较差，下部亚相物性较中部亚相好，但次于上部亚相。

（1）上部亚相。

由于上部亚相典型岩性为火山熔岩，顶部发育火山角砾熔岩，熔岩结构、常具气孔杏仁构造，典型的构造特征是气孔顺流纹构造成带状发育，因此，其电成像测井图像特征模式为不规则组合斑状模式、线状模式。如图6-109所示，成像图像上可见呈暗斑状的气孔、溶孔较富集，呈圆形直立状，显示出气体向上溢出的形态。

（2）中部亚相。

中部亚相位于溢流相中部，在溢流过程中冷凝速度较慢，大部分流体溢出，基本没有气孔，或只有非常小的孤立气孔发育，岩性较致密，孔隙度很低，呈块状特征，裂缝通常较发育。典型构造特征是气孔不发育，但流纹构造较发育。如图6-110所示，在

FMI 图像上，中部亚相颜色较均匀，熔岩结构和块状构造显示为不规则连续线状模式、亮块模式。

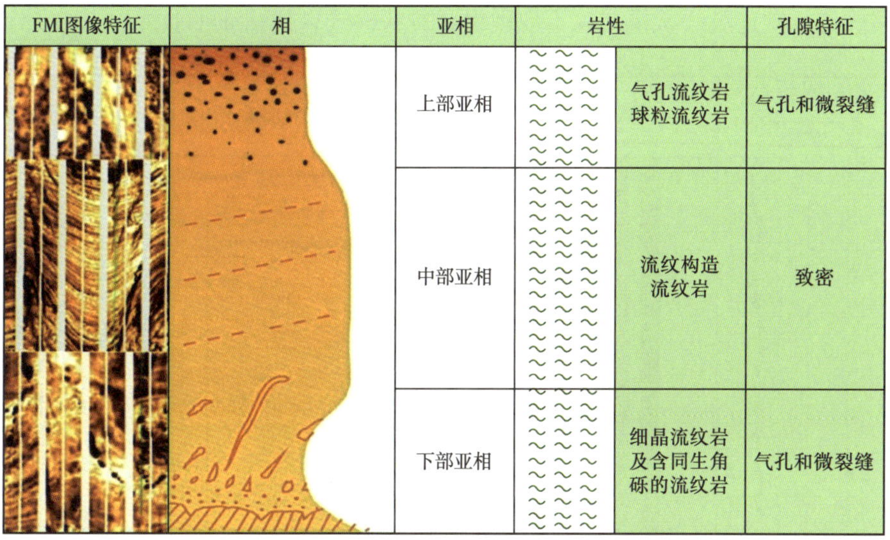

FMI图像特征	相	亚相	岩性	孔隙特征
		上部亚相	气孔流纹岩 球粒流纹岩	气孔和微裂缝
		中部亚相	流纹构造 流纹岩	致密
		下部亚相	细晶流纹岩 及含同生角 砾的流纹岩	气孔和微裂缝

图 6-108　溢流相火山熔岩成因序列及其综合特征

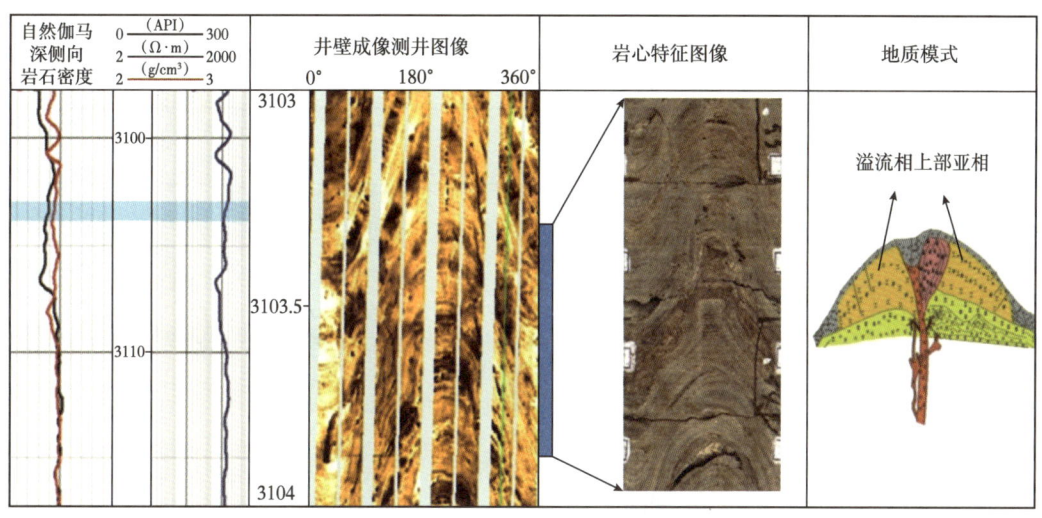

图 6-109　溢流相上部亚相 FMI 图像模式

（3）下部亚相。

由于下部亚相在溢流过程中首先接触底部并冷凝较快，所以部分气孔被保留，在底部流动摩擦的影响下，气孔呈拉长状，气孔排列与流纹构造斜交。同时可混入前一次溢流的流纹岩，脆性强，微裂缝发育。底部岩相的厚度一般小于上部亚相，气孔较为发育，对于酸性熔岩，多见流纹构造。另外由于底部岩浆直接与地面接触，地面岩石碎屑可被岩浆携带，形成它源的熔结角砾岩，因此，下部亚相在 FMI 图像上显示出亮暗相间的气孔形状，典型特征为火山熔岩、碎屑熔岩，典型结构特征是气孔垂直于流纹构造发育。其 FMI 图像特征模式为规则连续线状模式、不规则组合斑状模式，如图 6-111 所示。

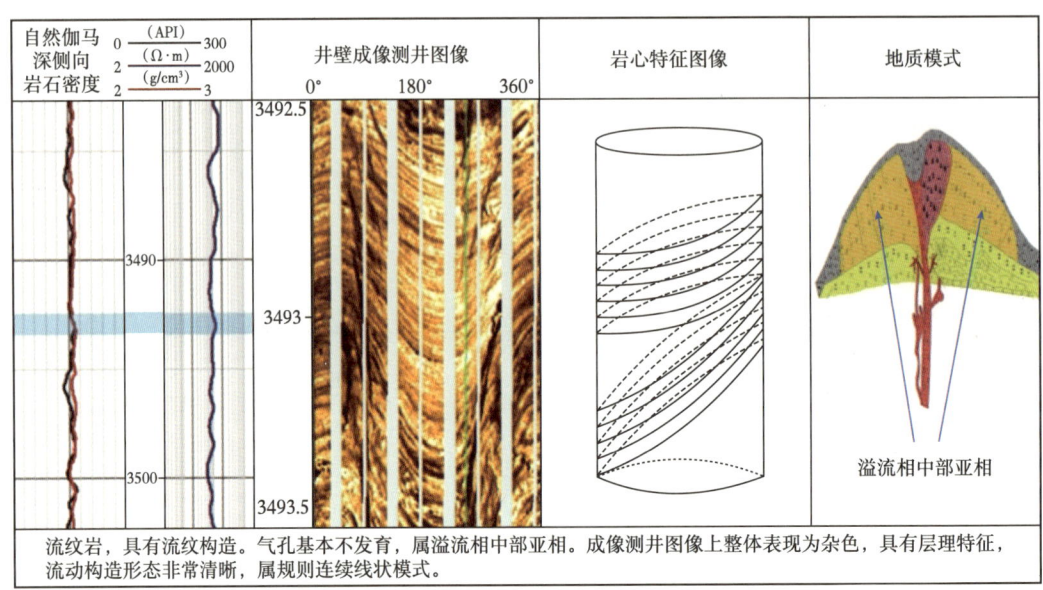

图 6-110　溢流相中部亚相 FMI 图像模式

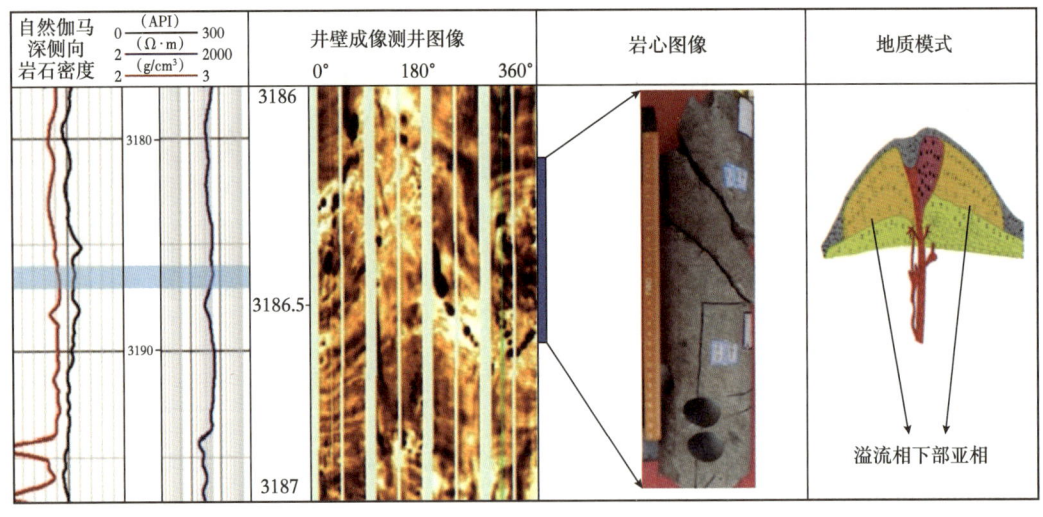

图 6-111　溢流相下部亚相 FMI 图像模式

4）侵出相的成因序列及测井响应特征

侵出相主要见于酸性岩中，形成于火山喷发旋回的晚期。当破火山口—火山湖体系已经形成、高黏度岩浆受内力挤压流出地表时，遇水淬火或在大气中快速冷却便在火山口附近形成侵出相（玻璃质）火山岩体。由于取心资料有限，本文只论述外带亚相的地质成因及 FMI 测井响应特征。

由于外带亚相是熔浆舌在流动过程中，其前缘冷凝、变形并铲刮和包裹新生和先期岩块，在内力作用下流动，最终固结成岩而成，因此，岩石具熔结角砾结构、熔结凝灰结构，常见变形流纹构造。其电成像图像上整体表现为杂色，中低阻橙色基质明暗相间，呈现明显地强烈揉皱状流纹构造，属不规则明暗相间条带状模式，具有明显的变形流纹构造，如图 6-112 所示。

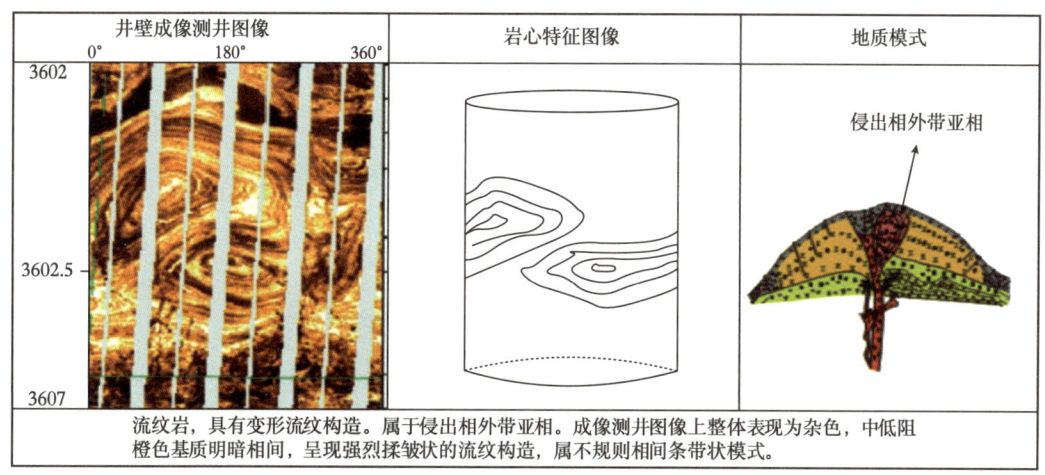

图 6-112　侵出相外带亚相 FMI 图像模式

5）火山沉积相的成因序列及测井响应特征

大庆地区火山沉积相分为含外碎屑火山碎屑沉积岩、再搬运火山碎屑沉积岩和凝灰岩夹煤沉积 3 个亚相。

（1）含外碎屑火山碎屑沉积岩 / 再搬运火山碎屑沉积岩亚相。

这两个亚相均经过水流搬运，因此层理发育，且层理宽度较大，呈水平状。气孔不发育，当夹层为泥岩层时，FMI 图像显示为高阻亮色背景下的低阻暗色条纹，当钙质或硅质充填时，FMI 图像显示为亮色条纹。与流纹构造的区别是：流纹宽度窄，且具有流动变形，气孔发育，多为高阻亮色背景下的低阻暗色条纹，如图 6-113 所示。

（2）凝灰岩夹煤沉积亚相。

凝灰岩夹煤沉积亚相的典型岩性为砂泥岩互层、沉火山岩、夹煤沉积、钙质胶结等特征，具有明显的层理等特征，由于凝灰岩所夹的煤层电阻率超高，故在成像图像上响应为单一亮色条带状模式、规则连续明暗相间条带状模式，如图 6-114 所示。

3. 火山喷发旋回、期次测井识别方法

大庆深层营城组火山岩旋回遵循王璞珺等（2003）的划分方案。根据地质研究成果，主要依据沉积夹层、火山灰层、风化壳及岩性界面进行期次、旋回的划分。因此，通过测井响应特征分析，提取上述界面的测井特征，进而实现测井划分火山岩期次、旋回，见表 6-5。

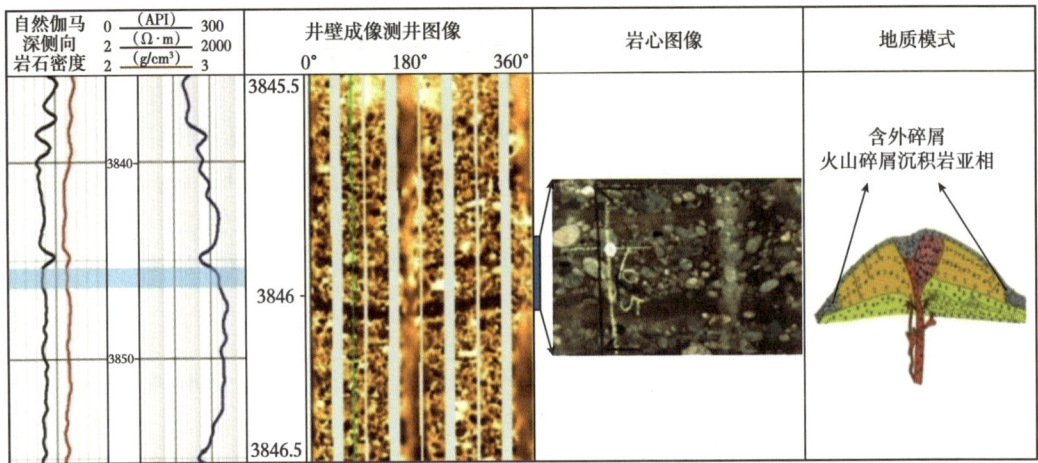

图 6-113　含外碎屑火山碎屑沉积岩亚相图版

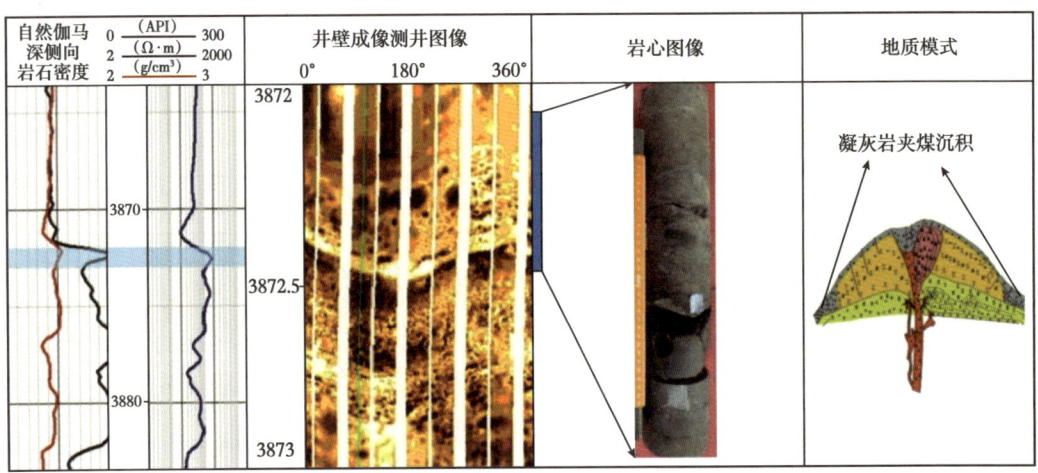

图 6-114　凝灰岩夹煤沉积亚相图版

表 6-5　期次/旋回界面的测井响应特征汇总表

地质界面	测井响应特征
沉积夹层	(1)中等伽马、低电阻、低密度，与正常沉积岩相似； (2)曲线振幅高于相邻火山岩； (3)成像图像发育层理构造
火山灰层	(1)高伽马、低电阻、高密度； (2)伽马曲线为高振幅齿形，电阻率通常为明显的低值； (3)成像图像为凝灰结构
岩性界面	(1)酸性向基性岩变化，自然伽马、铀、钍、钾降低，密度与中子升高 (2)成像图像为结构构造变化明显
风化壳	(1)同原岩相比，高伽马、高钍、低钾、低电阻、低密度、扩径； (2)成像图像为暗色块状

4. 火山岩岩相测井识别方法

火山岩相划分总的思路是：以岩性划分结果为指导，综合各种地质信息，分析火山岩发育的时空关系、产出状态及外貌特征，在划分喷发期次、旋回的前提下，以火山岩岩相识别图版为基础，由大到小逐级划分火山岩岩相。流程如下：（1）火山岩与沉积岩大类识别；（2）开展火山岩发育段火山岩成分的识别；（3）应用成像测井识别结构、构造；（4）划分期次、旋回；（5）根据相标志的测井相特征，划分火山岩岩相和亚相。

四、火山岩储层参数解释方法

储层参数包括有效孔隙度、空气渗透率及含气饱和度，准确确定储层参数对定量评价火山岩储层及准确评价储量都极为重要。

1. 火山岩储层有效孔隙度解释方法

1）岩石骨架参数的确定

岩石骨架参数由两个因素决定，一是岩石的骨架密度，二是岩石的化学成分，也就是各种元素的含量。火山岩储层岩性复杂，孔隙类型多样，孔隙度低，非均质性强，火山岩岩样骨架密度测试结果表明：酸性火山岩骨架密度变化范围较小，而中、基性火山岩变化范围较大（图6-115）。因此，要建立火山岩储层有效孔隙度解释模型，首先要确定准确的岩石骨架参数。

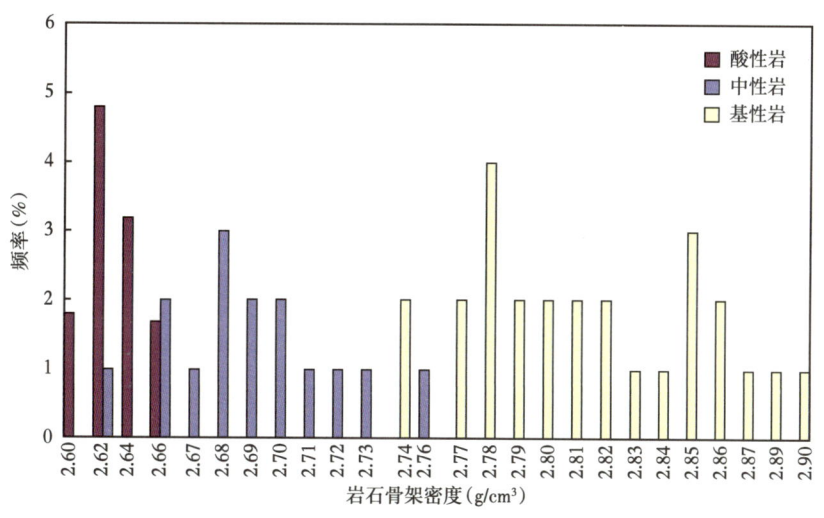

图6-115 火山岩骨架密度频率图

当火山岩岩性相同、流体类型一致时，随着孔隙度减小，密度测井值增大、声波时差和中子孔隙度测井值减小，电阻率增大，因此，可选取密度、声波时差、中子孔隙度分别与电阻率、孔隙度建立交会图，确定岩石骨架值。由于火山岩岩石骨架不导电，所以当岩石电阻率趋于无穷大、孔隙度趋近于0时，对应的密度、声波时差、中子孔隙度值即为岩石骨架值。

(1) 岩石骨架密度的确定。

利用 8 口井 88 块流纹岩类火山岩岩心分析样品,建立岩心分析孔隙度和岩石密度交会图,交会图显示孔隙度和岩石密度之间具有很好的相关性,当孔隙度为 0 时,对应的纵坐标值为 2.6295g/cm³,即为流纹岩类火山岩的岩石骨架密度。采用类似的方法,分别建立英安岩、安山岩、玄武岩类岩心分析孔隙度和岩石密度关系图,确定出英安岩、安山岩、玄武岩类骨架密度分别为 2.6115g/cm³、2.6701g/cm³、2.8536g/cm³,如图 6-116 和图 6-117 所示。

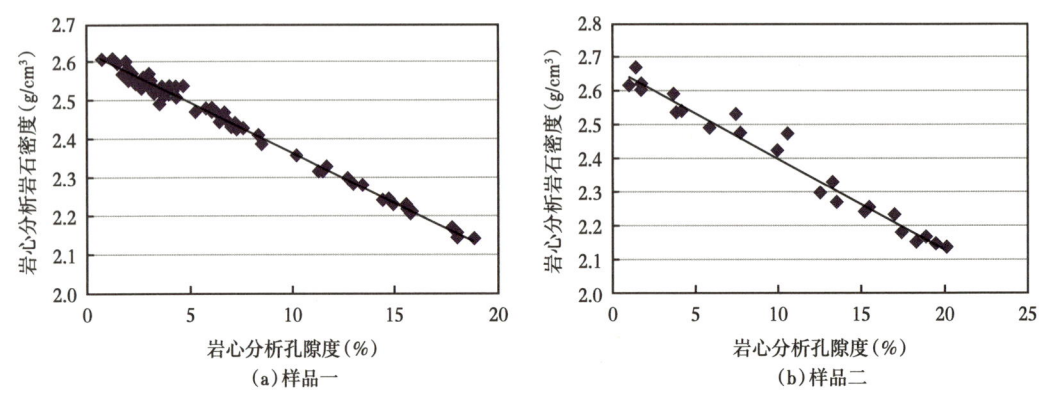

图 6-116 安山岩类骨架密度参数确定图

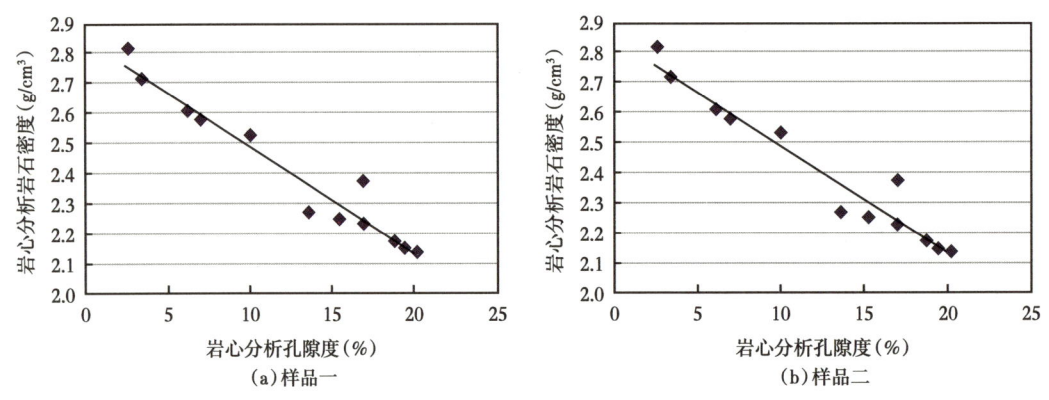

图 6-117 玄武质火成岩骨架密度参数确定图

(2) 岩石骨架中子孔隙度的确定。

建立流纹岩类火山岩中子孔隙度—电阻率曲线交会图,如图 6-118 所示,当岩石电阻率趋于无穷大、孔隙度趋于 0 时,流纹岩类火山岩骨架中子孔隙度值为 0。应用该种方法确定出英安岩、安山岩、玄武岩类骨架中子孔隙度分别为 0.02、0.08、0.10。

(3) 岩石骨架声波时差的确定。

建立流纹岩类声波时差和岩石电阻率、声波时差与孔隙度曲线交会图,如图 6-119 和

图 6-120 所示，当电阻率趋于无穷大、孔隙度趋于 0 时，流纹岩类骨架声波时差接近于 52μs/ft。应用该方法确定出英安岩、安山岩、玄武岩类骨架声波时差值分别为 55μs/ft、53μs/ft、55μs/ft。

当储层含天然气时，密度测井受天然气的影响，其测井值将会减小，其解释孔隙度 ϕ_{rhob} 将会比地层实际孔隙度大；而对于中子测井，由于天然气的含氢指数与体积密度比水小得多，再加上天然气挖掘效应的影响，中子孔隙度 ϕ_{nphi} 将会比地层孔隙度小。通常，可利用中子孔隙度与密度孔隙度的相互补偿作用来计算气层孔隙度。

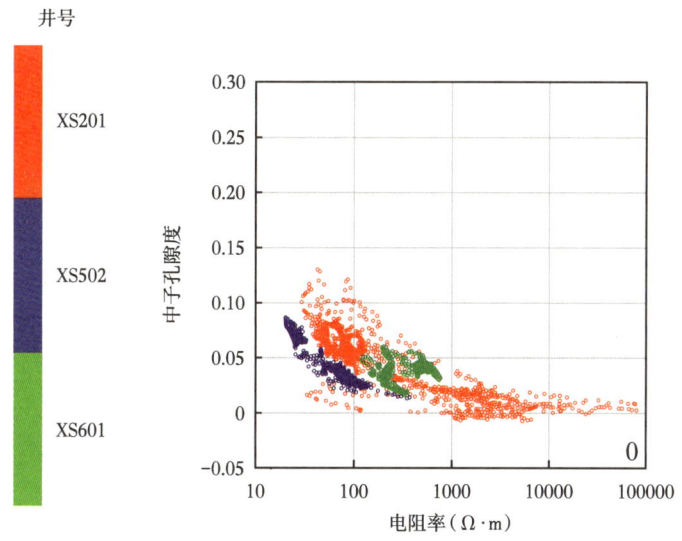

图 6-118　流纹岩类中子孔隙度与电阻率关系图

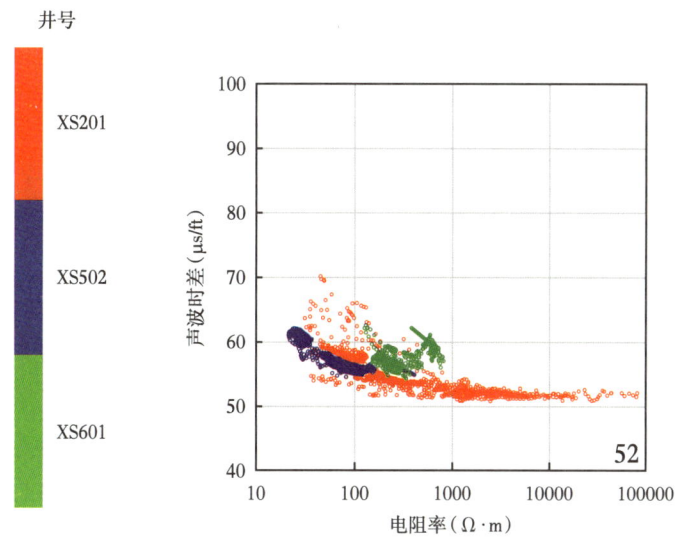

图 6-119　流纹岩类声波时差与电阻率关系图

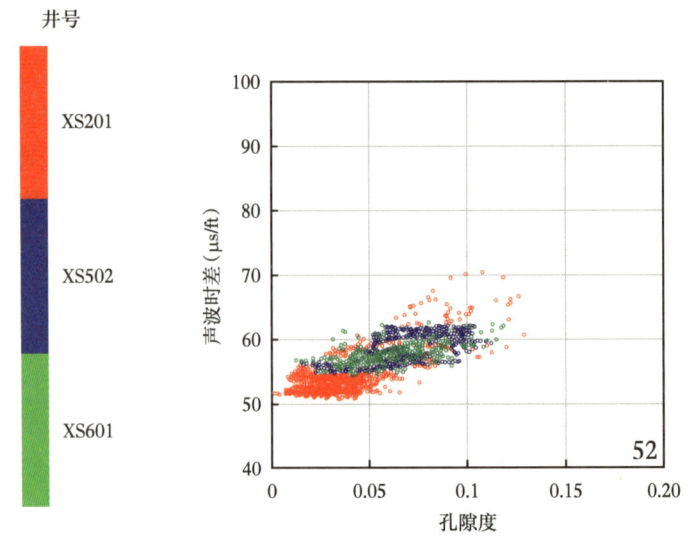

图 6-120 流纹岩类声波时差与孔隙度关系图

2）酸性火山岩储层有效孔隙度解释方法

酸性火山岩骨架值变化范围较小，可以选用声波时差、中子、密度等曲线中的一条或几条曲线组合建立孔隙度模型。应用松辽盆地 20 口取心井火山岩岩心分析资料，考虑到测井曲线的分辨率及岩样是否有代表性等因素，选用岩性密度、补偿中子曲线参数和取样密度大于等于 3 块 /m，相邻样品间隔小于等于 0.4m 的 53 个层共 319 块全直径岩心分析样品孔隙度值做统计回归，建立测井解释孔隙度模型：

$$\phi_e=114.214-44.1283\ RHOB+0.191768\ NPHI，R=0.98，N=53 \quad (6-1)$$

式中：ϕ_e 为有效孔隙度；RHOB 为密度，g/cm^3；NPHI 为中子孔隙度。

3）中、基性火山岩储层有效孔隙度解释方法

由于中、基性火山岩骨架密度变化范围较大，因此，采用变骨架的方法分岩性建立孔隙度模型。

中性火山岩：

$$\phi_e=0.4297\phi_{nphi}+0.8396\phi_{rhob}-1.8100，R=0.91 \quad (6-2)$$

基性火山岩：

$$\phi_e=0.2023\phi_{nphi}+0.5188\phi_{rhob}-2.0151，R=0.82 \quad (6-3)$$

式中：ϕ_e 为有效孔隙度，%；ϕ_{nphi} 为中子孔隙度，%；ϕ_{rhob} 为密度孔隙度，%。

应用变骨架参数孔隙度解释模型在一定程度上消除了岩性和含气性的影响。对徐家围子地区 8 口井火山岩储层进行解释，中性岩孔隙度平均绝对误差和相对误差分别为 0.79%、22.30%；基性岩孔隙度平均绝对误差和相对误差分别为 0.84%、24.3%。

2. 火山岩储层渗透率解释方法

渗透率反映储层的渗流能力，它与岩石的孔隙结构密切相关，通常情况下，相同孔隙结构的岩石渗透率与孔隙度具有较好的相关性，利用这种关系可以通过孔隙度来估算储层渗透率。然而在火山岩储层中，孔隙结构的复杂性造成了即使孔隙度相近，储层的渗透率也有较大差别，简单地应用孔隙度确定渗透率效果很差。因此，在火山岩储层中，需要在岩石物理研究基础上，充分考虑储层孔隙结构的差异，建立渗透率解释模型。

1) 常规测井渗透率解释模型

岩石物理流动单元一词是 Hearn C.L 等于 1984 年首次提出的，经过国内外众多科研院所与学者多年的持续研究形成以下概念：流动单元是从宏观到微观的不同级次上的、在垂向及侧向上连续的、影响流体流动的岩石特征和流体本身渗流特征相似的储集岩体，即孔、渗关系相似的储集岩体。同一单元内储层渗流能力相似，不同单元之间差异明显或有渗流隔挡，实质上是以渗流特征为主导所精细描述的储层非均质单元，是对储层结构模型的进一步细划和定量表征。对流动单元的划分，主要通过对取心井段岩心物性资料的分析，采用基于对科择尼—卡尔曼（Kozeny-Carman）方程稍加修改而来的层流指数（FZI）方程进行划分。当没有岩心资料时，也可应用电成像测井、常规测井数据对储层进行分类。

（1）应用岩心资料划分储层类型。

由于酸性、中性、基性火山岩孔隙结构相差较大，在岩性识别基础上，对不同火山岩的孔、渗关系进行分类，下面以酸性火山岩为例来阐述分类方法。通过对酸性火山岩储层岩心分析数据进行分析，应用储层品质指数（RQI）和层流指数（FZI）对酸性火山岩储层进行分类，在此基础上分类别建立了渗透率解释模型。

储层品质指数（Reservoir Quality Index）：

$$\text{RQI} = 0.0314 \sqrt{\frac{K}{\phi}} \qquad (6-4)$$

孔隙体面比（Pore Volume to Grain Volume Ratio）：

$$\phi_z = \frac{\phi}{1-\phi} \qquad (6-5)$$

层流指数（Flow Zone Indicator）：

$$\text{FZI} = \frac{\text{RQI}}{\phi_z} \qquad (6-6)$$

式中：ϕ 为孔隙度；K 为渗透率，mD。

应用 11 口井 205 块样品压汞分析资料，将酸性火山岩储层孔渗关系划分为三种类型。C 类储层的层流指数：0~0.53；B 类储层层流指数：0.53~1.7；A 类储层层流指数：1.7~10。

通过岩心观察及成像资料分析，研究区三类孔渗关系具有如下孔隙特征：

A 型：裂缝较发育，含少量的微小孔洞；

B 型：裂缝较少，孔洞较多，溶蚀较强；

C 型：孔隙发育，裂缝不发育。

（2）应用测井资料划分储层类型。

PoroDist 是利用电成像测井、深浅侧向测井及常规孔隙度资料分析多孔介质储层的软件，应用该软件研究储层孔隙及缝洞的发育程度，进而得到反映各类孔渗关系的缝洞指示参数（FI）来识别不同类别的孔渗关系储层。其中，A 型：FI≤0.2；B 型：0.2＜FI≤0.4；C 型：FI＞0.4。

在相似孔渗关系分类基础上，通过孔隙度即可得到相应的渗透率曲线。基于 8 口井 39 块中基性火山岩样品岩心分析空气渗透率与测井计算空气渗透率对比，平均绝对误差 0.12mD，相对误差 53%。

2）核磁测井渗透率解释模型

渗透率主要受岩石孔喉半径控制，而核磁共振测井测得的 T_2 分布反应的是岩石的孔隙直径，岩石的孔喉半径与孔隙直径之间有密切的关系，因此，可以用核磁共振测井测得的 T_2 分布来估算渗透率。

（1）T_2 截止值的确定。

T_2 分布在油层物理上的定义为岩石中不同大小的孔隙占总孔隙的比例分布，从 T_2 分布中可以得到孔隙分布和渗透率的信息。在 T_2 谱上，与岩石中润湿相流体的毛细管性质有关的时间经验值，通常表示可动流体与束缚流体之间的分界时间点，即为 T_2 截止值。由核磁共振测井解释原理可知，给定 T_2 截止值，可以准确计算束缚水和可动流体孔隙度，进而准确计算渗透率等储层参数。

火山岩岩性复杂，不同岩性具有不同的孔隙结构，也具有不同的 T_2 截止值。118 块火山岩岩石样品核磁共振实验分析结果显示：随着离心力的增大，含水饱和度不断降低并趋近某一固定值，岩样离心后的 T_2 弛豫时间谱与含水饱和度同步变化，且幅度逐渐减小（图 6-121 和图 6-122）。

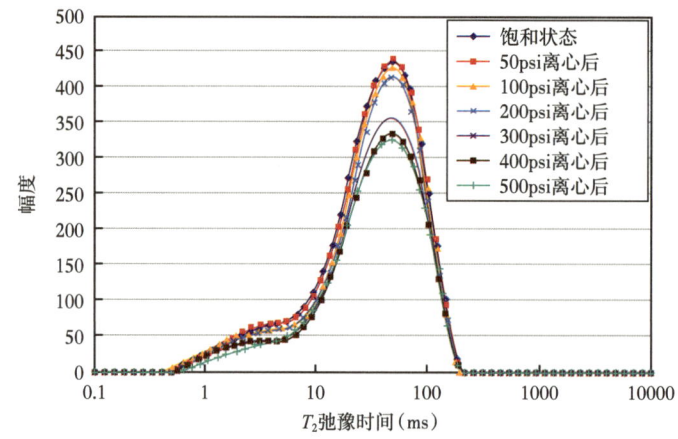

图 6-121　T_2 弛豫时间谱

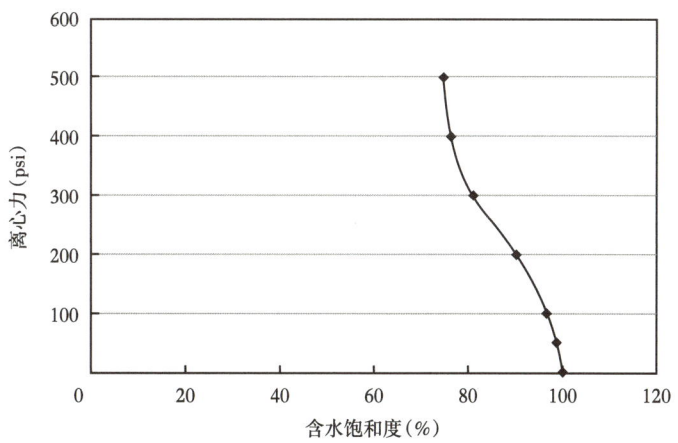

图 6-122 含水饱和度随离心力变化图

经过大量不同岩性的岩心核磁共振实验,对各岩性的 T_2 截止值进行标定,获得各岩性的 T_2 截止值平均值。

(2)渗透率解释模型的建立。

渗透率反映了储层岩石允许流体通过的能力,具有连通的孔隙是岩石具有渗透性的必要条件。渗透率与岩石的孔隙度、孔隙的表面积与体积的比值(比表面积)有关,而岩石的核磁共振横向弛豫时间 T 与孔隙的表面积与体积的比值相关,因此,可以应用核磁共振测井数据估算岩石渗透率:首先选取 T_2 截止值计算可动流体及束缚流体的体积,然后计算储层渗透率。

渗透率与孔隙度及岩石比表面积有关,可用 Kozeny 方程来描述:

$$K = \frac{0.101\phi^3}{\Gamma(1-\phi)^2}\left(\frac{S}{V}\right)^2 \qquad (6-7)$$

式中:K 为渗透率,mD;ϕ 为孔隙度;S/V 为岩石的比表面积,cm^{-1};Γ 为结构因子或弯曲因子,其量值与孔隙的形状及单位长度内的固体中流体流过的路径有关。

利用 Kozeny 方程,通过岩石核磁共振弛豫特性与岩石的比表面积的相关性,可以建立估算岩石渗透率方法(SDR 模型):

$$K = A\phi^B T_{2g}^C \qquad (6-8)$$

式中:K 为渗透率,mD;A,B,C 为系数;ϕ 为孔隙度;T_{2g} 为 T_2 谱的几何平均值。

在核磁实验分析的基础上,应用统计回归的方法,利用饱和样品的核磁孔隙度、T_2 几何平均值,确定出不同岩性的 SDR 模型中的参数,从而实现了利用核磁测井资料计算储层渗透率。图 6-123 是应用核磁测井解释渗透率的成果图,图中第 10 道中,蓝色的线代表应用 SDR 模型计算的渗透率,红色的杆状的线代表的是岩心分析渗透率,从图中可看出,二者符合较好,表明应用核磁测井计算的渗透率精度较高。

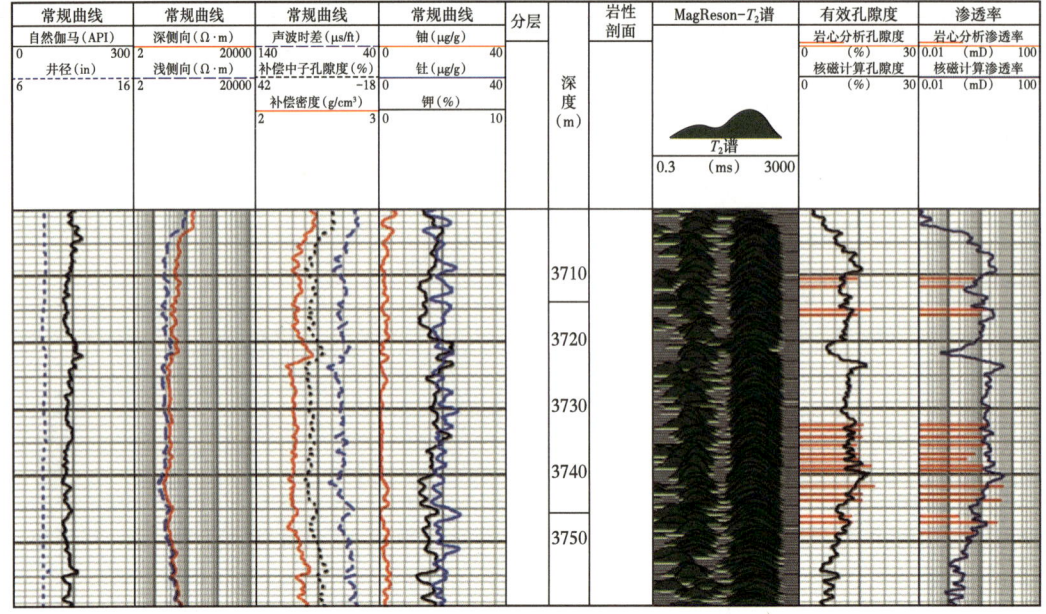

图 6-123　某井核磁测井渗透率解释成果图

3. 火山岩储层饱和度解释方法

火山岩储层各向异性严重、孔隙结构复杂、电阻率测井受多种因素影响，使得火山岩储层饱和度解释难度较大。为了合理确定火山岩储层含气饱和度，采用密闭取心资料、毛细管压力资料、测井资料综合确定饱和度参数，几种方法的计算结果相互印证，以求最大限度减少火山岩储层饱和度计算的不确定性。

1）利用压汞资料求取气藏原始含气饱和度

毛细管压力曲线是用钻井取心的岩样由实验室测定的，每块岩样只能代表气藏某一点的特征，只有将气藏毛细管压力曲线平均为一条代表气藏特征的毛细管压力曲线，才有利于确定气藏的原始含气饱和度。J 函数处理是获得平均毛细管压力的经典方法。J 函数的计算公式为：

$$J(S_w) = \frac{p_c}{\sigma \cos\theta} \left(\frac{K}{\phi}\right)^{0.5} \quad （6\text{-}9）$$

式中：$J(S_w)$ 为 J 函数；p_c 为毛细管压力，MPa；K 为空气渗透率，mD；ϕ 为孔隙度，%；σ 为界面张力，mN/m。

实验为水银—空气系统，当 $\sigma=480\text{mN/m}$，接触角 $\theta=140°$，用 SI 制单位表示为：

$$J(S_w) = 0.086 p_c \left(\frac{K}{\phi}\right)^{0.5} \quad （6\text{-}10）$$

应用13口井192块火山岩储层压汞样品资料，其中最大有效孔隙度20.5%，最小有效孔隙度0.6%，平均有效孔隙度8.2%；最大空气渗透率91.9mD，最小空气渗透率0.01mD，平均空气渗透率1.62mD，得出该气藏的平均J函数曲线，进而得出该气藏平均毛细管压力曲线，如图6-124所示。用沃尔法确定最小流动孔喉半径，当累计渗透能力达到99.9%时，所对应的孔喉半径即为最小流动孔喉半径，其在平均毛细管压力曲线上所对应的含气饱和度或者在沃尔法中对应的累计进汞量即为气藏的原始含气饱和度。该区火山岩储层当累计渗透能力达到99.9%时，对应的孔喉半径下限值为0.112μm，所对应的汞饱和度值即该气藏火山岩储层的平均原始含气饱和度，为65%。

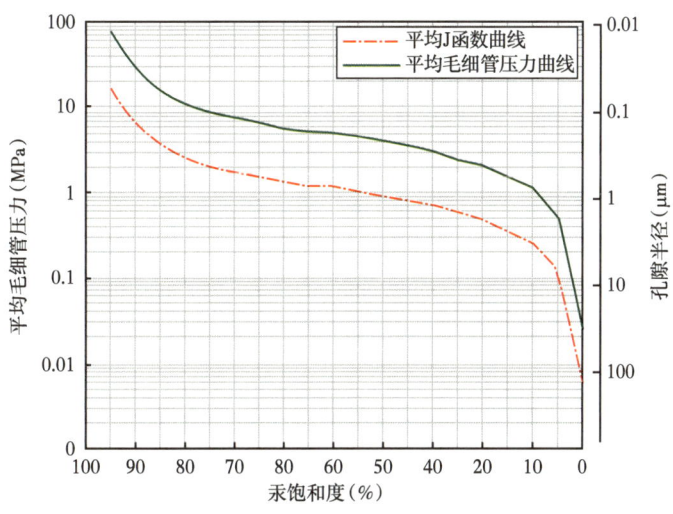

图6-124　火山岩储层J函数与平均毛细管压力曲线图

2）利用测井方法建立含气饱和度模型

理论上，电阻率测井是孔隙流体、导电矿物、井筒分流几部分导电共同作用的结果。定义除孔隙流体导电之外，所有其他因素引起的电阻率为背景电阻率，用符号R_{BG}表示。在这种情况下，有公式（6-11）：

$$S_w = 0.5(S_{wr} + R_w \cdot R_{BG}) + 0.5R_w \cdot \sqrt{(S_{wr}/R_w + R_{BG})^2 - 4\left[S_{wr}/R_{BG} - \frac{a(1/R_{LLD} - 1/R_{BG})}{\phi_t}\right]/R_w}$$

（6-11）

考虑到岩石中的死孔隙、气体及不导电的水，则可得到导电孔隙：

$$\phi_w = \frac{\phi_t}{a} - \frac{\phi_t}{a}S_o - \frac{\phi_t}{a}S_{wr} = \frac{\phi_t}{a}[1-(1-S_w)-S_{wr}] = \frac{\phi_t}{a}(S_w - S_{wr})$$

（6-12）

将式（6-11）、式（6-12）联立求解有：

$$S_g = 1 - S_w$$

（6-13）

式中：R_w 为地层水电阻率；R_{LLD} 为深侧向电阻率；ϕ_w 为连通的导电孔隙度；ϕ_t 为总孔隙度；a 为孔隙空间的连通因子，用于区分连通孔隙空间与总孔隙空间；S_{wr} 为不导电的水饱和度，位于连通的孔隙中；S_o 为含油饱和度；S_g 为含气饱和度。

五、火山岩储层气水层识别方法

电阻率法是流体识别的基本方法，然而在火山岩储层中，电阻率影响因素和不确定性增加，使简单运用电阻率的高低判断流体类型存在困难，其原因主要有以下几点：

（1）岩性复杂，变化大，不同岩性的电阻率差异较大；

（2）孔隙类型多样、孔隙结构复杂，电阻率法识别储层流体性质的不确定性增加；

（3）火山岩孔隙度一般情况下相对较低，流体在岩石中所占比例较小，电阻率测井对流体性质的敏感性弱，增加了电阻率识别储层流体性质的不确定性。

中子—密度曲线重叠法是碎屑岩中常用的气层识别方法，在仪器探测范围内，当储层含天然气时，密度测井值明显降低、中子孔隙度减小，即形成了密度孔隙度增大、中子孔隙度减小的岩石物理现象，当两种曲线重叠时，会形成"镜像"现象，应用这种特征定性识别天然气。该方法是基于砂泥岩储层建立起来的，火山岩地层的岩石骨架值与砂泥岩地层差异较大，因此，传统的中子—密度曲线交会法识别气层的效果较差：酸性火山岩气层、水层、干层的中子—密度曲线均有交会，而中、基性火山岩的中子—密度曲线则出现反交会现象。

尽管电阻率法、中子—密度交会法在火山岩储层流体性质识别中遇到了很大的困难，但仍是最重要的方法，研究人员需要做的就是最大限度地减小不确定性。分岩性和储层类型评价可最大程度地减小岩性和孔隙结构的影响。

1. 三孔隙度组合法识别流体性质

考虑到岩性复杂和钻井液滤液侵入的影响，提出了以下四个复合参数作为地层的含气指标，以放大含气特征显示。

$$G_c = \phi_S + \phi_D - 2\phi_N \tag{6-14}$$

$$G_b = \phi_S \times \phi_D / \phi_N^2 \tag{6-15}$$

$$\phi_B = \frac{\phi_N + \phi_D}{4} + \sqrt{\frac{\phi_N^2 + \phi_D^2}{8}} \tag{6-16}$$

$$HQZS = (\phi_B / \phi_N - 1.25) \times G_c \times (G_b - 1) \tag{6-17}$$

式中：G_c 为三孔隙度差值；G_b 为三孔隙度比值；ϕ_S 为声波测井孔隙度；ϕ_D 为密度孔隙度；ϕ_N 为中子孔隙度；ϕ_B 为测井孔隙度背景值；HQZS 为含气指数。

气层一般 ϕ_S、ϕ_D 大于 ϕ_B，而 ϕ_N 小于 ϕ_B，如图 6-125 所示。

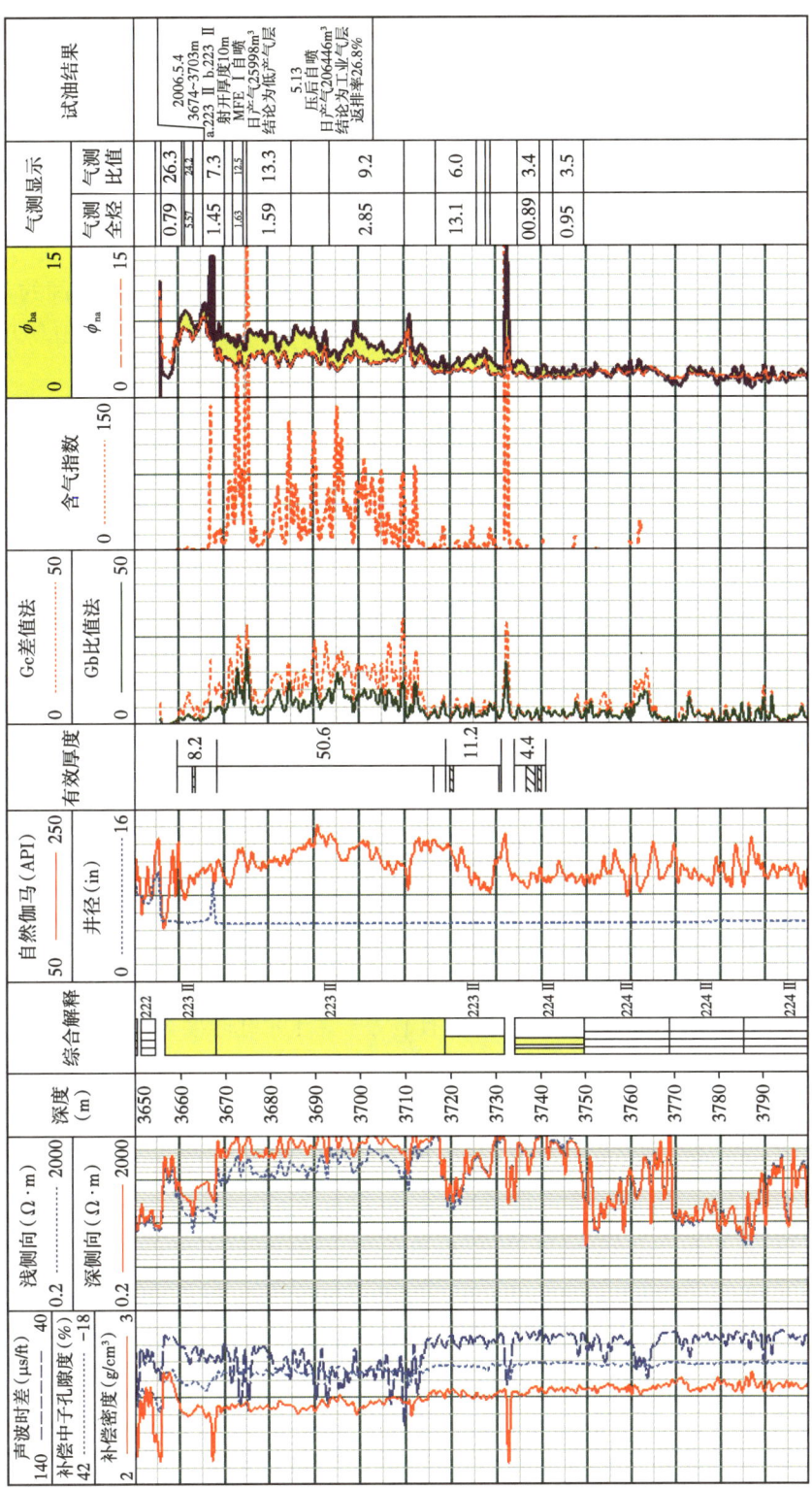

图6-125 三孔隙度组合法流体识别成果图

三孔隙度法适用于酸性火山岩储层，对研究区 20 口井 38 层进行处理解释，经试气资料验证，符合率为 92.1%。

2. 应用核磁共振法判别流体性质

体积密度测井和核磁共振测井都会受到其探测范围内的孔隙流体的影响，当体积密度和核磁测量范围内地层孔隙含气时，体积密度测量值偏低，计算的密度孔隙度偏大；而核磁共振孔隙度受气的影响其孔隙度降低。另外，体积密度和核磁共振测井的测量范围接近，因此可以利用体积密度测井孔隙度和核磁共振测井孔隙度进行气、水层的识别。

当储层含气，核磁共振测井解释的孔隙度值低于密度孔隙度值。两者之间的差异正比于含气饱和度，其效应类似于中子—密度"挖掘"效应。通过将计算的密度孔隙度与核磁共振孔隙度两条曲线重叠，其间较大的幅度差为气层的标志（图 6-126）。

3. 双密度重叠识别法

双密度是地层骨架密度与地层视骨架密度的简称。地层骨架密度是指单位体积岩石的质量，单位是 g/cm³。孔隙性地层相当于致密地层中岩石骨架的一部分被密度小的水、原油或天然气所代替，地层视骨架密度就是根据这个特点推导定义的。

1）地层骨架密度

设火山岩中各种造岩矿物含量和黏土矿物含量之和等于地层骨架含量。于是地层骨架密度应该是各种造岩矿物密度与黏土矿物密度的算术加权平均值。

$$\rho_G = \frac{\rho_{cm}V_{cm} + \rho_{ms}V_{ms}}{V_{cm} + V_{ms}} \quad (6-18)$$

$$\rho_G = \frac{\rho_{cm}V_{cm} + \rho_{ms}(V_G - V_{cm})}{V_G} \quad (6-19)$$

式中：ρ_G 为地层骨架密度，g/cm³；V_G 为地层骨架含量；ρ_{cm} 为透岩矿物密度，g/cm³；V_{cm} 为透岩矿物含量；ρ_{ms} 为黏土矿物密度，g/cm³；V_{ms} 为黏土矿物含量。

黏土矿物含量与地层骨架含量的比值近似地等于黏土水孔隙度与总孔隙度之比：

$$\frac{V_{cm}}{V_G} = \frac{\phi_B}{\phi_T} \quad (6-20)$$

式中：ϕ_B 为黏土水孔隙度；ϕ_T 为总孔隙度。

按照定义，岩石黏土水孔隙与总孔隙度之比等于黏土水饱和度（S_{WB}），因此，式（6-20）可以写成：

$$\rho_G = \rho_{cm}S_{WB} + (1-S_{WB})\rho_{ms} \quad (6-21)$$

式（6-21）指出，地层骨架密度值取决于火山岩各种造岩矿物的密度、黏土矿物密度及黏土水饱和度，而与岩石孔隙中的天然气无关。

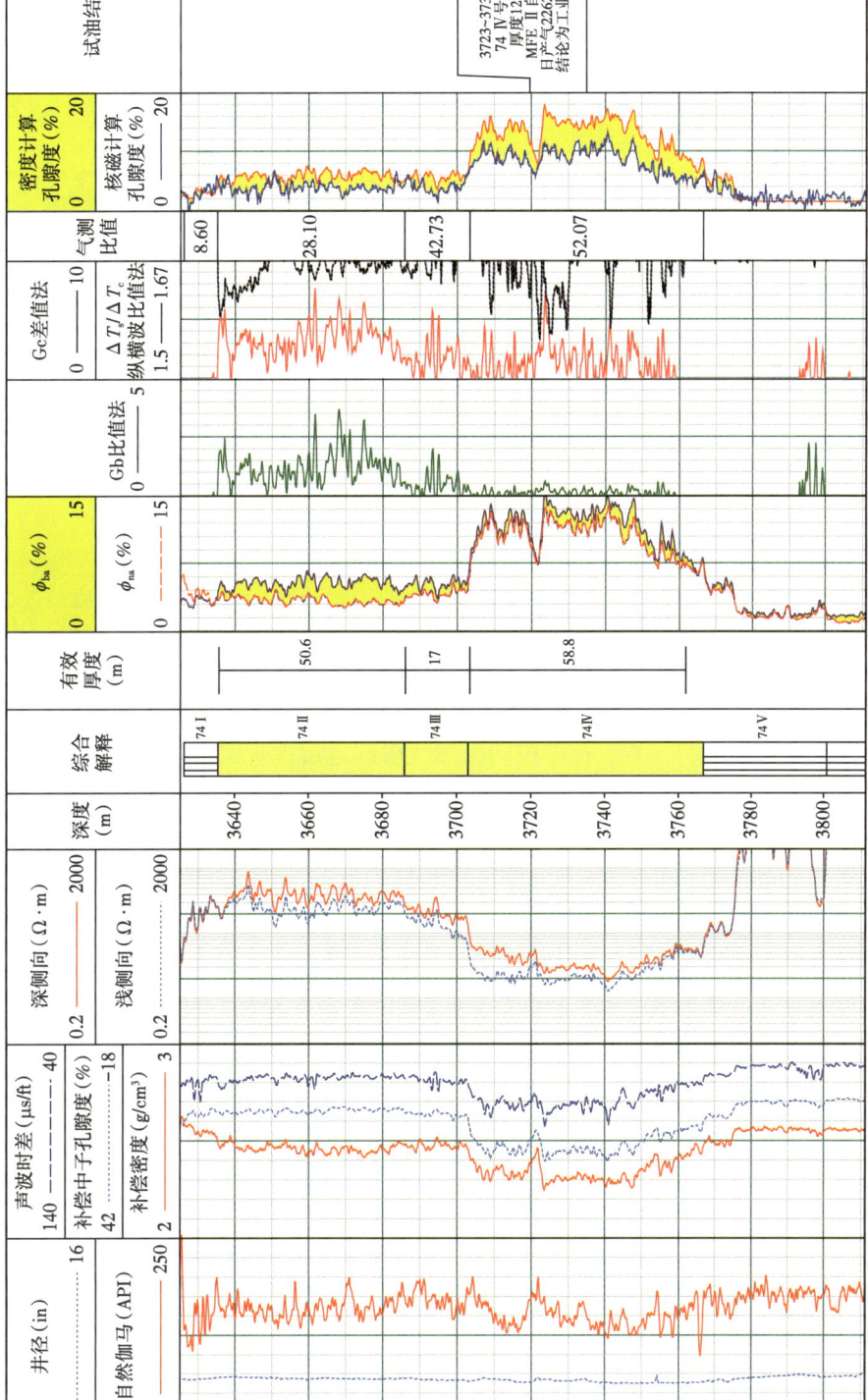

图 6-126 XSC井气水层识别处理成果图

2）地层视骨架密度

因为测量的体积密度不仅取决于岩石矿物本身，还与岩石孔隙度及流体饱和度有关，确定体积密度的相应公式：

$$\rho_b = \phi \times \rho_w - \phi \times S_g \times (\rho_w - \rho_g) + (1-\phi) \times \rho_{ma} \tag{6-22}$$

式中：ρ_b 为体积密度，g/cm³；ϕ 为岩石总孔隙度；ρ_w 为地层水密度，g/cm³；S_g 为含气饱和度；ρ_g 为气体密度，g/cm³；ρ_{ma} 为地层骨架密度，g/cm³。

式（6-22）说明，岩石孔隙中的天然气引起地层体积密度减小，地层体积密度减小的程度除了取决于岩石总孔隙度及其含气饱和度外，而且还取决于天然气密度。

如果把天然气影响归并到地层骨架密度中去，即地层视骨架密度，则有：

$$\rho_b = \phi \times \rho_w + (1-\phi) \times \rho_{ma1} \tag{6-23}$$

式中：ρ_{ma1} 为地层视骨架密度，g/cm³。

解出地层视骨架密度为：

$$\rho_{ma1} = \frac{\rho_b - \phi \times \rho_w}{1-\phi} \tag{6-24}$$

在气藏中，地层骨架密度不受天然气影响，可用它作为指示天然气的背景值，而地层视骨架密度受天然气的影响，岩石孔隙中的天然气引起地层视骨架密度减小。当地层视骨架密度小于地层骨架密度时，指示储层含天然气，从而能够准确评价气层。

4. 横纵波时差比值识别法

从理论上讲当地层含气时，由于天然气比液体更容易压缩，因此，含气岩石的纵波速度一般比含液体岩石的速度低，即纵波时差（ΔT_c）在气层处变大，而横波时差（ΔT_s）却变化极小。同时由于地层岩性、物性的变化同样也可能引起速度的改变，因此单纯应用纵波时差去识别天然气，存在着一定的风险性，但如果通过比较纵波和横波的速度差异来判别气层，则要可靠得多，因此，可以根据横纵波的这一特性来进行流体识别，如图6-127所示。

为了提高测井解释精度，将前三种方法进行综合，根据每种方法的适用性，分配各自的权重，最终计算得到一个综合参数——QCFG，QCFG值越大，含气性越好。

$$QCFG = A \times F_1 + B \times F_2 + C \times F_3 \tag{6-25}$$

式中：F_1 为双密度法幅度差值；F_2 为横纵波时差比值法幅度差值；F_3 为核磁共振法幅度差值；A，B，C 为各自权重。

综合参数法在解释中基性火山岩储层中应用效果较好，经18口井试气资料验证，气水层解释符合率为89%。

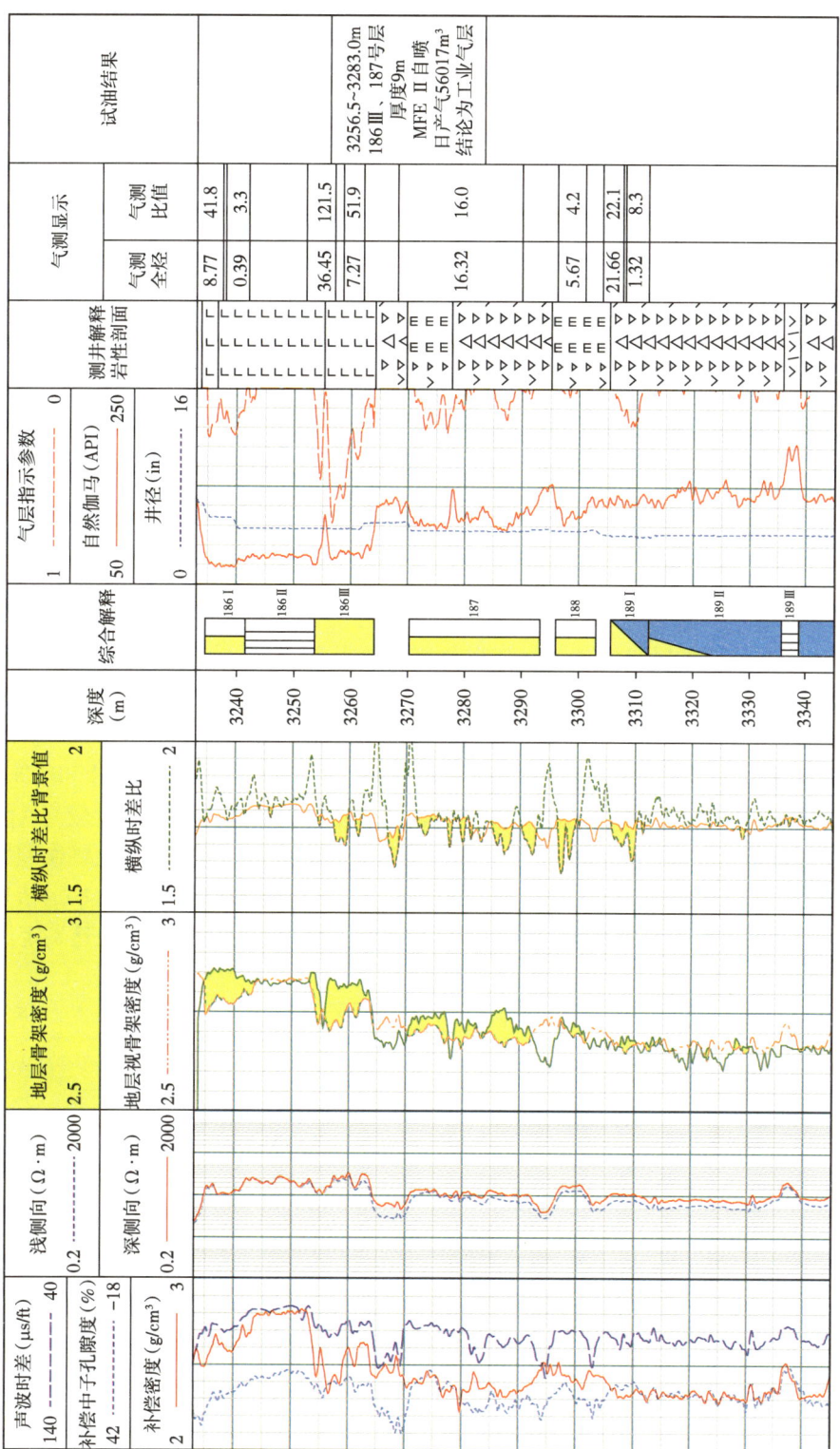

图 6-127　DSB 井测井流体识别处理成果图

第四节　火山岩岩性及其储层的实验室微观分析技术系列

一、火山岩岩性分析技术系列

以往实验室最常用的方法是用偏光显微镜来观察岩石薄片，给出显微镜下岩石的特征描述和定名。但是对于松辽盆地深层出现的复杂岩石类型和疑难矿物，单一的显微镜岩石薄片鉴定手段不能满足科研生产的要求，为此，开展薄片 X 衍射、薄片能谱、薄片显微红外光谱分析等新技术的研究，以期解决显微镜无法准确分辨细小矿物和疑难矿物的问题，是薄片显微镜鉴定的重要补充，其优点是，基于显微镜观察基础上的、直接对薄片上的矿物进行位置定点和成分定量的鉴定。由原来的光学鉴定发展到微束分析，总的特点是：分析的微区小，0.1~0.2μm；灵敏度高，0.01%~0.05%；实际感量高，6~10g；分析的元素广，^4Be~^{92}U；分析范围广，可以进行点—线—面成分分析；应用范围广，可以进行形貌—成分—结构分析。

1. 薄片 X 衍射鉴定技术

岩石薄片（标准厚度为 0.03mm）偏光显微镜由于分辨率的限制（一般放大倍数为数百倍），对体积细小或同种属光学性质相似矿物鉴定起来有难度，如白云石、方解石等碳酸盐矿物。另外对矿物含量的计算，主要基于目测观察，受人为因素影响比较大，容易产生误差。为了解决上述问题，开发了基于普通薄片的 X 衍射鉴定技术。

为了检验该技术的可靠性和检测结果的准确度，基于 XS1 井岩石薄片和粉末样品，进行了对比实验，实验结果如图 6-128 所示，薄片法衍射图谱的衍射峰强度较高，完全满足矿物和定量计算的要求。薄片法和粉末法图谱上主要矿物是一致的，产生细微差别的原因是粉末混合和取样位置不绝对相同导致的。薄片 X 衍射法和薄片显微镜鉴定结果是一致的，因此该技术方法上是可行的，可以和薄片鉴定的结果结合起来进行快速鉴定。

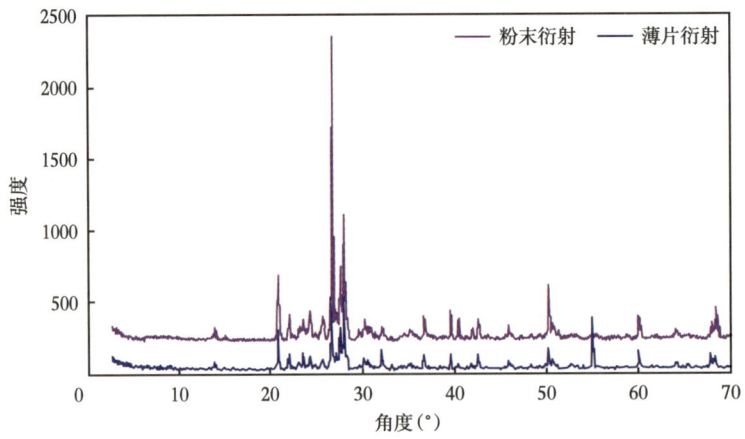

图 6-128　XS1 井岩石薄片和粉末样品 X 衍射图谱对比

2. 薄片显微红外光谱鉴定技术

早在 20 世纪 60 年代，红外光谱就被用来鉴定纯矿物。国际矿物及新矿物命名委员会规定红外光谱数据是矿物的基本数据，由此可见红外光谱技术在矿物鉴定中的重要作用。利用显微—红外光谱技术来鉴定矿物比普通红外更优越，不需要分离得到纯矿物，采用岩石薄片就可以，这样就保证从其他微区分析得到的结构信息与显微—红外分析得到的结构信息的一致性。

选取 XS8 井 3717.11m 岩石薄片样品中同一石英做重复性测定，结果见表 6-6。从表 6-6 中可以看出相对偏差都小于 1.6%，说明本方法对岩石矿物的测定有很高的测试精度。

表 6-6 岩石矿物显微—红外光谱重复性实验测定结果

井号	次数	红外吸收峰（cm^{-1}）								
		1985	1874	1792	1684	1608	1522	1160	795	698
XS8	1	13.117	24.784	9.080	5.443	17.852	14.011	497.820	73.184	20.173
	2	13.111	24.689	9.072	5.456	17.687	13.964	495.727	74.567	20.762
相对偏差（%）		0.02	0.19	0.04	0.12	0.46	0.17	0.21	0.94	1.44
XS8	1	13.062	24.669	9.035	5.413	17.432	14.135	493.717	73.612	20.582
	2	12.977	24.669	9.023	5.411	17.484	14.162	491.272	72.500	21.242
相对偏差（%）		0.33	0	0.06	0.02	0.16	0.10	0.25	0.76	1.58

3. X 荧光光谱分析技术

在岩石学研究中，岩石的地球化学特征是地质综合特征研究中一个重要方面。X 射线荧光光谱分析方法（XRF）是目前用于分析岩石样品的主要元素和微量元素最常用、最快速的方法。通过该项技术，可以检测原子序数大于 11 的 80 多种元素，包括常量元素和微量元素，该方法适用性很广，检测浓度范围从 100% 到几个百万分之一浓度，是一种快速的分析方法，能在相对较短的时间内进行大量的精确分析，具有精密度、准确度和灵敏度高的综合优势。

松辽盆地北部深层天然气勘探，近年来获得了重大突破，火山岩是重要的储层之一，火山岩的分类和准确命名十分重要，而火山岩的化学成分是火山岩分类和命名的主要依据。该方法比矿物成分命名方法简单、精确。因为显微镜下的岩石鉴定，主要是根据岩石的光学性质来鉴别矿物，通过矿物组合和特征的岩石结构来命名，那么对于矿物细小，结晶程度差或是处于过渡类型的火山岩来说，难度很大。因此应用 X 荧光元素分析技术是解决该类问题的有效方法，它是地质研究的基础，开展该技术的研究和应用，对勘探具有重要的意义。

为了检测测定数据的精确度，选取 XS6 井 3650.36m 样品分别做单次制样的多次测定和多次制样单次测定检测，检测结果（表 6-7 和表 6-8）显示，数据具有较好的重复性。

表 6-7　XS6 井 3650.36m 样品同一制片的多次测定　　　　　　　　　　　单位：%

类别	TFe	MnO$_2$	TiO$_2$	CaO	K$_2$O	P$_2$O$_5$	SiO$_2$	Al$_2$O$_3$	MgO	Na$_2$O	烧失量	总计
真值	2.940	0.030	0.160	0.130	5.900	0.020	77.520	9.500	0.050	1.850	1.720	99.820
测试 1	2.810	0.028	0.170	0.125	6.100	0.020	76.890	9.700	0.047	1.940	1.800	99.630
测试 2	2.820	0.029	0.160	0.125	5.990	0.018	76.950	9.680	0.047	1.930	1.800	99.550
测试 3	2.870	0.030	0.170	0.128	6.090	0.021	76.900	9.710	0.049	1.940	1.800	99.710
测试 4	2.880	0.030	0.150	0.126	6.110	0.020	76.880	9.660	0.048	1.930	1.800	99.630

表 6-8　XS6 井 3650.36m 样品多次制片单次测定　　　　　　　　　　　单位：%

类别	TFe	MnO$_2$	TiO$_2$	CaO	K$_2$O	P$_2$O$_5$	SiO$_2$	Al$_2$O$_3$	MgO	Na$_2$O	烧失量	总计
真值	2.940	0.030	0.160	0.130	5.900	0.020	77.520	9.500	0.050	1.850	1.720	99.820
测试 1	2.810	0.028	0.170	0.125	6.100	0.020	76.890	9.700	0.047	1.940	1.800	99.630
测试 2	2.870	0.025	0.190	0.131	6.050	0.018	76.950	9.630	0.053	1.930	1.820	99.670

二、火山岩岩性分析技术系列配套与应用

1. 火山岩岩性分析技术系列配套

显微镜主要用途是根据光学性质对矿物做初步鉴定，如鉴定矿物的颜色、多色性、解理、双晶等，偶尔在锥光下检查延性和光性符号，一般不必花费时间去精确测定 2V 角和主折射率（新矿物除外），因此用偏光显微镜技术不可能对一个未知矿物做出最终鉴定，那么应用薄片电子探针、薄片 X 射线技术、薄片扫描电镜能谱和显微红外光谱技术，配合偏光显微镜鉴定就可以准确鉴定矿物。另外配合扫描电镜的观察可以对矿物内部精细构造和变形特征进行研究，应用该配套技术，解决了普通显微镜无法克服的难题，例如全晶质矿物或同族矿物，如沸石族、长石族、角闪石族、碳酸盐类等，矿物的准确识别对于岩石的鉴定和分析岩石的形成环境具有重要意义。

火山岩岩石学特征的研究，并非是对每个分析项目进行测试得出数据就解决问题了，有效利用已有的技术，进一步扩大其应用范围，不断提高所得数据的解释能力是关键，为此对松辽盆地深层火山岩进行了配套分析，对实验数据进行对比解释，形成了配套的火山岩鉴定方法，分析流程如图 6-129 所示，并将配套技术及时应用于新钻探井跟踪分析和老井复查的研究工作中，在火山岩准确命名、次生矿物识别和火山岩类型划分，以及分布规律上取得一定的认识。

2. 配套技术在次生矿物鉴定中的应用与地质意义

对研究区 90 余口井 1500 多块岩石薄片配套分析鉴定表明，本区火山岩中的次生矿物

主要有石英、菱铁矿、方解石、钠长石、绿泥石、绿帘石、褐铁矿、钠铁闪石、云母、黏土矿物及少量的玉髓、氟碳钙铈矿、萤石、黄铁矿、浊沸石、方沸石、葡萄石等 17 种。

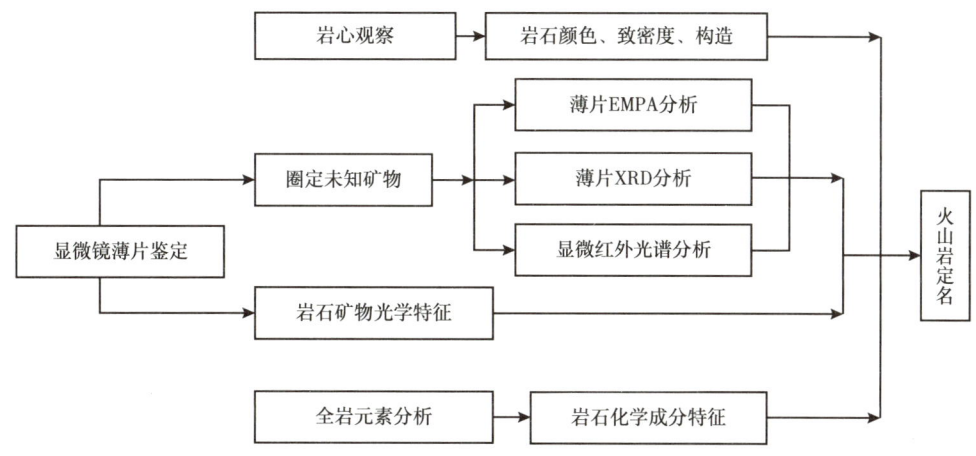

图 6-129　火山岩系列配套鉴定技术流程图

1）钠铁闪石的鉴定与地质意义

钠铁闪石是角闪石亚种之一，亚种矿物光学性质相似，很难在显微镜下区分。

XS6 井 3729.26m 流纹质熔结凝灰岩中目标矿物镜下怀疑是钠铁闪石或钠闪石，为此进行了薄片 X 衍射（图 6-130）、显微红外、扫描电镜能谱综合测试，红外光谱鉴定结果显示不是钠闪石（图 6-131），可能是钠铁闪石或蓝闪石，但不能完全确定。同一部位做扫描电镜分析，分析其元素含量的差异，钠铁闪石分子式为 $Na_3Fe_4^{2+}Al[Si_4O_{11}]_2(OH,F)_2$，钠闪石为 $NaFe_3^{2+}Fe_2^{3+}[Si_4O_{11}]_2(OH)_2$，蓝闪石为 $Na_2Mg_3Al_2[Si_4O_{11}]_2(OH)_2$，经能谱扫描，元素分别为钠、铁、铝、氧、硅，若是蓝闪石应无铁元素（图 6-132），所以综合鉴定为钠铁闪石。

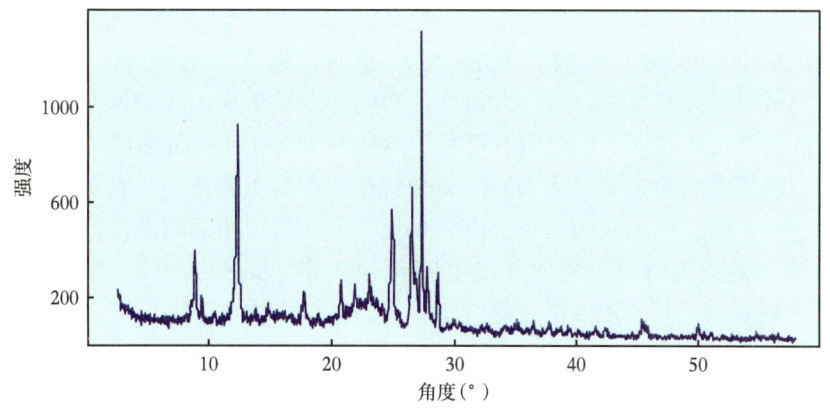

图 6-130　钠铁闪石 X 衍射谱图

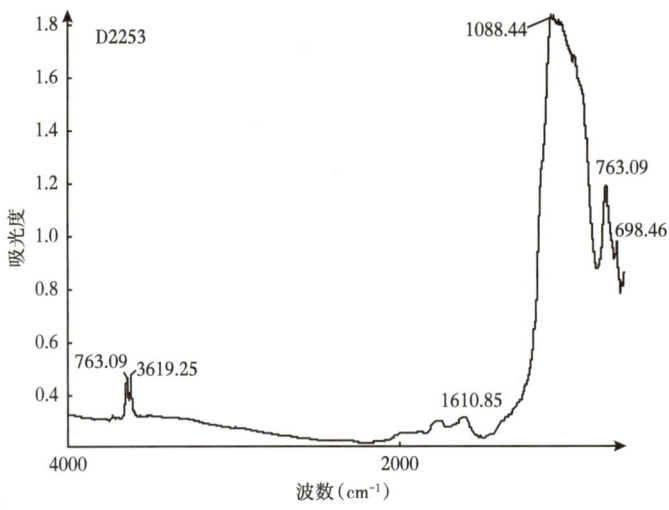

图 6-131 钠铁闪石红外光谱图

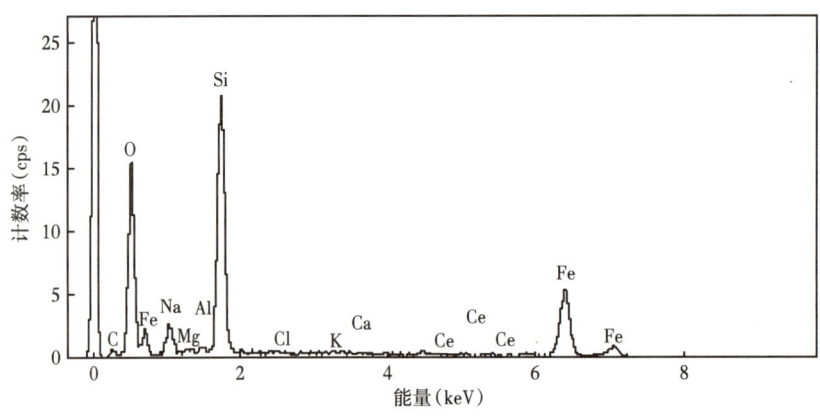

图 6-132 钠铁闪石扫描电镜元素分布图

普通角闪石中的(OH)$^-$常被F$^-$代替,Ca^{2+}被Na$^+$代替,Mg^{2+}、Al^{3+}被Fe^{2+}代替,说明钠铁闪石形成时流体富含钠、铁,含氟。这表明在营城组火山岩成岩作用后期发生了富钠、富铁碱性流体交代事件。钠铁闪石可发生溶蚀形成溶孔,改善储层的储集性能。

钠铁闪石的发现为确定深层火山岩的碱交代作用起到重要作用,它是碱交代作用生成的次生矿物之一,研究区钠铁闪石化火山岩多见于流纹岩、粗面岩及流纹质熔结凝灰岩等酸性岩中。含有钠铁闪石火山岩的井段主要有 LS3 井、SHS203 井、XS201 井、XS6 井、XS6-101 井、XS6-105 井、XS601 井等。

2)碳酸盐类矿物鉴定与地质意义

碳酸盐矿物为金属元素阳离子与碳酸根结合的化合物。碳酸盐矿物分布广泛,占地壳总质量的 1.7%。目前发现的碳酸盐矿物有 101 种,其中呈阳离子的有 Ca、Mg、Na、Fe 及 Cu、Pb、Ba 和 Mn 等元素。通过综合应用薄片 X 射线技术、薄片扫描电镜能谱测试技术和显微红外光谱技术,在大庆探区识别出的碳酸盐矿物有方解石、铁方解石、白云石、铁白云石、菱铁矿、文石、菱镁矿、氟碳钙铈矿等。

氟碳钙铈矿分子式为$(Ce,La)_2Ca(CO_3)_3F_2$,含有稀土元素Ce、La,显微镜镜下光性特点为无色,他形粒状或柱状,凸起高,干涉色高,一轴晶正光性。通过显微红外光谱和扫描电镜能谱分析技术进一步进行了测试,得到红外谱图(图6-133)和扫描电镜能谱图(图6-134)。该矿物在营城组火山岩中含量很少,不足1%,但分布比较普遍,出现在球粒流纹岩、流纹岩、流纹质熔结凝灰岩、流纹质凝灰岩中。氟碳钙铈矿的出现说明这些地区稀土元素比较富集。如在XS6井中分布较多,另外在XS601井、XS8井、XS10井、XS11井、SHS更2井中均有见及,可以作为碱性热液蚀变的指示矿物。

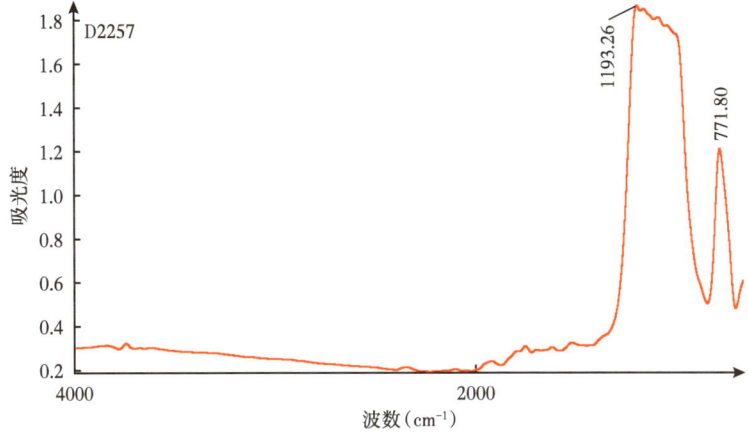

图6-133　XS6井3725.81m流纹质熔结凝灰岩中氟碳钙铈矿红外光谱图

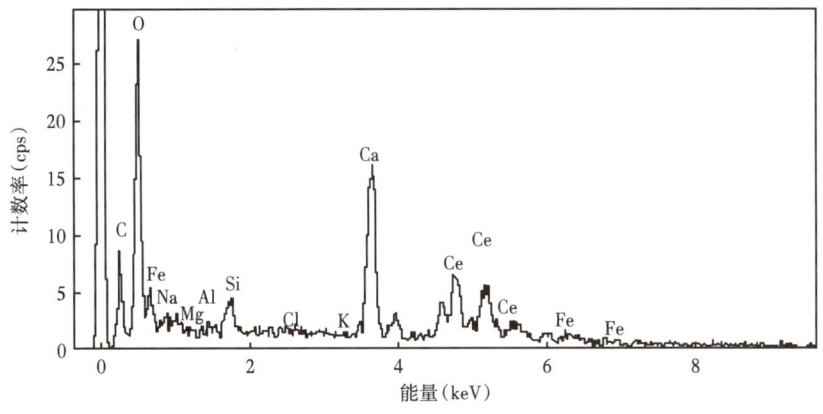

图6-134　氟碳钙铈矿扫描电镜能谱图

3. 配套鉴定技术在火山岩分类中的应用

1)火山岩类型与分布特征

通过1000余片岩石薄片显微镜下观察鉴定与配套分析,结合火山熔岩全岩化学分析,将松辽盆地北部营城组火山岩划分为火山熔岩类、火山碎屑岩类、火山—沉积碎屑岩类、侵入岩4大类30余种岩石类型。其中火山熔岩类、火山碎屑岩类分布广泛，熔岩从酸性至基性岩均有分布，包括凝灰熔岩、珍珠岩、英安岩、安山岩、粗安岩、粗面岩、玄武安山岩、安山玄武岩、玄武岩；火山碎屑岩有凝灰岩、熔结凝灰岩、火山角砾岩、火山集块岩，以及沉火山碎屑岩。现将常见的火山岩岩石类型的基本特征情况总结于表6-9。

表6-9 松辽盆地北部深层火山岩岩石类型

侵入岩	浅成岩	闪长玢岩
		二长玢岩
火山熔岩	基性熔岩	玄武岩
	中基性熔岩	安山玄武岩
		玄武安山岩
	中性熔岩	粗面岩
		粗安岩
		安山岩
	中酸性熔岩	英安岩
	酸性熔岩	球粒流纹岩
		流纹岩
		珍珠岩
	火山碎屑熔岩	凝灰熔岩
火山碎屑岩	熔结火山碎屑岩	（晶屑）熔结凝灰岩
	正常火山碎屑岩	（晶屑）凝灰岩
		火山角砾岩
		火山集块岩
	沉火山碎屑岩	沉凝灰岩
		沉火山角砾岩
火山—沉积碎屑岩	火山—沉积碎屑岩	凝灰质砂岩

松辽盆地北部徐家围子地区火山岩以流纹岩、熔结凝灰岩和凝灰岩为主，三者约占岩石总量的81%（据薄片资料），其次还有少量凝灰质熔岩、火山角砾岩、安山岩和玄武岩等（图6-135）。

火山岩在平面分布上具有一定的规律性，从北向南，岩石类型由中基性向酸性过渡：安达地区以中基性火山岩为主，徐中、徐南以酸性流纹岩为主，中基性火山岩偶有分布，徐东和徐西以酸性火山碎屑岩为主，发育部分熔岩（图6-136）。

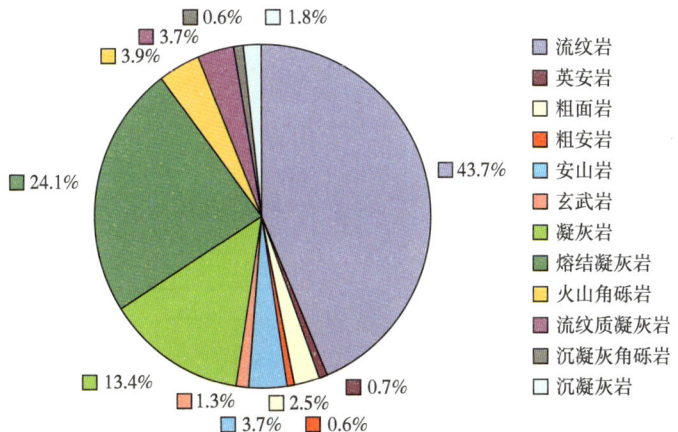

图 6-135 火山岩岩石类型饼状图

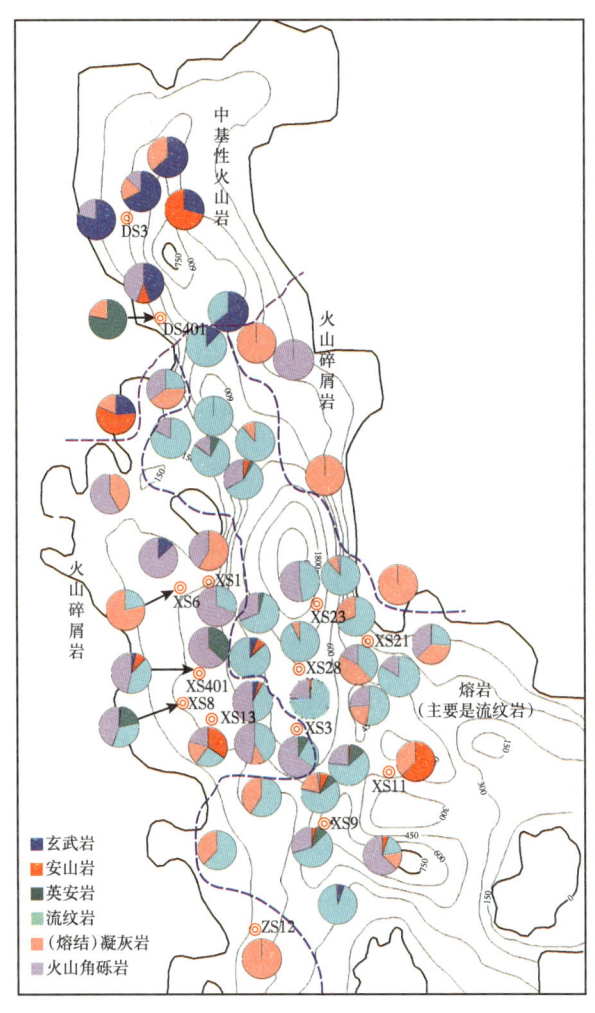

图 6-136 徐家围子断陷火山岩岩石类型平面分布图

剖面上，安达地区具有从中基性火山熔岩到火山碎屑岩的两个旋回（图6-137），徐中具有从酸性火山熔岩到火山碎屑岩的三个旋回。

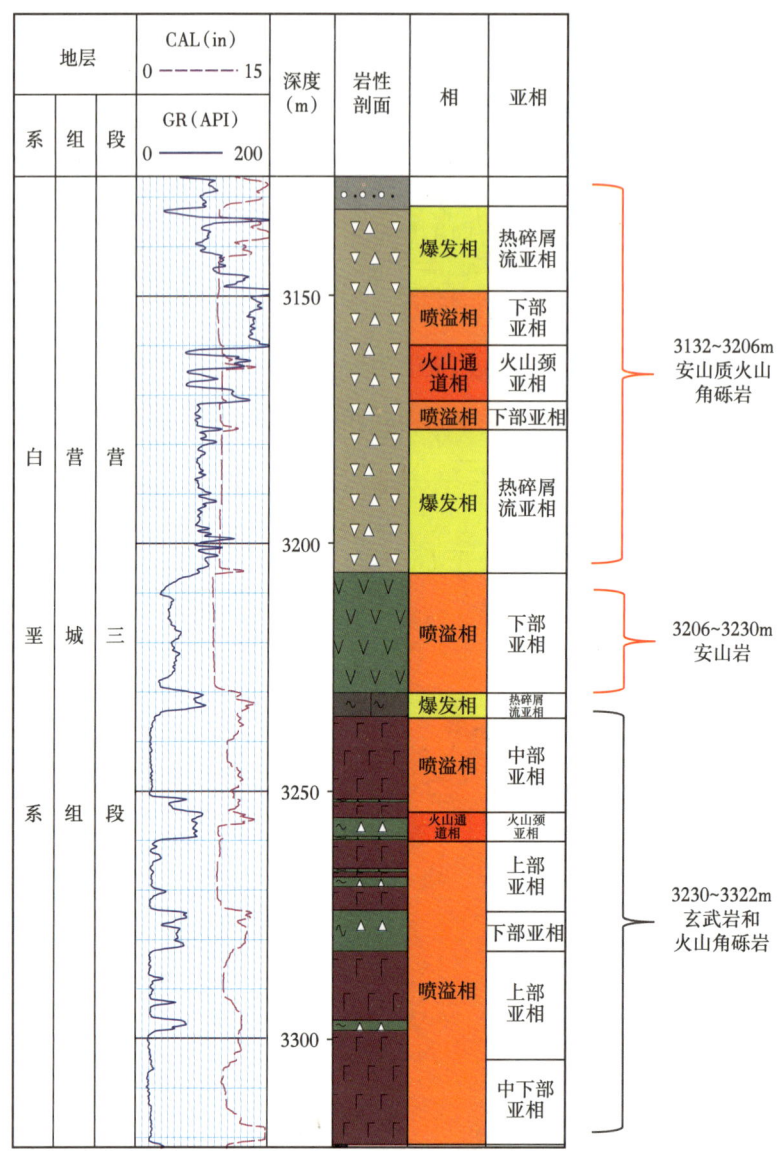

图6-137 安达地区DS4井火山岩纵向分布图

2）有利储层岩石类型

按照不同地区酸性、中性、基性火山岩储层识别标准，根据测井、录井综合解释，以及岩石薄片综合鉴定结果，分别对徐家围子断陷安达地区、徐东地区、徐中地区、徐南地区进行储层厚度划分。统计不同火山岩岩石类型的储层厚度，并进行储层与非储层岩石类型对比分析，探讨火山岩岩石类型与储层发育的关系。徐家围子断陷营城组火山岩可以作为储层的超过40%，基性、中性、酸性火山岩中除沉凝灰岩外均可以作为储层。

（1）安达地区。

安达—汪家屯地区营城组火山岩地层酸性、中性、基性火山岩均有一定比例分布，酸性岩占51.0%、中酸性岩占4.6%、中性岩占17.0%、基性岩占26.4%。分布的主要岩石类型为：（安山）玄武岩、流纹岩、（安山质、流纹质）凝灰岩、安山岩、（安山质、流纹质）火山角砾岩，分别占火山岩地层累计厚度的26.4%、24.5%、19.7%、13.5%、7.7%。火山岩岩石类型中储层发育比例的顺序为（图6-138）：火山角砾岩69.2%、英安岩65.1%、安山岩56.8%、流纹岩50.8%、玄武岩48.1%、凝灰岩39.9%。结合火山岩厚度和储层发育的比例，可以看出：流纹岩、玄武岩、凝灰岩、安山岩、火山角砾岩为安达—汪家屯地区有利储层，储层分别占总火山岩累计厚度的12.7%、12.4%、7.9%、7.6%、5.3%（表6-10）。

（2）徐东地区。

徐东地区酸性岩占92.92%、中酸性岩占0.44%、中性岩占0.54%、沉凝灰岩占6.11%。分布的主要岩石类型为：流纹岩（包括流纹质凝灰熔岩、角砾熔岩）、凝灰岩（包括熔结凝灰岩、角砾凝灰岩）、火山角砾岩（包括熔结角砾岩），分别占火山岩总累计厚度的40.6%、39.7%、12.8%。主要岩石类型中储层发育比例的顺序为（图6-138）：火山角砾岩53.6%、流纹岩47.2%、凝灰岩34.3%。结合火山岩厚度和储层发育的比例，可以得出：流纹岩、凝灰岩、火山角砾岩为徐东地区有利储层，储层分别占火山岩累计厚度的19.7%、13.6%、12.8%（表6-10）。

表6-10 松辽盆地徐家围子断陷及外围断陷营城组火山岩优势储层分布情况　单位：%

地区	优势储层	火山岩厚度/火山岩总厚度	储层厚度/非储层厚度	储层厚度/火山岩厚度
安达—汪家屯地区	流纹岩	24.5	50.8	12.7
	玄武岩	26.4	48.1	12.4
	凝灰岩	19.7	39.9	7.9
	安山岩	13.5	56.8	7.6
	火山角砾岩	7.7	69.2	5.3
徐东地区	流纹岩	40.6	47.2	19.7
	凝灰岩	39.7	34.3	13.6
	火山角砾岩	12.8	3.6	12.8
徐中地区	流纹岩	41.9	61.0	25.5
	凝灰岩	31.9	64.1	20.4
	火山角砾岩	14.0	53.9	7.5
徐南地区	流纹岩	70.0	85.2	44.3
	凝灰岩	27.3	63.3	23.3

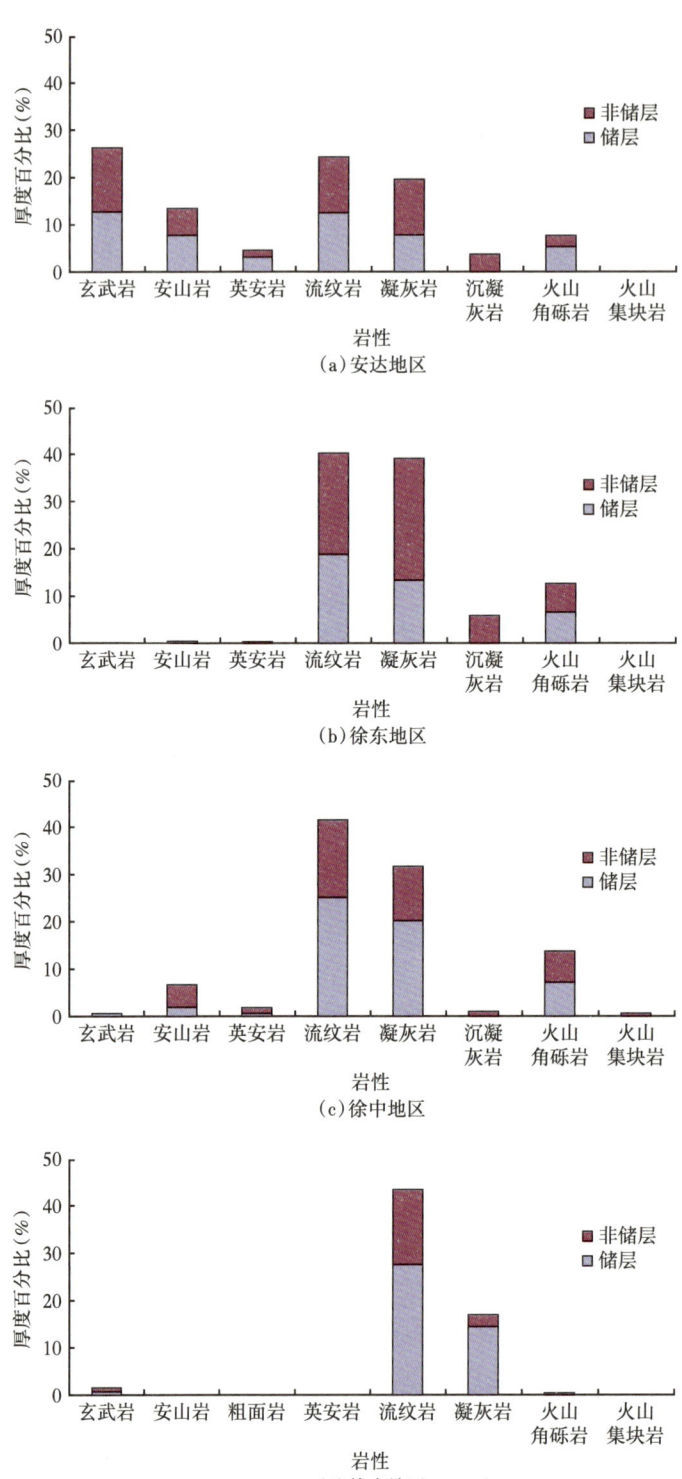

图 6-138 徐家围子断陷营城组不同岩性火山岩储层与非储层比例图

（3）徐中地区。

徐中地区酸性岩占 89.6%、中酸性岩占 2.8%、中性岩占 5.9%、基性岩占 1.7%。分布的主要岩石类型为：流纹岩（包括流纹质凝灰熔岩、角砾熔岩）、凝灰岩、火山角砾岩，分别占火山岩总累计厚度的 41.9%、31.9%、14.0%。3 种主要岩石类型中储层发育比例的顺序为（图 6-138）：凝灰岩 64.1%、流纹岩 61.0%、火山角砾岩 53.9%。结合火山岩厚度和储层发育的比例，可以看出：流纹岩、凝灰岩、火山角砾岩为徐中地区有利储层，储层分别占总火山岩累计厚度的 25.5%、20.4% 与 7.5%（表 6-10）。

（4）徐南地区。

徐南地区酸性岩占 97.8%、基性岩占 26.2%。分布的主要岩石类型为：流纹岩、凝灰岩，分别占火山岩总累计厚度的 70.0%、27.3%。2 种主要岩石类型中储层发育比例的顺序为（图 6-138）：凝灰岩 85.2%、流纹岩 63.3%。结合火山岩厚度和储层发育的比例，可以看出：流纹岩、凝灰岩为徐南地区有利储层，储层分别占总火山岩累计厚度的 44.3% 与 23.3%（表 6-10）。

三、火山岩微孔隙分析技术系列

对于微孔隙的定义，不同学者看法不一：在煤层气储层研究中，微孔隙小于 10nm（霍多特，1966）；在地下水研究中，微孔隙为 1~10μm（韩保平，1997）；工程上将砂岩储层孔隙划分为有效孔隙和微孔隙，微孔隙定义为孔喉半径小于 0.1μm（曾大冲，1991）；实验室分析储集岩研究将微孔定义为小于 10μm（罗平和应凤祥，2002）。本文将微孔隙定义为孔隙直径小于 10μm 的孔隙。

目前有多种测试岩石孔隙度的方法，但由于其原理不同，测试精度及应用范围也有较大差异（表 6-11）。作为能够直接观测到孔喉结构的测试方法，光学显微镜（偏光显微镜）是最常用也是最简单的测试仪器，利用偏光显微镜可以观察岩石铸体薄片中的孔隙、喉道及其连通关系的二维结构。尽管光学显微镜的理论分辨率可达 0.2μm，但由于一般岩石薄片厚度为 0.03mm，当孔喉小于薄片厚度时，在薄片上就可能无法明确显示孔隙的完整结构，铸体也表现为不纯净的颜色，因此很难直接利用偏光显微镜分析微孔隙（小于 10μm）的孔隙结构。

表 6-11　孔隙结构测试方法及条件

实验方法	测试精度（测量误差）	测试条件	测试仪器和样品
高压压汞法	0.003~400μm	岩心块体、粉体、膜或片状物	样品膨胀剂、测孔仪和汞等
普通光学显微镜	>0.2μm	岩石薄片	普通光学显微镜
激光共聚焦显微镜	>0.1μm	岩石薄片	激光共聚焦显微镜
扫描电子显微镜	>1nm	经过导电处理的固体岩样	SEM 等
气体吸附等温线法	0.0004~0.1μm	岩样粉末	杜瓦瓶、电炉、天平、恒液面装置等

1. 火山岩微孔隙激光共聚焦分析技术

激光扫描共聚焦显微镜（Laser Scanning Confocal Microscope，LSCM）的扫描光源是激光，由此可以逐点、逐线、逐面地快速扫描成像。瞬时成像的物点是物镜的焦点，也是扫描激光的聚焦点，其扫描激光与荧光收集共用一个物镜。不同深度层次的图像可以通过改变调焦深度得到，并作为图像信息储存于计算机内，再通过计算机分析、模拟样品的立体结构并显示出来。与普通光学显微镜相比，激光扫描共聚焦显微镜具有分辨率高、可以观察样品内部结构、可以分层扫描并重建三维立体图像、可获得数字化信息等优点。利用激光共聚焦可以观测到小于1μm的微孔隙，并通过多层扫描和三维重建技术取得薄片厚度内的所有微孔隙的完整结构特征。

火山岩孔隙类型多样，利用激光共聚焦显微镜可以准确识别火山岩中的各种孔隙，尤其是微孔隙（小于10μm），并能够定量计算微孔隙的孔隙体积。图6-139中的蚀变英安岩在偏光显微镜下很难辨识微孔隙的发育程度，但在激光扫描共聚焦显微镜下则可以清楚地看到蚀变后的大量微孔隙。在激光扫描的基础上，利用三维重建技术重建微孔隙的结构（图6-140），发现微孔隙多数可以连通，形成互相连通的网络，并且局部微孔隙的孔隙度可达30%，这些较发育的连通的微孔隙是其重要的储集空间。

（a）偏光显微镜下的火山岩铸体薄片

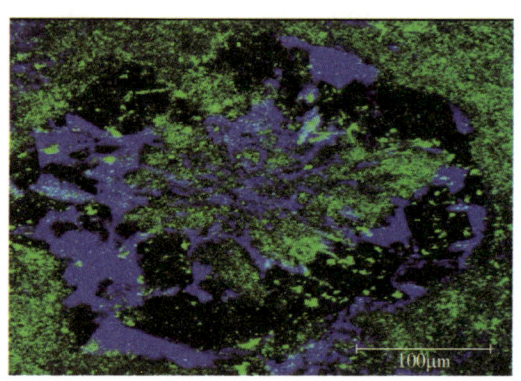
（b）激光扫描共聚焦显微镜下的火山岩照片

图6-139　偏光显微镜与激光扫描共聚焦显微镜成像对比图
XS13井，4124.59m，流纹质熔结凝灰岩

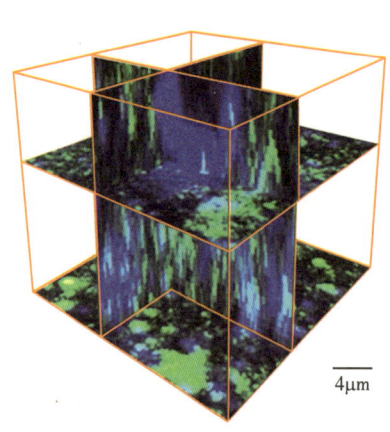
（a）微孔隙的二维切片

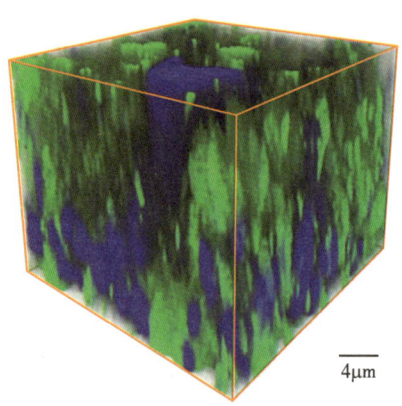
（b）微孔隙的三维重建

图6-140　微孔隙二维切片与三维重建
DS401井，3181.56~3186.79m，蚀变英安岩

激光扫描共聚焦显微镜在微孔隙的观察上具有明显的优势,其分辨率高、可以分层扫描,重建三维图形,能够清晰地重现微孔隙的三维立体结构,并利用图像分析技术统计微孔隙的各项孔隙结构参数,为低孔低渗透储层的勘探与开发提供支持。

2. 脱玻化微孔隙的定量评价方法

为了评价脱玻化孔对储层的贡献,分别对球粒流纹岩、熔结凝灰岩、凝灰岩产生的脱玻化孔进行了定量计算。火山玻璃脱玻化使矿物体积缩小,从而形成微孔隙,另外火山玻璃脱玻化形成的铝硅酸盐等矿物在酸性流体的作用下发生溶蚀,又产生了溶蚀孔隙,所观察到的孔隙为脱玻化孔和矿物溶蚀孔之和。因此计算分两部分进行,一是计算脱玻化时产生的脱玻化孔对储层的贡献,二是计算玻璃脱玻化形成的长石产生的溶蚀孔隙对储层的贡献。研究思路:脱玻化时产生的脱玻化孔用质量平衡的方法进行定量评价。具体方法是应用全岩化学分析数据算出岩石的标准矿物含量;从岩石标准矿物含量中去掉火山岩中已有的实际矿物的含量(对于熔岩去掉斑晶的含量,对于火山碎屑岩去掉晶屑及岩屑中实际矿物的含量),剩余部分为玻璃的标准矿物含量;用质量平衡的方法算出脱玻化形成的孔隙。采用热力学方法可算出玻璃脱玻化形成的长石溶蚀孔隙。

1)球粒流纹岩脱玻化孔隙的定量评价

选取了安达地区(WES101井)、升平地区(SHS202井、SHS203井、SHS8井)、兴城地区(XS1井、XS9井)的球粒流纹岩进行脱玻化作用研究,球粒流纹岩全岩化学分析数据列于表6-12。根据表6-12中全岩化学分析数据进行CIPW计算,得出球粒流纹岩标准矿物的含量(表6-13)。由表6-12可以看出标准矿物组分中,石英和三种长石的含量之和占了总含量的大部分,最高达95.73%,最低达93.02%,平均为94.59%,而刚玉、透辉石、紫苏辉石、锥辉石、钛铁矿、磁铁矿、磷灰石的含量很低,为了计算方便可忽略不计。钙长石的含量变化于0~0.87%,说明在球粒流纹岩中钙长石的含量很低,为了计算方便可忽略不计。石英标准矿物含量的最大值为49.13%,最小值为29.76%,平均值为38.37%;钠长石标准矿物含量最大值为49.49%,最小值为18.09%,平均值为32.50%;钾长石标准矿物含量的最大值为31.51%,最小值为14.45%,平均值为23.56%。

表6-12 球粒流纹岩全岩化学分析数据 单位:%

井号	岩性	SiO_2	TiO_2	Al_2O_3	Fe_2O_3	FeO	MnO	MgO	CaO	Na_2O	K_2O	P_2O_5
SHS202-1	球粒流纹岩	75.93	0.23	11.89	1.19	1.34	0.07	0.04	0.30	3.91	5.09	0.01
SHS203	球粒流纹岩	75.72	0.24	12.27	1.72	1.02	0.04	0.02	0.23	6.29	2.45	0.01
SHS202-2	球粒流纹岩	76.62	0.20	11.26	1.44	1.41	0.06	0.03	0.27	3.33	5.33	0.03
SHS8	球粒流纹岩	80.01	0.19	10.82	0.84	1.20	0.01	0.04	0.07	2.14	4.64	0.03
XS1	球粒流纹岩	75.78	0.18	11.21	4.90		0.10	0.13	0.22	3.45	4.00	0.03
XS9	球粒流纹岩	77.25	0.21	11.00	0.30	2.58	0.04	0.08	0.58	4.16	3.82	0.01
WES101	球粒流纹岩	80.22	0.23	9.48	2.50	0.60	0.03	0.04	0.17	4.13	2.58	0.02

表 6-13 球粒流纹岩标准矿物含量　　　　　　　　　　　　　　　　　　　单位：%

井号	Q	An	Ab	Or	C	Di	Hy	Ac	Il	Mt	Ap	Q+An+Ab+Or
SHS202-1	32.82	0	32.82	30.08	0	1.23	0.74	0.23	0.44	1.61	0.03	95.72
SHS203	29.76	0	49.49	14.45	0	0.95	0.94	3.26	0.46	0.66	0.03	93.70
SHS202-2	36.00	0.03	28.19	31.51	0	1.00	0.73	0	0.39	2.09	0.07	95.73
SHS8	49.13	0.15	18.09	27.44	2.22	0	1.31	0	0.37	1.22	0.07	94.81
XS1	39.19	0.87	29.29	23.67	0.89	0	1.93	0	0.35	3.74	0.07	93.02
XS9	35.81	0.06	35.17	22.56	0	2.41	3.15	0	0.39	0.43	0.02	93.60
WES101	45.91	0	34.43	15.23	0	0.61	0.68	0.44	0.44	2.21	0.06	95.57
最大值	49.13	0.87	49.49	31.51	2.22	2.41	3.15	3.26	0.46	3.74	0.07	95.73
最小值	29.76	0	18.09	14.45	0	0	0.68	0	0.35	0.43	0.02	93.02
平均值	38.37	0.16	32.50	23.56	0.44	0.89	1.35	0.56	0.41	1.71	0.05	94.59

流纹岩中除了玻璃外还含有石英、长石斑晶，为了剔除流纹岩中斑晶的影响，通过薄片显微镜观察，确定了石英、钾长石和钠长石斑晶的含量（表 6-14），由表 6-14 可看出石英斑晶含量平均约 14.43%，钾长石斑晶平均约 6.71%，钠长石斑晶平均约 2.14%。从各口井的石英和长石标准矿物含量中剔除石英和长石斑晶的含量，得出流纹质玻璃脱玻化产生的石英和长石的含量（表 6-15）。

表 6-14 石英和长石斑晶的平均含量　　　　　　　　　　　　　　　　　　　单位：%

井号	SHS202	SHS203	SHS202	SHS8	XS1	XS9	WES101	最大值	最小值	平均值
Q	15	18	18	10	15	15	10	18	10	14.43
Or	8	6	5	9	6	8	5	9	5	6.71
Ab	2	2	1	3	2	2	3	3	1	2.14

表 6-16 列出了一般情况下的流纹质玻璃、石英、钠长石和钾长石的密度。根据表 6-16 各口井脱玻化后产生的石英、钾长石和钠长石的含量和流纹质玻璃、石英、钠长石和钾长石的密度，可算出 100g 球粒流纹岩在脱玻化作用后所释放的孔隙大小（表 6-17）。由表 6-17 可以看出 100g 流纹岩在脱玻化作用后，产生的孔隙体积变化于 2.75~3.28cm^3，可见脱玻化产生的体积不可忽视。脱玻化作用后产生孔隙体积最大的井为 WES101 井，其脱玻化后产生的体积为 3.28cm^3，这与镜下观察一致。

表 6-15　脱玻化后产生的石英和长石的含量　　　　　　　　　　　　　　　　　单位：%

井号	Q (CIPW)	Ab (CIPW)	Or (CIPW)	Q 斑晶	Ab 斑晶	Or 斑晶	脱玻化后 Q	脱玻化后 Ab	脱玻化后 Or
SHS202-1	32.82	32.82	30.08	15.00	2.00	8.00	17.82	30.82	22.08
SHS203	29.76	49.49	14.45	18.00	2.00	6.00	11.76	47.49	8.45
SHS202-2	36.00	28.19	31.51	18.00	1.00	5.00	18.00	27.19	26.51
SHS8	49.13	18.09	27.44	10.00	3.00	9.00	39.13	15.09	18.44
XS1	39.19	29.29	23.67	15.00	2.00	6.00	24.19	27.29	17.67
XS9	35.81	35.17	22.56	15.00	2.00	8.00	20.81	33.17	14.56
WES101	45.91	34.43	15.23	10.00	3.00	5.00	35.91	31.43	10.23
最大值	49.13	49.49	31.51	18.00	3.00	9.00	39.13	47.49	26.51
最小值	29.76	18.09	14.45	10.00	1.00	5.00	11.76	15.09	8.45
平均值	38.37	32.50	23.56	14.43	2.14	6.71	23.95	30.35	16.85

表 6-16　标准状况下不同物质的密度　　　　　　　　　　　　　　　　　　单位：g/cm³

流纹质玻璃	石英	钠长石	钾长石
2.36	2.65	2.61	2.56
		平均值	
		2.59	

表 6-17　球粒流纹岩在脱玻化作用后所释放出的孔隙

井号	SHS202	SHS203	SHS202	SHS8	XS1	XS9	WES101	最大值	最小值	平均值
玻璃质量（cm³）	70.72	67.7	71.70	72.66	69.15	68.54	77.57	77.57	67.70	71.15
玻璃密度（cm³）	2.36	2.36	2.36	2.36	2.36	2.36	2.36	2.36	2.36	2.36
玻璃体积（cm³）	29.97	28.69	30.38	30.79	29.30	29.04	32.87	32.87	28.69	30.15
脱玻化后石英体积（cm³）	6.725	4.438	6.792	14.770	9.128	7.853	13.550	14.770	4.438	9.036
脱玻化后钾长石体积（cm³）	8.625	3.301	10.360	7.203	6.902	5.688	3.996	10.360	3.301	6.581
脱玻化后钠长石体积（cm³）	11.810	18.200	10.420	5.782	10.460	12.710	12.040	18.200	5.782	11.630
脱玻化后石英和长石总体积（cm³）	27.160	25.930	27.570	27.750	26.490	26.250	29.590	29.590	25.930	27.250
脱玻化产生体积（cm³）	2.808	2.753	2.816	3.037	2.814	2.793	3.279	3.279	2.753	2.900
脱玻化体积占总体积百分数（%）	0.066	0.065	0.066	0.072	0.066	0.066	0.077	0.077	0.065	0.070

2）熔结凝灰岩脱玻化孔隙的定量评价

分别从 XS6 井、XS502 井、XS601 井、XS602 井四口井中选取了有代表性的熔结凝灰岩的全岩分析数据（表 6-18）进行研究。根据表 6-18 的全岩数据进行 CIPW 计算，得出熔结凝灰岩的标准矿物的含量（表 6-19）。

表 6-18 及表 6-19 显示参加计算的氧化物质量百分数之和与计算得到的标准矿物质量百分数之和，在 XS502 井、XS601 井、XS602 井中两者相差为零，在 XS6 井中两者相差 0.01，相差都小于 0.2（邱家骧，1991），说明数据是可靠的。在标准矿物中石英和三种长石的含量之和最高达 96.66%，最低达 93.13%，平均为 95.09%，而刚玉、透辉石、紫苏辉石、锥辉石、钛铁矿、磁铁矿、磷灰石等标准矿物的含量很小，可忽略不计，其结果见表 6-20。

表 6-18 熔结凝灰岩全岩数据表　　　　　　　　　　　　　　　　　　　单位：%

井号	岩性	SiO_2	TiO_2	Al_2O_3	Fe_2O_3	FeO	MnO	MgO	CaO	Na_2O	K_2O	P_2O_5
XS6	熔结凝灰岩	75.9	0.15	11.9	2.86		0.03	0.15	0.702	3.90	4.39	0.020
XS502	熔结凝灰岩	77.9	0.17	10.9	1.07	2.31	0.09	0.11	0.533	1.88	5.04	0.015
XS601	熔结凝灰岩	76.9	0.16	11.7	0.60	1.02	0.04	0.08	0.101	2.95	6.47	0.020
XS602	熔结凝灰岩	77.0	0.33	10.6	2.07	1.71	0.06	0.05	0.132	3.67	4.31	0.006

表 6-19 熔结凝灰岩标准矿物含量表　　　　　　　　　　　　　　　　　　单位：%

井号	Q	An	Ab	Or	C	Di	Hy	Ac	Il	Mt	Ap	Q+Ab+An+Or
XS6	34.77	2.07	33.02	25.95	0	1.08	0.50	0	0.29	2.26	0.05	95.81
XS502	44.90	2.54	15.88	29.81	1.43	0	3.52	0	0.33	1.55	0.04	93.13
XS601	34.29	0	24.14	38.23	0	0.32	1.44	0.74	0.31	0.49	0.05	96.66
XS602	38.51	0	30.75	25.50	0	0.54	0.90	0.30	0.64	2.85	0.01	94.76
最大值	44.90	2.54	33.02	38.23	1.43	1.08	3.52	0.74	0.64	2.85	0.05	96.66
最小值	34.29	0	15.88	25.50	0	0	0.50	0	0.29	0.49	0.01	93.13
平均值	38.12	1.15	25.95	29.87	0.36	0.49	1.59	0.26	0.39	1.79	0.04	95.09

表 6-20 剔除一些矿物后石英和长石标准矿物含量表　　　　　　　　　　　单位：%

井号	XS6	XS502	XS601	XS602	最大值	最小值	平均值
CIPW 石英	34.77	44.90	34.29	38.51	44.90	34.29	38.12
CIPW 钙长石	2.07	2.54	0	0	2.54	0	1.15
CIPW 钠长石	33.02	15.88	24.14	30.75	33.02	15.88	25.95
CIPQ 钾长石	25.95	29.81	38.23	25.50	38.23	25.50	29.87

表 6-20 中，钙长石标准矿物的含量变化于 0~2.54% 之间，最大值为 2.54%，可以忽略不计，还可以看出各井中标准矿物石英含量的最大值为 44.9%，最小值为 34.29%，平均值为 38.12%；标准矿物钠长石含量最大值为 33.02%，最小值为 15.58%，平均值为 25.95%；标准矿物钾长石含量的最大值为 38.23%，最小值为 25.5%，平均值为 29.87%。

为了剔除凝灰岩中晶屑和岩屑的影响，进行了薄片镜下观察，统计出这些井中晶屑、岩屑中石英及长石的平均含量，见表 6-21。

表 6-21　晶屑、岩屑中石英及长石的平均含量　　　　　单位: %

井号	XS6	XS502	XS601	XS602	最大值	最小值	平均值
Q	8	14	10	12	14	8	11.0
Or	4	6	4	4	6	4	4.5
Ab	2	4		4	4		2.5

由表 6-21 可知晶屑、岩屑中的石英平均值为 11%，钾长石平均值为 4.5%，钠长石平均值为 2.5%。

要剔除熔结凝灰岩中的晶屑、岩屑的影响，即从石英和长石标准矿物含量中剔除掉晶屑、岩屑中石英和长石的含量，此时就得到熔结凝灰岩脱玻化后石英和长石含量，见表 6-21。

根据表 6-22 脱玻化后产生的石英和长石的含量和表 6-16 物质的密度，可算出 100g 熔结凝灰岩脱玻化作用后所释放的孔隙大小，见表 6-23。由表 6-23 可以看出 100g 熔结凝灰岩在脱玻化作用后，能产生的孔隙体积变化于 2.7~3.24cm^3。四口井中脱玻化作用后产生孔隙体积最大的井为 XS601，其产生的体积为 3.24cm^3，可见脱玻化产生的体积不可忽视。

表 6-22　熔结凝灰岩脱玻化形成的石英和长石的含量　　　　　单位: %

井号	XS6	XS502	XS601	XS602	最大值	最小值	平均值
（CIPW）Q	34.77	44.90	34.29	38.51	44.90	34.29	38.12
（CIPQ）Or	25.95	29.81	38.23	25.50	38.23	25.50	29.87
（CIPW）Ab	33.02	15.88	24.14	30.75	33.02	15.88	25.95
镜下 Q	8.00	14.00	10.00	12.00	14.00	8.00	11.00
镜下 Or	4.00	6.00	4.00	4.00	6.00	4.00	4.50
镜下 Ab	2.00	4.00		4.00	4.00		2.50
脱玻化后 Q	26.77	30.90	24.29	26.51	30.90	26.29	27.12
脱玻化后 Or	21.95	23.81	34.23	21.50	32.23	21.50	25.37
脱玻化后 Ab	31.02	11.88	24.14	26.75	29.02	15.88	23.45

表 6-23 熔结凝灰岩脱玻化作用后所释放的孔隙

井号	XS6	XS502	XS601	XS602	最大值	最小值	平均值
玻璃质量（cm^3）	79.74	66.60	82.70	74.80	82.70	66.60	75.96
玻璃密度（cm^3）	2.36	2.36	2.36	2.36	2.36	2.36	2.36
玻璃体积（cm^3）	33.79	28.20	35.00	31.70	35.00	28.20	32.17
脱玻化后石英体积（cm^3）	10.10	11.70	9.17	10.00	11.70	9.17	10.24
脱玻化后钾长石体积（cm^3）	8.57	9.30	13.40	8.40	13.40	8.40	9.92
脱玻化后钠长石体积（cm^3）	11.89	4.55	9.25	10.20	11.89	4.55	8.97
脱玻化后石英和长石总体积（cm^3）	30.56	25.50	31.80	28.70	31.80	25.50	29.14
脱玻化产生体积（cm^3）	3.23	2.70	3.24	3.03	3.24	2.70	3.05
脱玻化体积占总体积百分数（%）	0.0762	0.0638	0.0764	0.0714	0.0764	0.0638	0.0700

3）凝灰岩脱玻化孔隙的定量评价

用相同的方法算出100g凝灰岩在脱玻化作用后，产生的孔隙体积变化于2.76~3.12cm^3。按照上文对酸性岩脱玻化微孔体积的计算，推测由于脱玻化作用产生的微孔隙数量为7%~8%。

火山岩在形成初期岩石类型通常是比较致密的，即使存在数量较多的气孔，气孔间通常也是不连通的。因此从火山岩到火山岩储层，需要经历一系列复杂的物理、化学及物理化学作用，改变孔隙类型和储集物性。火山玻璃脱玻化作用可以产生相当数量的微孔隙，是研究区的一种重要储集空间。脱玻化孔隙虽小，但由于数量多，连通性好，因此也能形成好的储层。

3. 火山岩微孔隙定量分析技术配套应用

由于微孔隙直径较小（小于10μm），常规偏光显微镜对微孔隙识别难、体积计量不准，难以确定其数量和有效性，为此采用了激光共聚焦与场发射扫描电子显微镜相结合的方法：（1）采用场发射扫描电镜高分辨率定量检测技术，可确保微孔缝识别达到20nm以下（图6-141）；（2）采用薄片显微镜分析与荧光光谱元素分析配套检测技术，确定岩石矿物成分及主要岩石脱玻化微孔形成的数量；（3）通过荧光标定激光激发，并应用激光共聚焦重建火山岩三维孔隙结构，使在普通偏光显微镜下难以分辨的微孔隙清晰可见，确定微孔隙大小主要在2μm以下，微孔孔隙度能达到5%~10%，局部能达到30%（图6-142）。

火山岩微孔广泛分布，并为后期储层次生改造创造了条件，且使火山岩储层构成了"大孔—微孔"新的孔隙结构组合。微孔的产生使后续的溶蚀更容易发生，并增加了孔隙空间及连通性。"大孔—微孔"组合的储层也可以成为气层。

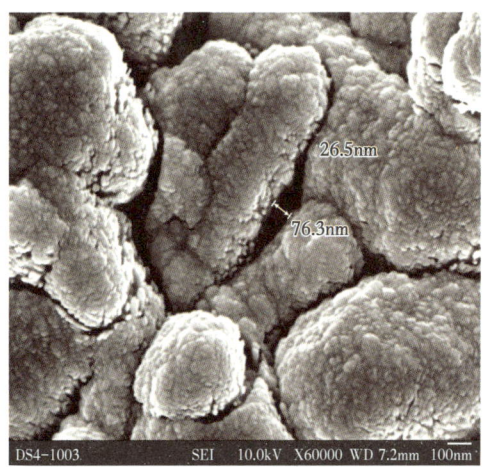

图 6-141　玄武岩气孔内绿泥石间的孔隙

DS4 井，3273.61m，扫描电镜，×60000

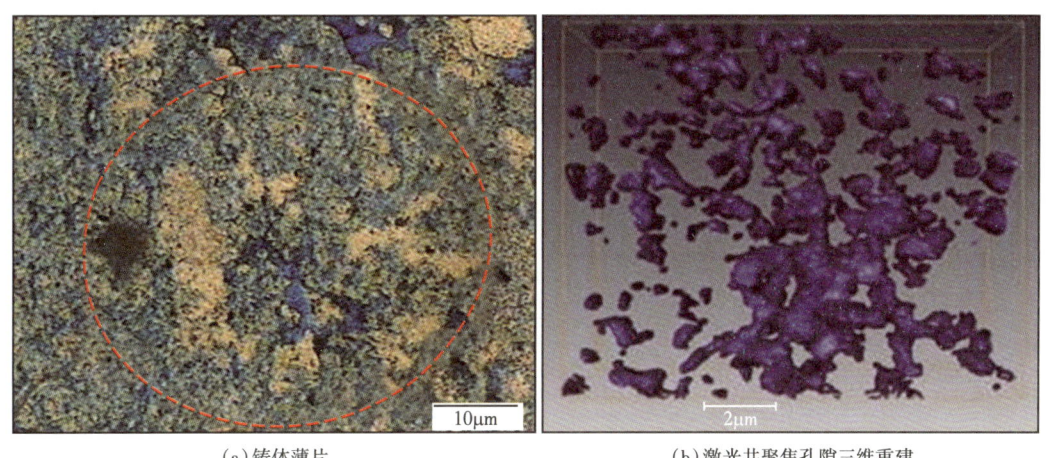

(a) 铸体薄片　　　　　　　　　　　(b) 激光共聚焦孔隙三维重建

图 6-142　凝灰岩铸体薄片与孔隙三维重建

XS8 井，3709~3711m

结合场发射扫描电子显微镜和图像定量分析技术，首次研究了火山岩储层中纳米级微孔隙的分布特征（图 6-143），火山岩工业气层、差气层的孔隙分布具有双峰态，但前者的孔隙大小的峰值相当于常规砂岩和致密砂岩孔隙范围，即大孔和微孔的组合特征。火山岩差气层中孔隙大小的峰值主要分布在致密砂岩微孔直径范围内，微孔隙直径主要为 50~1800nm，相当于美国致密砂岩储层孔隙直径（Philip H Nelson，2009）。由于火山岩微孔与致密砂岩储层孔隙大小相近，并且具有微孔的火山岩差气层厚度较大，借鉴致密砂岩储层勘探开发经验，实现火山岩差气层的有效动用是有可能的。

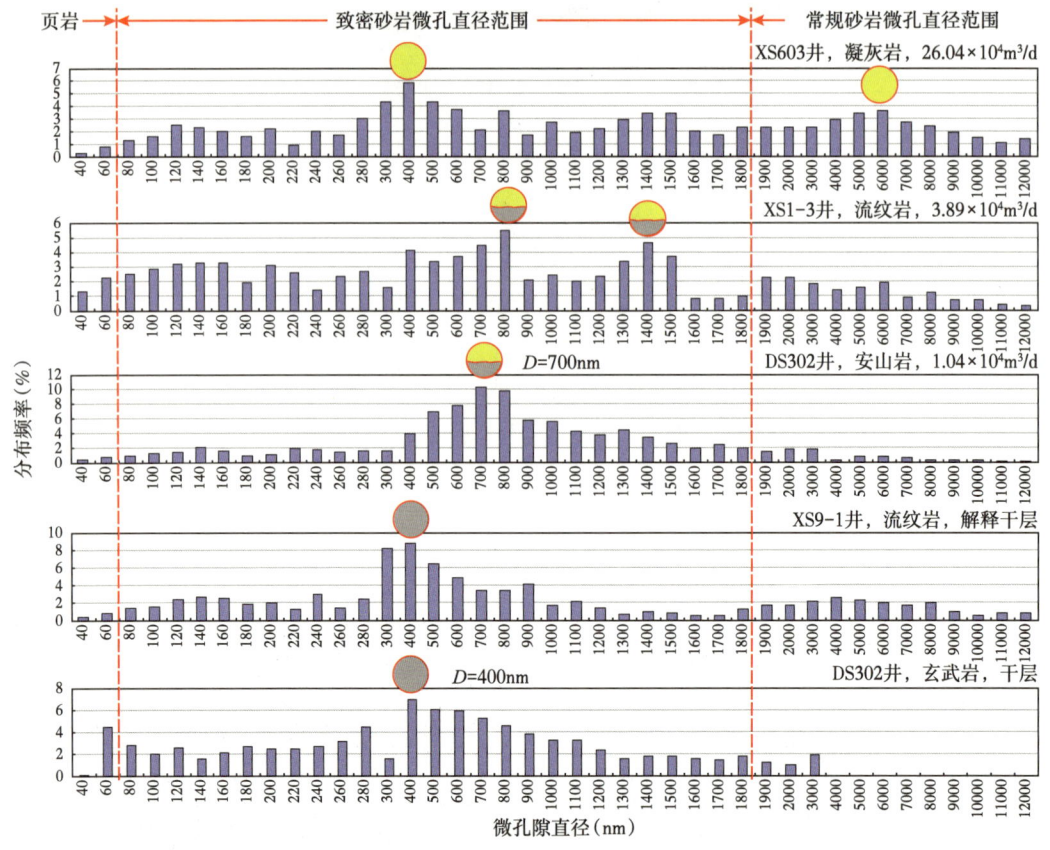

图 6-143 徐家围子断陷火山岩微孔隙直径分布图

第五节 实施效果

火山岩油气识别与评价技术在徐家围子断陷进行了应用，结合成藏认识，提供目标 40 个，实施 28 口井，完钻 25 口井，试气 21 口井，探井成功率由 38% 提高到 47.6%；编制了徐家围子断陷 4 个区块的开发方案；有效支持了井位钻探。此外，新发现徐家围子断陷营城组、火石岭组钻探目标 30 个，发现一批火山岩油气远景区，确保了 973 总项目对国家油气目标和产业目标的实现。

第七章　火山岩油气藏勘探前景与中国东西部万亿立方米大气区的有利勘探方向

本章通过研究中国典型断陷火山岩油气资源潜力，首次提出火山岩可形成大面积分布的致密有效储层（爆发相、溢流相储层）；指出"环蒙古弧形沉降带"是现实火山岩勘探领域，西部和东部两大裂谷群中的10大盆地（松辽、准噶尔、渤海湾、三塘湖、海拉尔、二连、依舒、三江、银额、酒泉）是有利勘探目标区。

第一节　我国典型断陷火山岩油气资源潜力

目前，火山岩储层油气勘探出现了6个新的发展趋势：（1）地区上，东部从渤海湾盆地向松辽盆地发展，西部准噶尔、三塘湖等盆地由点到面快速发展；（2）勘探层位上，由东部中—新生界向西部上古生界发展；（3）勘探深度上，由中浅层向中深层发展；（4）勘探部位，由构造高部位向斜坡和凹陷发展；（5）岩性岩相类型，由单一型向多类型，由火山口相向溢流相、火山碎屑岩相发展；（6）油藏聚集类型，由构造、岩性型向岩性、地层型发展。中国火山岩分布面积达 $215.7×10^4 km^2$，预测有利勘探面积为 $36×10^4 km^2$，初步预测，火山岩储层油气技术可采资源量在 $(15\sim20)×10^8 t$ 油当量，具有较大勘探潜力。

一、松辽盆地徐家围子断陷火山岩油气资源潜力

1. 徐家围子断陷烃源岩地化特征

松辽盆地北部基底之上的深层分别为断陷期沉积的火石岭组、沙河子组、营城组和凹陷期沉积的登娄库组和泉头组一段、二段，各组地层中均不同程度地发育有暗色泥岩。凹陷期沉积的登娄库组和泉一段、泉二段，更主要的是作为封盖层出现，烃源岩主要是营城组、沙河子组、火石岭组暗色泥岩及沙河子组煤系。

营城组暗色泥岩分布不均匀，主要分布在徐家围子断陷的北部，暗色泥岩厚度超过 100m 的地区主要在 XS1 井东部和西部、WES3 井以东及 WS1 井附近。沙河子组暗色泥岩在徐家围子断陷内分布广泛，除了 WES3 井区沙河子组暗色泥岩缺失外，其他地区均发育有暗色泥岩。沙河子组暗色泥岩在徐家围子中部，西部及北部地区均较厚，厚度一般在 300m 以上，最高可超过 1000m，相对而言，徐家围子东部沙河子组暗色泥岩分布的厚度较小，一般多小于 300m。火石岭组暗色泥岩呈零星分布，只见于徐家围子中部和 SHS6 井及其南部地区，中部的厚度较大，最大可超过 800m。沙河子组煤层主要分布在升平及 XS1

井周围地区，火石岭组煤层则在 SHS1 井区、XS1 井区局部发育，最大厚度达 60m。

三套暗色泥岩的 TOC 多在 1.0% 以上，其中营城组 TOC 均值为 0.96%，沙河子组和火石岭组 TOC 均值则更高，分别为 1.94%，1.83%。考虑到深层烃源岩埋深较大、成熟度较高，原始有机碳应该较高，因此，应该是好的烃源岩；深层烃源岩的 S_1+S_2 多在 2mg/g 以下，属于差烃源岩；从氯仿沥青"A"上看，营城组烃源岩多在 0.1%~0.12% 之间，为差烃源岩，而沙河子组和火石岭组暗色泥岩氯仿沥青"A"仍有部分在 0.5% 以上，氯仿沥青"A"含量很高。沙河子组煤岩 TOC 平均值为 44%，火石岭组煤岩 TOC 平均值为 28%。营城组、沙河子组、火石岭组的有机质类型基本为 II_1 型和 II_2 型，类型较好，生气潜力较高。营城组、沙河子组、火石岭组烃源岩已经处于较高的成熟演化阶段。

2. 徐家围子断陷烃源岩演化特征

根据成油、成气动力学模型，以 D13 井暗色泥岩成油、成气及煤成气动力学参数为基础，结合徐家围子地区埋藏史—热史进行成油、成气及油成气（族组成气）剖面、成气史计算（图 7-1），结果显示埋藏深度达到 1500m 左右时，深层泥岩明显开始生油、生气，其中生气稍晚于生油，油裂解气则在埋深 2000m 以下。从各烃源岩层的生油、气史来看，火石岭组泥岩、沙河子组泥岩、营城组泥岩开始生气时间逐渐变晚，依次为 110Ma、100Ma、84Ma。火石岭组煤岩、沙河子组煤岩成气时间要晚于对应的泥岩成气时间，分别为 105Ma、90Ma。多套气源岩的存在使得徐家围子地区多期生气、持续时间较长，尤其是煤岩生气。

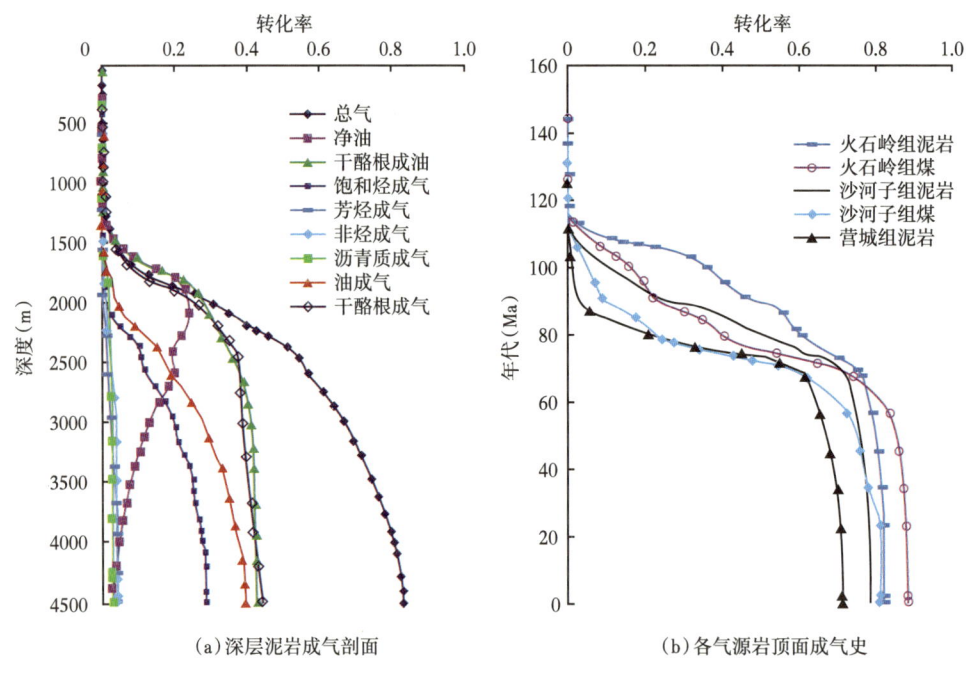

(a) 深层泥岩成气剖面　　(b) 各气源岩顶面成气史

图 7-1　徐家围子地区深层烃源岩成气转化率图

3. 徐家围子断陷烃源岩生气量计算

依据徐家围子断陷泥质烃源岩生烃动力学方法计算徐家围子深层各层烃源岩的生气量

相对贡献量，根据相对贡献量计算深层天然气总生成量为 $33.75×10^{12}m^3$。其中沙河子组天然气生成量占总量 75.78%，煤系地层生气总量占深层烃源岩总生气量的 25.61%。

从生气强度来看，断陷内大部分地区生气强度超过 $20×10^8m^3/km^2$，具备形成大中型气田条件，其中 X10 井东南存在生气强度高值，超过 $100×10^8m^3/km^2$，WES3 井以东地区存在另一高值，超过 $100×10^8m^3/km^2$（图 7-2）。

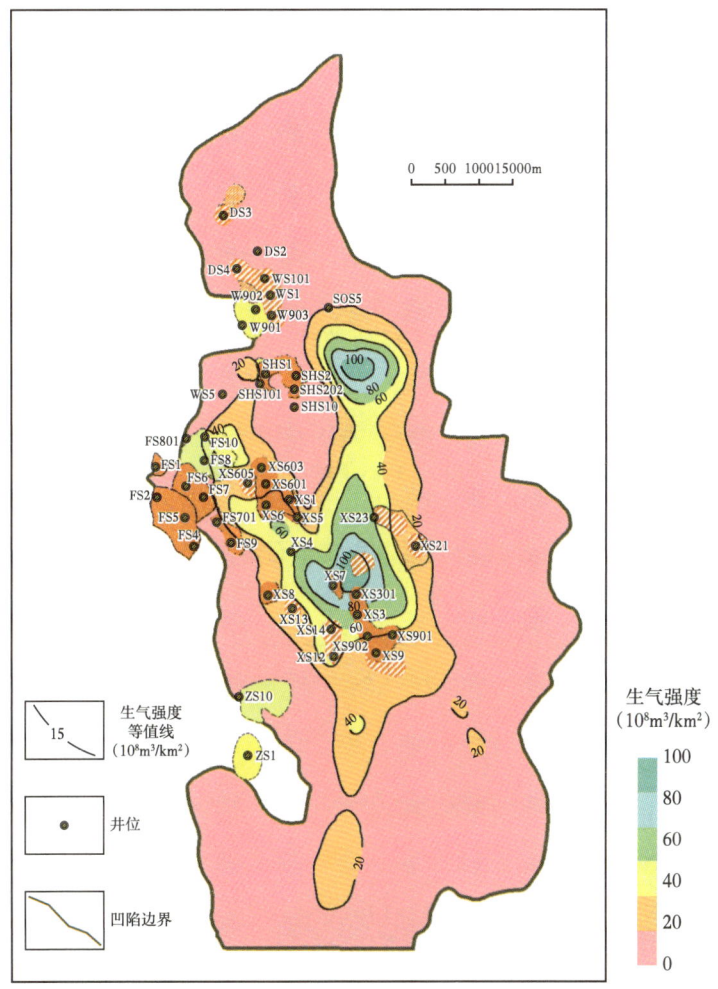

图 7-2 徐家围子断陷深层天然气总生气强度图

前人也对徐家围子断陷深层天然气生成量和资源量进行过计算；2003 年李世荣等利用成因法确定徐家围子断陷生气量为 $32.1×10^{12}m^3$，排气量为 $28.6×10^{12}m^3$，资源量为 $6772×10^8m^3$（聚集系数取 2%~3%），利用类比法确定徐家围子断陷天然气资源量为 $2358×10^8m^3$。2007 年李景坤等利用新的烃源岩厚度资料采用化学动力学法重新评价了徐家围子断陷天然气资源量，聚集系数取 2%~3%，资源量为 $4988×10^8$~$7482×10^8m^3$。本次采用化学动力学法计算的资源量为 $(5020~7530)×10^8m^3$（聚集系数 1.6%~2.4%）；比 2003 年中国石油第三次油气资源评价计算结果 $2350×10^8m^3$ 提高了近 3 倍；与 2010 年中国石油勘探开发研究院廊坊分院天然气所计算结果 6740×10^{8}m^3 基本相当。

徐家围子断陷深层埋深普遍超过 3000m，暗色泥岩埋深更是超过 3500m，现今烃源岩热演化程度（R_o）普遍超过 2.0%，处于高—过成熟度阶段。尽管凹陷内存在大量的火山岩，一方面由于凹陷内火山岩均为喷出岩，其本身的热效应传递作用有限，另一方面烃源岩现今成熟度较高，即使没有火山岩的热作用，烃源岩演化也已达晚期；因此，凹陷内的火山岩对深层有机质生烃量影响有限。

二、准噶尔盆地火山岩油气资源潜力

1. 准噶尔盆地石炭系烃源岩地化特征

1）下石炭统烃源岩分布及特征

准噶尔盆地北缘在克拉玛依西北—和什托洛盖、塔尔巴哈台—沙尔布尔提、萨吾尔、布尔津—福海、萨尔布拉克—扎河坝及三塘湖北部等地区发育滨浅海—次深海相沉积，以陆源碎屑及火山碎屑浊流沉积为主，水体较深，具有强还原性，生物以浮游藻类为主，烃源岩有黑色泥岩、沉凝灰岩、粉砂质泥岩等，TOC 值较高，为 0.21%~7.64%，平均为 1.54%，尤其三塘湖地区平均值大于 2%，所以三塘湖地区烃源岩较好，其他地区相对略差。准噶尔盆地南缘在精河—巴音沟、伊犁、七角井—鄯善等地区发育台地边缘—台地斜坡—半深海沉积，以陆源碎屑、火山碎屑及台地相碳酸盐为主，水体浅—略深，具有还原—弱还原性，烃源岩为灰白色泥岩、凝灰岩、钙质泥岩等，TOC 值中等—高，为 0.4%~1.25%，平均为 0.85%。

下石炭统滴水泉组（C_1d）烃源岩主要发育在早石炭世准噶尔南北被动大陆边缘及滴水泉、东道海子—五彩湾等断陷，其分布主要受海相、海陆过渡相沉积控制（图 7-3）。C_1d

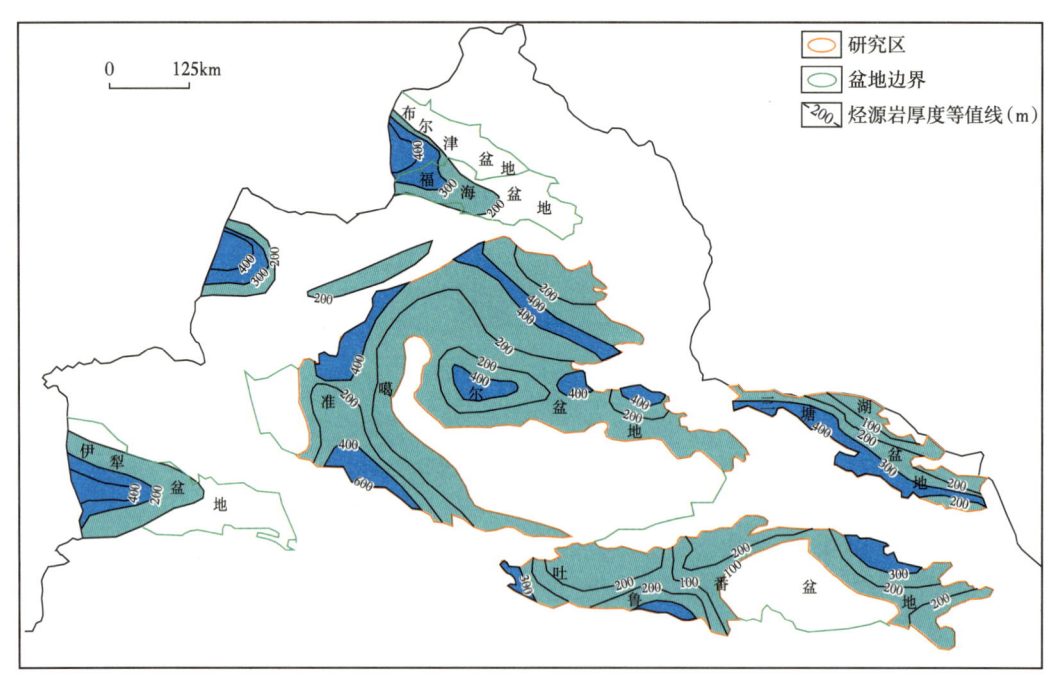

图 7-3 准噶尔盆地及邻区下石炭统烃源岩分布图

主体为滨海—滨岸—过渡相沉积环境，以陆源碎屑及火山碎屑为主，水体较浅，具有弱氧化—氧化性，烃源岩有灰色泥岩、凝灰质泥岩、粉砂质泥岩及凝灰岩等，TOC值变化较大。

C_1d在滴水泉、五彩湾和陆南等地区均有发育，岩性为一套碎屑岩沉积夹凝灰质泥岩及煤线，以灰、深灰色泥岩、凝灰质泥岩为主，夹凝灰岩及薄层煤，各地区有机碳、氯仿沥青"A"、总烃及S_1+S_2含量见表7-1。在沙西断裂以西，钻井揭示C_1d厚度为49~221m，烃源岩厚49~189m，主要为暗色泥岩，也有少量的碳质泥岩和煤，如彩参1井和滴西2井；彩26井主要为暗色沉凝灰岩，该井烃源岩厚68m，其中沉凝灰岩厚度达到了50m。

表7-1 石炭系滴水泉组有机质丰度数据表

地区	岩性	有机碳含量（%）		氯仿沥青"A"（%）		总烃（μg/g）		S_1+S_2（mg/g）	
		范围	均值	范围	均值	范围	均值	范围	均值
滴水泉	煤、碳质泥岩	18.19~21.10	19.65（2）	0.0921~0.3628	0.2200（3）	811~1549	1180（2）	1.63~9.79	5.21（3）
五彩湾	煤、碳质泥岩	4.42~26.76	11.51（8）	0.0572~1.1351	0.5209（3）	34~4015	1987（3）	1.02~58.03	21.41（9）
滴水泉	暗色泥岩	0.40~3.15	1.24（16）	0.0149~0.0888	0.0492（11）	29~2713	506（11）	0.28~1.81	0.84（26）
滴西	灰黑色泥岩	0.53（1）						0.42（1）	
五彩湾	暗色泥岩	0.19~1.77	0.73（18）	0.0033~0.0178	0.0100（12）	19~3303	523（12）	0.05~0.59	0.22（17）
滴西	灰黑色沉凝灰岩	0.65（1）		0.0090（1）		28（1）		0.66（1）	

注："均值"数据括号中为样品数，后同。

C_1d烃源岩有机质类型主要为Ⅱ$_2$—Ⅲ型，根据岩石热解分析资料，其氢指数（HI）为11~175mg/g，平均值为39~165mg/g，降解潜率（D）为1%~22%，平均为3.80%~5.89%；干酪根元素H/C原子比为0.44~0.90，平均为0.48~0.58，干酪根镜鉴表明类型为Ⅱ$_1$—Ⅲ型，以Ⅱ$_2$—Ⅲ型为主。从可溶有机质饱和烃的色谱来看，也明显具有以腐殖型有机质为主的特征。

2）上石炭统烃源岩的分布及特征

晚石炭世早期，在北天山—吐哈南部的觉罗塔格一带出现火山活动强烈及相变剧烈的浅海—次深海沉积环境，以陆源碎屑及火山碎屑浊流沉积为主，水体较深，具有强还原性，烃源岩为黑色泥岩、沉凝灰岩、粉砂质泥岩等。盆地西北缘的哈拉阿拉特—萨吾尔一带受巴尔喀什—西准噶尔残余洋的影响也出现类似环境。TOC值为0.11%~3.44%，平均为0.73%，在北天山一带烃源岩TOC值平均可达0.99%（图7-4）。

上石炭统巴塔玛依内山组（C_2b）在准噶尔盆地发育较广，主要发育在断陷部位。钻井揭示该组烃源岩厚2.0~191.5m，以暗色泥岩为主，其次为碳质泥岩和煤。在准噶尔盆地东北部，沙西断裂以西及帐东断裂以东主要为暗色沉凝灰岩，如C11井、C27井、C28井等井，在这两条断裂之间主要发育暗色泥岩、碳质泥岩和煤，如Z3井烃源岩厚140.5m，其中暗色泥岩厚106m，占烃源岩的75.4%；碳质泥岩厚21.5m，占烃源岩的15.3%；煤层厚13m，占烃源岩的9.3%。HN6井烃源岩厚53.5m，暗色泥岩27.5m，占烃源岩的51.4%，碳质泥岩 14m，占烃源岩的 26.2%，煤层 12m，占烃源岩的 22.4%。盆地南部 B32 井一带主要为厚度较大的暗色泥岩和碳质泥岩，如 B32 井暗色泥岩厚 83.5m，占烃源岩的 96%，其余为碳质泥岩；TA48 井暗色泥岩厚 91m，占烃源岩的 100%。B9 井在巴塔玛依内山组钻遇 140m 厚的灰黑色、黑色泥岩和煤（占地层总厚的 35%），TOC 值为 4.56%~5.03%。

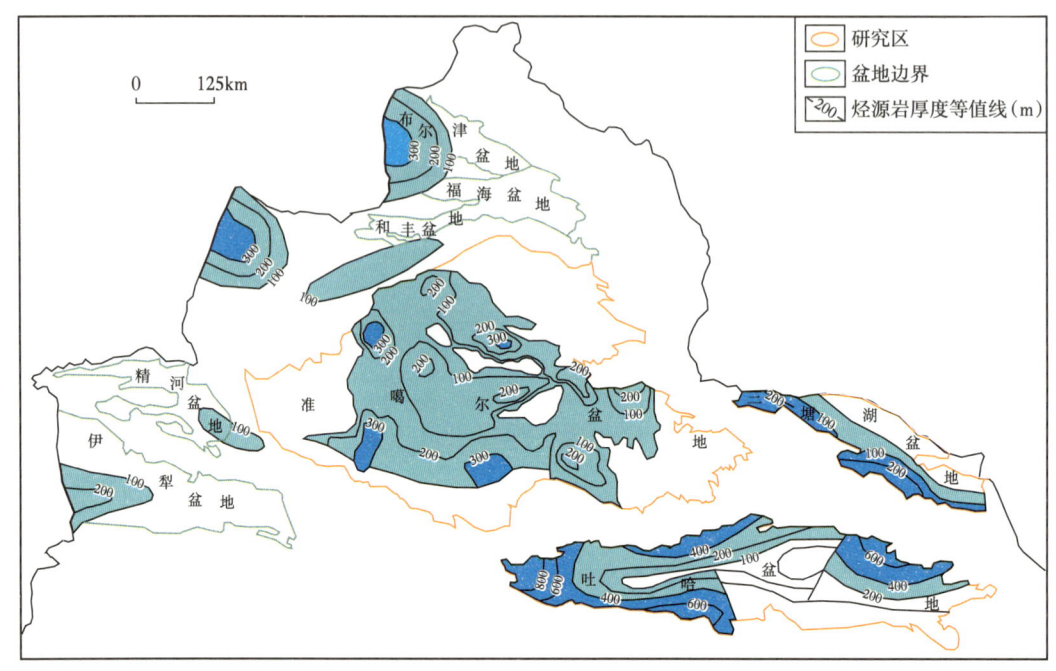

图 7-4 准噶尔盆地及邻区上石炭统烃源岩分布图

C_2b 有 3 种不同类型的烃源岩，包括煤和碳质泥岩、泥岩和沉凝灰岩（表 7-2）。其中优质烃源岩样品占样品总数的 79.21%，平均 TOC 值为 7.67%（101）；煤和碳质泥岩平均 TOC 值为 21.42%（30），具有很大的生油潜力；泥岩和沉凝灰岩 TOC 值平均为 1.86%（71），也达到了好的生油岩标准。由于火山灰中含有大量矿物质，增加了水体中的营养成分，有利于水体中生物的繁殖和发育，因此导致沉凝灰岩的有机质丰度较高，出现了沉凝灰岩与泥岩、煤层复合层序的烃源岩。

2. 准噶尔盆地石炭系烃源岩地化特征

1）C_2b 含油气系统特征

C_2b 含油气系统以上石炭统巴塔玛依内山组自生自储为特征，覆盖了现今整个准噶尔盆地（图 7-5）。盆地北部的天然气主要来自上石炭统巴塔玛依内山组，可以认为 C_2b 天然气系统是可靠的。巴塔玛依内山组储层以玄武岩、安山岩为主，局部还发育流纹岩，它们呈带状分布，盆地基底断裂带对火山岩展布有明显控制作用。储集体成带分布特征也制约了油气藏的分布，例如 DX5 井、DX17 井、DX14 井、DX18 井、DX10 井等石炭系火山岩油气藏成串珠状展布（图 7-5），向东逐渐抬高，受控于滴南凸起的鼻状构造背景。

表 7-2 石炭系巴塔玛依内山组有机质丰度数据表

地区	井号	层位	岩性	有机碳含量（%）		氯仿沥青"A"（%）		总烃（μg/g）		S_1+S_2（mg/g）	
				范围	均值	范围	均值	范围	均值	范围	均值
五彩湾	C28、C46、CC1、C2	C_2b	暗色泥岩	0.03~1.59	0.90（12）	0.0048~0.0593	0.0209（8）	18~191	71（6）	0.02~3.22	0.50（14）
			碳质泥岩、煤	15.95~37.59	28.43（13）	0.0204~0.8297	0.4092（9）	134~5288	2388（9）	0.55~52.55	21.43（16）
			沉凝灰岩	0.03~4.19	1.28（21）	0.0066~0.2542	0.0315（19）	15~240	120（17）	0.05~2.18	0.82（21）
滴西		C_2b	碳质泥岩、煤	12.88~14.73	13.81（2）	0.9943~1.0444		802~3403	2103（2）	25.71~27.20	26.46（2）
			沉凝灰岩		4.04（1）		0.1096（1）		801（1）		3.97（1）
北三台	B9、B8、B15、B13、B32	C_2b	暗色泥岩	0.41~5.03	3.61（12）	0.0079~0.4808	0.1119（13）	72~1645	629（10）	0.09~8.35	4.09（13）
			碳质泥岩、煤	5.80~28.94	19.00（7）	0.0262~0.4804	0.2126（14）	102~2407	701（6）	1.60~23.21	12.83（7）
			沉凝灰岩	0.24~3.73	2.28（10）	0.0077~0.1842	0.0671（11）	47~829	406（7）	0.10~8.90	3.38（8）
三台		C_2b	暗色泥岩	0.06~5.25	2.70（4）	0.0183~0.2472	0.1327（2）	115（1）		0.15~15.60	6.10（3）

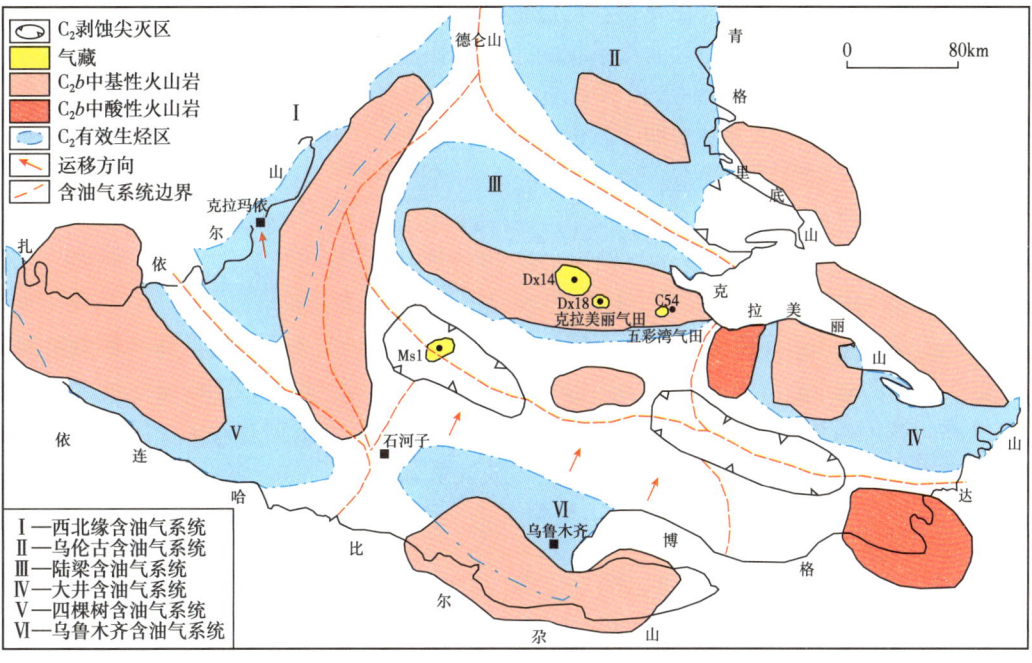

图 7-5 准噶尔盆地 C_2b 含油气系统平面图

根据有效生烃区的分布，可以初步划分为6个次级含油气系统。

（1）西北缘含油气系统：为低充注、侧向运聚型含油气系统。在乌—夏断裂带、克—百断裂带和红—车断裂带，石油成藏的关键时刻有差异，前两者为三叠纪，后者为白垩纪；但天然气成藏的关键时刻推测均为新近纪末期。油气藏可能以断块、断背斜为主。

（2）乌伦古含油气系统：为低充注、垂向运聚型含油气系统。石油成藏的关键时刻为早白垩世末期，天然气成藏的关键时刻推测为古近纪末期。油气藏可能以断背斜、断层—岩性圈闭为主。

（3）陆梁含油气系统：为中等充注、垂向运聚型含油气系统。天然气成藏的关键时刻为早白垩世末期。油气藏可能以断层—岩性、地层—岩性、断背斜等为主。目前已经发现克拉美丽、五彩湾等气田及彩55井气藏。

（4）大井含油气系统：为低充注、垂向运聚型含油气系统。石油成藏的关键时刻为早白垩世初期，天然气成藏的关键时刻推测在古近纪末期。油气藏可能以断背斜、断层—岩性圈闭等为主。

（5）四棵树含油气系统：为垂向运聚型含油气系统。石油成藏的关键时刻为白垩纪末期，天然气成藏的关键时刻推测在新近纪末期。北天山向北冲断形成了一系列断层相关褶皱背斜，因此油气藏可能以断背斜和断块圈闭等为主。

（6）乌鲁木齐含油气系统：为强充注、垂向与侧向联合运聚型含油气系统。石油成藏的关键时刻为早白垩世末期，天然气成藏的关键时刻推测在新近纪末期。同样，北天山向北冲断形成了一系列断层相关褶皱背斜，如阜康断裂带、古牧地背斜带等，油气藏也可能以断背斜和断块圈闭等为主。

莫索湾凸起、奇台凸起等在晚石炭世遭受剥蚀，它们的轴线一带成为乌鲁木齐含油气系统与陆梁含油气系统和大井含油气系统的边界（图7-5）。陆梁含油气系统与乌伦古含油气系统的边界则沿石英滩凸起—三个泉凸起—滴北凸起的轴线一带展布。由于这些含油气系统的关键时刻多在早白垩世末期，新近纪以来盆地整体的掀斜改造对石炭系圈闭中油气聚集的影响不大，仅有轻微调整。

准噶尔盆地石炭系目前已发现五彩湾、石西、克拉美丽，克拉玛依二井区、四井区、六井区，车排子等多个油气田，油气勘探实践表明准噶尔盆地石炭系具有较好的勘探前景。

2）C_1d含油气系统特征

C_1d含油气系统同样覆盖了整个准噶尔盆地（图7-6），较为例外的是盆地东南角的奇台凸起—黑山凸起地区。目前研究表明，盆地腹部石炭系的油可能以下石炭统滴水泉组为主要烃源。这一系统主要以石油聚集（也有天然气）为特色。根据有效生烃区和油气运移聚集格局的分布，可以初步划分为6个次级含油气系统。

（1）西北缘含油气系统：为侧向运聚型含油气系统。推测油气藏以断块、断背斜为主。在乌—夏断裂带、克—百断裂带和红—车断裂带，石油成藏的关键时刻有差异，前两者为三叠纪，后者为白垩纪。车排子、小拐、红山嘴等油田可能有部分该系统的贡献。

（2）乌伦古含油气系统：为垂向长距离运聚型含油气系统。受母质类型差异的影响，石油成藏的关键时刻为早白垩世末期；天然气成藏的关键时刻推测在新近纪末期。油气藏可能以断背斜、断层—岩性圈闭为主。

（3）陆梁含油气系统：为中等充注、垂向长距离运聚型含油气系统。石油成藏的关键时刻为早白垩世初期，天然气成藏的关键时刻为早白垩世末期。油气藏可能以断层—岩性、地层—岩性圈闭及断背斜为主。目前已发现的石西油田、SD10 油田、MS1 气藏可能与该系统有关。陆梁油田（J/K_1）、石南油田（J）[包括 SN21 油气藏（J）与 SN31 油气藏（K_1）] 也可能为该系统的贡献，但需要进一步探索。

（4）大井含油气系统：为垂向运聚型含油气系统。石油成藏的关键时刻为早白垩世初期，天然气成藏的关键时刻推测在古近纪末期。油气藏可能以断背斜、断层—岩性为主。

（5）四棵树含油气系统：为垂向长距离运聚型含油气系统。石油成藏的关键时刻为早白垩世末期，天然气成藏的关键时刻推测在新近纪末期。由于构造形成较晚，与断层相关的褶皱背斜气藏将占主导。

（6）乌鲁木齐含油气系统：为强充注、侧向与垂向联合运聚型含油气系统。石油成藏的关键时刻为早白垩世，天然气成藏的关键时刻推测在新近纪末期。油气藏可能以断背斜和断层—岩性圈闭等为主，构造样式主要为与断层相关的褶皱背斜。

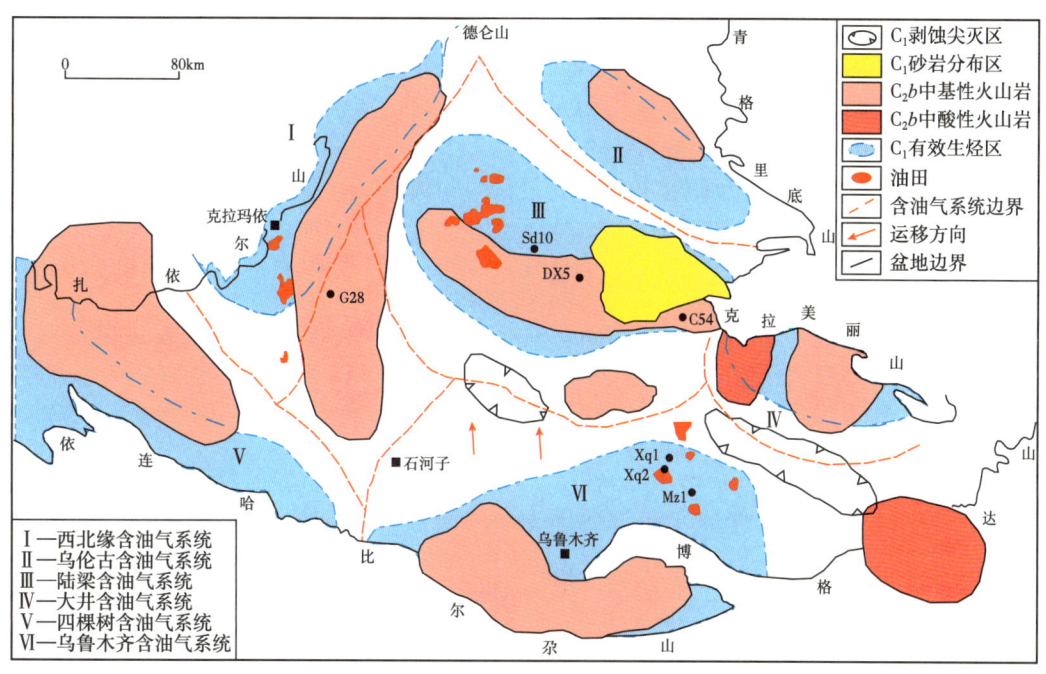

图 7-6　准噶尔盆地 C_1d 含油气系统平面图

3. 准噶尔盆地石炭系烃源岩生烃潜力与油气勘探前景

石炭系分布范围和烃源岩分布已经超出了现今准噶尔盆地的盆地边界，因此，塔城、布尔津等中小盆地都有望找到石炭系烃源岩生成的油气藏，本文预测，准噶尔盆地东部五彩湾地区、西北缘逆掩推覆体、腹部深层和乌伦古地区均存在大规模的石炭系沉积和烃源岩的发育，有望找到潜在的规模油气藏。

（1）准东—五彩湾地区丰富的资料已证实，无论是下石炭统还是上石炭统巴塔玛依内山组都达到了工业性烃源岩标准，特别是近年来准东—五彩湾地区的天然气勘探成果更显示出这一地区广阔的油气勘探前景。如前所述，准东地区是准噶尔盆地形成前陆盆地最早的地区之一，也是弧陆碰撞较早的地区之一，因此在石炭纪继承性发育了多套烃源岩，而且厚度较大，石炭系的油气勘探潜力很大。笔者认为，现今的隆凹相间格局是后期火山活动和构造挤压的结果，对石炭系烃源岩的影响不大，不会造成根本性破坏，相反形成了很多火成岩相关的圈闭和构造沉积披覆型圈闭，更有利于油气的成藏。

（2）西北缘地区钻井资料证实石炭系的生油条件良好，特别是包谷图组的烃源岩最为落实。但是由于这一地区石炭系埋藏很深，钻遇烃源岩的探井很少，以往并未受到足够的重视。准噶尔盆地西北缘为一石炭纪巨型海湾，延续时间很长，非常有利于烃源岩的发育。因此，西北缘地区石炭系的生烃潜力亟须重新评估。

（3）准噶尔盆地腹部地区盆地腹部石炭系埋藏深度加大，因此长期以来以莫索湾凸起为代表的石炭系深大构造未进行大规模的勘探。石炭纪准噶尔地块周缘山系开始隆升，腹部已经逐渐构成了巨大的内陆海盆，特别是准噶尔地块逐步拼合成一个近于完整的整体，意味着北天山洋盆俨然在准噶尔地块腹部形成了弧后伸展甚至类似于被动陆缘的地质环境，有利于烃源岩的大面积形成。从近期 MS1 井钻探结果来看，石炭系发现 3 层 57m 气层，油源分析表明来自石炭系烃源岩，这从一个侧面进一步证实了盆地腹部石炭系具有一定的生烃潜力。

（4）乌伦古地区乌伦古坳陷在石炭纪有较长时间的稳定海盆发育，具备持续沉降和沉积的特征，应有利于烃源岩的发育。近年来在乌伦古北部的扎河坝地区发现石炭系野外露头油苗的存在，表明这一地区石炭系已具备生烃条件，是潜在的重要勘探领域，值得进一步探索和研究。

三、三塘湖盆地马朗凹陷火山岩油气资源潜力

1. 马朗凹陷石炭系烃源岩地化特征

马朗凹陷位于三塘湖盆地中央坳陷带的中东部。下石炭统尚没有钻井揭示，根据露头资料，岩性以海相碎屑岩为主，是一套潜在的烃源岩；上石炭统是一套以陆相为主的火山岩建造，厚度达 3000m 以上，岩性以玄武岩、安山岩为主，夹有较薄的暗色碎屑岩，其中发育于哈尔加乌组上部的暗色泥岩、碳质泥岩是已发现油藏油源的主要提供者，而火山岩含油气储层主要分布在上石炭统卡拉岗组和哈尔加乌组。哈尔加乌组（C_2h）：岩性主要为灰黑色、灰色凝灰质砂泥岩、砾岩夹薄层泥灰岩及紫红色砂质泥岩。泥岩主要分布在凹陷东北部，厚度可达 150m，凹陷西北部无分布。卡拉岗组（C_2k）：岩性上部为紫色凝灰质砂岩、灰绿色安山玢岩，灰色、紫色凝灰岩，下部为紫色、灰色、灰白色纳长斑岩。泥岩沉积十分有限，在 M33 井和 M39 井附近局部分布厚度在 100m 左右。

哈尔加乌组和卡拉岗组的 TOC 多在 4% 以上，有机质类型相对较好，主要以 II_1 型干酪根为主，含少量 I 型和 II_2 型。卡拉岗组泥岩 R_o 值分布区间为 0.66%~0.79%，平均值为

0.75%，哈尔加乌组泥岩 R_o 值介于 0.67%~0.84%，平均值为 0.77%，R_o 多处于 0.5%~1.3% 之间，属于有机质的成熟阶段，主要生成液态烃，以生油为主（图 7-7）。

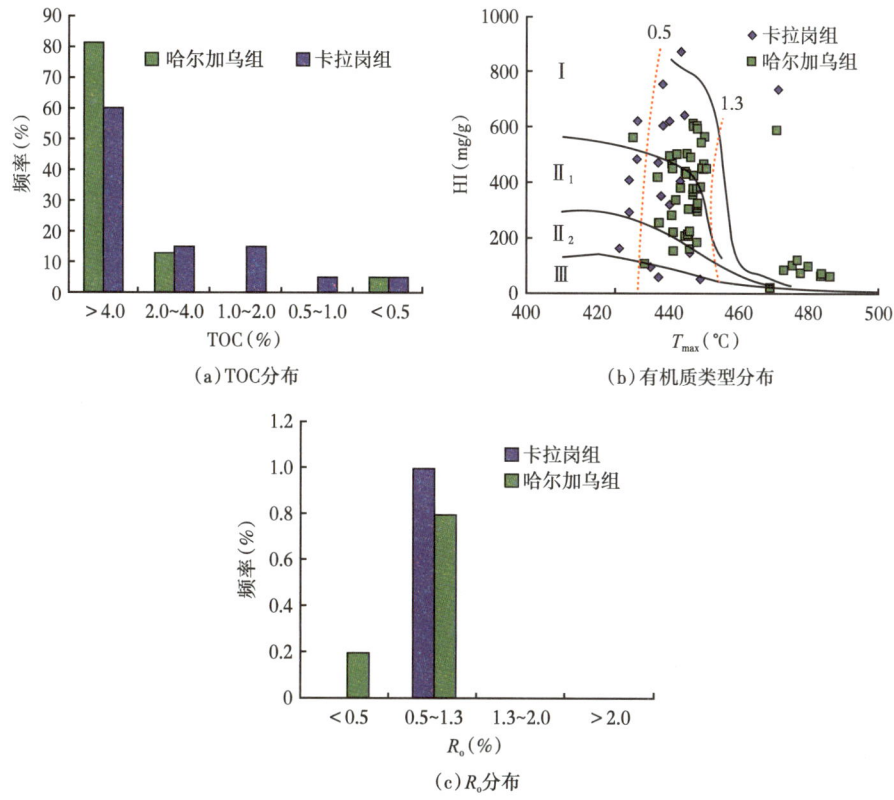

图 7-7　马朗凹陷石炭系哈尔加乌组和卡拉岗组烃源岩有机质丰度、类型、成熟度分布图

2. 马朗凹陷石炭系烃源岩演化特征

以往研究表明，三塘湖盆地石炭—二叠纪火山岩油气藏可以分为三个运移成藏期：第一期发生在二叠纪末期—三叠纪早期的海西印支期（259—230Ma）；第二期发生在侏罗纪末期的燕山期（160—134Ma）；第三期发生在白垩纪晚期—第四纪的喜马拉雅期（72—0Ma）。本次研究表明马朗凹陷石炭系烃源岩卡拉岗组、哈尔加乌组的主要成烃期为 260—230Ma，170—127Ma，80—0Ma（图 7-8）。马朗凹陷的石炭系烃源岩随着盆地构造演化发展，二叠纪末发生早期的油气运聚成藏，油气沿断裂向上运移，与二叠系芦草沟组烃源岩生成的烃类混合。

3. 马朗凹陷石炭系烃源岩生油量计算

马朗凹陷在石炭系受火山作用影响，地温梯度普遍较高，依照马朗凹陷热史恢复，在二叠纪存在较高的地温梯度，可达 5℃/100m，促进烃源岩的快速成熟。主力烃源岩哈尔加乌组在早燕山期，热演化进入主生油期，生油强度可达 $400×10^4 t/km^2$（图 7-9）；在生烃高峰期，生烃中心排油量较高。

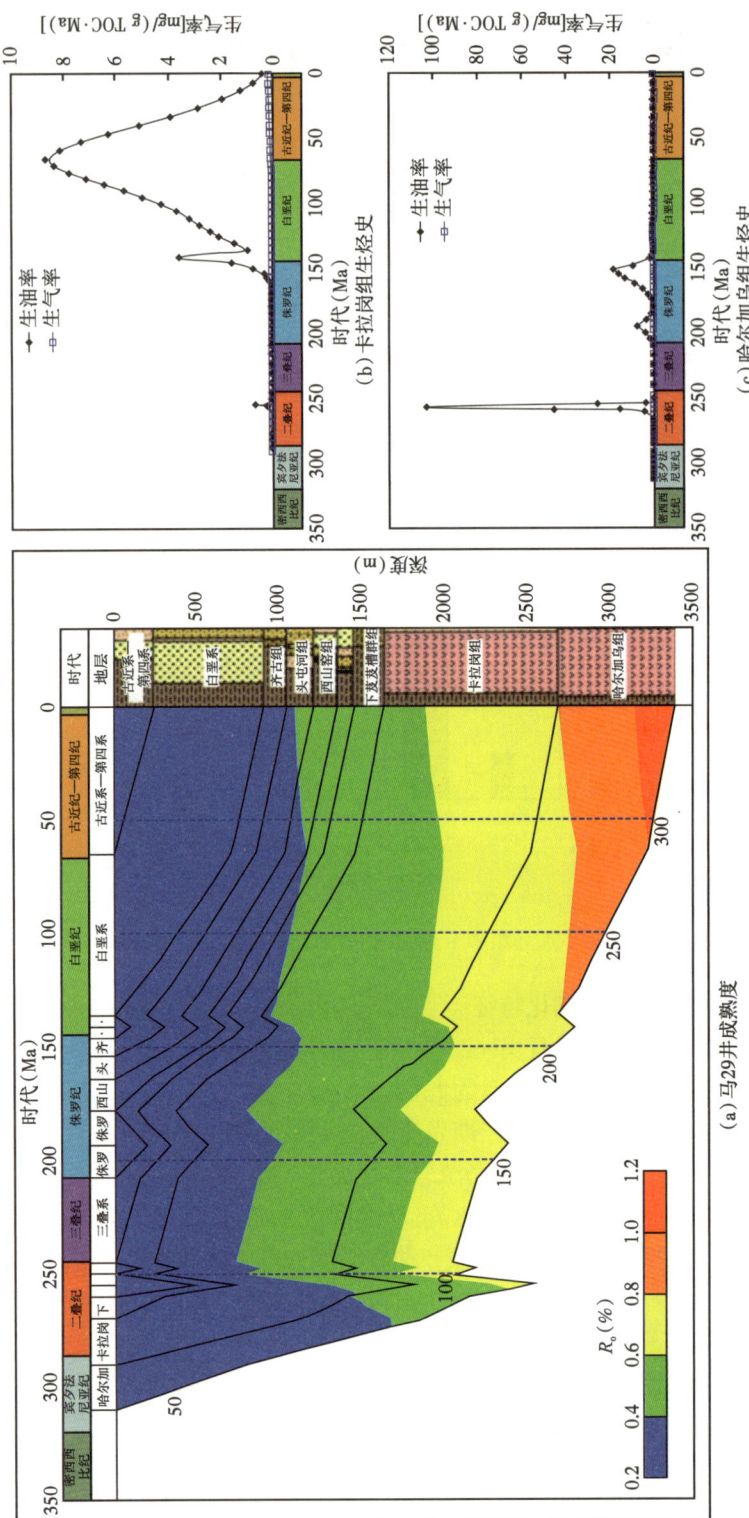

图 7-8 马朗凹陷M29井石炭系烃源岩生烃史

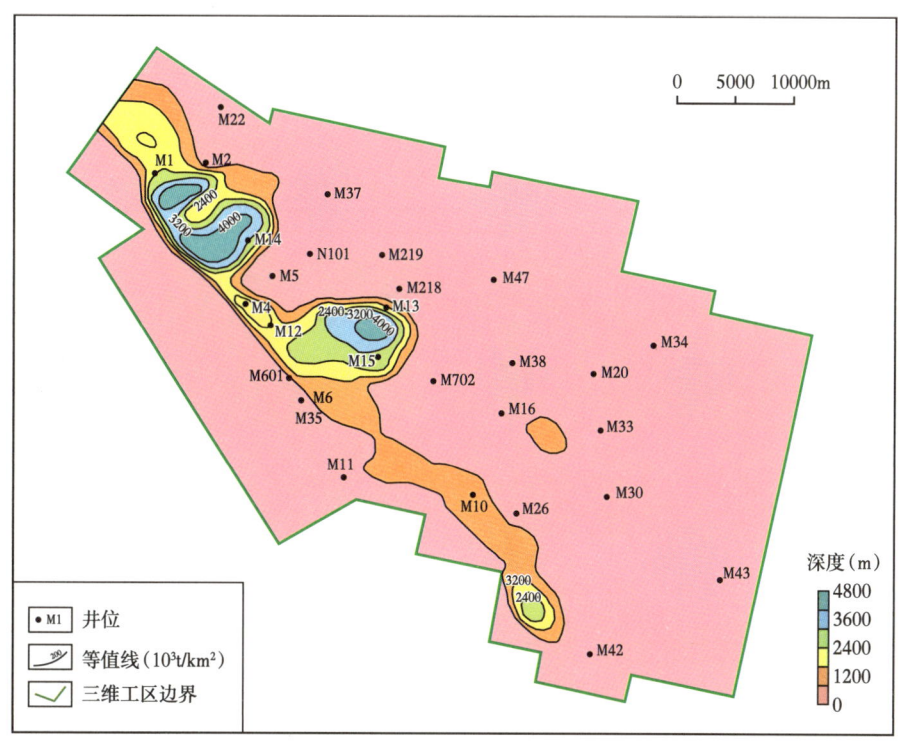

图 7-9 马朗凹陷石炭系哈尔加乌组烃源岩生油强度图

根据马朗凹陷热史恢复,参照马朗凹陷烃源岩热史演化,在凹陷二维模拟基础上,应用生烃动力学方法计算马朗凹陷石炭系烃源岩的生油量;其中巴塔玛依内山组生油量 $5.47×10^8t$,哈尔加乌组生油量 $8.27×10^8t$,卡拉岗组生油量 $0.71×10^8t$;石炭系总生油量为 $14.44×10^8t$,总生气量 $3.2×10^{12}m^3$,计算石炭系石油资源量 $2.58×10^8t$、天然气资源量 $1100×10^8m^3$;与 2003 年中国石油第三次油气资源评价计算结果 $4500×10^4t$ 相比,提高了近 5.7 倍,天然气资源较少。

四、火山岩致密油气藏巨大的勘探潜力

1. 火山机构的组成

火山机构由侵出相、溢流相、爆发相、火山通道相和火山沉积相组成(图 7-10),其中侵出相所占的体积比例最少,仅为 0.3%,火山通道相占 2.2%,火山沉积相占 5.4%,爆发相占 39.6%,溢流相占 52.2%。火山岩油气勘探的"甜点"为火山机构顶部,也就是火山口、近火山口的部位,该部位的优质储层仅占火山机构体积的 14% 左右,随着火山岩油气藏勘探事业的不断推进,"甜点"越来越少。而溢流相和火山碎屑岩相,二者占到了火山机构总体积的 86%。通过深入研究,占火山岩体积主体的溢流相和爆发相也能够成为有效储层,其关键在于成岩作用和成岩后作用可增加溢流相和爆发相储集空间,改善储层物性,形成大规模致密油气藏。

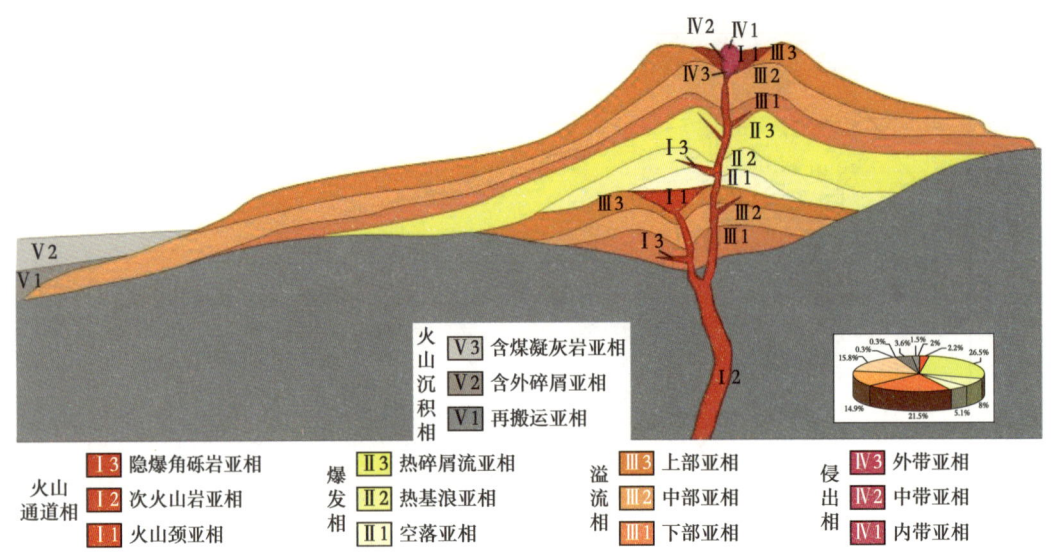

图 7-10 酸性复合火山机构—岩相模型剖面图

2. 成岩改造可增加储集空间、形成有效储层

冷凝收缩、脱玻化、溶蚀、交代等成岩作用可增加溢流相火山岩有效储集空间，改善孔隙连通性，形成有效储层。

1）冷凝收缩作用改造储集空间

主要包括球粒间缝、层间缝、球粒内部微裂缝、空腔孔和柱状节理等。野外和镜下系统测量表明，球粒流纹岩的层间缝开启宽度在 0.1~1mm 之间，线密度为 8~10 条/cm，球粒间缝和层间缝叠加在一起，使得平均有效面孔率较未经过成岩改造作用的火山岩增加了 0.2%~3.9%。

2）脱玻化作用改造储集空间

通过对松辽盆地北部经历了脱玻化重结晶作用的火山岩储层进行统计，由胶状二氧化硅转化为石英后可使储层孔隙增加 13.2%，流纹质火山岩玻璃脱玻化和重结晶形成碱性长石可使储层增加 8.88% 的有效存储空间。

3）溶蚀作用改造储集空间

英台断陷营城组火山岩中主要见有斜长石和碱性长石表面蚀变形成片状伊利石、珍珠岩基质蚀变形成蜂窝状伊利石，导致溶蚀区域的微孔隙面积比未溶蚀区增加了 9.9%，主要孔径分布在 0.77~1.22μm。

4）交代作用改造储集空间

交代作用会形成交代孔，一般指方解石交代碎屑颗粒和部分基质产生的孔，交代孔能够增加储层的面孔率（1.3%~6.5%），从而改善储层的储集性能。

以我国西部准噶尔盆地石炭系巴塔玛依内山组的火山岩为例，原生储集空间的孔隙度在 3%~7% 之间，渗透率普遍小于 0.05mD，经过成岩作用和后成岩作用改造之后的次生储集空间，孔隙度在 8%~15%，渗透率在 0.1~15mD 之间。

3. 风化淋滤作用可增加储集空间、形成有效储层

风化淋滤作用可使岩石经受热胀冷缩、风化淋滤，从而形成风化裂缝，以及粒间、粒内的大量溶孔、溶缝。致密的中基性火山岩在漫长的地质历史时间遭风化溶蚀改造后形成好的储层，而经受风化改造的时间越长，就越有利于风化壳储层的发育。

1）增加有效储层的厚度

准噶尔盆地石炭系火山岩岩心测试数据揭示，岩心火山岩较碎屑沉积岩风化速率快，在风化壳可形成深度大、面积广的有效储层。钻井岩心物性测试，大量数据统计分析发现，火山岩储层物性在距离风化壳顶面 450m 附近存在明显拐点，风化带物性明显好于基岩带。上述数据分析结果将火山岩有效储层厚度由 50m 增至 450m（图 7-11）。

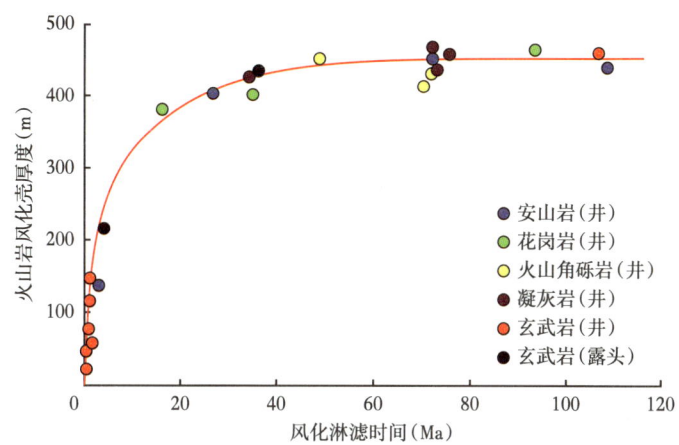

图 7-11　风化淋滤时间与火山岩风化壳厚度关系图

而且火山多期次喷发，各期喷发界面顶部可发育风化淋滤作用形成的有效孔隙，纵向可形成多层有效储层。

2）改善储层的物性

火山岩经过风化淋滤作用改造后，储集性能大大提高（图 7-12）（原始物性：孔隙度 2.2%~8.6%，改造后：孔隙度 6.8%~16.8%）；储集空间以次生溶孔、裂缝和复合孔缝为主（气孔 21.8%，粒间孔 11.8%，次生溶孔 32.8%，裂缝 31.1%，其他 2.5%）。

原生火山岩孔喉呈单峰分布，半径主要分布在 0.01~0.16μm 之间，而火山岩风化后孔喉半径呈双峰分布，主要分布在 0.01~0.63μm、2.6~40.18μm 两个区间内（图 7-13），原生型火山岩有效渗流空间比例为 30%，而火山岩风化壳有效渗流空间比例达到了 79%。

4. 野外、钻井取样实验分析结果

1）野外、钻井取样实验分析结果证实溢流相和爆发相火山岩可形成致密储层

大量野外观测、钻井取心和实验分析揭示，广泛分布的溢流相和爆发相火山岩，孔隙广泛发育、非均质性强、厘米—微米—纳米级孔隙均有发育，孔隙度多在 3%~12% 致密储层范围内（图 7-14），可形成大面积致密有效储层。

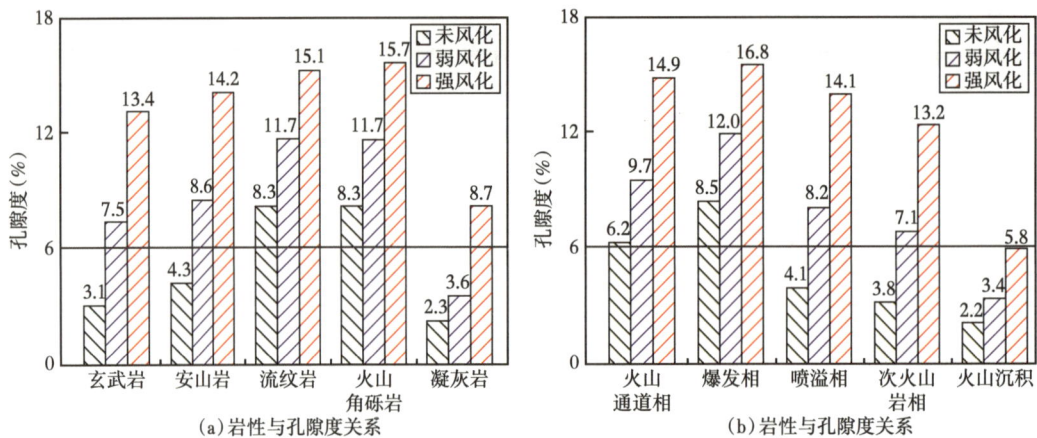

图 7-12 不同风化程度岩性、岩相火山岩与孔隙度关系图

据 1637 块孔隙度分析统计结果

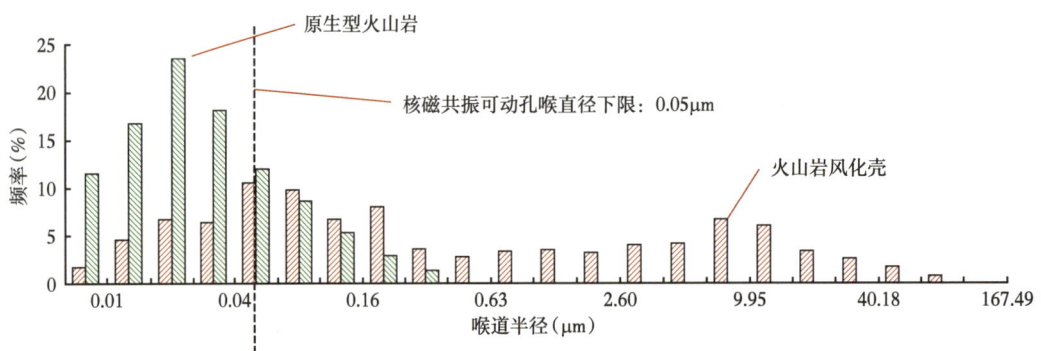

图 7-13 火山岩储层孔喉发育半径分布图

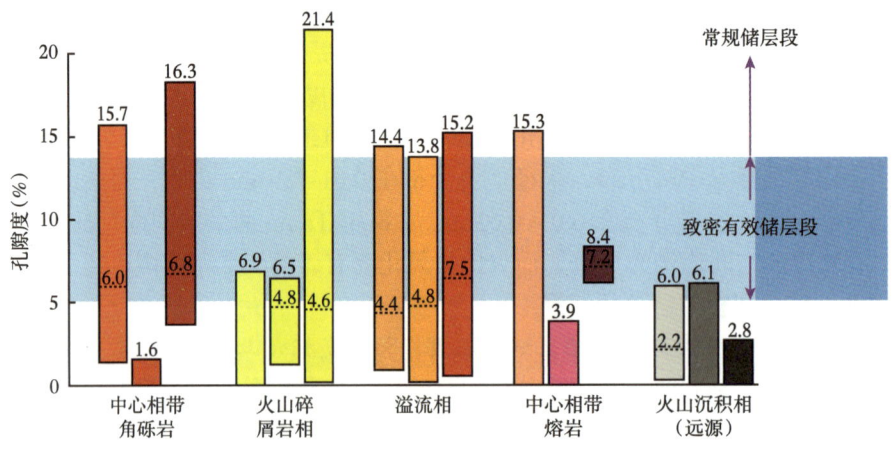

图 7-14 松辽盆地火山岩岩相与孔隙度关系图

火山岩 166 岩心段、3632 岩相段、5 万余米火山岩井段

2）井证实溢流相和爆发相火山岩储层获工业气流

松辽盆地安达地区多口探井（图7-15）获工业气流，储层为溢流相、爆发相火山岩，如 DScp302 井日产气 $5.5×10^4m^3$（溢流相）；SScp102 井，日产气 $7.4×10^4m^3$（溢流相）；WS201 井，日产气 $22.3×10^4m^3$（爆发相）；SHS202 井，日产气 $23.8×10^4m^3$（爆发相）。

综上所述，火山岩形成大面积分布的致密有效储层（爆发相、溢流相），具备非常规致密油气形成条件，火山岩致密油气藏具有巨大的勘探潜力。

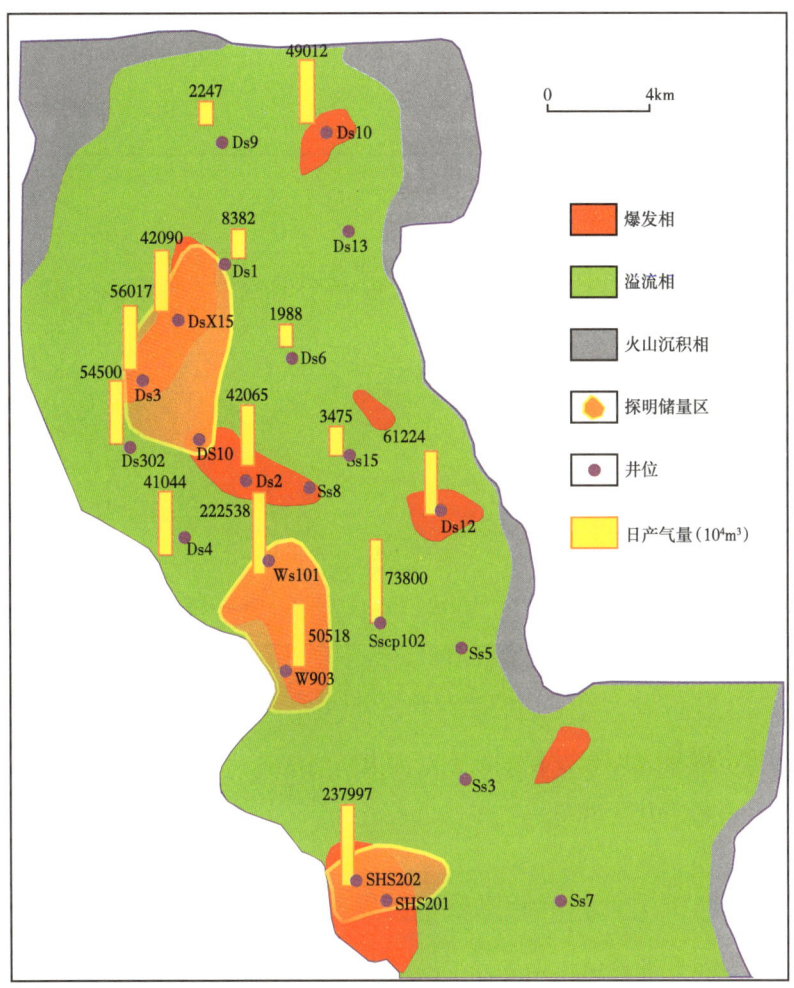

图7-15 松辽盆地安达地区营三段火山岩岩相分布图

第二节 火山岩油气勘探的重要远景区——环蒙古弧形沉降带

一、蒙古弧沉降带

蒙古弧构造带为从乌拉尔缝合带向东包括哈萨克斯坦板块的主体、蒙古中央造山带、东北亚兴蒙造山带,一直延伸到鄂霍次克海、西太平洋,华北—塔里木板块以北,西伯利亚板块以南的广大区域形成的一个巨型弧形构造带,在全球地质图和构造图中较为醒目。该区带是古生代古亚洲洋关闭后地球上最大的增生体,在进入二叠纪—中生代的陆内演化阶段,沿早期的板块缝合带裂谷发育,形成了众多的裂谷盆地,后期演化成断陷—坳陷盆地,尤其是在弧形构造带的外侧沿着塔里木—华北板块边缘以沉降为主(本文称之为蒙古弧形沉降带)(图7-16),西部发育晚古生代古亚洲洋构造域弧后裂谷盆地群,东部发育中新生代环太平洋构造域陆内裂谷群,两大裂谷群中的10大盆地(松辽、准噶尔、渤海湾、三塘湖、海拉尔、二连、依舒、三江、银额、酒泉)是有利勘探目标。

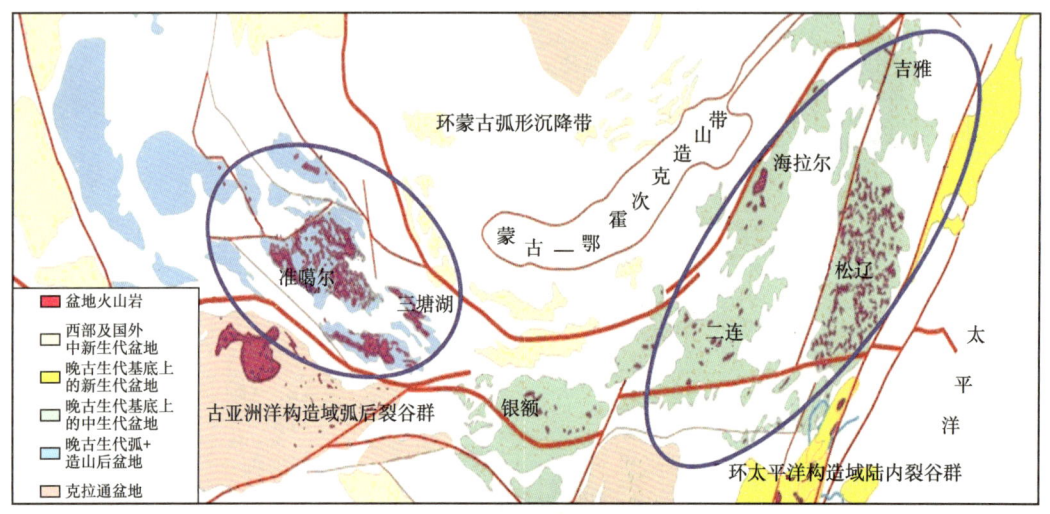

图7-16 蒙古弧形沉降带分布范围

环蒙古弧形沉降带火山岩发育(图7-17和图7-18),与海相烃源岩时空匹配良好。目前西部准噶尔、三塘湖和东部松辽盆地发现了较大规模火山岩油气藏,可见具有广阔的勘探前景。

二、松辽盆地火山岩油气藏勘探远景区

松辽盆地目前是东北盆地火山岩油气勘探最重要的盆地。并且松辽盆地火山岩油气藏分布明显受断陷期烃源岩的控制,因此在进行火山岩油气预测之前需要进行松辽盆地断陷期地层的统层,确定烃源岩的分布,进行松辽盆地南北部分统一编图,最后将火山岩分布与烃源岩的分布进行叠合,划分出松辽盆地火山岩勘探远景图。

在构造—成盆—火山—成藏理论指导下,详细划分了松辽盆地深层地层格架(图7-19),编制了深层断陷地层厚度分布图(图7-20)、烃源岩分布图(图7-21)、火山岩分布图(图7-22)。

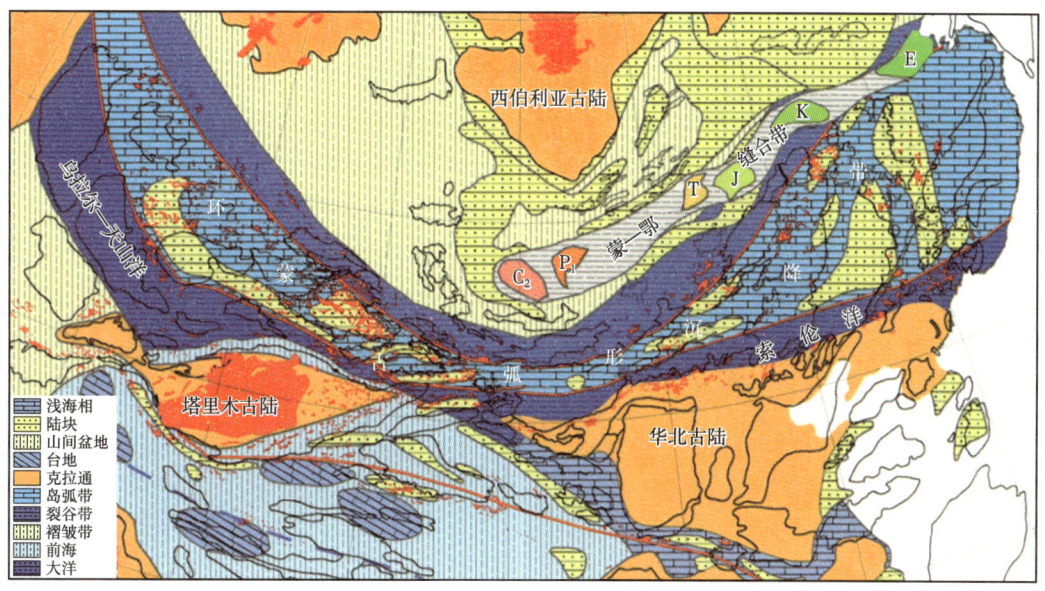

图 7-17 晚古生代（C_2—P_1）岩相古地理与火山岩分布叠合图

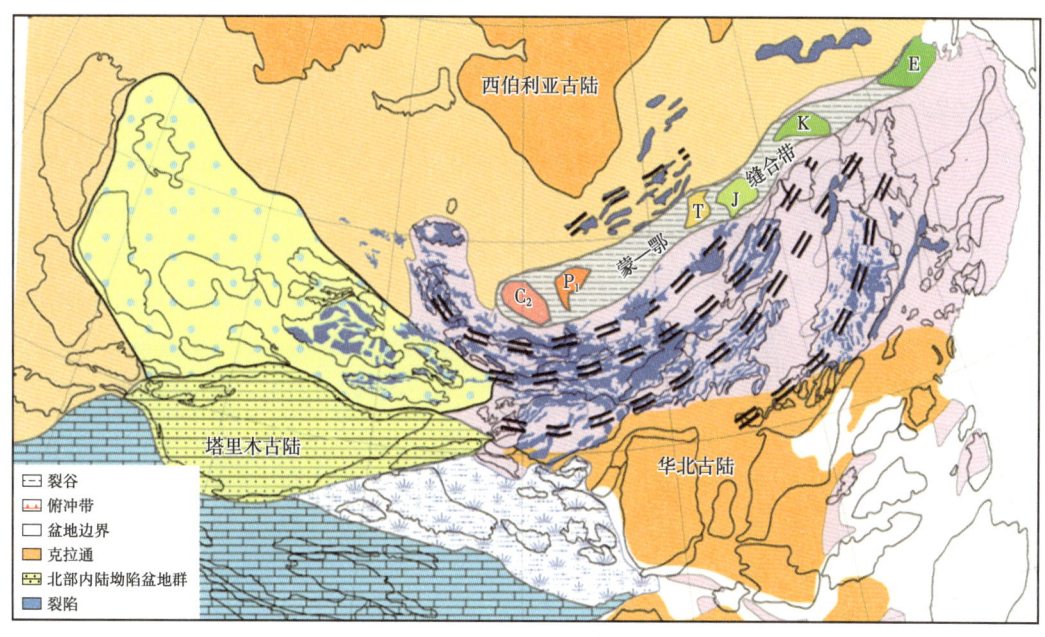

图 7-18 晚中生代（K_1）岩相古地理与火山岩分布叠合图

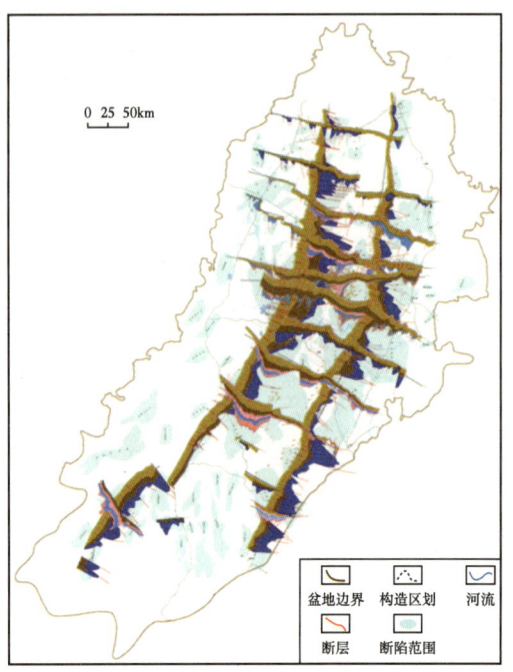

图 7-19 松辽盆地深层地层格架剖面图
（据冉清昌和李瑞磊，2010）

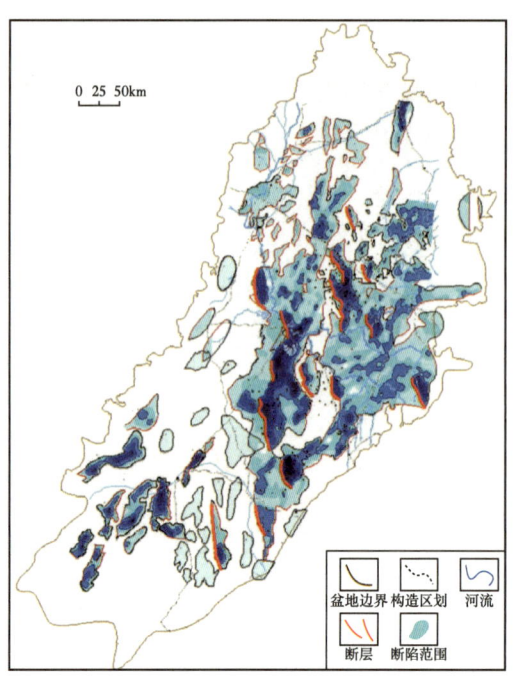

图 7-20 松辽盆地深层断陷地层厚度图
（据冉清昌和李瑞磊，2010）

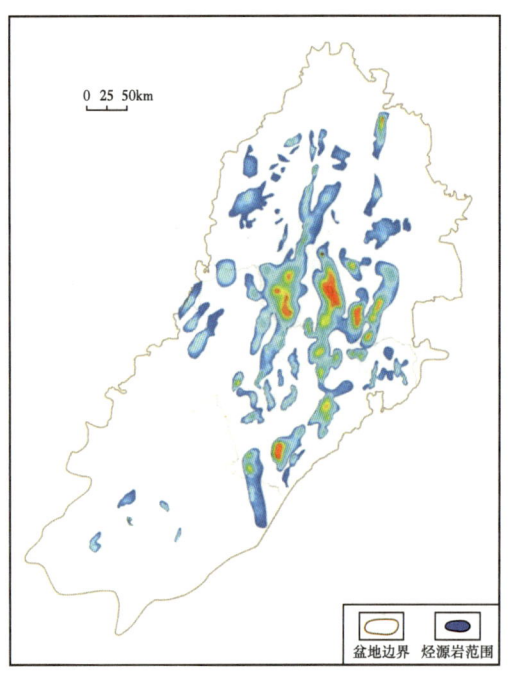

图 7-21 松辽盆地深层烃源岩分布图
（据冉清昌，2013）

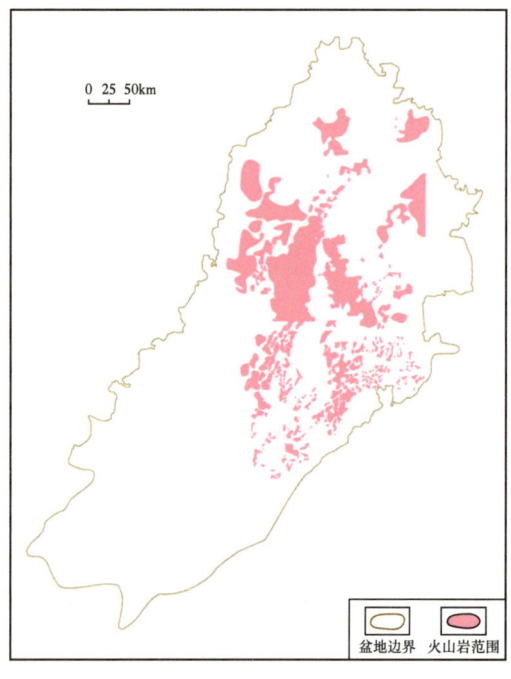

图 7-22 松辽盆地深层火山岩分布图
（据冉清昌，2013）

此外，根据松辽盆地各断陷规模统计结果，断陷期地层厚度大于2000m的断陷有20个，面积大于2000km²的14个，面积大于2000km²且厚度大于2000m的断陷有9个，规模较大的断陷主要分布于中部断陷带和东部断陷带。结合各断陷生储盖组合分析，优选出松辽盆地有利区带4个（图7-23），面积22000km²，探明储量657×10⁸m³，控制储量948.52×10⁸m³，预测储量1974.04×10⁸m³。三级储量3579.56×10⁸m³。

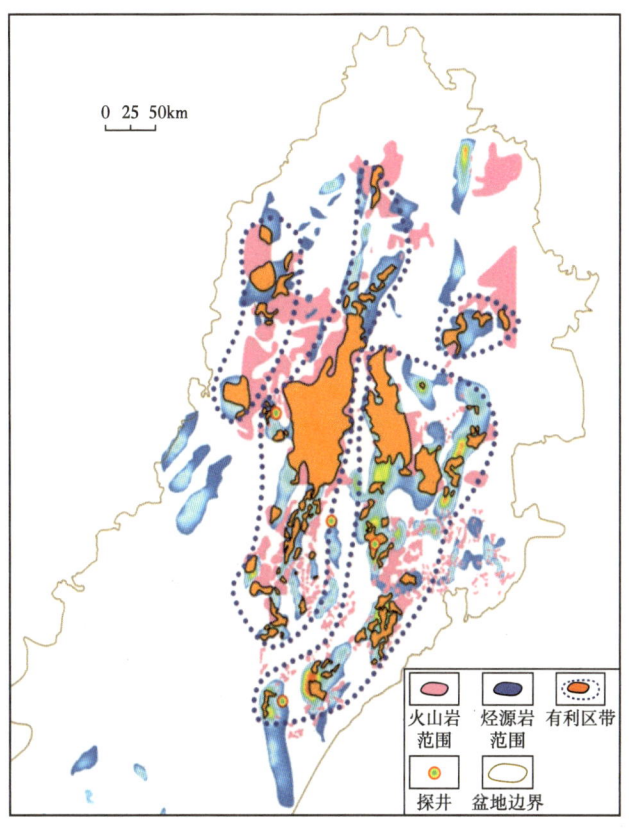

图7-23 松辽盆地火山岩有利区带预测图（据冉清昌，2013）

（1）松辽盆地北部：松辽盆地北部深层天然气勘探层位为早白垩系泉头组一段、二段、登娄库组、营城组、沙河子组、火石岭组及盆地基底。主要勘探领域为徐家围子断陷、双城断陷、古龙断陷和林甸断陷，以及外围小断陷。其中，徐家围子断陷勘探程度相对较高，已形成2800×10⁸m³天然气规模储量区。

（2）松辽盆地南部：2005年风险探井CS1井营城组火山岩获得重大发现，探明天然气储量706×10⁸m³，长岭气田储量1242×10⁸m³，形成第一个千亿立方米规模储量区。2008年风险探井LOS1井在英台断陷发现厚层优质烃源岩，并见良好显示；2009年龙深101井于营城组火山岩获得20×10⁴m³/d高产气流，LOS3井发现营二段火山岩碎屑岩气藏，获得5.3×10⁴m³/d工业气流。2010年王府断陷CHE9井与CHES201井获得新发现，2011—2012年孤店、德惠、双辽断陷相继获得新突破，S9井火石岭组凝灰岩段3300~3306m获2.2×10⁴m³/d工业气流，新发现多个火山岩层序,储量规模达千亿立方米,松辽盆地深层勘探领域不断拓展。

三、准噶尔盆地火山岩油气藏勘探远景区

准噶尔盆地西北缘上盘石炭系断裂带主断裂间隔2~5km,多期构造运动使火山岩裂缝成网状,受断裂、裂缝和风化壳控制有利储层整带分布,具有满带含油特征。工业油流井分布区受有效储层控制,由于火山岩风化壳的强非均质性,并非每口井均能形成工业油气流,导致在探明区之外多口工业油流井的控制因素不清楚,经复查在已探明油区之外现存54口井剩余出油井点,剩余出油井点均位于断裂带附近。

依据理论研究提出的断裂控制火山岩风化壳有利储层分布规律(图7-24),在该区得到证实,已发现的高产工业油流井均分布于断裂带附近,预测断裂发育区附近的剩余出油井点控制、发育有利勘探区。根据前人提出的西北缘上盘石炭系油藏与三叠系油藏同属一个含油系统,稀油分布区受三叠系白碱滩组盖层控制,在白碱滩组盖层分布区范围之内的有利储层发育区均可成藏,白碱滩组盖层之外和附近由于保存条件较差,分布的稠油起到封堵作用,导致西北缘上盘石炭系火山岩风化壳油层呈楔状分布,据此预测西北缘上盘石炭系现有探明面积之外仍存在约200km²的有利勘探面积(图7-25),预测资源量约$1.5×10^8t$,勘探潜力较大,为该区下一步的勘探部署提供了依据。

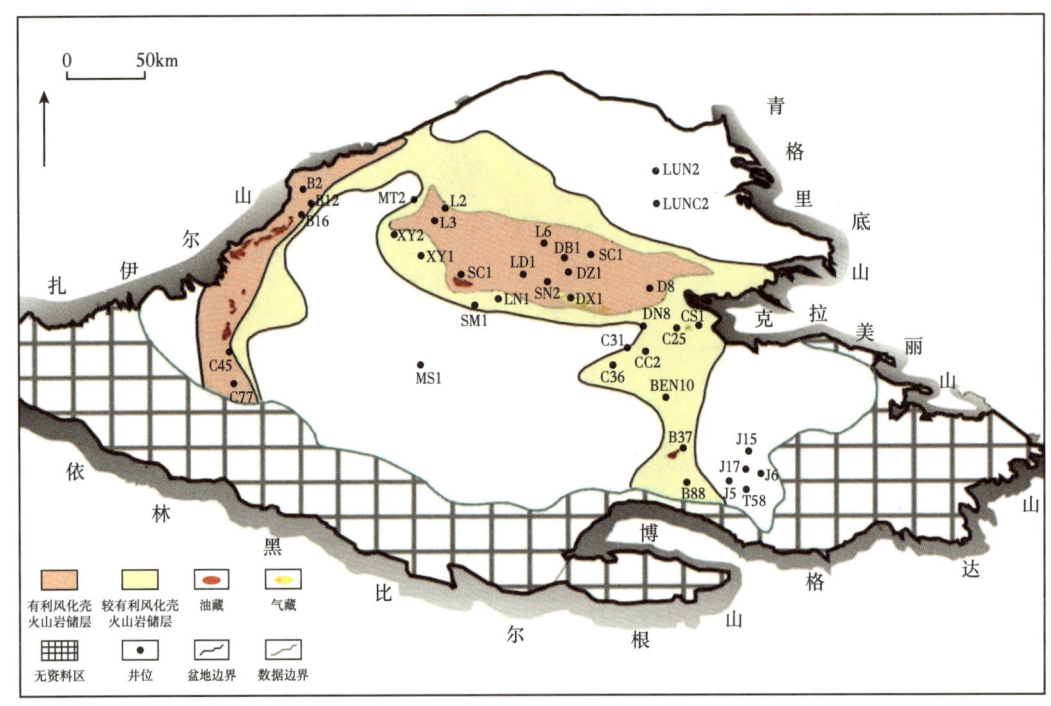

图7-24 准噶尔盆地石炭系有利储层分布图

新疆油田在该地区中拐凸起落实石炭系可靠火山岩风化壳圈闭5个,面积99km²,2012年至2013年6月,5口井获工业油气流(图7-26),预计石油储量超$7000×10^4t$。

第七章 火山岩油气藏勘探前景与中国东西部万亿立方米大气区的有利勘探方向

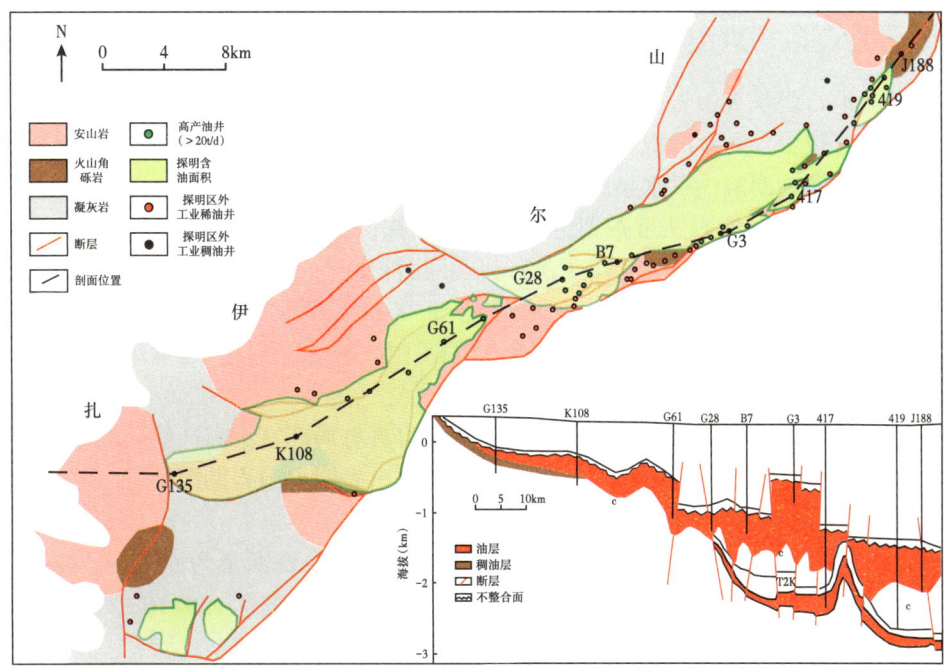

图 7-25 准噶尔盆地石炭系有利勘探面积分布图

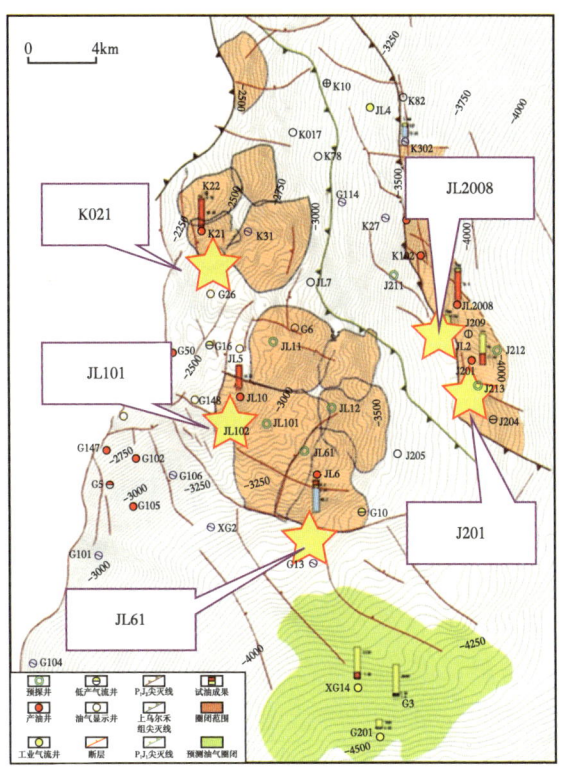

图 7-26 准噶尔盆地中拐凸起工业气井分布图

四、三塘湖盆地火山岩油气藏勘探远景区

三塘湖盆地石炭系火山岩主要发育在卡拉岗组和哈尔加乌组，均以溢流相为主，其他火山岩岩相发育较少，夹有沉积岩分布（图7-27至图7-30）。

三塘湖盆地条湖凹陷—汉水泉凹陷冲断带附近发育两套次生风化型火山岩油气藏分布区：冲断带上盘风化淋滤剥蚀带条湖组油藏有利勘探区，有利勘探面积300km²；冲断带下盘古隆起带卡拉岗组油藏有利勘探区，有利勘探面积160km²。

吐哈油田钻探条湖凹陷腹部石炭系古隆起，证实卡拉岗组、哈尔加乌组两套次生风化型火山岩油藏，其中卡拉岗组预测储量3491×10^4t（图7-31），有效扩展盆地火山岩油藏储量规模。

松辽和准噶尔盆地火山岩勘探实践表明，火山岩具有局部富集高产的常规油气藏和大面积分布的致密油藏特点。火山岩致密油气藏的提出表明火山岩勘探理念的转变带来了火山岩勘探由"点"到"面"的突破。

按照以往的火山机构认识估算，我国火山岩油气藏剩余资源量为63×10^8t，按照致密油气藏特点估算，油气资源显著增加，火山岩领域剩余资源量达129×10^8t，勘探潜力巨大，有力推进了我国东、西部2个万亿立方米大气区建设。

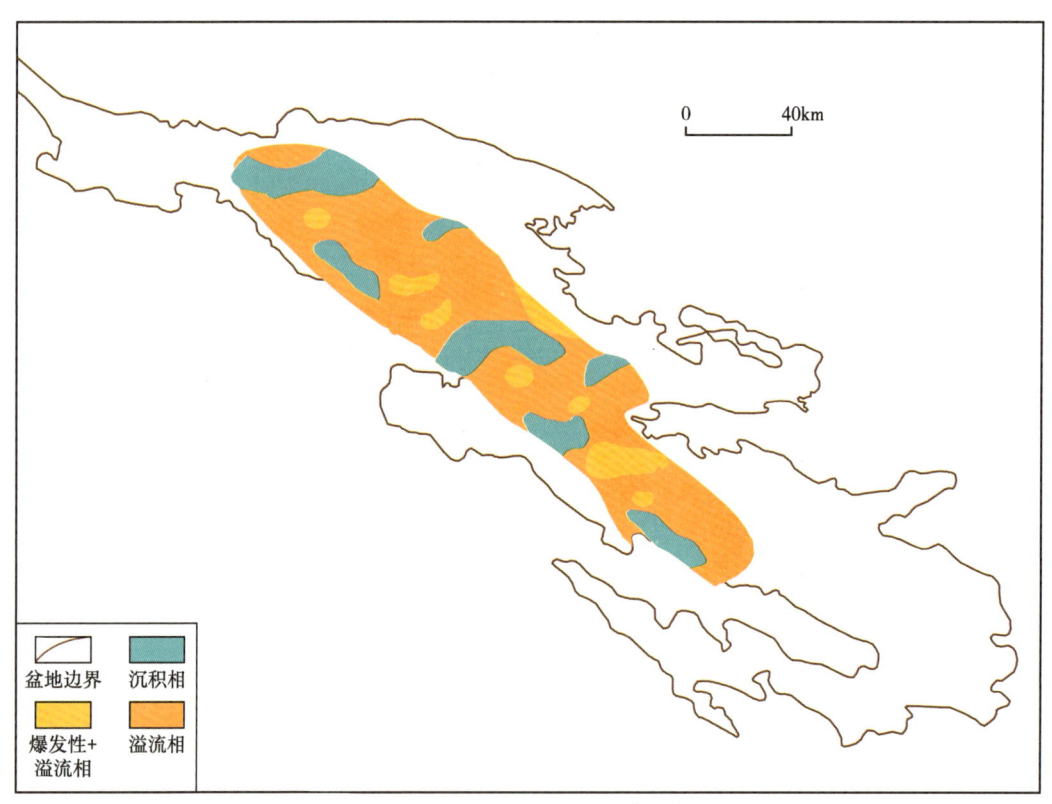

图7-27　三塘湖盆地石炭系哈尔加乌组火山岩岩相分布图

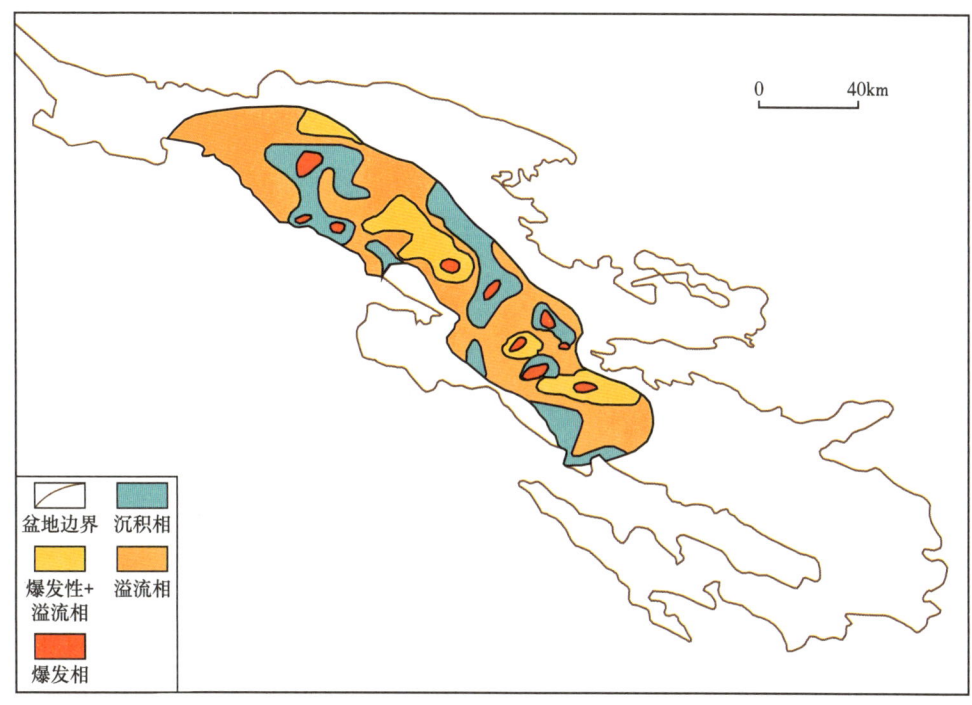

图 7-28　三塘湖盆地石炭系卡拉岗组火山岩岩相分布图

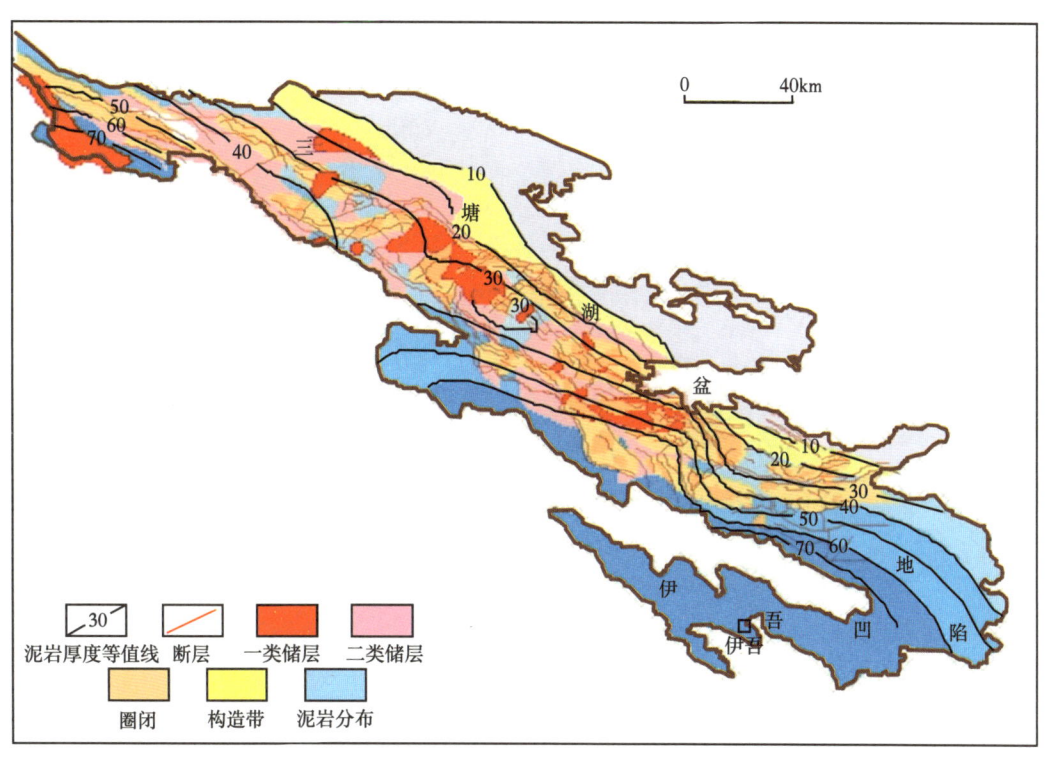

图 7-29　三塘湖盆地石炭系卡拉岗组有利火山岩储层分布图

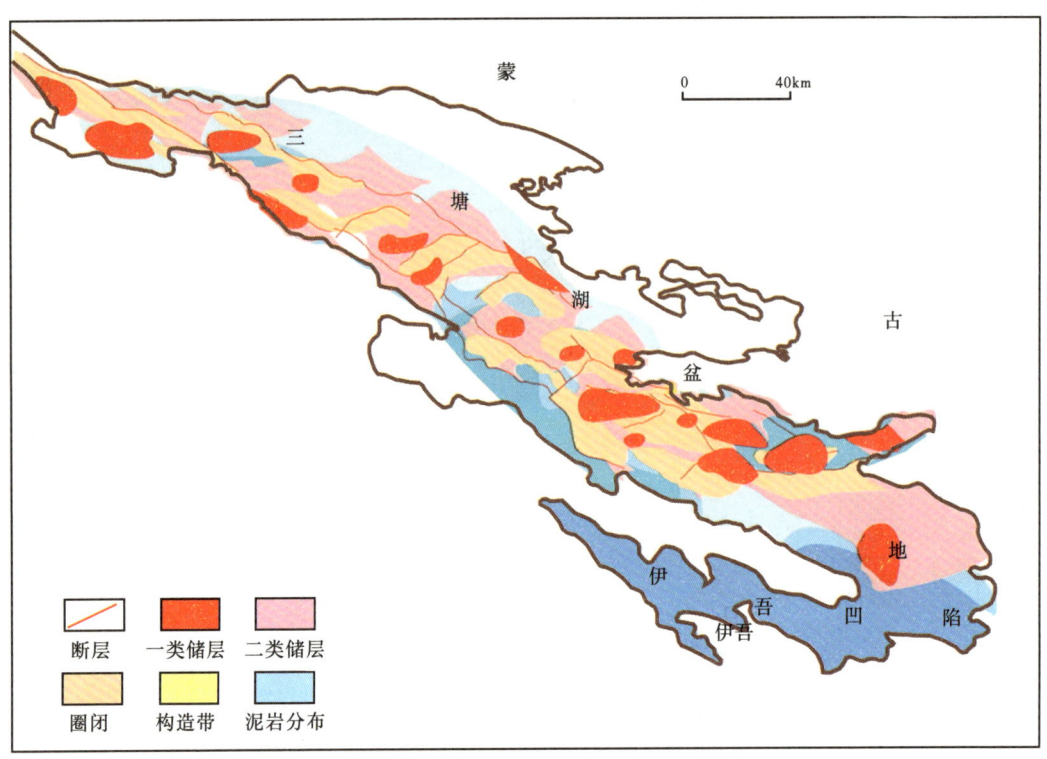

图 7-30　三塘湖盆地上石炭统哈尔加乌组有利火山岩储层分布图

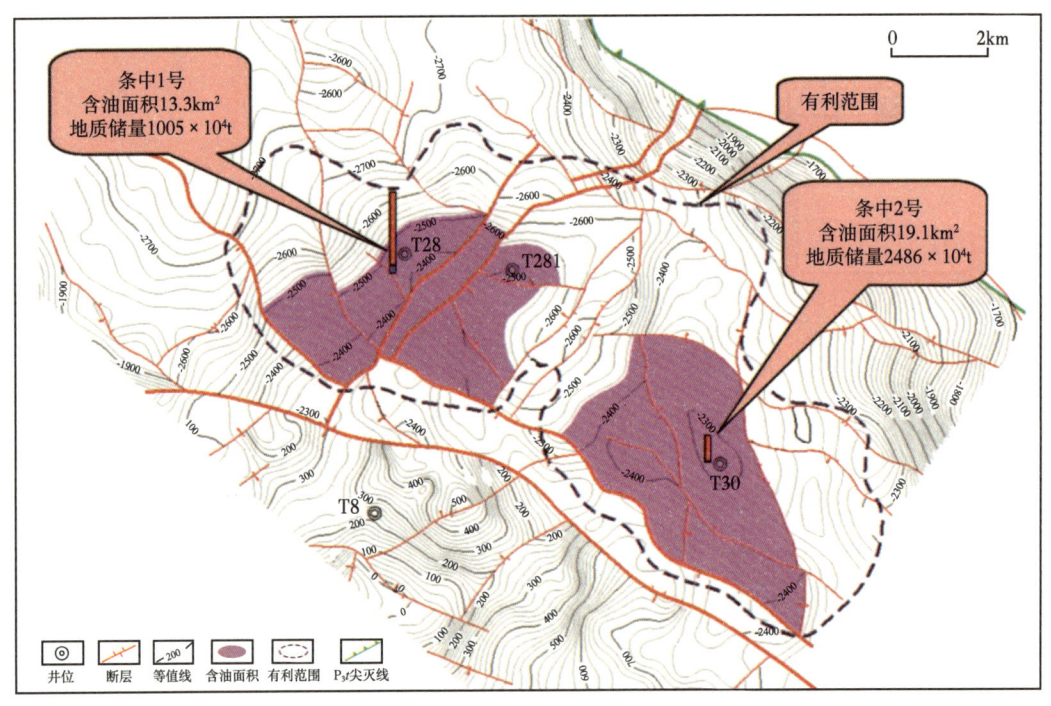

图 7-31　条湖凹陷条 28-30 区块卡拉岗组预测油藏含油面积图

第三节　十年来中国火山岩勘探实践取得的重要验证效果

2013年至2023年的10年间，在火山岩油气藏地质理论和4项配套技术的引领下，中国各含火山岩盆地的油气勘探取得重要进展。大庆油田在松辽盆地北部古龙断陷营城组火山岩取得突破，发现高孔高压二氧化碳气藏；在徐家围子断陷火石岭组取得突破，新层系首获工业油气流；在中央古隆起带基岩风化壳取得发现，首次提交规模预测储量。

一、松辽盆地北部近十年勘探实践取得的重要验证效果

1. 有效指导松辽盆地北部火山岩精细勘探开发，取得重要勘探进展

1）细分期次的隐蔽火口、溢流相火山岩，发现一批效益储量

近10年来，在单井地层划分基础上，通过井震结合，按照"纵向细分期—期内细分体—体内细分层"的对比思路，遵循"分级控制、逐级对比"的原则，分三个步骤，逐级开展火山喷发期次、火山岩体、火山喷发韵律的划分与对比，在此基础上，开展精细解释，落实各级地层展布特征。

（1）纵向细分期技术。

井震结合，寻找区域可对比的地层界面，纵向细分期次，落实区域地层分布特征。以安达—宋站为例，在安达—宋站地区叠前深度偏移工区16条井震对比格架剖面基础上，完成了安达—宋站地区各期次界面的解释工作，编制了各期次构造图、厚度图，总体来看，安达—宋站地区营城组各期次火山岩顶面构造具有一定的继承性，整体上继承了断陷期地层的构造特征，断陷边部高、中心低，局部构造受火山喷发的控制。各期次厚度均表现为断陷边部薄、中部厚的特点，各期次火山岩厚度高值区具有沿断裂呈带状展布特征。

（2）期内细分体技术。

同一期次内部虽然岩性一致，但横向上，内部不同岩体相互叠置，不同岩体的储层、气藏互不连通，因此，有必要在纵向喷发期次的约束下，在期次内部横向上进一步细化火山岩体。

火山喷发规律结合研究区勘探实践，根据地层充填方式的差异，可以将岩体分为两种类型：一类是有明显的火山通道，火山机构特征明显，外部丘形，内部杂乱，地震剖面上主要表现为火口、近火口区的典型特征，地层充填方式表现为造丘的特点，称为造丘类岩体。造丘类岩体的典型地质特点是：岩性复杂，但主要以火山岩为主，下伏沙河子组可见通道特征，岩体丘状特征明显，彼此交叉叠置，地震反射特征差异大，岩体之间叠置关系较明显。针对这类岩体，主要是采取地震属性识别火口，结合层拉平方法圈定火山岩体的地震层序解释方法。第二类岩体类型无明显的火山机构特征，找不到典型的火口特征，也无法归属于其周围的火口，地震剖面上主要表现为近火口区、远火口区的地质特点，地层充填方式表现为披盖的特点，称为披盖类岩体，其主要地质特点是：岩性更加复杂，含沉火山岩及沉积岩夹层，常规剖面特征不明显，只能将其作为整个岩体来看待，纵向上进一步细分，寻找有利目标。针对这类岩体，在识别方面的主要问题是火山岩、沉积岩交互发

育，能够有效地识别出火山岩是解决问题的关键。这类岩体主要是以玄武岩等中基性岩类为主，为了能够有效识别这类岩体，首先是通过岩石物理分析，玄武岩类的密度和纵波阻抗明显高于其他岩类，因此利用谱反演纵波阻抗的相对变化关系可以识别出此类岩体，谱反演技术有两个方面的优势，一是识别火山岩地层中的沉积岩，二是对岩体叠置关系的刻画更清晰。综合利用以上两种技术手段，对研究区的岩体叠置关系进行了识别刻画。

（3）体内细分层技术。

火山岩纵向上发育多套储层，因此有必要开展体内细分层工作，寻找纵向储层发育段，预测储层平面展布，一是需要在单井上利用蚀变层、岩性组合转换面划分韵律；二是采用拓频技术，拓频后资料频宽为25~70Hz，主频在40Hz，原始资料为8~60Hz，主频为27Hz，识别精度由40m提高到25m，为体内细分层提供了资料基础。

（4）徐家围子断陷营城组火山岩细分为6期，新增天然气探明储量$502.03×10^8m^3$。

徐家围子断陷火山岩相带依据火山喷发后残留的火山形态、距离火山口的位置分为三种类型：火口区、近火口区、远火口区。火口区即火山喷发中心区，岩性主要包括火山角砾岩类、熔岩类和凝灰岩类，岩相以爆发相、溢流相和火山通道相为主。近火口区距离火山喷发中心较火口区远，岩性以火山熔岩为主。岩相包括爆发相与溢流相相叠置区，以溢流相为主。远火口区距离火山喷发中心最远，岩相以凝灰岩和沉凝灰岩为主，岩相包括远火口爆发相和火山沉积相。

通过纵向细分期次，营城组6期火山岩中，营一段期次Ⅰ以中基性岩为主，期次Ⅱ和期次Ⅲ以酸性岩为主（图7-32），营三段期次Ⅱ以中基性岩为主，期次Ⅰ和期次Ⅲ以酸性岩为主（图7-33）。在细分期次基础上，搞清了营城组火山岩岩性分布。中基性岩主要分布在安达和徐西，徐东也有少量分布。因此，根据岩性分布，营一段期次Ⅰ和营三段期次Ⅱ按照中基性岩岩相识别模式，剩余四个期次按照酸性岩岩相识别模式，分别进行了六个期次的火山岩相地震解释。

2017年，通过徐家围子断陷营城组火山岩细分期次研究，在DS10区块、DS12区块、DS17区块、DSX23井区、XS6-303井区、SS11区块，以及ZS16区块，新增探明储量：含气面积：$56.70km^2$，探明地质储量：$502.03×10^8m^3$（图7-34）。

2）古龙断陷新领域钻遇火山岩优质储层，首次发现富集氦气气藏

古龙断陷位于松辽盆地北部中部断陷带，勘探面积$8900km^2$。古龙断陷深层勘探始于1963年，2005年以前以中浅层为目标层系，兼探深层构造油气藏，进入21世纪，XS1井突破后，证实断陷期存在优质烃源岩，古龙断陷正式进入以找天然气为目的的火山岩勘探阶段。2005年通过对古龙南部敖南洼槽火山岩体刻画，结合与沙河子组烃源岩配置关系研究，优选鼻状构造作为风险勘探目标钻探GS1井，压裂后获得低产气流，日产气$1455m^3$，从而证实了古龙断陷为含气断陷。2007年为了探索古龙断陷深层含气性，揭示沙河子组烃源岩发育情况及资源潜力，部署钻探GS2井，钻遇沙河子组暗色泥岩，证实沙河子组烃源岩发育。

2019年以来，以火山岩控藏认识为指导，落实火口控储机理，明确大型火山岩体是规模成储的关键，认为火山岩埋藏较浅、储层物性相对较好，是本轮勘探重点。

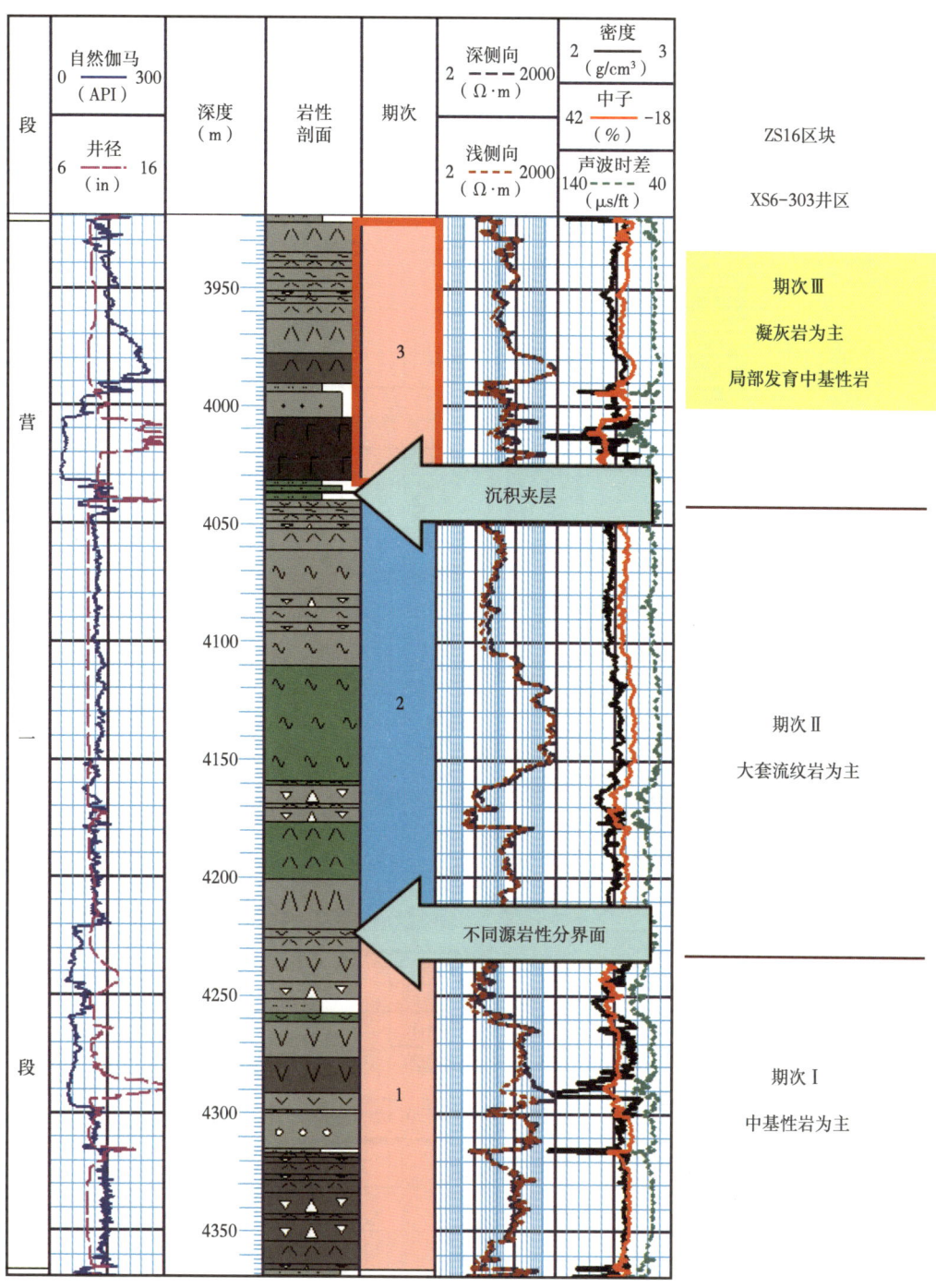

图 7-32 徐家围子断陷营一段火山岩期次划分图

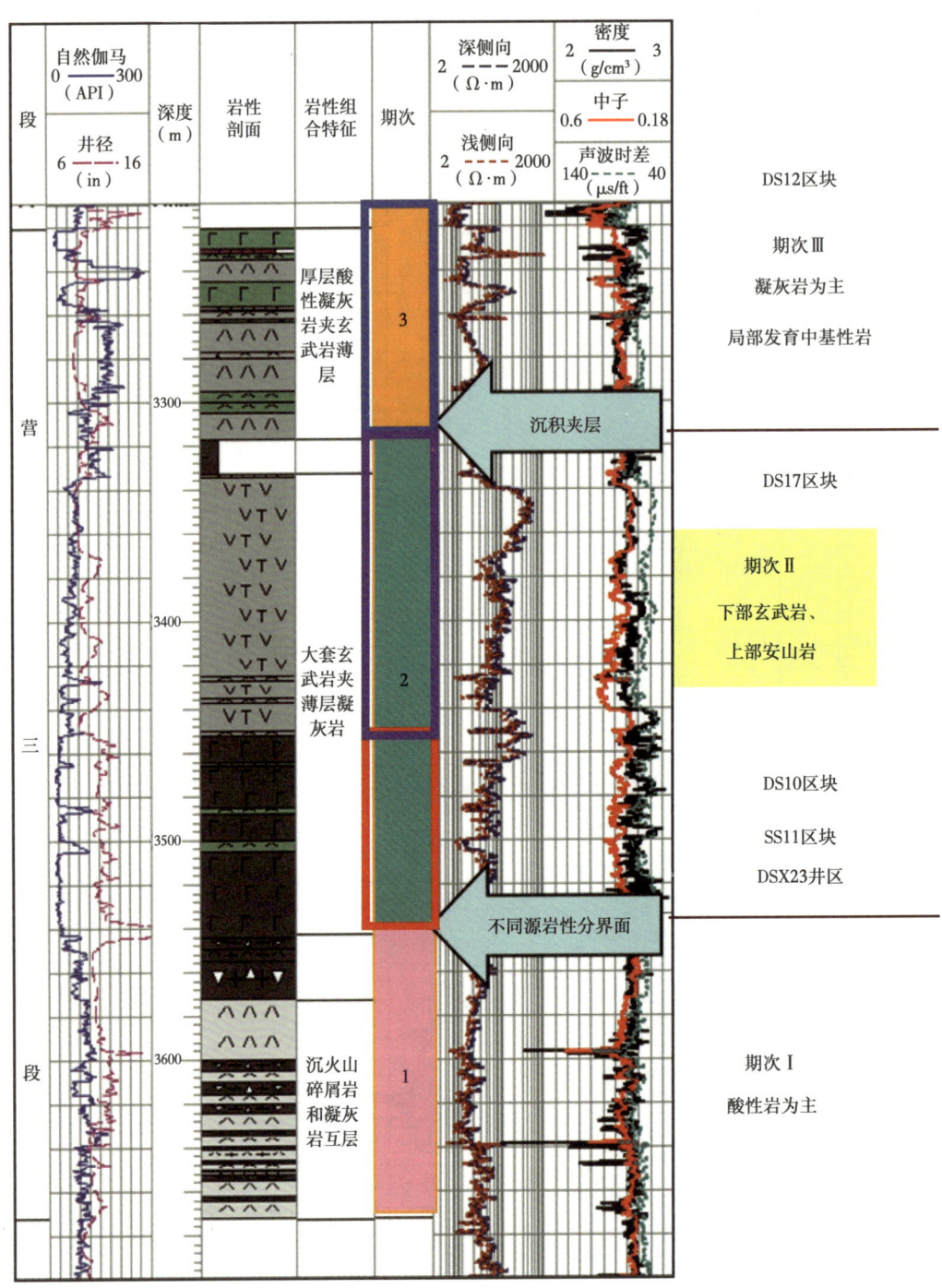

图 7-33 徐家围子断陷营三段火山岩期次划分图

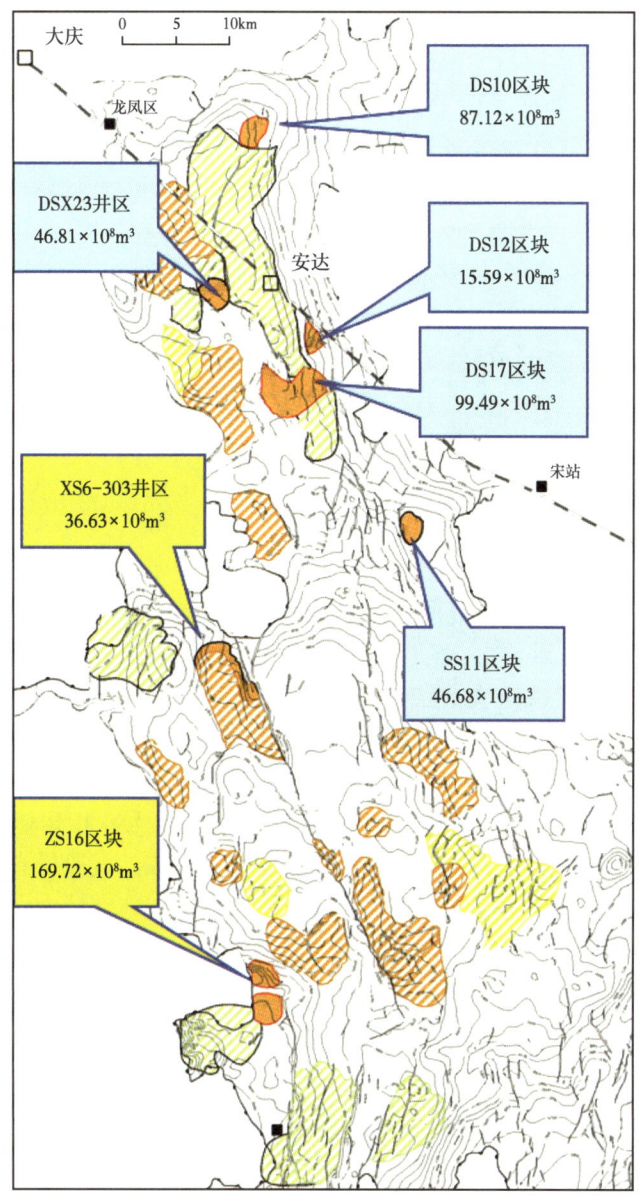

图 7-34　徐家围子断陷营城组天然气探明储量评价区分布图

以古龙断陷 20 口探井、7800km² 三维地震资料为基础，通过构造、沉积等成藏条件系统梳理，重新认识了古龙地区石油地质条件。在烃源岩认识的基础上，采用成因法计算总生气量为 $16.6×10^{12}m^3$，其中沙河子组为主力烃源岩，生气量为 $12.4×10^{12}m^3$；通过营城组火山岩体刻画、沙河子组扇体刻画，落实了营城组火山岩、沙河子组致密气两套主力层系资源潜力 $4800×10^8m^3$。其中营城组火山岩资源潜力 $1700×10^8m^3$，认为营城组火山岩为古龙断陷突破的重点层位，可作为勘探主要目的层。通过全区精细解释，落实火山体 23

个，分布面积 1020km²，厚度一般 100~500m；通过岩相刻画，落实火口区 27 个，其中面积大于 10km² 的火口有 10 个，累计面积 525km²，主要集中在葡西凹陷带。在此基础上优选规模较大的火山岩体进行风险勘探，部署 GL2 井。GL2 井位于葡西凹陷带较大的火山岩体上，具有以下有利条件：(1) GL2 井位于低凸起构造上，利于成藏；(2) 沙河子组暗色泥岩厚度较大、气源条件有利；(3) 发育大型火山岩体，推测储层物性较好；(4) 登娄库组发育区域性盖层，保存条件好；(5) 近南北向分布的气源断裂发育，为天然气运移提供有利条件；(6) 邻井 PS1 井在登娄库组见到含气层，可以兼探。

GL2 井于 2021 年 1 月 21 日开钻，2021 年 7 月 28 日完钻，完钻井深 4838m，钻入营城组 233m，岩性以流纹岩、流纹质凝灰熔岩等酸性岩类为主。储层厚度 101.8m，有效厚度 74.3m，储层孔隙度 10%~20%。2022 年 11 月 27—28 日采用油管大规模体积压裂方式完成压裂施工，2022 年 12 月 1 日开始测气，压后日产气 $44.6 \times 10^4 m^3$，无阻流量 $177 \times 10^4 m^3/d$，油压 48.12MPa，压力系数 1.96，气体组分复杂，CH_4 含量 3.07%，C_2—C_3 含量 0.11%，N_2 含量 1.7%，CO_2 含量 95%，XAl 含量 0.053%，H_2 含量 0.067%，为超高压混合气藏。

GL2 井喜获高产气流，发现 XAl、H_2、CO_2 和烃类气等多类型资源之后，大庆油田有限责任公司第一时间向油气和新能源分公司新能源事业部汇报，并提出对 XAl、CO_2 等多种资源的综合利用设想。在 2023 年 1 月 4 日"大庆油田 GL2 井区综合利用"会议上，经过领导专家的充分讨论，决定在 GL2 井区建立综合利用试验项目。项目方案包括地质与工程方案、地面设施、配套研究三部分，其中地质方案是 2023 年第一轮在主体火山岩体部署 GL4H 井、GL5 井两口井，2024 年第二轮主体火山岩体部署 7 口井，2026 年第三轮向其他火山岩体拓展，优选火山岩体特征明显、面积大的 2 号火山岩体部署两口井。

GL2 井在营城组火山岩喜获高产气流，是在中国石油天然气股份有限公司的正确领导下，大庆油田大力加强风险勘探领域基础研究工作，攻关四新领域火山岩成储成藏认识取得的重要成果，坚定了再找一个徐深火山岩大气田的信心，对于解决好油田长远发展的资源接替问题意义重大。

GL2 井获得突破之后，古龙断陷寻找烃类火山岩气藏是下步工作的重点，古龙 2 井是侧源供烃，烃含量低，有效烃源岩是关键，源上火山岩是下步勘探的目标。2022 年，通过新采集的英 88 井南页岩油兼顾深层地震资料处理解释，在泉头—登娄库组发现大型火山岩体，进行老井复查后，证实 Y80 井、Y83 井、XI4 井、Y26 井、XI72 井、XIS1 井、LS4 井等泉头组或登娄库组发育火山岩。区域地质研究认为，在通壳大断裂附近，青山口组、泉头组和登娄库组存在火山活动，受断裂带控制，古龙断陷泉头—登娄库组发育多个火山机构，具备规模勘探潜力。2023 年通过构造、沉积等成藏条件系统梳理，重新认识了古龙地区石油地质条件，厘清了烃类气分布规律。创新火山岩细分韵律分析技术，指出大型火山岩体为成储关键，创新形成"属性切片定机构、构造纹理雕相带、断裂密度分期次"的火山岩刻画技术，首次实现低勘探程度区火山岩体精细刻画，在泉头组、登娄库组、营城组识别火山岩体 70 个，面积 2537km²，落实古龙断陷多层位火山岩资源潜力 $7900 \times 10^8 m^3$，其中烃类资源量 $4910 \times 10^8 m^3$，氦气资源量 $1.58 \times 10^8 m^3$，二氧化碳资源量

$2840×10^8m^3$(图7-35)。2023年首选古龙断陷西南洼槽带新站洼槽源上泉头—登娄库组大型叠合火山岩,部署YT1井。YT1井位于古龙断陷西南洼槽带,西南洼槽带是烃类气藏勘探的有利区带,发育沙河子组、营城组两套优质烃源岩,气源条件最优,泉头—登娄库组发育叠合火山机构,具备规模勘探潜力;受喷发规模、相带控制,井区泉头—登娄库组火山岩发育优质储层,可形成高产富集区;构建两类成藏模式,双源垂向直供多期岩体成藏模式效率高,是立体勘探有利目标。

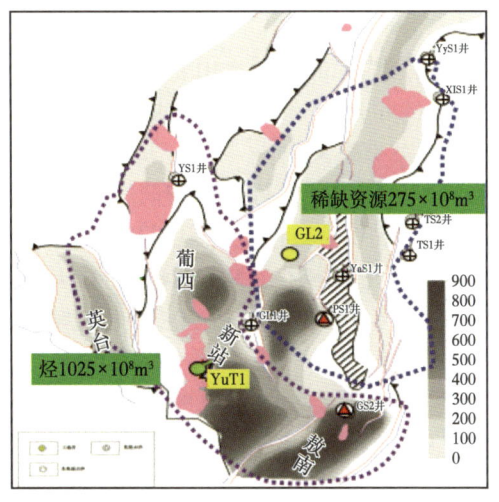

(a)泉头组,17个/面积566km²

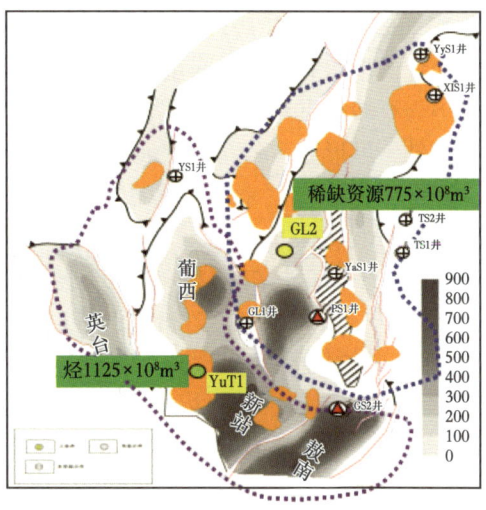

(b)登娄库组,21个/面积866km²

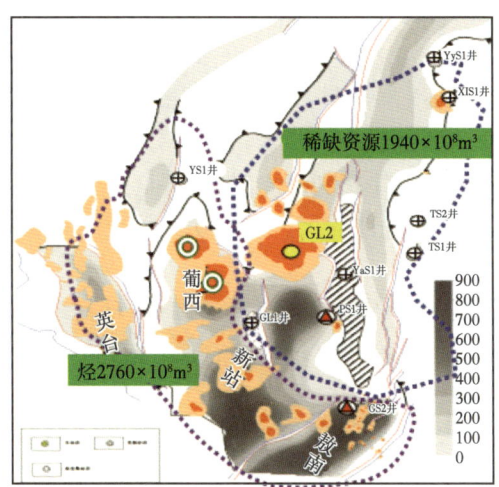

(c)营城组,32个/面积1105km²

图7-35 古龙断陷泉头组、登娄库组、营城组火山岩分布图

2023年7月14日,YT1井通过中国石油天然气股份有限公司2023年第二季度风险井位审查。YT1井是GL2井之后,古龙断陷的又一次大胆探索,若取得成功,将实现松北深层火山岩新区带、新层系勘探突破,带动古龙断陷$5000×10^8m^3$烃类气资源的规模高

效勘探，引领大庆油田东北探区天然气勘探开发业务快速发展。

GL2 井重大发现，带来四个重要认识，为下步勘探指明方向。（1）在埋深近 5000m 发现孔隙度 20% 的高孔储层，突破了松辽盆地深度下限，火山岩勘探前景好；（2）重新认识烃源岩，具有沙河子组和营城组两套烃源岩供烃的条件；（3）首次在松辽盆地发现压力系数 1.96 的超高压气藏，研究发现古龙断陷具备规模超压的地质条件；（4）气体组分复杂，发育多种资源类型。计划在古龙断陷构建烃类气、氦气等新能源两类气藏勘探模式，实现古龙断陷多种资源类型的勘探大场面。

3）火石岭组新层系火山岩勘探见到好苗头

松辽盆地火石岭组分布范围广，属于中性火山喷发为主的一套火山岩系。松辽盆地多个断陷火石岭组见到含气显示，证实火石岭组为一有利的含气层系，具备形成规模气藏的地质条件，可形成一套新的含油气组合，资源丰富、突破意义大。

"十三五"以前，未对火石岭组开展过针对性探索，整体认识程度比较低。徐家围子断陷钻遇火石岭组探井 12 口，均为口袋井。DS28 井在 3610.6~3713.6m 压后日产气 9300m^3，日产水 28m^3；XS1 井在 4446~4466m 压后日产气 14825m^3；SHS101 井在 2842~2954.4m 压后日产气 29361m^3，日产水 47.88m^3；DS34 井、SHS6 井、WES5 井、XS6-308 井有气测显示，证实火石岭组发育含气储层。

"十三五"以来，针对火石岭组开展了一系列构造背景及岩相古地理研究，提出新的观点，认为松辽盆地火石岭组是前白垩系拼合褶皱基底向断陷盆地构造体发生重大转化过程中以火山岩和粗碎屑含煤层系为主的构造过渡层，原型盆地沉积中心位于齐家—古龙、徐家围子、长岭、莺山和榆树等地区，认为火石岭组具有油气成藏的基本条件，成为新层系勘探的重要探索领域。

2021 年，在徐家围子断陷安达大型火山岩体部署了风险探井 HT1 井。HT1 井具有以下有利条件：（1）位于鼻状构造高部位，构造背景有利；（2）紧邻生烃中心，发育沙河子组和火石岭组多套烃源岩，具有多套烃源岩供烃的有利条件；（3）具有良好源储时空匹配关系，成藏匹配条件好，成藏条件有利；（4）位于多期叠合火山岩体火口区内，推测储层物性条件好；（5）登娄库组为区域性盖层，成藏期后形成的断裂系统未沟通气藏，保存条件好。

HT1 井 2021 年 12 月 31 日开钻，2022 年 3 月 14 日完钻，完钻井深 3994m，火石岭组岩性以中性安山岩为主，夹火山角砾岩，气测见烃类显示 90.2m/9 层，全烃最大 0.74%~17.87%，比值 1.54~13.24，综合解释差气层 50.2m/3 层，差气界限层 19.6m/1 层。2023 年 6 月 16—18 日进行火二段压裂施工，加砂 342m^3，加液 5238m^3，加酸 60m^3，返排率 32.45%。采用 10.31mm 油嘴，压后日产气 2.01×10^{4}m^3。新层系火石岭组首获工业气流，有望开启火山岩勘探的新篇章。

HT1 井钻后综合评价得到三点启示：（1）首次落实火石岭组为拼合基底向断陷盆地转化过程中形成的一套过渡层，原始分布不受断陷控制，改变断陷早期地层局部分布的认识；（2）HT1 井在火二段、火一段顶面不整合面处钻遇优质储层，揭示两个孔隙发育带，证实火石岭组火山岩"机构控储 + 溶蚀改造"储层发育新模式；（3）建立了"二源主次生烃、供烃窗口控藏、源储压差驱动"侧生侧储型成藏新模式，改变了营城组火山岩下生上储垂向运移的模式，发现沙河子组侧源、火石岭组源内两套含气系统，实现新层系火石岭组气藏新发现（图7-36）。

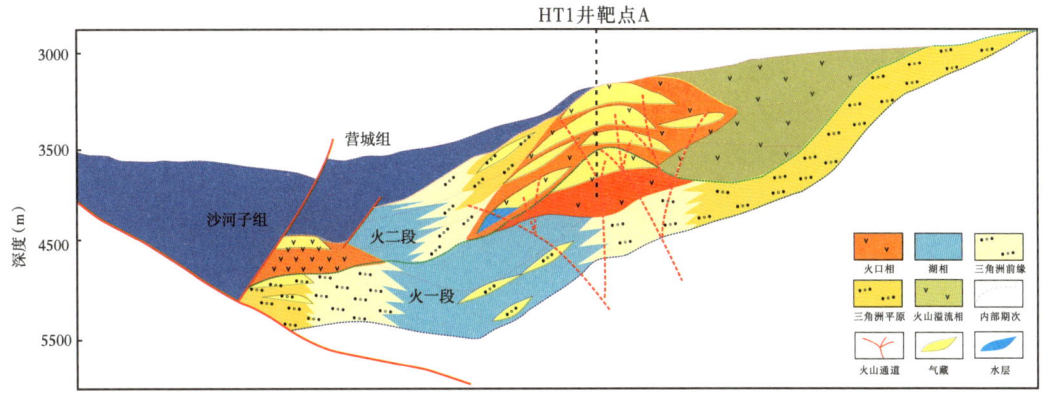

图7-36 徐家围子断陷火石岭组成藏模式图

通过以上认识，重新对徐家围子断陷火石岭组开展评价，共识别火山岩体35个，面积547km²。综合烃源岩、断层、供烃窗口、火山岩相等要素将徐家围子断陷火石岭组划分为两类有利勘探区，估算资源量 $1497×10^8m^3$，其中Ⅰ类有利区分布在安达和徐西地区。由于源储对接效率是控制成藏的主要因素，近源是火石岭组下步勘探的重点，因此按照"逼近烃源岩"的思路进一步开展目标精细刻画，向南逐步拓展，锁定徐家围子断陷，风险勘探扩大规模。

4）多类型火山岩气藏实现了效益开发

（1）火山岩气藏特征。

火山岩气藏属于复杂特殊类型的气藏。与其他常规气藏相比，火山岩气藏地质条件更加复杂，岩性复杂、种类多，岩性、岩相变化快，识别与描述难度大。研究统计表明，火山岩气藏岩性主要包括流纹岩、玄武岩、安山岩、英安岩和流纹质熔结凝灰岩等。其中，徐深气田南部XS1等区块主要发育酸性流纹岩，而北部WS1等区块除发育酸性流纹岩外，下部存在玄武岩、安山岩和英安岩等中基性火山岩类。

①火山岩储层岩相、岩性类型多样，变化快。

通过岩心描述和野外露头观测，建立了松辽盆地北部火山岩喷发模式，火山岩相可分为火山通道相、爆发相、喷溢相、侵出相和火山沉积相五种。每一种火山岩相可以进一步划分为三种亚相，共十五种亚相。火山岩体相互叠置，岩相横向变化快，有利相带延伸范围有限，近火山口相延伸范围小。

徐深气田北部的中基性岩：DS3区块营三段Ⅱ气层组发育的岩相主要为溢流相，爆发相次之；溢流相普遍发育于研究区，爆发相发育于火山口处的局部地区，物性分析和试气结果表明，有利的储层岩相主要为溢流相的上部亚相和爆发相的热碎屑流亚相。

徐深气田南部的酸性岩：XS1区块营一段Ⅰ气层组岩相以爆发相为主，占80.1%，其次为溢流相；营一段Ⅱ气层组以爆发相为主，占85.3%。爆发相形成于火山作用的早期和后期，可分为三个亚相：空落亚相、热基浪亚相、热碎屑流亚相。

徐深气田火山岩经历了多旋回多期次喷发，岩性变化频繁，火山岩岩石类型有火山熔岩和火山碎屑岩两大类，火山熔岩主要岩石类型有球粒流纹岩、流纹岩、（粗面）英安岩、粗面岩、粗安岩、玄武粗安岩，酸性岩、中酸性岩、中性岩、中基性岩均有分布。火山碎屑岩主要有流纹质熔结凝灰岩、流纹质（晶屑）凝灰岩、流纹质角砾凝灰岩、流纹质火山角砾岩、集块岩。火山熔岩中的球粒流纹岩、气孔流纹岩，以及火山碎屑岩中的熔结凝灰岩、晶屑凝灰岩为有利的储层岩性。

徐深气田北部的中基性岩：DS3区块钻井取心描述和测井岩性识别表明，营三段Ⅱ气层组主要发育玄武岩（占47.5%）、粗面岩（占18.6%）、安山岩（占15.8%）、凝灰岩（占12.6%）。

徐深气田南部的酸性岩：XS1区块钻井取心描述和测井岩性识别表明，营一段Ⅰ气层组主要发育晶屑凝灰岩（占21.17%）和熔结角砾岩（占21.06%）；营一段Ⅱ气层组主要发育晶屑凝灰岩（占26.83%）、火山角砾岩（占25.39%）和熔结凝灰岩（占21.36%）；营一段Ⅲ气层组不发育。

②火山岩储层分布不连续、物性差、非均质性强。

受火山喷发期次和火山相带控制，火山岩气藏有效气层分布不连续，储层相互之间基本不连通，构成纵横向上的孤立储渗体；纵向上多套气层叠置，气水关系复杂。通过野外露头观察、密井网解剖、长井段取心、水平井段分析等证实，火山岩储层纵向和横向的非均质性极强。徐深气田XS1井区500m井距密井网解剖表明，火山储层岩相变化快，岩相横向延伸距离在200~800m，纵向在6~60m。

火山岩储层类型的平面分布预测显示，徐深气田火山岩储层总体以低产储层为主，较高产的储层仅在局部少量发育，不同区块间储层平面分布连续性差；储层横向连续性差、变化快，火山岩储层物性纵向变化快，有利储层仅在部分井段发育。

火山岩气藏储层物性一般较差，通常孔隙度小于10%，渗透率小于1mD，主要为低渗透和特低渗透储层。

徐深气田北部的中基性岩：统计DS3区块2口井54块气层样品，全岩分析孔隙度2.8%~6.7%，平均3.92%；水平渗透率0.004~0.538mD，平均0.184mD；垂向渗透率0.001~0.258mD，平均0.071mD。统计结果表明：DS3井区火山岩气藏属于中低孔、低渗透储层。

徐深气田南部的酸性岩：XS1区块营一段岩心样品物性统计表明，孔隙度介于2%~4%的样品占样品总数27%，介于4%~6%的占33.3%，介于6%~10%的占33.1%，渗透率主要介于0.01~0.1mD之间，占样品总数62.7%，渗透率大于1.0mD的样品占样品总数4.6%，研究和统计结果表明，松辽盆地火山岩储层的物性变化大，非均质性强，属中孔、特低渗透储层。

③气藏受构造和岩性双重控制，属于岩性—构造气藏。

总体上营城组火山岩气藏气水关系相当复杂。平面上气水系统的分布主要受火山岩体控制，不同的火山岩体相互之间不连通，属于不同的气水系统；而纵向上，在同一个火山岩体内，又发育多个气水系统。处于构造高部位、物性好、裂缝发育的储层则富气高产；在构造相对较低部位由于岩性、断层、物性等因素影响，在局部也可形成气层。

徐深气田北部的中基性岩：DS3区块为多期火山喷发形成的多个火山岩体，相互之间基本不连通，存在多个不同的气水系统。气藏受"构造—岩性"双重控制，气水关系复杂，气水界面不统一，整体表现为上气下水，工业气流层主要分布于火山岩顶部，属于构造—岩性气藏（图7-37）。

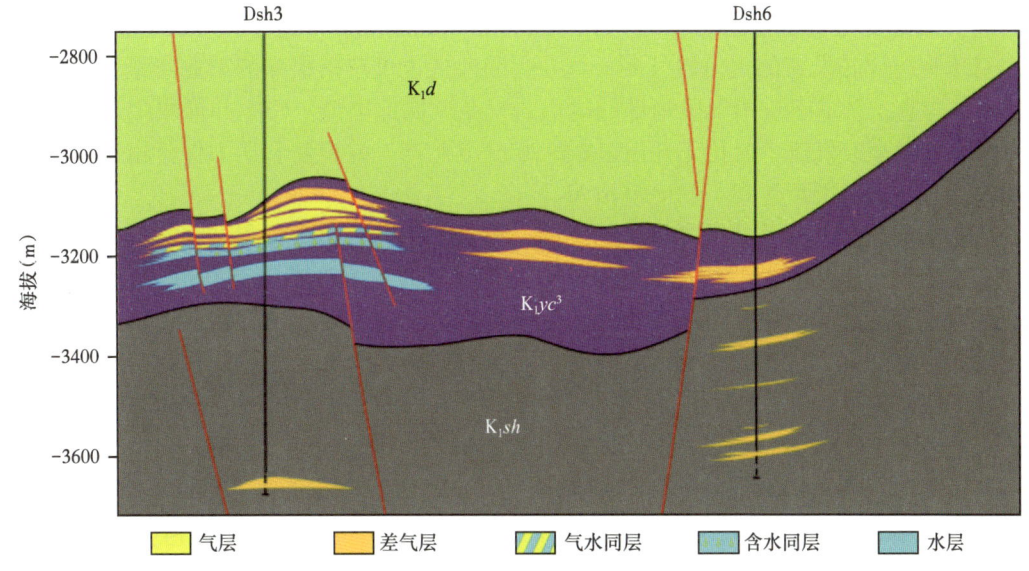

图7-37 安达地区营城组气藏剖面图

徐深气田南部的酸性岩：综合XS1区块测井和试气结果来看，XS1区块气水系统比较复杂，没有统一的气水界面，纵向上单井的气水界面深浅不一，气水界面差异显著，多数井气水界面深度在3600~3690m范围内，只有XS5井气水界面位置较低，为3755m，整体上气水界面深度由北向南逐渐变深。平面上，不同井区具有不同的气水界面特征。

（2）火山岩气藏开发中反映出的问题。

火山岩气藏开发中主要呈现出渗流特征复杂、气井产能差异大、动态储量差异大、生产压差大、压力及产能递减快、普遍产地层水等特征。

①火山岩气藏渗流特征复杂。

火山岩孔隙结构复杂，喉道细小，孔隙易被喉道控制，喉道大小决定储层的渗透性，储集空间可以分为孔隙型、裂缝型等多种类型，不同孔隙类型岩样的储集空间、气水渗流特征差异明显。火山岩残余水饱和度较高，气水渗流的显著特征是裂缝型岩样两相渗流区间小，但在高含水饱和度下，气相仍具备一定的渗流能力，表明裂缝具有较好的导流能力，孔隙型岩样两相渗流区间较大，在残余水饱和度下，气相相对渗透率较高，储渗物性较好；随含水饱和度的增加，两种类型的岩样气相相对渗透率下降均比较快。

通过渗流实验研究了火山岩气藏单相及气水两相渗流规律，研究了气体在压差作用下裂缝与基质不同组合方式及裂缝和基质各自供排气渗流规律，建立考虑火山岩气藏非线性渗流机理的产能模型。

②井间产能差异大。

由于火山岩气藏储层物性较差，多数情况下气井产能较低，需要经过压裂改造才能获得较高工业气流。如2006年徐深气田13口工业气流井中，除SHS2-1区块4口井外，其余9口井中有8口井进行了压裂改造，且气井产能平面分布变化快，相邻井间无可对比性。徐深气田某一个区块内气井无阻流量变化范围达到了$3.0×10^4$~$120×10^4 m^3/d$，且在距一口射孔后即获工业气流井周围0.9~1.2km的其他井，必须经过压裂改造才能达到工业产量。

对于裂缝比较发育的火山岩气藏，气井无须改造也可获得很高的工业产量，吉林长岭凹陷1号构造、日本南长冈气田南部的火山岩气藏就属此类型。CS1井裸眼中途测试即获$46×10^4 m^3/d$的高产气流，射孔完井后以$25×10^4 m^3/d$生产，井口油套压力保持稳定；南长冈气田南部气井最高配产达到了$50×10^4 m^3/d$。

复杂的地质条件及气井投产方式的不同，决定了气井初期短时测试产能具有较强的时效性，这表现出了两种截然相反的特征：一是对于通过压裂改造措施获取工业气流的井，虽然气井投产初期的测试无阻流量很大，但投产后常表现出较快速度的下降，且与压裂措施规模大小之间并无必然的联系；二是对于射孔后即获工业气流的井，投产初期测试估算的气井产能，常常会低于生产一段时间后的产能，其原因在于此类气井钻完井过程中地层（裂缝）污染比较严重，经过持续生产的清井作用后，污染得以部分解除。

大庆徐深气田火山岩气井的普遍认识是，气井的初期产能主要受到储层物性的控制，储层非均质性强导致气井间产能差异大；压裂井虽然初期产能较高，但下降也较快。

③气井井控动态储量差异大。

从目前徐深气田试采情况看，火山岩气井动态特征比较复杂，稳产条件变化较大。统计XS1区块23口井试采初期估算的井控动态储量，变化范围在$0.1×10^8$~$12.0×10^8 m^3$之间，平均值$2.25×10^8 m^3$，且低于此平均值的占了73.9%，反映出多数井的井控储量小，单井供气范围有限。但由于气井试采初期供气区域主要为相对高渗透区（裂缝系统），低渗透区（基质系统）的贡献率较低，因此，随着地层压力的下降，在低渗透区完全参与供气后，井控储量会有不同程度的增加。

以储层储渗结构为基础，按照动态储量的变化特点把火山岩气藏井控动态储量分为"低渗透—致密增长型"与"高渗透稳定型"2种类型。低渗透—致密增长型：即低渗透—致密孔渗连续发育储层内，气井动态储量逐步增加。高渗透稳定型：井控区域内高孔渗连续发育为主，动态储量基本稳定。

徐深气田气井生产动态总体上有四种类型：Ⅰ类井，稳产能力最强，采气指数基本稳定，预计$10.0×10^4 m^3/d$以上的产量稳产期一般超过10年；Ⅱ类井，稳产能力略差，生产中采气指数略有下降，$10.0×10^4 m^3/d$的产量一般可以稳产8~10年；Ⅲ类井，稳产能力较差，生产中采气指数下降较快，一般$5.0×10^4 m^3/d$的产量可以稳产4~6年；Ⅳ类井，稳产能力最弱，一般$5.0×10^4 m^3/d$的产量稳产1年左右。

④部分井产出地层水。

火山岩气藏气水关系复杂，构造宏观上控制着气水的分布，局部多为上气下水，边底水普遍发育。XS 气田 XS1 等区块及克拉美丽气田 DX14 等区块均有部分气井产出地层水，主要是直井，同时部分水平井也都不同程度地见水。气井出水情况复杂多样，产水量、产气量、井口油压、套压、生产压差各不相同。初步分析认为，气井出水主要受采气速度过快、裂缝水窜等因素影响，给气田合理高效开发带来很大困难。水对气井的影响主要体现在两个方面：一是增大生产压差，二是降低气井产能。通过出水井出水前后，初期和目前生产压差变化的对比，发现出水井产水前后生产压差增加 2~10MPa，未出水井仅比初期增加 0.2~1.2MPa；气井产水对气井产能的影响可以通过比较出水井和未出水井的无阻流量变化来解释：出水井的无阻流量下降了 30%~80%，未出水井的无阻流量下降了 6%~18%。

（3）火山岩气藏开发效果。

徐深气田火山岩气藏经过十几年的开发实践，针对火山岩储层致密、成因复杂等问题，以成岩机理为研究基础，建立气层层序系列、岩性识别、储层类别等标准，攻关火山岩岩体刻画、裂缝预测、分类储层预测等技术，搞清气藏有效储层展布规律，形成了火山岩气藏精细描述技术系列。从产能评价及动态描述入手，攻关火山岩气藏的渗流规律评价、开发方案编制、开发调整等技术，形成了火山岩气藏有效开发技术系列。理论不断创新，认识持续深化，效果逐年变好，探索出了独具特色的火山岩气藏开发的"徐深模式"。研究技术成果应用于 XS1 等 12 个区块，覆盖率 100%，新发现外扩储量 $139×10^8m^3$，建成国内最大火山岩气藏生产基地，有力支撑大庆天然气产量连续 13 年稳定增长，为大庆油田"稳油增气"战略目标的实现作出了贡献。

2. 有效指导松辽盆地基岩风化壳勘探，取得勘探重要突破

1）中央古隆起花岗岩风化壳是形成优质储层优势岩性

前人研究认为中央古隆起基岩岩石类型主要由变质岩和侵入岩 2 大类 9 亚类岩性组成，变质岩包括（云母、绿泥石、长英质）片岩类、浅变质砂砾岩、浅变质安山岩、糜棱岩化花岗岩、糜棱岩化闪长岩、花岗质构造角砾岩和碎裂花岗岩，这些岩性均受到变质作用或构造运动影响，发生变质或碎裂、变形；侵入岩包括花岗岩和闪长岩，变质岩主要为区域浅变质和动力变质岩等。

通过 CT1 井等新钻探结果及对隆探 1 井、LTX3 井等老井复查发现，花岗岩风化壳是形成优质储层优势岩性。

（1）岩性控制裂缝发育，花岗岩裂缝最发育。

岩石的矿物成分及含量，与裂缝发育程度差异有直接的关系，以 CT1 井为例，4200~4350m 段岩性为花岗岩，裂缝线密度 0.2~10 条 /m，平均 2.1 条 /m，4352~4369m 段岩性为闪长质糜棱片岩，裂缝线密度 0.01~3.19 条 /m，平均 0.19 条 /m，4395~4434m 段岩性为花岗岩，裂缝线密度 1~13 条 /m，平均 3.7 条 /m，由此推测岩性与裂缝有一定相关性（图 7-38）。

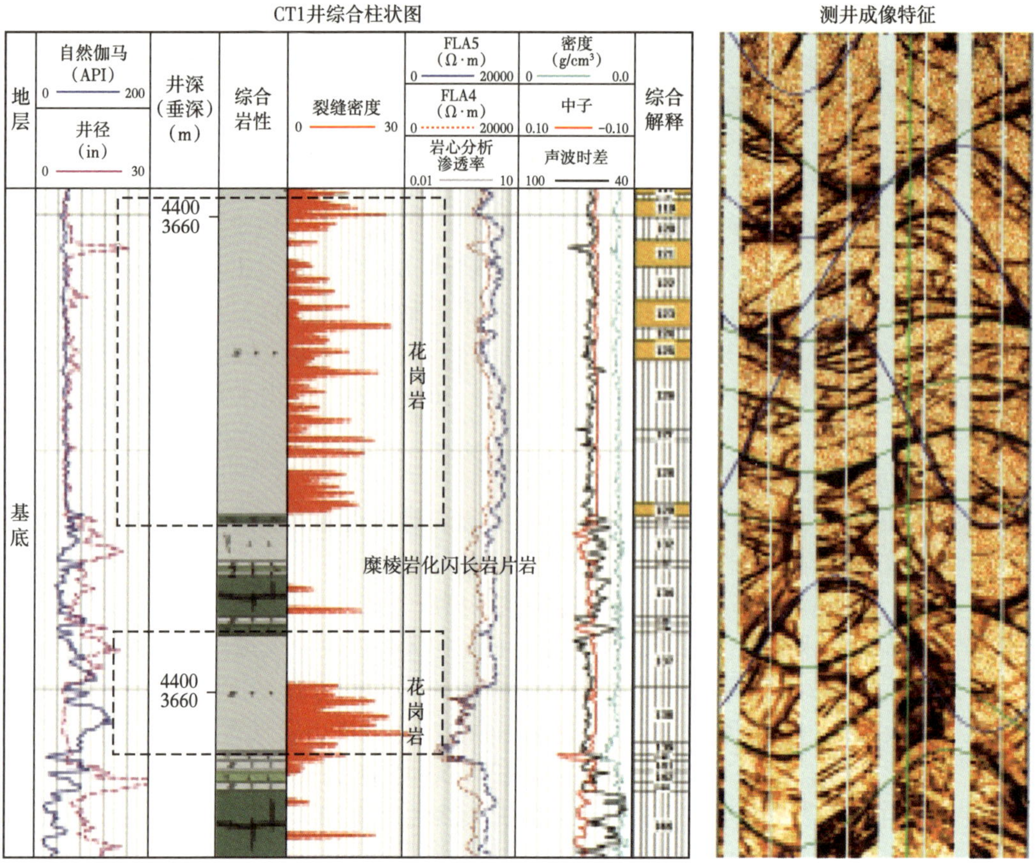

图 7-38 CT1 井岩性与裂缝及储层关系图

长石是中央古隆起带基岩最主要、最多的一种成岩矿物，由于长石具有解理发育、刚性矿物等特点，导致长石含量高的岩石易发生碎裂，通过全岩分析实验及成像测井技术分析，各类岩性普遍发育裂缝，但花岗岩类暗色矿物含量低，脆性大，易于形成裂缝（图 7-39 和图 7-40）。

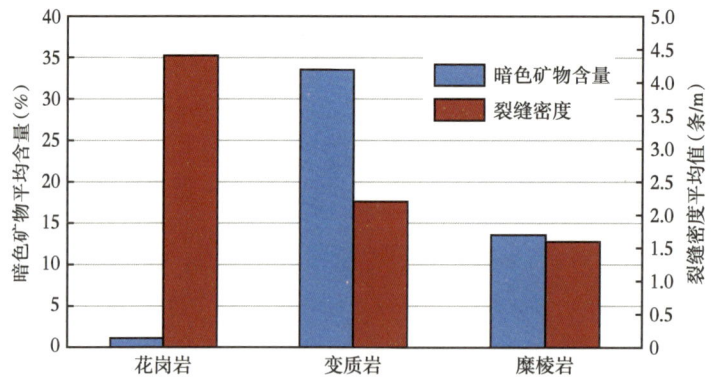

图 7-39 中央古隆起基岩岩性与裂缝关系图

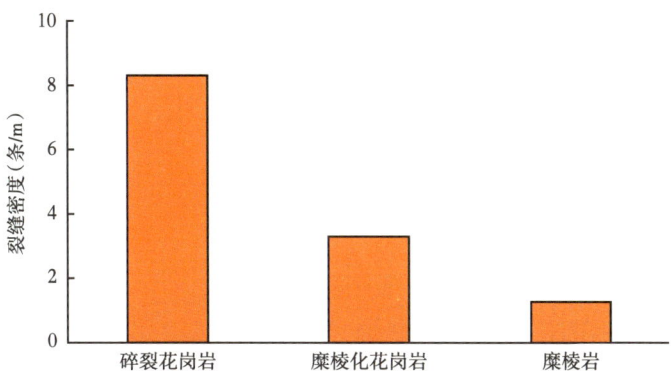

图 7-40　中央古隆起不同动力变质作用花岗岩与裂缝密度关系图

（2）孔隙类型的分布和岩性关系密切，花岗岩孔隙最发育。

岩性是基岩孔隙发育的物质基础，尽管构造作用和溶蚀作用对储集性影响很大，但这些作用的表现特点也往往受岩性控制。长石具有抗风化能力差特点，导致长石含量高的岩石易发生溶蚀，中央古隆起主要发育二长花岗岩和花岗闪长岩（碱性花岗岩），这是发生溶蚀作用的物质基础（图 7-41）。

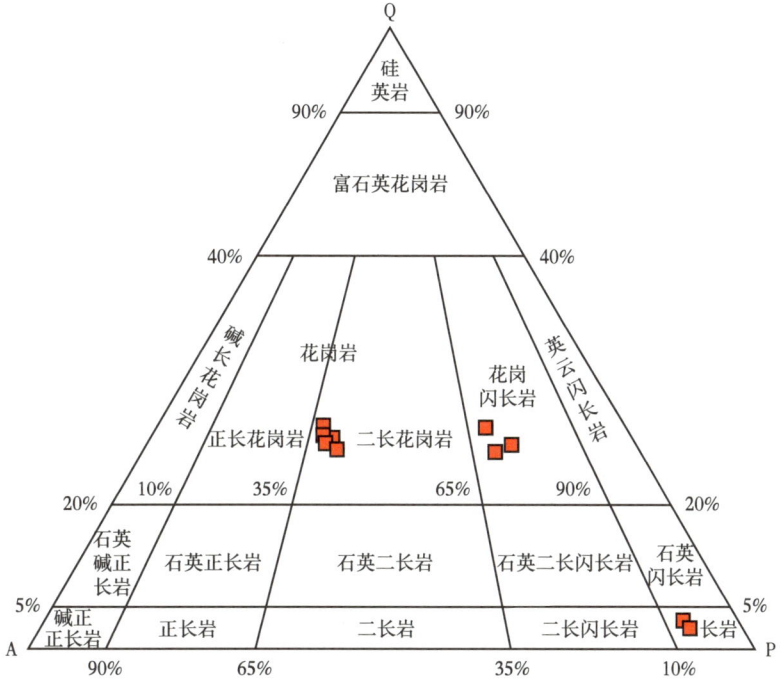

图 7-41　中央古隆起带母岩类型

Q= 石英；P= 斜长石；A= 钾长石 + 条纹长石 + 钠长石

2）中央古隆起风化壳厚度由传统 100m 拓展到 300m

通过中央古隆起带重点探井岩心、薄片资料，结合测井曲线特征及地球化学等资料，进行了风化壳纵向结构定性识别，建立了中央古隆起带基岩风化壳，其具有风化淋滤层和裂缝层的纵向双层结构（图 7-42）。

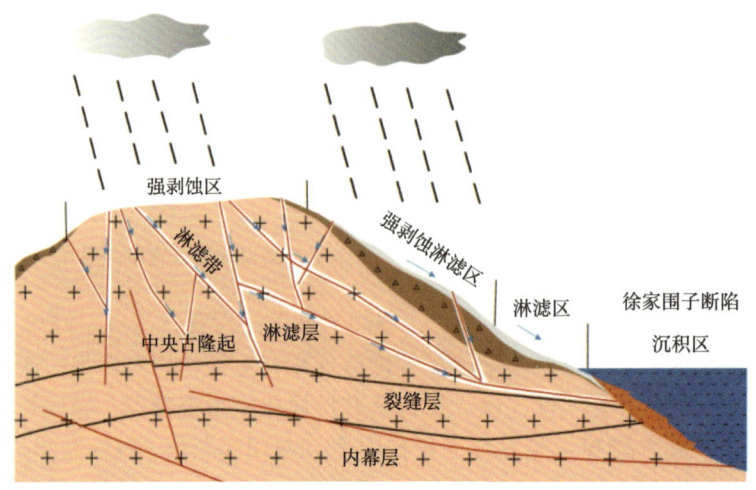

图 7-42　中央古隆起早白垩世基岩风化壳形成模式图

风化淋滤层（12~275m）：厚度较大，一般大于 120m，岩石特征较完整，基本无破碎，矿物成分主要为石英、长石，暗色矿物与浅色矿物均匀分布，少量矿物发生蚀变，几乎无黏土矿物，岩心可见高角度垂直裂缝和水平裂缝，局部裂缝被泥质充填；断面处被氧化，沿裂缝面有溶蚀孔洞。在不整合形成过程中，大气淡水沿早先形成的裂隙下渗，使下伏岩层发生岩溶，形成大量风化裂隙和溶蚀孔洞，造成风化淋滤带次生孔隙（带）发育球状风化，风化作用沿节理面从节理块外部向中心进行，从下部到上部，随着风化增强、增多，呈现出网状缝的特征，节理块变小、变圆滑；从下到上黏土矿物增多，在成像测井上表现为网状缝发育段，具有基岩骨架的特征，可见大量的高导正弦裂缝交织成网状，裂缝边缘模糊不平整且具有溶蚀加宽现象，局部见大的暗斑，为低阻的强溶蚀部位，可能是溶孔、溶洞，伽马高值，电成像色亮，夹杂若干暗色条纹，随深度增加高阻现象愈发明显，裂缝发育程度降低，主要发育大量低角度节理缝和正弦高导缝。在测井曲线上的特征表现为：AC 曲线基线值很低，呈跳跃频率高且跳跃幅度大的"尖峰状"曲线；DEN 和 CNL 曲线为跳跃明显的曲线，局部裂缝集中发育出的曲线呈低密度的"平台"，发育于裂缝；风化淋滤层局部具有被网状缝切割且溶蚀现象，风化淋滤层呈块状，厚度大，孔缝配置关系较好，是主要的储集体。

裂缝层（24~132m）：风化淋滤层与裂缝层之间并没有明显的界限，裂缝非常发育，没有见到明显的接部擦痕。热胀冷缩形成的风化缝发育，沿缝面可见溶蚀特征，低角度类似层理面的裂缝也较发育，裂缝约 46 条/m，缝宽 1.0~2.0mm，长 5~30mm。致密基岩段在测井曲线上的响应特征表现为：AC 和 CNL 基线值相比风化淋滤层基线值更低，曲线跳跃频率明显减小且跳跃幅度明显减弱；GR、DEN和电阻率基线值明显增大，接近内幕原岩的测井相应特征。测井曲线特征为电阻率曲线锯齿状特征明显，随深度的增加缓慢增大，自然伽马值突然降低，密度总体有随深度增加而降低的趋势，声波时差见到"周波跳跃"现象，说明裂缝发育。

根据风化壳的地震特征，在地震上对风化淋滤层及裂缝层进行追踪解释，明确风化淋滤层及裂缝层的平面分布特征。风化壳厚度为90~330m，风化淋滤层地层厚度12~275m，残余厚度中心在肇州凸起，整体呈南厚北薄，肇州凸起最厚、昌德凸起次之；裂缝层地层厚度24~132m，整体厚度比淋滤层减薄，厚度不受构造控制（图7-43和图7-44）。纵向存在差异性，平面存在连续性。

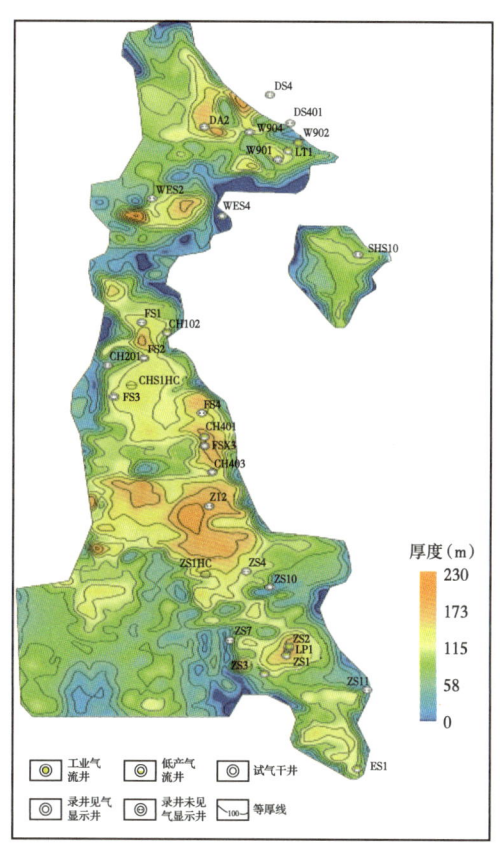

图7-43 中央古隆起风化淋滤层厚度图

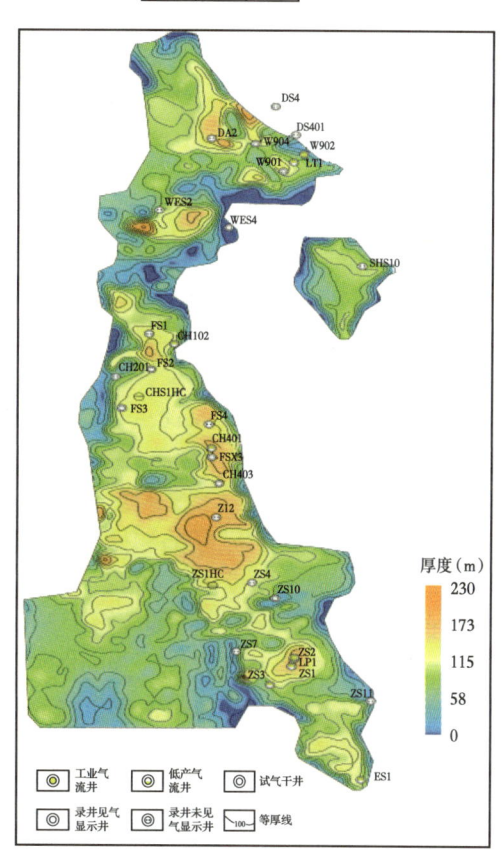

图7-44 中央古隆起裂缝层厚度图

通过对古构造、古气候等信息进行综合分析，中央古隆起基岩风化壳结构主要受风化剥蚀的时间、暴露期的古气候、岩性、断裂构造、古地貌等因素综合控制。

近年来，随着中央古隆起带LT2井的钻探，基于多种方法明确风化壳二元结构，建立风化壳识别标准（图7-45），完成7口井风化壳划分；基岩风化壳随深度变化，风化指数差异小，风化淋滤层厚度由原来最大159m拓深至超过300m。

结构 \ 依据	岩心	成像测井	测井响应	地化元素风化指数
风化淋滤层	见溶蚀孔、缝	裂缝经溶蚀改造后宽窄不一，表现为灰度不均一，呈串珠或斑点状	高孔隙度 低阻抗	稳定化合物含量整体偏高 淋失化合物含量偏低 风化指数整体偏高 与裂缝层具有明显台阶
裂缝层	裂缝	裂缝宽度变化不大	孔隙度较低 阻抗较高	稳定化合物含量偏低 淋失化合物含量偏高 风化指数整体偏低 与内幕层具有明显台阶
基岩内幕	裂缝	裂缝相对不发育	孔隙度整体偏低 阻抗突然增高	化合物含量与风化指数趋于稳定

图 7-45 中央古隆起带基岩风化壳二元结构识别标准

例如，LT2 区块基岩纵向上主力气层主要发育于风化壳，风化壳位于基岩顶面，风化壳地层厚度在 300m 左右，纵向上气层发育较连续，裂缝发育。经钻井岩心宏观、微观分析证实，区内均为破碎花岗岩储层，储层特征类似。同时，气藏特征分析表明，测试井气层段温度、压力及流体性质没有明显差异，说明本区块气层相互连通。气柱跨度集中在 180~260m 范围内，主力气层跨度达 200m。将基底风化壳纵向上划分为气层组Ⅰ和气层组Ⅱ共 2 个气层组。气层组Ⅰ厚度一般 47~52m，气层组Ⅱ厚度一般 130~210m。

3）LT1 井实现了中央古隆起基岩潜山风险勘探的重大突破，首次提交规模预测储量

中央古隆起位于古龙断陷和徐家围子断陷之间，是一个继承性的古隆起，发育花岗岩、糜棱化花岗岩、糜棱岩、变质砂砾岩等多种岩性。早期针对中央古隆起的勘探多是采取兼探的方式探索其含气性，揭示基岩风化壳仅几十米，但均见到了较好的含气显示，证实了中央古隆起基岩具备形成气藏的条件。在 2017 年开展风险勘探后，先后在中央古隆起部署了 7 口探井，探索基岩气藏，其中 2 口井获得工业气流、3 口井获得了低产，取得了重大突破，揭示了中央古隆起基岩气藏整体成藏条件有利、资源丰富，具备形成规模大气藏的潜力。但目前针对中央古隆起开展的工作还是相对较少、探井数量少，并未进行系统的勘探研究，整体的勘探程度低，依旧处于勘探的早期阶段。

自 2017 年开展风险勘探以来，先后针对中央古隆起开展了烃源岩综合评价、储盖组合分析、成藏主控因素分析等成藏条件综合研究。以综合研究为基础，评价中央古隆起具备良好的成藏条件，明确中央古隆起基岩潜山经历 3 期改造，建立 3 期断裂形成机制，创新性提出强动力变质作用对岩性差异改造，落实顺序成藏、差异富集的气藏特征，明确气藏高部位富集规律，落实了基岩气藏成藏富集规律，是深层勘探突破的一个重要领域。

20 世纪 70 年代以来，针对中央古隆起基岩多是采取兼探的方式进行探索，1978 年 ZS1 井，钻遇花岗岩风化壳 51m，压后日产气 $1.18×10^4 m^3$，基岩领域初见苗头。在之后

的 20 多年，继续针对中央古隆起基岩气藏开展兼探探索含气性，其中 ES1 井、ZS3 井、W902 井等井均对基岩风化壳气藏有所揭示，试气均见到了千立方米的气流，先后在肇州凸起与汪家屯凸起提交了控制储量，后降级为预测储量，在这一阶段初步明确了基底结构和 T_5 局部构造。在 2015 年之后，针对中央古隆起基岩开展新一轮的工作，明确了中央古隆起带的基本成藏条件。2017 年中央古隆起基岩风险勘探，优选汪家屯、肇州、昌德 3 个凸起，部署了 LT1 井、LT2 井、LTX3 井、LP1 井和 CT1 井 5 口风险井，LT2 井和 LP1 井获得工业气流，展现了中央古隆起带资源前景。

开展风险勘探以来，中央古隆起取得了良好的效果，2 口井获得工业气流，其中 LT2 井获得日产气 $2.43 \times 10^4 m^3$，基岩气藏获得了历史性突破。为了大幅度增加单井产量，进一步探索花岗岩风化壳规模，针对 LT2 井部署的水平提产井 LP1 井获日产 $11.5 \times 10^4 m^3$ 高产气流，实现产能突破。自 2019 年以来 LP1 井稳定开采，日产气 $(2\sim3) \times 10^4 m^3$，稳产 1245d，累计产气 $3820 \times 10^4 m^3$，压力稳定，效果好。受限于运输条件限制，自 2023 年 3 月以来长时间关井。在 LT2 井取得突破、LP1 井长期开采稳定的基础上于 2022 年在肇州凸起提交了 $353.44 \times 10^8 m^3$ 的预测储量，揭示中央古隆起基岩勘探是深层天然气拓展的现实领域。

经过对中央古隆起的风险、预探，以及预测储量提交的探索，展现了中央古隆起具有良好的勘探前景，并且认识到了水平井的体积压裂可以实现潜山气藏有效动用。根据目前研究，除中央古隆起外，松辽北部深层还有 9 个潜山区带，其中近源潜山有 2 个，分别是万隆古隆起和对青山古隆起，这 2 个隆起面积共有 $700km^2$。除近源潜山外，在古龙断陷、徐家围子断陷和莺山断陷中共分布着大大小小 7 个构造型源内潜山。这些潜山与渤中 19-6、乍得等典型油气藏具有相似背景，具有多向供烃、供烃窗大、山早藏晚、源储时空匹配关系好的特征。目前松北潜山勘探面积约为 $3750km^2$，整体资源潜力约为 $5000 \times 10^8 m^3$。目前针对潜山领域展开新一轮的风险勘探，依据"源内潜山+高压充注+通源断裂"三条要素，优选升平凸起与四站凸起部署风险探井。若两口风险井能够实施，将实现源内潜山新类型、断控孔缝体高效富集区块重大发现，带动松辽盆地北部源内潜山 $5000 \times 10^4 m^3$ 天然气资源的规模勘探（图 7-46）。

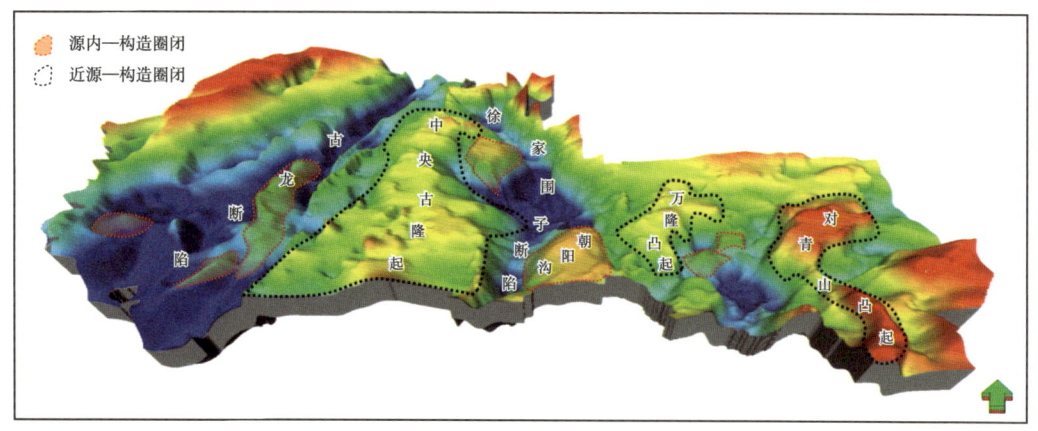

图 7-46 松辽盆地北部构造型潜山分布图

以目前的勘探结果为基础，得出了基岩勘探的四条关键认识：（1）根据整体钻井揭示结合地震资料，明确中央古隆起带风化壳广泛发育；依据钻探结果揭示地层残留及地震可分辨情况，本区风化壳纵向结构可细分风化淋滤层和裂缝层。（2）通过对LT2井区气藏的压力系统及气柱高度研究，LT2井风化壳气柱高度294m，大于圈闭闭合高度236m，表明风化壳气藏受岩性影响较大，气藏不只受构造控制，同时受到岩性控制，其为构造—岩性气藏。同时对肇州凸起开展气藏解剖工作，明确气藏存在多个连通区，推测气藏类型应为似层状不连续气藏。（3）储层形成机制与孔缝表征研究成果表明，晚期高角度伸展断层易形成有效裂缝，LP1井裂缝发育与气测有一定相关性，晚期高角度断层越发育，裂缝越发育，储层厚度越大。因此，晚期高角度裂缝的溶蚀作用改善储层，也控制储层发育，裂缝发育是基岩气藏高产的关键。（4）花岗岩整体成储条件良好，但靠近动力变质带的地方，动力变质作用强，储层物性会变差，并且根据实钻井揭示动力变质带范围分布有限。

二、火山岩油气藏地质理论及其配套技术，有效指导国内其他盆地火山岩精细勘探开发、取得重要发现和进展

1. 火山岩油气成藏模式，指导吉林探区建立深层火山岩气藏"六控"成藏模式

对于吉林探区深层火山岩气藏而言，烃源岩的发育和形成演化、储集体的发育和分布、运移通道的构成、保存条件的优劣、圈闭的形成和演化，甚至是断陷的发育演化等，均受到断裂体系及其演化或多或少、或直接或间接的控制。可以说，断裂体系不仅控陷，而且控源、控生、控储、控运、控聚、控保，是影响吉林探区火山岩气藏成藏最为根本、最为关键的主控因素。基于此，建立了深层火山岩气藏"六控"成藏模式。

（1）控陷：断裂控制了断陷的形成、发育及演化。
（2）控源控生：断裂控制了烃源岩的发育、分布及成熟演化。
（3）控储：断裂控制火山岩储集体及其物性的发育、分布。
（4）控运：控制天然气运聚的时期。
（5）控聚：配合形成圈闭和隆起。
（6）控保：断裂活动影响盖层的完整性，导致气藏的破坏和调整。

2. 火山岩致密油气成藏理论，指导吉林探区发现龙凤山火山岩气田

2013年，龙凤山火山岩区B2井和B201井获得突破后，至2018年部署实施的B213井再次取得新发现，实现了特低孔隙、特低渗透致密储层火山岩勘探突破，是火山岩致密储层理论的具体范例，成为松南盆地唯一发现并开发利用的凝析气藏。该气藏不仅有碎屑岩储层，还有火山岩储层，具有成藏条件复杂、储层非均质性强、机构识别难度大、内幕反射复杂等特点，该火山岩致密气藏的发现，得益于火山岩致密储层勘探理论的有效指导。截至2018年底，龙凤山气田B213井区已投产36口，新增控制天然气含气面积13.05km^2，新增天然气地质储量101.14×10^{8}m^3，新增凝析油地质储量327.09×10^{4}t；日产天然气14.5×10^{4}m^3，日产凝析油54.85t；累计生产天然气3.3×10^{8}m^3，累计生产凝析油5.6×10^{4}t。

3. 火山岩基岩风化壳成藏理论，指导辽河油田基岩储层下限深度从 2400m 拓展到 4300m，拓展了纵向上的勘探空间

兴隆台基岩潜山油藏具有油层厚度大、含油层段多、单井产量高等特点，是我国乃至世界目前发现的油品好、储量丰度高、含油幅度大的变质岩潜山油藏。在火山岩基岩风化壳油气成藏理论的指导下，形成了变质岩内幕油气成藏理论和配套勘探技术，油气勘探取得显著成效。

（1）纵向上，拓展了基岩潜山的纵向勘探空间。变质岩潜山在多期构造运动的作用下，潜山深层仍可形成裂缝发育段，为内幕油气藏提供了储集空间；供油窗口是潜山能否成藏的关键，供油窗口的底界深度决定了潜山的含油幅度，烃源岩层底界有多深，潜山成藏底界就有多深。

（2）横向上，将仅占含油气盆地勘探面积 10%~15% 的具有山形态的潜山，扩大到整个油气可能运聚的基岩内幕中，将"潜山"勘探拓展到整个"基岩"勘探领域。

（3）变质岩内幕油气成藏理论和配套技术的形成，为基岩勘探提供了指导和借鉴。

4. 火山岩油气藏识别与评价配套技术，指导形成具有辽河特色的 5 大火山岩油气藏评价技术系列

1）火山岩岩性识别技术

通过大量钻井岩心和岩屑资料的精细描述、岩石薄片鉴定、岩石化学成分分析，根据"岩石结构、化学组成 + 矿物成分、碎屑粒级"三级分类原则，将火山岩划分为 4 大类、17 种岩石类型，建立了火山岩岩性识别图版。

2）火山岩岩相识别技术

在火山岩岩性识别的基础上，根据火山岩成分、结构和构造等地质属性，确定火山岩成因、成岩方式、产状和堆积环境，再依据岩浆作用方式和就位环境的不同，同时考虑火山机构不同部位物质组成的差异，将火山岩划分为火山通道相、爆发相、溢流相、侵出相、侵入相和火山沉积相等 6 种岩相 16 种亚相，并建立火山岩岩相识别图版。井震资料对比，结合火山岩岩相地质模型，建立典型火山岩岩相地震识别标准。

3）火山岩储层测井评价技术

在岩心毛细管压力曲线特征、物性、试油试采资料分类基础上，建立储层测井分类标准，将火山岩储层划分为三类：Ⅰ类储层为裂缝 + 孔隙型，溶蚀孔隙、宏观裂缝均发育，常规试油可获得高产油气流；Ⅱ类储层为孔隙型，孔隙发育，宏观裂缝不发育，储层经压裂改造后可获得工业油气流；Ⅲ类储层为微裂缝 + 微溶孔或溶蚀孔隙型，微裂缝、微溶孔发育，储层经压裂改造后才可获得工业油气流。

4）火山岩储层预测技术

利用单井火山岩岩相的地质—测井识别、连井火山岩岩相对比、层序界面约束下的井震结合技术，对火山岩岩相进行立体识别与刻画。使用波阻抗反演、曲线重构反演等方法，预测火山岩优势储层。

5）火山岩油气藏勘探方向评价技术

通过生烃层系和火山岩发育层系的综合分析，明确源储配置条件是火山岩油气藏勘探层系选择的关键因素。火山岩储层非均质性强、连通性差，油气难以在火山岩体内长距离运移和聚集成藏的特征，决定了火山岩油气藏勘探方向是围绕生烃洼陷周边地区，距离油源越近，油气越富集，勘探越有利。在近油源范围内，优势岩性、岩相发育区是火山岩油气藏勘探的有利目标。

基于上述5大技术和认识，2013年在近油源范围内部署H28井、YU70井等探井，其中H28井在3361.4~3408.9m井段，压后4.5mm油嘴放喷求产，获高产油气流，日产油35.05m^3，日产气8890m^3；于70井钻遇近600m厚的粗面岩，在4449~4495.7m粗面岩井段试油，压后连续油管排液，日产油17.9m^3，红星地区火山岩油气藏勘探再一次获得新发现。

2016年，在红星地区进一步刻画火山岩优势储层，优选有利勘探目标，部署实施驾34井，在4665~4710m沙三段粗面岩井段，压后5mm油嘴放喷求产，获高产油气流，日产油43.83m^3，日产气7929m^3，东部凹陷出油底界再创新纪录。截至2018年底，在红星火山岩中累计控制石油地质储量2937×10^{4}t。

5. 构建"构造控聚集—储层物性控富集"安山岩油藏模式，二连盆地洪浩尔舒特落实千万吨储量

二连盆地火成岩分布广泛，多个凹陷见油气显示，已发现洪浩尔舒特凹陷小阿北、乌兰花安山岩油藏，小阿北累计产油156.8×10^{4}t，火山岩成为二连盆地寻找效益储量的新领域。通过近火山口岩相的刻画对比源储配置关系，小阿北火山岩油气藏在近火山口岩相和靠近断裂的区域，孔隙和裂缝发育，单井产量高，具有"三明治式"成藏组合特征。

1) 精细岩相刻画，明确洪浩尔舒特爆发相和近火山口喷溢相展布范围

洪浩尔舒特凹陷喷发方式为中心—裂隙复合式喷发，共钻遇火山口爆发相、近火山口溢流相、远火山口溢流相、火山沉积相四种岩相，爆发相和近火山口喷溢相储层物性好，为优势相带。

此外，针对岩屑录井无法识别火山口标志岩（火山角砾岩）的问题，通过测井曲线与薄片鉴定的岩性进行交会，发现火山角砾岩自然伽马整体偏小（39~62API），测井曲线上明显分为高阻段和低阻段2期。结合地震相刻画各期火山岩分布，近火山口岩喷溢相为弱振幅、弱连续反射，如洪53火山机构可划分为2个期次，分期次识别出火山岩近火山口喷溢相展布。

2) 精细储层评价，持续活动的正向构造核部是有利储层发育区

洪浩尔舒特凹陷阿尔善组下段火山岩发育原生孔隙、次生孔隙、裂缝三类储集空间，主要发育裂缝—孔隙型储层，裂缝总体上沿断裂分布，继承性发育的正向构造持续活动，构造核部裂缝较发育，巴尔、努格达等正向构造均位于Ⅰ类储层发育区。

3) 综合成藏配置研究，明确"三明治式"成藏组合最为有利

洪浩尔舒特凹陷阿尔善组下段火山岩油源对比表明，HO42井原油来自阿尔善组四段烃源岩，目前日产气1300m^3，气源来自阿尔善组下段气源岩。生、运、盖条件优越，阿尔善组三段火山岩被阿尔善组下段和阿尔善组四段烃源岩包裹；油气沿断层面、不整合面向高部位运移；上覆阿尔善组四段厚层泥岩，为有利圈闭封盖条件。从而，构建"构造

控聚集—储层物性控富集"安山岩油藏模式，落实一批圈闭，面积 $107km^2$，预测资源量 $4815×10^4t$。

在新油藏模式指导下，优选巴尔构造和努格达构造，提出 HO42 井、HO28 井、HO53 井等 6 口老井重新试油方案。通过重新认识评价，识别出一批安山岩油层。如针对安山岩气测异常不明显、油气层识别难的问题，重新进行"四中子"测井，结合录井、成像等资料，开展储层特征、含油气性重新评价，巴尔构造三口老井重新识别出Ⅰ—Ⅱ类油层 91.1m/14 层；通过地质工程一体化，3 口老井压裂试油获成功，HO42 井、HO53 井获高产工业油流，两口井试采累计产油 502t，预测含油面积 $7.2km^2$，预测石油地质储量 $1064×10^4t$。安山岩领域获突破，实现了老井重新认识找到新油藏。

6. 深部储层下限的认识，实现准南前陆冲断带下组合深大构造勘探的首次突破

准噶尔盆地南缘油气资源非常丰富、地质结构多层叠置、构造样式复杂多变，是准噶尔盆地石油地质条件最为复杂、勘探历史最长、勘探历程最为曲折的勘探区带。

随着准噶尔盆地南缘油气勘探的深入开展，下组合逐渐成为南缘油气勘探的一个重要领域。2018 年之前，通过十余年系统开展下组合关键成藏要素整体研究、强化地震与钻井工程技术攻关，2018 年锁定高泉背斜作为四棵树凹陷下组合规模发现的首选突破口钻 GT1 井，作为准南下组合油气勘探第一口高产井，实现了准南下组合大构造的首次突破。综合分析认为，高泉背斜发育头屯河组规模储层与清水河组优质储层，GT1 井在清水河组钻揭侏罗系头屯河组储层厚度为 103.0m，测井解释油层厚度 91.6m。埋藏史分析预测，GT1 井头屯河组储层孔隙度在 6000m 深度可达 10%~12%，测井解释孔隙度为 18%。GT1 井清水河组埋深达到 5770m，测井解释孔隙度仍达到 18%。GT1 井产量大、压力高、试产稳。通过对 GT1 井清水河组采用 13mm 油嘴试油，日产油 $1213m^3$，日产气 $32.17×10^4m^3$，试采产量高、能量充足，证实下组合深埋储层的有效性。

2018 年针对准噶尔盆地南缘四棵树凹陷钻探的 GT1 井，于白垩系清水河组获日产千立方米的工业油气流，是准南前陆冲断带下组合深大构造勘探的首次突破，开启了准噶尔盆地南缘前陆大型油气富集区勘探新里程。GT1 井下组合重大突破，展示了下组合油气勘探的巨大前景。

7. 火山岩油气"断控复合型、基岩潜山型、内幕相控型"成藏新模式的提出，拓展了克拉美丽火山岩气田的勘探领域

随着火山岩油气研究工作的不断深入和认识的不断深化，特别是对火山岩成藏条件的剖析，认识到克拉美丽气田成藏的关键期在燕山中期，而该区燕山期至今构造和断裂活动较弱，有利于气藏的保存，具有形成较为完整的火山岩自源型气藏的地质条件。即下石炭统高成熟煤系地层为烃源层、上石炭统巴塔玛依内山组为油气储层、二叠系大套泥岩为区域盖层的石炭系火山岩自生自储型油气藏；同时，认识到"源外"成藏类型对于自源型火山岩油气勘探没有指导意义。综合研究后，发现了火山岩岩相和岩性对火山岩气藏的控制作用，提出大型火山岩地层—岩性气藏目标构思，并以此提出了"断控复合型、基岩潜山型、内幕相控型"三种火山岩成藏新模式，拓展了火山岩油气勘探领域，对探明克拉美丽整装大气田起到了重要的指导作用，也值得今后火山岩油气藏勘探认真借鉴。

8. 完整、配套的火山岩勘探配套技术是克拉美丽气田不断增储的重要保障

克拉美丽地区石炭系火山岩气藏受岩性、岩相控藏的认识，对火山岩勘探技术提出了新的要求。需明确火山喷发模式及火山岩岩性、岩相演化规律，加强火山岩测井岩性岩相识别准确度，提高石炭系火山岩成像品质等。经过持续攻关，逐渐形成了具有自主知识产权的火山岩测井评价配套技术；针对深层火山岩，加强地震资料采集、处理和解释技术攻关，建立了火山岩岩相地震识别模式；开发了井震结合的火山岩体刻画和岩性预测、含油气性检测配套技术；形成了裂缝型易漏火山岩储层防漏堵漏钻井工艺技术；集成了多裂缝储层压裂及中途测试为主导的火山岩试油工艺技术等。

正是得益于正确的火山岩油气勘探理论指导和配套的火山岩勘探技术的保障，克拉美丽不断增储的整装大气田才应运而生。

参 考 文 献

操应长, 杨剑萍, 1999. 湖盆火山作用与油气的关系——以惠民凹陷第三系火成岩及其油藏为例 [J]. 地质评论, 45（S1）: 587-593.

常丽华, 曹林, 高福红, 2009. 火成岩鉴定手册 [M]. 北京: 地质出版社.

陈建平, 赵文智, 王招明, 等, 2007. 海相干酪根天然气生成成熟度上限与生气潜力极限探讨: 以塔里木盆地研究为例 [J]. 科学通报, 52（S1）: 95-100.

陈荣书, 王青玲, 何生, 等, 1989. 岩浆活动对有机质成熟作用的影响初探——以冀中葛渔城—文安地区为例 [J]. 石油勘探与开发, 16（1）: 29-37.

陈昕, 王黎明, 白明轩, 等, 1997. 松辽盆地深源二氧化碳气分布及其控制因素 [J]. 大庆石油学院学报, 40（3）: 7-10.

陈义贤, 陈文寄, 1997. 辽西及邻区中生代火山岩: 年代学、地球化学和构造背景 [M]. 北京: 地震出版社.

陈永红, 曾庆辉, 林玉祥, 等, 2003. 惠民凹陷南坡煤型气成藏史数值模拟分析 [J]. 江汉石油学院学报,（S2）: 132-133.

陈正乐, 鲁克改, 王果, 等, 2010. 准噶尔盆地南缘新生代构造特征及其与砂岩型铀矿成矿作用初析 [J]. 岩石学报, 25（2）: 457-470.

陈志广, 张连昌, 万博, 2006. 大兴安岭得尔布干多金属成矿带地质背景与成矿预测 [J]. 矿床地质, 25（S1）: 11-14.

成守德, 刘通, 王世伟, 2010. 中亚五国大地构造单元划分简述 [J]. 新疆地质, 28（1）: 16-20.

程有义, 2000. 含油气盆地二氧化碳成因研究 [J]. 地球科学进展, 15（6）: 684-687.

储雪蕾, 樊祺诚, 刘若新, 等, 1995. 中国东部新生代玄武岩中超镁铁质捕虏体的 CO_2 包裹体的碳, 氧同位素初步研究 [J]. 科学通报, 40（1）: 62-64.

戴春森, 宋岩, 1996. 中国两类无机成因 CO_2 组合, 脱气模型及构造专属性 [J]. 石油勘探与开发, 23（2）: 1-5.

戴春森, 宋岩, 孙岩, 1995. 中国东部二氧化碳气藏成因特点及分布规律 [J]. 中国科学（B辑）, 25（7）: 764-771.

戴金星, 1995. 中国含油气盆地的无机成因气及其气藏 [J]. 天然气工业, 15（3）: 22-27.

戴金星, 1996. 中国东部和大陆架二氧化碳气田（藏）及其气的类型 [J]. 大自然探索,（4）: 18-20.

戴金星, 石昕, 卫延召, 2001. 无机成因油气论和无机成因的气田（藏）概略 [J]. 石油学报,（6）: 5-10, 76.

翟庆龙, 张允建, 2003. 东营凹陷沙三段烃源岩中火成岩岩石学特征分析 [J]. 矿物岩石,（1）: 25-29.

杜建国, 1991. 中国天然气中高浓度二氧化碳的成因 [J]. 石油天然气科学, 2（5）: 203-208.

冯子辉, 任延广, 王成, 等, 2003. 松辽盆地深层火山岩 储层包裹体及天然气成藏期研究 [J]. 天然气地球科学, 14（6）: 436-442.

冯子辉, 邵红梅, 童英, 2008. 松辽盆地庆深气田深层火山岩储层储集性控制因素研究 [J]. 地质学报, 82（6）: 760-768.

冯子辉, 朱映康, 张元高, 等, 2011. 松辽盆地营城组火山机构-岩相带的地震响应 [J]. 地球物理学报, 54（2）: 556-562.

付少英, 彭平安, 张文正, 等, 2002. 鄂尔多斯盆地上古生界煤的生烃动力学研究 [J]. 中国科学（D辑）, 32（10）: 812-818.

付晓飞, 云金表, 卢双舫, 等, 2005. 松辽盆地无机成因气富集规律研究 [J]. 天然气工业, 25（10）: 14-17.

高岗, 2000. 油气生成模拟方法及其石油地质意义 [J]. 天然气地球科学, 11（2）: 25-29.

葛文春, 林强, 孙德有, 等, 2000. 大兴安岭中生代两类流纹岩成因的地球化学研究 [J]. 地球科学, 49 (2): 172-178.

顾连兴, 胡受奚, 于春水, 等, 2000. 东天山博格达造山带石炭纪火山岩及其形成地质环境 [J]. 岩石学报, 16 (3): 305-316.

顾连兴, 胡受奚, 于春水, 等, 2001. 博格达陆内碰撞造山带挤压-拉张构造转折期的侵入活动 [J]. 岩石学报, 17 (2): 187-198.

关效如, 1990. 我国东部高纯二氧化碳成因 [J]. 石油地质实验, 12 (3): 248-258.

郭占谦, 杨兴科, 2000. 石油与天然气地质 [J]. 石油与天然气地质, 2000, 21 (1): 50-52.

郭召杰, 2012. 新疆北部大地构造研究中几个问题的评述——兼论地质图在区域构造研究中的重要意义 [J]. 地质通报, 31 (7): 1054-1060.

何家雄, 李明兴, 陈伟煌, 2001. 莺琼盆地天然气中 CO_2 的成因及气源综合判识 [J]. 天然气工业, 21 (3): 15-21.

何家雄, 夏斌, 刘宝明, 等, 2005. 中国东部及近海陆架盆地 CO_2 成因及运聚规律与控制因素研究 [J]. 石油勘探与开发, 32 (4): 42-49.

侯启军, 杨玉峰, 2002. 松辽盆地无机成因天然气及勘探方向探讨 [J]. 天然气工业, 22 (3): 5-10.

黄宝春, 周姚秀, 朱日祥, 2008. 从古地磁研究看中国大陆形成与演化过程 [J]. 地学前缘, 15 (3): 348-355.

黄薇, 邵红梅, 赵海玲, 等, 2006. 松辽盆地北部徐深气田营城组火山岩储层特征 [J]. 石油学报, (S1): 47-51.

纪伟强, 2007. 吉黑东部中生代晚期火山岩的年代学和地球化学 [D]. 长春: 吉林大学, 67-72.

贾蓉芬, 傅家谟, 徐世平, 等, 1987. 抚顺煤树脂体成烃的初步实验研究 I——烃的产率与性质 [J]. 中国科学 (B辑), (1): 88-94.

姜传金, 陈树民, 初丽兰, 等, 2010. 徐家围子断陷营城组火山岩分布特征及火山喷发机制的新认识 [J]. 岩石学报, 25 (1): 63-72.

姜传金, 冯肖宇, 詹怡捷, 等, 2007. 松辽盆地北部徐家围子断陷火山岩气藏勘探新技术 [J]. 大庆石油地质与开发, 4 (34): 133-137.

姜峰, 杜建国, 王万春, 等, 1998. 高温超高压模拟实验研究 I——温压条件对有机质成熟作用的影响 [J]. 沉积学报, 16 (3): 153-155, 160.

姜耀俭, 杨丙中, 王岫岩, 等, 2002. 准噶尔盆地东北缘构造特征、演化及与油气的关系 [J]. 地质学报, 74 (4): 462-468.

金强, 翟庆龙, 2003. 裂谷盆地的火山热液活动和油气生成 [J]. 地质科学, 59 (3): 342-349.

金强, 万丛礼, 2011. 裂谷盆地火山活动与油气聚集 [M]. 北京: 地质出版社.

金强, 熊寿生, 卢培德, 1998. 中国断陷盆地主要生油岩中的火山活动及其意义 [J]. 地质评论, 44 (2): 38-46.

李斌, 朱筱敏, 2012. 伏尔加—乌拉尔典型前陆盆地石油地质特征及勘探前景分析 [J]. 石油实验地质, 34 (1): 47-52.

李超文, 2006. 吉林省东南部晚中生代火山作用及其深部过程研究 [D]. 广州: 中国科学院研究生院 (广州地球化学研究所), 12-15.

李超文, 郭峰, 范蔚, 等, 2007. 延吉地区晚中生代火山岩的 Ar-Ar 年代学格架及其大地构造意义 [J]. 中国科学 (D辑), 37 (3): 319-330.

李锦轶, 2004. 新疆东部新元古代晚期和古生代构造格局及其演变 [J]. 地址评论, 50 (3): 304-322.

李锦轶, 王克卓, 孙桂华, 等, 2006. 东天山吐哈盆地南缘古生代活动陆缘残片: 中亚地区古亚洲洋板块俯冲的地质记录[J].岩石学报,22(5):1088-1103.

李锦轶,朱宝清,1990.新疆东准噶尔卡拉麦里地区晚古生代板块构造的基本特征[J].地质评论,36(4):305-316.

李先奇,戴金星,1997.中国东部CO_2气田(藏)的地化特征及成因分析[J].石油实验地质,19(3):215-221.

刘健,赵越,柳小明,2006.冀北承德盆地髫髻山组火山岩的时代[J].岩石学报,2006,22(11):2617-2630.

刘宝珺,张锦泉,1992.沉积成岩作用[M].北京:科学出版社.

刘宝泉,蔡冰,方杰,1990.上元古界下马岭组页岩干酪根的油气生成模拟实验[J].石油地质实验,12(2):147-161.

刘德汉,付金华,郑聪斌,等,2004.鄂尔多斯盆地奥陶系海相碳酸盐岩生烃性能与中部长庆气田气源成因研究[J].地质学报,30(4):542-550.

刘德汉,周中毅,贾蓉芬,等,1982.碳酸岩生油岩中沥青变质程度和沥青热变质实验[J].地球化学,(3):237-243,329-330.

刘嘉麒,孟凡超,崔岩,等,2010.试论火山岩油气藏成藏机理[J].岩石学报,26(1):1-13.

刘金钟,唐永春,1998.用干酪根生烃动力学方法预测甲烷生成量之一例[J].科学通报,43(11):1187-1191.

刘全有,2001.煤成烃热模拟地球化学特征研究[D].兰州:中国科学院兰州地质研究所,46-48.

刘全有,KROOSS B M,刘文汇,等,2008.应用CH_4/N_2指标估算塔里木盆地天然气热成熟度[J].地学前缘,15(1):209-216.

刘全有,刘文汇,孟仟祥,2006.塔里木盆地煤岩在不同介质条件下热模拟实验中烷烃系列有机地球化学特征[J].天然气地球科学,17(3):313-318.

刘祥,郎建军,杨清福,2011.火山碎屑沉积物是油气的重要储层[J].石油与天然气地质,32(6):859-866,889.

柳永清,刘燕学,姬书安,等,2006.内蒙古宁城和辽西凌源热水汤地区道虎沟生物群与相关地层SHRIMP锆石U-Pb定年及有关问题的讨论[J].科学通报,51(19):2273-2282.

卢双舫,许凤鸣,王跃文,等,2006.腐泥型有机质发育区凝析油(气)、轻质油资源评价方法探讨及其应用[C]// 中国石油协会.第四届油气成藏机理与资源评价国际学术研讨会论文集.北京:石油工业出版社,301-308.

毛德宝,钟长汀,赵风清,等,2005.冀北郭家屯地区中生代火山岩年代学和地球化学特征研究[J].地球化学,34(6):574-586.

孟凡雪,高山,柳小明,2008.辽西凌源地区义县组火山岩锆石U-Pb年代学和地球化学特征[J].地质通报,2008,27(3):364-373.

米敬奎,张水昌,王晓梅,2009.不同类型生烃模拟实验方法对比与关键技术[J].石油实验地质,31(4):409-414.

裴福萍,许文良,孟恩,等,2008.古太平洋俯冲作用的开始:来自吉黑东部早—中侏罗世火山岩的年代学及地球化学证据[J].矿物岩石地球化学通报,27(S1):268.

彭艳东,张立东,陈文,等,2003.辽西义县组火山岩40Ar/39Ar,K-Ar法年龄测定[J].地球化学,32(5):427-435.

任收麦,朱日祥,黄宝春,等,2002.造山带内古地磁研究—以苏宏图早白垩世火山岩为例[J].中国科学(D辑:地球科学),40(10):799-804.

师永民,2015.1:300万中国及邻区盆地火成岩油气地质图[M].北京:科学出版社.

舒萍，丁日新，纪学雁，等，2007. 松辽盆地庆深气田储层火山岩锆石地质年代学研究 [J]. 岩石矿物学杂志，26（3）：239-246.

帅燕华，张水昌，陈建平，等，2008. 海相成熟干酪根生气潜力评价方法研究 [J]. 地质学报，82（8）：1129-1134.

孙德有，吴福元，李慧民，等，2000. 小兴安岭西北部造山后A型花岗岩的时代及与索伦山-贺根山-扎赉特碰撞拼合带东延的关系 [J]. 科学通报，45（20）：2217-2222.

孙永革，傅家谟，刘德汉，等，1995. 火山活动对沉积有机质演化的影响及其油气地质意义——以辽河盆地东部凹陷为例 [J]. 科学通报，40（11）：1019-1022.

谭佳奕，王淑芳，张元元，等，2010. 准噶尔盆地东部石炭系火山岩储层地质特征及油气意义 [J]. 地质科学，45（1）：243-255.

陶士振，刘德良，杨晓勇，等，1999. 无机成因二氧化碳气的类型分布和成藏控制条件 [J]. 中国区域地质，18（2）：218-222.

万天丰，朱鸿，2007. 古生代与三叠纪中国各陆块在全球古大陆再造中的位置与运动学特征 [J]. 现代地质，21（1）：1-13.

汪本善，刘德汉，张丽洁，等，1980. 渤海湾盆地黄骅拗陷石油演化特征及人工模拟研究 [J]. 石油学报，1（1）：43-51.

王鸿祯，何国琦，张世红，2006. 中国与蒙古之地质 [J]. 地学前缘，13（6）1-13.

王可勇，任云生，程新民，等，2004. 黑龙江团结沟金矿床流体包裹体研究及矿床成因 [J]. 大地构造与成矿学，28（2）：172-178.

王民，2010. 有机质生烃动力学及火山作用的热效应研究与应用 [D]. 大庆：东北石油大学，25-27.

王璞珺，陈树民，李伍志，等，2010. 松辽盆地白垩纪火山期后热液活动的岩石地球化学和年代学及其地质意义 [J]. 岩石学报，26（1）：33-46.

王璞珺，陈树民，刘万洙，等，2003. 松辽盆地火山岩相与火山岩储层的关系 [J]. 石油与天然气地质，24（1）：18-23, 27.

王璞珺，冯志强，2008. 盆地火山岩：岩性·岩相·储层·气藏·勘探 [M]. 北京：科学出版社.

韦忠良，张宏，郭文敏，等，2008. LA-ICP-MS锆石U-Pb测年对辽西—冀北地区晚中生代区域性角度不整合时代的约束 [J]. 自然科学进展，18（10）：1119-1126.

吴昌志，顾连兴，任作伟，等，2003. 辽河油田欧利坨子潜火山岩及其成藏机制 [J]. 地质论评，49（2）：162-167.

吴华英，张连昌，周新华，等，2008. 大兴安岭中段晚中生代安山岩年代学和地球化学特征及成因分析 [J]. 岩石学报，24（6）：1339-1352.

吴孔友，查明，曲江秀，等，2004. 博格达山隆升对北三台地区构造形成与演化的控制作用 [J]. 中国石油大学学报（自然科学版），2004，28（2）：1-5.

吴晓智，齐雪峰，唐勇，等，2009. 东西准噶尔火山岩成因类型与油气勘探方向 [J]. 中国石油勘探，14（1）：1-9.

闫全人，高山林，王宗起，等，2002. 松辽盆地火山岩的同位素年代、地球化学特征及意义 [J]. 地球化学，31（2）：169-179.

闫全人，高山林，王宗起，等，2002. 松辽盆地火山岩的同位素年代、地球化学特征及意义 [J]. 地球化学，（2）：169-179.

杨华，张文正，昝川莉，等，2009. 鄂尔多斯盆地东部奥陶系盐下天然气地球化学特征及其对靖边气田气源再认识 [J]. 天然气地球科学，20（1）：8-14.

杨辉，张研，邹才能，等，2006. 松辽盆地深层火山岩天然气勘探方向 [J]. 石油勘探与开发，33（3）：241-281.

杨蔚，2007. 辽西中生代火山岩年代学及地球化学研究：对华北克拉通岩石圈减薄机制的制约 [D]. 合肥：中国科学技术大学，45-51.

张宏，柳小明，李之彤，等，2005a. 辽西阜新—义县盆地及附近地区早白垩世地壳大规模减薄及成因探讨 [J]. 地质评论，51（4）：360-372.

张宏，柳小明，张晔卿，等，2005c. 冀北滦平—辽西凌源地区张家口组火山岩顶底的单颗粒锆石 U-Pb 测年及意义 [J]. 中国地质大学学报，30（4）：387-401.

张宏，韦忠良，柳小明，等，2008. 冀北—辽西地区土城子组的 LA-ICP-MS 测年 [J]. 中国科学（D 辑），38（8）：960-970.

张宏，袁洪林，胡兆初，等，2005b. 冀北滦平地区中生代火山岩地层锆石 U-Pb 测年及启示 [J]. 中国地质大学学报，30（6）：707-720.

张吉衡，2009. 大兴安岭中生代火山岩年代学及地球化学研究 [D]. 武汉：中国地质大学（武汉），112-115.

张连昌，陈志广，周新华，等，2007. 大兴安岭根河地区早白垩世火山岩深部源区与构造－岩浆演化：Sr-Nd-Pb-Hf 同位素地球化学制约 [J]. 岩石学报，23（11）：2823-2835.

张树业，刘如曦，常丽华，等，1982. 火成岩结构构造图册 [M]. 北京：地质出版社.

张子枢，吴邦辉，1994. 国内外火山岩油气藏研究现状及勘探技术调研 [J]. 天然气勘探与开发，10（1）：1-26.

章凤奇，2007. 松辽盆地北部早白垩世火山事件与地球动力学 [D]. 杭州：浙江大学，23-28.

章凤奇，陈汉林，董传万，等，2008. 松辽盆地北部火山岩锆石 SHRIMP 测年与营城组时代探讨 [J]. 地层学杂志，32（1）：15-20.

章凤奇，程晓敢，陈汉林，等，2009. 松辽盆地东南缘晚中生代火山事件的锆石年代学与地球化学制约 [J]. 岩石学报，25（1）：39-54.

章凤奇，庞彦明，杨树锋，等，2007. 松辽盆地北部断陷区营城组火山岩锆石 SHRIMP 年代学地球化学及其意义 [J]. 地质学报，81（9）：1248-1258.

赵海玲，王成，刘振文，等，2009. 火山岩储层斜长石选择性溶蚀的岩石学特征和热力学条件 [J]. 地质通报，28（4）：412-419.

赵文智，邹才能，冯志强，等，2008. 松辽盆地深层火山岩气藏地质特征及评价技术 [J]. 石油勘探与开发，35（2）：129-142.

赵文智，邹才能，李建忠，等，2009. 中国陆上东、西部火山岩成藏比较研究与意义 [J]. 石油勘探与开发，36（1）：1-11.

朱日祥，杨振宇，马醒华，等，1998. 中国主要地块显生宙古地磁视极移曲线与地块运动 [J]. 中国科学（D 辑：地球科学），28（S1）：1-16.

邹才能，赵文智，贾承造，等，2008. 中国沉积盆地火山岩油气藏形成与分布 [J]. 石油勘探与开发，35（3）：257-271.

CHEN Z Y, LI J S, ZHANG G, 1999.Relationship between tertiary volcanic rocks and hydrocarbons in the Liaohe basin, People's Republic of China[J].AAPG Bulltin, 83（6）：1004-1014.

FAN W M, GUO F, WANG Y J, et al., 2003. Late Mesozoic calc-alkaline volcanism of post-orogenic extension in the northern Da Hinggan Mountains northeastern China[J]. Journal of Volcanology and Geothermal Research, 121：115-135.

HICKMAN S, ZOBACK M D, 2003. Stress measurements in the SAFOD pilot hole：Implications for the frictional strength of the San Andreas fault[J]. Geophysical Research Letters, 31：L15.

MORRIS A P, FERRILL D A, HENDERSON D B, 1996. Slip tendency and fault reactivation[J].Geology, 24：275–278.

SCHUTTER S R, 2003. Hydrocarbon occurrence and exploration in and around igneous rocks[J]. Geological Society, 214: 35-68.

THORDARSON T, LARSE G, 2007. Volcanism in Iceland in historical time: Volcano types, eruption styles and eruptive history[J].Journal of Geodynamics, 43: 118-152.

THOURET J, 1999. Volcanic geomorphology-an overview[J].Earth-Science Reviews, 47: 95-111.

TOWNEND J, ZOBACK M, 2000. How faulting keeps the crust strong[J]. Geology, 28: 399-402.

WANG P J, CHEN F, CHEN S M, et al., 2006. Geochemical and Nd-Sr-Pb isotopic composition of Mesozoic volcanic rocks in the Songliao basin. NE China[J]. Geochemical, 40 (2): 149-159.

Wang P J, Liu W Z, Wang S X, 2002. 40Ar/39Ar and K/Ar dating on the volcanic rocks in Songliao Basin, NE China: constraints on stratigraphy and basin dynamics[J]. International Journal of Earth Sciences, 91: 331-340.

WANG Q C, SUN S, Li J L, et al., 1989. The tectonic evolution of the Qinling mountain belt[J]. Chinese Journal of Geology, 24 (2): 129-142.

WU F Y, SUN D Y, LI H M, et al, 2002.A-type granites in northeastern China: age and geochemical constraints on their petrogenesis[J]. Chemical Geology, 187 (1/2): 143-173.

XIAO W J, HUANG B, HAN C, et al., 2010. A review of the western part of the Altaids: A key to understanding the architecture of accretionary orogens[J].Gondwana Research, 18 (2-3): 253-273.

ZHANG H, WANG M, LIU X, 2008. LA-ICP-MS dating of Zhangjiakou Formation volcanic rocks in the Zhangjiakou region and its geological significance[J].Progress in Natural Science, 18 (8): 975-981.

ZHANG L C, YING J F, CHEN Z G, et al., 2008. Age and tectonic setting of Triassic basic volcanic rocks in southern Da Hinggan Range[J]. ACTA PETROLOGICA SINICA, 24 (4): 911-920.

ZOBACK M D, TOWNEND J, 2001. Implications of hydrostatic pore pressures and high crustal strength for the deformation of intraplate lithosphere[J]. Tectonophysics, 336: 19-30.